ENCYCLOPÉDIE

DES

TRAVAUX PUBLICS

Fondée par **M.-C. LECHALAS**, Insp^r gén^{al} des Ponts et Chaussées

Médaille d'or à l'Exposition universelle de 1889

CONSTRUCTIONS MÉTALLIQUES

ÉLASTICITÉ ET RÉSISTANCE DES MATÉRIAUX

FONTE, FER & ACIER

PAR

JEAN RÉSAL

INGÉNIEUR EN CHEF DES PONTS ET CHAUSSÉES

PARIS

LIBRAIRIE POLYTECHNIQUE

BAUDRY ET Cie, LIBRAIRES-ÉDITEURS

15, RUE DES SAINTS-PÈRES

MÊME MAISON A LIÈGE

ENCYCLOPÉDIE DES TRAVAUX PUBLICS

CONSTRUCTIONS MÉTALLIQUES

Tous les exemplaires de l'ouvrage de **M. J.** *Résal, sur les* Constructions Métalliques, Fonte, Fer et Acier, *devront être revêtus de la signature de l'auteur.*

ENCYCLOPÉDIE

DES

TRAVAUX PUBLICS

Fondée par **M.-C. LECHALAS**, Inspr génal des Ponts et Chaussées

Médaille d'or à l'Exposition universelle de 1889

CONSTRUCTIONS METALLIQUES.

ÉLASTICITÉ ET RÉSISTANCE DES MATÉRIAUX

FONTE, FER & ACIER

PAR

JEAN RÉSAL

INGÉNIEUR EN CHEF DES PONTS ET CHAUSSÉES

PARIS

LIBRAIRIE POLYTECHNIQUE

BAUDRY ET Cie, LIBRAIRES-ÉDITEURS

15, RUE DES SAINTS-PÈRES

MÊME MAISON A LIÉGE

1892

CHAPITRE PREMIER

———

NOTIONS

SUR LA

THÉORIE MATHÉMATIQUE DE L'ÉLASTICITÉ

PROPRIÉTÉS ÉLASTIQUES DES MATÉRIAUX

SOMMAIRE

CHAPITRE I

NOTIONS SUR LA THÉORIE MATHÉMATIQUE DE L'ÉLASTICITÉ

Propriétés élastiques des matériaux.

---

§ 1

PRINCIPES GÉNÉRAUX DE LA THÉORIE MATHÉMATIQUE DE L'ÉLASTICITÉ.

1. Définition des corps parfaitement élastiques. — Considérons un corps solide soumis à l'action d'un certain nombre de forces constituant un système en équilibre statique, et appliquées en des points déterminés de ce corps, qui peuvent être situés soit sur sa périphérie, ce qui est le cas habituel, soit à l'intérieur même (l'action de la pesanteur, par exemple, est assimilable à celle d'une infinité de forces égales et parallèles, appliquées chacune à l'une des molécules du corps, et dont la résultante passe par son centre de gravité).

Comme les forces extérieures se font équilibre par hypothèse, le centre de gravité du corps demeurera immobile dans l'espace. Mais si ce solide est constitué par une matière analogue à celles que l'on rencontre dans la nature, il se déformera, c'est-à-dire que ses différentes molécules subiront certains déplacements dans l'espace, que l'on pourra définir en les rapportant à trois axes rectangulaires fixes, menés arbitrairement par un point quelconque, qui pourra être, si l'on veut, le centre de gravité immobile du corps.

Supposons que les forces extérieures cessent toutes en même temps d'agir sur le corps : si la déformation constatée antérieurement persiste sans modification, on dira que le corps est formé d'une matière *plastique*, dont l'argile crue et mouillée fournit un exemple.

Si au contraire l'effet disparaît en totalité avec la cause qui l'a produit, et que le corps revienne exactement à la forme primitive qu'il possédait avant d'avoir été soumis à l'action des forces extérieures, on dira qu'il est formé d'une matière *élastique*.

Si enfin la déformation, sans disparaître entièrement, s'atténue dans une mesure sensible, et que le corps se rapproche de sa forme primitive sans y revenir absolument, on dira que la matière est *semi-élastique*. C'est le cas à peu près général des matériaux naturels ou artificiels que l'on emploie dans les constructions : l'action des forces extérieures détermine chez eux une déformation mixte, dont une partie (déformation *plastique* ou *permanente*) subsiste après que les forces ont cessé d'agir, tandis que l'autre (déformation *élastique*) disparaît entièrement.

L'existence d'une déformation permanente démontre que l'action des forces extérieures a eu pour résultat de modifier dans une certaine mesure la *structure interne* du corps.

La *Théorie Mathématique de l'Élasticité* a pour objet la recherche des relations analytiques qui existent entre la déformation subie par un corps élastique, déformation mesurée par les déplacements élastiques de ses différents points par rapport à trois axes fixes, et les forces extérieures qui l'ont produite, connaissant les points d'application de ces forces sur le corps ainsi que leurs grandeurs et leurs directions mesurées par leurs composantes suivant les axes ; mais cette recherche est faite seulement dans le cas particulier où les relations dont il s'agit sont supposées être des fonctions linéaires des variables qui y figurent (déplacements élastiques et forces extérieures).

Cette condition fondamentale, connue sous le nom de *loi de Hooke* (*ut tensio sic vis*), peut s'exprimer comme il suit : si, sans changer les grandeurs, ni les points d'applications, ni les directions des forces extérieures, on renverse en même temps les sens dans lesquels elles agissent, tous les déplacements élastiques changeront de signes, en conservant leurs grandeurs et leurs directions premières ; si, sans toucher aux directions ni aux sens des forces extérieures, on fait varier simultanément leurs intensités dans un même rapport K, les déplacements de tous les points du corps conserveront leurs directions et leurs signes, mais leurs grandeurs seront modifiées dans le même rapport K.

Enfin, on doit encore admettre que la variation élastique de la distance séparant deux points du corps sera toujours une quantité très petite, assimilable à un infiniment petit du premier ordre, si on la compare à cette distance elle-même. Cette condition est toutefois limitée au cas où la ligne droite joignant les deux points considérés est contenue tout entière à l'intérieur du corps, à l'exclusion de celui où elle en sortirait entre les deux points en question[1].

L'expérience fait connaître que les matériaux de construction qui satisfont, dans une mesure jugée suffisante, à la loi de Hooke, remplissent tous aussi cette seconde condition ; la réciproque est également vérifiée[2].

1. Considérons le ressort représenté par la figure 1 ; ses deux branches sont en contact au droit des points M et M', qui sont donc très voisins. Cependant on peut,

Fig. 1.

sans amener la rupture du ressort, écarter ses branches de façon à doubler, tripler ou même décupler la distance MM'. C'est pourquoi il convient d'exclure du bénéfice de la condition posée le cas, dont nous donnons ici un exemple, où la ligne droite joignant les points M et M' sort du corps entre M et M'.

2. Soient δl la variation élastique de la distance mutuelle l de deux molécules infiniment voisines, et f l'action moléculaire qui se manifeste entre elles, en raison de ce déplacement. L'action moléculaire f est fonction du rapport $\frac{\delta l}{l}$, que nous désignerons par la lettre x : $f = \varphi \left(\frac{\delta l}{l} \right) = \varphi(x)$.

Quelques auteurs ont pensé que, par cela seul que les deux variables f et x s'annulent simultanément, et que la valeur de x est toujours assimilable à un infiniment petit, la fonction φ était nécessairement linéaire :

« Si en effet on développe en série cette fonction par la formule de Maclaurin, les termes en x^2, x^3, etc., seront négligeables devant le terme du premier degré en x, comme infiniment petits d'ordre supérieur. L'équation $f = \varphi(x)$ sera ainsi ramenée à la forme : $f = Kx$, en ne conservant que le premier terme du développement. » D'après cette manière de voir, la loi de Hooke serait une conséquence rigoureuse de la petitesse de la déformation x, indépendamment de toute considération basée sur la constitution de la matière.

La Théorie mathématique de l'Elasticité est donc exclusivement consacrée à l'étude des corps parfaitement élastiques remplissant la double condition :

1° Que la déformation permanente ou plastique soit toujours nulle, ou négligeable devant la déformation élastique ;

2° Que la variation élastique d'une longueur, mesurée à l'intérieur ou sur la périphérie du corps entre deux points déterminés, soit une très petite fraction de cette longueur, et puisse être représentée analytiquement par une fonction linéaire des forces extérieures qui ont produit la déformation.

Soit l une dimension linéaire relevée soit à l'intérieur de la matière élastique, soit sur la surface externe du corps, avant que les forces extérieures lui aient été appliquées.

Ce raisonnement est faux, en ce qu'il suppose *a priori* que le coefficient K du terme en x, dans le développement en série de la fonction, n'est pas nul. Dans l'hypothèse contraire, en effet, ce terme disparaissant, il ne resterait plus que des termes de degré supérieur, et la formule ne serait pas linéaire. Or on peut imaginer une infinité de fonctions de x, qui, développées en série, ne comportent pas de terme du premier degré : x^2, $\dfrac{1}{1+x^2} - 1$, $1 - cos\ x$, $x - sin\ x$, $sin^2 x$, $sin\ x^2$, $e^{x^2} - 1$, log. nép. $(1 + x^2)$, etc., etc. C'est le cas de toute équation qui, interprétée géométriquement, représente une courbe tangente à l'origine $(x = o)$ à l'axe de x ; il n'est pas permis en pareil cas de substituer à la courbe sa tangente pour les petites valeurs de x, puisque cette tangente se confond avec l'axe des x. Il en est autrement si, le coefficient K n'étant pas nul, la courbe coupe l'axe des x sous un angle fini.

La fonction $\varphi\ (x)$, bien que s'annulant avec la variable x, pourrait donc n'être pas assimilable à une fonction linéaire pour des valeurs infiniment petites de x, si elle représentait une courbe dont le coefficient angulaire fût nul pour $x = o$. On ne saurait affirmer *a priori* que cette circonstance exceptionnelle ne puisse être réalisée.

En définitive, la loi de Hooke n'est pas une loi *mathématique*, mais bien une loi *physique*. Elle est d'ailleurs justifiée tant par les résultats directs de l'expérience, que par les considérations basées sur la structure atomique de la matière, qui est universellement admise comme une vérité démontrée. En fait, on peut affirmer en toute certitude que, dans le développement en série de la fonction $\varphi\ (x)$, le coefficient du terme du premier degré n'est pas nul : ce premier point étant admis, comme une conséquence de lois *physiques* incontestées, la loi de Hooke est *mathématiquement* exacte en vertu du raisonnement qui précède, tant que le rapport $\dfrac{\partial l}{l}$ ou x est assimilable à un infiniment petit du premier ordre, puisque les termes en x^2, x^3. etc., sont alors négligeables devant celui en x.

L'exemple des corps simples de la nature (art. 18) démontre d'autre part que ces termes de degré supérieur existent dans le développement de la fonction, et ne peuvent plus être négligés dès que le rapport $\dfrac{\partial l}{l}$ prend une valeur finie.

Soit δl la variation temporaire que subira cette longueur en raison de la déformation élastique, et $\delta' l$ sa variation définitive correspondant à la déformation permanente.

Pour que le corps soit parfaitement élastique, et que les formules de la Théorie de l'Elasticité lui soient applicables, il faut et il suffit :

1° Que le rapport $\left(\dfrac{\delta' l}{\delta l}\right)^2$ soit négligeable devant le rapport $\dfrac{\delta' l}{\delta l}$;

2° Que le rapport $\left(\dfrac{\delta l}{l}\right)^2$ soit négligeable devant le rapport $\dfrac{\delta l}{l}$.

L'expérience fait connaître qu'en pareil cas la loi de Hooke est toujours vérifiée : $\dfrac{\delta l}{l}$ est une fonction linéaire des forces extérieures.

La Théorie mathématique de l'Elasticité est une science exacte dont les résultats, fournis par des méthodes rigoureuses, sont mathématiquement vrais, en tant qu'ils s'appliquent aux corps parfaitement élastiques, dont nous avons donné la définition.

Ces résultats n'ont pas toutefois une valeur purement spéculative, et cette science est susceptible d'applications pratiques, pour une certaine classe de matériaux naturels dont les propriétés se rapprochent suffisamment de celles qui caractérisent l'élasticité parfaite (art. 18).

2. Forces intérieures ou actions moléculaires. — Soit ABCD un corps homogène parfaitement élastique, en équilibre sous l'action d'un certain nombre de forces extérieures connues, et appliquées en des points déterminés de ce corps.

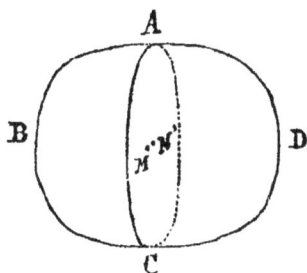

Fig. 2.

Soit AC un plan quelconque le partageant en deux parties ABC et ADC. La déformation subie par le solide a pour effet de développer dans la matière élastique des *forces intérieures* ou *actions moléculaires*, qui s'exercent en sens contraires entre ses deux parties, de chaque côté du plan AC, et se font équilibre deux à deux, puisque chaque point du plan reste immobile dans l'espace.

Si les forces extérieures cessent d'agir, les forces intérieures s'annulent dès que, la déformation élastique ayant disparu complètement, le corps a repris sa forme primitive. Ces forces intérieures étaient en effet, en vertu de la définition de l'élasticité parfaite, des fonctions linéaires des déplacements relatifs des molécules en contact. Dès que l'arrangement de ces molécules, temporairement modifié par la déformation du corps, redevient ce qu'il était auparavant, chaque molécule reprend sa position première, et, en vertu de la loi de Hooke, les actions moléculaires disparaissent avec les déplacements élastiques qui les avaient fait naître.

Considérons un élément superficiel infiniment petit du plan AC, dont nous désignerons l'aire par ω. On peut l'assimiler à un prisme droit, de hauteur infiniment petite par rapport à ses dimensions transversales, dont les bases, parallèles au plan AC, auraient la même aire ω et appartiendraient l'une à la portion ABC du corps, et l'autre à la portion ADC. Les deux actions moléculaires, exercées par chacun des corps sur la base qui lui correspond, sont égales et directement opposées, puisque l'élément ω est en équilibre. Si les composantes de ces actions normales aux bases ω ont des sens tels qu'elles tendent à les écarter l'une de l'autre, on leur attribuera le signe +, et on dira qu'elles font travailler la matière de l'*extension*. Si elles tendent à rapprocher ces bases, on les affectera du signe --, et on les désignera sous le nom de forces de *compression*.

On définit chaque action moléculaire par son signe et par sa direction, rapportés à des axes de coordonnées fixes, et par son intensité rapportée à l'unité de surface.

Soit f la grandeur de l'action moléculaire qui s'exerce sur l'élément de surface ω : son *intensité* sera représentée par le rapport $\frac{f}{\omega}$. Réciproquement, si on désigne par p son intensité, sa grandeur aura pour mesure $p\omega$.

On donne aussi le nom de *travail élastique* de la matière en un point, et pour un plan déterminé passant par ce point, à l'*intensité* de l'action moléculaire qui s'exerce en ce point sur le plan. On emploie indifféremment ces deux dénominations [1].

3. Continuité des actions moléculaires. — Soient δx, δy,

δz les composantes du déplacement élastique d'un point M du corps, suivant trois axes rectangulaires choisis de telle façon que les distances x, y et z du point à ces trois axes aient des longueurs comparables aux dimensions du corps, mesurées dans les mêmes directions.

En vertu de la définition de l'élasticité parfaite, δx, δy et δz seront très petits comparativement à x, y et z, et pourront être considérés comme des infiniment petits du premier ordre. Ces déplacements peuvent d'ailleurs être représentés par des fonctions des coordonnées x, y et z :

$$\delta x = f_1(x, y, z) ;$$
$$\delta y = f_2(x, y, z) ;$$
$$\delta z = f_3(x, y, z).$$

Les composantes du déplacement élastique du point M' $(x+dx,$ $y+dy, z+dz)$, infiniment voisin de M_1, seront :

$$\delta(x+dx) = \delta x + \delta dx = f_1(x,y,z) + \frac{df_1}{dx}dx + \frac{df_1}{dy}dy + \frac{df_1}{dz}dz ;$$

$$\delta(y+dx) = \delta y + \delta dy = f_2(x,y,z) + \frac{df_2}{dx}dx + \frac{df_2}{dy}dy + \frac{df_2}{dz}dz ;$$

$$\delta(z+dz) = \delta z + \delta dz = f_3(x,y,z) + \frac{df_3}{dx}dx + \frac{df_3}{dy}dy + \frac{df_3}{dz}dz.$$

Or, en vertu de la définition de l'élasticité parfaite, la variation de longueur de la distance mutuelle de ces deux points M et M', qui a passé de la valeur $\sqrt{\overline{dx}^2 + \overline{dy}^2 + \overline{dz}^2}$ à la valeur

---

1. Il importe de ne pas confondre le terme *Travail élastique*, dont nous venons de donner la signification, avec celui de *Travail mécanique*, employé dans la Mécanique générale pour désigner le produit d'une force par le déplacement de son point d'application dans le sens de sa direction.

$\sqrt{(dx+\delta dx)^2+(dy+\delta dy)^2+(dz+\delta)dz^2}$, doit être infiniment petite par rapport à cette distance elle-même; il en résulte immédiatement que δdx, δdy et δdz sont des infiniment petits du deuxième ordre, puisqu'ils sont infiniment petits par rapport à dx, dy et dz.

δx, δy et δz étant des infiniment petits du premier ordre, comme dx, dy et dz, on en conclura que, lorsqu'on passe du point M au point M' infiniment voisin, les fonctions f_1, f_2 et f_3 varient d'une façon progressive, leurs dérivées par rapport à x, y et z ayant toujours nécessairement des valeurs finies, puisque les différentielles de f_1, f_2 et f_3 sont toujours infiniment petites comparativement à ces fonctions elles-mêmes.

Admettons que f_1, f_2 et f_3 soient des fonctions continues de x, y et z ; il en sera de même de leurs dérivées par rapport à x, y et z. Dans ces conditions, δdx, δdy et δdz seront aussi des fonctions continues, et les actions moléculaires développées entre les points M et M', qui sont par hypothèse des fonctions linéaires de δdx, δdy et δdz, seront également des fonctions continues d'x, d'y et de z.

En vertu de cette *loi de la continuité,* si l'on passe d'un point M situé sur le plan AC (fig. 2) au point M' infiniment voisin, l'intensité et la direction de l'action moléculaire exercée sur ce plan varieront infiniment peu.

Par conséquent la résultante des actions moléculaires, exercées sur les différents points d'un élément de surface infiniment petit du plan AC, sera égale à leur somme et passera par le centre de gravité de l'élément, puisque toutes ces actions partielles devront être considérées comme parallèles et de même intensité.

Les actions moléculaires développées sur l'enveloppe externe du corps sont égales et directement opposées aux forces extérieures qui sollicitent le corps : si ces forces sont réparties d'une manière régulière sur la périphérie, de façon à pouvoir être représentées par une fonction continue d'x, y et z, il en sera de même pour les actions moléculaires développées dans la couche mince qui entoure le solide. Si d'autre part la matière élastique est parfaitement homogène, il sera évidemment impossible que la fonction représentative des actions moléculaires, continue sur toute la surface externe, devienne discontinue à l'intérieur de la masse en l'absence de toute cause (application de forces extérieures — hétérogénéité) susceptible de rompre sa continuité.

On doit donc admettre que les actions moléculaires satisferont à la *loi de continuité* dans toutes les parties du solide; il en sera nécessairement de même des fonctions f_1, f_2 et f_3, et de leurs dérivées partielles, qui sont liées aux actions moléculaires par des équations linéaires.

4. Exceptions à la loi de continuité. Corps hétérogènes. Actions moléculaires latentes. — Cette loi de *continuité*, qui constitue la base de la théorie de l'Elasticité, peut souffrir des exceptions, quand les conditions essentielles, continuité des actions extérieures, homogénéité de la matière, ne sont pas remplies.

Discontinuité des actions extérieures. — Supposons, à titre d'exemple, que la surface extérieure d'un corps homogène soit soumise, sur une région limitée, à une pression uniformément répartie p. En passant d'un point M, situé à l'intérieur et tout près du contour qui limite la zone pressée, au point M′ situé à l'extérieur et dans le voisinage immédiat du premier, on fera varier de p à zéro l'intensité de l'action moléculaire qui fait équilibre à l'action extérieure. Le changement subi par δdx sera du même ordre de grandeur que δdx lui-même, puisque ce changement est corrélatif de celui subi par l'action moléculaire.

Il y aura par conséquent discontinuité dans les actions moléculaires de la couche superficielle du corps, sur le contour de la région pressée. Mais, en raison de l'homogénéité de la matière, cette discontinuité cessera dès qu'on s'éloignera de ce contour, soit en restant sur la surface du corps, soit en pénétrant à son intérieur (art. 7).

Nous remarquerons toutefois que la variation du déplacement élastique δx sera toujours progressive, δdx étant nécessairement infiniment petit par rapport à δx, tant qu'il ne se produit par une séparation des molécules, qui entraîne la rupture ou la désagrégation du corps.

Si, pour fixer les idées, nous considérons le déplacement élastique $\delta x = f_1(x, y, z)$ comme une fonction de la seule variable x (en supposant y et z constantes), on pourra figurer cette fonction par une courbe qui sera continue, sauf pour la valeur de x correspondant à la limite de la région pressée, où elle présentera un point angulaire C (fig. 3).

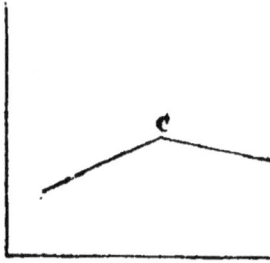

Fig. 3.

Hétérogénéité de la matière. — Prenons le cas d'un corps hétérogène formé par la réunion de deux fragments de matières différentes parfaitement juxtaposés et soudés ensemble, de façon à ne pas se disjoindre sous l'action des forces extérieures. Les coefficients numériques, qui figurent dans les relations linéaires existant, en vertu de la loi de Hooke, entre les déformations élémentaires δdx, δdy et δdz, et les actions moléculaires corrélatives, changeront de valeurs lorsqu'on passera d'un fragment à l'autre : ce sont en effet des coefficients spécifiques, d'*élasticité* ou de *souplesse*, qui dépendent essentiellement de la nature propre de la matière considérée (art. 10 et 11). Il y aura par suite discontinuité dans les déformations élémentaires et les actions moléculaires à la surface de contact des deux fragments. La fonction $\delta x = f_1(x,y,z)$, tout en variant d'une manière progressive en raison de la liaison intime réalisée entre les deux portions du corps, ne sera plus continue, ses dérivées partielles changeant brusquement de valeurs dans le passage d'une matière à l'autre : la courbe représentative présentera, comme dans le cas précédent, le point angulaire C marqué sur la figure 3.

Dans un corps constitué par une agglomération de petits fragments des deux matières, intimement mélangées l'une avec l'autre, il y aura discontinuité dans les actions moléculaires toutes les fois qu'on passera d'une particule à une particule voisine de nature différente. La courbe représentative de δx sera une ligne brisée, présentant une succession de points angulaires (fig. 4), dont chacun indiquera un change-

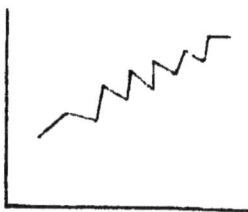

Fig. 4.

ment brusque dans les intensités et les directions des actions moléculaires, dû à une modification dans les propriétés de la matière. Le travail élastique développé dans une direction choisie arbitrairement pourra différer notablement, tantôt en plus et tantôt en moins, de celui qui correspondrait aux mêmes forces extérieures dans le cas d'un corps parfaitement homogène, et remplissant les conditions voulues pour satisfaire à la loi de continuité.

Si l'on soumet un corps hétérogène à des forces extérieures croissant indéfiniment, la limite de rupture, à partir de laquelle il y a séparation des molécules, sera atteinte tout d'abord dans les points où le travail élastique passe par des maxima. Il se produira donc une série de ruptures locales, très restreintes, qui pourront s'agrandir peu à peu si les forces extérieures continuent à croître, et finiront par amener la désagrégation complète de la matière.

Il est permis de supposer que la limite d'élasticité des matériaux de construction correspond précisément au début de cette période de dislocation, caractérisée par la disjonction des molécules en des points isolés dans la masse. C'est à partir de cette limite qu'il y a discordance absolue entre les indications fournies par la théorie de l'élasticité pour les corps élastiques homogènes, et les résultats fournis par l'expérience pour les corps naturels.

Solutions de continuité ou défauts d'adhérence. — Quand un corps hétérogène a été soumis à un travail dépassant la limite d'élasticité (métaux écrouis), il paraît donc exister à son intérieur des solutions de continuité : au droit de chacun de ces vides le travail élastique tombe à zéro, puisqu'il n'y a plus contact entre les particules voisines. Il n'y a plus en pareil cas de continuité dans les actions moléculaires.

Certains corps hétérogènes peuvent présenter les mêmes caractères à l'état naturel, soit en raison d'un défaut d'adhérence entre leurs éléments en contact, soit par suite de fissures imperceptibles, provoquées par le retrait ou par toute autre cause (fontes).

Enfin en soumettant des matériaux formés d'éléments inégalement dilatables à des changements notables de température, on peut encore déterminer à l'intérieur de la masse des ruptures locales (*rappakivi* ou *granit de Finlande*), par suite de la discordance des déformations des éléments, qui donne lieu à des actions moléculaires énergiques dans les faces de contact.

Quand la température varie presque instantanément entre deux limites très écartées, le phénomène est beaucoup plus marqué, en raison de l'action dynamique qui résulte des vitesses prises par les molécules pendant la déformation. Il se produit une sorte de choc entre les éléments voisins. C'est ainsi qu'on transforme le granit en une masse fragile et friable en l'*étonnant*.

Les corps dont la structure interne comporte ainsi une série de fissures ou de vides imperceptibles disséminés dans toute la masse, présentent en général une faible résistance aux chocs : ils sont fragiles. Les vides constituant des obstacles à la propagation des vibrations, il en résulte que la transformation de la force vive du choc en travail mécanique s'effectue dans une région du corps beaucoup plus restreinte que si la matière était compacte, et donne lieu par conséquent à la production d'actions moléculaires énergiques, qui peuvent amener la rupture du solide.

On peut comparer ce phénomène à celui des tremblements de terre : on sait que l'onde séismique franchit rarement, ou tout au moins en perdant une grande partie de son intensité, les plans de fracture des roches, ou failles, qui arrêtent la propagation des vibrations. On a même constaté que les cavernes et les travaux de mines produisent, dans une certaine mesure, un effet de ce genre. Pour assurer dans l'île de Saint-Domingue la stabilité des habitations, on creuse tout autour des excavations profondes qui les protègent contre les tremblements de terre. Les secousses les plus violentes et les plus désastreuses se manifestent beaucoup plus souvent dans les contrées tourmentées et fissurées que dans les plaines unies et régulières ; elles agissent plus énergiquement sur les terres meubles ou friables que sur les roches massives et compactes.

Actions moléculaires latentes. — Il peut se faire que dans un corps hétérogène à l'état naturel, c'est-à-dire non sollicité par des forces extérieures, il existe entre certains éléments en contact des actions moléculaires mutuelles, dont les directions et les intensités varient d'une manière discontinue quand on franchit une face de jonction. Considérons par exemple le passage de l'état liquide à l'état solide d'un mélange intime de deux matières inégalement fusibles : il peut arriver que la première se solidifie sous forme de grains isolés dans un bain liquide, et que ces grains se trouvent plus tard soumis sur leur contour à un effort général de compression, dû au retrait du réseau continu constitué par le second élément, qui s'est solidifié en dernier lieu. Les parois des alvéoles qui enveloppent ces grains seront au contraire soumises à un travail d'extension, faisant équilibre à la compression des noyaux intérieurs. Ces actions moléculaires *latentes* se combineront avec celles dues aux forces extérieures appliquées au corps, et en définitive la variation du travail élastique ne satisfera plus à la loi de continuité.

Quand ces actions moléculaires latentes ont une grande intensité, elles rendent le corps fragile : aciers trempés, larmes bataviques, etc.

On s'explique facilement que, dans la zone de rupture, l'expansion des éléments comprimés et la contraction des éléments tendus, qui devenus libres reprennent leurs volumes naturels, restituent un travail mécanique qui vient s'ajouter à celui fourni par la force vive du choc, de sorte que les vibrations produites par cette dernière cause, au fur et à mesure qu'on s'éloigne du point choqué, se trouvent renforcées à chaque instant par la force vive dégagée pendant la séparation des éléments qui réagissaient les uns sur les autres. Un corps fragile de cette espèce peut présenter une grande résistance aux efforts statiques ; mais le moindre choc suffit pour le briser, parce qu'il a pour ainsi dire le caractère d'un explosif, en raison de la *force vive latente* emmagasinée dans son intérieur.

Un réservoir contenant de l'acide carbonique liquéfié a la même résistance statique que s'il renfermait de l'eau à la même pression ; mais il est beaucoup plus fragile, en ce sens qu'il volera en éclats sous un choc qui dans le second cas n'eût produit qu'une fissure peu étendue.

La gélivité des pierres calcaires, qui n'est pas toujours en relation directe avec leur porosité, ne peut dans bien des cas s'expliquer que par l'influence d'actions moléculaires latentes, dues aux efforts auxquels étaient soumises ces pierres dans les bancs de roches d'où elles ont été extraites. Quand on expose une pierre gélive à l'air libre pendant un temps assez long, il arrive souvent que les actions moléculaires latentes disparaissent, ou tout au moins s'atténuent, la cause qui leur avait donné naissance ayant cessé d'agir. Il se produit un nouvel arrangement moléculaire, favorisé par le départ de l'eau de carrière, qui laisse des vides où les éléments comprimés peuvent pénétrer, de façon à reprendre leur volume naturel.

Ce sont là au surplus de simples hypothèses, qui permettent d'expliquer assez bien pourquoi sur deux pierres de même composition chimique, de même structure apparente, de même porosité et de même résistance statique, l'une sera gélive et l'autre non, et comment un séjour prolongé dans la carrière, qui provoque l'exsudation lente et progressive de l'eau de carrière sur toutes les faces de la pierre, peut augmenter sa résistance à la gelée.

Nous avons dit précédemment que la limite d'élasticité d'un corps hétérogène, soumis à l'action de forces extérieures croissant graduellement et indéfiniment, correspondait, selon toute probabilité, au moment où le travail élastique, étant supérieur en certains points à l'adhérence mutuelle de deux molécules voisines, en déterminait la séparation. Ces ruptures locales et imperceptibles, disséminées dans toute la masse, sont définitives, et ne sauraient disparaître lorsqu'on fait cesser l'action des forces extérieures, les particules matérielles (sauf celles des corps mous ou plastiques, art. 18) ne jouissant pas de la propriété de se ressouder par simple contact lorsqu'elles sont à l'état solide.

C'est ce qui explique pourquoi le corps ne revient pas à sa forme initiale ; mais il en résulte aussi que, les molécules n'ayant pas repris exactement leur arrangement primitif, les actions moléculaires développées entre celles qui sont restées mutuellement adhérentes ne peuvent plus disparaître entièrement.

En d'autres termes, il doit subsister, à l'intérieur du corps, des actions latentes, qui entraînent une modification dans ses propriétés élastiques.

Nous aurons occasion de revenir sur ces aperçus théoriques et de les développer, dans le chapitre III (§ 2 et § 3) où nous étudierons les propriétés élastiques des métaux.

La théorie de l'élasticité ne fournit pas d'indications précises sur la distribution du travail élastique dans les corps hétérogènes, surtout quand leur structure comporte des vides ou fissures multipliés; elle ne donne aucun renseignement sur les actions moléculaires latentes qui peuvent préexister dans la matière à l'état naturel, en raison des circonstances qui ont présidé à sa formation, ou s'y être développées sous l'influence de forces extérieures ayant donné lieu à un travail dépassant la limite d'élasticité, ou enfin s'y manifester temporairement par l'effet des changements de température agissant sur des éléments inégalement dilatables. En résumé, cette science tombe en défaut dès que la continuité des actions moléculaires n'existe plus, et que l'on veut tenir compte dans les recherches de stabilité des actions moléculaires latentes.

Elle a exclusivement pour objet l'étude des corps parfaitement homogènes, pour lesquels la loi de continuité des actions moléculaires ne souffre d'exception que dans les points critiques, où les forces appliquées à ces corps subissent des changements brusques d'intensité ou de direction. En dehors de ces points, il ne peut y avoir discontinuité : l'existence d'une cassure dans la courbe représentative de δx, qui correspond à un changement brusque dans la valeur de la dérivée $\frac{d\delta x}{dx}$, ne peut en effet s'expliquer que par l'application d'une force extérieure anormale ou par une modification dans les propriétés élastiques de la matière, qui cesse par conséquent d'être homogène.

Nous aurons occasion de mentionner ci-après (art. 7) des résultats d'expérience qui justifient cette prévision théorique pour les matériaux naturels : dans un corps parfaitement homogène, les actions moléculaires varient toujours d'une manière continue, à l'exception des points où les forces extérieures changent brusquement d'intensités ou de directions.

On peut d'ailleurs appliquer à l'étude des corps hétérogènes les formules qui supposent l'homogénéité parfaite, ce qui revient en somme à substituer à la ligne brisée une courbe continue qui ne s'en écarte pas beaucoup. On obtient ainsi, dans l'évaluation du travail élastique, non pas des résultats exacts, mais des valeurs moyennes qui fournissent, au point de vue pratique, des renseignements suffisamment précis. Mais il convient, dans la recherche des déformations, de ne pas dépasser la limite d'élasticité, à partir de laquelle il se produit un changement notable dans la structure moléculaire du corps.

Quand on dit par exemple qu'un acier, travaillant à l'extension simple, a une limite d'élasticité de 30^k par millimètre carré, et une limite de rupture de 50^k, on doit entendre que cet acier se comporte comme un corps parfaitement homogène et compact, dépourvu d'actions moléculaires latentes, qui demeurerait parfaitement élastique sous l'action de forces extérieures déterminant un travail uniforme à l'extension de 30^k par millimètre carré, et ne se romprait qu'au moment où ce travail atteindrait 50^k. Mais en fait il est très certain que dans l'acier trempé travaillant à la limite d'élasticité, l'intensité des actions moléculaires doit dépasser de beaucoup en certains points la moyenne de 30^k, et tomber bien au-dessous en d'autres points. Il est très probable que la valeur maximum du travail, dans les points les plus fatigués, atteint ou même dépasse 60^k, soit le double de la limite d'élasticité conventionnelle, établie comme si la matière était homogène.

5. Équilibre élastique d'un corps. — Reprenons l'étude du corps homogène parfaitement élastique représenté par la figure 2. Considérons trois axes rectangulaires, dont deux ox et oy seront situés dans le plan AC, et le troisième oz lui sera perpendiculaire.

La portion ABC du corps est en équilibre :

1° sous l'action des forces extérieures qui lui sont directement appliquées, forces dont on peut remplacer le système par une résultante passant en o et définie par ses composantes R_x, R_y et R_z, suivant les axes, et par un couple dont nous représenterons par M_x, M_y et M_z les moments par rapport aux axes ;

2° sous l'action des forces intérieures appliquées aux différents points du plan AC, en vertu de la réaction moléculaire exercée sur ce plan par la portion de corps opposée ADC.

Soient dx et dy les côtés d'un élément rectangulaire infiniment petit découpé dans le plan, et p_x, p_y et p_z les intensités respectives des composantes, suivant les axes, de la résultante d'actions moléculaires qui sollicite cet élément de surface, résultante qui passe en son centre de gravité, en vertu de la loi de continuité.

D'après ce qui a été dit précédemment, les grandeurs de ces composantes seront représentées respectivement par $p_x\,dx\,dy$, $p_y\,dx\,dy$ et $p_z\,dx\,dy$, l'aire de l'élément de surface ayant pour expression le produit $dx\,dy$.

Les conditions d'équilibre statique du corps ABC sont fournies par la Mécanique générale :

$$\int\!\int p_x\,dx\,dy = \mathrm{R}_x\;; \quad \int\!\int yp_z\,dx\,dy = \mathrm{M}_x\;;$$
$$\int\!\int p_y\,dx\,dy = \mathrm{R}_y\;; \quad \int\!\int xp_z\,dx\,dy = \mathrm{M}_y\;;$$
$$\int\!\int p_z\,dx\,dy = \mathrm{R}_z\;; \quad \int\!\int (yp_x + xp_y)\,dx\,dy = \mathrm{M}_z.$$

Ces intégrales doubles sont définies : elles doivent être étendues à toute la surface d'intersection du corps et du plan AC.

On peut rapporter ces équations à trois axes fixes dans l'espace, et, comme la position du plan AC est arbitraire, on aura, en la faisant varier, une infinité d'équations d'équilibre semblables, à raison de six pour chaque plan rencontrant le corps.

Ces équations sont nécessaires et suffisantes pour déterminer l'état moléculaire du corps, étant donné que les expressions p_x, p_y et p_z représentent des fonctions $d'x$, $d'y$ et de z qui sont continues si la matière élastique est homogène.

On pourrait donc définir l'objet de la Théorie de l'Elasticité : la recherche des fonctions p_x, p_y et p_z au moyen des équations d'équilibre statique, en nombre illimité, que fournit la Mécanique générale, à raison de six pour une section plane quelconque du corps, équations dont chacune fournit la valeur d'une intégrale double définie, dans laquelle figure sous le signe $\int\!\int$ une des fonctions inconnues.

Mais en fait la solution du problème ainsi présenté serait presque toujours inabordable à l'analyse. De plus il ne serait pas complètement déterminé dans le cas très fréquent où l'on ignore *a priori* les intensités, les directions et les points d'application de certaines forces extérieures, qui sont les conséquences directes de gênes apportées à la libre déformation du corps, dont quelques points situés sur la périphérie peuvent être assujettis, par exemple, à rester immobiles dans l'espace ou à se déplacer sur des surfaces ou sur des courbes fixes, etc. Ces conditions peuvent toujours être exprimées par des équations qui permettent de déterminer les forces extérieures inconnues (art. 38).

Il arrive aussi très fréquemment qu'en raison de la symétrie du corps considéré, et du mode de répartition des forces extérieures, on peut prévoir *a priori* les directions que suivront nécessairement les déplacements élastiques de certains points du corps, ce qui facilite la résolution du problème.

Il est donc en définitive toujours nécessaire d'introduire dans le problème la considération des déformations élastiques, qui sont corrélatives des actions moléculaires développées dans la matière. On substitue aux fonctions p_x, p_y et p_z d'autres fonctions équivalentes, où les variables sont les déplacements élastiques des molécules du corps. Mais avant d'indiquer comment peut s'opérer cette substitution de variables, il convient de rechercher les propriétés caractéristiques des fonctions p_x, p_y et p_z, qui sont les conséquences directes de la loi de continuité.

6. Décomposition des actions moléculaires. — Considérons un élément de volume infiniment petit, de forme cubique, situé à l'intérieur d'un corps élastique déformé par l'action des forces extérieures. Une action moléculaire est appliquée au centre de gravité de chacune des faces de ce cube. Le volume élémentaire étant immobile dans l'espace, les six actions qui le sollicitent se font équilibre.

Décomposons chacune de ces actions en trois composantes parallèles aux arêtes du cube. Nous appellerons composante *normale* celle qui est perpendiculaire à cette face, et composantes *tangentielles* les deux autres qui sont contenues dans son plan.

Nous aurons en tout six composantes normales (une par face) et douze composantes tangentielles (deux par face).

Menons les trois plans diamétraux du cube, qui passent par son centre de gravité et sont parallèles à ses faces. Chacun de ces plans diamétraux contiendra quatre actions tangentielles, dirigées suivant ses droites d'intersection avec les faces qui lui sont perpendiculaires, et quatre actions normales dirigées suivant ses intersections avec les deux autres plans diamétraux (fig. 5).

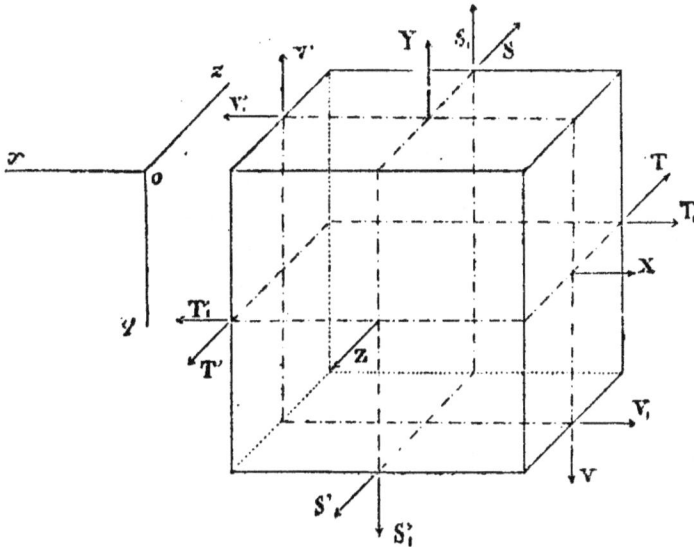

Fig. 5.

Considérons, pour fixer les idées, le plan diamétral parallèle au plan des coordonnées *xoy*. Pour que le cube soit en équilibre, il faut que la résultante des huit actions situées dans un même plan diamétral soit nulle. D'autre part, en vertu de la loi de continuité, les intensités respectives de deux actions parallèles et de même espèce, agissant sur deux côtés opposés du carré diamétral, doivent différer infiniment peu, et ces actions doivent être dirigées en sens contraires.

Cette double condition entraîne les conséquences suivantes (fig. 6) :

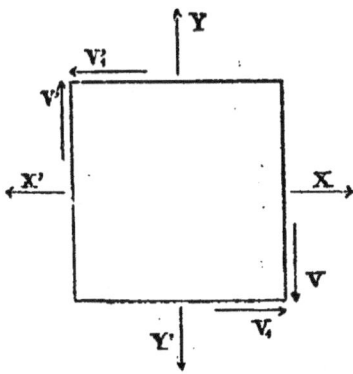

Fig. 6.

1° Les actions normales appliquées à des faces opposées du cube sont égales et de sens opposés : $X + X' = o$, $Y + Y' = o$;

2° Les quatre actions tangentielles situées dans le même plan diamétral sont toutes de même intensité, et elles sont réparties en groupes de deux convergeant chacun respectivement vers l'un des deux sommets opposés du carré : $V + V' = o$, $V_1 + V_1' = o$. Le couple VV' fait équilibre au couple $V_1 V_1'$, les intensités de ces quatre actions étant égales entre elles.

Pour connaître complètement l'état élastique du cube, il suffira en définitive de déterminer les intensités respectives et les sens de six actions moléculaires, savoir (fig. 7) :

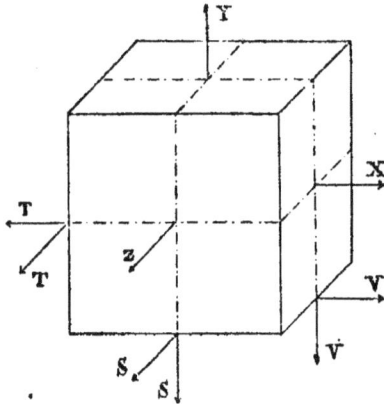

Fig. 7.

1° les trois actions normales dirigées perpendiculairement aux trois faces issues d'un même sommet du cube, que nous désignerons par X, Y et Z ;

2° les trois actions tangentielles correspondant respectivement aux trois plans diamétraux du cube, et dirigées suivant les intersections de ces plans avec les faces qui leur sont perpendiculaires. Nous les désignerons par les lettres S (plan diamétral yoz), T (plan diamétral xoz) et V (plan diamétral xoy). Chacun de ces plans contient quatre actions tangentielles égales, convergeant deux à deux vers deux sommets opposés du carré d'intersection du plan et des faces du cube, et constituant ainsi deux couples égaux et de sens opposés.

Comme nous devrons rapporter les intensités de toutes les actions moléculaires à l'unité de surface, nous les calculerons comme si une arête du cube élémentaire avait pour longueur l'unité. Dans ces conditions, le nombre qui mesurera l'intensité d'une action tangentielle mesurera également le moment du couple où figure cette action, puisque le bras de levier de ce couple aura pour longueur l'unité. On pourra ainsi désigner indifférem-

ment par les lettres S, T ou V soit les actions tangentielles elles-
mêmes, soit les moments des couples dont elles font partie.

Remarquons, pour fixer les idées relativement aux signes à
attribuer aux actions normales, que les flèches, qui indiquent sur
la figure les sens des actions normales X, Y et Z, correspondent
au signe + (travail d'extension), puisqu'elles dénotent une tendance à l'écartement des faces opposées. En renversant ces flèches, on aurait des actions négatives (travail de compression)
tendant à rapprocher les faces opposées.

En ce qui touche les signes des actions tangentielles, nous n'a-
vons aucune règle à formuler : on se basera le cas échéant sur les
signes attribués aux déformations qu'elles entraînent, de façon à
satisfaire aux relations linéaires dont il sera parlé à l'article 9.

**7. Décomposition des actions moléculaires dans le cas
d'une dérogation à la loi de continuité. Expériences de
Wertheim, Fresnel et Léger.** — Nous avons remarqué, à
l'article 4, que les actions moléculaires développées dans un
corps homogène peuvent ne pas satisfaire à la loi de continuité
dans des circonstances exceptionnelles. Il est intéressant de voir
ce qui se passera dans les points critiques où les actions moléculaires subissent des variations brusques.

Examinons, à titre d'exemple, le cas particulier d'un corps

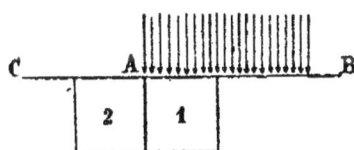

Fig. 8.

limité à sa partie supérieure par un
plan horizontal indéfini, et supportant une charge uniforme, P par
unité de surface, sur une zone limitée par une droite indéfinie projetée
en A sur la coupe du plan faite normalement à cette droite, que
représente la figure 8.

Considérons les deux cubes élémentaires, limités à leur partie
supérieure par le plan CAB, et dont les faces de contact sont contenues dans le plan vertical mené par le point A.

En vertu de la symétrie résultant des données du problème,
toutes les actions moléculaires sollicitant chaque cube seront
concentrées dans le plan diamétral perpendiculaire à la droite indéfinie qui limite la zone chargée du plan CAB.

La face supérieure du cube 1, située à droite du point A, supporte la charge P appliquée au milieu de cette face ; la face supérieure du cube 2, située à gauche du point A, ne porte aucune charge ; il n'y a pas d'actions tangentielles sur ces faces.

Cherchons à nous rendre compte des relations qui existent entre les intensités et les directions respectives des actions moléculaires qui sollicitent les faces de chaque cube (fig. 9).

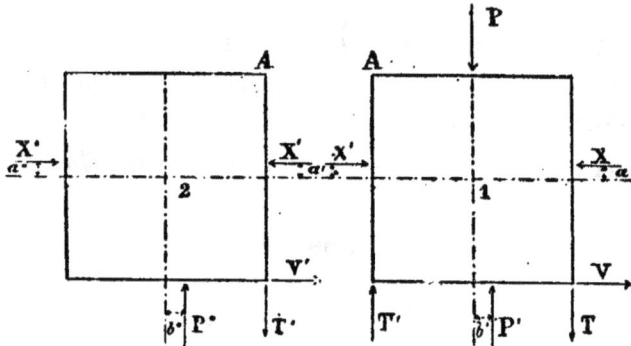

Fig. 9.

Les actions normales X, X′ (développées entre les faces en contact des deux cubes), X″ d'une part, P′ et P″ de l'autre, ne seront pas appliquées aux centres des faces correspondantes : en désignant par a, a', a'', b' et b'' les distances à ces centres de leurs points d'application effectifs, mesurées dans les sens indiqués sur la figure, et établissant pour chaque cube les équations générales d'équilibre, on obtient les relations suivantes :

Cube 1 :
$$P = P' + T' - T \;; \quad X = X' + V \;;$$
$$Xa + P'b' + \frac{V}{2} = X'a' + \frac{T + T'}{2} \,.$$

Cube 2 :
$$0 = P'' + T'' - T' \;; \quad X' = X'' + V' \;;$$
$$X'a' + P''b'' + \frac{V'}{2} = X''a'' + \frac{T' + T''}{2} \,.$$

Il ne peut y avoir ici continuité dans les fonctions représentatives des actions moléculaires, car, si l'on applique les règles énoncées à l'article précédent, on trouvera d'une part que P″ devrait différer infiniment peu de P′ et par suite de P, et d'autre part que cette même action normale P″ devrait être nulle, puisque la face opposée du cube 2 ne supporte aucune charge. Il convient donc en pareil cas de bien noter que les actions moléculaires ne sauraient passer par les centres de gravité des faces du cube élémentaire, et de n'appliquer qu'avec la plus grande réserve les principes et les formules de la Théorie de l'Elasticité, qui supposent implicitement que cette condition est remplie.

On se rendra compte d'ailleurs que si l'on s'éloigne horizontalement du point A, P″ tend rapidement vers zéro sur la gauche et P′ se rapproche également très vite de P sur la droite. Si l'on s'écarte verticalement de A, la différence entre P′ et P″ subit aussi une décroissance très rapide, de sorte qu'en réalité la discontinuité des actions moléculaires ne se constate dans le voisinage du point A que sur une région très restreinte, dont les dimensions ne semblent pas dépasser de beaucoup l'ordre de grandeur du déplacement élastique du point A.

Quand on place, dans des conditions déterminées, un cube, formé d'une matière transparente douée de la double réfraction, entre deux *nicols*, un faisceau de lumière blanche dirigé sur le premier nicol prend, après avoir traversé l'appareil, une coloration dont la nuance correspond à la biréfringence du corps étudié. C'est une expérience d'optique, basée sur l'interférence des rayons polarisés ordinaire et extraordinaire, dont il nous paraît inutile de donner ici l'explication.

Wertheim a constaté que si l'on soumet une barre de verre recuit, *bien homogène* et douée d'une isotropie presque parfaite (art. 14 et 20), à l'action de forces extérieures, la matière, en raison de la modification élastique que subit sa structure moléculaire, devient biréfringente, et cette propriété s'accentue proportionnellement aux intensités des actions moléculaires développées dans la matière, ou, ce qui revient au même, aux amplitudes des déformations élémentaires corrélatives de ces actions intérieures.

Si donc l'on soumet la barre en question à l'expérience d'optique mentionnée plus haut, on obtiendra, en recevant sur un écran le faisceau de lumière polarisée, une image colorée dont la teinte correspondra, en chaque point, au travail élastique développé dans la partie du corps traversée par le rayon lumineux,

Toute région de pression constante sera signalée sur l'image par une zone de coloration uniforme, et la gradation des teintes successives mettra en évidence la variation des actions moléculaires.

Fresnel et, après lui, M. *Léger* ont fait usage de l'appareil imaginé par *Wertheim*, et qualifié par lui de *dynamomètre chromatique*, pour étudier la loi de répartition des actions moléculaires développées dans un barreau de verre soumis à des efforts déterminés. Ils ont pu notamment établir l'exactitude pratique des formules de la *Résistance des matériaux*, dont il sera parlé au prochain chapitre, en ce qui touche le travail à la compression et le travail à la flexion.

Ils ont d'autre part reconnu que les lignes d'égale pression sont des courbes continues, qui se succèdent d'une façon régulière. La figure 10 représente, par exemple, un cylindre de verre comprimé uniformément sur sa circonférence par une frette qui embrasse son contour : les lignes d'égale pression sont des cercles concentriques.

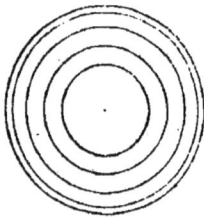

Fig. 10.

Toutes les fois qu'il se produit un changement brusque dans les intensités ou les directions des forces extérieures appliquées directement sur la surface externe du barreau expérimenté, la continuité des actions moléculaires est rompue : une série de courbes distinctes d'égale pression viennent passer, en s'y confondant, par le point critique de la surface. Il n'est donc pas possible de déterminer avec exactitude la valeur du travail élastique en ce point, puisque cette valeur varie d'une façon considérable entre lui et un point très voisin.

L'expérience justifie donc d'une manière complète les conclusions auxquelles nous sommes arrivé plus haut par des considérations théoriques.

La figure 11 se rapporte au cas d'une charge concentrée en un point de la surface du barreau. Les courbes régulières d'égale pression viennent toutes

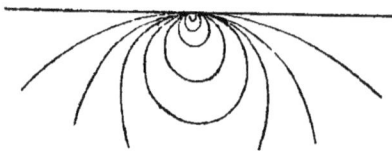

Fig. 11.

passer au point d'application de la charge, qui constitue, d'après le terme employé par M. Léger, le centre d'un *œil-de-paon*. La discontinuité du travail est d'ailleurs limitée à ce point : elle dis-

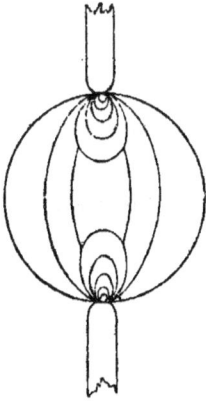

paraît à une distance très faible, presqu'inappréciable.

La figure 12 représente une sphère comprimée aux deux extrémités d'un diamètre.

Le même phénomène s'observe (fig. 13) à la limite d'une région chargée uniformément.

La figure 14 représente une barre de verre à section hexagonale, soumise par l'action d'une clef à un effort de torsion. L'œil-de-paon se remarque en chacun des deux sommets de l'hexagone, où la pression exercée par la clef change brusquement d'intensité et de direction.

Fig. 12.

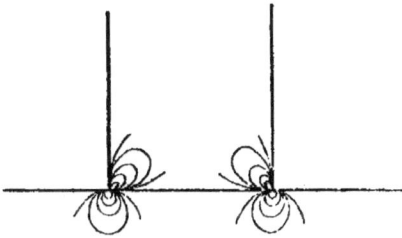

Fig. 13.

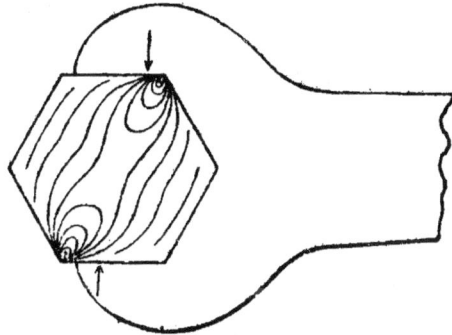

Fig. 14.

8. Surface directrice et ellipsoïde des actions moléculaires. — Si l'on connaît pour un point déterminé d'un corps élastique les six résultantes d'actions normales X, Y et Z, et tangentielles S, T et V, correspondant à trois plans rectangulaires menés par ce point, l'état élastique de la matière y est complètement défini, et l'on peut toujours trouver la direction et l'intensité de l'action moléculaire exercée sur un plan d'orientation quelconque mené arbitrairement par le point. C'est une conséquence immédiate de la loi de continuité et des principes de l'équilibre statique.

Nous nous bornerons ici à énoncer sans démonstration divers théorèmes intéressants de la Théorie de l'élasticité, relatifs aux directions et aux intensités des actions moléculaires qui s'exercent en un point d'un corps élastique homogène, et correspondent chacune à l'orientation d'un plan déterminé.

— Il existe toujours une surface du second degré, dite *surface directrice des actions moléculaires*, qui a son centre au point considéré et jouit de la propriété suivante :

Un diamètre quelconque de cette surface donne la direction de l'action moléculaire exercée sur le plan diamétral conjugué de ce diamètre.

Les axes de cette surface, étant perpendiculaires à leurs plans conjugués, fournissent les directions dans lesquelles l'action moléculaire tangentielle est nulle.

Cette surface peut être un ellipsoïde : toutes les actions moléculaires normales, qui s'exercent au point considéré, sont alors affectées du même signe : + tension, ou — compression.

Cette surface peut être constituée par un système de deux hyperboloïdes conjugués, l'un à une nappe et l'autre à deux nappes, qui ont mêmes axes et mêmes cônes asymptotiques : les diamètres qui rencontrent l'un deux correspondent tous à des actions moléculaires normales de même signe, et les diamètres qui rencontrent l'autre correspondent à des actions moléculaires de signe contraire aux précédentes.

Pour tout plan tangent au cône asymptotique des deux hyperboloïdes, l'action moléculaire normale est nulle ; l'action moléculaire totale se réduit à une action tangentielle contenue dans ce plan.

La surface directrice fait donc connaître à la fois la direction et le signe de l'action moléculaire exercée sur un plan quelconque passant par M.

— Il existe toujours un ellipsoïde, dit *ellipsoïde des actions moléculaires*, qui a son centre au point considéré et jouit de la propriété suivante.

L'intensité de l'action moléculaire dirigée suivant un diamètre de l'ellipsoïde (action qui s'exerce sur le plan diamétral conjugué de ce diamètre dans la surface directrice) est proportionnelle à sa longueur : le diamètre représente cette intensité à une échelle convenue.

— Les directions des actions moléculaires relatives à trois plans rectangulaires entre eux sont celles de trois diamètres conjugués de la surface directrice.

— Les directions des trois axes principaux sont communes à la surface directrice et à l'ellipsoïde ; elles sont conjuguées aux trois plans diamétraux principaux, communs aux deux surfaces, qui sont respectivement perpendiculaires à ces axes.

Les actions moléculaires principales, dont les intensités sont représentées par les axes de l'ellipsoïde, sont donc normales aux plans sur lesquels elles s'exercent : les composantes tangentielles sont nulles.

— L'action moléculaire d'intensité maximum est l'action principale dirigée suivant le plus grand des trois axes de l'ellipsoïde ; l'action moléculaire d'intensité minimum est l'action principale dirigée suivant le plus petit de ces axes.

— L'ellipsoïde des actions moléculaires est une surface de révolution si deux axes principaux ont même longueur ; cette propriété géométrique se retrouve aussi dans la surface directrice, ellipsoïde ou hyperboloïdes conjugués.

— L'ellipsoïde devient une sphère quand ses trois axes sont égaux : l'intensité d'une action moléculaire est alors indépendante de sa direction, puisqu'elle est toujours représentée par le diamètre de la sphère.

Si dans ce cas les trois actions moléculaires principales, qui ont même intensité, sont aussi de même signe (+ extension ; ou — compression, comme pour le cas d'un corps plongé dans un fluide sous pression), la surface directrice est également une sphère : les actions moléculaires tangentielles sont nulles dans toutes les directions ; les actions moléculaires normales sont toutes égales et de même signe.

Si l'une des actions moléculaires principales, A par exemple, est de signe contraire à celui des deux autres, A' et A", la surface directrice est un cône de révolution à deux nappes, dont l'axe a la direction de l'action moléculaire A, et dont l'angle au sommet est droit. L'action moléculaire tangentielle, dirigée suivant l'une des génératrices du cône, a la même intensité, représentée par un diamètre de la sphère, qu'une action moléculaire principale (art. 25).

— Quand une des actions moléculaires principales, A'' par exemple, est nulle, les deux surfaces se transforment en courbes planes du second degré. L'ellipse des actions moléculaires devient un cercle si $A = \pm A'$. La courbe directrice est constituée : soit par une ellipse, qui se transforme en cercle pour $A = + A'$; soit par deux hyperboles conjuguées, qui se transforment en un système de deux droites rectangulaires si $A = - A'$.

Ces deux systèmes de courbes permettent de déterminer la direction, le signe et l'intensité de l'action moléculaire exercée sur un plan perpendiculaire au plan et des courbes défini par sa trace sur ce plan.

Pour tout plan ayant même trace que le précédent, mais faisant avec lui un angle φ, l'action moléculaire est de même direction et de même signe, mais son intensité est réduite dans le rapport de $\cos \varphi$ à l'unité.

Nous ferons une application de ce cas particulier, en étudiant la résistance à la flexion des pièces prismatiques (art. 47).

— Quand deux actions moléculaires principales, A' et A'' par exemple, sont nulles, l'ellipsoïde se réduit à un segment de droite, de longueur A, qui a la direction de l'action moléculaire principale qu'elle représente. La surface directrice se confond également avec cette droite.

L'action moléculaire exercée sur un plan quelconque, rencontrée par la droite A sous l'angle $\frac{\pi}{2} - \varphi$, a pour direction celle de cette droite et pour intensité $A \cos \varphi$.

Ce cas particulier se rapporte à la résistance des solides à la compression ($A < 0$) ou à l'extension simple ($A > 0$).

Ces propriétés géométriques des corps élastiques peuvent être interprétées analytiquement : elles conduisent à des formules donnant les composantes suivant les axes de coordonnées (ou, si l'on veut, la composante normale et les composantes tangentielles) de l'action moléculaire exercée sur un plan quelconque, connaissant les actions moléculaires relatives à trois plans rectangulaires. Nous n'énoncerons pas ces formules, passablement compliquées, dont nous n'aurons occasion de faire usage que pour le cas de la flexion (art. 47).

Il est bien entendu que ces propriétés, déduites de la loi de continuité, subiront une altération marquée dans le voisinage des points critiques où les actions moléculaires deviennent discontinues. La surface directrice et l'ellipsoïde des actions moléculaires se transforment alors en surfaces irrégulières, dont on ignore *a priori* le mode de génération.

9. Relations entre les actions moléculaires et les déformations élémentaires. — La recherche des actions moléculaires, qui se manifestent à l'intérieur d'un corps élastique, présenterait toujours, dans le cas où elle serait théoriquement possible, des difficultés insurmontables si l'on s'en tenait aux formules générales de l'article 5, même en tirant parti des propriétés des actions moléculaires que nous venons d'énoncer.

Le problème serait d'ailleurs insoluble lorsque certaines forces extérieures, résultant de gênes apportées à la libre déformation du corps, seraient inconnues *a priori* : ce cas est fréquent dans la pratique.

Il est donc nécessaire d'établir les relations qui existent, en vertu de la loi de Hooke, entre les actions moléculaires et les déplacements élastiques, de façon à éliminer du problème les actions moléculaires, en y introduisant comme inconnues nouvelles les déplacements élastiques.

La déformation du cube élémentaire, dont il a été parlé à l'article 6, peut être décomposée en six déformations élémentaires, savoir :

1° Trois déformations *longitudinales* ou *directes*, u, v et w, qui sont les variations par unité de longueur des arêtes du cube parallèles aux axes ox, oy et oz.

Ces déformations correspondent à des allongements quand elles sont positives, et à des raccourcissements quand elles sont négatives.

2° Trois déformations *transversales* ou *tangentielles* α, β et γ, que l'on peut définir, comme le fait *Rankine*, par les variations des angles des faces du cube qui, primitivement carrées, se sont transformées en losange. On convient du signe à attribuer à chaque déformation pour définir le sens dans lequel elle se manifeste, et on la mesure par le rapport au rayon de l'arc qui la sous-tend. *Rankine* lui donne le nom de *distorsion*.

Supposons que la face carrée *abcd* se soit transformée en un

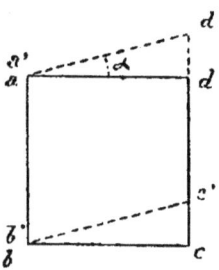

Fig. 15.

losange $a'b'c'd'$ que nous superposerons au carré *abcd*, en faisant coïncider respectivement les sommets a' et b' avec les sommets a et b.

La distorsion α est le complément de l'angle aigu $a'd'c'$, en lequel s'est transformé l'angle droit *adc*.

Vu la petitesse de cet angle, on peut lui substituer sa tangente trigonométrique sans erreur appréciable.

Or tg. $\alpha = \dfrac{dd'}{ad}$.

dd' représente le déplacement subi par le sommet d qui, par suite de la déformation, s'est transporté en d' : c'est ce qu'on appelle le *glissement* subi par le côté *dc*, ou par la face du cube qui est projetée sur ce côté dans la figure 9.

Si, d'après la convention admise à l'article 6, nous supposons que le côté du carré ait pour longueur l'unité, on voit que la distorsion α ou tgα aura la même mesure que le glissement dd'.

On peut donc à volonté, et sans rien changer à la valeur numérique du résultat, considérer la déformation tangentielle comme correspondant soit à la distorsion (ou variation des angles) d'une face du cube, soit au glissement, parallèle à cette face, d'une des deux faces qui lui sont perpendiculaires, par rapport à la face parallèle opposée.

La distorsion α de la face parallèle au plan xoy est corrélative d'un glissement α, parallèle à ox, de la face parallèle à xz, ou d'un glissement α, parallèle à oy, de la face parallèle à yz.

Pour nous conformer aux habitudes, nous adopterons ce mode de représentation des déformations tangentielles, qui se traduiront pour nous par des déplacements relatifs, ou glissements, des faces parallèles du cube.

En vertu de la loi de Hooke, les six déformations élémentaires du cube sont des fonctions linéaires des six résultantes d'actions moléculaires X, Y et Z, S, T et V définies précédemment.

Une déformation directe ou longitudinale, donnant lieu à un allongement ou à un raccourcissement u, sera fournie par une relation de la forme :

$$u = aX + bY + cZ + dS + eT + fV.$$

Un glissement α (ou une distorsion) sera fourni par une relation de la forme :

$$\alpha = AX + BY + CZ + DS + ET + FV.$$

En vertu de la loi de Hooke, on doit admettre que les facteurs a, b, c, d, e et f, A, B, C, D, E et F sont des coefficients numériques indépendants des intensités des actions moléculaires.

10. Coefficients de souplesse. — Nous conviendrons, d'après *Rankine*, d'appeler coefficients de *souplesse* les facteurs numériques qui multiplient les intensités des actions moléculaires normales et tangentielles dans les expressions analytiques des déformations élémentaires.

Le coefficient de souplesse *directe* relatif à la direction ox sera le facteur a qui multiplie, dans l'expression de la déformation directe u subie par l'arète parallèle à ox, l'action normale X, qui a aussi sa direction parallèle à ox.

Ce coefficient est toujours un nombre positif, en raison des conventions déjà admises pour les signes à attribuer à X et à u : X est positif lorsqu'il correspond à un travail d'extension, auquel cas le terme aX doit l'être aussi, puisque ce travail tend à augmenter la longueur de l'arète ox du cube.

Le coefficient de souplesse *latérale* relatif à la direction ox et au plan xy est le facteur b qui, dans l'expression de la déformation directe u parallèle à ox, multiplie l'action normale Y, parallèle à oy.

Le coefficient de souplesse latérale relatif à la direction ox et au plan xz est le facteur c qui, dans l'expression de la déformation directe u, multiplie l'action normale Z parallèle à oz.

Les coefficients de souplesse latérale sont des nombres négatifs : l'effet d'une action normale telle que Y est de produire, si elle est positive, un raccourcissement des arêtes perpendiculaires à oy : le terme bY doit en ce cas être négatif.

Le coefficient de souplesse *tangentielle* ou *transversale*, relatif à la direction ox, sera le facteur D qui, dans l'expression de la distorsion α de la face perpendiculaire à ox, ou du glissement α d'une des faces parallèles à ox, multiplie le couple d'actions tangentielles S, situé dans le plan diamétral perpendiculaire à ox, ou, si on le préfère, l'action tangentielle S perpendiculaire à ox et située dans la face dont on calcule le glissement α.

Le coefficient de souplesse tangentielle ou transversale est un nombre positif : on doit donc convenir d'attribuer le signe $+$ à toute action tangentielle dont le sens correspond à un glissement qui, d'après la règle que nous allons énoncer à l'article 16, serait lui-même positif.

Nous appellerons enfin coefficients de souplesse *oblique* tous les autres facteurs numériques, tels que d, e et f dans l'expression de u, et A, B, C, E, F dans l'expression de α.

11. Coefficients d'élasticité. — Les six déformations élémentaires du cube étant des fonctions linéaires des six résultantes d'actions moléculaires, celles-ci peuvent réciproquement être représentées par des fonctions linéaires des six déformations : ces fonctions s'obtiendront en résolvant par rapport à X, Y et Z, S, T et V les équations de l'article précédent.

Nous appellerons coefficients d'*élasticité* les facteurs numériques, déduits des coefficients de souplesse, qui, dans ces six nouvelles relations, multiplient les déformations élémentaires.

Par analogie avec ce qui a été convenu plus haut, le coefficient d'élasticité *directe*, relatif à la direction ox, sera le facteur de u dans l'expression de X.

Le coefficient d'élasticité *latérale*, relatif à la direction ox et au plan xy, sera le facteur de v dans l'expression de X. Le coefficient d'élasticité *latérale,* relatif à la direction ox et au plan xz, sera le facteur de w dans l'expression de X.

Le coefficient d'élasticité *transversale* ou *tangentielle* relatif à la direction ox sera le facteur de α dans l'expression de S.

Tous ces coefficients sont des nombres positifs.

Les autres facteurs sont des coefficients d'élasticité *oblique.*

12. Ellipsoïde des déformations. — En vertu de la corrélation qui existe entre les actions moléculaires et les déformations élémentaires, reliées ensemble par des équations linéaires, tout élément de volume infiniment petit de forme sphérique, considéré à l'intérieur du corps élastique, se transforme, par l'action des forces intérieures, en un ellipsoïde corrélatif de l'ellipsoïde des actions moléculaires.

Il est bien entendu que tous les théorèmes que nous venons d'énoncer ne sont pas applicables aux régions critiques où les actions moléculaires cessent d'être continues.

En pareil cas, le cube, au lieu de devenir par la déformation un parallélipipède, est changé en un solide irrégulier dont les six faces sont des quadrilatères et non plus des losanges. Les variations de longueur et de direction ne sont plus identiques pour les quatre arêtes parallèles à un même axe.

L'ellipsoïde des déformations est remplacé par une surface non définie.

13. Corps hétérotropes. — Dans les corps *hétérotropes,* dont la structure moléculaire varie en chaque point suivant la direction que l'on considère, les valeurs numériques des coefficients de souplesse et d'élasticité dépendent également de cette direction.

Dans un corps hétérotrope, il existe toujours au moins trois directions, dites axes d'*élasticité directe,* pour lesquelles tous les coefficients de souplesse oblique sont nuls. Il peut en exister un nombre plus considérable (cristaux).

Tout axe de symétrie de la matière est un axe d'élasticité directe.

Il peut exister un plan dans lequel toutes les directions jouissent de cette propriété, auquel cas la perpendiculaire à ce plan est aussi un axe d'élasticité directe (corps doués de l'*isotropie transversale*).

14. Corps isotropes. — Enfin, il peut arriver que toutes les directions soient des axes d'élasticité directe : tous les coefficients de souplesse et d'élasticité obliques sont alors nuls. Le corps est *isotrope ;* sa structure interne est identique dans toutes les directions.

Les valeurs numériques des trois coefficients de souplesse directe, latérale et transversale, ainsi que des trois coefficients d'élasticité directe, latérale et transversale, sont indépendantes de la direction considérée.

Soient a, b et g les coefficients de souplesse, A, B et G les coefficients d'élasticité, qui définissent ainsi d'une manière complète les propriétés élastiques d'un corps isotrope.

On a entre u, v et w, α, β et γ d'une part, X, Y et Z, S, T et V de l'autre, les relations linéaires suivantes, indépendantes des directions attribuées aux axes rectangulaires ox, oy et oz, parallèles respectivement aux arêtes du cube élémentaire :

$$u = aX - b(Y + Z) ; \qquad X = Au + B(v + w) ;$$
$$v = aY - b(X + Z) ; \qquad Y = Av + B(u + w) ;$$
$$w = aZ - b(X + Y) ; \qquad Z = Aw + B(u + v) :$$
$$\alpha = gS ; \qquad S = G\alpha ;$$
$$\beta = gT ; \qquad T = G\beta ;$$
$$\gamma = gV. \qquad V = G\gamma.$$

On en déduit les relations suivantes entre les coefficients de souplesse et ceux d'élasticité :

$$a = \frac{A + B}{A^2 + AB - 2B^2} ; \qquad A = \frac{a - b}{a^2 - ab - 2b^2} ;$$
$$b = \frac{B}{A^2 + AB - 2B^2} ; \qquad B = \frac{b}{a^2 - ab - 2b^2} ;$$
$$g = \frac{1}{G} . \qquad G = \frac{1}{g} .$$

On donne encore le nom de coefficient d'élasticité *longitudi-*

nale à l'inverse E du coefficient de souplesse directe : $E = \dfrac{1}{a} =$

$A - \dfrac{2B^2}{A+B}$. Ce coefficient exprime le rapport existant entre l'action moléculaire normale X, qui s'exerce sur la section transversale d'une barre prismatique, supposée parfaitement libre dans ses dimensions transversales (Y et Z sont nuls : extension ou compression simple), et la déformation longitudinale de cette barre. On fait de ce coefficient un usage à peu près exclusif dans la *résistance des matériaux*.

On désigne aussi sous le nom de coefficient de souplesse *cubique* le rapport *d* qui existe entre la variation du volume d'un cube soumis sur toutes ses faces à la même pression (X = Y = Z), et la résultante normale X appliquée sur l'une d'elles : $d = 3a - 6b$.

Le coefficient d'élasticité *cubique* D est l'inverse de *d* :
$D = \dfrac{1}{d} = \dfrac{A + 2B}{3}$.

Enfin, le coefficient de *contraction latérale* η est le rapport du coefficient de souplesse latérale au coefficient de souplesse directe : $\eta = \dfrac{b}{a}$.

On démontre d'autre part, dans la théorie de l'élasticité, que dans un corps parfaitement isotrope on doit avoir :

1° $G = \dfrac{A - B}{2}$. Le coefficient d'élasticité transversale est la moitié de la différence entre les coefficients d'élasticité longitudinale et latérale.

On peut aussi écrire cette relation comme il suit :

$$G = \frac{a - 2b}{2(a^2 - ab - 2b^2)} = \frac{1}{2(a + b)} = \frac{E}{2(1 + \eta)} \cdot$$

Il en résulte immédiatement que :

$$g = 2(a + b).$$

2° $b = \dfrac{a}{4}$. Le coefficient de souplesse latérale est le quart du coefficient de souplesse directe.

Le coefficient de contraction latérale η est ainsi égal à 0,25.

Il suffit donc en somme, pour définir complètement les pro-

priétés élastiques d'une matière *parfaitement isotrope*, de connaître la valeur numérique d'un seul coefficient de souplesse
ou d'élasticité, les valeurs des autres étant fournies immédiatement par les formules suivantes, qui dérivent des relations existant entre ces divers coefficients, que nous venons d'énoncer :

$$a = \frac{6}{5A} \;;$$

$$b = \frac{a}{4} \;;$$

$$g = \frac{5}{2}\,a = 10b \;;$$

$$d = \frac{3}{2}\,a = 6b \;;$$

$$\eta = \frac{b}{a} = 0,25.$$

$$A = \frac{6}{5a} \;;\; E = \frac{5}{6}A = \frac{1}{a} \;;$$

$$B = \frac{A}{3} = \frac{2}{5}E \;;$$

$$G = \frac{A}{3} = B = \frac{2}{5}E \;;$$

$$D = \frac{5}{9}A = \frac{2}{3}E.$$

15. Isotropie transversale. — Quant on étudie un corps
hétérotrope, la présence dans les équations des coefficients de
souplesse oblique est une source de complications et de difficultés qui rend en général le problème inabordable. Si le corps possède trois axes d'élasticité directe, rectangulaires entre eux, on
écarte l'obstacle en attribuant aux axes de coordonnées des directions parallèles à celles des axes d'élasticité. Chaque relation linéaire, établie entre les actions moléculaires et les déformations
élémentaires, ne contient plus alors que les coefficients d'élasticité ou de souplesse directe, latérale et transversale, relatifs à la
direction d'un des axes d'élasticité. On n'a plus à considérer que
les neuf coefficients de ce genre qui se rapportent aux directions
des trois axes d'élasticité directe.

Il peut se présenter un cas susceptible d'une simplification encore plus grande : c'est celui de l'*isotropie transversale*. Il suppose que la structure moléculaire du corps considéré est symétrique par rapport à tous les plans parallèles à la même direction,
qui est dite *axe de symétrie complète*. Cet axe de symétrie est
un axe d'élasticité directe, et il en est de même pour toutes les
directions qui lui sont perpendiculaires.

De plus, si l'on prend pour axe des x l'axe de symétrie, les coefficients d'élasticité et de souplesse auront des valeurs indépendantes des directions attribuées aux axes oy et oz dans un plan perpendiculaire à ox.

Les relations qui existent entre les déformations élémentaires et les actions moléculaires deviendront alors :

$$u = aX - b(Y + Z) ;$$
$$v = a'Y - bX - b'Z ;$$
$$w = a'Z - bX - b'Y ;$$
$$\alpha = gS ;$$
$$\beta = g'T ;$$
$$\gamma = g'V.$$

$$X = Au + B(v + w) ;$$
$$Y = A'v + Bu + B'w ;$$
$$Z = A'w + Bu + B'v ;$$
$$S = G\alpha ;$$
$$T = G'\beta ;$$
$$V = G'\gamma.$$

On n'a plus à considérer que six coefficients numériques, soit de souplesse, soit d'élasticité, dont les valeurs, indépendantes des directions oy et oz, peuvent être déterminées, une fois pour toutes, pour la matière étudiée.

Il arrive même fréquemment que le problème se simplifie encore plus, quand on sait *a priori* que quelques-uns de ces coefficients disparaîtront des formules, parce que les actions moléculaires qu'ils multiplient seront nécessairement, en raison des données de la question, nulles ou négligeables.

Le problème peut alors ne pas présenter plus de complications que s'il s'agissait d'un corps parfaitement isotrope : la seule différence à signaler consiste en ce que le coefficient de contraction latérale η peut être différent de 0,25, et que la valeur du coefficient d'élasticité transversale G peut ne pas satisfaire à la relation $G = \dfrac{E}{2(1 + \eta)}$, qui n'est démontrée que pour le cas de l'isotropie parfaite.

Il faut donc avoir déterminé au préalable par expérience les valeurs numériques indépendantes des coefficients d'élasticité longitudinale E, de contraction latérale η, et d'élasticité transversale G.

Nous citerons à titre d'exemple :

1° Le cas d'une pièce prismatique complètement libre dans ses dimensions transversales (perpendiculaires à l'axe de symétrie de la matière).

On a alors $Y = o$, $Z = o$. Nous supposerons en outre que S est nul (la pièce travaille à l'*extension* ou à la *compression simple*, ou bien à la *flexion*, mais non à la *torsion*) :

D'où :

$$u = \frac{1}{E} X, \qquad\qquad X = Eu,$$

$$v = -\frac{\eta}{E} X, \qquad\qquad Y = o,$$

$$w = -\frac{\eta}{E} X, \qquad\qquad Z = o,$$

$$\alpha = o, \qquad\qquad S = o,$$

$$\beta = \frac{1}{G'} T, \qquad\qquad T = G'\beta.$$

$$\gamma = \frac{1}{G'} V. \qquad\qquad V = G'\gamma.$$

2° Le cas d'une plaque mince, pour laquelle u est négligeable ou sans intérêt, et où X est très petit comparativement à Y et Z. On a les relations :

$$v = \frac{1}{E'} Y - \frac{\eta'}{E'} Z, \qquad\qquad Y = E' \frac{v + \eta' w}{1 - \eta'^2},$$

$$w = \frac{1}{E'} Z - \frac{\eta'}{E'} Y, \qquad\qquad Z = E' \frac{w + \eta' v}{1 - \eta'^2},$$

$$\alpha = \frac{1}{G} S, \qquad\qquad S = G\alpha,$$

$$\beta = \gamma = o. \qquad\qquad T = V = o.$$

Dans les deux exemples cités, on n'a jamais que trois coefficients numériques à employer.

Le problème n'est pas plus difficile à résoudre que si le corps était parfaitement isotrope.

Dans les formules de la *Résistance des matériaux*, on admet l'existence d'une isotropie transversale purement conventionnelle, en vertu de laquelle le coefficient d'élasticité transversale G aurait la même valeur dans toutes les directions. En ce qui touche le coefficient d'élasticité longitudinale E, la même supposition n'est pas nécessaire, parce que l'on n'a, en fait, à considérer que la déformation directe qui se manifeste dans une seule direction, pour laquelle il suffit de connaître E.

Les formules à employer sont alors :

$$u = \frac{1}{E} X,$$

$$\alpha = \frac{1}{G} S,$$

$$\beta = \frac{1}{G} T,$$

$$\gamma = \frac{1}{G} V.$$

Cette hypothèse a d'autant moins d'inconvénient que les valeurs des glissements α, β et γ ne peuvent jamais être obtenues qu'avec une approximation très grossière, en raison de l'inexactitude des formules de résistance employées ; peu importe par suite l'erreur commise sur la valeur du coefficient d'élasticité transversale.

16. Expression des déplacements élastiques en fonction des déformations élémentaires. — Soient x', y', z', les composantes suivant les axes du déplacement élastique du point $M(x, y, z)$, pour lequel les déformations élémentaires d'un cube infiniment petit, à axes parallèles aux coordonnées, seraient u, v, w, α, β et γ.

On a entre ces différentes variables les relations suivantes :

$$u = \frac{dx'}{dx} \quad , \quad v = \frac{dy'}{dy} \quad , \quad w = \frac{dz'}{dz} ;$$

$$\alpha = \frac{dy'}{dz} + \frac{dz'}{dy} , \quad \beta = \frac{dx'}{dz} + \frac{dz'}{dx} , \quad \gamma = \frac{dx'}{dy} + \frac{dy'}{dx} .$$

En substituant ces expressions dans les équations linéaires de l'article 9, on aura de nouvelles équations linéaires entre les dérivées partielles des déplacements élastiques et les actions moléculaires, qui permettront d'éliminer celles-ci des six équations d'équilibre élastique fournies par la mécanique générale pour une section plane quelconque du corps (art. 6).

Il arrivera souvent d'autre part que, soit par suite de gênes apportées à la libre déformation du corps, dont certains points seront assujettis à rester fixes, ou à se déplacer sur des courbes ou des surfaces connues *a priori*, soit en raison de la symétrie du corps et des forces extérieures qui le sollicitent, on pourra poser de nouvelles équations différentielles entre les déplacements élastiques des points de la section plane choisie, ce qui permettra au besoin de déterminer les forces extérieures qui seraient inconnues *a priori*, ou de simplifier les équations générales d'équilibre élastique.

Comme par hypothèse les termes R_x, R_y, R_z, M_x, M_y, M_z peuvent être représentés par des fonctions d'x, d'y et de z, on aura en définitive un certain nombre d'équations différentielles contenant, outre les variables indépendantes x, y et z, les inconnues x', y' et z' : la résolution de ces équations constituera l'objet du problème posé.

Une fois que l'on aura obtenu les expressions analytiques d'x', d'y' et de z', il sera très facile de déterminer pour un point quelconque les valeurs des actions moléculaires, qui sont des fonctions linéaires des dérivées partielles d'x', d'y' et de z' ; on sera alors complétement renseigné sur l'état élastique du corps.

17. Régions critiques. — Nous avons appelé régions *critiques* les portions du corps avoisinant les points où il existe, par suite de la répartition des forces extérieures, une discontinuité manifeste dans les fonctions représentatives des actions moléculaires. On doit admettre en général que ces régions sont peu étendues et ne représentent qu'une fraction très petite du corps ; la discontinuité, qui atteint son maximum au point critique, s'atténue rapidement pour devenir insensible à une très faible distance de ce point (art. 7).

Cette remarque permet d'établir les équations fondamentales d'équilibre, et de déterminer les expressions des déplacements élastiques comme si la loi ∪ continuité s'étendait à toute la masse, sans commettre d'erreur appréciable dans l'évaluation de ces déplacements.

Mais on doit s'interdire absolument de déduire des expressions analytiques obtenues celles qui représentent les actions moléculaires dans les régions critiques, sous peine de commettre des erreurs notables.

Reprenant, pour fixer les idées, l'exemple déjà cité à l'article 4, nous remarquerons que, si les déplacements élastiques δx sont représentés par les ordonnées de la courbe ABC (fig. 5) qui pré-

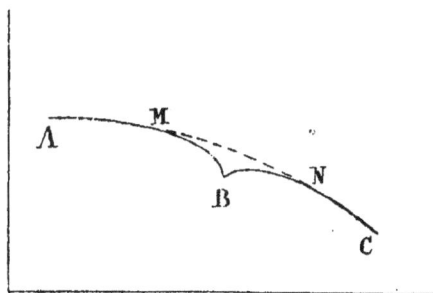

Fig. 16.

sente une cassure en B, on pourra sans erreur grave substituer à cette courbe la courbe continue AMNC qui se raccorde avec la première en M et en N : les différences entre les ordonnées de ces courbes sont en effet négligeables entre M et N. Mais il n'en est pas de même des différences entre les coefficients angulaires des tangentes à ces courbes, dont dépendent les déformations élémentaires et par conséquent les actions moléculaires. On se tromperait absolument en substituant dans leur recherche la courbe MN à la courbe MBN.

Mais après avoir déterminé à l'intérieur du corps les courbes continues d'égal travail, on pourra se rendre compte de l'état élastique de la matière au point critique en remarquant quelles sont celles de ces courbes qui doivent y passer. Les expériences de M. Léger fournissent à cet égard des indications précieuses.

Ainsi que l'a reconnu cet observateur, il est absolument indispensable de tenir compte, dans l'étude d'un problème de résistance, de la façon dont sont appliquées les forces extérieures sur la périphérie du corps considéré. Nous aurons occasion de donner, dans l'exposé des principes de la Résistance des matériaux, quelques exemples montrant que les courbes d'égal travail subissent des déplacements notables lorsqu'on change le mode d'application des forces extérieures qui sollicitent le corps (art. 52 et suivants).

§ 2.

PROPRIÉTÉS ÉLASTIQUES DES MATÉRIAUX DE CONSTRUCTION. LIMITES D'ÉLASTICITÉ ET DE SÉCURITÉ.

18. Classification des matériaux. — Les corps solides naturels ou fabriqués, que l'on emploie dans les constructions, peuvent être répartis en trois catégories.

1° Les corps *plastiques* ou *mous* qui, sous l'influence d'actions extérieures relativement peu intenses, présentent à un haut degré le phénomène de la déformation permanente : argile, métaux mous tels que le plomb, etc.

Leur forme extérieure étant sujette à des modifications incessantes, on ne peut songer à leur appliquer les règles et les formules de la théorie de l'élasticité.

Le caractère essentiel de la plupart d'entre eux réside dans la propriété que possèdent leurs particules constitutives de se souder les uns aux autres par simple contact. Il en résulte qu'il ne peut jamais y avoir disjonction définitive et irréparable des molécules: ces corps n'ont pas de limite d'élasticité. Certains corps durs, comme le fer et l'acier, deviennent plastiques à une température élevée (rouge cerise) bien avant de passer à l'état liquide (au-delà du blanc éblouissant).

2° Les corps *souples* qui, sans être sujets à des déformations permanentes sensibles, subissent des déformations élastiques extrêmement considérables, de telle sorte que les déplacements élastiques dus à l'influence d'actions extérieures relativement peu intenses sont de grandeur comparable aux plus grandes dimensions du corps étudié : caoutchouc, cuir, carton, étoffes, etc.

La loi de Hooke ne se vérifie pas pour ces corps : les relations entre les déplacements élastiques et les forces extérieures ne peuvent être représentées par des équations linéaires.

3° Les corps *durs*, qui ne sont pas susceptibles de subir des déformations considérables : à supposer que l'on fasse croître indéfiniment les forces extérieures qui agissent sur un corps de ce genre, la rupture de ce solide, ou la désagrégation de la matière, survient avant que ses dimensions linéaires aient subi des variations comparables à leurs longueurs initiales : métaux durs, bois, matériaux pierreux naturels ou artificiels (verre, porcelaine), etc.

L'expérience fait connaître que la loi de Hooke se vérifie pour ces corps avec une exactitude presque absolue tant que les intensités des actions moléculaires, évaluées conventionnellement comme si la matière était homogène, ne dépassent pas certaines limites que l'observation permet de déterminer. On dit alors que la matière travaille au-dessous de la *limite d'élasticité*.

On constate également, dans les mêmes conditions, que la déformation permanente est, sinon absolument nulle, du moins négligeable devant la déformation élastique.

Au-delà de la limite d'élasticité, la déformation n'est plus régie par la loi de Hooke, et une fraction notable reste permanente quand les actions extérieures ont cessé d'agir. Il s'est donc produit un changement dans l'arrangement moléculaire de la matière, qui peut s'expliquer, comme nous l'avons indiqué à la page 13, par des ruptures locales donnant lieu à la formation de fissures imperceptibles disséminées dans la masse.

Enfin si l'on fait croître indéfiniment les intensités des forces extérieures, il vient un moment où, la limite de rupture étant atteinte, le corps se brise ou se désagrège.

Il résulte de cet exposé que les lois et les formules de la théorie de l'élasticité, établies mathématiquement pour les corps parfaitement homogènes et parfaitement élastiques, semblent applicables aux matériaux durs de la nature tant que la limite d'élasticité n'est pas dépassée. Mais il convient de noter que cette conclusion n'est pas absolument rigoureuse, parce qu'en réalité la déformation permanente n'est probablement jamais tout à fait nulle. Les matériaux durs ne sauraient en aucune circonstance se comporter exactement comme des corps parfaitement élastiques, et leur semi-élasticité peut avoir des conséquences importantes, sur lesquelles nous reviendrons ultérieurement (art. 21).

L'expérience seule permet d'établir en chaque cas la limite d'élasticité admissible |pour le corps étudié, dans les conditions où il se trouve soumis à l'action des forces extérieures.

19. Hétérogénéité des matériaux. — Il semble qu'il y ait lieu de distinguer deux sortes d'hétérogénéité : l'hétérogénéité de *structure*, la plus importante au point de vue des propriétés élastiques, qui se constate sur un petit fragment de la matière étudiée, lorsque ce fragment résulte du groupement de particules différentes les unes des autres au point de vue de la composition chimique ou des caractères physiques ; l'hétérogénéité de *formation*, qui correspond aux différences observées dans la composition de deux fragments pris en des points éloignés du même corps.

L'*hétérogénéité de structure* est un caractère commun à tous les matériaux de construction, sans aucune exception : c'est sans doute pour cela qu'ils sont semi-élastiques (chap. II, § 2 et § 3).

Les matériaux pierreux où l'on ne rencontre qu'un seul minéral sont peu nombreux dans la nature ; mais, même dans ce cas, où l'homogénéité est réalisée au point de vue de la composition chimique, la texture est toujours cristalline, granuleuse ou fibreuse ; il existe à l'intérieur de la masse des vides qui lui donnent sa porosité. Les plans de clivage, les plans de schistosité sont des indices évidents de structure hétérogène.

Les bois sont formés par une agglomération de fibres ou de cellules. En ce qui touche les matériaux ferreux, fonte, acier et fer, l'hétérogénéité de structure est encore moins contestable, ainsi que nous aurons occasion de le faire voir au chapitre III (§ 2 et § 3), en cherchant l'explication de leurs propriétés élastiques.

On y reconnaît la présence de plusieurs minéraux très différents : fer, carbone, silicium, soufre, phosphore, etc., isolés ou combinés entre eux et avec des gaz (hydrogène, oxygène, etc,) dans des proportions très variables d'une particule à l'autre. La texture est cristalline, comme celle du granit, dans la fonte et l'acier coulé ; granuleuse, comme celle du grès, dans l'acier forgé ou trempé ; stratifiée ou fibreuse, comme celle du bois, dans le fer et l'acier laminé : les épées gauloises, que l'on retrouve parfois en fouillant des terrains humides, présentent l'aspect de paquets de fibres parallèles, formées de fer presque pur, et soudées par un ciment de peroxyde de fer contenant la majeure partie des impuretés du métal primitif (silicium, soufre, etc.).

On peut tenir pour probable, d'après la manière dont la fonte se comporte sous l'action des forces extérieures, qu'elle possède une texture fissurée, analogue à celle du fer écroui. Il semble tout au moins certain qu'elle est composée de particules cristallines dont l'adhérence mutuelle est faible, de telle sorte que des disjonctions partielles, donnant lieu à des vides imperceptibles, doivent se manifester sous le moindre effort d'extension.

Quand un moulage est fait sans précaution, ou que le métal est aigre, on aperçoit souvent des fissures assez étendues dans la pièce sortie du moule.

Enfin, la fragilité de l'acier trempé paraît indiquer l'existence d'actions moléculaires latentes très énergiques, susceptibles de dégager, pendant la rupture, un travail mécanique important.

Les aciers ultra-carburés se rompent souvent spontanément à la trempe vive.

L'hétérogénéité de formation s'observe également dans presque tous les matériaux, même dans ceux dont la composition semblerait *a priori* devoir offrir une uniformité absolue, en raison de leur aspect ou de leur mode de fabrication.

Nous citerons l'exemple de l'acier, qui, au moment où il sort à l'état liquide du convertisseur Bessemer ou du four Martin, est un mélange intime et uniforme, grâce au brassage effectué mécaniquement pendant la fabrication, d'une série de composés inégalement fusibles. Il s'opère pendant le moulage une liquation de ces éléments, les composés les moins carburés et par suite les moins fusibles faisant prise les premiers le long des parois du moule. Le noyau central, et surtout la partie supérieure (masselotte) qui se solidifie en dernier lieu, contiennent finalement la majeure partie du carbone, ainsi qu'il résulte des analyses suivantes, relatives à des échantillons prélevés en différents points d'un lingot d'acier moulé.

L'acier coulé étant de la qualité mi-doux (0,44 C., Métal à rails), les échantillons varient depuis la qualité mi-dur (0,34 C., Essieux) jusqu'à la qualité extra-dur (1,32 C., Burins pour travailler la fonte et l'acier doux), qui est à la limite des fontes, au point de vue de la richesse en carbone.

Il nous semble difficile de donner une preuve plus concluante de l'hétérogénéité de formation des matériaux ferreux ; nous nous en tiendrons donc à cet exemple :

Acier Martin ordinaire mi-dur.

Résistance de rupture, 58 k. 3 par millimètre carré.

Allongement de rupture, 22 0/0.

La proportion de chaque élément est indiquée en centièmes du poids total de l'échantillon.

Echantillons analysés	Carbone	Silicium	Soufre	Phosphore	Manganèse
Coulée	0,410	0,023	0,014	0,021	0,300
Fragments prélevés sur le lingot :					
1	0,41	0,058	0,012	0,023	0,48
2	0,49	0,047	0,017	0,021	0,45
3	0,62	0,047	0,017	0,029	0,45
4	0,94	0,047	0,052	0,034	0,48
5	0,72	0,058	0,020	0,034	0,46
6	0,88	0,058	0,038	0,042	0,48
7	1,32	0,058	0,108	0,091	0,53
8	0,52	0,047	0,016	0,021	0,42
9	0,51	0,058	0,014	0,023	0,40
10	0,34	0,057	0,011	0,020	0,40

Les écarts dans la composition élémentaire sont insignifiants pour le manganèse, peu importants pour le silicium, mais considérables pour le carbone, le soufre et le phosphore.

20. Hétérotropie des matériaux. — Nous avons vu que les matériaux de construction peuvent être assimilés, malgré leur hétérogénéité de structure, à des corps homogènes, tant que le travail élastique, évalué conventionnellement par les formules de la théorie de l'élasticité, n'y dépasse en aucun point une limite dite d'élasticité, que l'on peut déterminer par expérience pour un cas donné. Rien n'empêche dans ces conditions de définir leurs propriétés élastiques au moyen des coefficients d'élasticité et de souplesse, dont il a été parlé précédemment. Mais on doit prévoir qu'en raison de l'hétérogénéité de formation des matériaux, ces coefficients auront les valeurs numériques variables suivant la région du corps étudié que l'on se proposera de définir. On constate effectivement, pour les bois et les composés ferreux, des différences appréciables entre les coefficients relatifs à la périphérie (aubier du bois, faces de moulage ou de laminage des métaux) et ceux qui se rapportent à la région centrale (cœur du bois, noyau intérieur des pièces métalliques).

D'autre part, il faut s'attendre à rencontrer dans ces matériaux une hétérotropie nettement accusée. Il serait, en effet, surprenant que l'on trouvât les mêmes coefficients spécifiques dans le sens des fibres du bois, par exemple, que dans une direction transversale. En fait, l'hétérotropie est un caractère commun à tous les matériaux.

Wertheim a déterminé par expérience tous les coefficients d'élasticité relatifs à deux matières, le cristal et le laiton, qui sembleraient devoir se rapprocher de l'homogénéité et de l'isotropie parfaites. Or si, conservant les notations de l'article 14, et appliquant les relations qui existent entre les divers coefficients relatifs à un corps isotrope, nous prenons pour point de départ les valeurs obtenues par *Wertheim* pour le coefficient A d'élasticité directe, nous reconnaîtrons que les valeurs expérimentales des autres coefficients d'élasticité et de souplesse diffèrent notablement des valeurs théoriques qu'ils devraient avoir, si le cristal et le laiton étaient isotropes (tableau de la page).

M. *Cornu* a trouvé pour η la valeur 0,25, en opérant sur des prismes en cristal de Saint-Gobain, formés par conséquent d'une matière parfaitement isotrope.

D'après M. *Mercadier*, le coefficient de contraction latérale des aciers de toutes les qualités serait uniformément d'environ 0,32.

D'autres expérimentateurs ont obtenu des valeurs plus faibles. Il semble que la moyenne 0,30 puisse être admise dans les applications. [1]

Coefficients d'elasticité directe	Laiton $A = 1560 \times 10^7$		Cristal $A = 599 \times 10^7$	
Coefficients d'élasticité	Valeurs expérimentales	Valeurs théoriques	Valeurs expérimentales	Valeurs théoriques
B	814×10^7	520×10^7	296×10^7	200×10^7
G	375×10^7	520×10^7	152×10^7	200×10^7
D	1060×10^7	870×10^7	390×10^7	330×10^7
E	1010×10^7	1300×10^7	400×10^7	500×10^7
Coefficients de souplesse				
a	994×10^{-13}	770×10^{-13}	2470×10^{-13}	2000×10^{-13}
b	340×10^{-13}	192×10^{-13}	818×10^{-13}	500×10^{-13}
g	2670×10^{-13}	1925×10^{-13}	6180×10^{-13}	5000×10^{-13}
d	940×10^{-13}	1155×10^{-13}	2480×10^{-13}	3000×10^{-13}
Coefficient de contraction latérale				
η	0,277	0,25	0,302	0,25

Lorsqu'on soumet une barre métallique à un effort longitudinal de traction simple entraînant pour elle un allongement élas-

---

[1]. En admettant que les coëfficients d'élasticité longitudinale et d'élasticité transversale relatifs à l'acier aient pour valeurs :
$$E = 21 \times 10^9 \text{ et } G = 7,5 \times 10^9,$$
la formule : $G = \dfrac{E}{2(+1\eta)}$ donnerait pour η la valeur 0,40.

Mais cette formule, rigoureuse pour les corps isotropes, cesse d'être vraie dès que le coëfficient de contraction latérale s'écarte de la valeur théorique $\dfrac{1}{4}$. Elle ne saurait donc, dans l'espèce, fournir un renseignement valable.

tique λ par unité de longueur, son volume primitif se trouve modifié dans le rapport de l'unité au produit $(1-\eta\lambda)^2(1+\lambda)$. La densité du métal varie dans le rapport inverse. Soient Δ la densité primitive, et Δ' la densité après allongement. On a :

(1) $$\Delta'(1-\eta\lambda)^2(1+\lambda)=\Delta.$$

Cette formule peut être mise sous la forme plus simple :

(2) $$\Delta'(1-2\eta\lambda)(1+\lambda)=\Delta,$$

tant que la limite d'élasticité n'est pas dépassée. L'allongement élastique est, en effet, compris, pour cette limite, entre $\frac{1}{1000}$ et $\frac{2}{1000}$. Il est permis, dans ces conditions, de négliger le terme $\eta^2\lambda^2$ devant le terme $2\eta\lambda$, et de substituer le facteur $(1-2\eta\lambda)$ au facteur $(1-\eta\lambda)^2$.

Il n'en est plus de même dès que la limite d'élasticité est dépassée, λ atteignant rapidement une valeur de quelques centièmes, et pouvant s'élever jusqu'à l'unité et même au-dessus, au droit de la section de rupture (striction des barres rompues par traction. Voir chap. III, § 2 et § 3).

Il est probable qu'au-delà de la limite d'élasticité le coefficient η, défini par le rapport de la diminution proportionnelle subie par une dimension transversale de la barre à l'allongement longitudinal correspondant (qui se rapportent tous deux à la déformation permanente de la pièce), s'élève graduellement et atteint peut-être finalement la valeur 0,35 ou même 0,40.

Si nous faisons usage de la formule (1) pour étudier la variation de la densité du métal pendant que l'allongement λ par unité de longueur va en croissant à partir de zéro, sous l'influence d'un effort de traction également croissant, nous reconnaîtrons :

1° Que la densité ira tout d'abord en diminuant jusqu'à ce que, la limite d'élasticité étant dépassée, on ait obtenu un allongement λ_1 défini par la condition :

$$\lambda_1=\frac{1-2\eta}{3\eta}.$$

La densité passera à ce moment par un minimum Δ_1.

2º Que la densité ira ensuite en se relevant, et repassera par sa valeur initiale Δ (densité du métal naturel), quand l'allongement aura atteint lui-même la valeur λ_2, définie par la condition :

$$\lambda_2 = \frac{1}{\eta} - \frac{1}{2} - \sqrt{\frac{1}{\eta} + \frac{1}{4}}\ .$$

La densité continuera ensuite à s'accroître, et dépassera, par conséquent, la valeur Δ.

Nous avons inscrit au tableau suivant les valeurs de λ_1, $\frac{\Delta_1}{\Delta}$ et λ_2, correspondant à différentes hypothèses sur celle du coefficient de contraction η :

η	λ_1	$\dfrac{\Delta_1}{\Delta}$	λ_2
0,30	0,444	0,922	0,940
0,35	0,286	0,960	0,594
0,40	0,167	0,984	0,342

Pour peu que l'allongement de rupture d'une barre métallique se rapproche de la valeur λ_2 qui correspond à son coefficient de contraction latérale η, on devra constater que sa densité n'a pas changé à la suite de l'épreuve de traction. C'est, en effet, ce qu'ont remarqué différents observateurs, et notamment M. *Barba*.

On en avait conclu à tort que le coefficient de contraction du fer et de l'acier devait être voisin de $\frac{1}{2}$, en se basant sur la formule (2) qui cesse d'être exacte dès que l'allongement est notable, λ^2 n'étant plus négligeable devant λ. La formule rigoureuse (1) montre qu'il suffit pour expliquer ces résultats d'expérience d'admettre que le coefficient η, voisin de 0,30 au-dessous de la limite d'élasticité, augmente un peu quand cette limite est dépassée, et atteint finalement une valeur comprise entre 0,35 et 0,40.

On a trouvé pour le plomb un coefficient de contraction égal à 0,42. En ce qui touche le bois, matière très hétérotrope en raison de sa structure fibreuse, on a trouvé qu'une traction parallèle aux fibres donnait lieu à une diminution de volume, une compression exercée dans la même direction produisant une augmentation. Il semble donc que le coefficient de contraction soit très voisin de $\frac{1}{2}$; peut-être même dépasse-t-il ce chiffre. S'il en est ainsi, le bois se comporterait comme un faisceau de fibres juxtaposées, qui se rapprocheraient les unes des autres quand on l'étire, et s'écarteraient quand on le comprime. Il est possible qu'il en soit ainsi, du moins lorsque la limite d'élasticité est dépassée. Il n'en saurait être de même quand l'effort exercé est dirigé normalement aux fibres. Il est, en effet, impossible d'admettre sans absurdité que le coefficient de dilatation cubique d'une matière quelconque puisse être négatif : le volume d'un cube uniformément pressé sur ses six faces ne saurait être augmenté ; η ne peut donc être supérieur à $\frac{1}{2}$ dans une direction qu'à la condition d'être inférieur à $\frac{1}{2}$ dans une autre.

Les métaux laminés et les bois ne peuvent être considérés comme des matériaux isotropes. Mais les résultats d'expérience permettent de supposer chez eux l'isotropie transversale, au moins jusqu'à la limite d'élasticité, en attribuant à l'axe de symétrie une direction parallèle aux fibres, ou, pour les barres en métal, au sens du laminage.

Pour les plaques métalliques qui ont été forgées ou laminées dans deux directions rectangulaires, on peut admettre une isotropie transversale dont l'axe de symétrie serait perpendiculaire aux faces de la plaque. Cette hypothèse est généralement indispensable pour permettre la résolution des problèmes de résistance relatifs aux plaques.

Enfin, dans certains cas, on doit supposer l'isotropie complète, malgré les démentis de l'expérience, lorsque cette condition est nécessaire pour permettre de résoudre par le calcul le problème posé (art. 47 : Déformation élémentaire d'une pièce fléchie, dans une direction oblique à son axe longitudinal).

21.Conséquences de la semi-élasticité des matériaux. Limite d'élasticité. Limite de rupture. Limite de sécurité. — Supposons qu'après avoir soumis un corps à l'action de certaines forces extérieures, on fasse cesser cette action. Si le corps est parfaitement élastique, il reviendra exactement à sa forme primitive, et, toutes ses molécules ayant repris respectivement leurs positions initiales dans l'espace, les actions moléculaires, corrélatives des déplacements élastiques, s'annuleront.

Si, la matière étant semi-élastique, le travail intérieur a dépassé la limite d'élasticité, les actions moléculaires ne pourront disparaître entièrement, puisque l'arrangement des molécules se trouvera modifié d'une manière définitive. On aura affaire à un corps nouveau, différent du premier au point de vue des propriétés élastiques, et qui sera susceptible de se comporter autrement sous l'action renouvelée des mêmes forces extérieures. Il est supposable qu'à ce moment on constatera une seconde déformation permanente, qui viendra se superposer à la première ; la déformation élastique ne sera sans doute plus identique à celle observée lors de la première épreuve.

Nous avons déjà traité cette question à l'article 4 du présent chapitre, en indiquant, comme une conséquence immédiate des principes de la théorie de l'élasticité, que toute déformation permanente d'un corps hétérogène non plastique impliquait *probablement* la formation de fissures intermoléculaires ou imperceptibles, isolées et disséminées dans la masse, et *certainement* le développement d'actions moléculaires latentes.

L'expérience justifie d'une manière complète cette prévision théorique : si l'on définit la limite d'élasticité par l'instant où le corps, sollicité par des forces extérieures graduellement croissantes, va s'écarter d'une manière définitive de sa forme première, on constate que cette limite ne peut être dépassée sans que la structure interne de la matière subisse une altération, qui se traduit par un changement plus ou moins notable dans ses propriétés élastiques.

C'est ainsi que le martelage, le laminage, l'emboutissage et l'étirage à froid des métaux comme le fer et l'acier modifient sensiblement leurs résistances et leurs souplesses (écrouissage). Il en est de même *a fortiori* de toute opération, telle que le poinçonnage, le cisaillage, le burinage, etc., qui donne lieu à des actions moléculaires bien supérieures à la limite d'élasticité, puisqu'elle amène la disjonction des molécules.

Cette altération du métal n'a pas nécessairement un caractère fâcheux : elle peut, au contraire, donner en certains cas des résultats utiles et avantageux au point de vue de l'emploi que l'on compte faire de la matière ainsi travaillée, comme on le verra au chapitre III (§ 2 et 3). Mais on ne saurait impunément renouveler plusieurs fois une opération de ce genre. Le métal, soumis d'une façon intermittente à des efforts dépassant un peu la limite d'élasticité, finit par perdre sa cohésion, par se désagréger ou se rompre : tout se passe comme si la limite de rupture allait en s'abaissant et se rapprochant de la limite d'élasticité, avec laquelle à la longue elle arriverait à coïncider.

Si l'on plie un certain nombre de fois une tôle mince, celle-ci finit par se fissurer et se casser, quoiqu'ayant résisté sans dommage apparent aux premières épreuves.

Il paraît même résulter d'expériences faites par *Vicat* sur la résistance des fils de fer qu'un corps soumis pendant une durée indéfinie à un travail statique, permanent et invariable, supérieur à la limite d'élasticité, mais inférieur à la limite de rupture (qui amène la rupture au bout d'un temps très court), finit à la longue par se briser ou se désagréger. La limite de rupture s'abaisse donc avec le temps, en se rapprochant de la limite d'élasticité, alors même que les forces extérieures ne subissent aucun changement. M. *Thurston* a constaté que certains fils de fer finissaient, au bout d'un temps très long, par se rompre sous une traction représentant les $\frac{60}{100}$ de celle nécessaire pour produire la rupture dans un temps très court.

Nous en conclurons qu'il est indispensable d'établir les constructions métalliques dans des conditions telles que leurs éléments constitutifs ne soient jamais exposés à travailler au-delà de la limite d'élasticité : la durée d'un ouvrage pourrait être singulièrement abrégée si la structure interne de la matière était soumise à des changements successifs. Mais, en appliquant strictement et rigoureusement cette règle, on s'exposerait à coup sûr à de graves mécomptes, en raison de l'incertitude que présentent toujours les renseignements fournis par le calcul, par les motifs suivants :

1° On ne connaît que très imparfaitement les propriétés élastiques des matériaux. En raison de leur hétérogénéité, de leur hétérotropie et des défauts locaux qu'on ne peut toujours éviter, même
avec une fabrication très soignée, la résistance peut, en certains
cas, descendre bien au-dessous des moyennes fournies par l'expérience. On n'est jamais bien fixé, dans un cas déterminé, sur la
valeur à attribuer à la limite d'élasticité.

2° Les formules usuelles de résistance, dont il sera parlé au
chapitre II, n'ont qu'une exactitude très relative, alors même
qu'on supposerait la matière douée d'une élasticité, d'une homogénéité et d'une isotropie parfaites ; nous le ferons voir plus loin.
Les résultats qu'elles fournissent sont toujours entachés d'erreur,
dans une limite que l'on peut, d'ailleurs, souvent apprécier. Le
moindre problème pratique est, en général, d'une telle complexité, qu'il faut pour le résoudre en simplifier les données, en
négligeant une foule de circonstances secondaires que l'on estime
a priori ne pouvoir exercer d'influence notable sur les résultats.
On évalue approximativement les forces extérieures, en leur attribuant un mode d'application théorique qui s'accorde avec les
formules à employer.

Les liaisons mutuelles des divers éléments d'une construction
ne correspondent jamais d'une façon rigoureuse aux hypothèses
du calcul ; l'étude des assemblages est une question des plus difficiles et des plus obscures, sur laquelle les constructeurs ne par-
viennent pas à se mettre d'accord. Indépendamment des défauts,
des erreurs ou des malfaçons à prévoir dans la fabrication et la
mise en œuvre du métal, aussi bien que dans le montage de l'édi-
fice, il faut compter avec des sujétions d'ordre pratique qui ne
permettent de réaliser que par à peu près l'ouvrage étudié. Les
divergences entre le calcul et l'exécution peuvent être importantes.

3° Enfin le fer et l'acier sont sujets à la rouille qui ronge les
surfaces et diminue les sections des pièces métalliques. On a
beau combattre cette cause de destruction par des peintures renouvelées, et en certains cas par un zingage superficiel, il est
difficile de l'annihiler complètement, notamment aux points de
jonction des éléments, où la visite complète et le nettoyage de

toutes les surfaces exposées à l'air ne sont pas toujours aisés, ni même possibles.

Il en résulte qu'un ouvrage quelconque perd chaque année une partie de sa force, et qu'il est voué à la ruine dans un avenir plus ou moins éloigné, si l'on n'a pas eu la prévoyance d'attribuer un excès de résistance aux assemblages, qui sont les parties les plus exposées à l'action de la rouille, quand elles ne sont pas à l'abri de l'humidité.

On conçoit donc que les constructeurs aient toujours reconnu la nécessité, pour éviter des mécomptes certains et assurer à leurs œuvres une certaine durée, de se donner une marge notable, en fixant le maximum de travail admissible bien au-dessous de la limite d'élasticité ; de cette façon, une majoration même importante sur les indications du calcul ne peut compromettre la stabilité d'une construction étudiée et exécutée avec soin. On est tombé d'accord dès le principe pour abaisser au-dessous de la moitié de la limite d'élasticité N la valeur de la *limite de sécurité* R, ou *limite pratique de travail* à admettre dans les constructions.

Pour le fer et l'acier, le rapport $\frac{R}{N}$ est généralement compris entre $\frac{1}{3}$ et $\frac{1}{2}$. Il ne saurait être question d'établir à cet égard une règle fixe. D'une part, on ne peut arrêter *a priori* la valeur de R, en faisant abstraction de toutes les circonstances spéciales, relatives au mode de calcul d'un ouvrage déterminé, au rôle particulier qu'il doit remplir, à la fabrication et à la mise en œuvre du métal, qui dépendent essentiellement de l'aptitude et de l'outillage du constructeur. D'autre part, on n'est pas absolument d'accord sur les principes à appliquer pour la détermination expérimentale du coefficient N, dont la valeur pour un métal donné peut varier, suivant les idées de l'observateur, entre des limites assez écartées (Chap. III, § 3).

Il pourrait sembler légitime aujourd'hui, en raison des progrès considérables réalisés, aussi bien dans la connaissance des métaux et dans les méthodes de calcul que dans la fabrication et la mise en œuvre des matériaux, de diminuer la marge admise

autrefois, en rapprochant la limite de sécurité de la limite d'é-
lasticité. C'est l'avis d'un certain nombre d'ingénieurs qui seraient
disposés à attribuer au rapport $\frac{R}{N}$ la valeur 3/5.

Toutefois des expériences récentes, qui ont porté sur la résistance des pièces métalliques aux efforts intermittents et alternatifs
paraissent démontrer que la marge admise jusqu'à présent n'est,
dans l'état actuel des connaissances acquises, que juste suffisante,
et qu'il conviendrait même de l'augmenter en certains cas. D'a-
près les théories qui sont aujourd'hui en faveur, le rapport $\frac{R}{N}$, au
lieu d'être fixé a *priori* d'une manière uniforme pour tous les
éléments d'une construction, devrait varier d'une pièce à l'autre,
en raison du rôle spécial joué par chacune d'elles, entre un maximum et un minimum déterminés d'après certaines règles que
nous allons exposer.

**22. Limite de sécurité variable. — Lois de Woehler.
— Expériences de Bauschinger. —** Supposons qu'après avoir
soumis un corps formé d'une matière semi-élastique à l'action de
forces extérieures faisant travailler le métal au-dessous de la
limite d'élasticité, on fasse cesser cette action. Le corps semblera
revenir à sa forme primitive, et l'on ne constatera pas de déformation permanente. Mais est-il permis d'affirmer qu'avec des
moyens d'investigation plus puissants et des instruments de mesure plus sensibles que ceux dont on dispose aujourd'hui, on
n'arriverait pas à observer une légère déformation permanente,
d'ailleurs négligeable devant la déformation élastique ? Cette opinion serait d'autant plus hasardée que M. *Bauschinger*, à la suite
d'expériences faites avec un appareil d'une extrême précision, a
reconnu que, pour certains métaux, la loi de Hooke cessait
d'être rigoureusement vérifiée bien avant que l'on eût atteint
la limite d'élasticité usuelle, telle qu'elle est indiquée par les
instruments les plus exacts et les plus perfectionnés en usage
dans la pratique courante (chap. III, § 3). M. Bauschinger a conclu
à la nécessité de rectifier, en les diminuant, les valeurs admises
jusqu'à présent pour cette limite. Mais, tout en adoptant sa ma-

nière de voir, on ne peut tenir pour certain que, même en restant au-dessous des limites nouvelles qu'il indique, on réduira mathématiquement à zéro la déformation permanente. Il est donc permis de se demander si les propriétés élastiques de la matière n'auront pas été légèrement altérées, dans une mesure d'ailleurs jusqu'à présent insignifiante. Cela pourrait suffire pour que le corps, soumis derechef à l'action de nouvelles forces extérieures, subît une seconde déformation plastique, qui viendrait s'ajouter à la première et augmenterait l'altération du métal. Si l'on recommence cette épreuve un très grand nombre de fois, ne pourra-t-il se faire qu'à la longue la superposition de toutes ces déformations permanentes, dont chacune en particulier était sans importance, constitue un total comparable à ce qu'eût donné une seule opération conduite au-delà de la limite d'élasticité, et entraîne une modification équivalente dans la structure interne de la matière ?

Si cette opinion était fondée, on pourrait arriver, avec une succession suffisamment prolongée d'efforts inférieurs à la limite d'élasticité, à désorganiser le métal : le corps serait exposé à se rompre ou se désagréger dans des conditions de travail qui, en s'en tenant à la règle énoncée à l'article précédent, ne devraient présenter aucun danger.

M. *Woehler* a fait, dans cet ordre d'idées, une série d'expériences portant sur des corps soumis soit à des efforts *intermittents* de même direction et même sens, soit à des efforts *alternatifs* de même direction et de sens opposés.

Les différents cas étudiés par lui sont : l'extension ou la compression simple, la flexion et la torsion. Ses observations l'ont conduit à formuler certaines règles générales, relatives aux effets produits sur les matériaux par la répétition des efforts, que nous allons énoncer.

Désignons par T et T' les valeurs précédées de leurs signes par lesquels passe alternativement le travail élastique, dans la région du corps que l'on considère. Nous supposons que T' représente le plus grand des deux efforts en valeur absolue, et nous admettons que c'est celui dont il s'agit d'évaluer la limite R, au-delà de laquelle la stabilité du corps serait compromise.

Le rapport $\frac{T'}{T}$, que nous désignerons par la lettre φ, est donc compris par hypothèse entre les limites $+1$ (lorsque les efforts successifs sont égaux et de même sens) et -1 (lorsque ces efforts sont égaux et de sens opposés) ; il s'annule quand l'effort T est lui-même égal à zéro. Soient : N la limite d'élasticité de la matière, qui correspond au genre particulier de travail T' que l'on étudie ; C la limite de rupture ; R la limite de sécurité, c'est-à-dire la valeur maximum de T' qu'il convient de ne pas dépasser, sous peine de nuire à la solidité de la pièce métallique.

Les lois de Woehler peuvent s'énoncer comme il suit :

I. — Si l'une des valeurs du travail, soit T' (puisque nous avons supposé que la valeur absolue de T' est supérieure à celle de T), dépasse la limite d'élasticité N, sans atteindre bien entendu la limite de rupture C, on peut toujours obtenir la rupture, *quels que soient le signe et la valeur de* T, après un nombre de répétitions d'autant plus considérables que les différences $1 - \varphi$ et $\frac{T'}{N} - 1$, toutes deux positives, se rapprochent plus de zéro.

Pour $T' = C$, une seule épreuve suffit.

Pour une valeur donnée de $\frac{T'}{N}$, supérieure à l'unité, le nombre de répétitions nécessaire sera maximum pour $\varphi = 1$, et minimum pour $\varphi = -1$.

II. — Si les deux valeurs T et T' sont de même signe ($o < \varphi < 1$) et qu'aucune d'elles ne dépasse N, la rupture ne pourra s'obtenir même après un nombre infini de répétitions, quelle que soit la valeur de φ (supposée toujours positive), qui atteint son maximum 1 pour $T = T'$.

On pourrait donc à la rigueur admettre pour R la valeur extrême N, mais, en vertu de la première loi de Wœhler, la marge de sécurité que l'on se ménagerait, pour les motifs d'ordre théorique ou pratique énoncés à la page 56, serait d'autant moindre que le rapport φ se rapprocherait plus de zéro.

III. — Si les deux valeurs T et T' sont de signes opposés ($-1 \leqq \varphi < 0$), la rupture peut s'obtenir après un nombre de répétitions suffisant, si la plus grande de ces valeurs, soit T', se rapproche assez de la limite d'élasticité N, tout en lui restant inférieure. Tout se passe comme si à une valeur négative déterminée de φ correspondait une limite d'élasticité nouvelle N', inférieure à N, qui ne pût être dépassée sans danger : le rapport $\frac{N'}{N}$ est d'autant plus petit que φ se rapproche davantage de la limite — 1.

Les lois de Woehler conduisent en définitive aux conclusions suivantes : pour toute pièce soumise à des efforts variables, qui font passer alternativement le travail élastique du métal par les valeurs extrêmes T et T', il existe une *limite dangereuse* D que le plus grand de ces travaux, soit T', ne saurait dépasser sans que la stabilité ou la durée de la pièce fût compromise.

Si T et T' sont de même signe (φ > 0), la limite dangereuse D est supérieure à la limite d'élasticité N du métal, tout en restant bien entendu très au-dessous de la limite de rupture C, qui entraîne la désagrégation de la matière dans un temps très court.

Si T est nul (φ = 0), D coïncide probablement avec N, ou du moins s'en écarte peu.

Si enfin T est de signe opposé à T' (φ < 0), D est inférieur à N.

M. *Bauschinger,* en s'appuyant tant sur les résultats publiés par M. Woehler que sur ses propres expériences, a énoncé une proposition qui constitue un complément important de la troisième loi de Woehler : des efforts alternatifs de sens contraires ne sauraient amener la rupture d'une pièce après un nombre infini de répétitions, ni modifier d'une manière appréciable les propriétés élastiques d'un corps, si le plus grand de ces efforts est inférieur à une limite de travail déterminée, que M. Bauschinger qualifie de *limite d'élasticité naturelle* σ. Il a trouvé pour cette limite une valeur toujours légèrement supérieure, mais de très peu, à la moitié de la limite d'élasticité primitive N, qui se détermine en observant l'effet produit par un effort croissant graduellement depuis zéro jusqu'à la rupture. On peut poser d'après lui : $\frac{3}{5} N > \sigma > \frac{N}{2}$.

Cette limite d'élasticité naturelle serait précisément la limite dangereuse D, dans le cas particulier où φ = — 1, soit T' = — T.

Si l'on admet les lois de Woehler, il est rationnel de se ménager la même marge de sécurité pour tous les éléments d'une construction, en fixant pour chacun d'eux en particulier la limite de sécurité à la moitié (ou aux deux cinquièmes, si l'on veut être très prudent), non de la limite d'élasticité N, mais de la limite dangereuse D à partir de laquelle la répétition des efforts produit l'altération du métal.

Il conviendra donc de substituer à la formule usuelle : $R = aN$, où a représente le coefficient de sécurité $\left(\frac{1}{3} \text{ ou } \frac{1}{2}\right)$ que l'on a jugé convenable d'adopter, une relation plus complexe: $R = aN f(\varphi)$, où la fonction $f(\varphi)$ devra aller en croissant pendant que φ variera de -1 à $+1$.

Les ingénieurs qui ont cherché à interpréter les expériences de M. Woehler et à déduire de ses lois une règle pratique, ne semblent pas être tombés d'accord sur la formule à adopter.

Comme il n'est pas possible, dans l'état actuel des connaissances acquises, et faute de données expérimentales suffisamment nombreuses, précises, sûres et concordantes, d'arrêter la forme rationnelle à attribuer à la fonction $f(\varphi)$, le mieux est évidemment de s'en tenir à une solution aussi simple que possible, à condition qu'elle soit à peu près d'accord avec les résultats d'expérience.

On a le choix à ce point de vue entre la formule linéaire :

$R = aN(1 + m\varphi)$, admise par *Laünhardt*, *Weyrauch*, *Almquist*, etc.,

et la formule hyperbolique :

$$R = \frac{aN}{1 - n\varphi},$$

qui concorde exactement ou approximativement avec les règles énoncées par *Gerber*, *Lippold*, *Séjourné*, *Ritter*, *Mohr*, *Landsberg*, etc. Il n'y a dans l'espèce aucun intérêt à compliquer l'équation, car on n'ajouterait rien au degré de confiance qu'elle mérite[1].

---

1. Soient : C la résistance à la rupture d'une barre métallique, éprouvée par la méthode ordinaire en faisant croître graduellement et d'une façon ininter-

Il reste à fixer les valeurs numériques des coefficients a, et m ou n.

Parmi les auteurs précités, les uns se sont appuyés sur des

rompue, pendant un temps assez court, l'effort de traction depuis zéro jusqu'au moment où la pièce se brise ; C' la résistance de la même pièce, lorsqu'on la soumet à des efforts alternatifs ou intermittents, représentés tantôt par C' et tantôt par C'φ, φ étant compris entre — 1 et + 1.

M. *Madamet* déduit des expériences de Woehler la formule empirique suivante :

$$(3) \qquad C' = \frac{2}{1 + \varphi} \sqrt{C\,(C - dC'\,(1 - \varphi))},$$

où l'on attribuerait au coefficient numérique d la valeur 1,42 pour le fer d'essieux, et la valeur 1.66 pour l'acier d'essieux Krupp.

Nous avons reproduit sur la figure 17 les deux courbes III et 3 obtenues par M. Madamet pour le fer et l'acier, par l'emploi de sa formule.

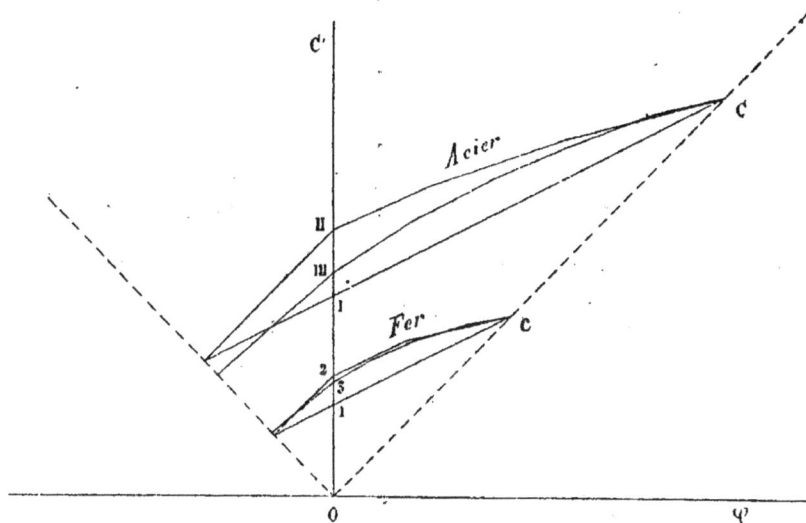

Nous avons également tracé les courbes représentatives des formules plus simples :

$$(1) \qquad C' = \frac{\frac{1}{2}\,C}{1 - \frac{1}{2}\,\varphi}\ , \text{ droites I et 1,}$$

$$\text{et } (2) \qquad C' = \frac{2}{3}\,C\left(1 + \frac{1}{2}\,\varphi\right)\ , \text{ courbes II et 2.}$$

Nous remarquerons que pour le fer la relation empirique de M. Madamet considérations théoriques, au sujet desquelles nous ne croyons pas devoir insister; les autres ont cherché simplement à serrer le plus près possible les résultats des expériences de Woehler. Tantôt ils ont attribué à m et n des valeurs constantes et indépendantes de φ, tantôt ils ont distingué le cas où $\varphi > 0$ de celui où $\varphi < 0$.

Si nous admettons que la limite dangereuse soit, d'après Woehler, égale à N pour $\varphi = 0$, et, d'après Bauschinger, égale à σ ou $\dfrac{N}{2}$ pour $\varphi = -1$; que, d'autre part, les valeurs extrêmes du coefficient de sécurité a soient prises égales à $\dfrac{1}{3}$ ou $\dfrac{1}{2}$, nous arriverons, en posant $m = \dfrac{1}{2}$ dans la première formule, aux relations :

$$R = \frac{N}{3}\left(1 + \frac{\varphi}{2}\right) \ , \ \text{ou} \ R = \frac{N}{2}\left(1 + \frac{\varphi}{2}\right),$$

qui donnent : pour $\varphi = -1$, $R = \dfrac{N}{6}$, ou $\dfrac{N}{4}$;

pour $\varphi = 0$, $R = \dfrac{N}{3}$, ou $\dfrac{N}{2}$;

pour $\varphi = +1$, $R = \dfrac{N}{2}$, ou $\dfrac{3N}{4}$.

On pourra de même attribuer au coefficient n de la seconde formule la valeur $\dfrac{1}{2}$ et obtenir les relations :

$$R = \frac{N}{3}\frac{1}{1 - \frac{\varphi}{2}} \ , \ \text{ou} \ R = \frac{N}{2}\frac{1}{1 - \frac{\varphi}{2}},$$

qui donnent : pour $\varphi = -1$, $R = \dfrac{2}{9}N$, ou $\dfrac{N}{4}$;

pour $\varphi = 0$, $R = \dfrac{N}{3}$, ou $\dfrac{N}{2}$;

pour $\varphi = +1$, $R = \dfrac{2}{3}N$, ou N.

concorde absolument avec la formule 2; que pour l'acier elle fournit des résultats intermédiaires entre ceux des formules (1) et (2).

Nous ne voyons pas bien la nécessité en pareille matière de recourir à une équation aussi compliquée, où figure un coefficient d variable avec la nature du métal, quand rien ne prouve que les renseignements fournis par elle méritent plus de confiance que ceux tirés des relations simples 1 et 2.

Dans la figure 17, les abscisses horizontales représentent les valeurs de $C'\varphi$, et non celles du rapport φ, comme pourrait le faire croire à tort la lettre φ inscrite sur l'axe horizontal.

Ce dernier résultat est certainement trop fort; aussi M. Séjourné propose-t-il d'attribuer au coefficient n la valeur 0,4 qui lui paraît concorder avec les expériences de Woehler.

Nous compléterons cette étude au chapitre III, en indiquant les valeurs de N qui conviennent aux différentes qualités de fonte, de fer et d'acier, travaillant à l'extension, à la compression, à la flexion, à la torsion, etc.

23. Objections contre les lois de Wœhler. Effets produits sur les corps élastiques par les actions dynamiques. — Nous ne nous sommes occupé jusqu'ici que de l'étude des déformations des corps élastiques en équilibre *statique* sous l'action des forces extérieures. Les conclusions auxquelles nous sommes arrivés ne seraient pas applicables dans le cas d'un choc, ou dans celui d'une force agissant instantanément : la déformation s'opérerait alors dans un temps assez court pour que le déplacement dans l'espace d'une molécule du corps s'effectuât avec une vitesse appréciable. Il faudrait, par conséquent, recourir aux équations de l'équilibre *dynamique* fournies par la mécanique générale, en faisant intervenir la considération des forces d'inertie, ou tenant compte de la force vive dont serait animée la matière pendant la déformation.

Considérons, par exemple, une barre prismatique dont nous désignons par Ω l'aire de la section transversale. Admettons que cette barre soit soumise à l'action de forces extérieures permanentes et invariables déterminant en tous les points de la matière un travail élastique uniforme, de compression ou d'extension, que nous représentons par la lettre T.

Supposons maintenant que, l'une de ses extrémités étant fixe, on applique graduellement à l'autre une force additionnelle F, qui, en croissant lentement à partir de zéro, fera varier le travail élastique, dans toutes les régions de la barre, de la valeur initiale T à la valeur finale T'. Nous ne formulons aucune hypothèse sur les signes de T et T', qui peuvent être de même sens ou de sens opposés.

La déformation du corps s'effectuant avec une grande lenteur, on pourra, à un moment quelconque, le considérer comme en état d'équilibre statique : la puissance, c'est-à-dire la force additionnelle variable, sera donc toujours égale à la résistance, c'est-à-dire à la résultante des actions moléculaires développées dans une section transversale de la barre durant la période de déformation.

On aura finalement $F = (T' — T)\Omega$, et, si l'on désigne par λ la variation de longueur subie par la barre, le travail mécanique qui aura déterminé sa déformation sera représenté, en vertu de la loi de Hooke, soit par $\dfrac{F\lambda}{2}$ (travail moteur), soit par $\dfrac{T' — T}{2}\Omega\lambda$ (travail résistant). Il y aura égalité entre ces deux quantités, puisqu'à aucun moment de la déformation la matière n'aura été animée d'une force vive appréciable.

Supposons maintenant qu'on applique instantanément la force F, en lui donnant immédiatement toute son intensité, qui demeurera invariable pendant la déformation. La puissance se trouvant d'abord supérieure à la résistance, qui ira en croissant au fur et à mesure que la barre se déformera, les molécules devront être animées de vitesses telles qu'à un moment quelconque le travail moteur (ou travail mécanique correspondant au déplacement du point d'application de F) soit égal au travail résistant (ou travail mécanique des actions moléculaires) augmenté de la force vive du corps.

Soit λ_1 la variation de longueur subie par la barre au moment où, le travail résistant étant devenu égal au travail moteur, les molécules se retrouveront immobiles dans l'espace, et leur force vive réduite à zéro ; ce moment correspondra à la fin de la vibration simple imprimée à la barre par l'application de la force instantanée.

Le déplacement du point d'application de la force constante F aura été égal à λ_1.

Le travail moteur sera donc représenté par $F\lambda_1$. Quant au travail résistant, il sera donné, en vertu de la loi de Hooke, par le produit $\dfrac{T_1 — T}{2}\Omega\lambda$, où T_1 désigne le travail élastique corrélatif de la déformation λ_1.

On aura donc l'égalité :

$$F\lambda_1 = \frac{T_1 - T}{2}\,\Omega\lambda_1,$$

ou
$$2F = \Omega\,(T_1 - T).$$

Or nous avons vu plus haut que, dans le cas de la déformation statique, on avait : $\Omega\,(T' - T) = F$.

Donc :
$$T_1 - T = 2(T' - T).$$

Le travail élastique déterminé par une force instantanée est ainsi le double de celui que produirait la même force appliquée graduellement, de façon à n'imprimer aux molécules du corps, pendant sa déformation, que des vitesses négligeables.

En vertu de la loi de Hooke, on a aussi :

$$\frac{\lambda_1}{\lambda} = \frac{T_1 - T}{T' - T}\,.$$

D'où $\lambda_1 = 2\lambda$. L'amplitude de l'oscillation est égale au double de l'allongement statique correspondant à la même force de traction F.

La relation, où figure T_1, peut être mise sous la forme :
$$T'_1 = 2T' - T.$$

Soit D la limite dangereuse que le travail élastique de la matière ne peut dépasser sans que la stabilité soit compromise. Dans l'hypothèse de la force F agissant instantanément, il faudra satisfaire à la condition :

$$T_1 \leq D\,,$$

ou
$$2T' - T \leq D.$$

Cette inégalité peut s'écrire comme il suit :

$$T'\,(2T' - T) \leq DT'\,,$$

ou
$$T' \leq D\,\frac{T'}{2T' - T} = \frac{D}{2}\,\frac{1}{1 - \dfrac{T}{2\,T'}} = \frac{D}{2}\,\frac{1}{1 - \dfrac{\varphi}{2}}\,.$$

On peut donc, dans le cas d'une force instantanée, déterminer les conditions de stabilité du corps comme s'il se trouvait en état d'équilibre statique, à condition de substituer à la limite dangereuse D la nouvelle limite fournie par l'expression :

$$\frac{D}{2}\cdot\frac{1}{1 - \dfrac{\varphi}{2}}\,.$$

Nous retrouvons précisément le coefficient de réduction $\dfrac{1}{1-\frac{\rho}{2}}$, auquel conduisent les expériences de Wœhler et de Bauschinger.

Les résultats de ces expériences pourraient donc ne présenter aucune contradiction avec l'ancienne théorie d'après laquelle le travail élastique ne saurait en aucune circonstance offrir de danger, tant qu'il ne dépasse pas une limite fixe qui est la limite d'élasticité, mais à la condition de supposer que ces auteurs ont fait leurs observations sur des pièces métalliques soumises à des efforts, alternatifs ou successifs, *instantanés*, et par suite imprimant aux molécules, pendant la déformation, des mouvements vibratoires. Or, il se trouve précisément que, dans les expériences de Woehler, les efforts alternatifs se succédaient très rapidement, à raison parfois de 72 alternances par minute ; la durée d'application de chaque force était limitée à $\frac{1}{10}$ ou $\frac{1}{12}$ de seconde.

Il est donc permis de supposer que chaque action nouvelle imprimait à la pièce un mouvement vibratoire qui n'était pas complètement amorti et éteint quand l'action suivante entrait en jeu.

C'est là évidemment une objection très grave, puisque, si elle était justifiée, les lois de Wœhler, et les règles pratiques qui en découlent, devraient être considérées comme non avenues, ou du moins ne seraient applicables qu'aux pièces soumises à des actions dynamiques, organes de machines, bielles d'accouplement, essieux de voitures, etc.

Or, à ce point de vue, les lois de Woehler ne constituent pas une nouveauté, car on a reconnu de tout temps la nécessité d'abaisser la limite de sécurité pour les pièces de cette catégorie, quand on calcule leurs dimensions par des méthodes ne tenant pas compte de l'influence des vibrations. Mais en doit-il être de même lorsqu'il s'agit d'un élément de pont ou de construction métallique, soumis à l'action de forces extérieures variant avec une lenteur suffisante pour que les vibrations y soient sinon insensibles, du moins sans grande importance, leurs amplitudes, que l'on peut mesurer, ne représentant qu'une faible fraction de la déformation totale ?

Nous nous bornerons à signaler cette objection, sans prétendre en tirer une conclusion défavorable contre une théorie qui, en définitive, paraît fondée sur un principe rationnel, si on l'envisage au point de vue de la théorie de l'élasticité. Seulement, les recherches expérimentales qui lui ont donné naissance ne suffisent pas, d'après nous, pour constituer une démonstration péremptoire et conduire à une règle pratique indiscutable. La question est encore obscure et il faudra des expériences nouvelles et nombreuses pour l'élucider à fond.

L'ancienne théorie, d'après laquelle la limite de sécurité peut être arrêtée une fois pour toutes, en se basant sur la valeur de la limite d'élasticité N, quel que soit d'ailleurs le rapport φ (sauf, bien entendu, pour les pièces soumises à des actions dynamiques), a à son actif une expérience de cinquante années, tous les ouvrages métalliques ayant jusqu'à présent été calculés d'après ses indications, sans qu'aucun mécompte ait jamais paru mettre en relief l'inexactitude du *postulatum* sur lequel elle repose. Son remplacement par une formule nouvelle ne présente ainsi aucun caractère d'urgence, d'autant que l'état actuel de certaines constructions déjà anciennes semble démentir les prévisions de Woehler ; des pièces métalliques qui, d'après ses lois, travaillent bien au-dessus de la limite dangereuse, ont pu être vérifiées, sans que l'on ait constaté de changement appréciable dans les propriétés élastiques de la matière, demeurée aussi résistante qu'à l'époque de sa mise en œuvre ; tandis qu'au contraire, pour les organes de machine et pour les corps en mouvement vibratoire permanent, l'emploi de règles analogues s'est imposé de tout temps aux constructeurs.

24. Formule nouvelle pour le calcul de la limite de sécurité. — Nous pensons qu'au lieu de choisir entre les deux théories qui viennent d'être exposées, il serait préférable d'adopter un moyen terme, basé sur les principes suivants :

1° Conformément à l'ancienne théorie, la limite dangereuse sera considérée comme invariable pour un métal de qualité déterminée, quelle que soit la valeur du rapport φ ou $\frac{T}{T'}$, toutes les fois que le corps, soumis exclusivement à des actions statiques, c'est-à-dire sollicité par des forces extérieures qui ne varieront en grandeurs ou en directions qu'avec une extrême lenteur, ne pourra jamais entrer en vibration.

En ce cas, la limite dangereuse sera précisément la limite d'é-lasticité N de la matière considérée ; la limite de sécurité pourra être fixée une fois pour toutes à une fraction déterminée de N, la moitié ou le tiers, suivant la marge de sécurité que l'on voudra se réserver.

Nous désignerons par R_1 cette limite de sécurité fixe, applica-ble uniquement dans le cas d'un travail parfaitement statique.

2° Toutes les fois, au contraire, que les forces extérieures va-rieront assez rapidement pour déterminer dans la matière des mouvements élastiques oscillatoires, il y aura lieu de tenir compte, dans la fixation de la limite de sécurité applicable aux calculs *statiques* de stabilité, qui supposent l'immobilité absolue des molécules de la matière, de l'influence défavorable des vibra-tions, ayant pour effet d'abaisser la limite dangereuse au-dessous de la limite d'élasticité. Cet abaissement sera d'autant plus mar-qué que le rapport de l'amplitude d'une vibration à la déforma-tion élastique, subie par le corps dans la même direction, sera plus grand.

Il faut reconnaître que ce second principe trouvera son applica-tion dans presque tous les cas de la pratique. En dehors des pièces de machines, bielles, essieux, etc., qui sont dans un état de vibration permanent, la plupart des éléments des constructions métalliques sont soumis à l'influence d'actions dynamiques. La pression du vent, le passage des charges roulantes déterminent dans les ponts des vibrations très sensibles, dont les conséquen-ces au point de vue de la limite de sécurité peuvent ne pas être négligeables dans tous les cas.

Il s'agit d'établir une formule rationnelle qui, par l'application des deux principes énoncés ci-dessus, permette d'arrêter la li-mite de sécurité en tenant compte dans une juste mesure de l'influence des actions dynamiques, mise en relief par les oscil-lations que subit une pièce de part et d'autre de sa position d'é-quilibre statique.

Considérons la barre métallique dont il a été question à l'article 23, et supposons que l'on puisse obtenir, à l'aide d'un appareil enregistreur muni d'une bande de papier se déroulant automatiquement avec une vitesse uniforme, la représentation graphique des déplacements subis par l'extrémité de la barre, quand on lui applique la force additionnelle F, susceptible de faire varier le travail statique de la matière de T à T'.

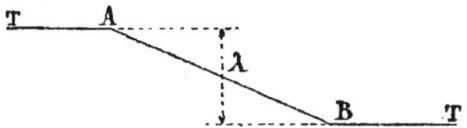

Fig. 18.

Le tracé graphique représenté par la figure 18 correspond au cas où, l'application de la force ayant été lente et progressive, il ne s'est pas produit de vibration appréciable. L'allongement élastique λ de la barre est mesuré sur la distance de deux droites parallèles correspondant respectivement aux périodes durant lesquelles le travail élastique était invariable et égal soit à T, soit à T' ; l'oblique AB, qui raccorde ces deux parallèles, correspond à la période de déformation, pendant laquelle le travail a varié progressivement de T à T'. D'après ce qui a été dit plus haut, la limite de sécurité devra être dans ce cas indépendante du rapport $\frac{T'}{T}$ ou φ. Nous l'avons désignée par R_1.

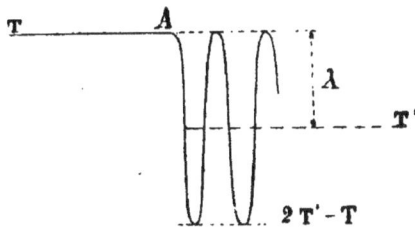

Fig. 19

Passons au cas, traité à l'article 23, où la force F serait appliquée instantanément (fig. 19) : l'amplitude de la vibration produite est égale au double de l'allongement statique λ, et, d'après la démonstration rigoureuse que nous avons donnée, la limite de sécurité devra être réduite à :

$$\frac{R_1}{2 - \dfrac{T}{T'}} = \frac{R_1}{2 - \varphi}.$$

Considérons, enfin, le cas intermédiaire (fig. 20) où, pendant la déformation, l'extrémité de la barre a subi des oscillations dont l'amplitude maximum, CD ou $2v$, est restée inférieure à 2λ. Tout

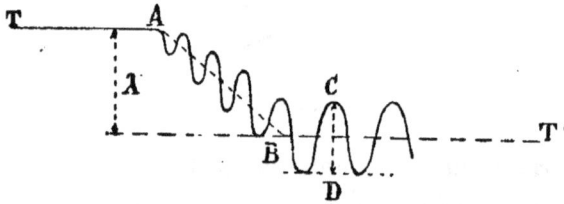

Fig. 20.

s'est passé comme si la force F se trouvait partagée en deux fractions, l'une F — f appliquée lentement et graduellement de façon à déformer la barre sans la faire vibrer, et l'autre f appliquée instantanément de manière à produire une vibration d'amplitude $2v$. La grandeur d'une force instantanée est proportionnelle, d'après la loi de Hooke, à l'allongement élastique qu'elle détermine dans une barre donnée, et, par suite, à la demi-amplitude de la vibration qu'elle produit si elle est appliquée instantanément.

On a donc :

$$\frac{f}{F} = \frac{v}{\lambda}.$$

Soit T'—T₁ l'écart entre les valeurs du travail statique que subirait la barre, avant et après l'application progressive de la force f, si elle n'entrait pas en vibration. L'inconnue T_1 se calculera par la relation :

$$\frac{T' - T_1}{T' - T} = \frac{f}{F} = \frac{v}{\lambda}.$$

D'où :

$$T_1 = T'\left(1 - \frac{v}{\lambda}\right) + T\frac{v}{\lambda},$$

et
$$\frac{T^1}{T'} = \varphi_1 = 1 - \frac{v}{\lambda} + \frac{T}{T'}\frac{v}{\lambda} = 1 - \frac{v}{\lambda} + \frac{v}{\lambda}\varphi.$$

En vertu de la démonstration faite à l'article 23, la limite de sécurité devra être fournie dans le cas présent par l'expression :

$$R = \frac{R_1}{2 - \varphi_1}$$

qui devient, en remplaçant φ_1 par sa valeur :

$$R = \frac{R_1}{1 + \frac{v}{\lambda}(1 - \varphi)}.$$

Nous proposerons l'adoption de cette formule, qui ne diffère de celles déduites des expériences de Woehler que par l'introduction du coefficient variable $\frac{v}{\lambda}$. Elle résulte d'une démonstration rigoureuse et a l'avantage de s'appliquer à tous les cas imaginables, depuis celui de l'effort purement statique, pour lequel $\frac{v}{\lambda}$ est nul, jusqu'à celui de l'action instantanée, pour lequel $\frac{v}{\lambda} = 1$.

Quant à la démonstration expérimentale, elle nous sera fournie par les travaux mêmes de M. Woehler. Cet ingénieur ayant fait varier les conditions dans lesquelles il éprouvait ses barres, tant au point de vue du mode d'application des forces extérieures qu'à celui du temps écoulé entre deux actions successives, il n'est pas possible, si nos prévisions sont justes, qu'il soit toujours tombé exactement sur la même valeur du rapport $\frac{v}{\lambda}$.

Nous n'avons pas l'intention de donner ici le compte-rendu de ses recherches, mais on nous accordera sans doute qu'en ralentissant la vitesse de l'arbre moteur chargé de produire la répétition des efforts, M. Woehler devait par là même diminuer l'amplitude des vibrations produites par un effort donné. Tout changement dans le mode de transmission devait entraîner une modification correspondante dans le caractère de semi-instantanéité de la force. Il ne doit donc pas être possible de représenter les valeurs obtenues dans les différents essais pour la limite dangereuse par une formule unique $\dfrac{a\mathrm{N}}{1 - n\varphi}$, où le coefficient n aurait une valeur fixe et invariable, au lieu d'être fonction du rapport $\dfrac{v}{\lambda}$.

D'après la démonstration que nous avons donnée, on doit avoir, en effet :

$$n = \frac{\dfrac{v}{\lambda}}{1 + \dfrac{v}{\lambda}} \cdot$$

Si $\dfrac{v}{\lambda}$ n'est pas constant, il n'en peut être autrement de n : les ingénieurs qui ont tenté de traduire par une formule unique les résultats publiés par M. Woehler, n'ont pu se mettre d'accord, précisément parce que, le rapport $\dfrac{v}{\lambda}$ variant d'une série d'épreuves à la suivante, le problème ne comportait pas une solution unique. Il leur a fallu établir des moyennes et chacun d'eux s'est implicitement basé sur une valeur de $\dfrac{v}{\lambda}$ qui, d'après ses idées, s'accommodait mieux avec l'ensemble des résultats, ou se rapportait aux expériences les plus intéressantes et les mieux conduites. Nous indiquons ci-après les valeurs de $\dfrac{v}{\lambda}$ déduites des différentes formules, rentrant dans l'expression générale $a\mathrm{N}\,\dfrac{1}{1 - n\varphi}$, qui ont été proposées :

Weyrauch, Almquist, Ritter, Lippold, etc. : $n = \dfrac{1}{2}$, $\dfrac{v}{\lambda} = 1$;

Séjourné : $n = 0,4$, $\dfrac{v}{\lambda} = \dfrac{2}{3}$;

Schœffer : $n = \dfrac{1}{3}$, $\dfrac{v}{\lambda} = \dfrac{1}{2} \cdot$

Il n'y a en définitive qu'un seul moyen de vérifier simultanément tous les résultats d'expérience publiés par M. Woehler : il faut recourir à notre formule, en attribuant à chaque série d'essais la valeur du coefficient $\dfrac{v}{\lambda}$ qui lui convient.

La formule $R = \dfrac{R_1}{1 + \dfrac{v}{\lambda}(1 - \varphi)}$, où φ a la même signification que

dans celles de l'article 23, peut être mise sous la forme :

$$\frac{R_1}{R} - 1 = (1 - \varphi).$$

On voit qu'elle est susceptible d'être représentée graphique-ment par un abaque à triple réglure, comportant deux systèmes de droites parallèles à deux axes rectangulaires et un faisceau de droites concourant à l'origine de ces axes. Nous donnerons cet abaque au début du chapitre IV.

Pour faire usage de cette formule, il faut connaître *a priori :*

1° La valeur R_1 du travail admissible en toute sécurité pour le métal que l'on a en vue, dans le cas où $\varphi = 1$, c'est-à-dire où l'effort est permanent et invariable. C'est un caractère spécifique de la matière, indépendant de la nature de la construction étudiée.

2° La valeur du coefficient $\dfrac{v}{\lambda}$, qui convient à l'élément de cons-truction dont on se propose de vérifier la stabilité ou de détermi-ner les dimensions. Il est difficile en pratique d'évaluer ce coef-ficient, dont la valeur dépend du rapport qui peut exister entre la durée du *chargement* de cette pièce, c'est-à-dire le temps que les forces extérieures mettent à passer d'un minimum à un maxi-mum, et la durée d'une oscillation vibratoire simple de la pièce en question. Il ne semble pas impossible de faire des relevés sur un certain nombre d'ouvrages existants, à l'aide d'appareils enre-gistreurs, analogues à ceux employés en physique pour l'étude des vibrations sonores. On établirait de cette façon des moyennes, qui serviraient de guides aux constructeurs, et fourniraient les éléments d'un tableau analogue au suivant, que nous avons dressé, à titre d'exemple, sur des bases absolument hypothé-tiques.

	Valeurs de $\dfrac{v}{\lambda}$	Valeurs de n
Pièces de machines : bielles, essieux, etc.	de 1,0 à 0,7	0,50 à 0,40
Rails...............................	de 0,7 à 0,5	0,40 à 0,30
Poutrelles, longrines, ponts de faible portée.	de 0,5 à 0,25	0,30 à 0,20
Poutres de longueur moyenne..........	de 0,25 à 0,1	0,20 à 0,10
Poutres et fermes de grandes portées.....	de 0,1 à 0,05	0,10 à 0,05

La formule $R = R_1 \left(1 - \frac{v}{\lambda} (1 - \varphi) \right)$, que l'on pourrait être

tenté de substituer à la précédente, en raison de sa plus grande

simplicité, n'est pas rationnelle. Dès que le coefficient $\frac{v}{\lambda}$ dépasse

0,1 ou 0,2, les renseignements qu'elle fournit ne concordent plus

avec ceux de la première. Il faut, pour en faire usage, réduire ce

coefficient $\frac{v}{\lambda}$ dans un rapport d'autant plus grand que sa valeur

est plus élevée, par exemple de moitié, et même des trois cin-

quièmes dans le cas d'une force instantanée : $\frac{v}{\lambda} = 1$. On ne peut

donc avoir qu'une formule purement empirique, à laquelle nous

ne voyons aucun motif d'accorder la préférence.

Mise sous la forme $1 - \frac{R}{R_1} = \frac{v}{\lambda} (1 - \varphi)$, cette relation est sus-

ceptible d'être représentée graphiquement par un abaque iden-

tique à celui de la relation précédente, sauf en ce qui touche la

graduation de l'axe qui porte l'échelle de la variable $\frac{R}{R_1}$. Nous

donnerons également cet abaque au début du chapitre IV.

D'après notre manière de voir, les changements de température

subis par un ouvrage construit en plein air, tel qu'un pont en

arc, s'effectuant avec assez de lenteur pour ne pas déterminer de

vibrations dans l'ossature, il n'y aurait jamais lieu de tenir

compte, dans l'application des règles de Woehler, de l'écart de

travail imputable à cette cause.

Une pièce dont le travail varierait, par la seule influence de la

température, entre les limites extrêmes — R et + R serait exac-

tement dans les mêmes conditions de stabilité que si le travail

était invariablement fixé à + R, abstraction faite de l'influence

des surcharges. On voit donc qu'à ce point de vue il y aurait dé-

saccord complet entre notre formule et celle de l'article précé-

dent, où le rapport φ est basé sur l'écart total constaté entre les

valeurs extrêmes du travail, aussi bien par l'effet de la tempéra-

ture que par celui des charges variables ou roulantes, susceptibles

de déterminer des vibrations dans l'ouvrage.

25. Détermination expérimentale de la limite d'élasticité. — Considérons un corps sollicité par un certain nombre de forces extérieures connues ; supposons que l'on fasse croître graduellement et proportionnellement toutes ces forces, sans changer leurs directions, ni leurs points d'application, ni leurs rapports mutuels. La déformation du corps suivra, en vertu de la loi de Hooke, une marche parallèle et proportionnelle, jusqu'au moment où la limite d'élasticité sera atteinte : au-delà de cette limite, la proportionnalité entre les forces extérieures et les déformations ne subsiste plus.

Si l'on peut reconnaître expérimentalement, avec une précision suffisante, l'instant où ce changement se produit, la limite d'élasticité du corps sera définie, dans les conditions où il travaille, par le système des forces extérieures agissant actuellement sur lui. Il sera facile d'en déduire la condition nécessaire pour que la limite de sécurité ne soit pas dépassée, en multipliant toutes les forces extérieures, évaluées au moment où la limite d'élasticité s'est trouvée atteinte, par le coefficient de réduction $\dfrac{R}{N}$ fourni *a priori* par l'une des règles pratiques énoncées dans l'article précédent.

On connaîtra ainsi la limite d'élasticité et la limite de sécurité *rapportées à l'ensemble du corps*, de forme et de nature déterminées, sollicité par un système de forces extérieures bien défini.

Tel est le renseignement que l'on obtient expérimentalement dans les essais de matériaux : il n'a de valeur, *a priori*, que pour la matière employée, pour le corps de forme géométrique déterminée soumis à l'épreuve, et pour le système des forces que l'on a fait agir sur lui.

Limite spécifique d'élasticité[1].— Supposons la matière homogène et isotrope, et admettons que nous soyons en mesure de déterminer par le calcul, pour un point M choisi arbitrairement à l'intérieur du corps, les directions et les grandeurs des axes de l'ellipsoïde des actions moléculaires relatif à ce point (art. 8).

---

1. Cette même démonstration est également applicable au cas des corps hétérotropes, à la condition de faire entrer en ligne de compte les déformations transversales du cube (glissements ou distorsions) qui ne sont plus nécessairement nulles dans les directions des axes de l'ellipsoïde, si du moins ceux-ci ne

Reportons-nous au cube élémentaire de l'article 8, dont les arêtes seront dirigées parallèlement aux axes de l'ellipsoïde.

Les actions moléculaires exercées sur ses faces seront les trois actions normales principales, dont les intensités sont représentées par les axes de l'ellipsoïde ; les actions tangentielles seront nulles.

L'état élastique de la matière sera complètement défini en M par ces trois actions normales X, Y et Z, ou bien encore par les trois déformations directes u, v et w, qui sont des fonctions linéaires des actions précitées : ces déformations correspondent à des allongements ou des raccourcissements des arêtes. Les actions moléculaires tangentielles étant nulles, il en sera de même des déformations tangentielles ou transversales, distorsions ou glissements (art. 14) : les angles trièdres, dièdres et plans du solide élémentaire ne seront pas modifiés.

Admettons que l'on fasse varier les forces extérieures appliquées au corps de telle façon que les déformations v et w du cube élémentaire M ne subissent aucun changement, tandis que la déformation u irait en croissant positivement. Au moment où le cube aura atteint dans ces conditions sa limite d'élasticité à l'extension, cet allongement aura pris une valeur U, qui sera nécessairement fonction de la résistance de la matière essayée et des deux autres déformations directes v et w. D'une part, en effet, l'état élastique du cube est complètement défini par ces trois quantités U, v et w, et d'autre part rien ne permet de supposer *a priori* que l'allongement limite d'une arête du cube soit indépendant des variations de longueurs subies par les deux autres arêtes issues du même sommet. Cet allongement limite U

coïncident pas avec des axes d'élasticité directe de la matière. D'autre part les inégalités de condition auxquelles on arriverait contiendraient des coefficients variables avec l'orientation de chaque direction, considérée par rapport aux axes d'élasticité directe (art. 9).

Comme on est toujours obligé, dans les applications, d'assimiler les matériaux à des corps isotropes pour arriver à des formules utilisables, et comme d'autre part nous ne faisons ici de théorie que dans un but final pratique, nous nous sommes dispensé de traiter le cas général, qui ne saurait présenter qu'un intérêt scientifique.

sera donc représenté par une fonction des deux autres déformations directes.

$$U = f(v, w).$$

En raison de la petitesse des quantités u et w, assimilables à des infiniment petits, on pourra négliger, dans le développement en série de cette fonction, tous les termes de degré supérieur au premier, et la ramener à la forme linéaire :

$$U = hv + mw + n.$$

Les coefficients numériques h, m et n dépendent des propriétés élastiques de la matière : n est l'allongement correspondant à la limite d'élasticité à l'extension du cube, quand v et w sont tous deux nuls (extension simple).

On établirait de même que le raccourcissement limite U' de la même arête, correspondant à la limite d'élasticité à la compression du cube, doit être représenté par la relation linéaire :

$$U' = h'v + m'w + n'.$$

Le coefficient numérique n', qui est ici une quantité négative, est le raccourcissement limite dans le cas particulier où v et w sont tous deux nuls (compression simple).

Comme la matière a été supposée isotrope, ces relations sont applicables, avec les mêmes coefficients numériques, aux deux autres arêtes du cube, dont les déformations sont v et w.

Nous en concluons en définitive que, pour que le travail élastique de la matière ne dépasse dans aucune direction, pour le cube considéré, soit la limite d'élasticité à l'extension, soit la limite d'élasticité à la compression, il est nécessaire et suffisant que la variation de longueur u d'une arête parallèle à l'un des axes de l'ellipsoïde des actions moléculaires satisfasse à la double condition fournie par les inégalités suivantes :

$$\underset{\text{limite à la compression}}{h'v + m'w + n'} < u < \underset{\text{limite à l'extension}}{hv + mw + n}$$

n est un nombre positif (limite d'élasticité à l'extension simple), n' est un nombre négatif (limite d'élasticité à la compression simple).

Rien n'empêche de substituer, dans ces inégalités, à u, v et w leurs valeurs en fonction des actions moléculaires principales X, Y et Z.

En raison de la forme linéaire des relations qui lient ces variables, on obtiendra de nouvelles inégalités de condition également linéaires :

Compression   Extension

$$H'Y + M'Y + N' < X < HY + MZ + N.$$

N est une quantité positive (travail à la limite d'élasticité dans le cas de l'extension simple).

N' est une quantité négative (travail à la limite d'élasticité dans le cas de la compression simple).

Il résulte de cette étude que pour être complètement renseigné sur la limite d'élasticité *spécifique* d'une matière déterminée, que l'on puisse considérer avec une certaine vraisemblance comme douée de l'isotropie, il est nécessaire et suffisant de connaître soit les six coefficients numériques h, m, n, h', m' et n', soit les six autres H, M, N, H', M' et N'.

On a déterminé avec une grande exactitude la valeur de N pour les différentes qualités de fer et d'acier, comme nous le verrons au chapitre III. On les obtient facilement par des essais à l'extension simple.

En ce qui touche N', limite d'élasticité à la compression simple, on suppose d'habitude que sa valeur est égale à celle de N, sans que cette opinion ait reçu dans des conditions convenables la sanction de l'expérience. Nous verrons plus tard, au surplus, qu'il n'y a pas grand intérêt à la connaître exactement : dans toutes les constructions métalliques, la rupture des éléments est presque toujours le résultat d'une tension exagérée (flambement des pièces comprimées), de telle sorte qu'il suffit de savoir que la valeur absolue de N' est supérieure à celle de N, ce qui est un fait bien établi. Peu importe, d'ailleurs, que l'écart soit faible ou considérable, puisqu'il faut de toute nécessité admettre dans les calculs l'égalité de ces deux limites, sous peine de s'exposer à des mécomptes.

On n'a pour la fonte que des données assez vagues sur N :

nous montrerons au chapitre III (§ 2 et § 3) qu'il n'y a pas à proprement parler de limite d'élasticité pour ce métal. Il en est sans doute de même pour les bois. Enfin pour les matières pierreuses, on est réduit aux suppositions : en fait, pour la fonte, les bois et les pierres, on détermine la limite de sécurité en se basant sur la résistance de rupture, ce qui oblige à admettre, dans les constructions, une marge de sécurité considérable, qui suffit en général pour préserver de tout mécompte.

Tenons-nous en au fer et à l'acier, qui sont les matériaux usuels se rapprochant le plus de l'isotropie parfaite. Pour définir leurs limites spécifiques d'élasticité à l'extension et à la compression, il faudrait connaître, outre les limites N et N' à l'extension simple et à la compression simple, soit les coefficients h, m, h' et m', soit les coefficients H, M, H' et M'.

Comme on ne possède à cet égard aucun renseignement d'expérience valable et concluant, on en est réduit à choisir entre les deux solutions hypothétiques suivantes, qui ont l'avantage d'être très simples :

1° On suppose nuls les coefficients H, M, H' et M', en ramenant les inégalités de condition à la forme suivante :

$$N' < X < N.$$

La limite d'élasticité pour une face donnée du cube serait indépendante des actions moléculaires exercées sur les faces latérales du solide, que nous appellerons les actions moléculaires *latérales* relatives au plan considéré. Il serait donc inutile de se préoccuper de ces actions latérales, que l'on serait dispensé de calculer.

Cette manière de voir est en général appliquée dans les calculs de résistance relatifs aux constructions métallurgiques ; elle a le défaut d'être certainement et radicalement fausse.

2° On suppose nuls les coefficients h, m, h' et m', en ramenant les inégalités de condition à la forme suivante :

$$n' < u < n.$$

L'allongement limite ou le raccourcissement limite, mesuré normalement à une face du cube, serait indépendant des déformations directes relatives aux autres faces du cube. Les résultats d'expériences semblent justifier cette règle, qui, eu égard aux

6

connaissances que l'on possède sur la structure interne des matériaux, semble rationnelle. Il est très probable qu'elle s'éloigne peu de la vérité.

On en conclura immédiatement, en se basant sur la formule de déformation relative aux corps isotropes (art. 14) :

$$u = \frac{1}{E} [X - \eta (Y + Z)],$$

que les limites spécifiques d'élasticité peuvent être définies par la double condition :

$$N' < X - \eta (Y + Z) < N,$$

N étant égal à nE, et N' à n'E.

On doit admettre d'autre part que le coefficient de contraction latérale η est égal à $\frac{1}{4}$, puisqu'on suppose le corps parfaitement isotrope. La valeur expérimentale 0,30, observée dans le sens du laminage pour le fer et l'acier (art. 20), n'est plus acceptable si l'on s'écarte de cette direction pour prendre celle d'un des axes de l'ellipsoïde des actions moléculaires.

On se trouve en définitive conduit à faire usage de la règle pratique :

$$N' < X - \frac{Y + Z}{4} < N.$$

Il y a lieu, au point de vue des applications, de distinguer les trois cas suivants :

I. Travail simple à la compression ou à l'extension ($Y = Z = 0$) :

$$N' < X < N.$$

La surface directrice des actions moléculaires se réduit à une droite, dont un segment, de longueur X, représente l'ellipsoïde.

II. Travail double ($Z = 0$) :

$$N' < X - \frac{1}{4} Y < N.$$

L'ellipsoïde des actions moléculaires est réduit à une ellipse ; la surface directrice est constituée par une ellipse ou deux hyperboles conjuguées situées dans le même plan.

Cas-limites :

1° $\qquad\qquad Y = X \qquad : \qquad N' < \frac{3}{4} X < N.$

L'ellipse et la courbe directrice sont des cercles concentriques.

2° $$Y = -X \quad : \quad N' < \frac{5}{4} X < N.$$

L'ellipse devient un cercle ; la courbe directrice se compose de deux droites rectangulaires.

Dans les pièces prismatiques soumises à un effort de flexion, le travail est double, comme nous le ferons voir à l'article 47. Mais on ramène pratiquement ce cas à celui de l'extension simple en calculant le travail normal exercé dans la direction d'une asymptote aux deux hyperboles directrices des actions moléculaires : nous montrerons que cette assimilation est suffisamment justifiée au point de vue des applications pratiques.

Le travail double s'observe dans les corps cylindriques de chaudières dépourvues de fonds, dans les plaques non chargées et tirées ou comprimées sur leur pourtour, etc.

III. Travail triple. Y et Z ne sont pas nuls :

$$X' < X - \frac{1}{4}(Y + Z) < N.$$

Cas-limites :

1° $$Y = Z = X \quad ; \quad N' < \frac{1}{2} X < N.$$

L'ellipsoïde et la surface directrice des actions moléculaires sont des sphères.

2° $$Y = Z = -X \quad : \quad N' < \frac{2}{3} X < N.$$

L'ellipsoïde devient une sphère, la surface directrice est un cône à double nappe dont l'axe a la direction de l'action moléculaire X, et dont l'angle au sommet est droit (art. 8).

Le travail triple se constate dans les enveloppes fermées (corps de chaudières munies de fonds) soumises à une pression intérieure ou extérieure, dans les pièces à la fois fléchies et tordues (ressorts à boudins), dans les plaques métalliques planes ou embouties soumises à des charges et appuyées ou encastrées sur leur pourtour, etc.

Il doit être bien entendu que ces formules ne sont pas démontrées : il n'y a pas eu à notre connaissance d'expériences faites en vue de les vérifier. Nous considérons toutefois comme un fait bien établi que la limite d'élasticité à l'extension ou à la compression se relève lorsqu'il existe dans la matière des actions *latérales* de même signe que l'action moléculaire principale considérée ; cette limite d'élasticité est au contraire abaissée quand i'action latérale est de signe contraire à celui de l'action principale.La règle que nous avons indiquée satisfait à cette double condition, et il nous semble opportun, dans l'état des connaissances acquises, de la tenir pour suffisamment juste et d'en faire usage dans les calculs de stabilité.

Limite d'élasticité au glissement. — D'après ce que nous venons de dire,il n'y a pas à se préoccuper des actions tangentielles dans la recherche de la limite spécifique d'élasticité, toutes les fois que, la matière étant considérée comme isotrope, on sait calculer les intensités des actions moléculaires normales dirigées suivant les axes principaux d'élasticité.

Il n'existe pas de limite d'élasticité spéciale pour le glissement : quand un corps subit une déformation permanente, c'est que la limite d'élasticité à l'extension ou à la compression a été dépassée dans certaines régions et pour certaines directions.

Mais, dans les applications, on ne juge pas toujours à propos (art. 47) de déterminer les axes de l'ellipsoïde des actions moléculaires ; il arrive parfois qu'on n'est pas en mesure de le faire (résistance au cisaillement).

Quand la surface directrice des actions moléculaires se compose de deux hyperboloïdes, le travail normal est nul pour tout plan asymptotique à cette surface. Le travail au glissement atteint son maximum S sur un de ces plans ou pour un plan qui s'en écarte peu. La valeur de ce travail, représentée par une longueur tout au plus égale à un diamètre de l'ellipsoïde, est nécessairement inférieure à celle du travail normal maximum X, représentée par le plus grand des trois axes. Il y a toutefois deux cas où S est égal à X: ce sont ceux où l'ellipsoïde devient un cercle ou une sphère. La limite spécifique d'élasticité est alors définie soit par la condition :

$$N' < \frac{4}{3} X < N;$$

soit par la condition :

$$N' < \frac{3}{2}X < N,$$

qui peuvent s'écrire, en remplaçant X par son équivalent S :

$$\frac{3}{4}N' < S < \frac{3}{4}N,$$

ou :

$$\frac{2}{3}N' < S < \frac{2}{3}N.$$

Nous en conclurons que, lorsqu'on veut définir la limite d'élasticité par le travail au glissement, on doit nécessairement trouver un résultat sensiblement inférieur à la limite spécifique d'élasticité relative au cas de l'extension simple. D'une part, en effet, le travail au glissement est généralement beaucoup plus petit que le travail normal ; d'autre part, dans les deux cas extrêmes où il y a égalité entre ces deux quantités, la limite spécifique d'élasticité est réduite aux deux tiers ou aux trois quarts de la valeur qui convient pour le cas de l'extension simple.

Les seuls renseignements que l'on possède sur la résistance des matériaux au glissement sont fournis par des expériences de rupture (cisaillage et poinçonnage des tôles); on constate que le rapport des limites de rupture au cisaillement et à l'extension simple est toujours inférieur à l'unité, et se trouve d'habitude compris entre 3/4 et 4/5. On peut admettre avec une certaine vraisemblance que la même relation existait entre ces deux genres de travail à la limite d'élasticité, ce qui fournit un argument assez sérieux en faveur de la théorie qui nous a permis d'établir l'expression rationnelle de la limite spécifique d'élasticité :

$$N' < X - \frac{1}{4}(Y + Z) < N.$$

Limite d'élasticité conventionnelle rapportée à l'ensemble d'un corps. — La limite spécifique d'élasticité, déterminée en se basant sur les actions moléculaires développées en un point, est une propriété caractéristique de la matière, qui dépend essentiellement de sa composition chimique et de sa structure interne, mais ne saurait être influencée par la forme géométrique du corps expérimenté.

Un corps sollicité par des forces extérieures est à sa limite d'élasticité quand la limite spécifique, dont il vient d'être parlé, est elle-même atteinte dans une région assez étendue de ce corps pour que sa forme générale subisse un changement permanent appréciable.

Mais les formules de résistance, qui servent à calculer le travail élastique dans les éléments des constructions, sont imparfaites et conduisent parfois à des résultats fort éloignés de la vérité. Leur degré d'exactitude est dans bien des cas fonction de la forme du corps auquel on les applique. En s'en servant pour interpréter les résultats d'expériences faites sur des pièces dissemblables, on est exposé à trouver des valeurs discordantes pour une même limite d'élasticité. Il ne faut pas se tromper sur la véritable explication à donner de ce fait en apparence paradoxal.

Quand on dit, par exemple, que la limite d'élasticité à la traction d'une pièce d'acier varie avec sa forme, que sa limite d'élasticité à la compression diminue quand sa longueur augmente, on emploie un langage conventionnel qui permet d'énoncer d'une façon brève et claire un fait dont l'interprétation véritable serait la suivante :

La limite spécifique d'élasticité, à l'extension ou à la compression, est, pour une matière déterminée, une fonction invariable des actions moléculaires principales X, Y et Z; mais, comme d'autre part le degré d'exactitude des formules pratiques de résistance, dont on fait usage pour le calcul du travail élastique, varie avec la forme et les dimensions du corps étudié, tout se passe comme si ces formules étaient absolument rigoureuses, tandis que la limite d'élasticité varierait suivant les cas.

Si la résistance d'une barre comprimée diminue quand sa longueur augmente, c'est que le travail maximum, pour un effort total donné, croît avec cette longueur, tandis que la règle usuelle de calcul fait supposer à tort que ce travail reste constant. C'est pour le même motif qu'en essayant un barreau de fonte ou de fer à la flexion, on trouve une limite d'élasticité à l'extension supérieure à celle qu'indiquerait un essai de traction simple. Nous reviendrons sur ce sujet au chapitre II, art. 56, à propos de

la résistance au flambement des pièces chargées debout, et au
chapitre III, § 4, à propos de la résistance à la flexion.

26. Limite de rupture. Fragilité. — Dès que la limite
d'élasticité de la matière est dépassée, la déformation cesse d'être
régie par la loi de Hooke, et les propriétés élastiques subissent
des changements croissants et définitifs : les principes de la théorie de l'élasticité ne sont plus applicables. Toutefois la connaissance des phénomènes qui se manifestent pendant cette période
de *ductilité* des corps durs présente un certain intérêt au point
de vue de l'utilisation pratique de la matière, ainsi que nous le
verrons au chapitre III, § 3 et § 4, à propos du fer, de l'acier et
de la fonte. Bien que les formules de calcul, basées sur l'hypothèse de l'élasticité parfaite, n'aient plus alors aucun rapport avec
la réalité, on continue généralement à en faire usage pour évaluer les valeurs limites du travail jusqu'au moment où la rupture survient. C'est encore là une convention, qui n'est justifiable
que parce qu'elle fournit un moyen simple et commode d'énoncer les faits.

Lorsqu'on dit par exemple que la résistance de rupture à l'extension d'un acier déterminé est de 45^k pour les barres essayées
à l'extension simple, et de 70^k pour les barres essayées à la
flexion, cela signifie simplement que tel serait au moment de la
rupture la valeur du travail maximum, si la formule de calcul
employée était encore exacte quand la limite d'élasticité a été
dépassée. Nous verrons au chapitre III, § 4, qu'en réalité la
résistance de rupture à l'extension est indépendante du mode
d'essai, comme on peut facilement s'en rendre compte par une
interprétation rationnelle des expériences.

Un corps est d'autant plus *dur* qu'il résiste mieux à la compression ; d'autant plus *tenace* qu'il résiste mieux à l'extension ;
d'autant plus *ductile* que l'allongement permanent qu'il subit
avant de se rompre par extension est plus considérable ; d'autant
moins *fragile* qu'il résiste mieux aux chocs. Comme nous l'avons
dit à l'article 4, la fragilité est souvent l'indice d'une texture fissurée et poreuse, ou le résultat d'actions moléculaires *latentes*,
correspondant à l'existence dans la matière d'une *force vive*

latente (chap. III, § 2 et § 3) qui se transforme en travail mécanique au moment de la rupture, et favorise la séparation des molécules. Abstraction faite de ces circonstances spéciales, un métal est d'autant moins fragile qu'il est plus tenace et plus ductile, et qu'il faut par conséquent dépenser une plus grande quantité de travail mécanique pour rompre une barre par traction.

La fragilité dépend également dans une large mesure de la forme du corps éprouvé au choc : toute discontinuité dans le contour d'une pièce, brisure, fissure, vide intérieur, angle rentrant, etc., est une cause d'affaiblissement.

Le rapport $\frac{N}{C}$ de la limite d'élasticité N à la limite de rupture C varie énormément, pour le même genre de travail, avec la nature de la matière : il est par exemple, au point de vue de l'extension, de 1/2 pour l'acier extra-dur et de 2/3 ou même 3/4 pour l'acier extra-doux (chap. III, § 1).

Si l'on rapporte ces limites à l'ensemble du corps, en vertu de la convention énoncée à l'article précédent, on trouve des divergences encore plus grandes. Le rapport entre la force qui donne lieu à une déformation permanente et celle qui entraîne la rupture peut varier de zéro à l'unité, et nous allons en donner un exemple.

Considérons, pour fixer les idées, un cylindre droit en acier doux, ayant une hauteur h et une section circulaire de diamètre d, pressé sur ses deux bases par deux forces F égales et de directions opposées.

Nous conviendrons de calculer le travail à la compression par la formule usuelle qui suppose la répartition uniforme de F sur toute la section :

$$R = \frac{4F}{\pi d^2}.$$

Admettons que l'on ait : $h < 10d$. Si la force F est concentrée au centre de la base sur laquelle elle agit, le rapport $\frac{N}{C}$ sera très voisin de zéro : en appuyant sur le métal une pointe aiguë, telle qu'un burin de graveur en acier trempé, on dépassera immédiatement la limite d'élasticité, tandis qu'on atteindra difficilement celle de rupture. Le burin pénétrera dans le métal, en y creusant un sillon, sans faire éclater le cylindre.

Le rapport $\frac{N}{C}$ ira en croissant au fur et à mesure que l'on élargira la zone d'application de la force F, jusqu'à devenir égal à $\frac{2}{3}$, au moment où la charge sera uniformément répartie sur toute la base.

Supposons qu'à partir de ce moment on fasse croître la hauteur h du cylindre, sans modifier sa section. Au fur et à mesure que le rapport $\frac{h}{d}$ ira en augmentant, le rapport $\frac{N}{C}$ s'élèvera jusqu'à atteindre l'unité pour $\frac{h}{d} = 500$ environ. A ce moment la charge F, capable de faire travailler le métal à la limite d'élasticité, entraînera immédiatement la rupture de la pièce : les deux limites coïncideront (art. 56).

Il n'est donc pas permis de se baser, pour la fixation de la limite de sécurité, sur la limite de rupture observée pour un corps soumis au genre de travail que l'on étudie, sans avoir déterminé *a priori* avec une approximation suffisante la valeur actuelle du rapport $\frac{N}{C}$, qui peut varier suivant les cas de zéro à l'unité.

On s'expose, en n'observant pas cette règle, soit à mal utiliser la matière, en abaissant inutilement la limite de sécurité, soit au contraire à exagérer le travail, en exposant certaines pièces à subir des déformations permanentes, qui peuvent altérer la qualité du métal. Il doit être bien entendu que la marge de sécurité, que l'on veut se réserver dans tous les éléments constitutifs d'une construction, est exprimée par le rapport $\frac{N - R}{N}$, R étant la limite de sécurité, et que ce rapport ne peut pas être considéré comme une fraction constante du rapport $\frac{C - R}{C}$, où figure la limite de rupture C.

Nous indiquerons à titre d'exemple les cas d'un rouleau de dilatation de pont, placé entre deux plaques métalliques. En adoptant, par exemple, comme limite de sécurité le cinquième de la limite de rupture qui produirait en peu de temps l'écrasement du rouleau, on dépasserait la limite d'élasticité à la surface de contact du rouleau et d'une plaque. Il y aurait désagrégation superficielle de chacune de ces pièces, dont le contour s'éraillerait et s'écaillerait, et l'appareil de dilatation ne fonctionnerait plus dans des conditions convenables ; il pourrait à la longue être mis hors d'usage.

Il est présumable que les actions latérales agissent sur la limite de rupture comme sur la limite d'élasticité : la limite est relevée par une action latente de même signe et abaissée par une action de signe contraire. Nous aurons occasion de nous étendre sur ce sujet au chap. III, à propos du fer, de l'acier et de la fonte.

27. Applications de la Théorie de l'Elasticité. — Les renseignements que, dans l'état actuel de la science, la Théorie de l'Elasticité peut fournir sur les conditions d'équilibre élastique à réaliser dans une construction, sont très limités et souvent incertains, pour les motifs suivants :

1° Les problèmes posés sont généralement difficiles à résoudre. On n'a réussi jusqu'à présent à trouver de solutions rigoureuses et complètes que pour un petit nombre de cas particuliers, en partant de données qui s'écartent parfois d'une façon notable des conditions réalisables dans la pratique des constructions.

De plus ces solutions sont souvent représentées par des formules trop compliquées pour qu'on puisse en faire usage d'une manière courante.

2° Dans les cas, relativement peu nombreux, où la Théorie de l'Elasticité fournit des formules suffisamment simples pour être utilisables et correspondant à des données assez voisines de la réalité des choses pour que leur emploi puisse être admis dans l'étude des corps parfaitement élastiques, absolument homogènes et dotés soit de l'isotropie complète, soit de l'isotropie transversale, les renseignements fournis ne mériteront jamais qu'une confiance relative, en raison de l'imperfection des matériaux qui sont toujours semi-élastiques, hétérogènes et hétérotropes.

Encore serait-il indispensable de connaître avec une approximation suffisante les valeurs numériques des coefficients spécifiques, d'élasticité et de souplesse, qui figurent dans ces formules. Cette condition n'est guère bien remplie : on possède à cet égard des connaissances peu étendues et souvent problématiques.

3° Enfin la limite d'élasticité, qui constitue toujours une donnée essentielle et indispensable, n'a été déterminée, en ce qui touche les matériaux usuels, que pour deux ou trois cas simples. Dans un grand nombre de problèmes pratiques, qui peuvent être résolus par les méthodes de la Théorie de l'Elasticité, on se trouve arrêté par l'impossibilité de définir nettement la limite d'élasticité qui convient à la matière étudiée, et aux conditions d'équilibre élastique où elle se trouve.

On n'est même pas d'accord sur la règle pratique à admettre pour fixer la limite de sécurité, en se basant sur la limite d'élasticité, supposée connue. Dans les cas les plus simples et les mieux connus, il n'est pas rare de constater des écarts de 30 à 40 0/0 entre les limites de sécurité adoptées par deux constructeurs.

En d'autres circonstances, les divergences d'opinion seraient encore plus accusées.

On comprendra donc facilement que la *Théorie de l'Elasticité* n'ait guère pénétré jusqu'à présent dans le domaine de la pratique.

La *Résistance des Matériaux*, dont on fait un usage à peu près exclusif pour l'étude des constructions, est une science mixte qui s'appuie d'une part sur les principes de la Théorie de l'Elasticité, et d'autre part sur certaines hypothèses particulières, basées sur des faits d'observation dont on a généralisé les indications sans en avoir le droit absolu.

On a obtenu de la sorte des formules simples et d'un usage commode, mais qui, en raison de leur origine hypothétique ou empirique, ne peuvent inspirer de confiance que dans les cas déterminés où l'expérience les justifie. En les employant d'une façon irraisonnée et en toute circonstance, on risquerait d'arriver à des résultats erronés, et parfois même absurdes, quand les hypothèses particulières de la Résistance des Matériaux sont tout à fait incompatibles avec les démonstrations de la Théorie de l'Elasticité.

Cette dernière science peut rendre des services utiles, en permettant de prévoir à l'avance et d'expliquer les erreurs, les anomalies et les contradictions qu'entraîne l'emploi des formules de la Résistance des Matériaux, dès que l'on sort des limites en deçà desquelles les hypothèses faites sont vérifiées d'une manière suffisante par l'expérience ou par la théorie.

C'est pour ce motif que nous avons jugé utile d'exposer sommairement dans le présent chapitre les notions essentielles de la Théorie de l'Elasticité. Nous aurons plus tard à nous reporter à cet exposé, lorsqu'il s'agira de spécifier les circonstances où les formules de la Résistance des Matériaux ne sauraient être considérées comme suffisamment exactes, et au besoin d'indiquer les corrections à apporter aux résultats fournis par elles pour les faire concorder avec la réalité expérimentale.

Nous aurons également occasion, en étudiant au chapitre III les métaux usuels, fonte, fer et acier, de donner des exemples à l'appui des théories émises au sujet des propriétés élastiques des matériaux, et de développer certaines questions sur lesquelles nous avons cru devoir passer rapidement.

—

RÉSISTANCE DES MATÉRIAUX

SOMMAIRE

CHAPITRE II

RÉSISTANCE DES MATÉRIAUX

§ 1

GÉNÉRALITÉS SUR LES CORPS PRISMATIQUES

28. Définition des pièces prismatiques. — On donne, dans la résistance des matériaux, le nom de *pièce prismatique* à tout solide engendré par un profil plan fermé, de forme variable ou invariable, qui se déplace normalement à une ligne continue, droite ou courbe, que le centre de gravité de son aire est assujetti à décrire. Le profil plan s'appelle la *section transversale*, et le lieu des centres de gravité des sections successives est l'*axe longitudinal* de la pièce.

Il est, de plus, nécessaire : 1° que l'axe longitudinal ne présente ni points angulaires ni points multiples, et que son rayon de courbure soit toujours assez grand pour que la distance mesurée entre la droite d'intersection de deux sections transversales très voisines et le centre de gravité du profil soit très considérable comparativement à la dimension de ce profil dans le plan du cercle de courbure ; 2° que la variation de la section transversale soit continue et peu rapide, de telle façon que deux sections voisines soient presque identiques.

Si cette double condition est remplie, on peut admettre sans grande erreur que la portion de pièce comprise entre deux sections transversales infiniment voisines est un prisme droit à bases égales et parallèles, et c'est l'hypothèse dans laquelle on se place pour établir les formules de résistance à appliquer.

Dans un solide prismatique ainsi défini, on appelle *élément de fibre* ou *fibre élémentaire* le prisme engendré par un élément superficiel infiniment petit du profil générateur, se déplaçant infiniment peu dans une direction parallèle à l'axe longitudinal : le *prisme élémentaire* du solide, compris entre deux sections infiniment voisines, se subdivise ainsi en une infinité de fibres élémentaires, toutes parallèles entre elles.

Une file d'éléments de fibres successifs, dont les bases se superposent exactement dans les sections séparatives, constitue une fibre de la pièce, ainsi formée par un faisceau de fibres dont les éléments successifs, compris entre deux sections transversales infiniment voisines, sont assimilables à des prismes droits à axes parallèles entre eux.

On appelle *fibre moyenne* celle qui suit d'un bout à l'autre l'axe longitudinal de la pièce.

29. Aire et moments statiques d'une surface. — Considérons une courbe fermée contenue dans un plan. Soient *ox* et *oy*

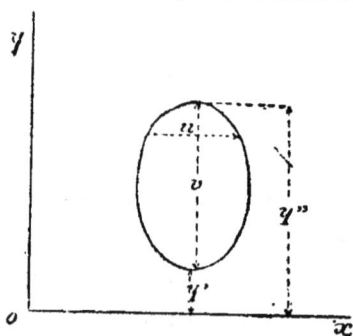

Fig 21.

deux axes rectangulaires situés dans ce plan (fig. 21).

L'aire Ω de la portion de plan limitée par le contour aura pour expression $\Omega = \int\int dx\,dy$, l'intégrale double définie étant étendue à tous les points situés à l'intérieur de la courbe.

Soit *u* la longueur du segment d'une parallèle à *ox* situé à l'intérieur du contour, ou la longueur cumulée des segments successifs, dans le cas où la courbe, n'étant pas convexe, serait susceptible d'être coupée par une droite en plus de deux points, ou dans celui où la surface présenteraitdes évidements, correspondant à

Fig. 22.

des contours fermés situés à l'intérieur du contour enveloppant : le nombre des points de rencontre d'une droite quelconque avec la courbe extérieure et la courbe intérieure sera toujours nécessairement pair. La longueur u sera la somme des segments de droite interceptés par la surface, déduction faite des vides (fig. 22).

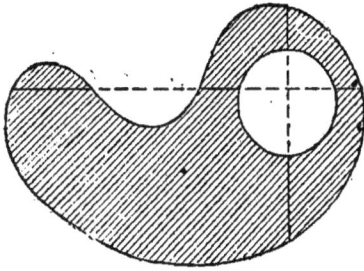

L'aire Ω sera représentée par la formule $\Omega = \int_{y'}^{y''} u\,dy$, y' et y'' étant les coordonnées des deux points du contour extérieur respectivement le plus voisin et le plus éloigné de l'axe ox. On aurait de même $\Omega = \int_{x'}^{x''} v\,dx$, v étant le segment détaché par le profil sur une parallèle à oy.

On peut toujours évaluer la surface comprise à l'intérieur du contour en intégrant directement ou par quadrature les expressions précédentes de Ω, ou en décomposant la surface en un certain nombre de portions additives ou soustractives, dont on sache calculer les aires, et faisant ensuite la somme de ces aires partielles, affectées du signe $+$ pour les surfaces à ajouter, et du signe $-$ pour les surfaces à retrancher.

Par exemple, le profil représenté par la figure 23 a pour surface

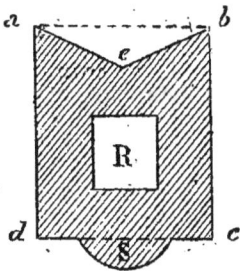

Fig. 23.

face la somme des aires du rectangle $abcd$ et du segment circulaire S, diminuée de la somme des aires du triangle abe et du rectangle R, qui représente un vide intérieur de la surface.

Désignons par a et b les coordonnées du centre de gravité G de l'aire comprise dans le contour.

On les calculera au moyen des formules :

$$a = \frac{\int\int x\,dx\,dy}{\int\int dx\,dy} = \frac{\int_{x'}^{x''} vx\,dx}{\int_{x'}^{x''} v\,dx} = \frac{\int_{x'}^{x''} vx\,dx}{\Omega}$$

$$b = \frac{\int\int y\,dx\,dy}{\int\int dx\,dy} = \frac{\int_{x'}^{x'} uy\,dy}{\int_{y'}^{y'} u\,dx} = \frac{\int_{y'}^{y''} uy\,dy}{\Omega}$$

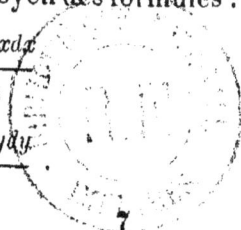

7

On déterminera les valeurs des intégrales comme on a fait
pour le calcul de l'aire Ω. Si celle-ci est décomposable en surfaces partielles, additives ou soustractives, dont on connaisse les
centres de gravité, on obtiendra la position du point G en appliquant le théorème de la composition des forces parallèles de
même sens ou de sens contraire.

Admettons que l'on ait déterminé l'aire Ω, ainsi que la position du centre de gravité G.

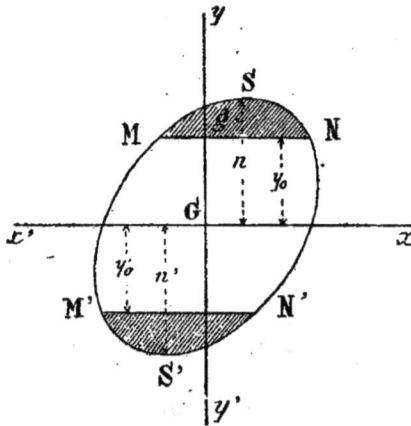

Fig. 24.

Menons par le point G deux axes rectangulaires $x'Gx$ et
$y'Gy$.

Nous appellerons *moment statique* de la surface, correspondant
à une droite MN parallèle à l'axe des x et située à une distance
y_0 de cet axe, le moment par rapport à Gx de la surface comprise
entre MN et la portion MSN du contour, placée, par rapport à la
droite Gx, du même côté que la droite MN.

Ce moment statique μ aura donc pour expression :

$$\mu = \int_{y_0}^{n} uy\, dy,$$

en désignant par n la distance à Gx du point S qui en est le plus
éloigné.

μ est nul pour $y_0 = n$, et va en croissant jusqu'à $y_0 = 0$.

Si y devient négatif, il faudra, en vertu de la règle précédente, remplacer la limite n par la limite n', correspondant au point S', pour avoir le moment statique relatif à la droite M'N', définie par sa distance y_0' à $x'Gx$:

$$\mu' = \int_{y_0'}^{n'} u'y'dy'.$$

En vertu des propriétés du centre de gravité, on a d'ailleurs :

$$\int_0^n uydy = \int_0^{n'} u'y'dy'.$$

Nous remarquerons que le moment statique de la surface MSN est égal au produit de son aire par la distance à Gx de son centre de gravité g. Cette observation peut faciliter en certains cas le calcul de μ, si l'on connaît la position du point g.

Dans les formules de résistance où figure le moment statique μ, on a généralement à considérer non pas ce moment lui-même, mais son rapport $\dfrac{\mu}{u_0}$ à la longueur u_0 du segment MN. On a surtout besoin de connaître la valeur maximum que peut atteindre ce rapport quand on fait varier y_0 de o à n, ou y_0' de o à n'. Ce maximum correspond d'habitude à l'ordonnée $y_0 = o$, la droite MN se confondant avec l'axe $x'Gx$. Mais il peut arriver qu'il en soit autrement.

30. Moments d'inertie. — *Le moment d'inertie* de la surface comprise à l'intérieur d'un profil plan fermé, par rapport à un axe ox situé de son plan, est la somme des produits des aires de chacun de ses éléments superficiels infiniment petits par le carré de sa distance à l'axe considéré.

On a $I = \iint y^2 dxdy$, l'intégrale double définie étant étendue à tous les points situés à l'intérieur du contour.

On peut aussi écrire $I = \int_{y'}^{y''} uy^2 dy$.

Le rayon de gyration r de la surface, par rapport à l'axe ox, est la racine carrée du rapport $\dfrac{I}{\Omega}$.

$$r^2 = \frac{I}{\Omega} = \frac{\iint y^2 dxdy}{\iint dxdy} = \frac{\int_{y'}^{y''} uy^2 dy}{\int_{y'}^{y''} u\, dy}.$$

Soient I' la valeur du moment d'inertie calculée pour un axe passant par le centre de gravité G de la surface, et I'' celle qui se rapporte à un axe parallèle au premier et situé à une distance d du centre de gravité. Désignons par r' et r'' les rayons de gyration correspondant à I' et I''.

On a : $I'' = I' + \Omega\, d^2$, et $r''^2 = r'^2 + d^2$.

Connaissant I' ou r', on peut ainsi se procurer I'' ou r'', et réciproquement.

Il suffit donc de savoir trouver le moment d'inertie par rapport à un axe mené par le point G pour obtenir immédiatement, par un calcul simple, le moment d'inertie relatif à une droite quelconque du plan parallèle à cet axe.

Supposons que l'on ait calculé les valeurs du rayon de gyration pour toutes les directions passant par le point G : il existe toujours, quel que soit le profil considéré, une ellipse ayant son centre en G qui jouit de la propriété suivante : si l'on abaisse de l'extrémité B du diamètre AGB de cette ellipse une perpendiculaire sur le diamètre CGD conjugué du premier, la longueur BP de cette perpendiculaire est égale à celle du rayon de gyration r de la surface par rapport au diamètre CGD.

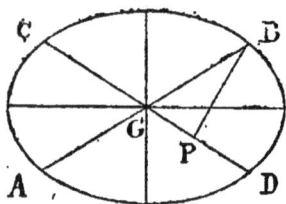

Fig. 25.

C'est *l'ellipse centrale d'inertie* de la surface. Chaque point du plan est le centre d'une ellipse d'inertie jouissant des mêmes propriétés pour les directions qui passent par ce point.

Il suffit de connaître les rayons de gyration relatifs à trois droites passant en G pour pouvoir tracer l'ellipse centrale d'inertie par des procédés géométriques, ou établir son équation rapportée à deux axes rectangulaires quelconques.

Si l'on connaît les directions des axes de l'ellipse, il suffit pour la déterminer de calculer le rayon de gyration relatif à chacun d'eux, rayon dont la longueur sera précisément égale à celle du demi-axe opposé.

Quand le profil possède un axe de symétrie, il coïncide nécessairement avec un des axes de l'ellipse. Cette remarque permet presque toujours de reconnaître immédiatement les directions suivies par ces axes. On calcule ensuite sans difficulté les moments d'inertie Ωa^2 et Ωb^2, qui sont les moments d'inertie *principaux* du profil et conduisent aux longueurs a et b des demi-axes ou des rayons principaux de gyration.

On calculera chaque moment d'inertie en intégrant les expressions de I énoncées au début de cet article, soit directement si u ou v est une fonction simple et connue d'y ou d'x, soit par quadrature dans l'hypothèse contraire.

Il arrive souvent que la surface considérée soit décomposable (fig. 23) en surfaces partielles pour chacune desquelles on puisse calculer sans difficulté : l'aire ω, la distance d du centre de gravité g de cette surface partielle à l'axe mené par le centre de gravité G de la surface totale, enfin le moment d'inertie propre i de cette surface par rapport à une parallèle à l'axe menée par son centre de gravité g. Certaines de ces surfaces seront additives, d'autres soustractives, c'est-à-dire devront être retranchées. On obtiendra le moment d'inertie total I par la formule :

$$I = \Sigma i + \Sigma \omega d^2,$$

étant bien entendu que l'on affectera du signe — les valeurs de i et ωd^2 qui se rapporteraient à des surfaces partielles soustractives.

Considérons par exemple la surface représentée par un cercle percé d'un trou rectangulaire. Soient i_1, ω_1 et d_1, les données relatives au cercle, et i_2, ω_2 et d_2 les données relatives au rectangle.

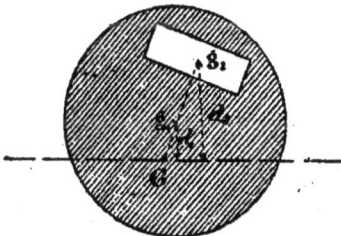

On aura pour la surface considérée :

$$I = i_1 + \omega_1 \, d_1^2 - i_2 - \omega_2 \, d_2^2$$

Fig. 26

Il arrive très fréquemment dans la pratique que cette décomposition peut être faite, ce qui simplifie singulièrement le calcul de I, indépendamment des facilités qui en résultent pour la recherche de Ω et la détermination du point G.

Nous donnerons en terminant les formules de géométrie analytique qui permettent, connaissant les longueurs des axes principaux de l'ellipse centrale d'inertie (GA $=a$, GB $=b$), de calculer

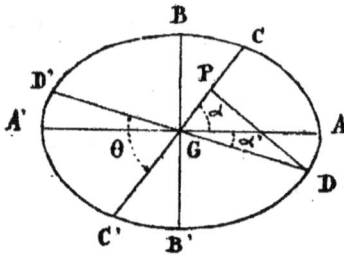

Fig. 27

le rayon de gyration relatif à une direction quelconque GC définie par l'angle α qu'elle fait avec le grand axe AA' ou $2a$.

Le rayon de gyration relatif à l'axe principal GA est $b =$ GB.

Le rayon de gyration relatif à l'axe principal GB est $a =$ GA.

Le diamètre GD, conjugué de GC, fait avec le grand axe GA un angle aigu α', fourni par la relation :

$$\operatorname{tg} \alpha \operatorname{tg} \alpha' = \frac{b^2}{a^2}.$$

L'angle aigu θ, formé par les directions conjuguées GC et GD, est donné par les formules :

$$\operatorname{tg} \theta = \operatorname{tg}(\alpha + \alpha') = \frac{\operatorname{tg} \alpha + \operatorname{tg} \alpha'}{1 - \operatorname{tg} \alpha \operatorname{tg} \alpha'} = \frac{a^2 \operatorname{tg}^2 \alpha + b^2}{(a^2 - b^2)\operatorname{tg} \alpha} = \frac{a^2 \operatorname{tg}^2 \alpha' + b^2}{(a^2 - b^2)\operatorname{tg} \alpha'}.$$

Le rayon de gyration r ou DP relatif à la direction GC, définie par l'angle CGA $= \alpha$, sera :

$$r^2 = a^2 \cos^2 \alpha' + b^2 \sin^2 \alpha' = \frac{a^6 \operatorname{tg}^2 \alpha + b^6}{a^4 \operatorname{tg}^2 \alpha + b^4}.$$

Connaissant a, b et α ou α', il sera toujours facile de se procurer r^2.

31. Moment d'inertie polaire. — On appelle *moment d'inertie polaire* d'une surface, par rapport à un point M de son plan, la somme des produits des aires de ses éléments superficiels par les carrés de leurs distances ρ au point M.

$$I_p = \int\int \rho^2 \, dx \, dy.$$

Si le point M est pris pour origine des coordonnées, on a :

$$I_p = \int\int (x^2 + y^2) \, dx \, dy.$$

Le moment *principal* d'inertie polaire, pris par rapport au centre de gravité, est donc égal à la somme des moments d'inertie de la surface par rapport à deux axes rectangulaires quelconques passant par G, et notamment par rapport aux axes principaux de l'ellipse centrale d'inertie.

On a ainsi : $I_p = (a^2 + b^2)\, \Omega$.

Le rayon de gyration polaire r_p a pour valeur :

$$r^2_p = \frac{I_p}{\Omega} = a^2 + b^2.$$

32. Modules de résistance. — En se basant sur les règles énoncées plus haut, on pourra toujours pour une surface déterminée, comprise entre un contour fermé intérieur et un ou plusieurs contours fermés intérieurs, dont on connaîtra les dimensions exactes :

1º Calculer l'aire Ω ;

2º Déterminer la position du centre de gravité G ;

3º Tracer l'ellipse centrale d'inertie, ce qui permettra, connaissant les directions et les longueurs de ses axes, de calculer le rayon de gyration r relatif à une droite quelconque passant par G, ainsi que l'angle aigu θ formé par le diamètre GC de l'ellipse avec son diamètre conjugué GD ; d'autre part, on obtiendra sans difficulté le moment d'inertie polaire de la surface ;

4º Calculer la série des moments statique μ, relatifs aux parallèles menées à la droite Gx qui coupent la surface, ou plutôt la série des rapports $\frac{\mu}{u_0}$ de chaque moment statique à la longueur du segment intercepté par la surface sur la droite à laquelle ce moment correspond, et en conclure la valeur maximum $\left(\frac{\mu}{u_0}\right)$ qu'atteint ce rapport pour une parallèle déterminée (qui passe presque toujours par le point G, sans que cette règle soit absolue).

Nous appellerons :

— *Module de compression ou d'extension simple* le coefficient $\frac{1}{\Omega}$, c'est-à-dire l'inverse de la surface ;

— *Module de glissement* le coefficient $\left(\frac{\mu}{u_0}\right)\frac{1}{I}$, c'est-à-dire le quotient du maximum $\left(\frac{\mu}{u_0}\right)$ par le moment d'inertie I relatif à la direction Gx passant par le centre de gravité G.

— *Modules de flexion* les coefficients $\frac{n}{I}$ et $\frac{n'}{I}$ qui sont les quotients des distances à l'axe Gx des points S et S' du contour extérieur qui en sont les plus éloignés, de part et d'autre de cet axe, par le moment d'inertie I. On se contente en général de calculer le plus grand de ces modules, qui correspond à la plus grande des deux longueurs n et n'.

— *Module de torsion* le coefficient $\frac{\rho}{I_p}$, qui est le quotient de la distance au point G du point du contour qui en est le plus éloigné par le moment d'inertie polaire I_p.

Dans l'étude qui va être faite de la résistance et de la déformation des corps prismatiques, nous supposerons toujours que l'on connaît à l'avance, ou que l'on saurait calculer au besoin, les valeurs des différents modules pour toute direction Gx passant par le centre de gravité du profil. Nous admettrons également que l'on saurait déterminer, par les formules indiquées plus haut, la direction conjuguée de Gx dans l'ellipse centrale d'inertie.

Nous avons rassemblé dans les tableaux suivants les valeurs de Ω, I, r^2, et des modules de compression, de glissement et de flexion pour un certain nombre de profils géométriques que l'on rencontre fréquemment dans la pratique des constructions, en considérant dans chaque cas la direction d'un axe principal d'inertie, représenté par une horizontale sur le croquis explicatif [1].

On pourra presque toujours calculer sans difficulté les données relatives à un profil quelconque, en décomposant ce profil en portions additives ou soustractives, affectant une des formes géométriques représentées dans ce tableau.

---

[1]. Nous avons laissé de côté presque partout le module de torsion, qui, ainsi qu'on le verra plus tard, ne peut, dans la généralité des cas, fournir aucun renseignement utile. Il serait toutefois aisé de le déduire des moments d'inertie principaux.

Citons à titre d'exemple le profil doublement symétrique ci-joint, que l'on a souvent occasion d'employer.

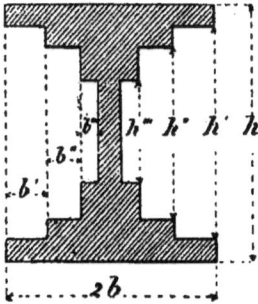

La surface est égale à celle du rectangle extérieur de dimensions $2\,b$ et h, dont on retrancherait six rectangles partiels, symétriques deux à deux et ayant pour dimensions respectives h' et b', h'' et b'', h''' et b'''.

Fig, 28.

La valeur du moment d'inertie relatif à l'axe de symétrie horizontal s'obtiendra aisément en utilisant cette décomposition.

Il est égal à :

$$\frac{bh^3 - b'h'^3 - b''h''^3 - b'''h'''^3}{6}.$$

Le moment d'inertie relatif à l'axe de symétrie vertical sera de même :

$$\frac{2}{3}\,b^3(h-h') + \frac{2}{3}\,(b-b')^3(h'-h'') + \frac{2}{3}\,(b-b'-b'')^3(h''-h''') + \frac{2}{3}\,(b-b'-b''-b''')^3 h'''.$$

Moments d'inertie et modules de résistance de différents profils

Désignation des profils	Aire Ω	Moment d'inertie I	Carré du rayon de gyration r^2	Module de compression et de traction $\frac{1}{\Omega}$
				I. — Profils
Cercle	$\frac{\pi}{4} a^2$	$\frac{\pi}{64} a^4$	$\frac{a^2}{16}$	$\frac{4}{\pi a^2}$
Demi-cercle à base horizontale	$\frac{\pi}{2} a^2$	$\left(\frac{\pi}{8} - \frac{8}{9\pi}\right) a^4$	$\left(\frac{1}{4} - \frac{16}{9\pi^2}\right) a^2$	$\frac{2}{\pi a^2}$
Ellipse	$\frac{\pi ab}{4}$	$\frac{\pi a^3 b}{64}$	$\frac{a^2}{16}$	$\frac{4}{\pi ab}$
Triangle équilatéral :				
debout	$\frac{\sqrt{3}}{4} c^2$	$\frac{c^4}{32\sqrt{3}}$	$\frac{c^2}{24}$	$\frac{4}{c^2\sqrt{3}}$
renversé	$\frac{\sqrt{3}}{4} c^2$	$\frac{c^4}{32\sqrt{3}}$	$\frac{c^2}{24}$	$\frac{4}{c^2\sqrt{3}}$
Carré :				
à plat	a^2	$\frac{1}{12} a^4$	$\frac{a^2}{12}$	$\frac{1}{a^2}$
renversé	a^2	$\frac{1}{12} a^4$	$\frac{a^2}{12}$	$\frac{1}{a^2}$

géométriques, correspondant à un axe principal d'inertie horizontal

Module de flexion $\dfrac{n}{I}$	Module de glissement $\left(\dfrac{\mu}{u}\right)\dfrac{1}{I}$ Ordonnée y_0 de la ligne de glissement maximum	Croquis et Observations
pleins		
$\dfrac{32}{\pi a^3}$	$\dfrac{16}{3\pi a^2}$, $y_0 = 0$	Module de torsion $\dfrac{16}{\pi a^3}$
$\dfrac{72\pi - 96}{9\pi^2 - 64} \cdot \dfrac{1}{a^2}$	»	
$\dfrac{32}{\pi a^2 b}$	»	Le module de torsion, théoriquement égal au produit de $\dfrac{32}{\pi a b\,(a^2 + b^2)}$ par la plus grande des longueurs a et b, n'est admissible pratiquement que pour une ellipse peu excentrique. Il peut paraître préférable de prendre la plus grande des deux valeurs $\dfrac{16}{\pi a^2 b}$ ou $\dfrac{16}{\pi a b^2}$.
$\dfrac{32}{c^3}$	»	
$\dfrac{16\sqrt{3}}{c^3}$	»	
$\dfrac{6}{a^3}$	$\dfrac{3}{2a^2}$, $y_0 = 0$	Module de torsion théorique $\dfrac{6}{a^3\sqrt{2}} = \dfrac{4,2}{a^3}$
$\dfrac{6\sqrt{2}}{a^3}$	$\dfrac{9}{8a^2}$, $y_0 = \dfrac{a}{4\sqrt{2}}$	vrai $\dfrac{4,8}{a^3}$

Désignation des profils	Aire Ω	Moment d'inertie I	Carré du rayon de gyration r^2	Module de compression et de traction $\dfrac{1}{\Omega}$
Hexagone régulier : à plat	$\dfrac{3}{2}\sqrt{3}\, c^2$	$\dfrac{5c^4}{16}\sqrt{3} = 0{,}5413\, c^4$	$\dfrac{5}{24}\, c^2$	$\dfrac{2}{3\sqrt{3}\, c^2}$
renversé	$\dfrac{3}{2}\sqrt{3}\, c^2$	$0{,}5413\, c^4$	$\dfrac{5}{24}\, c^2$	$\dfrac{2}{3\sqrt{3}\, c^2}$
Octogone régulier	$2\sqrt{2}\, d^2$	$\dfrac{1+2\sqrt{2}}{6}\, d^4 = 0{,}638\, d^4$	$0{,}226\, d^2$	$\dfrac{1}{2\sqrt{2}\, d^2}$
Polygone régulier inscrit de m cotés ayant chacun pour longueur c; d est le rayon du cercle circonscrit.	$mc^2 \cot g\, \dfrac{\pi}{m}$	$\dfrac{\Omega}{12}\left(3d^2 - \dfrac{c^2}{2}\right)$	$\dfrac{1}{12}\left(3d^2 - \dfrac{c^2}{2}\right)$	$\dfrac{1}{mc^2 \cot g\, \dfrac{\pi}{m}}$
Triangle isocèle debout	$\dfrac{ab}{2}$	$\dfrac{1}{36}\, ba^3$	$\dfrac{a^2}{18}$	$\dfrac{2}{ab}$
Losange ou quadrilatère symétrique. Triangle isocèle renversé.	$\dfrac{ab}{2}$	$\dfrac{1}{48}\, ba^3$	$\dfrac{a^2}{24}$	$\dfrac{2}{ab}$
Triangle isocèle rectangle : debout	$\dfrac{c^2}{2}$	$\dfrac{c^4}{72}$	$\dfrac{c^2}{36}$	$\dfrac{2}{c^2}$
renversé	$\dfrac{c^2}{2}$	$\dfrac{c^4}{24}$	$\dfrac{c^2}{12}$	$\dfrac{2}{c^2}$

Module de flexion $\dfrac{n}{I}$	Module de glissement $\left(\dfrac{\mu}{u}\right)\dfrac{1}{I}$ Ordonnée y_0 de la ligne de glissement maximum	Croquis et Observations
$\dfrac{8}{5c^3} = \dfrac{1}{0,625\,c^3}$	»	
$\dfrac{16}{5\sqrt{3c^3}} = \dfrac{1}{0,5413\,c^3}$	»	
$\dfrac{1}{0,6906\,d^3}$	»	
$\dfrac{4}{d\Omega}$	»	
$\dfrac{24}{ba^2}$	$\dfrac{3}{ab}$, $y_0 = \dfrac{a}{6}$	
$\dfrac{24}{ba^2}$	$\dfrac{9}{4ab}$, $y_0 = \dfrac{a}{8}$	
$\dfrac{24\sqrt{2}}{c^3}$ $\dfrac{24}{\sqrt{2}c^3}$	$\dfrac{3}{c^2}$, $y_0 = \dfrac{c}{6\sqrt{2}}$ $\dfrac{9}{4c^2}$, $y_0 = \dfrac{c}{4\sqrt{2}}$	

Désignation des profils	Aire Ω	Moment d'inertie I	Carré du rayon de gyration r^2	Module de compression et de traction $\dfrac{1}{\Omega}$
Rectangle	ab	$\dfrac{1}{12} a^2 b$	$\dfrac{1}{12} a^2$	$\dfrac{1}{ab}$
Croix à branches égales	$b(2a - b)$	$\dfrac{1}{12}(ba^3 + b^3 a - b^4)$	$\dfrac{1}{12} \cdot \dfrac{a^3 + b^3 a - b^3}{2a - b}$	$\dfrac{1}{b(2a - b)}$

II. — Profils

Désignation des profils	Aire Ω	Moment d'inertie I	Carré du rayon de gyration r^2	Module de compression et de traction $\dfrac{1}{\Omega}$
Cercle évidé par un cercle concentrique	$\dfrac{\pi(a^2 - a'^2)}{4}$	$\dfrac{\pi(a^4 - a'^4)}{64}$	$\dfrac{a^2 + a'^2}{16}$	$\dfrac{1}{\pi(a^2 - a'^2)}$
Ellipse évidée par une ellipse concentrique et semblable; rapport de similitude m.	$\dfrac{\pi ab(1 - m^2)}{4}$	$\dfrac{\pi a^3 b(1 - m^4)}{64}$	$\dfrac{a^2(1 + m^2)}{16}$	$\dfrac{4}{\pi ab(1 - m^2)}$
Carré évidé par un carré concentrique : à plat	$a^2 - a'^2$	$\dfrac{1}{12}(a^4 - a'^4)$	$\dfrac{a^2 + a'^2}{12}$	$\dfrac{1}{a^2 - a'^2}$
renversé	$a^2 - a'^2$	$\dfrac{1}{12}(a^4 - a'^4)$	$\dfrac{a^2 + a'^2}{12}$	$\dfrac{1}{a^2 - a'^2}$

Pour tout autre profil évidé, comportant des figures géométriques figurant dans la première les surfaces décomposables en fractions

Module de flexion $\dfrac{n}{I}$	Module de glissement $\left(\dfrac{\mu}{u}\right)\dfrac{1}{I}$ Ordonnée y_0 de la ligne de glissement maximum	Croquis et Observations
$\dfrac{6}{a^2 b}$	$\dfrac{3}{2ab}$, $\quad y_0 = 0$	
$\dfrac{6a}{ba^3 + b^3 a - b^4}$	$\dfrac{3}{2}\dfrac{a^2-b^2}{a^3 b + ab^3 - b^4}, y_0 = \dfrac{b}{2}$	

évidés.

$\dfrac{32a}{\pi(a^4 - a'^4)}$	$\dfrac{16}{3\pi}\dfrac{a^2 + aa' + a'^2}{a^4 - a'^4}, y_0 = 0$	Module de torsion $\dfrac{16a}{\pi(a^4 - a'^4)}$
$\dfrac{32}{\pi a^2 b\,(1 - m^4)}$		
$\dfrac{ba}{a^4 - a'^4}$	$\dfrac{3}{2}\dfrac{a^2 + aa' + a'^2}{a^4 - a'^4}, y_0 = 0$	
$\dfrac{6\sqrt{2}\,a}{a^4 - a'^4}$	$\dfrac{a^2 + aa' + a'^2}{a^4 - a'^4}, y_0 = 0$	Module de torsion $4{,}8\,\dfrac{a}{a^4 - a'^4}$

partie du tableau, on devra calculer les modules d'après la règle indiquée à l'article 25, pour additives et soustractives.

Désignation des profils	Aire Ω	Moment d'inertie I	Carré du rayon de gyration r^2	Module de compression et de traction $\dfrac{1}{\Omega}$
III. — Profils évidés à parois minces d'épaisseur uniforme e,				
Cercle	$\pi\,ae$	$\dfrac{\pi\,a^3 e}{8}$	$\dfrac{a^2}{8}$	$\dfrac{1}{\pi ae}$
Cercle renforcé par une croix intérieure	$(\pi+2)\,ae$	$0.477\,a^3 e$	$0.0928\,a^2$	$\dfrac{1}{(\pi+2)\,ae}$
Ellipse	$\dfrac{\pi\,(a+b)\,e}{2}$	$\dfrac{\pi\,a^2 e\,(3b+a)}{32}$	$\dfrac{a^2\,(3b+a)}{16\,(a+b)}$	$\dfrac{2}{\pi\,(a+b)\,e}$
Carré : à plat	$4\,ae$	$\dfrac{2}{3}\,a^3 e$	$\dfrac{a^2}{6}$	$\dfrac{1}{4ae}$
renversé	$4\,ae$	$\dfrac{2}{3}\,a^3 e$	$\dfrac{a^2}{6}$	$\dfrac{1}{4ae}$
Carré à plat renforcé par une croix	$6\,ae$	$\dfrac{3}{4}\,a^3 e$	$\dfrac{1}{8}\,a^2$	$\dfrac{1}{6ae}$
Rectangle. Zorès à âmes verticales	$2\,(a+b)\,e$	$\dfrac{a^2 e\,(3b+a)}{6}$	$\dfrac{a^2\,(3b+a)}{12\,(a+b)}$	$\dfrac{1}{2\,(a+b)\,e}$
Double Té U renversé	$(a+2b)\,e$	$\dfrac{a^2 e}{12}\,(a+6b)$	$\dfrac{a^2\,(6b+a)}{12\,(a+2b)}$	$\dfrac{1}{(a+2b)\,e}$

Module de flexion $\dfrac{n}{I}$	Module de glissement $\left(\dfrac{\mu}{u}\right)\dfrac{1}{I}$ Ordonnée y_0 de la ligne de glissement maximum	Croquis et Observations
	**supposée très petite comparativement aux autres dimensions.**	
$\dfrac{4}{\pi a^2 e}$	$\dfrac{2}{\pi a e}, \quad y_0 = 0$	
$\dfrac{1}{0,954\ a^2 e}$	$\dfrac{0,481}{a e}, \quad y_0 = 0$	
$\dfrac{16}{\pi a e (3b + a)}$	»	
$\dfrac{3}{4\ a^2 e}$	$\dfrac{9}{16} \cdot \dfrac{1}{a e}, \quad y_0 = 0$	
$\dfrac{3}{2\sqrt{2}\ a^2\ e}$	$\dfrac{3}{8} \cdot \dfrac{1}{a e}, \quad y_0 = 0$	
$\dfrac{2}{3\ a^2 e}$	$\dfrac{7}{18 a e}, \quad y_0 = 0$	
$\dfrac{3}{a e (3b + a)}$	$\dfrac{3}{4 a e}\,\dfrac{2b + a}{3b + a}, \quad y_0 = 0$	
$\dfrac{6}{a e (6b + a)}$	$\dfrac{1}{a e} \times \dfrac{12b + 3a}{12b + 2a}, \quad y_0 = 0$	

8

Désignation des profils	Aire Ω	Moment d'inertie I	Carré du rayon de gyration r^2	Module de compression et de traction $\frac{1}{\Omega}$
Simple Té Cornières à branches inégales	$(a+b)\,e$	$\dfrac{a^3 e}{12}\left(1+\dfrac{3b}{a+b}\right)$ ou $\dfrac{a^3 e}{12}\left(\dfrac{a+4b}{a+b}\right)$	$\dfrac{a^3}{12}\cdot\dfrac{a+4b}{(a+b)^2}$	$\dfrac{1}{(a+b)e}$
Cornières à branches égales	$2\,ae$	$\dfrac{5}{24}\,a^3 e$	$\dfrac{5}{48}\,a^2$	$\dfrac{1}{2ae}$
Cornière renversée	$2\,ae$	$\dfrac{a^3 e}{12}$	$\dfrac{1}{24}\,a$	$\dfrac{1}{2ae}$
Fer en U	$(2a+b)\,e$	$\dfrac{a^3 e}{12}\dfrac{(2a+7b)}{2a+b}$	$\dfrac{a^3(2a+7b)}{12(2a+b)^2}$	$\dfrac{1}{(2a+b)\,e}$
Fer en H Té renversé	$(2a+b)\,e$	$\dfrac{a^3 e}{6}$	$\dfrac{a^3}{6(2a+b)}$	$\dfrac{1}{(2a+b)\,e}$
Tôle ondulée	$1,5\left(a+\dfrac{b}{2}\right)e$	$a^3 e\,(0,15b+0,10a)$ $\dfrac{a^3 e}{20}(3b+2a)$	$\dfrac{a^3(3b+2a)}{30\left(a+\dfrac{b}{2}\right)}$	$\dfrac{1}{1.5\left(a+\dfrac{b}{2}\right)e}$
Croix à branches égales	$2\,ae$	$\dfrac{1}{12}\,a^3 e$	$\dfrac{a^2}{24}$	$\dfrac{1}{2ae}$
Losange	$2e\sqrt{a^2+b^2}$	$\dfrac{1}{6}\,a^2 e\,\sqrt{a^2+b^2}$	$\dfrac{1}{12}\,a^2$	$\dfrac{1}{2e\sqrt{a^2+b^2}}$

Module de flexion $\dfrac{n}{\mathrm{I}}$	Module de glissement $\left(\dfrac{\mu}{u}\right)\dfrac{1}{\mathrm{I}}$ Ordonnée y_0 de la ligne de glissement maximum	Croquis et Observations
$\dfrac{6\,(2a+b)}{a^2e\,(a+4b)}$	»	
$\dfrac{18}{5a^2e}$	$\dfrac{27}{20ae}$, $y_0=0$	
$\dfrac{6}{a^2e}$	$\dfrac{3}{2ae}$ $y_0=0$	
$\dfrac{12\,(a+b)}{a^2e\,(2a+7b)}$	»	
$\dfrac{3}{a^2e}$	$\dfrac{3}{4ae}$	
$\dfrac{10}{a^2e\,(3b+2a)}$	»	
$\dfrac{6}{a^2e}$	$\dfrac{3}{2ac}$	
$\dfrac{2}{ae\,\sqrt{a^2+b^2}}$	$\dfrac{3}{4c\,\sqrt{a^2+b^2}}$	

Désignation des profils	Aire Ω	Moment d'inertie I	Carré du rayon de gyration r^2	Module de compression et de traction $\dfrac{1}{\Omega}$
IV. — Profils présentant des épaisseurs différentes pour les tôles totale des semelles est désignée par la lettre A				
Fer à té ou	$ab - a'b'$	$\dfrac{a^3 b - a'^3 b'}{12}$	$\dfrac{a^3 b - a'^3 b'}{12(ab - a'b')}$	$\dfrac{1}{ab - a'b'}$
caisson ou rectangle évidé ou	$A + B$	$\dfrac{a^2}{12}(3A + B)$	$\dfrac{a^2}{12}\dfrac{3A + B}{A + B}$	$\dfrac{1}{A+B}$
U renversé	$A + B$	$\dfrac{a^2}{4} A$	$\dfrac{a^2}{4}$	$\dfrac{1}{A+B}$
H ou té renversé Fer en croix	$A + B$	$\dfrac{Ba^2}{12}$	$\dfrac{Ba^2}{12(A + B)}$	$\dfrac{1}{A+B}$
Fer en U Té simple Cornière	$A + B$	$\dfrac{a^2}{12} \cdot \dfrac{B(4A + B)}{A + B}$	$\dfrac{a^2}{12} \cdot \dfrac{B(4A + B)}{(A + B)^2}$	$\dfrac{1}{A+B}$
Té dissymétrique, formule approximative	$A + A' + B$	$a^2 \dfrac{AA'}{A + A'}$	$a^2 \dfrac{AA'}{(A + A')^2}$	$\dfrac{1}{A + A' + B}$

Module de flexion $\dfrac{n}{I}$	Module de glissement $\left(\dfrac{\mu}{u}\right)\dfrac{1}{1}$ Ordonnée y_0 de la ligne de glissement maximum	Croquis et Observations

horizontales (ou semelles) et les tôles verticales (ou âmes). L'aire et l'aire totale des âmes par la lettre B.

$\dfrac{6a}{a^3b - a'^3b'}$	$\dfrac{3b(a^2-a'^2)+\frac{3}{2}a'^2(b-b')}{2(b-b')(a^3b-a'^3b')}, y_0=0$	
$\dfrac{6}{a(3A + B)}$	$\dfrac{6A + 3B}{B(6A + 2B)}, y_0=0$	
$\dfrac{2}{Aa}$	$\dfrac{1}{B}, y_0=0$	
$\dfrac{6}{Ba}$	$\dfrac{3}{2B}, y_0 = 0$	
$\dfrac{6(A + B)}{aB(4A + B)}$	$\dfrac{3}{2B} \times \dfrac{(2A + B)^2}{(4A+B)(A+B)}$ $y_0 = 0$ ou $\dfrac{3}{2B}\left(1-\dfrac{AB}{(4A+B)(A+B)}\right)$ ou approximativement $\dfrac{3}{2}B$	
$\dfrac{A + A'}{2a\,AA'}$	$\dfrac{3}{2B}\left(1-\dfrac{AA'}{A^2+A'^2+AA'}\right)$	

§ 2.

PRINCIPES FONDAMENTAUX ET THÉORÈME GÉNÉRAL DE LA RÉSISTANCE DES MATÉRIAUX

33. Objet dé la Résistance des Matériaux. — Considérons une pièce prismatique satisfaisant à la définition que nous avons donnée à l'article 23.

Reportons-nous à l'article 6, où la figure 7 indique la décomposition des actions moléculaires qui s'exercent sur les six faces d'un cube élémentaire considéré à l'intérieur d'un corps élastique. Nous supposerons que ce cube fasse partie de la pièce prismatique, et nous l'orienterons de façon que l'axe oz soit parallèle à la direction de l'axe longitudinal, le plan xy, normal à cet axe, étant celui de la section transversale qui passe par le centre de gravité du cube.

La Résistance des Matériaux a pour objet la recherche :

1° De l'action moléculaire normale Z, dirigée parallèlement aux fibres, qui s'exerce sur le plan de la section transversale ;

2° Des actions tangentielles S et V, situées dans le plan de la section transversale, et dont les couples sont par suite contenus dans les plans diamétraux du cube parallèles aux fibres.

Quant aux actions normales X et Y, dont les directions sont perpendiculaires à l'axe longitudinal, on ne s'en occupe pas. Pour que les formules de la Résistance des Matériaux puissent inspirer quelque confiance, il faut que l'énoncé du problème posé soit tel qu'il apparaisse d'une manière évidente que ces actions X et Y seront, sinon tout à fait nulles, du moins négligeables devant Z. Toutes les fois que cette condition essentielle n'est pas remplie, il n'y a rien à tirer de la Résistance des Matériaux, qui ne donne plus que des renseignements inexacts : nous en citerons plus tard quelques exemples (§ 4).

Cette condition s'exprimera en disant que *la pièce prismatique doit être absolument libre dans toutes ses dimensions transver-*

sales, et que les actions moléculaires normales ou tangentielles développées sur son enveloppe extérieure cylindrique par l'action directe des forces extérieures doivent être très petites en comparaison de celles qui s'exercent sur la section transversale.

En ce qui touche le couple d'actions tangentielles T, situé dans le plan diamétral perpendiculaire aux fibres, c'est-à-dire dans le plan de la section transversale de la pièce, la Résistance des Matériaux permet de le calculer exactement dans un cas unique, celui où la section transversale de la pièce diffère très peu d'un cercle plein ou évidé par un cercle concentrique. Dans toute autre circonstance, on peut se servir, faute de mieux, de ses formules, mais avec la certitude d'arriver à un résultat très éloigné de la vérité. Il est possible en certains cas de rectifier ce résultat, en recourant soit aux renseignements de l'expérience, soit aux démonstrations de la Théorie de l'Elasticité.

En définitive, la Résistance des Matériaux s'occupe exclusivement de l'étude des corps affectant la forme prismatique, conformément à la définition donnée à l'article 23. Elle fournit le moyen de calculer les intensités des actions moléculaires normales dirigées parallèlement aux fibres, et des couples d'actions tangentielles situés dans des plans parallèles aux fibres, toutes les fois que l'énoncé du problème fait prévoir que les actions normales perpendiculaires aux fibres, et le couple d'actions tangentielles situé dans un plan également normal aux fibres, sont nuls ou sans importance.

On peut remarquer aussi que pour satisfaire complètement à la définition des pièces prismatiques, la matière dont elles sont formées devrait être fibreuse, les fibres étant perpendiculaires aux sections transversales successives. En effet, les formules de la Résistance des Matériaux conviennent très bien aux bois, au fer et à l'acier laminés, toutes les fois que les fibres du bois ou du métal (définies par le sens du laminage) sont sensiblement parallèles à l'axe longitudinal de la pièce.

Mais l'expérience démontre que l'exactitude de ces formules est sujette à caution si les fibres de la matière, n'étant pas parallèles à l'axe longitudinal, sont coupées par le contour cylindrique de la pièce : la Résistance des Matériaux est alors impuissante à faire prévoir les déformations qui pourront se manifester, et à indiquer la distribution des actions moléculaires. On peut se rendre compte de la valeur de cette objection en brisant par flexion une allumette en bois, dont les fibres, obliques aux arêtes, soient coupées par les faces. Le moindre effort suffit pour produire la rupture, qui, au lieu de s'effectuer dans une section transversale par cassure des fibres, se produit obliquement par décollement et séparation des fibres.

En d'autres termes, les formules de résistance ne sont applicables qu'aux pièces prismatiques possédant une isotropie transversale, dont l'axe de symétrie complète est tangent, pour une section transversale quelconque, à l'axe longitudinal ou fibre moyenne.

84. Hypothèse fondamentale. — La Résistance des Matériaux s'appuie tout d'abord sur les principes essentiels de la Théorie de l'Elasticité, qui ont trait à la définition de l'élasticité parfaite et à la continuité des actions moléculaires. Elle suppose que les corps étudiés sont doués de l'isotropie transversale, que nous avons définie à la fin de l'article 15.

Elle est basée en outre sur l'hypothèse suivante : *dans tout corps prismatique soumis à l'action de forces extérieures, une section transversale quelconque reste plane, identique à elle-même, et normale à l'axe longitudinal ou fibre moyenne pendant la déformation.*

Soient x, y et z les coordonnées d'un point du corps, rapportées à trois axes rectangulaires fixes ; après la déformation, ce point pourra encore être défini par les mêmes coordonnées, si on le rapporte à trois axes rectangulaires nouveaux, qui conviendront également à tous les points situés dans la même section transversale que le premier.

Les déplacements élastiques x', y', z' du point considéré pourront être représentés par des fonctions linéaires de ses coordonnées initiales x, y et z, dont les coefficients numériques auront des valeurs identiques pour tous les points situés sur une même section transversale, et se calculeront par les mêmes règles que s'il s'agissait d'un changement de coordonnées, corrélatif du

déplacement subi dans l'espace par le plan de la section, et du
déplacement subi par le contour de la section dans son propre
plan.

Enfin le plan de la section transversale reste normal à la fibre
moyenne déformée, lieu du centre de gravité des sections transversales successives, ce qui fournit, entre les coefficients numériques précités, de nouvelles relations de condition.

Cette hypothèse ne paraît rigoureusement vraie que dans le
cas unique d'un cylindre de révolution soumis à un effort de torsion. Dans les pièces prismatiques travaillant à la compression
simple ou à l'extension simple, les sections transversales restent
planes et normales à la fibre moyenne ; mais, en raison du phénomène de la contraction latérale (qui résulte de la souplesse
latérale de la matière),leurs figures subissent forcément une altération, qui d'ailleurs est de peu d'importance.

Dans toute autre circonstance, qu'il s'agisse d'une pièce fléchie
ou d'une pièce tordue à section non circulaire, cette hypothèse
est forcément erronée. Il est mathématiquement impossible que
les trois conditions énoncées plus haut soient compatibles entre
elles et avec les équations fondamentales de l'équilibre élastique
d'un corps. Nous donnerons dans l'article suivant la démonstration rigoureuse de ce fait, qui est d'ailleurs mis en relief par les
résultats de l'expérience, aussi bien que par les démonstrations
de la Théorie de l'Elasticité.

Toutefois il arrive presque toujours que cette hypothèse, quoique fausse en principe, se rapproche assez de la réalité pour que
l'erreur commise en l'adoptant soit du même ordre de grandeur
que celles imputables à l'imperfection des matériaux de construction (semi-élasticité,hétérogénéité,hétérotropie),et aux sujétions
de la mise en œuvre, qui ne permettent jamais de réaliser exactement les données théoriques ayant servi de bases aux calculs
de stabilité relatifs à une construction quelconque.

A ce point de vue essentiellement pratique, l'hypothèse en
question ne modifie pas la valeur du résultat à obtenir, puisqu'elle
ne change rien à son degré d'exactitude ; comme, d'autre part,
elle simplifie et facilite énormément les recherches, il y a tout
intérêt à préférer la formule de la Résistance des Matériaux à

celle de la Théorie de l'Elasticité (à supposer que celle-ci en four-
nisse pour le cas considéré), puisque cette dernière science ne
donnerait pas en fin de compte de renseignements plus précis et
plus certains, au point de vue des applications.

Mais, étant donné que l'hypothèse de la Résistance des Matériaux est purement conventionnelle, il importe de toujours vérifier en chaque cas, soit par l'expérience, soit par la Théorie de
l'Elasticité, qu'elle ne s'écarte pas trop de la vérité. Le raisonnement précédent serait en effet sans valeur si l'erreur commise de
ce chef dépassait l'ordre de grandeur de celles que comportent
l'imperfection des matériaux et les sujétions de leur emploi ; il
conviendrait alors d'écarter les suppositions dont l'inexactitude
complète aurait été reconnue.

Nous montrerons, dans l'article suivant, que c'est en effet le
parti auquel on a dû s'arrêter dans la recherche des actions moléculaires correspondant à l'*effort tranchant*.

Il y a donc entre la Théorie de l'Elasticité, science exacte, et la
Résistance des Matériaux, science semi-empirique, cette différence
essentielle que les formules de la dernière peuvent être fausses
même si on les applique à un corps parfaitement élastique, et
que leur utilisation dans un cas particulier quelconque ne saurait être autorisée si l'expérience ou la Théorie de l'Elasticité
n'en a fait reconnaître la quasi-exactitude.

D'autre part, la théorie de l'élasticité peut souvent fournir des
renseignements utiles dans certains problèmes relatifs à des corps
non prismatiques, comme les plaques, que la résistance des matériaux est impuissante à résoudre.

35. Solution générale du problème. — Soient Gx et Gy
deux axes rectangulaires situés dans le plan d'une section transversale déterminée, et passant par son centre de gravité G ; Gz
un axe perpendiculaire à ce plan.

Désignons par p_x et p_y les composantes de l'action moléculaire
tangentielles exercée sur ce plan au point M défini par les coordonnées x et y ; par p_z l'action moléculaire normale relative au
même point.

Les actions moléculaires font équilibre aux forces extérieures appliquées à l'une des deux portions de la pièce prismatique, limitées par le plan de la section transversale.

Nous pouvons poser pour cette section les équations générales d'équilibre élastique, énoncées à l'article 5 du chapitre précédent :

(1) $\iint p_x \, dx \, dy = R_x$;

(2) $\iint p_y \, dx \, dy = R_y$;

(3) $\iint p_z \, dx \, dy = R_z$;

(4) $\iint y p_z \, dx \, dy = M_x$;

(5) $\iint x p_z \, dx \, dy = M_y$;

(6) $\iint (y p_x + x p_y) \, dx \, dy = M_z$.

Considérons le cube élémentaire, à arêtes parallèles aux axes de coordonnées, dont le centre de gravité serait le point $M (x, y)$ appartenant à la section transversale. Soient δx, δy et δz les déplacements élémentaires, rapportés à l'unité de longueur, d'un sommet de ce cube par rapport aux parallèles aux axes Gx, Gy et Gz menées par le sommet diamétralement opposé.

Si nous admettons que la matière soit douée de l'isotropie transversale conventionnelle, dont nous avons donné la définition à la fin de l'article 15, ces déplacements élémentaires pourront, en vertu de la loi de Hooke, être représentés, en fonction des actions moléculaires normale p_z et tangentielles p_x et p_y, par les relations linéaires suivantes, où E est le coefficient d'élasticité longitudinale dans le sens des fibres, et G le coefficient d'élasticité transversale, constant pour toutes les directions :

$$\delta z = \frac{p_z}{E} \ ;$$

$$\delta x = \frac{p_x}{G} \ ;$$

$$\delta y = \frac{p_y}{G} \ .$$

Substituons à p_x, p_y et p_z leurs valeurs en fonction de δx, δy et δz dans les équations d'équilibre (1), (2), (3), (4), (5) et (6). Il s'agit de tirer de ces équations les expressions analytiques de δx, δy et δz en fonction des coordonnées courantes x et y.

Envisagé au point de vue de la théorie de l'élasticité, le problème ainsi posé est insoluble, parce qu'il n'est pas déterminé ; on ne peut, en effet, se rendre compte de l'état élastique d'une section transversale considérée isolément, en faisant abstraction des sections voisines. Il faudrait de toute nécessité considérer simultanément toutes les sections transversales successives et poser une série d'équations embrassant le solide tout entier.

Mais si nous faisons intervenir l'hypothèse fondamentale de la résistance des matériaux, nous pourrons représenter δx, δy et δz, ainsi qu'il a été dit précédemment, par des fonctions linéaires des coordonnées x et y du point M situé dans la section transversale (z est toujours nul en raison des directions attribuées aux axes).

Nous écrirons donc les équations :

$$\delta x = ax + by + f,$$
$$\delta y = a'x + b'y + g,$$
$$\delta z = a''x + b''y + h.$$

f, g et h sont les déplacements élémentaires relatifs au centre de gravité G de la section, qui coïncide avec l'origine des coordonnées.

La section transversale doit rester plane et conserver identiquement sa figure primitive après la déformation, ce qui nous donne, entre les coefficients indéterminés des équations précédentes, les trois relations de condition que fournit la géométrie analytique pour les changements de coordonnées dans l'espace :

$$(7) \qquad a^2 + a'^2 + a''^2 = 1,$$
$$(8) \qquad b^2 + b'^2 + b''^2 = 1,$$
$$(9) \qquad ab + a'b' + a''b'' = 0.$$

Nous avons admis d'autre part que la section transversale devrait, après la déformation, rester normale à la fibre moyenne, lieu du centre de gravité G dont les déplacements élémentaires suivant les axes sont f, g et h.

La ligne qui joint à l'origine G le point dont les coordonnées sont f, g et h, doit par conséquent être perpendiculaire au plan occupé par la section après sa déformation, ce qui nous donne les conditions nouvelles :

$$(10) \qquad a^2 + b^2 + \frac{f^2}{f^2 + g^2 + h^2} = 1,$$

$$(11) \qquad a'^2 + b'^2 + \frac{g^2}{f^2 + g^2 + h^2} = 1.$$

Substituons à δx, δy et δz leurs valeurs en fonction d'x et d'y dans les équations d'équilibre (1) à (6) :

$$(1) \qquad \iint G(ax + by + f)\, dy\, dx = R_x,$$

$$(2) \qquad \iint G(a'x + b'y + g)\, dy\, dx = R_y,$$

$$(3) \qquad \iint E(a''x + b''y + h)\, dy\, dx = R_y,$$

$$(4) \qquad \iint Ey(a''x + b''y + h)\, dy\, dx = M_x,$$

$$(5) \qquad \iint Ex(a''x + b''y + h)\, dy\, dx = M_y,$$

$$(6) \qquad \iint G[y(a'x+b'y+f)+x(a'x+b'y+h)]dydx = M_z.$$

Ces équations différentielles peuvent toujours être intégrées sans difficulté : les intégrales $\int\int fx dx dy$ et $\int\int fy dx dy$ sont nulles, en vertu des propriétés du centre de gravité, pris pour origine des coordonnées ; les intégrales $\int\int fy^2 dx dy$ et $\int\int fx^2 dx dy$ sont esl moments d'inertie relatifs aux axes ox et oy, que l'on sait toujours calculer pour un profil quelconque donné ; enfin l'intégrale $\int\int fxy dx dx$, qui n'est pas plus difficile à évaluer que l'un des moments d'inertie, est elle-même nulle quand ox et oy sont les axes principaux d'inertie de la section, ce qui est généralement le cas dans les applications.

Si R_x, R_y, R_z, M_x, M_y et M_z sont supposés connus, il sera donc toujours possible de transformer les équations d'équilibre 1 à 6 en six relations linéaires existant entre les neufs coefficients indéterminés a, b, a', b', a'', b'', f, g et h. Ces neuf coefficients devront, en outre, satisfaire aux cinq relations 7, 8, 9, 10 et 11, ce qui fait en tout onze équations pour déterminer neuf inconnues.

Il y a surabondance de conditions, et, par conséquent, incompatibilité entre les données du problème, qui ne peut être résolu sous sa forme générale si l'on prétend maintenir intégralement les propositions qui se rattachent à l'hypothèse fondamentale de la résistance des matériaux.

Il ne saurait y avoir d'exception à cette règle que si deux au moins des relations précitées étaient inutiles, parce qu'elles seraient satisfaites par les valeurs tirées des neuf autres. Ce cas particulier peut se présenter lorsqu'on suppose nulles quelques-unes des quantités R_x, R_y, R_z, M_x, M_y et M_z, mais jamais en d'autres circonstances.

36. Solutions particulières du problème. — Étant dans l'impossibilité de résoudre le problème sous sa forme générale et complète, on est alors conduit à traiter un certain nombre de cas particuliers, dont les données sont établies de façon que le nombre des équations de condition devienne exactement égal à celui des inconnues à déterminer.

Les cas étudiés sont les suivants :

1° *Compression ou extension simple*. — R_x, R_y, M_x, M_y et M_z sont supposés nuls. Les actions moléculaires ont pour résultante unique la force R_z normale au plan de la section transversale.

On trouve : $p_x = o$, $p_y = o$, $p_z = \dfrac{R_x}{\Omega}$, Ω étant l'aire de la section transversale.

Cette formule, rigoureusement exacte, est vérifiée par la théorie de l'élasticité.

2° *Torsion simple*. — R_x, R_y, R_z, M_x et M_y sont supposés nuls.

Les actions moléculaires auront pour résultante le couple M_z, situé dans le plan de la section transversale.

On trouve : $p_x = y \dfrac{M_z}{I_p}$, $p_y = x \dfrac{M_z}{I_p}$, $p_z = o$. I_p est le moment d'inertie polaire par rapport au centre de gravité G.

Cette formule est rigoureusement exacte quand la section transversale est un cercle plein ou évidé par un cercle concentrique, approximative quand elle s'écarte peu de cette forme, et radicalement fausse quand elle s'en écarte beaucoup.

3° *Flexion simple*. — R_x, R_y, R_z et M_z sont supposés nuls.

Les actions moléculaires ont pour résultante les couples M_x et M_y, situés dans les plans coordonnés parallèles aux fibres.

Les formules obtenues, que nous donnerons sous leurs formes générales au paragraphe prochain, se réduisent, si ox et oy sont les axes principaux d'inertie de la section, à : $p_x = o, p_y = o, p_z = \dfrac{x M_y}{I_x} + \dfrac{y M_x}{I_y}$. I_x et I_y sont les moments d'inertie principaux relatifs aux axes oy et ox.

Cette formule est approximative : elle concorde presque toujours d'une façon satisfaisante avec les résultats de l'expérience et paraît justifiée dans une mesure convenable par la théorie de l'élasticité. Au point de vue pratique, on peut la considérer comme irréprochable (Expériences de *Wertheim, Fresnel, Léger, Considère,* etc.).

4° Effort tranchant. On peut suivre deux marches différentes.

(*a*) La première consiste à supposer que R_z, M_x, M_y et M_z sont nuls, et à ne conserver que les résultantes tangentielles R_x et R_y.

On trouve : $p_x = \dfrac{R_x}{\Omega}$, $p_y = \dfrac{R_y}{\Omega}$, $p_z = o$.

Cette solution satisfait aux équations d'équilibre 2 à 6 et aux équations de conditions 7, 8, 9. Mais elle n'est pas compatible avec les équations 10 et 11, qu'il faut par conséquent abandonner. La section transversale ne peut rester normale à la fibre moyenne après la déformation.

Elle présente d'ailleurs un défaut très grave, qui l'entache d'erreur grossière. Elle suppose nécessairement que M_x et M_y sont nuls, alors que cette condition n'est pas réalisable. Nous verrons plus tard (art. 41) que l'on a toujours : $R_x = \dfrac{d M_x}{dz}$ et $R_y = \dfrac{d M_y}{dz}$.

Les expressions analytiques $\dfrac{d M_x}{dz}$ et $\dfrac{d M_y}{dz}$ étant les dérivées par rapport à z des fonctions représentatives de M_x et M_y, on ne saurait admettre que M_x et M_y soient constamment nuls, sans que R_x et R_y le soient aussi. Les efforts tranchants R_x et R_y ne se manifestant que dans une pièce fléchie, on est conduit à reprendre le problème en acceptant pour M_x et M_y des valeurs différentes de zéro. Mais alors les formules précédentes ne peuvent plus être conservées, parce que, combinées avec celles obtenues pour le cas de la flexion simple, elles conduisent pour p_x, p_y et p_z à des résultats qui ne satisfont plus aux équations d'équilibre (4) et (6) : l'incompatibilité est manifeste.

(*b*). On se résigne alors à abandonner l'hypothèse de l'invariabilité de la section transversale, mais seulement en ce qui touche la déformation due aux actions moléculaires tangentielles, dont les résultantes sont R_x et R_y.

La nouvelle méthode de recherche est basée sur la considération des sections transversales successives : on se propose uniquement de déterminer les valeurs p_x et p_y qui assureront l'équilibre d'un élément de fibre de la pièce, ou d'une fraction du prisme élémentaire, en tant que l'on attribuera à p^z la valeur obtenue précédemment pour le cas de la flexion simple, et que l'on fera usage des relations nécessaires : $R_x = \dfrac{dM_x}{dx}$ et $R_y = \dfrac{dM_z}{dx}$. On obtient alors pour p_x et p_y des expressions analytiques en fonction d'*x* et d'*y qui ne sont plus linéaires*, ce qui était certain *a priori* puisqu'on a abandonné l'hypothèse de l'invariabilité de la section, qui se traduit par les formules linéaires 7 à 11. Il en devrait être naturellement de même de δx et δy, ce qui indique que la section n'a pu rester plane et identique à elle-même ; mais alors la recherche des déformations serait presqu'impraticable.

Aussi s'en tient-on finalement au parti suivant : 1° calculer les déformations élémentaires δx et δy par les formules *a*, comme si les moments de flexion étaient nuls et la section invariable ; 2° calculer les actions moléculaires p_x et p_y par les formules *b*, sans maintenir l'invariabilité de la section, et en prenant en considération le travail à la flexion proprement dit.

Il est bien certain que cette méthode ambiguë est peu rationnelle, puisqu'elle implique l'abandon des formules fondamentales $\delta x = \dfrac{p_x}{G}$ et $\delta y = \dfrac{p_y}{G}$; δx et δy sont en effet représentés par des fonctions linéaires d'*x* et d'*y*, alors qu'il n'en est plus de même pour p_x et p_y.

Elle fournit toutefois au point de vue pratique des indications suffisantes. En ce qui touche p_x et p_y, les formules *b* sembleraient donner des valeurs assez exactes, et dont les maxima seraient plutôt supérieurs aux valeurs réelles, ce qui suffit. Pour les déformations élémentaires, comme elles sont toujours très petites, et généralement négligées dans les applications, une approximation même grossière suffit, et c'est pourquoi les formules a peuvent être conservées.

Nous reviendrons au paragraphe prochain sur les méthodes que nous venons d'analyser et de discuter.

Nous indiquerons également comment on part des formules trouvées dans chaque cas particulier pour établir les fonctions représentatives de p_x, p_y et p_z, ou de δx, δy et δz, dans le cas général, lorsqu'aucune des quantités R_x, R_y, R_z, M_x, M_y et M_z n'est supposée nulle.

37. Recherche des déformations. — Nous venons d'exposer la méthode générale qui permet de déterminer, pour un point M défini par ses coordonnées x et y rapportées à deux axes rectangulaires menés dans le plan de la section transversale par son centre de gravité G : 1° les intensités des actions moléculaires normale p_z et tangentielles p_x et p_y, qui s'exercent en ce point sur le plan de la section ; 2° les déplacements élastiques élémentaires δx, δy et δz, qui correspondent aux déformations, rapportées à l'unité de longueur, du cube élémentaire ayant son centre au point M et ses arêtes parallèles aux axes Gx, Gy et Gz.

Ces déplacements s'obtiennent en fonction des résultantes d'actions moléculaires R_x, R_y, R_z, M_x, M_y et M_z, relatives à la section transversale considérée.

Soient trois axes nouveaux Ox_1, Oy_1 et Oz_1, menés parallèlement aux axes Gx, Gy et Gz par un point O pris arbitrairement dans l'espace.

Désignons par x_1, y_1 et z_1 les coordonnées nouvelles du point M, et par x'_1, y'_1 et z'_1 ses déplacements élastiques, c'est-à-dire les variations subies par x_1, y_1 et z_1 en raison de la déformation du corps.

Un théorème général de la théorie de l'élasticité (art. 16) nous fournit les relations suivantes :

$$(1) \qquad \frac{dx'_1}{dx_1} = \delta x \; ; \quad \frac{dy'_1}{dy_1} = \delta y \; ; \quad \frac{dz'_1}{dz_1} = \delta z.$$

On a d'autre part : $x_1 = m + x$, et $y_1 = n + y$, m et n désignant les coordonnées du point G par rapport aux axes Ox_1 et Oy_1.

Effectuons encore un nouveau changement de coordonnées, en modifiant les directions des axes rectangulaires menés par le point O. Soient Ox_2, Oy_2 et Oz_2 ces nouveaux axes, dont les directions fixes sont absolument indépendantes de l'orientation de la section transversale considérée, et pourront par suite être conservées sans changement pour toutes les sections transversales successives du corps.

Les nouvelles coordonnées x_2, y_2 et z_2 du point M sont liées aux anciennes x_1, y_1 et z_1 par des formules de transformation linéaires, qui expriment également les relations existant entre les déplacements élastiques x'_2, y'_2 et z'_2 rapportés aux nouveaux axes, et les déplacements x'_1, y'_1 et z'_1 rapportés aux anciens.

En combinant ces différentes équations, nous obtiendrons finalement δx, δy et δz sous forme de fonctions linéaires des neuf dérivées partielles :

$$\frac{dx'_2}{dx_2}, \quad \frac{dx'_2}{dy_2}, \quad \frac{dx'_2}{dz_2}, \quad \frac{dy'_2}{dx_2}, \quad \text{etc.}$$

Substituons ces expressions dans les formules qui donnent les valeurs de δx, δy et δz en fonction des résultantes R_x, R_y, R_z, M_x, M_y et M_z, que nous supposons également représentées par des fonctions des coordonnées x_2, y_2 et z_2.

Nous arriverons en définitive à trois équations différentielles du premier ordre entre les variables dépendantes x'_2, y'_2 et z'_2, et les variables indépendantes x_2, y_2 et z_2, qu'il suffira d'intégrer pour connaître les déplacements élastiques d'un point quelconque du corps en fonction de ses coordonnées x_2, y_2 et z_2.

Telle est la solution générale du problème de la recherche des déformations. Elle n'est évidemment pas susceptible d'une utilisation pratique, qui serait d'ailleurs sans intérêt. Du moment en effet que la résistance des matériaux admet qu'une section transversale quelconque reste plane, de figure invariable et perpendiculaire à l'axe longitudinal pendant la déformation, il suffit, pour que la forme finale de la pièce soit déterminée, de connaître la courbe décrite par l'axe longitudinal déformé, ainsi que l'amplitude du mouvement de rotation subi par une section quelconque dans son plan et autour de son centre de gravité.

On se bornera donc, dans l'application de la méthode exposée plus haut, à établir les équations différentielles du premier ordre entre les déplacements élastiques et les coordonnées d'un point quelconque situé sur la fibre moyenne, les résultantes R_x, R_y, R_z, M_x et M_y étant représentées par des fonctions de ces coordonnées. On obtiendra, en intégrant ces équations, les expressions analytiques d'x'_2, d'y'_2 et de z'_2 en fonction des coordonnées x_2, y_2 et z_2, et le problème sera résolu.

La fibre moyenne, primitivement définie par deux équations entre ses coordonnées courantes x_2, y_2 et z_2, sera après la déformation représentée par les équations que l'on aura obtenues entre les coordonnées nouvelles $x_2 + x'_2$, $y_2 + y'_2$ et $z_2 + z'_2$.

Le couple résultant M_z, situé dans le plan de la section transversale, n'influe pas sur la déformation de la fibre moyenne. Il a pour effet de faire tourner la section dans son plan d'un angle θ, fourni par l'équation différentielle :

$$\frac{d\theta}{ds} = \frac{d\theta}{\sqrt{dx_2{}^2 + dy_2{}^2 + dz_2{}^2}} = \frac{M_z}{G\, I_p}.$$

Pour simplifier le problème, on sépare d'habitude les effets des actions moléculaires de genres différents, en recherchant isolément les déformations dues aux résultantes R_x et R_y, R_z, M_x et M_y, M_z.

On compose géométriquement les déplacements élastiques calculés séparément pour chaque point de la fibre moyenne considéré en particulier, et l'on détermine de cette façon la courbe décrite par la fibre déformée sous l'action de toutes les forces extérieures agissant simultanément.

Nous remarquerons en terminant que les équations qui permettent de déterminer les actions moléculaires p_x, p_y et p_z développées en un point quelconque de la pièce, et les déplacements élastiques x'_2, y'_2 et z'_2 d'un point de la fibre moyenne, connaissant les dimensions de la pièce prismatique et les forces extérieures qui agissent sur elle, peuvent réciproquement servir à évaluer

soit les dimensions du solide, soit les forces extérieures qui le
sollicitent, si l'on se donne *a priori* les intensités des actions moléculaires, ou les déplacements élastiques de la fibre moyenne.

Le problème est retourné, mais la méthode de résolution ne
change pas.

Il est d'ailleurs nécessaire, pour que la question soit déterminée, qu'à chaque inconnue nouvelle, force ou dimension de la
pièce, corresponde une donnée, action moléculaire ou déplacement élastique.

**38. Recherche des forces extérieures inconnues, ou
forces de liaison. — Définition des systèmes isostatiques et des systèmes hyperstatiques.** — Nous avons admis
jusqu'ici que l'on connaissait *a priori* toutes les forces extérieures agissant sur la pièce prismatique dont on voulait étudier l'é-
quilibre élastique.

En général il n'en est pas ainsi : il existe entre la pièce et des
corps voisins des liaisons qui ne permettent pas à certains points
de se déplacer librement dans l'espace. Les réactions exercées
sur la pièce par les corps qui lui sont reliés peuvent ne pas être
connues à l'avance. On les déterminera en remarquant qu'elles
sont corrélatives des gênes apportées aux déplacements des sections transversales auxquelles sont appliquées les liaisons. Ces
déplacements seront nuls, ou connus en grandeurs et directions,
ou bien pourront être représentés par des fonctions connues des
forces de liaison : on pourra toujours en définitive se procurer
les équations de condition nécessaires pour résoudre le problème.

On disposera en outre des six équations universelles d'équilibre que la Mécanique générale fournit pour les solides invariables, ces équations devant être nécessairement satisfaites par le
système complet des forces extérieures, connues et inconnues.
Elles exprimeront que les sommes respectives de leurs composantes suivant trois axes rectangulaires menés arbitrairement
par un point de l'espace, ainsi que les sommes de leurs moments
par rapport à ces trois axes, sont séparément nulles.

Soient $\varphi_x, \varphi_y, \varphi_z, \mu_x, \mu_y, \mu_z$ les composantes et les moments

relatifs à une force extérieure quelconque ; on aura, pour l'ensemble de ces forces, les conditions :

$$(1)\ \Sigma\varphi_x = o\ ;\ (2)\ \Sigma\varphi_y = o\ ;\ (3)\ \Sigma\varphi_z = o\ ;\ (4)\ \Sigma\mu_x = o\ ;$$
$$(5)\ \Sigma\mu_y = o\ ;\ (6)\ \Sigma\mu_z = o.$$

Si, en raison des données du problème, les forces extérieures
sont toutes situées dans un même plan, on peut, en plaçant les
axes ox et oy dans ce plan, réduire à trois le nombre des conditions : (1), (2) et (4).

Si les forces sont en outre parallèles entre elles, on prendra
leur direction commune pour axe des x, et on n'aura plus à considérer que les équations (1) et (4).

Il peut se présenter deux cas :

1° Les liaisons sont disposées de telle sorte que le nombre des
inconnues à déterminer soit précisément égal à celui des équations d'équilibre dont on dispose. On résoudra alors le problème
comme s'il s'agissait non d'une pièce élastique, mais d'un solide
invariable régi par les lois de la Mécanique rationnelle. Nous dirons dans ce cas que les forces extérieures connues et les liaisons, qui définissent l'équilibre du corps, constituent un système
isostatique ;

2° Les liaisons sont telles que les équations universelles d'é-
quilibre ne suffisent plus pour déterminer toutes les inconnues.
Il y a surabondance de liaisons, en ce sens que l'on pourrait en
supprimer ou en simplifier quelques-unes sans troubler l'équilibre statique. Envisagé au point de vue de la Mécanique générale,
le problème est indéterminé, parce qu'il existe un nombre infini
de systèmes de réactions compatibles avec les liaisons, et susceptibles de faire équilibre aux forces extérieures connues. Il est
nécessaire alors de faire intervenir les équations de condition,
fournies par la résistance des matériaux, qui définissent les rapports existant entre les déplacements élastiques permis par les
liaisons et les réactions exercées sur la pièce prismatique. On
fait disparaître de cette façon l'indétermination du problème.

Nous dirons dans ce cas que les forces extérieures connues et
les liaisons constituent un système *hyperstatique.*

39. Propriétés générales des systèmes isostatiques et des systèmes hyperstatiques. — Différents genres de liaisons. — Dans un système isostatique, les forces de liaison, calculées comme si elles agissaient sur un solide invariable, ne dépendent que des forces extérieures connues ; les propriétés élastiques de la matière et les dimensions des sections transversales de la pièce prismatique peuvent être modifiées sans qu'il en résulte aucun changement dans ces forces.

Dans un système hyperstatique, les valeurs de certaines réactions sont fournies par des équations de résistance où figurent les produits EI, EΩ et GΩ des coefficients d'élasticité E et G par les moments d'inertie et les aires des sections transversales. On ne peut donc plus modifier les propriétés élastiques de la matière ou les dimensions d'une section transversale, dans une région de la pièce choisie arbitrairement, sans qu'il en résulte un changement corrélatif dans les réactions exercées sur elle.

Parmi les systèmes de forces, en nombre infini, qui satisfont aux équations universelles d'équilibre, il n'y en a qu'un seul, compatible avec les liaisons, qui convienne à la pièce, de dimensions et d'élasticité déterminées, que l'on considère.

On peut évidemment imaginer un nombre illimité de liaisons différentes. Nous distinguerons d'une manière particulière les liaisons *complètes* ou *fixes*, qui sont les suivantes :

(*a*) *Articulation sphérique fixe* : Un point fixe, en général le centre de gravité d'une section. La réaction est une force passant par le point, et dont on ignore *a priori* la direction.

Cette liaison comporte trois inconnues : φ_x, φ_y et φ_z.

(*b*) *Articulation cylindrique fixe* : Une droite fixe, en général un diamètre de la section transversale de liaison. La réaction se décompose en une force de direction inconnue, et en un couple dont le plan contient la droite d'articulation.

Cette liaison comporte donc, dans le cas général, cinq inconnues : φ_x, φ_y, φ_z, μ_x, μ_y.

(*c*) *Encastrement complet ou fixe* : Le plan de la section de liaison est invariable dans l'espace. La réaction se décompose en une force et un couple de directions inconnues.

Cette liaison comporte donc, dans le cas général, six inconnues : φ_x, φ_y, φ_z, μ_x, μ_y et μ_z.

Les liaisons sont mobiles ou incomplètes quand le centre de gravité de la section, au lieu d'être immobile, peut se déplacer librement : soit dans une direction déterminée, auquel cas la force et le couple sont dans un plan normal à cette direction; soit dans un plan déterminé, auquel cas les forces et couples sont situés dans un plan perpendiculaire au premier ; soit dans l'espace, auquel cas la réaction se réduit à un couple dont le plan contient l'axe d'articulation d'*orientation invariable*, ou est perpendiculaire au plan d'encastrement d'orientation également invariable.

D'une manière générale, un système isostatique ne peut comporter qu'une seule liaison fixe : si l'encastrement complet (*c*) existe pour une section transversale, il ne peut y avoir d'autre liaison ; l'articulation cylindrique fixe (*d*) ne peut être associée qu'à une articulation sphérique mobile dans un plan; l'articulation sphérique fixe est compatible avec tous les systèmes de liaisons mobiles qui ne comportent que trois inconnues, parmi lesquels nous citerons l'encastrement mobile d'une section, dont le plan conserve une orientation invariable, tandis que son centre de gravité peut se déplacer librement dans l'espace.

Une liaison peut être *fictive*, si le déplacement qu'elle est destinée à empêcher est déjà entravé par d'autres liaisons, ou ne peut se produire en raison du mode de distribution des forces extérieures connues. Les équations de condition relatives à une liaison fictive sont satisfaites identiquement, et se réduisent à $o = o$. Tout se passe comme si la liaison n'existait pas.

Une pièce prismatique soumise à un système isostatique de liaisons et de forces extérieures est nécessairement insensible aux changements de température : ses dimensions peuvent varier sans qu'il en résulte aucune modification dans le système complet des forces extérieures, fournies par les équations universelles d'équilibre.

Il n'en est pas de même pour les systèmes hyperstatiques, dont l'équilibre élastique est modifié par les changements de température toutes les fois qu'il existe deux liaisons fixes : en effet, la distance de deux points situés sur la fibre moyenne étant invariable, tout changement de longueur de cette fibre, dû aux

variatio.is de température, ne peut s'effectuer librement entre
les deux points fixes, ce qui entraîne des changements dans
les réactions exercées sur les sections de liaison. C'est ainsi que
se justifie l'emploi des chariots de dilatation dans les ponts métalliques.

Nous ajouterons en terminant que toute pièce prismatique
dont la fibre longitudinale décrit une courbe fermée est nécessairement placée dans un état d'équilibre hyperstatique. On doit
considérer cette pièce comme limitée à
deux sections d'about infiniment voisines,
telles que AB et A'B', qui sont assujetties
à rester en contact invariable l'une avec
l'autre : cet encastrement mobile constitue, avec la liaison fixe qui maintient le
corps immobile dans l'espace, un système
hyperstatique.

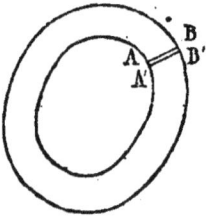

Fig. 29.

Il est toujours nécessaire, le cas échéant, de tenir compte des
liaisons qui peuvent exister entre deux sections distinctes de la
pièce prismatique.

On peut faire varier à l'infini le mode de liaison de deux corps,
en substituant à la droite directrice ou au plan directeur d'une
articulation une courbe ou une surface quelconque; en définissant la liaison par le roulement d'une surface sur une autre; en
faisant intervenir dans les déplacements mutuels l'influence du
frottement, ou l'action de ressorts déterminant des résistances
d'intensité variable; etc., etc.

En général on n'a guère à considérer, dans les recherches relatives à la stabilité des constructions, que des liaisons appartenant aux genres que nous avons définis tout d'abord.

Nous aurons occasion d'étudier, dans le cours du Chapitre IV,
les propriétés de différents systèmes isostatiques et hyperstatiques, qui donneront plus de clarté à l'exposé théorique que nous
venons de faire.

.§ 3.

FORMULES GÉNÉRALES POUR LE CALCUL
DES PIÈCES PRISMATIQUES

40. Résultantes des actions moléculaires développées dans une section transversale. — Considérons la pièce prismatique ABA'B'. Soient CD une section transversale et $x'Gx$ la tangente à l'axe longitudinal au point G, centre de gravité de la section.

Les actions moléculaires développées sur cette section font équilibre aux forces extérieures appliquées sur l'une des portions du corps, limitée au plan CD.

Le système de ces forces extérieures peut être remplacé par les résultantes et les couples résultants que nous allons énumérer.

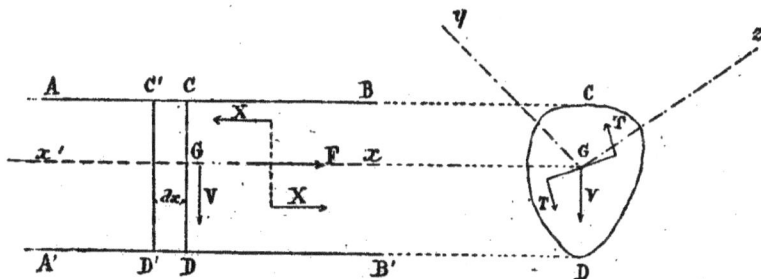

Fig. 30.

1° Une résultante F d'actions moléculaires normales, dont la direction se confond avec celle de l'axe $x'Gx$. Cette force F est celle que nous avons désignée par la lettre R_z dans les équations de l'article 35.

Nous l'appellerons l'*effort normal* : elle fait travailler le métal à la compression simple ou à l'extension simple, suivant qu'elle tend à rapprocher ou à écarter la section CD de la section infiniment voisine C'D'.

2° Une résultante V d'actions tangentielles, située dans le plan de la section et passant par son centre de gravité G. C'est la résultante des deux forces tangentielles que nous avons désignées par les lettres R_x et R_y dans les équations de l'article 35. Nous l'appellerons l'*effort tranchant*. Elle fait travailler le métal au glissement simple et tend à imprimer à la section CD un mouvement de translation dans son propre plan.

3° Un couple d'actions moléculaires normales X situé dans un plan, perpendiculaire à la section transversale, mené par la droite xGx'.

Ce couple résulte de la composition des deux couples d'actions tangentielles désignés par les lettres M_x et M_y dans les équations de l'article 35.

Nous l'appellerons le *moment de flexion* ou *moment fléchissant* : il fait travailler le métal à la flexion, et tend à imprimer à la section un mouvement de rotation autour d'une droite située dans son plan et passant en G.

4° Un couple T d'actions moléculaires tangentielles situé dans le plan de la section transversale.

C'est le couple que nous avons désigné par la lettre M_z dans les équations de l'article 35.

Nous l'appellerons *couple de torsion* : il fait travailler le métal à un genre de glissement dit *torsion*, et tend à imprimer à la section un mouvement de rotation dans son plan autour du point G comme centre.

41. Relation entre le moment fléchissant et l'effort tranchant. — Considérons la section C'D' infiniment voisine de la section CD, et qui lui est par conséquent parallèle, en vertu de la définition des corps prismatiques. Soit dx la distance mutuelle de ces deux sections, mesurée sur la tangente $x'Gx$ à la fibre moyenne.

Désignons par F, V, X et T les résultantes et les couples résultants d'actions moléculaires relatifs à la section CD.

Pour la clarté de la démonstration, il sera nécessaire de décomposer l'effort tranchant V en deux forces situées dans le plan de la section CD et dirigées respectivement suivant les axes rectangulaires Gy et Gz menés arbitrairement dans cette section : soient V_y et V_z ces deux composantes.

Nous décomposerons de même le moment de flexion X en deux couples situés respectivement dans les plans yGx et zGx : soient X_y et X_z ces deux couples.

Pour la section C'D', située à une distance infiniment petite dx de la section CD, les résultantes et les couples résultants d'actions moléculaires seront représentés comme il suit :

Effort normal : $F + \dfrac{dF}{dx} dx$.

Composantes parallèles à Gy et Gz de l'effort tranchant :

$$V_y + \frac{dV_y}{dx} dx \; ; \quad V_z + \frac{dV_z}{dx} dx.$$

Couple de torsion : $T + \dfrac{dT}{dx} dx$.

Couples de flexion situés dans les plans yGx et zGx :

$$X_y + \frac{dX_y}{dx} dx ; \quad X_z + \frac{dX_z}{dx} dx.$$

Les forces directement appliquées au prisme élémentaire CDC'D', compris entre les deux sections infiniment voisines CD et C'D', peuvent être remplacées par :

Une résultante f parallèle à Gx ;

Deux résultantes v_y et v_z, parallèles respectivement à Gy et Gz ;

Un couple t parallèle au plan CD ;

Deux couples m_y et m_z situés respectivement dans les plans yGx et zGx.

Les équations suivantes expriment que le prisme élémentaire CDC'D' est en équilibre statique :

$$\frac{dF}{dx} dx = f ;$$

$$\frac{dV_y}{dx}\,dx = v_y\ ; \qquad \frac{dV_z}{dx}\,dx = v_z\ ;$$

$$\frac{dT}{dx}\,dx = t\ ;$$

$$\frac{dX_y}{dx}\,dx = V_y\,dx + m_y\ ; \qquad \frac{dX_z}{dx}\,dx = V_z\,dx + m_z.$$

En vertu d'une donnée essentielle du problème traité par la résistance des matériaux, on doit admettre comme un fait positif que les forces extérieures directement appliquées au prisme élémentaire CDC′D′ sont négligeables devant les actions intérieures qui ont pour résultantes **F, V, X** et **T.**

Par conséquent m_y est négligeable devant $V_y\,dx$ et m_z devant $V_z\,dx$, ce qui conduit à écrire les équations :

$$\frac{dX_y}{dx}\,dx = V_y\,dx\ ; \qquad \frac{dX_z}{dx}\,dx = V_z\,dx.$$

L'effort tranchant dirigé suivant Gy est représenté analytiquement par la dérivée de l'expression du moment fléchissant situé dans le plan yGx, en fonction de la distance x de la section transversale considérée à une origine prise sur la tangente à la fibre moyenne.

Si l'axe longitudinal de la pièce est rectiligne, la distance x est mesurée sur cette fibre elle-même à partir d'une origine choisie arbitrairement, par exemple une des extrémités du corps.

Si **X** et **V** sont contenus dans le même plan, ce plan contiendra aussi $X + \frac{dX}{dx}\,dx$ et $V + \frac{dV}{dx}\,dx$, et on aura la relation connue :

$$\frac{dX}{dx}\,dx = V.$$

Il est bien entendu que cette démonstration vise exclusivement les pièces prismatiques dont l'axe longitudinal, d'après la définition donnée, est à courbure assez peu prononcée pour qu'on puisse toujours l'assimiler sur une petite longueur à une droite, les bases CD et C′D′ du prisme élémentaire étant considérées comme parallèles et identiques.

La relation énoncée cesse d'être vraie dans les régions critiques où des forces extérieures, d'intensités comparables à celles des actions moléculaires intérieures, sont appliquées directement au corps. Nous avons déjà dit à diverses reprises que les formules de la résistance des matériaux sont inadmissibles pour ces régions critiques, et nous aurons occasion dans la suite de mettre en relief le bien fondé de cette réserve.

En définitive, la résultante et les couples résultants d'actions moléculaires F, X et T sont indépendants les uns des autres.

Mais l'effort tranchant V est lié obligatoirement au moment de flexion X par la relation :

$$V = \frac{dX}{dx},$$

dans le cas où cette force et ce couple sont situés dans le même plan.

Dans le cas contraire, la même relation existe entre leurs projections sur un même plan d'orientation quelconque, mais perpendiculaire à la section transversale :

$$V_y = \frac{dX_y}{dx}.$$

On pourra toujours évaluer les résultantes et les couples résultants F, V, X et T, correspondant à une section transversale choisie, par les équations de la mécanique générale relatives à la composition des forces, soit que l'on connaisse toutes les forces extérieures appliquées au corps entre une de ses extrémités et la section considérée, soit que certaines de ces forces, inconnues *a priori*, fournissent dans les expressions de F, V, X et T des termes inconnus, à calculer ultérieurement par les formules de résistance applicables au problème (systèmes *hyperstatiques*).

43. Notations. — Nous désignerons par Ω l'aire de la section transversale ; par I son moment d'inertie par rapport à un axe situé dans son plan, et par r le rayon de gyration correspondant ; par Ωa^2 et Ωb^2 ses moments d'inertie principaux, et enfin par I_p son moment d'inertie polaire, égal à $\Omega a^2 + \Omega b^2$.

- Nous désignerons par R′ le travail correspondant, en un point quelconque de la section, à l'action moléculaire normale, et par R la valeur maximum que ce travail atteint dans la région la plus fatiguée ; c'est le renseignement essentiel que l'on cherche toujours à se procurer.

S′ représentera de même le travail correspondant à l'action moléculaire tangentielle appliquée en un point quelconque de la section, et S sera la valeur maximum atteinte dans la région la plus fatiguée.

Enfin δx, δy et δz représenteront les déplacements élastiques d'un point quelconque, défini par ses coordonnées x, y et z. E est le coefficient d'élasticité longitudinale de la matière dans la direction parallèle aux fibres, et G le coefficient d'élasticité transversale qui convient à toutes les directions, dans un corps doué de l'isotropie transversale conventionnelle définie à l'article 15.

43. Extension ou compression simple. — *Calcul du travail.* — L'effort normal F se répartit uniformément sur toute la section. R′ est constant et égal par conséquent à R.

$$R' = R = \frac{F}{\Omega}.$$

R′ a le même signe que F : négatif pour un travail à la compression, positif pour un travail à l'extension.

Calcul de la déformation. — Soit ds la longueur d'un élément de la fibre moyenne, correspondant à la section considérée. La variation δds est donnée par la formule :

$$\delta ds = \frac{F}{E\Omega}\, ds = \frac{R}{E}\, ds.$$

δds a le même signe que F ou R : négatif pour le travail à la compression qui donne lieu à un raccourcissement de la fibre moyenne, positif pour le travail à l'extension, qui produit un allongement.

Si l'on considère une longueur finie s de la fibre moyenne, mesurée sur la courbe qu'elle décrit, sa variation δs sera :

$$\delta s = \int_0^s \frac{F}{E\Omega}\, ds = \int_0^s \frac{R}{E}\, ds.$$

Si R a une valeur constante dans les sections successives, on a :

$$\delta s = \frac{R}{E}\, s.$$

La courbe décrite par la fibre moyenne reste semblable à elle-même, le rayon de courbure en un point donné variant dans le rapport $\frac{ds + \delta ds}{ds}$.

Quand la fibre moyenne de la pièce est rectiligne, ds et s se confondent avec dx et x, la fibre moyenne étant prise pour axe des x ; on a alors :

$$\delta dx = \frac{R}{E}\, dx,$$

$$\delta x = \int_0^x \frac{R}{E}\, dx.$$

Pour $\frac{R}{E}$ constant, $\delta x = \frac{R}{E}\, x$.

Une barre rectiligne de longueur l, soumise à un travail de compression uniforme R dans toutes ses sections, se raccourcira de la quantité $\frac{R}{E}\, l$.

Si R est variable sans être représenté par une fonction d'x définie et que l'on sache intégrer, les quantités δs et δl devront être calculées par quadrature, en se servant des valeurs de R obtenues pour une série de sections équidistantes.

44. Torsion. — *Calcul du travail.* — Le travail développé au point M, dont la distance au centre de gravité G est ρ', sera donné par la formule :

$$S' = \frac{T\rho'}{(a^2 + b^2)\, \Omega} \cdot$$

Fig. 31.

L'action moléculaire tangentielle est dirigée normalement au rayon vecteur GM.

Le travail maximum se manifeste au point le plus éloigné du centre de gravité. Soit ρ la distance à G de ce point.

$$S = \frac{T\rho}{(a^2 + b^2)\, \Omega} \cdot$$

Cette formule n'est rigoureusement exacte que pour une section circulaire pleine ou évidée par un cercle concentrique. Elle devient alors, en désignant par d et d' les diamètres du cercle extérieur et du cercle intérieur :

$$S = \frac{16\,T\,d}{\pi\,(d^4 - d'^4)}\,.$$

Toutefois elle est encore acceptable pour un profil s'écartant peu de la forme annulaire, comme un polygone régulier de cinq côtés au moins, plein ou évidé par un polygone régulier concentrique.

Pour toute section très différente, cette formule est sans valeur : l'hypothèse en vertu de laquelle la section transversale resterait plane et identique à elle-même étant absolument contraire aux résultats de l'expérience, ainsi qu'aux démonstrations de la théorie de l'élasticité, toute relation basée sur cette hypothèse ne peut être que radicalement fausse.

Il conviendrait le cas échéant de substituer aux formules de la résistance des matériaux les suivantes, qui ont été établies par M. de *St-Venant* en se basant sur la théorie de l'élasticité :

Carré plein de côté c : $S = \dfrac{4,8}{c^3}\,T$, au lieu de : $S = \dfrac{4,2}{c^3}\,T$.

Carré évidé par un carré concentrique : $S = \dfrac{4,8}{(c^4 - c'^4)}\,cT$, au lieu de : $S = \dfrac{4,2}{(c^4 - c'^4)}\,cT$.

Triangle équilatéral de côté c : $S = \dfrac{20\,T}{c^3}$, au lieu de : $S = \dfrac{16\,T}{c^3}$.

Rectangle de côtés c et d, en supposant $c > d$.
La formule théorique est :

$$S = \frac{6\,T}{cd\sqrt{c^2 + d^2}}\,.$$

On peut faire usage de la formule *empirique* suivante, qui s'accorde assez bien avec les résultats obtenus par M. de Saint-Venant :

$$S = \frac{6\,T}{cd\sqrt{c^2 + d^2}} \times \left(0{,}68 + 0{,}45\,\frac{c}{d}\right).$$

Pour un couple de torsion T, le travail élastique au glissement S est minimum, pour la même aire de section transversale, quand cette section pleine est circulaire, ou quand cette section évidée est annulaire.

Les arbres de transmission doivent donc toujours affecter la forme de cylindres droits de révolution.

Calcul de la déformation. — La section transversale CD subit dans son plan un déplacement élémentaire, consistant en une rotation autour de son centre de gravité.

Soit $d\theta$ l'angle dont elle a tourné par rapport à la section transversale infiniment voisine C'D', qui en est distante de la longueur ds mesurée sur la fibre moyenne.

On a la relation :

$$d\theta = \frac{T}{G(a^2 + b^2)\,\Omega}\,ds = \frac{S}{G\rho}\,ds.$$

L'angle θ dont la section a tourné par rapport à une section située à une distance finie s sera :

$$\theta = \int_0^s \frac{T}{G(a^2 + b^2)\,\Omega}\,ds = \int_0^s \frac{S}{G\rho}\,ds.$$

Pour les mêmes motifs que précédemment, cette formule n'est rigoureusement vraie que pour une section circulaire ou annulaire ; elle n'est acceptable que pour une section s'écartant peu de cette forme.

Avec une section annulaire, les relations qui précèdent deviennent :

$$d\theta = \frac{32\,T\,ds}{\pi G\,(d^4 - d'^4)} = \frac{2S}{Gd}\,ds\ ;$$

$$\theta = \int_0^s \frac{32\,T\,ds}{\pi G\,(d^4 - d'^4)} = \int_0^s \frac{2S}{Gd}\,ds.$$

Si l'expression $\frac{S}{d}$ est constante sur une longueur L de la pièce supposée rectiligne, on a :

$$\theta = \frac{2SL}{Gd}.$$

La relation $\theta = \dfrac{32TL}{\pi G\, d^4}$, relative au cercle plein, peut être mise sous la forme :

$$\theta = \frac{4\pi^3 TL}{G} \times \frac{\dfrac{\pi d^4}{32}}{\left(\dfrac{\pi d^2}{4}\right)^4} = \frac{4\pi^3 TL}{G} \cdot \frac{I_p}{\Omega^4}.$$

M. de St-Venant a démontré, par la théorie de l'élasticité, que cette formule est sensiblement exacte pour un prisme de section transversale quelconque. On peut donc, d'une manière générale, calculer l'angle de torsion d'un prisme quelconque par la relation suivante, qui, dans le cas le plus défavorable, ne peut guère entraîner qu'une erreur de 20 0/0 :

$$\theta = \frac{40TL}{G} \cdot \frac{I_p}{\Omega^4} = \frac{40TL}{G} \frac{(a^2 + b^2)}{\Omega^3}.$$

45. Flexion. — *Calcul du travail. Cas général.* — Soient :

CD une section transversale dont le profil est représenté par le contour CKK'DLL' de la figure 32 ; KL l'intersection de son plan et de celui, passant par l'axe longitudinal de la pièce, qui contient le couple de flexion de moment X ; K'L' le diamètre conjugué du diamètre KL, dans l'ellipse centrale d'inertie relative à la section.

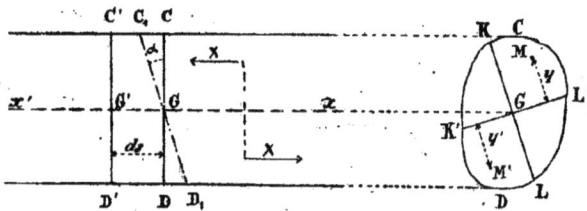

Fig. 32.

En raison de la déformation du corps, la section transversale tournera autour de la droite K'L' dans le sens correspondant à l'orientation du couple, qui peut être représenté par deux forces égales, parallèles et de sens contraires, dont l'une comprimerait

le prisme, dans une des régions de la section limitée par la droite
K′L′, et l'autre le tirerait dans la région opposée.

Pour fixer les idées au sujet du sens dans lequel ce moment
agira, nous supposerons que la direction de la droite K′L′ ne s'écarte
pas beaucoup de l'horizontale, et que cette droite partage par
conséquent la section en deux régions placées l'une au-dessous de
l'autre.

Nous attribuerons le signe + au moment X s'il fait travailler
le métal à la compression dans la région supérieure K′CL′ en
rapprochant cette région de la section infiniment voisine C′D′,
comme l'indique la figure, où l'angle de rotation α est tel que le
point C, en venant en C_1, se rapproche de C′.

Le moment X fera alors travailler le métal à l'extension dans
la région inférieure L′DK′, le point D s'écartant de D′ pour venir
en D_1.

Si X a une valeur négative, le déplacement de la section s'effectuera en sens inverse : la région supérieure K′CL′ travaillera
à l'extension, et la région inférieure L′DK′ à la compression.

Soit M un point situé dans la région supérieure K′CL′ à une
distance y de l'axe de rotation K′L′. Le travail développé en ce
point, qui est négatif (compression) lorsque X est positif, sera
donné en grandeur et en signe par la relation :

$$R' = -\frac{Xy}{I},$$

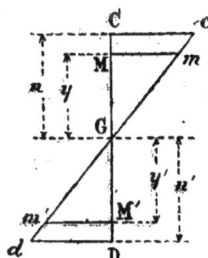

où I représente le moment d'inertie de la
section par rapport à l'axe K′L′.

Pour un point M′, situé dans la région inférieure à la distance y' de l'axe K′L′, le travail sera représenté en grandeur et en signe
par la relation :

$$R' = +\frac{Xy'}{I}.$$

Fig. 33

Le travail est nul en tous les points de la droite K′L′, qu'on
appelle l'*axe neutre* de la section.

Les valeurs maxima du travail à la compression et du travail
à l'extension s'obtiendront pour les deux points C et D, dont

chacun est, dans l'une des régions, le point du contour extérieur le plus éloigné de l'axe neutre.

Soient n la distance de C à L'K' et n' celle de D.

Ces deux maxima sont fournis en grandeurs et en signes par les relations:

$$R = -\frac{Xn}{I} \text{ pour le point C,}$$

et
$$R = +\frac{Xn'}{I} \text{ pour le point D.}$$

Cas particuliers. — Les directions KL et K'L' sont presque toujours les axes principaux d'inertie de la section ; l'axe neutre est alors dirigé perpendiculairement au plan du couple de flexion, que l'on appelle aussi le *plan de flexion.*

Cette circonstance se présente nécessairement lorsque le profil de la section possède plus de deux axes de symétrie (cercle, polygone régulier plein ou évidé concentriquement), puisque l'ellipse centrale d'inertie se transforme en un cercle.

Dans les applications, le plan de flexion a en général une orientation invariable d'un bout à l'autre de la pièce prismatique, les forces extérieures qui lui sont appliquées étant toutes parallèles à un même plan.

On attribue alors à la pièce une forme telle que son axe longitudinal, droit ou courbe, soit tout entier contenu dans un plan de symétrie du corps parallèle aux forces extérieures, qui par suite se confond avec le plan de flexion.

Dans ces conditions, la fibre moyenne se déforme sans sortir du plan de flexion.

Les axes neutres successifs, qui sont tous des axes principaux d'inertie perpendiculaires au plan de flexion, sont les génératrices d'une surface cylindrique qui a pour directrice la fibre moyenne.

Si l'on projette la pièce sur le plan de flexion, les sections transversales successives seront représentées par des droites normales à la fibre moyenne, et les axes neutres seront projetés sur cette fibre, représentée en vraie grandeur dans son propre plan.

Soient n et n' les longueurs respectives des segments d'une normale à la fibre moyenne comprise entre cette fibre et les contours apparents supérieur et inférieur de la pièce, projetée comme il vient d'être dit. Les valeurs maxima du travail, dans la région supérieure et dans la région inférieure de la section transversale représentée par cette normale, seront fournies par les relations :

$$R = -\frac{Xn}{2},$$

$$R = +\frac{Xn'}{2}.$$

Si $n = n'$, la hauteur h de la pièce est divisée en deux parties égales par la fibre moyenne. On a alors $n = n' = \frac{h}{2}$, et les deux limites R et R' sont égales et de signes opposés :

$R = \pm\frac{Xh}{2}$, le signe — se rapportant à la région supérieure, et le signe + à la région inférieure.

Nous avons exposé dans l'article 30 la marche à suivre pour calculer le moment d'inertie d'une surface quelconque par rapport à un axe choisi arbitrairement.

Nous avons d'autre part indiqué dans le tableau de la page 106, pour un certain nombre de contours définis géométriquement, les valeurs des moments d'inertie principaux et des modules de résistance $\frac{n}{I}$, par lesquels on doit multiplier dans chaque cas le moment fléchissant X pour avoir le travail maximum R à la compression ou à l'extension.

Nous rappellerons en terminant que, pour les grandes poutres à section en double té, l'habitude des constructeurs est de calculer le moment d'inertie par rapport à un axe parallèle aux ailes du té, ou aux tables ou platebandes de la poutre, sans tenir compte de l'âme, tôle verticale qui relie les tables.

Soit A l'aire cumulée des deux tables et B celle de l'âme. Le moment d'inertie serait exactement : $\frac{Ah^2}{4} + \frac{Bh^2}{12}$. On néglige le dernier terme, et on pose :

$$I = \frac{Ah^2}{4} \; ; \; \text{d'où} \; \frac{h}{2I} = \frac{2}{Ah}.$$

Cette formule simplifiée donne toujours des résultats suffisamment exacts.

Pour les poutres à âmes évidées (triangulation ou treillis), c'est la seule relation admissible, A représentant la somme des aires des coupes transversales des platebandes ou membrures.

On appelle solides d'égale résistance les pièces fléchies affectant une forme telle que $\frac{Xh}{I}$ soit constant : le travail maximum R conserve une valeur uniforme sur toute la longueur de la pièce.

Calcul de la déformation. — Soit $d\theta$ l'angle, mesuré dans un plan perpendiculaire à l'axe neutre, que faisait avant la déformation la section transversale CD avec la section transversale infiniment voisine C'D', dont la distance à la première, mesurée sur la fibre moyenne, sera représentée par ds. Soit $\delta d\theta$ la variation subie par cet angle mutuel des deux sections.

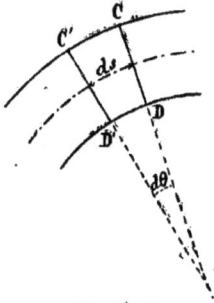

L'allongement par unité de longueur de la fibre située à la distance y de l'axe

Fig. 33 bis.

neutre, et soumise à un travail représenté par R′, sera égal à

$$\frac{\delta d\theta \times y}{ds} = \frac{R'}{E}.$$

Comme R′ est d'ailleurs représenté par l'expression $\frac{Xy}{I}$, on a la relation :

$$\frac{\delta d\theta \times y}{ds} = \frac{Xy}{EI} \,;$$

d'où :

$$\frac{\delta d\theta}{ds} = \frac{X}{EI} \,.$$

Soient ρ_0 le rayon de courbure initial de la fibre moyenne dans le plan perpendiculaire à l'axe neutre, et ρ ce que devient ce rayon après la déformation. La longueur ds d'un élément de la fibre moyenne demeurera invariable, mais on aura entre les rayons de courbure ρ et ρ_0 la relation :

(1)
$$\frac{1}{\rho} - \frac{1}{\rho_0} = \frac{d\theta + \delta d\theta}{ds} - \frac{d\theta}{ds} = \frac{X}{EI} .$$

L'intégration sous sa forme générale de cette équation différentielle du second ordre ne paraît guère possible quand l'axe longitudinal est une ligne à double courbure, et que le plan de flexion n'a pas une orientation invariable.

Considérons le cas particulier où le plan de flexion, d'orientation invariable, est un plan de symétrie de la pièce, et contient par conséquent la fibre moyenne. Désignons par θ et θ' les angles formés, avant et après la déformation, par une section transversale de la pièce avec un plan de comparaison perpendiculaire au plan de flexion et arbitrairement choisi : $\theta' = \theta + \delta\theta$. Soient θ_0 et θ_0' les mêmes angles relatifs à une section de la pièce prise pour origine. Si l'on désigne par s et s_0 les longueurs de la fibre moyenne mesurées depuis le plan de comparaison jusqu'aux deux sections transversales considérées, on aura, en intégrant une première fois l'équation générale énoncée plus haut, la relation :

(2)
$$\theta' - \theta = \int_{s_0}^{s} \frac{X}{EI}\, ds + \theta'_0 - \theta_0.$$

On fait usage de cette équation dans l'étude des pièces courbes (arcs). Il n'est possible d'effectuer la seconde intégration que si X et I peuvent être représentés par des fonctions de s, que l'on sache intégrer ; on obtient en ce cas l'équation de la fibre moyenne déformée.

Quand l'axe longitudinal primitif de la pièce est une droite, l'équation (1) se simplifie et devient, puisque $\frac{1}{\rho_0}$ est nul :

(3)
$$\frac{1}{\rho} = \frac{X}{EI} .$$

Prenons pour origine des coordonnées un point de l'axe longitudinal, son extrémité de gauche par exemple, pour axe des x cette droite elle-même, et pour axe des y une perpendiculaire ox

dirigée positivement de haut en bas. L'ordonnée y représentera pour chaque point de la fibre moyenne le déplacement vertical qu'il aura subi pendant la déformation, positif si ce point a été soulevé au-dessus de sa position primitive, négatif dans le cas contraire.

L'équation précédente, relative à la déformation des pièces prismatiques à axe rectiligne, peut être mise sous la forme suivante en remplaçant $\frac{1}{\rho}$ par son expression en fonction de x et de y :

$$\frac{\frac{d^2y}{dx^2}}{\left(1+\frac{dy}{dx}\right)^{\frac{3}{2}}} = \frac{X}{EI}.$$

Eu égard à la petitesse des déformations, on peut admettre que $\frac{dy}{dx}$ est négligeable devant l'unité, et faire usage de la relation simplifiée :

$$(4) \qquad \frac{d^2y}{dx^2} = \frac{X}{EI}.$$

Cette équation différentielle, qui représente la fibre moyenne déformée, peut s'intégrer, connaissant les expressions de X et I en fonction de la distance x du centre de gravité d'une section quelconque à l'origine choisie sur la fibre moyenne.

On peut d'ailleurs mettre cette équation sous la forme :

$$(5) \qquad \frac{dy}{dx} - \theta_0 = \int_{x_0}^{x} \frac{X}{EI}\, dx,$$

θ_0 étant l'angle dont a tourné pendant la déformation le plan de la section d'origine définie par l'abcisse x_0.

On aurait de même en intégrant une seconde fois :

$$(6) \quad y - \theta_0(x-x_0) - y_0 = \int_{x_0}^{x} dx \int_{x_0}^{x} \frac{X}{EI}\, dx = (x-x_0)\int_{x_0}^{x}\frac{X}{EI}\, dx - \int_{x_0}^{x}\frac{X x dx}{EI}.$$

y_0 est le déplacement vertical de la section extrème.

Cette équation, qui peut être intégrable si X et I sont des fonctions analytiques connues de x, représente la courbe décrite par

la fibre moyenne déformée, qu'on appelle aussi la *ligne élastique*
de la pièce, rapportée à sa direction rectiligne initiale et à une
perpendiculaire à cet axe dirigée de bas en haut dans le plan de
flexion, qui est un plan de symétrie du solide.

Le problème se simplifie lorsque I est constant : X peut souvent être représenté par une fonction algébrique de x, et l'intégration est alors toujours possible.

Il peut arriver que $\dfrac{X}{I}$ soit un rapport constant, que nous désignerons par K.

On a en ce cas :

$$(7) \qquad y - \theta_0 (x - x_0) - y_0 = \frac{K}{E} \left(\frac{x^2}{2} + \frac{3}{2} x^2_0 - 2x x_0 \right).$$

C'est une parabole.

D'autre part l'équation (1), qui est rigoureusement exacte,
nous apprend que si $\dfrac{X}{I}$ est constant, il en est de même de $\dfrac{1}{\rho}$, $\dfrac{1}{\rho_0}$
étant nul. Par conséquent la ligne élastique est alors un cercle, dont
le rayon a pour grandeur $\dfrac{EI}{X} = \dfrac{E}{K}$.

Ce résultat n'est pas incompatible avec le précédent. La
contradiction apparente signifie simplement qu'en substituant
$\dfrac{d^2y}{dx^2}$ à $\dfrac{1}{\rho}$ on admet que le cercle décrit par la fibre moyenne se
confond sensiblement avec une parabole, hypothèse justifiée
toutes les fois que les valeurs de y sont très petites comparativement à celles de x.

Si la hauteur h de la pièce est constante, il en est de même de
R ou $\dfrac{Xh}{I}$: on a affaire à un solide d'égale résistance. On en conclut que la ligne élastique d'un solide d'égale résistance et de
hauteur constante décrit un cercle, qui peut être remplacé, sans
erreur sensible, par la parabole de l'équation (7).

Nous rappellerons que les équations (4), (5), (6) et (7) supposent
expressément qu'il est permis de substituer à l'inverse du rayon
de courbure, $\dfrac{1}{\rho}$, l'expression analytique approchée $\dfrac{d^2y}{dx^2}$, au lieu de
l'expression rigoureusement équivalente

$$\frac{\frac{d^2y}{dx^2}}{\left(1+\frac{dy}{dx}\right)^{\frac{3}{2}}}.$$

Pour que $\frac{dy}{dx}$ soit toujours négligeable devant l'unité, il est né-cessaire et suffisant que $\frac{1}{\rho}$ ou $\frac{X}{EI}$ soit toujours une quantité très petite, assimilable à un infiniment petit du premier ordre. Si $\frac{X}{EI}$ présente une valeur finie (du même ordre que x) en un point isolé de la fibre moyenne, il n'en pourra résulter d'erreur appré-ciable dans la formule qui donne y. Il n'en serait pas de même si $\frac{X}{EI}$ présentait une valeur finie pour une série de points succes-sifs, constituant un segment de la fibre moyenne. Il suffit aussi que $\frac{X}{EI}$ passe par l'infini en un seul point pour que les formules cessent d'être justes.

Du moment, en effet, que $\frac{X}{EI}$ est infini, ρ est nul, et la ligne élastique, présentant un point angulaire, n'est plus une courbe continue : il ne serait d'ailleurs plus légitime de négliger $\frac{dy}{dx}$ devant l'unité.

En conséquence, les équations 4, 5 6 et 7 ne sont exactes que si $\frac{X}{EI}$ est une quantité très petite, qui toutefois peut, en certains points isolés de la fibre moyenne, prendre une valeur finie.

Ces formules ne sont pas applicables par exemple à la recher-che de la déformation d'un fil métallique de grande portée, sou-mis à des charges verticales, parce que le rayon de courbure de la fibre moyenne déformée ρ est du même ordre de grandeur que la portée. $\frac{X}{EI}$ a sur toute la longueur de fil une valeur finie.

Considérons un ouvrage métallique constitué par deux poutres successives reliées bout à bout par une articulation. Si dans le voisinage de cette articulation le rapport $\frac{X}{EI}$ tend vers l'infini, la fibre moyenne déformée présentera un point angulaire, et les formules précitées ne seront pas applicables à l'ensemble des deux parties, considérées comme constituant une pièce unique. Nous donnerons plus tard un exemple de ce cas particulier.

46. Effort tranchant. — *Calcul du travail.* Nous remarquerons d'abord que la relation $V = \dfrac{dX}{dx}$ fournit la valeur de l'effort tranchant avec son signe. En raison de la convention admise pour le signe du moment fléchissant, V sera positif si la portion du corps comprise entre la section transversale considérée et l'origine des abcisses x (que l'on suppose en général placée à une extrémité du corps, celle de gauche par exemple) soutient la portion du corps opposé, et négatif dans le cas contraire.

Soient CD et C'D' deux sections transversales infiniment voisines, limitant un prisme élémentaire dont nous détacherons une fraction CMM'C' par un plan MN parallèle à la fibre moyenne GG' et à l'axe neutre AB. Nous désignerons par y_0 la distance du centre de gravité G à ce plan et par u_0 la longueur du segment de droite MN, parallèle à AB, qui est compris à l'intérieur du contour de la section.

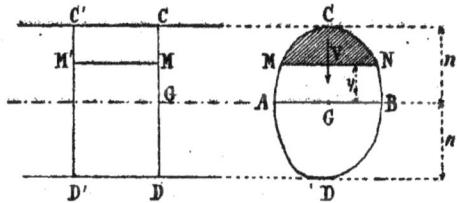

Fig. 34

Nous admettrons que l'axe neutre soit un axe principal d'inertie de la pièce, et que l'effort tranchant V lui soit perpendiculaire.

Le fragment de prisme CMM'C' est en équilibre sous l'action simultanée des forces intérieures développées sur les faces CM, MM' et C'M'. En vertu de l'énoncé du problème de la résistance des matériaux, les forces extérieures directement appliquées sur le contour cylindrique sont nulles ou négligeables.

Soit X le moment fléchissant correspondant à la section CD.

Le travail de flexion développé en un point quelconque de la section, défini par sa distance y à l'axe neutre, étant représenté par $\frac{Xy}{I}$, la résultante des actions normales exercées sur la zone hachurée MCN aura pour grandeur :

$$\iint \frac{Xy}{I}\, dy\, dx\,;$$

l'intégrale définie est étendue à tous les points situés entre la droite MN et la courbe MCN.

Cette expression peut être mise sous la forme (art. 29) :

$$\int_{y_0}^n \frac{Xy}{I}\, u\, dy = \frac{X}{I} \int_{y_0}^n uy\, dy.$$

Or l'intégrale $\int_{y_0}^n uy\, dy$ est ce que nous avons appelé, à la page 98, le *moment statique* de la surface MCN par rapport à l'axe neutre AB.

Désignons ce moment statique par la lettre μ.

La résultante des actions moléculaires normales exercées sur la partie de section MCN aura pour grandeur : $\frac{X\mu}{I}$.

La résultante analogue relative à la section transversale C'M', identique à la première en vertu de la définition des pièces prismatiques, mais pour laquelle le moment fléchissant est devenu $X + \frac{dX}{dx}\, dx$, sera :

$$\left(X + \frac{dX}{dx}\, dx \right) \frac{\mu}{I}\;.$$

La différence de ces deux forces, soit $\frac{dX}{dx}\, dx \times \frac{\mu}{I}$, devra être égale et de sens contraire à la résultante des actions moléculaires tangentielles développées sur la face MM', MN en vertu des conditions de l'équilibre statique. Soit S' le travail au glissement développé sur cette face, dont l'aire est représentée par $u_0 dx$, en désignant par u_0 la longueur du segment MN, défini par sa distance y_0 à l'axe neutre.

La grandeur de la résultante des actions moléculaires tangentielles dont il s'agit sera représentée par $S'u_0dx$.

On aura donc : $\quad S'u_0\,dx = \dfrac{dX}{dx}\,dx \cdot \dfrac{\mu}{I}$;

D'où : $\qquad\qquad S' = \dfrac{dX}{dx} \cdot \dfrac{\mu}{Iu_0}$.

Or on sait que : $\qquad\qquad \dfrac{dX}{dx} = V.$

D'où : $\qquad\qquad S' = V \cdot \dfrac{\mu}{Iu_0}$.

Telle est la valeur du travail au glissement développé sur un plan parallèle à l'axe neutre et à la fibre moyenne. Mais nous avons vu d'autre part dans la Théorie de l'Elasticité (art. 6, page 22) que si l'on considère à l'intérieur d'un corps élastique deux éléments de plans rectangulaires entre eux, les intensités des actions moléculaires tangentielles développées respectivement dans ces deux plans, et dans des directions perpendiculaires à leur intersection commune, sont égales.

Il résulte de cette loi que le travail de glissement développé dans le plan MM′ suivant une direction parallèle à la fibre moyenne, et par conséquent perpendiculaire à la droite MN, est égal au travail de glissement développé dans la section transversale CD, en un point quelconque de la droite MN, dans une direction perpendiculaire à cette droite, c'est-à-dire parallèle à l'effort tranchant V, qui rencontre à angle droit l'axe neutre, ainsi que nous l'avons supposé dans le principe

Cette relation $S' = V\dfrac{\mu}{Iu_0}$ fournit donc la valeur du travail au glissement ou à l'effort tranchant développé en un point de la section transversale défini par sa distance y_0 à l'axe neutre, en désignant par u_0 la longueur du segment intercepté par le contour de la section sur une parallèle à cet axe.

Cette équation permet de tracer la courbe représentative des intensités des actions moléculaires, variables avec les distances y à l'axe neutre des points considérés.

Si μ est une fonction connue de y, on peut obtenir immédiatement l'équation de cette courbe.

On a par exemple pour un rectangle de hauteur a et de largeur b :

$$S' = \frac{V}{ab}\left(\frac{3}{2} - \frac{6y^2}{a^2}\right);$$

pour un cercle plein, de diamètre d :

$$S = \frac{16}{3} \cdot \frac{V}{\pi d^2} \cdot \frac{d^2 - 4y^2}{d^2} ;$$

pour un losange de hauteur a et de longueur b :

$$S = V.\left(1 + \frac{2y}{a} - \frac{8y^2}{a^2}\right);$$

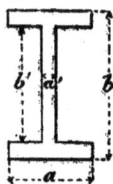

Fig. 35.

pour une section en double ⊥ symétrique, (fig. 35) :

de $y_0 = o$ à $y_0 = \frac{b'}{2}$; $S' = \frac{V}{a'I}\left(\frac{ab^2}{8} - \frac{a'y^2}{2} - (a-a')\frac{b'^2}{8}\right);$

de $y_0 = \frac{b'}{2}$ à $y_0 = \frac{b}{2}$: $S' = \frac{V}{2I}\left(\frac{b^2}{4} - y^2\right).$

En général, on n'a pas besoin de tracer la courbe représentative de S'. Il suffit de connaître la valeur maximum S que peut atteindre le travail au glissement; elle correspond au maximum du rapport $\frac{\mu}{u_0}$, que nous avons appelé à l'article 32 le *module de résistance au glissement*. Il arrive fréquemment que ce maximum correspond à la plus grande valeur de μ, qui s'obtient pour $y_0 = o$, la droite MN coïncidant avec l'axe neutre.

Quand la section présente un rétrécissement ou un étranglement, pour lequel u_0 passe par un minimum (fig. 36), c'est en général en ce point que se manifeste le travail le plus élevé. Enfin, il peut encore arriver que le maximum de $\frac{\mu}{u_0}$ ne corresponde ni au maximum de μ ni au minimum de u_0, comme nous allons le constater pour le losange.

Fig. 36.

On a pour le rectangle :

$$S = \frac{3}{2} \cdot \frac{V}{ab}, \; y_0 = 0.$$

Pour le cercle :

$$S = \frac{16}{3} \cdot \frac{V}{\pi d^2}, \; y_0 = 0.$$

Mais pour le losange on trouve :

$$S = \frac{2}{ab} \cdot \frac{9}{8}, \; y_0 = \frac{a}{8}.$$

Pour le double té :

$$S = \frac{3}{2} \frac{V}{a'b'} \left(1 - \frac{ab^2 (b - b')}{ab^3 - ab'^3 + a'b'^3} \right), \; y_0 = 0.$$

Si l'on admet qu'on puisse, sans erreur appréciable, substituer dans cette formule à la valeur exacte de I, qui est $\frac{ab^3 - ab'^3 + a'b'^3}{12}$, la valeur approximative $\frac{ab^2 (b - b')}{4}$, l'équation qui précède se réduit à :

$$S = \frac{V}{a'b'}.$$

Le travail maximum au glissement a lieu sur la fibre moyenne et, pour obtenir sa valeur, il suffit de supposer l'effort tranchant V réparti uniformément sur l'âme du double té, en faisant abstraction des platebandes qui sont censées ne pas travailler au glissement.

Soient A la somme des aires des coupes transversales des platebandes d'une poutre, et B l'aire de l'âme verticale. Nous rappellerons que le travail R à la flexion peut se calculer par la relation simplifiée :

$$R = \frac{2X}{Ah},$$

qui ne tient aucun compte de l'âme.

Inversement, le travail au glissement se calculera par la formule :

$$S = \frac{V}{B},$$

qui ne tient pas compte des platebandes, et qui fournit par conséquent un résultat un peu trop fort.

Nous avons exposé à l'article 29 la marche à suivre pour déterminer les moments statiques des surfaces, ou plutôt les rapports $\frac{\mu}{u_0}$, et nous avons indiqué à la table de la page 106 les valeurs du module de résistance $\frac{1}{I}\left(\frac{\mu}{u_0}\right)$, qui est le maximum du rapport $\frac{1}{I}\frac{\mu}{u_0}$, pour un certain nombre de profils géométriques.

On peut toujours dans un cas donné calculer la valeur maximum S du travail au glissement produit par l'effort tranchant V.

Calcul de la déformation. — La formule $S' = \frac{V\mu}{I u_0}$ est incompatible avec l'hypothèse fondamentale de la résistance des matériaux relative à l'invariabilité des sections transversales.

Reportons-nous à l'article 9 du chapitre premier : lorsqu'un élément de surface subit un glissement dans son propre plan, sous l'influence d'une action moléculaire tangentielle, ce glissement est corrélatif d'une déformation angulaire, ou distorsion, subie par l'élément contigu situé dans le plan, perpendiculaire au premier, qui contient l'action moléculaire tangentielle. Cette loi, démontrée rigoureusement par la théorie de l'élasticité pour les corps élastiques, est applicable dans le cas présent aux corps prismatiques.

Considérons le plan CC'DD', qui est perpendiculaire aux sections infiniment voisines CD et C'D', et contient l'effort tranchant V. Tous les éléments de ce plan subiront, en vertu de la loi précitée, des distorsions corrélatives des glissements subis par les éléments contigus des plans CD et C'D'.

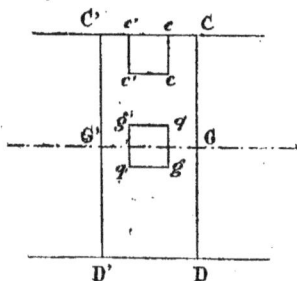

Fig 37.

Or, dans les fibres extrêmes CC′ et DD′, S′ est égal à zéro, puisque le moment statique est nul. La distorsion sera donc nulle pour le carré élémentaire $cc′cc′$, qui demeurera identique à lui-même.

Il n'en sera pas de même de tout autre carré élémentaire pour lequel S′ serait différent de zéro, et notamment pour le carré élémentaire $gqg′q′$ dont le centre est sur G′G : ce carré se transformera en un losange, la distorsion étant égale à

$$\frac{S′}{G} = \frac{V}{GI} \cdot \frac{\mu}{u_0} \, .$$

On voit immédiatement que les deux sections CD et C′D′ ne sauraient rester planes après la déformation ; les droites CD et C′D′ seront remplacées par des courbes analogues à des sinusoï-des, coupant à angle droit les fibres extrêmes C′C et D′D, et ren-contrant les autres fibres, et notamment l'axe G′G, sous des an-gles variables. Ces courbes présenteront un point d'inflexion au droit de la fibre moyenne (sauf pour la section en losange où l'on observe un point angulaire sur l'axe G′G).

Il paraît assez difficile de calculer exactement la déformation subie par la fibre moyenne, en raison de cette modification des sections successives, qui ont cessé d'être planes.

Aussi admet-on, pour simplifier le problème, que la fibre dé-formée s'écarte peu de la courbe conventionnelle qu'on obtien-drait si l'effort tranchant V était réparti uniformément dans chaque section, et que celle-ci, soumise en tous ses points à un travail de glissement uniforme, subît tout simplement un mou-vement de translation dans son plan.

En général les déformations produites par les actions molé-culaires tangentielles sont peu importantes, si on les compare à celles produites par la flexion. Il y a donc peu d'inconvénient à commettre une légère erreur dans leur évaluation. Le plus sou-vent même on se dispense de les calculer, et on les tient a priori pour négligeables.

Quoi qu'il en soit, si l'on veut se rendre compte de leur im-portance, on pourra déterminer le glissement de chaque section en se basant sur un travail uniforme, dont la valeur serait égale soit à la moyenne $\dfrac{V}{\Omega}$ (Ω étant l'aire de la section transversale),

soit au maximum $\dfrac{V}{I}\left(\dfrac{\mu}{u_0}\right)$ obtenu plus haut ; suivant que l'on adoptera l'une ou l'autre de ces deux valeurs, on obtiendra une limite inférieure ou une limite supérieure de la déformation.

Soit dy le glissement élémentaire d'une section transversale déterminée par rapport à la section infiniment voisine qui en est distante de ds.

On a :
$$dy = \frac{S}{G}\,ds.$$

Dans le cas d'une fibre primitivement rectiligne, les ordonnées de la courbe décrite par elle, après la déformation, sont fournies par la relation :

$$y = \int_{x_0}^{x} \frac{S}{G}\,dx + y_0,$$

y_0 étant le déplacement vertical du point, d'abscisse x_0, pris pour origine des déformations.

On ne se sert jamais en pratique de cette formule, parce que les valeurs obtenues pour y seraient du même ordre de grandeur que les erreurs qu'on peut commettre en calculant la déformation due à la flexion de la pièce, par les formules de l'article 43. On ne changera donc pas, en négligeant l'effet du glissement, le degré d'exactitude du résultat.

Toutefois il nous a paru intéressant à un point de vue purement spéculatif de constater le fait suivant :

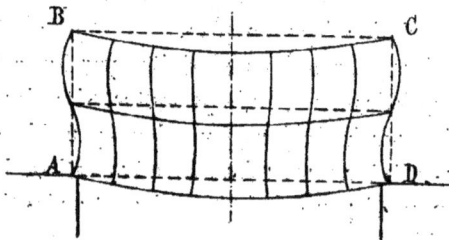

Fig. 38

Soit ABCD une poutre droite supportant une charge uniformément répartie sur toute sa longueur. La déformation due au glissement, abstraction faite de l'effet de la flexion, aura pour conséquence, si l'on s'en rapporte aux formules employées pour le calcul des actions moléculaires tangentielles, de remplacer les sections planes primitives par des surfaces cylindriques rencontrant la fibre moyenne sous un angle différent de $\frac{\pi}{2}$ (fig. 38).

On peut employer un procédé plus simple pour le tracé de la fibre déformée en substituant à ces surfaces cylindriques des surfaces planes, qui d'ailleurs ne couperont pas à angle droit la fibre moyenne : il est donc impossible de satisfaire dans ce cas d'une manière complète à l'hypothèse fondamentale de la Résistance des Matériaux.

47. Pièces fléchies. Travail élastique et déformation élémentaire dans une direction oblique. — *Calcul du travail.* — Soit CD une section transversale de la pièce fléchie, soumise à l'action simultanée d'un moment de flexion X et d'un effort tranchant V. Nous venons d'énoncer les formules qui permettent de calculer : 1° l'intensité R′ de l'action moléculaire normale exercée sur le plan de la section en un point M quelconque défini par sa distance y à l'axe neutre ; 2° l'intensité S′ de l'action moléculaire tangentielle située dans ce plan et appliquée au même point M.

Considérons le cube élémentaire, ayant son centre de gravité en M, dont deux arêtes seraient respectivement parallèles à la fibre moyenne et à la direction de l'effort tranchant V.

Nous connaissons : 1° l'action moléculaire normale parallèle à la fibre moyenne, dont la valeur est R′ ; les actions moléculaires normales parallèles aux autres arêtes et par suite au plan de la section transversale, qui, en vertu d'une donnée du problème, sont supposées nulles ou négligeables devant R′ ; 2° le couple d'actions tangentielles situé dans le plan de flexion, qui a pour valeur S′ ; les couples d'actions tangentielles situés dans le plan de la section transversale et dans le plan perpendiculaire à l'effort tranchant V, qui sont supposés nuls ou négligeables, le corps n'étant soumis à aucun effort de torsion.

Nous connaissons donc en définitive les résultantes d'actions moléculaires normales et tangentielles relatives aux six faces du cube. Rien ne nous empêche de déterminer, par application des règles énoncées à l'article 8 du Chapitre I, les actions normale et tangentielle relatives à un plan quelconque passant en M, en utilisant les propriétés de l'ellipsoïde des actions moléculaires, qui se réduit ici à une ellipse située dans le plan de flexion, puisque ce plan contient les seules actions normale R′ et tangentielle S′ qui ne soient pas nulles en vertu des données du problème.

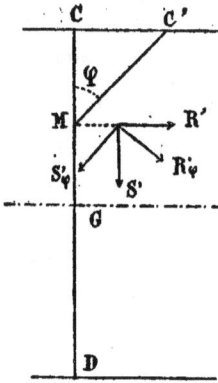

Fig. 39.

Soient R′$_\varphi$ et S′$_\varphi$ les actions moléculaires normale et tangentielle exercées en M sur le plan mené perpendiculairement au plan de flexion par la droite MC′, qui fait, dans ce dernier plan, avec la droite CD l'angle CMC′ désigné par φ.

Pour fixer les idées sur les signes des quantités qui figurent dans les équations suivantes, nous admettrons que les flèches de la figure 29 indiquent les sens des actions moléculaires exercées sur les plans CD et C′M par la portion de pièce située à droite de ces plans ; nous conviendrons d'autre part de mesurer l'angle φ de gauche à droite à partir du segment supérieur MC de la droite CD.

Considérons le prisme droit élémentaire qui aurait pour base le triangle rectangle MCC′, et dont les faces, perpendiculaires au plan de la figure, seraient soumises respectivement à l'action des forces normales ou tangentielles d'intensités :

R′ et S′ pour la face MC ; S′ pour la face CC′ ; R′$_\varphi$ et S′$_\varphi$ pour la face MC′.

En écrivant les conditions nécessaires pour que ce prisme soit en état d'équilibre statique sous l'action des forces qui le sollicitent, on obtiendra sans difficulté des relations donnant, en fonction de R′, S′ et de l'angle φ, les valeurs en intensité et signe de l'action moléculaire normale R′$_\varphi$ (travail à l'extension ou à la compression exercé en M sur le plan MC′) et de l'action moléculaire tangentielle S'_φ (travail au glissement exercé en M sur le plan MC').

Ces relations sont les suivantes :

$$(1)\; R'_\varphi = R' \cos^2 \varphi + 2S' \sin\varphi\cos\varphi = \frac{1}{2} R' (1 + \cos 2\varphi) + S' \sin 2\varphi;$$

$$(2)\; S'_\varphi = -R'\sin\varphi\cos\varphi + S'\cos^2\varphi - S'\sin^2\varphi = -\frac{1}{2}R'\sin 2\varphi + S'\cos 2\varphi.$$

La figure 40 montre comment varient R'_φ (trait plein) et S'_φ (trait pointillé), quand l'angle φ croît de 0 à π.

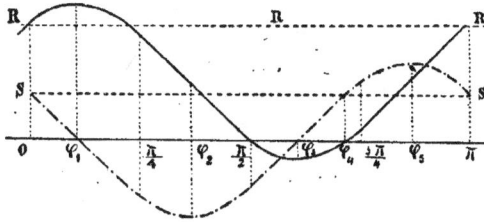

Fig. 40.

Les angles φ_1, φ_2, φ_3, φ_4, φ_5 sont définies par les conditions :

$$\operatorname{tg} 2\,\varphi_1 = \frac{2S'}{R'}, \quad \operatorname{tg} 2\varphi_2 = -\frac{R'}{2S'},$$

$$\operatorname{tg} 2\,\varphi_3 = \frac{2S'}{R'},$$

$$\operatorname{tg} 2\,\varphi_5 = -\frac{R'}{2S'}.$$

φ_1, est nécessairement compris entre o ($S' = o$) et $\frac{\pi}{4}$ ($R' = o$), et l'on a :

$$\varphi_2 - \varphi_1 = \varphi_3 - \varphi_2 = \varphi_5 - \varphi_3 = \frac{\pi}{4}.$$

L'angle φ_4 est défini par la condition $\operatorname{tg} \varphi_4 = -\frac{R'}{2S'}$. Il est plus petit ou plus grand que $\frac{3\pi}{4}$ suivant que R' est plus grand ou plus petit que $2S'$. Dans le cas de la figure 40, on a supposé $R' > 2S'$, et par suite $\varphi_5 < \frac{3\pi}{4}$.

Le tableau suivant résume les principales valeurs que prennent R'_φ et S'_φ, quand φ varie de o à π.

φ	R'_φ	S'_φ	Observations
o	R'	S'	
φ_1	$\frac{1}{2}(R' + \sqrt{4S'^2 + R'^2})$	o	R'_φ passe par un maximum de même signe que R'. S'_φ passe par zéro, et change de signe.
$\frac{\pi}{4}$	$S' + \dfrac{R'}{2}$	$-\dfrac{R'}{2}$	
φ_2	$\dfrac{R'}{2}$	$-\dfrac{1}{2}\sqrt{R'^2 + 4S'^2}$	S'_φ passe par un maximum de signe contraire à S'.
$\frac{\pi}{2}$	o	$-S'$	R'_φ passe par zéro et change de signe. S'_φ est égal au travail de glissement horizontal S'.
φ_3	$\frac{1}{2}(R' - \sqrt{4S'^2 + R'^2})$	o	R'_φ passe par un maximum de signe contraire à R'. S'_φ passe par zéro et change de signe.
φ_4	o	S'	R'_φ passe par zéro et change de signe.
$\frac{3\pi}{4}$	$\dfrac{R'}{2} - S'$	$\dfrac{R'}{2}$	
φ_5	$\frac{1}{2}R'$	$+\frac{1}{2}\sqrt{R'^2 + 4S'^2}$	S'_φ passe par un maximum de même signe que S'.
π	R'	S'	φ croissant au-delà de π, R'_φ et S'_φ repassent par les mêmes valeurs.

Il est facile de se procurer les valeurs de R'_φ et S'_φ, pour une valeur déterminée de l'angle φ, par la construction géométrique suivante imaginée par M. *Maurice d'Ocagne*.

Prenons sur une horizontale la longueur ab égale à R', et sur la verticale passant en b la longueur bc égale à S'.

L'hypothénuse ac représentera l'intensité de l'action moléculaire totale exercée en M sur la section transversale, et l'angle cab ou α sera le complément de l'angle sous lequel le plan de la section est rencontré par cette action moléculaire.

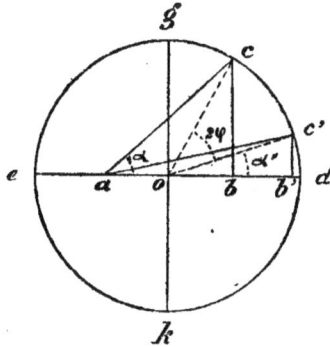

Fig. 41.

Soit o le milieu de la longueur ab ; traçons le cercle qui a pour centre o et passe en c.

L'intensité de l'action moléculaire exercée en M sur le plan faisant avec la section transversale l'angle φ sera représentée par la longueur ac', le point c' étant déterminé par la condition que l'angle coc' soit le double de φ. On aura $R'_\varphi = ab'$ et $S'_\varphi = b'c'$; $\alpha' = c'ac$.

Les valeurs extrêmes de R'_φ sont représentées sur la figure :

$$\frac{1}{2}\left(R' + \sqrt{R'^2 + 4S'^2}\right) \text{ par} + ad : \alpha' = o,\ S'_\varphi = o.$$

$$\frac{1}{2}\left(R' - \sqrt{R'^2 + 4S'^2}\right) \text{ par} - ae : \alpha' = o,\ S'_\varphi = o.$$

Les valeurs extrêmes de S'_φ sont représentées sur la figure :

$$+ \frac{1}{2}\left(\sqrt{R'^2 + 4S'^2}\right) \text{ par} + og.$$

$$- \frac{1}{2}\left(\sqrt{R'^2 + 4S'^2}\right) \text{ par} - ok.$$

Pour compléter cette étude, nous avons tracé sur la figure 42 l'ellipse des actions moléculaires et la courbe directrice, qui se compose de deux hyperboles conjuguées (art. 8, page 30). Ces courbes ont été établies dans l'hypothèse où, R' et S' étant de même signe, positif par exemple, on aurait : R' = 3S'.

Les angles φ_1 et φ_3 définissent les directions des axes principaux, pour lesquelles S'$_\varphi$ est nul, tandis que R'$_\varphi$ passe soit par un maximum positif

$$T' = \frac{1}{2}\left(R' + \sqrt{R'^2 + 4S'^2}\right),$$

soit par un maximum négatif

$$T'' = \frac{1}{2}\left(R' - \sqrt{R'^2 + 4S'^2}\right).$$

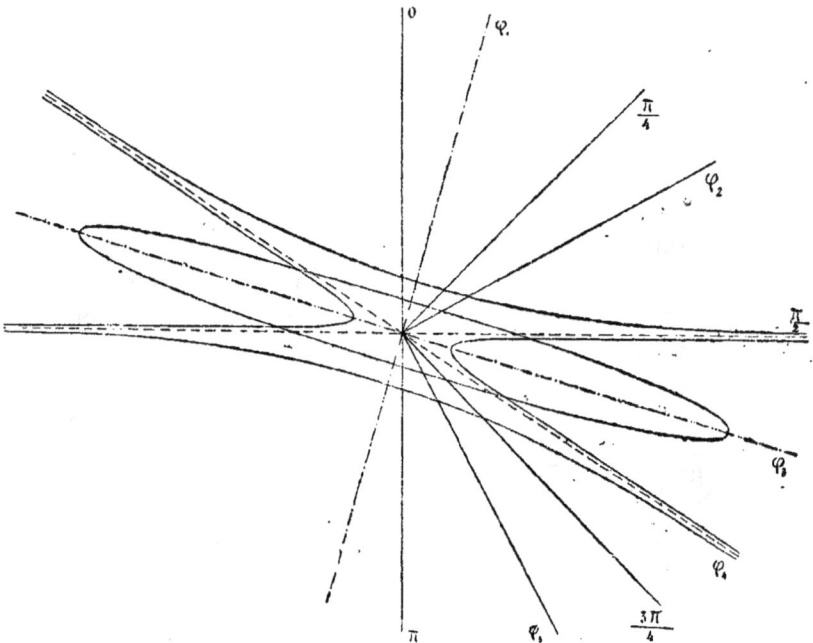

Fig. 42.

Les angles $\frac{\pi}{2}$ et φ_4 définissent les directions des asymptotes des hyperboles, pour lesquelles R'$_\varphi$ est nul. Il convient de remarquer que les deux maxima de signes opposés par lesquels passe le travail tangentiel S'_φ, $\pm \frac{1}{2} \sqrt{R'^2 + 4S'^2}$, ne se rapportent pas aux directions de ces asymptotes, mais aux deux directions définies par les angles φ_2 et φ_3 qui s'écartent sensiblement des précédentes.

R′ atteint sa plus grande valeur sur la fibre la plus éloignée de l'axe neutre, tandis que S′ s'annule. Les deux hyperboles directrices se réduisent à une droite double parallèle à l'axe longitudinal de la pièce. L'ellipse, dont l'axe vertical s'annule, se réduit à un segment de cette droite, de longueur R.

Les formules générales demeurent applicables, à condition d'y faire $S' = o$.

L'action moléculaire totale qui s'exerce sur un plan oblique a pour intensité R cos φ et pour direction celle de la fibre elle-même, c'est-à-dire celle de l'action normale R.

Cette fibre extrême de la pièce travaille, comme on le voit, à l'extension simple : elle est dans les mêmes conditions élastiques que si la pièce, au lieu d'être fléchie, était soumise à un effort normal de traction $R\Omega$.

Sur la fibre moyenne, R′ est nul et S′ atteint son maximum S. On a d'ailleurs, pour une valeur quelconque de l'angle φ : $R'^2_\varphi + S'^2_\varphi = S^2$ et $\frac{R'_\varphi}{S'_\varphi} = \text{tg } 2\ \varphi$.

On en conclut facilement : 1° que l'ellipse s'est transformée en un cercle de diamètre S; 2° que les hyperboles sont remplacées par un système de deux droites rectangulaires, l'une tangente et l'autre normale à la fibre moyenne.

S'_φ atteint sa valeur maximum S pour $\varphi = o$ et $\varphi = \frac{\pi}{2}$.

R'_φ atteint ses valeurs maxima —S et +S pour $\varphi = \frac{\pi}{4}$ et $\varphi = \frac{3\pi}{4}$: ces angles définissent les directions des axes du système des deux droites, qui remplacent les hyperboles conjuguées : ces axes coupent la fibre moyenne sous l'angle de 45°.

Le métal de la fibre moyenne travaille donc comme s'il appartenait à un cube soumis sur deux faces opposées, perpendiculaires au plan de flexion et inclinées à 45° sur la fibre moyenne, à une compression uniforme —S, et sur les deux autres faces, perpendiculaires au plan de flexion et inclinées à 135° sur la fibre moyenne, à une tension équivalente S.

Nous nous sommes borné jusqu'à présent à rechercher les actions moléculaires exercées sur un plan perpendiculaire au plan de flexion de la pièce, et défini par l'angle φ qu'il fait avec le plan de la section transversale.

Cherchons les actions moléculaires $R'_{\alpha\varphi}$ et $S'_{\alpha\varphi}$ exercées sur un plan ayant même trace MC′ sur le plan de flexion que le plan précédemment considéré, mais faisant avec ce dernier l'angle α, et coupant par suite obliquement le plan de flexion.

On obtiendra sans difficulté les relations :

$$R'_{\alpha\varphi} = R'_\varphi \cos^2\alpha + S'_\varphi \sin\alpha\cos\alpha,$$
et
$$S'_{\alpha\varphi} = -R'_\varphi \sin\alpha\cos\alpha + S'_\varphi \cos^2\alpha.$$

Ces formules permettent d'évaluer le travail normal et le travail tangentiel pour un plan quelconque rencontrant la pièce.

Calcul des déformations élémentaires. — Pour calculer les déformations élémentaires relatives à une direction oblique, il nous faudra supposer que la matière est parfaitement isotrope.

En ce cas l'allongement u'_φ, mesuré dans une direction perpendiculaire au plan défini par l'angle φ, aura pour expression, en vertu d'une formule connue (art. 14) :

$$u'_\varphi = \frac{1}{E}\left(R'_\varphi - \eta\, R'_{\frac{\pi}{2} + \varphi}\right).$$

On aura pour expression du glissement α'_φ :

$$\alpha'_\varphi = \frac{S'_\varphi}{G}.$$

E est le coefficient d'élasticité longitudinale, G le coefficient d'élasticité transversale, et η le coefficient de contraction latérale. La matière étant isotrope, on a :

$$\eta = \frac{1}{4}\,;\ G = \frac{E}{2\,(1+\eta)} = \frac{2}{5}\,E.$$

Pour φ = o (plan de la section transversale), on a : $u' = \dfrac{R'}{E}$, puisque $R'_{\frac{\pi}{2}+\varphi}$ action normale parallèle à ce plan, est nul en vertu des données du problème.

On a aussi :

$$\alpha' = \frac{S'}{G} \cdot$$

Les allongements *principaux* U' et U'', correspondant aux axes de l'ellipse des actions moléculaires, ont pour expression :

$$U' = \frac{T' - nT''}{E} = \frac{1}{2E}\left(R'(1-n)+(1+n)\sqrt{R'^2+4S'^2}\right) = \frac{1}{8E}\left(3R'+5\sqrt{R'^2+4S'^2}\right);$$

$$U'' = \frac{T'' - nT'}{E} = \frac{1}{2E}\left(R'(1-n)-(1+n)\sqrt{R'^2+4S'^2}\right) = \frac{1}{8E}\left(3R'-5\sqrt{R'^2+4S'^2}\right).$$

En combinant les formules qui précèdent, de façon à éliminer R'_φ, $R'_{\frac{\pi}{2}+\varphi}$, R' et S', il est facile d'obtenir une relation entre u'_φ, u' et α'.

On trouve :

$$u'_\varphi = u' \sin^2\varphi - nu' \cos^2\varphi + \alpha' \sin\varphi \cos\varphi$$
$$= \frac{1}{2} u'(1-n) - \frac{u'}{2}(1+n)\cos 2\varphi + \frac{\alpha' \sin 2\varphi}{2} \cdot$$

D'où :

$$\left.\begin{matrix} U' \\ U'' \end{matrix}\right\} = \frac{1}{2} u'(1-n) \left.\right\} \pm \sqrt{\frac{u'^2(1+n)^2}{4} + \frac{\alpha'^2}{4}} \cdot$$

L'expression analytique de u'_φ en fonction de u' et de α' pourrait s'obtenir directement en remarquant que u'_φ représente dans la figure 39 la variation proportionnelle subie par la longueur de l'hypothénuse MC' du triangle élémentaire MCC'. Or cette variation peut toujours être calculée en fonction de celle du côté CC', qui est u' ; de celle du côté MC, qui est nu' (contraction latérale de la matière) ; et du changement subi par l'angle compris MCC', qui est la distorsion α'. Ces trois données u', nu' et α' définissant complètement la déformation du triangle, on peut évaluer sans difficulté l'allongement subi par le côté opposé MC'.

On calculerait ensuite les valeurs des allongements principaux U' et U'', correspondant aux plans définis par les angles φ_1 et φ_2, qui annulent la dérivée $\frac{du'_\varphi}{d\varphi}$, ce qui donne la condition :

$$\operatorname{Tg} 2\varphi = \frac{-\alpha'}{u'(1+n)} = -\frac{S'E}{R'G(1+n)} = -\frac{S'}{2R'} \cdot$$

Si, partant de la relation établie entre U′ et U″ d'une part, $u′$ et $α′$ de l'autre, on remplace ces quantités par leurs expressions en fonction des actions moléculaires T′, T″, R′ et S′, on retombe sur les formules précédemment données, qui fournissent les valeurs des actions moléculaires principales T′ et T″.

Mais si, négligeant à tort le phénomène de la contraction latérale, on admet pour U′ et U″ les expressions *inexactes* $\frac{T′}{E}$ et $\frac{T″}{E}$, on arrive à des formules erronées qui sont :

$$\left.\begin{array}{c} T′ \\ T″ \end{array}\right\} = \frac{1}{2}\left(R′\,(1 - \eta) \left\{ \pm \sqrt{R'^2\,(1 + \eta)^2 + 4S'^2\,(1 + \eta)^2} \right.\right)$$

$$= \frac{3}{8}\,R′\left\{ \pm \sqrt{\left(\frac{5}{8}\right)^2 R'^2 + \left(\frac{5}{4}\right)^2 S'^2}\,\cdot\right.$$

Ces formules attribuent à T′ la valeur de la différence $T′ - \eta T″$, égale à EU′ ; et à T″ celle de la différence $T″ - \eta T′$, égale à EU″.

Elles sont données comme justes dans un certain nombre d'ouvrages sur la résistance des matériaux, et c'est pourquoi nous n'avons pas jugé inutile d'en signaler la fausseté.

On a voulu en conclure, en posant $R′ = o$ dans l'expression énoncée de T″, que le travail maximum au glissement ne peut dépasser en aucun cas les $\frac{4}{5}$ du travail normal maximum. Cette proposition est également contraire à la vérité : nous venons de voir que sur la fibre moyenne, pour laquelle la condition $R′ = o$ est remplie, le travail maximum au glissement était précisément égal au travail normal maximum :

$$S′ = T′.$$

Vérification de la stabilité. — D'après ce qui a été dit à l'article 25 sur la limite d'élasticité des matériaux, il convient, lorsqu'on veut se rendre compte de la *fatigue* subie par le métal dans une direction oblique choisie arbitrairement, de comparer à la limite d'élasticité à l'*extension simple* N, non pas la valeur absolue du travail élastique $R′_\varphi$ développé dans cette direction. mais bien la quantité $R′_\varphi - \eta\,R′_{\frac{\pi}{2}+\varphi}$, où $R′_{\frac{\pi}{2}+\varphi}$ désigne le travail développé dans une direction perpendiculaire à la première et située dans le plan de flexion.

Il est permis de faire usage, à ce point de vue spécial, de la formule énoncée plus haut :

$$T' - \eta T'' = \frac{3}{8} R' + \sqrt{\left(\frac{5}{8} R'\right)^2 + \left(\frac{5}{4} S'\right)^2}.$$

La fatigue de la matière, au point où les actions moléculaires principales sont respectivement T' et T'', est équivalente à celle qui résulterait d'un travail à l'extension simple de valeur T' — ηT''. Le coefficient de sécurité, pour le point considéré, sera donc fourni par le rapport

$$\frac{T' - \eta T''}{N} \quad ou \quad \frac{T' - \frac{1}{4} T''}{N}.$$

Si nous considérons la fibre moyenne, pour laquelle R' est nul, nous voyons que l'expression T' — ηT'' devient $\frac{5}{4}$S : le coefficient de sécurité a par conséquent pour valeur $\frac{5S}{4N}$.

C'est ainsi que se justifie la règle pratique en vertu de laquelle la limite d'élasticité au glissement est supposée égale aux $\frac{4}{5}$ seulement de la limite d'élasticité à l'extension simple.

Il convient de remarquer en ce qui touche, pour le cas d'une pièce fléchie, le calcul des actions moléculaires développées dans une direction oblique, que les formules démontrées précédemment sont rigoureuses et générales, et s'appliquent à toute matière élastique ; tandis que le mode de vérification de la stabilité, que nous venons d'exposer, suppose : 1º que la matière est isotrope ; 2º que le *postulatum*, sur lequel est fondée la règle pratique énoncée dans l'article 25, est conforme à la réalité. Il est vraisemblable et même probable, d'après les enseignements de l'expérience, qu'il en doit être ainsi ; mais ce n'est pas démontré, et il convient de faire toute réserve sur l'exactitude de la règle indiquée, qui ne peut être regardée que comme une loi empirique, s'accordant assez bien avec ce que l'on sait de la constitution moléculaire de la matière.

On se borne en général, dans les applications, à déterminer, pour chaque section transversale d'une pièce fléchie, les actions moléculaires R et S, et à vérifier la stabilité en calculant les rapports $\frac{R}{N}$ et $\frac{5S}{4N}$, qui sont censés représenter les coefficients de sécurité relatifs au travail à l'extension et au travail au glissement.

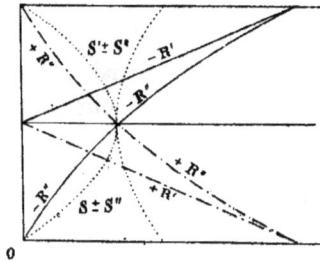

Fig. 43.

Il serait plus exact de calculer le rapport $\frac{T' - \eta T''}{N}$ pour un certain nombre de points, mais en fait la chose ne paraît pas indispensable, et la marge de sécurité est d'habitude suffisante pour qu'on puisse s'en dispenser.

Fig. 44.

A titre d'application de la théorie qui précède, nous donnons ci-joint pour une poutre à section rectangulaire (fig. 43) et trois poutres à double té (fig. 44, 45 et 46) les épures indiquant pour les différents points d'une section transversale :

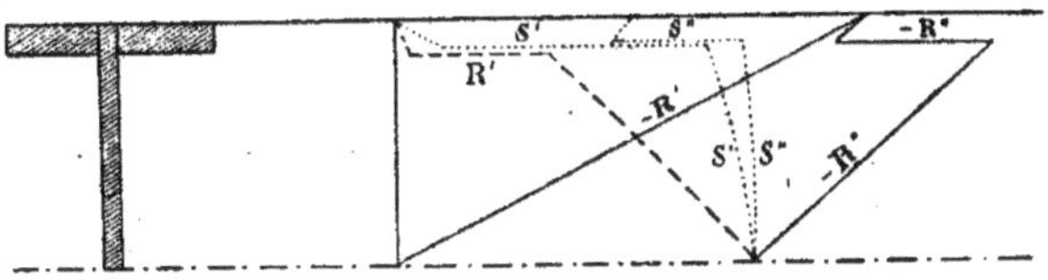

Fig. 45.

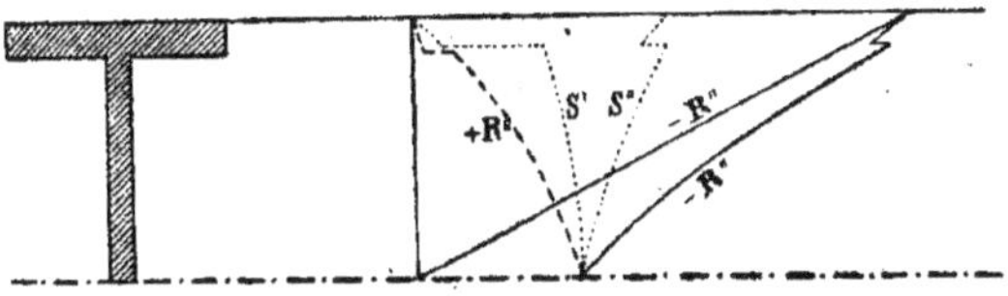

Fig. 46.

1º Le travail à l'extension $+ R'$ ou à la compression $- R''$ exercé sur le plan de la section ;

2º Le travail au glissement S' dans ce plan ;

3º Les maxima des efforts obliques à l'extension $+ R''$ et à la compression $- R''$, fournis par les expressions de T' et T'' énoncées plus haut ;

4º Enfin, les maxima des efforts obliques de glissement $\pm S''$.

On voit que, dans les doubles tés, les points critiques où la section s'élargit brusquement donnent lieu à des accroissements considérables de S'', et par suite de R'' et S''. Il pourrait être utile de vérifier pour ces points, que le profil de la section transversale permet de reconnaître immédiatement, si la fatigue imputable aux efforts obliques maxima ne dépasse pas celle due aux efforts R et S dont la méthode usuelle fournit les valeurs.

Tel serait peut-être le cas à la jonction de la semelle et de l'âme pour le second double té, où R'' dépasse R d'environ un quart, et pour le troisième té, ou c'est S'' qui surpasse S de un cinquième à peu près.

Enfin nous terminons cette étude en donnant pour une poutre à section rectangulaire, appuyée à ses deux extrémités et uniformément chargée sur toute sa longueur, les courbes enveloppes des directions correspondant en chaque point au travail maximum à la compression (— R″), à l'extension (+ R″), et au glissement (— S″ et + S″) (fig. 47).

Les courbes + R″ coupent à angle droit les courbes — R″, et sous un angle de 45° les courbes — S″ et + S″, qui constituent aussi un système à croisements orthogonaux.

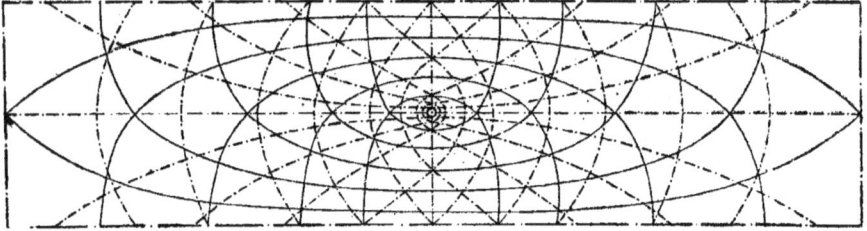

Fig. 47.

Les courbes — R″ et + R″ coupent à 45° la fibre moyenne et respectivement à 90° et 0° les fibres extrêmes. Les courbes — S″ et + S″ coupent à 45° les fibres extrêmes et respectivement à 90° et à 0° la fibre moyenne.

448. Composition des actions moléculaires et des déformations de genres différents. — Considérons une section transversale soumise à la fois à l'action d'un moment fléchissant X et d'un effort normal F.

Le travail en un point quelconque sera donné : pour la région supérieure par la formule :

$$R' = \frac{F}{\Omega} - \frac{Xy}{I};$$

pour la région inférieure par la formule :

$$R' = \frac{F}{\Omega} + \frac{Xy}{I}.$$

Les maxima seront fournis par la relation :

$$R = \frac{F}{\Omega} \pm \frac{Xn}{I},$$

Si la section est d'autre part soumise à la fois à l'action d'un effort tranchant V et d'un couple de torsion T, on obtiendra le travail au glissement en un point quelconque en prenant la résultante géométrique des efforts de glissement dus à chacune de ces deux causes. Cette résultante sera égale à leur somme toutes les fois qu'elles auront même direction et même sens :

$$S' = \frac{V}{I}\frac{\mu}{u_0} + \frac{T\rho}{(a^2 + b^2)\,\Omega}.$$

Enfin, connaissant à l'aide des formules qui précèdent les valeurs totales de R' et de S' pour le point considéré, on pourra toujours calculer les maxima R'' et S'' des efforts exercés dans des directions obliques par les équations de l'article précédent :

$$+\,R'' = \frac{1}{2}\left(R' + \sqrt{R'^2 + 4S'^2}\right);$$

$$-\,R'' = \frac{1}{2}\left(R' - \sqrt{R'^2 + 4S'^2}\right);$$

$$S'' = \pm\frac{1}{2}\sqrt{R'^2 + 4S'^2} \quad {}^{1}.$$

1. Ces formules, démontrées *rigoureusement* pour le cas de la flexion simple, ne sont exactes que si les conditions suivantes sont réalisées dans le cas considéré :

1° La direction de l'action moléculaire directe R' est perpendiculaire à celle de l'action moléculaire tangentielle S' ;

2° Dans toute direction perpendiculaire à celle de R', l'action moléculaire normale (extension ou compression) est nulle.

En d'autres termes, il est indispensable que l'ellipsoïde des actions moléculaires se réduise à une ellipse (un de ses axes étant nul), et que la surface directrice des actions moléculaires se compose de deux hyperboles conjuguées, asymptotiques à la direction S'.

En toute autre circonstance, on peut faire usage de ces formules, faute de mieux, mais il doit être bien entendu qu'elles ne sont pas exactes, et ne sauraient donner que des résultats approximatifs.

On peut, dans les mêmes conditions, faire usage de la formule *conventionnelle* :

$$T' - \eta\,T'' = \pm\frac{3}{8}\,R' \pm \sqrt{\left(\frac{5R'}{8}\right)^2 + \left(\frac{5S'}{4}\right)^2},$$

qui fournit une mesure *fictive* du travail moléculaire normal maximum, permettant de définir les conditions de stabilité réalisées dans la pièce par le coefficient de sécurité :

$$\frac{T' - \eta\,T''}{N}.$$

Pour se rendre compte de la déformation de la pièce, il conviendrait de composer les déplacements élastiques partiels subis
par la fibre moyenne pour chaque genre d'effort considéré à
part, et l'on obtiendrait ainsi la ligne élastique définitive. C'est
une recherche que l'on n'a jamais occasion de faire dans la pratique. Nous avons dit que l'on ne peut étudier la torsion avec
quelque chance d'exactitude que dans un cas unique, qui ne se
rencontre guère pour les pièces fléchies. En ce qui touche l'effort
tranchant, la déformation qu'il produit est toujours négligée devant celle due à la flexion proprement dite.

On se borne donc à composer les déformations produites à la
fois par l'effort normal F et le moment de flexion X, ce qui ne
présente aucune difficulté.

**49. Formule générale de la déformation des pièces
courbes.** — Négligeons donc l'effort tranchant V et le couple
de torsion T, et cherchons à déterminer la déformation d'une
pièce courbe, dont l'axe longitudinal soit situé dans le plan de
flexion supposé invariable.

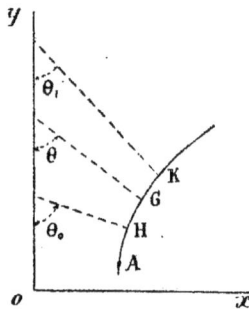

Fig. 48.

Nous définirons la position d'une section quelconque passant
au point G de l'axe longitudinal : 1° par les coordonnées x et y
de ce point G, rapporté à un axe vertical oy et à un axe horizontal ox pris arbitrairement dans le plan de flexion ; 2° par l'angle θ
que fait la section transversale G avec la verticale yo dirigée de
haut en bas ; 3° par la distance s mesurée sur la fibre moyenne
entre le point G et un point A pris arbitrairement pour origine.

Considérons deux sections particulières définies par leurs coordonnées :

$$H\ (s_0, x_0, y_0, \theta_0),\ \text{et}\ K\ (s_1, x_1, y_1, \theta_1).$$

Désignons par X le moment de flexion et par F l'effort normal relatifs à la section courante $G\ (s, x, y, \theta)$.

Admettons enfin, pour plus de généralité, que la température s'étant élevée de t, et α étant le coefficient de dilatation linéaire du métal, on veuille déterminer la ligne élastique suivie par la fibre moyenne déformée, sous la double influence du changement de température et des forces extérieures.

Nous aurons entre les déplacements élastiques δx_0, δy_0, δs_0, $\delta\theta_0$ relatifs à la section transversale H, et les déplacements élastiques δx_1, δy_1, δs_1, $\delta\theta_1$ relatifs à la section K, les relations suivantes :

$$(1) \qquad \delta\theta_1 = \delta\theta_0 + \int_{s_0}^{s_1} \frac{X ds}{EI}\ ;$$

$$(2) \qquad \delta s_1 = \delta s_0 + \int_{s_0}^{s_1} \frac{X ds}{Ei} + \alpha t\, (s_1 - s_0)\ ;$$

$$(3) \qquad \delta x_1 = \delta x_0 + \delta\theta_0\, (y_1 - y_0) - \int_{s_0}^{s_1} \frac{X\, (y_1 - y)}{EI}\, ds\ ;$$

$$+ \int_{x_0}^{x_1} \frac{F}{E\Omega}\, dx + \alpha t\, (x_1 - x_0)\ ;$$

$$(4) \qquad \delta y_1 = \delta y_0 + \delta\theta_0\, (x_1 - x_0) + \int_{s_0}^{s_1} \frac{X\, (x_1 - x)}{EI}\, ds$$

$$+ \int_{y_0}^{y_1} \frac{F}{E\Omega}\, dy + \alpha t\, (y_1 - y_0).$$

Il n'y a plus qu'à intégrer pour avoir l'équation de la ligne élastique. C'est un problème que l'on a occasion de traiter dans l'étude des arcs métalliques. Nous avons montré dans le tome I de notre ouvrage sur les ponts métalliques le parti que l'on en peut tirer.

50. Rupture des pièces prismatiques. — Dans une pièce comprimée ou tendue, si le travail atteint en un point la limite de rupture du métal, cette limite est également atteinte pour tous les points de la section transversale à laquelle il appartient, puisque l'effort normal se répartit uniformément sur cette section. La fracture doit donc s'opérer suivant le plan normal à la fibre moyenne qui correspond à la section transversale la plus fatiguée.

C'est en effet ce que l'on constate en général dans le cas de la rupture par extension. Mais il en est presque toujours autrement dans les cas de rupture par compression : nous constaterons effectivement plus loin (art. 54) que les données fondamentales du problème de la résistance des matériaux ne sauraient concorder ici avec les conditions effectives de l'expérience.

Dans une pièce tordue, les fibres les plus éloignées de l'axe longitudinal doivent se briser les premières, puisque ce sont elles qui travaillent le plus.

Les fibres voisines se casseront ensuite, et la rupture se propagera en marchant de la circonférence au centre, qui se disloquera en dernier lieu. C'est du moins ce que l'on constate pour les pièces à section circulaire. La fracture se produit encore en ce cas suivant le plan d'une section transversale.

Dans une pièce fléchie, ce sont les fibres les plus écartées de l'axe neutre, dans la section la plus fatiguée, qui céderont les premières, puisque ce sont elles qui subissent le travail maximum $\frac{Xn}{I}$ ou $\frac{Xn'}{I}$.

En général, ce phénomène ne se manifeste pas simultanément pour les fibres les plus tendues et les fibres les plus comprimées. Soit que le métal résiste mieux à l'extension qu'à la compression, ou *vice versa*, soit que la section transversale soit dissymétrique et que l'une des quantités $\frac{Xn}{I}$ et $\frac{Xn'}{I}$ soit notablement plus grande que l'autre, il arrive que la dislocation se manifeste sur une seule série des fibres les plus éloignées (n ou n') de l'axe neutre. Elle se propage ensuite dans une direction perpendiculaire à l'axe neutre, jusqu'à ce qu'elle ait atteint la fibre opposée à celle où le phénomène s'était tout d'abord manifesté. La rupture a encore lieu suivant une section transversale de la pièce.

En ce qui touche l'effort tranchant, si le travail au glissement atteint la limite de rupture en un point d'une section transversale, il l'atteindra également en tous les points d'une parallèle à l'axe neutre, et, en vertu de la définition des pièces prismatiques, sur toutes les parallèles situées dans les sections voisines à la même distance de l'axe neutre. La rupture se produira donc suivant une surface cylindrique parallèle à la fibre neutre, et correspondant à la région du travail maximum au glissement. La surface de séparation sera parallèle à la fibre moyenne et normale aux sections transversales successives.

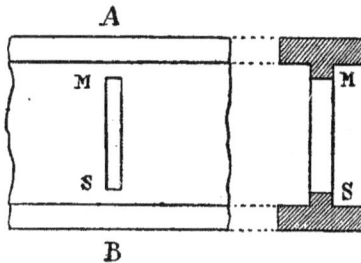

Fig. 49.

On s'explique ainsi comment on peut pratiquer impunément dans une poutre à double té une ouverture MS dirigée normalement à l'axe neutre, sans compromettre la stabilité de la pièce. L'effort tranchant se répartit dans les régions AM et SB restées intactes, et le solide reste en équilibre.

Si au contraire la pièce fléchie présente dans son âme une zone d'affaiblissement longitudinale (fig. 50), la rupture par glissement se produira dans cette région.

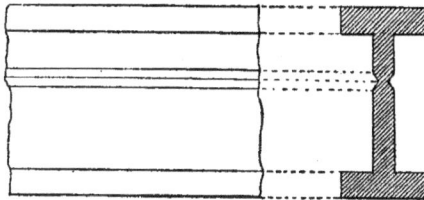

Fig. 50.

On constate fréquemment dans les rails en fer des voies ferrées des ruptures longitudinales, ou dessoudures, qui séparent le

champignon du patin : le plan de rupture, qui est horizontal, indique une cohésion insuffisante, due à un défaut de liaison entre les différents lingots dont se composait le paquet qui a fourni le rail à l'usine.

Dans le double té représenté par la figure 46, la rupture par glissement pourrait se produire à la jonction de la platebande et de l'âme par cisaillement des rivets d'assemblage, si ceux-ci étaient défectueux ou en nombre insuffisant.

Nous rappellerons à ce propos une remarque déjà faite à l'article 25 : dans la rupture par glissement, la séparation des molécules est produite non par l'action moléculaire tangentielle qui s'exerce dans le sens du plan de glissement, mais bien par l'action moléculaire normale, orientée suivant un axe de l'ellipsoïde des actions moléculaires, qui correspond à un travail d'extension généralement très supérieur au travail de glissement. La désagrégation de la matière est toujours le résultat d'un travail excessif à l'extension, corrélatif du travail au glissement que l'on a pu calculer.

Les règles énoncées plus haut sont applicables aux corps parfaitement élastiques, homogènes et isotropes ; elles peuvent donc subir des dérogations en ce qui touche les matériaux naturels.

Elles supposent d'ailleurs que les données fondamentales du problème traité par la résistance des matériaux sont exactement réalisées.

Nous allons faire voir qu'il n'est pas permis d'en faire usage, ou tout au moins qu'elles doivent subir des changements plus ou moins importants, toutes les fois que l'énoncé du problème posé permet de reconnaître que ces conditions essentielles ne sont pas remplies (rupture par flambement (art. 56), par cisaillement. etc.).

§ 4.

DES CIRCONSTANCES QUI PEUVENT RENDRE INEXACTES
LES FORMULES DE LA RÉSISTANCE DES MATÉRIAUX.
INFLUENCE DES ACTIONS MOLÉCULAIRES LATÉRALES.
CALCUL DES PIÈCES FLÉCHIES DE HAUTEUR VARIA-
BLE. PIÈCES CHARGÉES DEBOUT.

51. Généralités. — Les formules de la résistance des matériaux supposent expressément l'invariabilité des sections transversales. Nous avons déjà fait ressortir le caractère conventionnel de ce *postulatum*, du moins en ce qui touche les pièces fléchies ou tordues, en signalant les inexactitudes auxquels il peut
conduire.

Si l'on envisage exclusivement les cas où l'hypothèse en question est suffisamment justifiée au point de vue pratique, les résultats obtenus ne sauraient être considérés comme exacts que
pour les corps remplissant les quatre conditions fondamentales
suivantes :

1° Il faut que la matière se comporte comme si elle était parfaitement élastique, absolument homogène, et douée de l'isotropie transversale, ce qui revient à dire que le travail élastique, à
l'extension ou à la compression, ne doit dépasser en aucun point
la limite d'élasticité déterminée expérimentalement pour la matière en question.

2° La forme géométrique du corps étudié doit satisfaire à la
définition des pièces prismatiques, que nous avons donnée à l'article 28.

3° Les actions moléculaires normales (travail à l'extension ou
à la compression), dont les directions seraient perpendiculaires
à la fibre moyenne de la pièce et par suite situées dans les plans
des sections transversales, que nous qualifierons d'actions moléculaires *latérales*, doivent être nulles ou négligeables comparati-

vement aux actions du même genre dirigées perpendiculairement aux sections transversales. En d'autres termes, un élément de fibre doit être soumis à un travail d'extension ou de compression *simple*, et non *double* ou *triple* (art. 25).

Cette condition entraîne les conséquences suivantes :

a. Le corps doit être absolument libre dans ses dimensions transversales.

En raison de la souplesse latérale de la matière (art. 10), la longueur d'un élément de la fibre moyenne ne peut varier sans entraîner un changement corrélatif et de signe contraire dans l'étendue de la section transversale, qui se resserre ou s'étend, suivant que la pièce est tendue ou comprimée.

Toute gêne apportée à ce mouvement de déformation latérale se traduit nécessairement par l'apparition d'actions moléculaires latérales, et les formules de la résistance des matériaux, qui supposent la non-existence d'actions de ce genre, ne fournissent plus la solution du problème posé.

b. Les actions moléculaires normales, développées sur le contour cylindrique de la pièce par l'action directe des forces extérieures qui lui sont appliquées, doivent être nulles ou négligeables. Ce sont encore en effet des actions latérales. Les formules de résistance ne conviennent donc pas aux régions critiques qui avoisinent les points d'application des forces extérieures.

4° Les actions moléculaires développées dans une section transversale quelconque par l'action directe des forces extérieures appliquées à cette section, doivent, ou être négligeables, ou satisfaire à la loi de répartition continue qui résulte de la formule employée.

Si l'on considère par exemple une section transversale limitant la pièce à une de ses extrémités, il convient que les forces extérieures directement appliquées à cette section soient réparties régulièrement sur toute sa surface, de façon à équilibrer en chaque point l'action moléculaire dont l'intensité satisfait aux formules de calcul relatives à la compression, à l'extension, à la torsion, à la flexion ou à l'effort tranchant.

Il est bien entendu d'ailleurs que la formule dont on fait usage

doit bien se rapporter au cas considéré : on ne peut calculer une
pièce fléchie comme si elle était simplement comprimée. Cette
remarque, qui *a priori* peut paraître une superfétation, trouve
son application dans l'étude des pièces chargées debout, que l'on
peut regarder à tort comme simplement comprimées, alors qu'en
réalité elles subissent un travail de flexion qui n'est pas négligeable (art. 56). On commet ainsi une erreur plus ou moins
grave, que l'on est conduit à corriger en substituant à la limite
spécifique d'élasticité, qui se rapporte à la matière étudiée pour
le travail à la compression, une limite d'élasticité *conventionnelle* dont la valeur décroît au fur et à mesure qu'augmente la
longueur de la pièce chargée debout.

Il nous a semblé intéressant d'étudier un certain nombre de cas
spéciaux, parmi ceux se rencontrant fréquemment dans la pratique des constructions, qui ne peuvent être traités par les règles
ordinaires de la résistance des matériaux, et exigent l'emploi de
formules particulières pour l'évaluation du travail élastique
développé dans la matière.

Nous ne nous occuperons ici que des anomalies qui se rapportent à la forme géométrique des corps, ainsi qu'au mode d'application et de répartition des forces extérieures, en renvoyant
au chapitre III (§§ 3 et 4) les développements relatifs aux conséquences qu'entraîne le travail élastique poussé au-delà de la
limite d'élasticité.

Nous ajouterons encore que les démonstrations de la résistance des matériaux visent exclusivement les corps en équilibre
statique, dont toutes les molécules sont supposées immobiles
par rapport à trois axes passant par leur centre de gravité commun. Il n'est donc pas permis de s'en servir dans les cas où,
sous l'influence de chocs, de forces agissant instantanément, ou
de forces variant rapidement en grandeurs et directions, il se
produit dans la matière des mouvements vibratoires, susceptibles
de modifier sensiblement la valeur du travail élastique en un
point déterminé. Nous avons déjà traité cette question dans le
chapitre précédent (art. 23 et 24), et nous n'avons rien à ajouter
à ce qui a été déjà dit sur ce sujet.

**52. Effet d'une force concentrée sur une partie d'une
section transversale. Stabilité des solides encastrés.**
— Supposons qu'une force F, appliquée à une section transversale AB, soit la résultante d'une infinité de forces parallèles,
égales et infiniment petites sollicitant non pas tous les éléments
superficiels de cette section (comme le suppose la résistance des
matériaux dans le cas de la compression ou de l'extension simple), mais seulement les éléments compris dans la région hachurée $a\,b$.

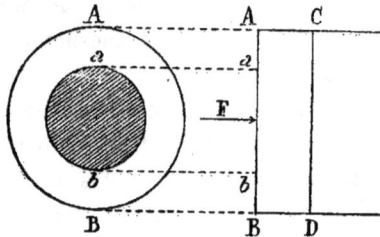

Fig. 51.

Soient Ω l'aire de la section AB, et ω celle de la région ab.

Les expériences de M. *Léger*, dont il a déjà été question à l'article 7, font voir que la force F se répartit à peu près uniformément sur chaque section transversale de la pièce, à partir d'une
section CD peu éloignée de la base AB sollicitée directement par
la force F. Mais dans la portion de pièce comprise entre AB et
CD, les actions moléculaires varient suivant une loi compliquée,
que l'état actuel de la science ne permet pas de déterminer : *œil-
de-paon* de M. Léger.

On a reconnu expérimentalement que les conditions de stabilité de cette portion de pièce ABCD sont équivalentes, au double
point de vue de la limite d'élasticité et de la limite de rupture,
à celles d'un prisme de même matière dont la section présente-
rait une surface Ω', intermédiaire entre les aires Ω et ω, et qui
serait uniformément pressée (ou tirée) par la force F, conformé-
ment à la loi de la compression simple (ou de l'extension
simple).

Les conditions de stabilité du prisme ABCD pourraient donc

être étudiées par les formules ordinaires, à la condition de réduire la section Ω dans un certain rapport, inférieur à $\frac{\omega}{\Omega}$.

La région annulaire, comprise entre la zone pressée ab et le contour de la section, agit dans l'espèce comme une sorte de *frette* qui gêne la déformation latérale du prisme ab directement sollicité par la force F, et développe par conséquent sur son contour des actions moléculaires latérales de même sens que celles produites par cette force F. Il doit donc, ainsi qu'on l'a remarqué déjà (art. 25), en résulter un relèvement de la limite d'élasticité pour la matière soumise à l'action directe de la force F. C'est ce que l'expérience vérifie.

Nous allons chercher à évaluer la valeur minimum que l'on puisse attribuer à ce relèvement dans ce cas de la compression, en déterminant par le calcul les intensités des actions moléculaires latérales développées sur le contour d'un cylindre de diamètre d remplissant exactement, avant d'être soumis à un effort de compression F, un vide concentrique pratiqué dans un cylindre de diamètre plus grand D.

Nous admettrons pour plus de généralité que ces deux cylindres ne sont pas constitués par la même matière isotrope : soient E le coefficient d'élasticité longitudinale et η le coefficient de contraction latérale relatifs au métal du cylindre intérieur, ou noyau; E' et η' les mêmes coefficients pour le cylindre enveloppant. Les deux corps étant en contact parfait, on applique sur la base supérieure du noyau une charge F uniformément répartie. Nous supposerons encore que l'ensemble de ces deux corps repose sur un plan inférieur invariable et indéformable ; enfin, que le noyau peut glisser sans frottement dans son enveloppe, dont le rôle se borne à gêner sa dilatation latérale. Dans ces conditions, les actions moléculaires qui s'exercent entre les deux corps sont dirigées normalement à leur surface cylindrique de contact : désignons leur intensité par Y.

Soit R le travail longitudinal à la compression du noyau, qui a pour valeur connue $\frac{4F}{\pi d^2}$.

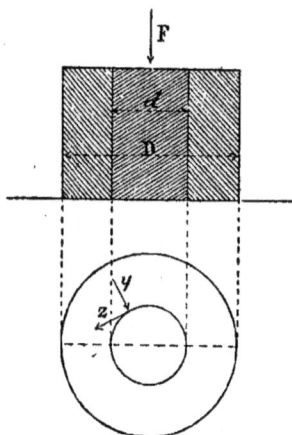

Fig. 52.

Les actions moléculaires directes qui s'exercent en un point quelconque du noyau sur trois plans rectangulaires entre eux, dont l'un contient l'axe du cylindre, sont désignées respectivement par les lettres : — R, — Y et — Y.

L'accccroissement de longueur du diamètre d, correspondant à la déformation latérale du noyau, sera donné par la formule connue (article 9) :

$$(1) \qquad \delta d = d \left(-\frac{Y}{E} + \frac{\eta R}{E} + \frac{\eta Y}{E} \right).$$

Nous pouvons obtenir une nouvelle expression de δd en considérant l'enveloppe, qui, soumise à une compression intérieure uniforme — Y, doit se dilater, ce qui entraîne le développement, dans la couche superficielle immédiatement voisine de la surface cylindrique de contact avec le noyau, d'actions moléculaires positives (tensions) dirigées horizontalement et tangentiellement à cette surface. Le travail à l'extension correspondant à Z sera, en vertu d'une démonstration de la théorie de l'élasticité relative à la stabilité des enveloppes cylindriques épaisses, que nous jugeons inutile de développer ici, liée à la pression Y par la relation :

$$(2) \qquad Z = Y \frac{D^2 + d^2}{D^2 - d^2} :$$

Les actions moléculaires normales exercées sur trois plans rectangulaires entre eux, dont l'un serait horizontal et un autre tangent à la surface de contact, seront respectivement : — Y, + Z, et zéro.

La variation du diamètre intérieur d sera en conséquence fournie par la relation :

$$(3) \qquad \delta d = d \left(\frac{Z}{E'} + \frac{\eta' Y}{E'} \right).$$

Les relations (1), (2) et (3) nous permettent de calculer les inconnues Y et Z en fonction de la quantité connue R ou $\dfrac{4F}{\pi d^2}$.

$$Y = \frac{E'\,\eta\,R\,(D^2 - d^2)}{E'\,(1-\eta)\,(D^2-d^2) + E\,[\eta'\,(D^2-d^2)+D^2+d^2]},$$

$$Z = \frac{E'\,\eta\,R\,(D^2+d^2)}{E'\,(1-\eta)\,(D^2-d^2) + E\,[\eta'\,(D^2-d^2)+D^2+d^2]}.$$

D'après la convention énoncée à l'article 25, la stabilité du noyau intérieur se vérifiera en comparant la quantité R — 2ηY à la limite d'élasticité de la matière pour le cas de la compression simple.

La stabilité de l'enveloppe sera de même définie par le rapport de la quantité Z + ηY à la limite d'élasticité de la matière, pour le cas de l'extension simple.

En raison du rôle joué par l'enveloppe, la stabilité du noyau est augmentée dans le rapport de 1 à $1 + \dfrac{2\eta Y}{R - 2\eta Y}$ ou $\dfrac{R}{R-2\eta Y}$, qui, pour une matière isotrope, devient $\dfrac{2R}{2R-Y}$. Cet accroissement est d'autant plus considérable que les rapports $\dfrac{D}{d}$ et $\dfrac{E'}{E}$ sont plus grands.

La stabilité d'un noyau en fer sera à peine accrue par une enveloppe en bois, tandis que, si le noyau est en bois et la frette en fer, le gain sera considérable.

Pour obtenir la rupture du système, il faut de toute nécessité faire éclater l'enveloppe, ce qui suppose que la quantité Z + ηY dépasse la limite de résistance à l'extension. En admettant que les deux parties du système soient formées du même métal, et que le diamètre extérieur D soit très grand par rapport au diamètre intérieur d, on trouve que la charge de rupture peut atteindre peut-être le quintuple de celle qui conviendrait au noyau isolé.

On ne peut légitimement étendre l'application de ces formules au cas où l'enveloppe et le noyau seraient constitués par un bloc unique, sollicité par une force F uniformément répartie sur une fraction $\dfrac{\pi d^2}{4}$ de sa base.

L'hypothèse faite sur les directions suivies par les actions moléculaires, qui s'exercent sur le contour du cylindre de diamètre d, serait radicalement fausse.

Il faudrait tenir compte de l'influence des actions tangentielles, que nous avons éliminée dans le problème précédent en supposant que le noyau pourrait glisser sans frottement dans l'enveloppe.

Il est fâcheux que l'on ne possède aucun renseignement expérimental sur l'élasticité des pièces comprimées, ou tirées, sur une fraction seulement de leurs bases. Il est positif que la limite d'élasticité est relevée, mais on ignore de combien, et il paraît difficile de résoudre le problème par le calcul.

Nous proposons, faute de mieux, de calculer la limite d'élasticité N′, en fonction de la limite N relative au cas théorique de la compression simple, ou de l'extension simple, par une relation de la forme : $N' = N\dfrac{(m+1)\Omega}{m\Omega + \omega}$, qui donne : $N' = N$ pour $\Omega = \omega$ (cas de la compression simple, ou de l'extension simple), et $N' = \dfrac{m+1}{m} N$ pour $\dfrac{\Omega}{\omega} = \infty$: la matière serait en ce cas supposée travailler dans les mêmes conditions qu'un cube supportant sur deux faces opposées une pression uniforme N′, et sur les quatre autres faces une pression uniforme $\dfrac{N'}{m}$.

Il serait excessif de prendre $m = 1$; mais on peut sans doute admettre $m = 2$, ce qui conduit à la formule : $N' = N.\dfrac{3\Omega}{2\Omega + \omega}$, donnant dans le cas limite où $\dfrac{\Omega}{\omega} = \infty$ pour valeur maximum de la limite d'élasticité :

$$N' = \frac{3}{2}N.$$

M. *Durand-Claye* a fait différentes expériences, relatées et discutées par M. *Flamant* dans un article inséré dans les *Annales des Ponts et Chaussées* de 1887 (1er semestre), sur la rupture de cubes en pierre de 0^{m}10 de côté, reposant sur toute l'étendue Ω d'une base et pressés sur une fraction centrale ω de la base opposée. M. Flamant a reconnu que, dans les conditions où ces essais s'effectuaient, la charge totale de rupture P variait proportionnellement à la surface $\sqrt{\Omega\omega}$, moyenne géométrique entre l'étendue de la base et celle de la région pressée. L'expérience était poussée jusqu'au moment où le cube éclatait et se divisait, en dépassant celui où la surface directement pressée aurait été seule désagrégée. Il n'est pas prouvé que cette formule convienne à des corps dont les dimensions absolues différeraient sensiblement de celles des cubes expérimentés, ou qui seraient tirés au lieu d'être comprimés, ou qui seraient formés de matières différentes. Elle pourrait toutefois être utilisée dans les calculs de stabilité relatifs aux massifs de maçonnerie, pour lesquels la limite de sécurité est toujours basée sur la charge de rupture.

Elle nous semble inapplicable aux métaux, pour lesquels on a essentiellement besoin de connaître la limite d'élasticité, la limite de rupture ne constituant qu'un renseignement insuffisant.

53. Force concentrée sur une partie du contour cylindrique. — Quand des forces extérieures, directement appliquées au contour cylindrique d'une pièce, développent dans sa périphérie des actions moléculaires normales dirigées perpendiculairement à la fibre moyenne, ou des actions moléculaires tangentielles parallèles à cette fibre, la recherche de ces actions n'est plus du ressort de la résistance des matériaux, dont les formules deviennent inapplicables.

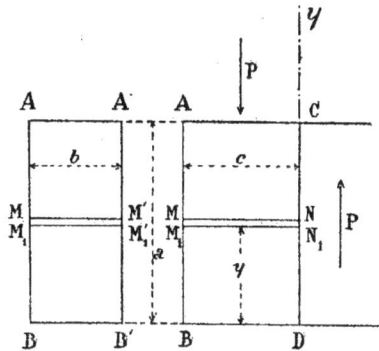

Fig. 53.

Nous essaierons de traiter par le calcul deux cas particuliers, en supposant qu'après la déformation subie *les sections transversales soient restées planes.*

Résistance au cisaillement. — Considérons un prisme à section rectangulaire constante (AB = a, AA' = b) limité au plan AB.

Nous supposerons qu'une charge égale à P soit uniformément répartie sur la face supérieure de la pièce, entre les sections AB et CD, dont la distance mutuelle est représentée par c [1]. Nous nous proposerons de calculer les actions moléculaires tangentielles développées dans la section CD : l'extrémité AB de la pièce étant libre, la résultante de ces actions moléculaires doit être égale et de sens contraire à P.

Prenons le point D pour origine des coordonnées verticales y.

Considérons une tranche horizontale de hauteur infiniment petite dy comprise dans la portion de prisme limitée aux sections AB et CD. Soit y l'ordonnée du centre de gravité de ce parallélipipède élémentaire.

Désignons : par R' le travail à la compression développé sur la face inférieure $M_1M'_1N_1N'_1$, qui est un rectangle de dimensions c et b ; par R' $+ \dfrac{dR'}{dy} dy$ le travail à la compression développé sur la face supérieure MM'NN' ; par S' le travail au glissement développé sur la face verticale $NN_1NN'_1$, dont les dimensions sont b et dy.

En projetant sur l'axe Dy toutes les actions moléculaires qui s'exercent sur les faces de cette tranche, nous avons l'équation d'équilibre :

$$S' b \, dy = \frac{dR'}{dy} \, dy \times bc \, ;$$

1. Nous admettons que la dimension c soit assez petite, comparativement à la dimension a, pour que les actions moléculaires normales, dirigées perpendiculairement au plan CD et qui font équilibre au moment de flexion $\dfrac{Pc}{2}$, soient négligeables devant les actions moléculaires tangentielles. Les formules obtenues ne seront admissibles que si le rapport $\dfrac{3c}{a}$ est inférieur à l'unité ; elles ne seront parfaitement exactes que si ce rapport est voisin de zéro, comme dans le cas d'une cisaille attaquant une barre métallique, c représentant alors l'épaisseur extrêmement faible du tranchant de la cisaille.

d'où

$$(1) \qquad S' = c.\frac{dR'}{dy}.$$

Sous l'influence du travail à la compression R', la hauteur dy du parallélipipède doit se réduire de la quantité δdy fournie par l'équation :

$$(2) \qquad \delta dy = \frac{R'dy}{E};$$

d'où

$$\delta y = \int_0^y \frac{R'dy}{E}.$$

Enfin on a, entre le travail au glissement S' et le déplacement élastique δy du point M, la relation connue :

$$(3) \qquad \delta y = \frac{S'}{G}.$$

E et G sont les coefficients d'élasticité longitudinale et transversale de la matière.

Éliminant δy et S' entre les équations (1), (2) et (3), on obtient finalement l'équation différentielle :

$$\frac{c}{G}.\frac{dR'}{dy} = \int_0^y \frac{R'dy}{E},$$

ou

$$\frac{c}{G}.\frac{d^2R'}{dy^2} = \frac{R'dy}{E},$$

qui s'intègre sans difficulté, et donne pour résultat, en remarquant que R' doit être nul pour $y = o$, et égal à $\frac{P}{bc}$ pour $y = a$:

$$(4) \qquad R' = \frac{P}{bc} \frac{e^{y\sqrt{\frac{G}{Ec}}} - e^{-y\sqrt{\frac{G}{Ec}}}}{e^{a\sqrt{\frac{G}{Ec}}} - e^{-a\sqrt{\frac{G}{Ec}}}}$$

D'où

$$(5) \qquad S' = c\frac{dR'}{dy} = \frac{P}{b}\sqrt{\frac{G}{Ec}} \frac{e^{y\sqrt{\frac{G}{Ec}}} + e^{-y\sqrt{\frac{G}{Ec}}}}{e^{a\sqrt{\frac{G}{Ec}}} - e^{-a\sqrt{\frac{G}{Ec}}}}$$

13

Le travail au glissement S′ va en croissant depuis le point D, pour lequel on a, y étant nul :

$$S' = \frac{P}{b} \sqrt{\frac{G}{Ec}} \frac{2}{e^{a\sqrt{\frac{G}{Ec}}} - e^{-a\sqrt{\frac{G}{Ec}}}}$$

jusqu'au point C, où il atteint, y étant égal à a, le maximum :

$$S = \frac{P}{b} \sqrt{\frac{G}{Ec}} \frac{e^{a\sqrt{\frac{G}{Ec}}} + e^{-a\sqrt{\frac{G}{Ec}}}}{e^{a\sqrt{\frac{G}{Ec}}} - e^{-a\sqrt{\frac{G}{Ec}}}}.$$

Si l'on suppose que le rapport $\frac{a}{\sqrt{c}}$ aille en diminuant jusqu'à zéro, S se rapprochera de $\frac{S}{ab}$. A la limite, l'effort tranchant est réparti uniformément dans la section CD.

Si au contraire le rapport $\frac{a}{\sqrt{c}}$ augmente et tend vers l'infini, on trouve à la limite :

$$S = \frac{P}{b} \sqrt{\frac{G}{Ec}}.$$

Le travail au glissement ne dépend plus de la hauteur a de la pièce. Pour le réduire, il faut augmenter, soit la largeur b du prisme, soit la longueur c de la région du contour cylindrique soumise à l'action de la charge P.

On s'explique ainsi pourquoi l'effort nécessaire pour faire pénétrer un outil tranchant, burin ou cisaille, dans une pièce métallique, est proportionnel à la longueur de la portion du tranchant en prise, mais indépendant de l'épaisseur de la pièce, mesurée dans la direction où elle doit être coupée.

Le travail à la compression sur la face supérieure du prisme $AA_1 CC_1$ est :

$$R = \frac{P}{bc}.$$

La condition pour que S soit plus grand que R est la suivante :

$$\frac{P}{bc} < \frac{P}{b} \sqrt{\frac{G}{Ec}} \frac{e^{2a\sqrt{\frac{G}{Ec}}} + 1}{e^{2a\sqrt{\frac{G}{Ec}}} - 1},$$

ou

$$c > \frac{E}{G} \left(\frac{e^{2a\sqrt{\frac{G}{Ec}}} - 1}{e^{2a\sqrt{\frac{G}{Ec}}} + 1} \right).$$

Il est peu probable que ce résultat soit très voisin de la réalité, même quand la limite d'élasticité n'est pas atteinte; *a fortiori* mérite-t-il moins de confiance quand cette limite est dépassée.

Toutefois cette inégalité permettrait à la rigueur d'évaluer la largeur minimum à attribuer à un burin ou une cisaille pour que les pièces métalliques soumises à l'action de cet instrument fussent tranchées sans désagrégation de la matière par un excès de compression.

Il ne serait pas légitime de s'en servir pour calculer le diamètre minimum d des trous de rivet que l'on peut poinçonner dans une tôle d'épaisseur donnée t : dans ce cas, en effet, le rapport $\frac{c}{a}$ ne serait pas très petit, comme nous avons dû le supposer dans nos calculs pour pouvoir négliger le travail à la flexion. On peut cependant s'en servir si l'on veut, en remplaçant dans la formule représentative de S : a par t, b par πd, et c par $\frac{\pi d^2}{4b}$ ou $\frac{d}{4}$:

$$S = \frac{4P}{\pi d^2} \sqrt{\frac{GD}{4E}} \frac{e^{2t\sqrt{\frac{4G}{Ed}}} - 1}{e^{2t\sqrt{\frac{4G}{Ed}}} + 1}.$$

Considérons un massif d'épaisseur et de largeur indéfinies, chargé d'un poids P réparti sur la surface d'un cercle de rayon d. La condition pour que ce massif se rompe par cisaillement, sur le pourtour de la région chargée, avant d'être désagrégé par la pression, sera :

$$\sqrt{\frac{Gd}{4E}} > 1, \text{ ou } d > \frac{4E}{G}.$$

Nous n'insisterons pas sur ce sujet : la méthode de calcul que nous avons employée est loin d'être rigoureuse, et ses indications ne méritent qu'une confiance des plus limitées. Mais elle nous a paru suffisante pour démontrer qu'en pareille circonstance on commettrait une erreur grossière en attribuant à l'effort tranchant le mode de répartition qui correspond à la formule usuelle de la résistance des matériaux (art. 46) : le travail de glissement atteint ici son maximum sur la fibre supérieure de la pièce, et non sur la fibre moyenne.

C'est toujours là une conséquence de ce fait essentiel : que les actions moléculaires latérales ne sont pas négligeables.

Considérons la poutre à double té représentée par la figure 54. Supposons qu'une force P soit appliquée sur une petite longueur c de l'une des semelles.

Pour que la stabilité soit assurée, il faut que la limite de sécurité ne soit pas dépassée :

1° par l'effort de compression $\dfrac{P}{bc}$ exercée sur l'âme.

2° par l'effort de glissement exercé sur la semelle directement pressée, effort qui est égal à $\dfrac{P}{2lc}$ si la poutre se poursuit de part et d'autre de la région d'application de la force P, et à $\dfrac{P}{lc}$ si cette force est appliquée à une extrémité de la pièce.

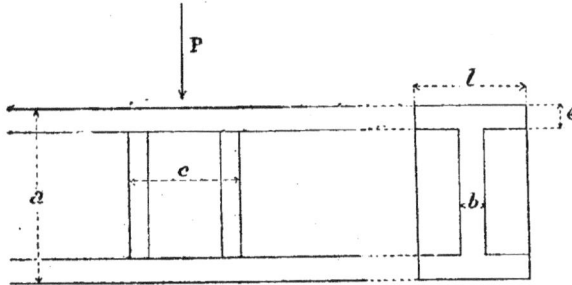

Fig. 54.

Si cette double condition n'est pas remplie, il convient de renforcer la poutre par des tôles verticales, perpendiculaires à l'âme et aux semelles. L'aire totale ω des sections horizontales de ces renforts doit être telle que le travail $\dfrac{P}{bc+\omega}$ ne dépasse pas la limite de sécurité. Dans ces conditions, on n'a à craindre

ni le cisaillement de la semelle pressée ni l'écrasement de
l'âme.

Cette disposition est constamment employée pour consolider
les poutres dans les points où elles sont sollicitées par des forces
appliquées sur leurs semelles, notamment au droit des appuis,
piles et culées. Il est d'ailleurs bien évident qu'une semblable
précaution n'est pas motivée dans les régions où l'on n'a pas à se
préoccuper l'influence des actions latérales.

Nous connaissons des exemples de poutres calculées correc-
tement au point de vue de la résistance à l'effort tranchant et au
moment fléchissant, qui se sont déformées sur les appuis, par
suite d'une compression latérale excessive de l'âme, fonctionnant
en ce point comme une pièce chargée debout : il aurait fallu en
pareil cas faire usage de renforts verticaux analogues à ceux de
la figure 54.

Résistance aux forces tangentielles. — Remplaçons dans
l'exemple qui précède la charge P par une force tangentielle T,
également appliquée sur la portion de la face supérieure, de longueur c, comprise entre la section d'about AB et la section intermédiaire CD.

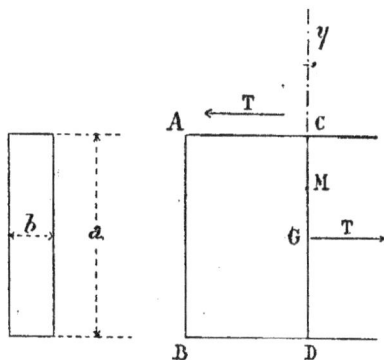

Fig. 55.

La section transversale CD est, d'après les conventions de la
résistance des matériaux, soumise à un effort normal T et à un
moment de flexion $-\dfrac{Ta}{2}$. L'effort tranchant est nul. Mais le tra-

vail au glissement ne peut pas être négligeable en un point quelconque de cette section : il est en effet évident que, sur la face
supérieure AC, la force T développe des actions moléculaires
tangentielles, dont la résultante lui est égale et directement opposée.

Cherchons à établir la loi de variation du travail au glissement dans la section CD. Soit M un point quelconque, défini par
sa distance MD ou y à l'origine D des ordonnées ; on a :

$$MG = y - \frac{a}{2} \cdot$$

Le travail normal développé en M sera, d'après la formule
usuelle :

$$R' = \frac{F}{\Omega} - \frac{X\left(y - \frac{a}{2}\right)}{I} = \frac{T}{ab} + \frac{T\frac{a}{2}\left(y - \frac{a}{2}\right)}{\frac{1}{12}a^3 b}$$

$$= \frac{T}{ab}\left(\frac{6y}{a} - 2\right) \cdot$$

Le travail au glissement est $\frac{T}{bc}$ à la partie supérieure AC du
prisme. Il va en décroissant jusqu'à la face inférieure BD, et on
a entre S' et R' la relation :

$$R' \cdot bdy = bc \cdot \frac{dS'}{dy}\, dy.$$

D'où :

$$S' = \int_o^y \frac{R'}{c}\, dy.$$

$$= \frac{T}{abc}\left(\frac{3y^2}{a} - 2y\right) \cdot$$

Pour $y = a$, on trouve $S = \frac{T}{bc}$,

et pour $y = o$, $S' = o$.

Nous voyons donc que dans les régions critiques, qui correspondent aux points d'application des forces extérieures sur le
contour cylindrique d'une pièce prismatique, la loi de variation
à l'intérieur du corps des actions moléculaires tangentielles est

toute différente de celle à laquelle on est conduit par la résolution du problème de la Résistance des matériaux.

Cette remarque n'a pas un caractère purement théorique : au point de vue de la stabilité des rails de chemin de fer, par exemple, la considération des forces verticales (charges des roues, réactions des coussinets) ou tangentielles (frottement des roues calées à fond par les freins) appliquées directement sur le champignon ou le patin, peut avoir beaucoup plus d'importance que celle des résultantes d'actions moléculaires (moment fléchissant, effort tranchant), qui rentre dans les conditions habituelles de la résistance des matériaux.

Un rail, calculé par les formules ordinaires relatives aux pièces prismatiques, se détériorerait rapidement sous l'action des forces concentrées dont il vient d'être parlé, si son champignon n'avait une largeur et une épaisseur considérables, et si son patin n'était pas aussi très épais et porté par des coussinets offrant une grande surface d'appui. Un champignon trop grêle s'use rapidement par l'action du frein dans le voisinage des stations, et il se désagrège par l'effet d'une compression locale excessive dans les points où les locomotives stationnent pendant les arrêts. Le coussinet pénètre souvent dans le patin, et y marque une empreinte qui finit par altérer la solidité de la pièce. Enfin, les dessoudures sont particulièrement à craindre aux extrémités des rails, et dans les parties de voies où les freins fonctionnent en service courant.

54. Variation brusque dans la section transversale d'une pièce prismatique. — Considérons une pièce affectant la forme d'un prisme régulier, à fibre moyenne rectiligne et à section transversale invariable, sauf en un point où il existerait un étranglement réduisant sur une très petite longueur l'aire de cette section. Nous supposerons que le passage de la section courante, d'aire Ω, à la section rétrécie, d'aire ω, s'effectue sans déviation de la fibre moyenne rectiligne, et sans discontinuité dans la périphérie de la pièce, qui ne présentera pas de brisure ni d'angle vif au droit de l'étranglement ; le contour de l'étranglement devra se raccorder par des surfaces arrondies au contour cylindrique du prisme.

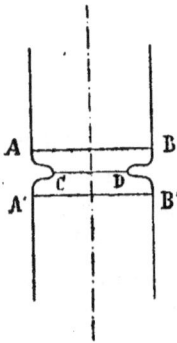

Supposons que l'on applique à chaque extrémité de la pièce une force F suivant la
direction de la fibre moyenne rectiligne, qui
fasse travailler la matière à l'extension ou à
la compression simple.

Le travail du métal aura pour valeur $\dfrac{F}{\Omega}$
dans la section courante AB de la pièce, et $\dfrac{F}{\omega}$
dans la section rétrécie CD.

La déformation latérale de la pièce a pour
résultat de modifier les longueurs des dia-
mètres AB et CD. Pour le diamètre AB, la variation proportionnelle de longueur aura pour expression : $\dfrac{\eta F}{E\Omega}$. Pour le diamètre CD, la variation proportionnelle $\dfrac{\eta F}{E\omega}$ sera plus considérable,
puisque l'on a $\omega < \Omega$.

Il y aurait donc discordance entre les changements que subi-
raient les sections très voisines AB et CD si elles étaient indépendantes l'une de l'autre. Mais elles sont solidaires, comme faisant partie du même corps. On conçoit donc que la déformation
latérale de l'étranglement soit entravée par la résistance qu'op-
poseront les deux élargissements AB et A'B'. Il doit par conséquent se manifester des actions moléculaires *latérales*, de même
signe que le travail $\dfrac{F}{\omega}$, qui, nulles sur la fibre moyenne, atteignent leur intensité maximum en C et en D.

En vertu de la règle énoncée à l'article 25, et déjà appliquée
dans l'article 52, il en résultera un relèvement de la limite d'élasticité et de la limite de rupture pour la section CD : la pièce
ABCDA'B' pourra résister sans se briser à un effort qui déter-
minerait la rupture d'un prisme de même matière ayant une section constante d'aire ω. D'autre part, et pour le même motif, la
déformation latérale de la section CD sera inférieure à celle que
présenterait le prisme de section constante ω supportant le même
effort F.

Fig. 56.

Ces prévisions sont absolument justifiées par des expériences
de M. *Barba*, sur lesquelles nous reviendrons un peu plus loin.

Supposons maintenant que la section rétrécie, au lieu d'être
raccordée à la section courante AB par des surfaces arrondies,
ou *congés*, lui succède immédiatement, et que la pièce présente
un ressaut AC avec angle rentrant en C. En vertu de la théorie
exposée à l'article 7, et vérifiée expérimentalement par M. Léger
(fig. 13, page 27), il y aura discontinuité dans les actions moléculaires au point critique C. Le corps aura une tendance à se
rompre suivant une direction oblique issue du point C. La figure

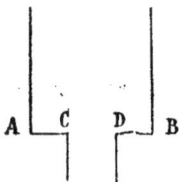

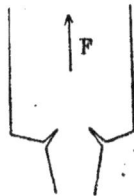

Fig. 57.   Fig. 58.   Fig. 59.

58 se rapporte au cas de la rupture par extension, et la figure 59
au cas de la rupture par compression. L'angle rentrant C exercera sur la stabilité une influence défavorable, qui viendra diminuer le relèvement de la limite d'élasticité produit par les actions
latérales exercées en CD sur la portion retrécie; il pourra même
se faire que la résistance tombe au-dessous de celle qui correspondrait à un prisme de section constante ω.

On doit donc s'abstenir d'attribuer aux éléments des constructions des formes comportant des brisures et des angles rentrants
dans le contour périphérique.

Les sections transversales d'une pièce prismatique doivent varier
progressivement, et c'est là une règle pratique universellement
admise, sur laquelle il n'y a pas à insister : les changements de
forme doivent toujours être rachetés par des surfaces de raccordement arrondies, ou congés.

M. *Barba*, directeur des usines du Creusot, a mesuré la limite
de rupture à la traction sur des barreaux d'acier doux, à section
rectangulaire de 30^{mm} sur 14^{mm}, dans les faces desquelles on avait

pratiqué des entailles en forme de V, de manière à produire un étranglement dans une section transversale unique : l'écartement des branches du V était de 10ᵐᵐ, et la profondeur de l'entaille de 8ᵐᵐ dans le sens de la plus grande largeur (0,03) et de 4ᵐᵐ dans le sens de la plus petite (0,014).

Il a obtenu les résultats suivants :

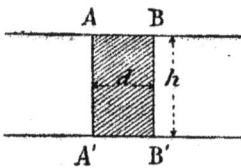

	Limite de rupture par mm² de section primitive	Contraction après rupture de la section rétrécie
Barrette intacte.	42 k̄.	0,302
Entailles de 0,008 sur les petites faces	45,7	très faible
Entailles de 0,004 sur les grandes faces	57,1	presque nulle
Entailles sur les quatre faces	60,4	nulle

Le sommet du V de chaque entaille, formant angle rentrant, constituait un point faible au droit de la section rétrécie. Il est présumable, d'après ce que nous avons dit précédemment, que le relèvement de la rupture eût encore été plus accentué, si l'on avait remplacé cet angle par un congé arrondi, de façon à rétablir la continuité des actions moléculaires. Toutefois, malgré cette circonstance nuisible, les expériences de M. Barba démontrent nettement l'influence favorable, sur la résistance des pièces prismatiques, des actions latérales de même signe que l'effort principal.

Fig. 60.

Considérons un cylindre vertical de diamètre d, dont la hauteur h ne dépasse pas 10 d (fig. 61). Supposons qu'il soit comprimé entre deux surfaces planes parallèles de grande étendue par rapport à sa section transversale $\frac{\pi d^2}{4}$.

La base AB en contact avec l'un des plans ne pourra se dilater librement, le glissement mutuel de deux

Fig. 61.

éléments superficiels pressés l'un sur l'autre ne pouvant s'effectuer qu'à la condition de vaincre la force de frottement qui
correspond à la pression exercée. Le cylindre subira ainsi, à
ses deux extrémités, des actions moléculaires latérales, dont la
limite supérieure pourra être évaluée d'après le travail de compression exercé sur le cylindre et le coefficient de frottement
mutuel des deux matières en contact.

Au fur et à mesure que l'on s'éloignera des sections de base
BA et A′B′, les actions latérales iront en s'atténuant, et la dilatation de chaque section se rapprochera de plus en plus de celle
qui conviendrait au cas de la com-
pression simple. Il en résulte que, si
l'on dépasse la limite d'élasticité, chaque arête du cylindre sera remplacée,
après déformation, par une courbe
tournant sa concavité vers la fibre
moyenne (fig. 62).

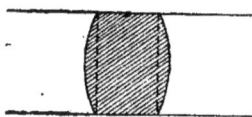

Fig. 62.

Enfin les angles rentrants A, B, A′ et B′ constituant des points
faibles, la rupture tendra à se produire suivant les génératrices de
deux surfaces coniques, intérieures au
cylindre, ayant respectivement pour
base les cercles AB et A′B′ (fig. 63).

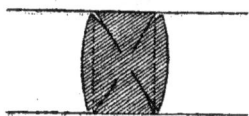

Si l'on remplaçait le cylindre par un
cube, celui-ci se diviserait en pyramides ayant leur sommet commun au
centre du cube et dont les faces passe-
raient par les arêtes horizontales. C'est là un fait d'expérience
bien connu.

Fig. 63.

Si la largeur d est de beaucoup supérieure à la hauteur h
(joints de maçonnerie), l'influence des points critiques disparaî-
tra à une certaine distance du contour cylindrique, et il se produira une première rupture détachant de ce contour une petite
quantité de matière, et laissant intacte une partie centrale limitée
par un tore venant se raccorder avec les plans des bases d'appui.

L'influence fâcheuse des angles rentrants A, A′, B et B′ étant
alors annulée, les actions moléculaires latérales produiront un
relèvement sensible de la limite d'élasticité et de la limite de

rupture, et cet effet sera d'autant plus marqué que la hauteur h sera plus faible :

Il est donc utile, au point de vue de la résistance, d'élargir les bases d'appui du cylindre, de façon à faire disparaître ou à atté-

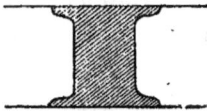

Fig. 64.

nuer l'influence des angles rentrants : chapiteaux et socles de colonnes, joints apparents *creux* des maçonneries. Avec cette précaution, on peut arriver, si la hauteur h est petite, à décupler la résistance de la matière par la seule influence des actions moléculaires latérales : maçonneries de pierre de taille hourdées en plâtre.

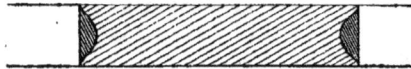

Fig. 64 *bis.*

Nous ne saurions trop insister, en terminant, sur la nécessité de tenir compte, dans les recherches sur la stabilité des matériaux, du rôle important que jouent les actions moléculaires latérales : c'est dans cet ordre d'idées qu'il faut presque toujours chercher la cause des discordances, souvent notables, que l'on constate entre les résultats d'expérience directe et les indications des formules usuelles de la résistance des matériaux, qui supposent toutes, *a priori*, que ces actions latérales sont nulles ou négligeables. C'est là, par exemple, que l'on doit trouver l'explication des phénomènes observés par M. Barba et d'autres expérimentateurs touchant l'influence des dimensions transversales, de la longueur, de la forme des têtes d'une barrette de fer ou d'acier sur sa résistance à l'extension simple (Chap. III, § 3).

55. Pièces fléchies de hauteur variable. — Nous venons de voir que l'exactitude des formules de la résistance des maté-riaux, relatives à la compression ou à l'extension simple, peut être mise en doute pour les pièces dont la section transversale varie rapidement, bien que d'une façon progressive et continue, et sans ressaut brusque.

En ce qui touche le travail à la flexion, nous examinerons un seul cas, qui présente un grand intérêt au point de vue des applications : celui d'une poutre à double té dont l'axe longitudinal est contenu dans un plan de flexion invariable, et dont la hauteur, mesurée normalement à l'axe neutre dans chaque section transversale, varie régulièrement mais avec une certaine rapidité.

Soit GG' la fibre moyenne de la pièce, que nous définirons de la manière suivante : si l'on mène une normale quelconque CD à cette fibre, dans le plan invariable de flexion, le pied G de cette normale sera le centre de gravité de la surface qu'on obtiendrait en projetant sur le plan normal à la fibre et passant par

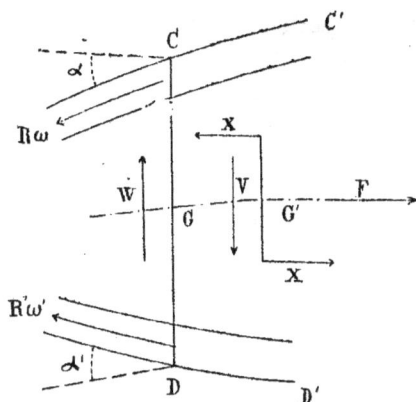

Fig. 65.

la droite CD, les sections droites ω et ω' des deux platebandes C et D.

Soit :

$$CG = a \text{ et } GD = a' ;$$

on doit avoir :

$$\omega \cos \alpha \times a = \omega' \cos \alpha' \times a'.$$

Il sera toujours facile de tracer par points, sur l'élévation de la pièce, la fibre moyenne GG' en se basant sur la propriété caractéristique du point G ; on relèvera ensuite sur le dessin les

longueurs a et a', et les angles α et α' que forment respectivement les deux platebandes avec la direction de la fibre moyenne.

La hauteur h, l'aire *réduite* Ω et le moment d'inertie *réduit* I
de la section transversale, dont nous nous servirons ci-après, se
calculeront par les formules suivantes :

$$h = a + a' \; ;$$

$$\Omega = \omega \cos \alpha + \omega, \cos \alpha' = \frac{h}{a'} \omega \cos \alpha = \frac{h}{a} \omega' \cos \alpha' \; ;$$

$$I = a^2 \omega \cos \alpha + a'^2 \omega' \cos \alpha' = ha \omega \cos \alpha = ha' \omega' \cos \alpha' = aa' \Omega.$$

Nous désignerons enfin par A l'aire, dans la section CD, de
l'âme verticale de la pièce.

Soient R le travail à la compression ou à l'extension développé
dans la platebande supérieure en C; R' ce même travail pour la
platebande inférieure en D ; S le travail moyen au glissement
développé dans l'âme verticale CD.

Désignons comme d'habitude, pour la section CD, par F l'effort normal, X le moment fléchissant et V l'effort tranchant, dont
le calcul s'effectuera par la formule ordinaire : $V = \frac{dX}{dx}$.

La résultante $R\omega$ des actions moléculaires normales développées dans la platebande supérieure est parallèle à la direction
CC' de cette platebande ; la résultante $R'\omega'$ des actions moléculaires normales développées dans la platebande inférieure est parallèle à la direction DD' ; enfin, la résultante SA, que nous désignons aussi par la lettre W, des actions moléculaires tangentielles
développées dans l'âme verticale est elle-même verticale et parallèle par conséquent à V.

Appliquons à la section CD les équations générales de l'équilibre élastique ; nous obtiendrons les relations :

(1) $X = - R\omega\, a \cos \alpha + R'\omega'a' \cos \alpha' \;$;

(2) $F = R\omega \cos \alpha + R\omega' \cos \alpha' \;$;

(3) $V = SA + R\omega a\, \text{tg}\, \alpha - R'\omega'a'\, \text{tg}\, \alpha'.$

D'où l'on tire :

(4) $R = \dfrac{F - Xa}{h\omega \cos \alpha} = \dfrac{a}{I} (Fa' - X) = \dfrac{F}{\Omega} - \dfrac{aX}{I} \;$;

(5) $R' = \dfrac{F + Xa'}{h\omega' \cos \alpha'} = \dfrac{a'}{I} (Fa - X) = \dfrac{F}{\Omega} + \dfrac{a'X}{I} \cdot$

Ces deux formules sont identiques à celles déjà obtenues pour les pièces rigoureusement prismatiques, à condition d'observer les conventions posées pour la détermination de l'aire *réduite* Ω et du moment d'inertie *réduit* I.

Il n'y a donc en somme rien de changé en ce qui touche le mode d'évaluation du travail à la flexion et à l'effort normal dans les deux platebandes de la pièce

Si dans l'équation (3) on substitue à R et R′ les valeurs fournies par les équations (4) et (5), on trouve :

$$V = SA + \frac{X}{h}(\omega a^2 \operatorname{tg} \alpha + \omega' a'^2 \operatorname{tg} \alpha') = SA + \frac{X}{h}(\operatorname{tg} \alpha + \operatorname{tg} \alpha').$$

D'où :

$$(6) \qquad SA \text{ ou } W = V - \frac{X}{h}(\operatorname{tg} \alpha + \operatorname{tg} \alpha').$$

La hauteur de la pièce, au droit de la section CD, étant *h*, désignons par $h + dh$ sa hauteur dans la section infiniment voisine C′ D′, dont nous représenterons par *dx* la distance à la précédente :

On a :

$$h + dh - h = (\operatorname{tg} \alpha + \operatorname{tg} \alpha')\, dx$$

d'où

$$\frac{dh}{dx} = \operatorname{tg} \alpha + \operatorname{tg} \alpha'.$$

L'équation (6) prend donc définitivement la forme :

$$(7) \qquad W = V - \frac{X}{h}\frac{dh}{dx};$$

ou, en vertu de la relation $V = \frac{dX}{dx}$;

$$W = \frac{dX}{dx} - \frac{X}{h}\frac{dh}{dx} = h\frac{d}{dx}\left(\frac{X}{h}\right).$$

En conséquence la résultante des actions moléculaires tangentielles développées dans l'âme de la pièce est représentée analytiquement non par la dérivée $\frac{dX}{dx}$ du moment fléchissant par rapport à *x*, comme dans le cas d'une poutre de hauteur constante, mais par la dérivée $\frac{hd}{dx}\left(\frac{X}{h}\right)$, qui est identique à la première dans le cas particulier où h est constant. Nous donnerons à cette résultante le nom d'effort tranchant *réduit*.

Il importe de ne pas confondre l'effort tranchant *réduit* W ou $h\frac{d}{dx}\left(\frac{X}{h}\right)$ avec l'effort tranchant *absolu* V ou $\frac{dX}{dx}$, sous peine de s'exposer à de graves erreurs. Non seulement les valeurs de ces deux efforts tranchants peuvent être notablement différentes, mais il peut arriver que leurs signes soient opposés.

A titre d'exemple, cherchons à évaluer le rapport $\frac{W}{V}$ dans différentes hypothèses, h étant supposé varier proportionnellement à une puissance déterminée de X.

Soit K une constante dont la valeur serait arbitraire. Nous trouvons que :

$$\text{pour } h = \frac{K}{X^3} \quad , \quad \frac{W}{V} = 4 \; ;$$

$$\frac{K}{X^2} \quad , \quad 3 \; ;$$

$$\frac{K}{X} \quad , \quad 2 \; ;$$

$$\frac{K}{\sqrt{X}} \quad , \quad \frac{3}{2} \; ;$$

$$K \quad , \quad 1 \; ;$$

$$K\sqrt{X} \quad , \quad \frac{1}{2} \; ;$$

$$KX \quad , \quad 0 \; ;$$

$$KX^2 \quad , \quad -1 \; ;$$

$$KX^3 \quad , \quad -2 \; .$$

Comme type d'une pièce de hauteur variable pour laquelle l'effort tranchant réduit W serait de signe contraire à l'effort tranchant absolu V, nous citerons la ferme de toit qui affecte en élévation la forme d'un triangle isocèle posé sur sa base.

En définitive, le calcul des poutres de hauteur variable peut se faire à l'aide des formules que fournit la résistance des matériaux pour celles de hauteur constante, à la double condition :

1° De tracer la fibre moyenne et de calculer l'aire réduite Ω et le moment d'inertie réduit I de chaque section en se basant non sur l'aire NM ou ω de la section droite de chaque platebande (fig. 66), encore moins sur l'aire CM ou $\dfrac{\omega}{\cos \alpha}$ de sa coupe par la section transversale de la pièce, mais bien sur l'aire PM ou $\omega \cos \alpha$ obtenue en projetant la section droite de la platebande sur le plan de la section transversale de la pièce ; 2° de substituer, dans le calcul du travail au glissement, l'effort tranchant réduit W, ou $h \dfrac{d}{dx} \left(\dfrac{X}{h} \right)$, à l'effort tranchant absolu V, ou $\dfrac{dX}{dx}$.

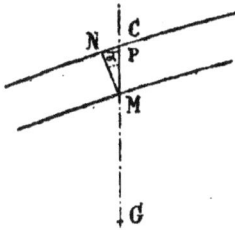

Fig. 66.

Dans la recherche des déformations subies par la poutre étudiée, et de sa ligne élastique, il semble que l'on pourra, par analogie, faire usage des formules habituelles où l'on introduira les valeurs de Ω et de I calculées comme il vient d'être dit.

Cette extension au cas des pièces de hauteur variable des formules de résistance établies pour les pièces rigoureusement prismatiques, présente au point de vue des applications une importance exceptionnelle, un grand nombre des poutres de pont et des fermes métalliques que l'on peut avoir à étudier rentrant dans ce type. C'est pourquoi nous avons cru devoir nous étendre longuement sur ce sujet.

Un certain nombre de constructions métalliques existantes ont été établies dans des conditions de stabilité médiocres ou même insuffisantes, parce qu'on n'a pas tenu compte dans leur calcul des conséquences importantes qu'entraîne une variation rapide de la hauteur.

Au lieu de considérer l'effort tranchant réduit $W = \dfrac{hd}{dx} \left(\dfrac{X}{h} \right)$, on s'est servi de l'effort tranchant absolu $V = \dfrac{dX}{dx}$; on a pris pour aire $\omega + \omega'$, au lieu de $\omega \cos \alpha + \omega' \cos \alpha'$, et pour moment d'inertie $\omega a^2 + \omega' a'^2$ au lieu de $\omega a^2 \cos \alpha + \omega' a'^2 \cos \alpha'$. Les

14

erreurs commises de ce chef sont loin d'être toujours négligeables.

58. Pièces chargées debout. — Formule d'Euler. —

Considérons une pièce prismatique à section constante et à fibre moyenne rigoureusement rectiligne, sollicitée à chacune de ses extrémités par une force de compression F dirigée exactement suivant le prolongement de la fibre moyenne.

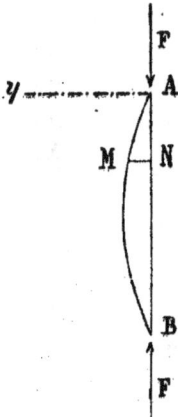

Désignons par Ω l'aire et par I ou Ωr^2 le moment d'inertie minimum de la section de la pièce : r est la demi-longueur du petit axe de l'ellipse d'inertie.

Supposons que, par un moyen quelconque, on oblige la fibre moyenne à décrire une courbe de très grand rayon, située dans le plan déterminé par le grand axe de l'ellipse d'inertie de la section, dont la corde AB, coïncidant avec la direction initiale de cette fibre avant sa déformation, soit par conséquent dans le prolongement de la direction suivie par la force F appliquée à l'extrémité A de la pièce.

Fig. 67

Soit M un point quelconque de la fibre moyenne déformée, y sa distance MN à la corde AB, x sa distance AN au point A, mesurée sur la corde.

Nous allons chercher la condition nécessaire pour que la pièce, soumise exclusivement à l'action de la force F, demeure en équilibre dans sa nouvelle position. Étant donné que la longueur de l'ordonnée y est par hypothèse, et pour un point quelconque de la fibre déformée, une fraction très petite de la longueur AB ou l de la pièce, nous pourrons faire usage de la formule relative à la déformation des pièces droites fléchies de section constante.

$$EI \frac{d^2y}{dx^2} = X.$$

L'expression du moment fléchissant, pour un point quelconque

M situé à la distance y de la direction AB de la force F, sera :

$$X = -Fy \,^1.$$

D'où :

$$\frac{d^2y}{dx^2} = -\frac{Fy}{EI} \,.$$

Cette équation différentielle a pour intégrale générale F :

$$y = M \sin x \sqrt{\frac{F}{EI}} + N \cos x \sqrt{\frac{F}{EI}} \,.$$

M et N sont des constantes à déterminer. Pour $x = o$, on doit avoir $y = o$, puisque le point A est resté sur la direction initiale de la fibre moyenne. Donc $N = o$.

Pour $x = l$ (point B), on doit avoir pour la même raison $y = o$. Il faut, pour que le produit $M \sin l \sqrt{\frac{F}{EI}}$ soit nul : ou que M soit égal à zéro, auquel cas la fibre demeure rectiligne sur tout son développement, contrairement à l'hypothèse faite ; ou que $\sin l \sqrt{\frac{F}{EI}}$ soit nul, ce qui entraîne la condition :

$$l \sqrt{\frac{F}{EI}} = \pi, \qquad \text{ou} \qquad F = \frac{\pi^2 EI}{l^2} \,.$$

Nous en concluons : 1° que si la force F n'atteint pas cette valeur particulière $\frac{\pi^2 EI}{l^2}$, la pièce courbée se redressera et reviendra à sa forme rectiligne initiale ; 2° que, si l'on a exactement $F = \frac{\pi^2 EI}{l^2}$, la pièce sera en équilibre, la fibre déformée restant dans la position qui lui a été donnée ; 3° que si enfin l'on a $F > \frac{\pi^2 EI}{l^2}$, la pièce ne pourra se maintenir en équilibre, et la déformation de la fibre ira en s'accentuant jusqu'à la rupture.

1. Le moment fléchissant doit être ici affecté du signe —, en raison du sens dans lequel sont mesurés les y positifs : si l'on considère l'axe des y comme dirigé de bas en haut (page 147), le moment fléchissant est négatif, puisque la partie supérieure de la section travaille à l'extension.

Cette expression $\frac{\pi^2 EI}{l^2}$ représente donc la limite de résistance de la pièce, au-delà de laquelle la rupture se produit nécessairement si, pour une cause quelconque, la fibre cesse d'être rigoureusement rectiligne.

Si l'on suppose qu'outre les extrémités A et B de la fibre moyenne, son milieu soit astreint à demeurer sur la droite AB, y étant nul pour $x = \frac{l}{2}$, on démontrera de la même façon que la limite de résistance sera quadruplée. La pièce courbée se redressera tant que l'on aura $F < \frac{4\pi^2 EI}{l^2}$.

Si les deux points situés au tiers et aux deux tiers de l sont assujettis à rester sur la droite AB, la limite de résistance se trouvera portée à $\frac{9\pi^2 EI}{l^2}$.

Fig. 69. Fig. 70. Fig. 71. Fig. 72.

Si on divise la longueur de la fibre en s parties égales, dont les points de division soient astreints à rester sur AB, la limite de résistance sera $\frac{s^2\pi^2 EI}{l^2}$.

Si la pièce est encastrée à ses extrémités A et B, ce qui suppose que $\frac{dy}{dx}$ sera nul pour $x = o$ et $x = l$, l'équation de la fibre déformée deviendra :

$$y = M \left(1 - \cos x \sqrt{\frac{F}{EI}} \right),$$

et la limite de résistance sera :

$$\frac{4\pi^2 EI}{l^2}.$$

Mais il nous suffit en somme, quant à présent, d'avoir montré que la flèche élastique définitive f est nécessairement proportionnelle au carré l^2 de la longueur de la pièce.

Évaluation de la limite d'élasticité. — Eu égard aux vices de fabrication et de mise en œuvre des matériaux, qu'on ne peut jamais éviter d'une manière absolue, on doit admettre que, pratiquement, les données essentielles du problème traité par Euler ne se réaliseront jamais rigoureusement. Quelle que soit la grandeur de la charge F, la fibre moyenne se déformera toujours, et par conséquent la pièce travaillera à la flexion.

Désignons par Ff la valeur maximum du moment fléchissant, qui doit se manifester en général dans une section voisine du milieu de la longueur.

La valeur du travail maximum à la compression sera fournie pour cette section par l'expression connue :

$$\frac{F}{\Omega} + \frac{Ffn}{I},$$

où $\dfrac{n}{I}$ est le module de résistance à la flexion.

Il faut, pour que la stabilité soit assurée, que cette valeur soit tout au plus égale à la limite spécifique d'élasticité N, qui se rapporte à la matière étudiée [1].

On doit donc avoir :

$$\frac{F}{\Omega} + \frac{Ffn}{I} < N,$$

ou

$$\frac{F}{\Omega} < \frac{N}{1 + \dfrac{fn\Omega}{I}} = \frac{N}{1 + \dfrac{fn}{r^2}}.$$

---

1. Nous admettons ici que les valeurs absolues des deux limites spécifiques d'élasticité à la compression simple et à l'extension simple sont égales : cette hypothèse est considérée comme exacte pour le fer et l'acier d'après les renseignements fournis par l'expérience.

Mais notre démonstration ne semble pas applicable à la fonte, qui ne paraît jamais se comporter comme une matière parfaitement élastique, et ne possède pas, à proprement parler, de limite d'élasticité déterminée (chap. III, § 3).

Nous avons démontré plus haut que f est une fonction de l^2. Pour $l = o$, on doit retomber sur la limite d'élasticité N, et par conséquent le terme $\frac{fn}{r^2}$ s'annule.

Au fur et à mesure que la longueur l augmente, f croissant comme l^2, l'importance relative du terme $\frac{fn}{r^2}$ s'accroît ; pour $l = \infty$, f est assez grand pour que l'unité soit négligeable devant $\frac{fn}{r^2}$: le travail à la compression simple n'est plus, dans la section la plus fatiguée, qu'une fraction insignifiante du travail à la flexion.

D'autre part les constantes de construction m et d deviennent également négligeables devant la flèche de flexion, qui, comme nous l'avons vu, croît proportionnellement au carré de la longueur. L'équation (1) énoncée plus haut peut alors être identifiée avec l'équation initiale du problème traité par Euler :

$$\frac{d^2y}{dx^2} = -\frac{Fy}{EI}.$$

En conséquence, les valeurs extrêmes fournies par les deux méthodes pour la résistance limite à la compression doivent être identiques lorsque l tend vers l'infini, et l'on peut poser :

$$\frac{N\Omega}{\frac{fn}{r^2}} = s^2\,\pi^2\,\frac{EI}{l^2}.$$

D'où :

$$\frac{fn}{r^2} = \frac{N\Omega\,l^2}{s^2\pi^2 EI} = \frac{Nl^2}{s^2\pi^2 Er^2}.$$

Telle est l'expression analytique rationnelle de la fonction $\frac{fn}{r^2}$.

Nous en concluons que la résistance d'une pièce chargée debout peut se calculer comme si elle travaillait à la compression simple, à la condition de substituer à la limite *spécifique* d'élasticité N, qui est un caractère invariable pour une matière donnée, la limite *conventionnelle* d'élasticité N_1, décroissant quand la longueur de la pièce augmente, que fournit la relation :

$$N_1 = \frac{N}{1 + \frac{Nl^2}{s^2\pi^2 Er^2}}.$$

Nous avons indiqué à la page 212 la signification du coefficient numérique s, qui se réduit à l'unité quand la pièce n'est maintenue que par ses extrémités, supposées articulées.

La relation :

$$N_1 = \frac{N}{1 + \frac{Kl^2}{r^2}}$$

a déjà été donnée par *Gordon* et *Rankine* à titre de formule empirique, le coefficient K devant être déterminé par des expériences directes sur la résistance des pièces chargées debout.

Nous croyons avoir complété utilement leur théorie en faisant ressortir l'exactitude scientifique de la formule, et donnant l'expression rationnelle du coefficient K, qui concorde d'une façon satisfaisante, ainsi que nous le montrerons au chapitre IV, avec la valeur empirique indiquée pour le fer et l'acier par Gordon et Rankine.

Nous avons tracé sur la figure 71 les courbes représentatives de la formule d'Euler :

$$\frac{F}{\Omega} = \frac{s^2\pi^2 Er^2}{l^2},$$

et de la relation

$$N_1 = \frac{N}{1 + \frac{Nl^2}{s^2\pi^2 Er^2}},$$

dans le cas particulier où, la pièce étant encastrée à ses deux extrémités ($s = 2$), on pose $N = 20 \times 10^6$ et $E = 20 \times 10^9$, données qui paraissent convenir au fer.

Ces courbes ont été établies en faisant varier $\frac{l}{r}$ de 0 à 500.

La ligne pointillée indique les valeurs probables de la charge

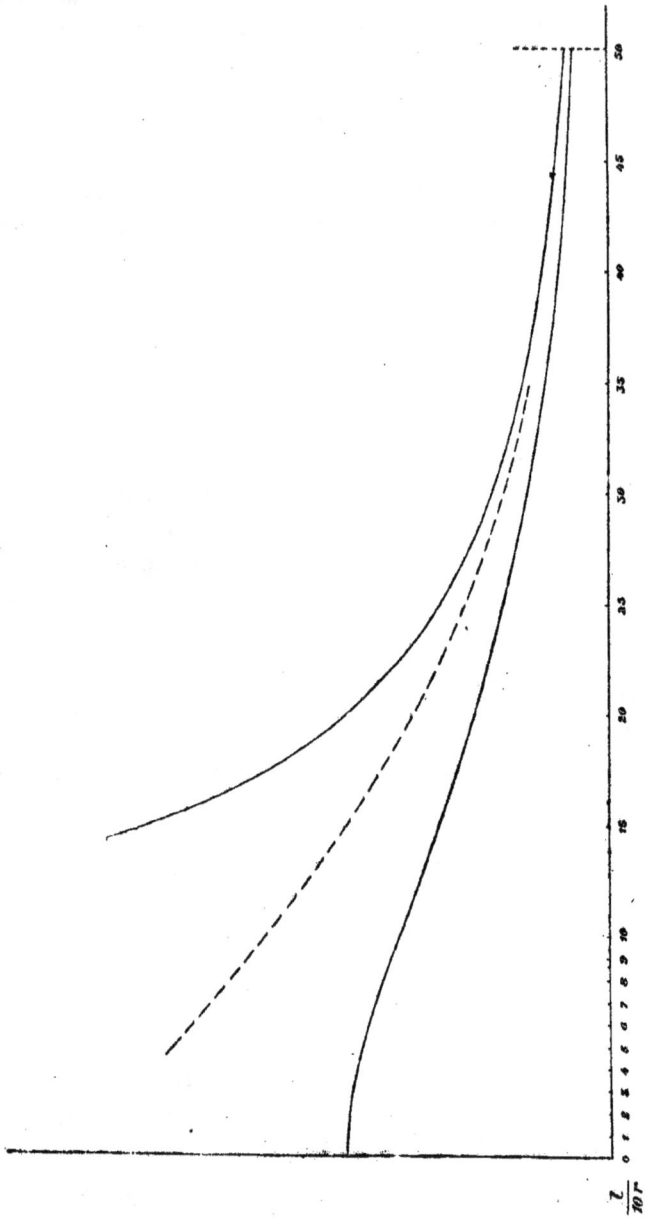

Fig. 73.

de rupture C_1. On voit que le rapport $\dfrac{C_1}{N_1}$ varie entre des limites très écartées (art. 26) : pour $\dfrac{l}{r} = 1000$, ce rapport serait supérieur à 0,96.

Dans le calcul des pièces chargées debout, on devra faire usage d'une limite de sécurité basée sur la limite d'élasticité N_1, par application des règles énoncées aux articles 22, 23 et 24. On commettrait une erreur grave en prenant pour limite de sécurité une fraction déterminée et invariable de la limite de rupture. A notre avis, les formules empiriques que l'on a déduit, d'après cette règle, d'expériences de rupture faites sur des pièces chargées debout, sont sans valeur : le rapport $\dfrac{R}{C_1}$ doit en effet décroître au fur et à mesure que la longueur l augmente, et non pas rester constant.

Au lieu de se baser sur une limite d'élasticité fictive N_1, dépendant non seulement de la nature du métal employé, mais encore des dimensions de la pièce calculée, il serait préférable au point de vue théorique, et plus commode aussi au point de vue pratique, de s'en tenir à la limite d'élasticité spécifique N de la matière, et d'évaluer par contre le travail effectif de la pièce non par la formule usuelle $R = \dfrac{F}{\Omega}$, qui est fausse, mais par la formule :

$$R = \frac{F}{\Omega}\left(1 + \frac{Nl^2}{s^2\pi^2R^2}\right),$$

qui est exacte pour une pièce travaillant à la compression dans les conditions de la pratique : comme elle ne peut en effet être mathématiquement rectiligne, et que la force agissant sur elle est nécessairement excentrique et oblique, dans une mesure d'ailleurs aussi faible qu'on le voudra, il est indispensable d'admettre que cette pièce subira une flexion.

Pour que la stabilité soit assurée, il suffira que ce travail R_1 ne dépasse pas la limite de sécurité aN correspondant à la limite spécifique d'élasticité N. Cette méthode de calcul nous paraît préférable à la méthode usuelle, aussi bien au point de vue théorique qu'au point de vue pratique.

Nous ferons, au début du chapitre IV, la récapitulation des formules fondamentales de la résistance des matériaux, sur lesquelles nous venons de nous étendre dans le présent chapitre, en nous plaçant au point de vue pratique de l'emploi qui doit en être fait dans les calculs de stabilité relatifs aux constructions métalliques.

CHAPITRE III

FONTE, FER ET ACIER

SOMMAIRE

CHAPITRE III

FONTE, FER ET ACIER

§ 1.

CLASSIFICATION DES PRODUITS SIDÉRURGIQUES, RENSEIGNEMENTS GÉNÉRAUX SUR LEUR FABRICATION, LEUR COMPOSITION ÉLÉMENTAIRE ET LEURS PROPRIÉTÉS CARACTÉRISTIQUES.

57. Bases de la classification des produits sidérurgiques. — Les matériaux de construction que fournit l'industrie sidérurgique sont constitués essentiellement par le fer, associé avec certains métalloïdes et métaux qui ne représentent jamais qu'une fraction assez faible, quelques centièmes au plus, du poids total : carbone, silicium, soufre, phosphore ; manganèse, chrome, tungstène, nickel, etc.

De tous ces auxiliaires du fer, c'est le carbone qui joue le rôle de beaucoup le plus important : un composé ferreux utilisable n'en est jamais dépourvu, et il suffit en général de connaître sa teneur en carbone pour prévoir avec une exactitude très grande ses caractères essentiels et ses propriétés fondamentales.

Le soufre ne peut entrer en proportion notable dans la composition d'un produit sidérurgique sans en altérer la qualité d'une manière fâcheuse, et le rendre impropre à tout emploi. C'est également le cas du phosphore, qui ne saurait être toléré jusqu'à un certain point que dans les fontes de moulage, auxquelles on demande une grande fluidité pendant la coulée sans trop se préoccuper de la fragilité des pièces obtenues. Ces deux métalloïdes sont à vrai dire des impuretés, dont la présence diminue la valeur d'un produit industriel sans changer sensiblement son rang de classement dans la série des matériaux ferreux.

Il en est de même du silicium, sauf pour les fontes noires ou grises, dites de moulage, auxquelles la présence simultanée, en proportion notable, de ce métalloïde et du carbone communique des propriétés particulières, qui leur assignent un rang à part dans la classification sidérurgique.

Le manganèse est, en raison même d'un mode de fabrication qui comporte l'addition de produits riches en ce métal, un élément essentiel des aciers obtenus à l'état fondu par le traitement direct de la fonte ; à une dose modérée, il améliore leur qualité, sans toutefois changer sensiblement leur rang de classement. Il ne se rencontre guère qu'en faible proportion dans les fontes ordinaires et les fers puddlés.

Enfin le chrome, le tungstène et le nickel se trouvent en quantités appréciables dans certains produits spéciaux, acier tungstifère, chromé, ou nickelé, où on les introduit volontairement en vue de leur communiquer des propriétés particulières ; ces produits, dont l'emploi est jusqu'à présent restreint, ne sauraient être rangés parmi les matériaux usuels.

Les composés ferreux peuvent encore contenir accidentellement du cuivre, qui en altère la qualité dès que sa teneur atteint quelques millièmes, et des traces de tous les métaux connus, dont l'influence, insensible en général en raison de leur faible teneur, ne paraît pas avoir été jusqu'ici nettement déterminée par des observations faites sur des composés préparés *ad hoc*.

Enfin ils renferment aussi d'assez grandes quantités de gaz, hydrogène, azote et oxygène, dont l'influence n'est pas bien connue, en dehors de certains cas particuliers. Ces gaz peuvent être soit retenus mécaniquement dans les pores du métal, ou dans les soufflures et piqûres de dimensions appréciables qui se rencontrent surtout dans les produits moulés, soit unis entre eux ou avec les métaux et les métalloïdes.

L'hydrogène et l'azote se trouvent à l'état isolé, ou combinés ensemble sous forme de gaz ammoniac ; il est possible qu'en certains cas l'hydrogène s'unisse avec le carbone et les métalloïdes, et peut-être l'azote avec le carbone (cyanogène) et les métaux.

L'oxygène ne paraît pas exister à l'état libre ; il est uni soit au carbone, sous forme d'oxyde de carbone, soit au silicium, au fer et au manganèse ; dans ce dernier cas, sa présence est le résultat d'une interposition mécanique, entre les particules du métal réduit, d'oxydes et de silicates de fer et de manganèse. Les silicates sont des résidus de scorie dont le produit a été imparfaitement purgé pendant sa fabrication ; c'est un élément caractéristique des fontes et des fers puddlés, qui ne se rencontre pas en proportion appréciable dans les fers et aciers fabriqués à l'état de matière en fusion.

Les propriétés essentielles d'un composé ferreux dépendent non-seulement de sa composition élémentaire, c'est-à-dire de sa teneur en carbone, silicium, etc., mais encore de sa constitution chimique, qui tient à la manière dont ces différents corps simples sont associés entre eux, à l'état de mélanges ou de combinaisons diverses. La structure physique joue également un rôle important : elle peut être amorphe, grenue, fibreuse, cristalline, lamelleuse, compacte, poreuse, spongieuse, fissurée, etc., et résulte en général du mode de fabrication employé, ainsi que des actions thermiques ou mécaniques (trempe, martelage, etc.) qui peuvent dans certains cas, sans changer la composition élémentaire, modifier profondément la constitution chimique et la structure physique. Enfin il faut tenir compte de l'existence d'actions moléculaires *latentes*, dont l'influence, au point de vue de la résistance à l'extension et aux chocs, peut être extrêmement importante, et même, à notre avis, prépondérante, ainsi que nous chercherons plus tard à le démontrer : c'est là, d'après nous, qu'il faut chercher l'origine des différences extrêmement tranchées que l'on remarque entre un acier trempé et un acier recuit de même composition. Les divergences notables, que l'on constate entre les aciers et les fontes, peuvent s'expliquer en attribuant aux premiers une texture compacte et aux seconds une texture poreuse ou fissurée, etc.

On conçoit que la recherche d'une classification rationnelle des produits sidérurgiques constitue un problème difficile à résoudre d'une façon pleinement satisfaisante, en raison du nombre et de la complexité des circonstances susceptibles d'agir sur les pro-

priétés des métaux. On peut cependant séparer tout d'abord deux
grandes classes de produits qui se distinguent à la fois par leur
teneur en carbone et par leurs caractères essentiels, sans qu'il
puisse en aucun cas y avoir doute sur la classe où devra figurer
un métal donné : les *fontes*, où la teneur en carbone, généralement supérieure à 2,5 0/0, ne tombe pas au-dessous de 2 0/0 ;
les *fers* et les *aciers*, où cette teneur, généralement inférieure à
1 0/0, peut atteindre exceptionnellement la limite 1,5 0/0 (aciers
extra-durs).

Il existe à la vérité des composés intermédiaires, carburés entre
1 et 2 0/0, qui établissent la transition entre ces deux classes ;
mais ces composés, métaux mixtes ou mélanges de fonte et d'a-
cier, sont rarement utilisés par l'industrie et ne représentent
quant à présent que des produits de laboratoire. Les aciers carburés à plus de 1 0/0 ne sont pas employés dans les constructions ;
ils ne servent qu'à la fabrication d'outils pour lesquels on a besoin
d'une dureté exceptionnelle.

58. Renseignements sur les fontes. — *Fabrication*. —
La fonte se retire directement des minerais de fer, traités par le
coke à une température élevée dans les hauts-fourneaux.

Le carbonate et l'oxyde de fer sont réduits par l'oxyde de carbone ; les matières étrangères sont éliminées sous forme d'une
scorie liquide, ou *laitier*, constituée par des silicates d'alumine,
de chaux, de manganèse, de fer, de magnésie, des aluminates
terreux, du sulfure de calcium, etc. On ajoute généralement au
mélange de coke et de minerai des fondants, calcaires ou magnésiens, siliceux ou alumineux, destinés à fournir au minerai les
éléments qui lui manquent, et à donner un laitier qui ne soit ni
trop acide ni trop basique. Les laitiers trop basiques ne sont pas
suffisamment fluides, et attaquent le revêtement intérieur acide
(formé de briques réfractaires) du haut-fourneau. Les laitiers
trop acides ne permettent pas une élimination convenable du
soufre, et donnent lieu à des pertes notables de fer et de manganèse, dont les oxydes s'unissent à la silice en excès et passent
dans la scorie. Les roches sodiques et potassiques et le spath
fluor, ou fluorure de calcium, facilitent la séparation du laitier,
dont ils **augmentent la fluidité.**

Composition élémentaire de la fonte. — Carbone. — Le carbone
s'unit au fer à partir de la température rouge, probablement en
présence d'une atmosphère chargée d'hydrogène, de gaz ammoniac et de cyanogène. L'hydrogène est fourni par la décomposition, en présence du carbone porté à une haute température, de
la vapeur d'eau contenue dans le minerai, le combustible et l'air
introduit dans le haut-fourneau par les souffleries. Cet hydrogène s'unit peut-être à l'azote pour former du gaz ammoniac, qui
est lui-même décomposé par le carbone et donne du cyanogène.
L'influence favorable du cyanogène, qui met le carbone en contact intime avec le fer, paraît démontrée par le phénomène de la
cémentation du fer.

D'après M. *Marion Howe*, le fer pur, porté à la température de
1700°, est susceptible de dissoudre le carbone dans la proportion
de 4,63 pour cent [1].

---

[1] Dans la métallurgie du fer, on définit les températures jusqu'à 400° par la
teinte que prend une lame d'acier parfaitement décapée et chauffée lentement au
contact de l'air, en raison de l'oxydation superficielle qu'elle subit. — Au delà
de 500°, on se base sur la nuance lumineuse qu'acquièrent les corps portés à
des températures élevées croissant graduellement. Voici l'échelle généralement
admise.

Coloration d'une lame d'acier.	Températures en degrés centigrades.
Blanc	12°
Jaune pâle	216
Jaune paille	232
Jaune doré	242
Brun	254
Brun teinté de pourpre	265
Pourpre	277
Violet	282
Bleu clair	288
Bleu foncé	292
Bleu noir	316
Vert	332
Gris d'oxyde	400

Nuances lumineuses.	
Rouge naissant	525
Rouge sombre	700
Rouge, ou cerise naissant	800
Cerise	900

La proportion de carbone, que peut dissoudre le fer, est augmentée par la présence du silicium, tant que la teneur de ce métalloïde est inférieure à 1,4 0/0. Elle peut s'élever jusqu'à 5,5 0/0 ou 6 0/0. Mais elle diminue ensuite si la dose de silicium continue à croître, et tombe au-dessous de 2 0/0 quand le métal renferme un dixième de silicium (*ferro-silicium*).

Le soufre joue à ce point de vue un rôle analogue : un fer contenant 0,45 de soufre peut dissoudre 5,5 de carbone. Mais si la teneur en soufre dépasse 1 0/0, la proportion de carbone décroît rapidement jusqu'à tomber au-dessous de 3 0/0, avec 4 0/0 de soufre.

La présence du manganèse permet d'élever le degré de carburation : d'après M. Marion Howe, si l'on désigne par *Mn* le pourcentage de manganèse, la proportion de carbone qui correspond à la saturation du métal peut être représentée par la formule : 4,63 + 0,03 *Mn*.

Un *ferro-manganèse* à 90 0/0 de manganèse peut absorber 7,3 0/0 de carbone. Si à un produit contenant 1,4 0/0 C et 12 0/0 Si (*Ferro-silicium*) on ajoute 18 0/0 *Mn*, la teneur en carbone peut être relevée jusqu'à 3,5 0/0 (*Silico-spiegel*).

Cerise clair	1000
Orangé foncé..............	1100
Orangé clair	1200
Blanc soudant.............	1300
Blanc éclatant.............	1400
Blanc éblouissant..........	1500

Dans les établissements sidérurgiques, on mesure les températures à l'aide d'appareils d'optique, qui permettent de distinguer avec précision les nuances lumineuses, en se basant sur les différences de longueur d'onde qui existent entre deux rayons simples du spectre solaire.

Nous citerons notamment la lunette pyrométrique de MM. *Mesure* et *Nouel*, en usage dans les usines de la Cie des *Forges de Châtillon et Commentry*, qui permet de mesurer avec une grande précision les températures comprises entre 700° et 1500°, à la seule condition que l'observateur puisse noter le moment précis où le faisceau lumineux, qui a traversé la lunette, passe du rouge au vert en prenant une teinte intermédiaire *citron sale*, indépendante de la température cherchée.

Il est indispensable, surtout dans la fabrication de l'acier, de disposer d'un moyen simple et sûr de reconnaître la température, sans s'en tenir à l'appréciation plus ou moins incertaine qu'on peut faire de la coloration du métal.

Le phosphore paraît agir dans le même sens que le soufre : les fontes phosphoreuses ne semblent pas être jamais très carburées.

En ajoutant à un bain en fusion de fonte très carburée une matière riche en silicium, telle que du ferro-silicium à 10 ou 20 0/0 de ce métalloïde, on fait apparaître à la surface des paillettes graphiteuses ; une addition nouvelle de matière riche en manganèse, *spiegel* ou *ferro-manganèse*, amène la disparition de ces paillettes, ce qui prouve bien que le silicium abaisse le pouvoir dissolvant du fer à l'égard du carbone, tandis que le manganèse l'élève.

Le soufre agit dans le même sens que le silicium.

Les fontes industrielles sont en général bien loin d'être saturées de carbone, ce qui fait que l'on ne trouve pas, en les analysant, de corrélation bien nette entre les doses de carbone, silicium, manganèse, soufre, etc., qu'elles renferment : les règles énoncées plus haut ne visent que le cas de la saturation.

Quand on laisse refroidir une masse de fonte en fusion amenée à la température du blanc éblouissant, il peut arriver que pendant le refroidissement une portion du carbone s'isole du fer, sous forme de paillettes de graphite qui vont en se développant au fur et à mesure que la température s'abaisse, et restent en fin de compte disséminées dans la matière solide.

Suivant que ces paillettes sont rares ou nombreuses, la coloration de la fonte varie du blanc au gris sombre.

Toutes choses égales d'ailleurs, la fonte est d'autant plus graphiteuse qu'elle contient plus de carbone et de silicium, et moins de soufre et de manganèse, probablement aussi de phosphore, et qu'elle a été refroidie plus lentement. En maintenant longtemps à 1400° ou 1500° une fonte blanche, on peut y faire apparaître le graphite et obtenir, après une nouvelle solidification, un produit d'une teinte plus foncée. Au contraire la trempe *en coquille*, qui a pour effet de refroidir rapidement la fonte moulée, éclaircit la teinte de la couche superficielle en contact immédiat avec les parois métalliques du moule, qui est lui-même en fonte.

La fonte contient donc le carbone sous deux états différents : 1° l'état *graphiteux*, où il est isolé du fer, sous forme de paillettes noirâtres. Peut-être est-il combiné dans ces conditions avec une certaine quantité d'hydrogène et de cyanogène, ce qui expliquerait la propriété qu'il possède de se redissoudre dans la fonte dès que celle-ci est ramenée à la température de fusion, et même de pénétrer dans des barres de fer doux chauffées au rouge au contact de plaques de fonte, en les aciérant et portant en certains cas leur teneur en carbone de 0,04 à 0,39 ; 2° l'état *incorporé*, où il fait corps avec le métal, dont il ne modifie pas la teinte blanche et dont il ne peut être séparé que par l'analyse chimique.

Nous verrons plus tard que ce carbone incorporé peut lui-même se présenter sous deux aspects distincts : le carbone de *trempe*, intimement mélangé au fer, qui se rencontre surtout dans la fonte blanche, et le carbone de *recuit*, combiné au fer, qui existe dans toutes les fontes.

Silicium. — Le silicium peut s'unir au fer jusqu'à une teneur de 30 0/0 ; on ne dépasse guère 20 0/0 dans le ferro-silicium.

Le carbone réduit à une température élevée la silice isolée, ou combinée au fer, au manganèse ou à l'alumine ; il paraît même réduire les silicates basiques en présence du fer.

Les fontes siliceuses s'obtiennent donc seulement à l'allure chaude du haut-fourneau. A une allure froide, c'est-à-dire à une température relativement basse, la silice passe en presque totalité dans la scorie.

Le manganèse est également susceptible de réduire la silice pour former un oxyde qui s'unit à la silice en excès : la fonte blanche chauffée dans un creuset réfractaire peut devenir grise en s'enrichissant en silicium et en s'appauvrissant en manganèse.

Le silicium est d'autant plus abondant dans la fonte que le laitier est plus acide, les silicates magnésiens ou calcaires étant difficilement réduits par le carbone. En raison de la nature acide du revêtement intérieur des hauts-fourneaux, une fonte fabriquée à haute température est toujours siliceuse.

Ainsi que nous l'avons dit plus haut, le silicium paraît élever le pouvoir dissolvant du fer à l'égard du carbone tant que sa teneur est inférieure à 1,4 0/0 : il adoucit la fonte en abaissant sa densité et sa résistance ; au delà de la limite de 1,4 0/0, il provoque une décroissance rapide du pouvoir dissolvant.

Une fonte manganésée peut contenir 0,45 de silicium et jusqu'à 5,5 de carbone sans présenter de paillettes graphiteuses après solidification. Mais si l'on force la proportion de silicium, les paillettes apparaissent et deviennent de plus en plus abondantes, malgré la diminution que subit la quantité de carbone total dissous dans la matière en fusion.

Dès que la teneur en silicium excède 5 0/0, la diminution du carbone total est assez marquée pour que le graphite se fasse plus rare et que la teinte du produit aille en s'éclaircissant.

A titre d'exemple, nous citerons deux fontes ayant les compositions suivantes :

Carbone total	Carbone graphiteux	Carbone incorporé	Silicium
3,68	2,64	1,04	3,06
1,81	1,18	0,69	9,80

La fonte la plus siliceuse est à la fois la moins carburée et la moins graphiteuse.

La proportion de carbone incorporé, qui peut s'élever à 4,5 et même à 6 0/0 dans les fontes blanches non siliceuses (ferro-manganèse, alliages de fer et de chrome ou tungstène), peut s'abaisser à 0,60 (et peut-être même 0,40) dans les composés riches en silicium et pauvres en manganèse (ferro-silicium). Si l'on fait abstraction du graphite, une fonte de ce genre n'est pas plus carburée qu'un acier mi-dur.

La présence du silicium relève le point de fusion de la fonte et lui donne la propriété de se solidifier brusquement et d'un seul coup sans passer par l'état pâteux que l'on remarque pendant quelque temps dans les fontes blanches non siliceuses. Ce phénomène est peut-être dû à ce que le silicium réduit l'oxyde de fer, qui diminue la fluidité du bain de métal.

Manganèse. — Le manganèse s'associe en toutes proportions au fer pour former un alliage.

La teneur en manganèse dépend de la richesse du minerai ; elle est, toutes choses égales d'ailleurs, d'autant plus élevée que le laitier est plus basique, la silice s'unissant à ce métal de préférence au fer lorsqu'elle n'est pas neutralisée par la chaux ou la magnésie. A l'encontre du silicium, le manganèse abaisse la proportion de graphite. Les fontes manganésées (spiegels), contenant 5 à 10 0/0 de manganèse, et le ferro-manganèse, renfermant 25 à 83 0/0 de ce métal, sont d'une blancheur parfaite, avec teneur en carbone atteignant 4 à 6 0/0. On retire ces fontes de minerais spéciaux, traités dans le haut-fourneau à une allure extra-chaude en présence d'un laitier basique.

Le manganèse augmente la pureté, la résistance et la ténacité du produit, et le rend plus fluide, peut-être parce qu'il réduit l'oxyde de fer. Mais il facilite la cristallisation et par suite le rend, à partir d'un certain degré, impropre au moulage.

Les fontes très manganésées sont blanches, cassantes, et présentent à leur surface des facettes miroitantes, indices d'une cristallisation à grands éléments.

Soufre. — Le soufre, fourni par les pyrites contenues dans le minerai et le combustible, s'élimine à l'allure chaude du haut-fourneau, quand le laitier est suffisamment basique, sous forme de sulfure de calcium ou de magnésium, qui passe dans la scorie.

Nous avons vu qu'il abaisse le pouvoir dissolvant du fer à l'égard du carbone, et blanchit la fonte en maintenant ce métalloïde à l'état incorporé.

Il rend la fonte cassante et impropre au moulage ; mais comme son élimination est extrêmement facile, il ne diminue pas sensiblement la valeur du produit au point de vue de la fabrication du fer et de l'acier.

En chauffant une fonte sulfureuse à une température élevée, on élimine le soufre sous forme de sulfure de carbone ; cette élimination est plus complète si la fonte est chauffée avec addition de carbone.

Ce phénomène permet d'expliquer en certains cas comment une fonte blanche sulfureuse peut, si on la maintient un certain temps à une température élevée (1500°), se transformer en fonte grise, sans doute par suite de la disparition du soufre ; l'augmentation de la teneur en silicium, et la diminution du manganèse favorisent cette évolution (page 230).

Phosphore. — L'acide phosphorique isolé, ou combiné au fer et au manganèse, est réduit par l'oxyde de carbone. D'autre part la silice déplace cet acide de ses combinaisons avec la chaux et la magnésie. Il en résulte qu'en raison de la nature acide du revêtement des hauts-fourneaux, le phosphore du minerai reste en grande partie dans le métal obtenu.

Ce corps augmente la fluidité de la fonte, mais la rend fragile et diminue sa ténacité : il n'est donc tolérable, à une dose supérieure à quelques millièmes, que dans les fontes d'ornement, où l'on recherche la perfection du moulage sans se préoccuper de la solidité.

Les fontes très phosphoreuses, dont la teneur atteint 2 à 3 0/0, sont utilisables pour la fabrication de l'acier par les procédés dits *basiques*, qui permettent l'élimination complète du phosphore.

Cuivre. — Ce métal se rencontre rarement dans la fonte, qu'il rend cassante et impropre, sinon au moulage, du moins à la fabrication du fer et de l'acier.

Scorie. — La fonte contient une certaine quantité de scorie mélangée au métal réduit : la teneur peut varier de 0,13 à 2, 5 0/0 avec une moyenne de 0,75. D'après certains auteurs, elle peut s'élever jusqu'à 5 0/0. Le manganèse réduit l'oxyde de fer, augmente la fluidité du laitier et favorise sa concentration dans le bain en gouttes qui se séparent de la fonte en raison de leur moindre densité ; la présence de ce métal dans le minerai augmente donc la pureté du produit.

L'influence de la scorie sur les propriétés de la fonte ne paraît pas avoir été nettement déterminée : il est probable que la résistance à l'extension doit être diminuée, sans que la résistance aux chocs soit sensiblement modifiée.

Gaz contenus dans la fonte. — La fonte en fusion dégage durant son refroidissement et sa solidification une quantité considérable de gaz, constitués principalement par l'oxyde de carbone (38 0/0) et l'hydrogène (62 0/0).

Les bulles qui se forment à l'intérieur donnent lieu à un gonflement de la masse qui s'élève dans le moule ; ces bulles tendent à s'échapper par le contour de la pièce : c'est pour ce motif que l'on exécute en général les moules avec de la terre ou du sable suffisamment poreux pour absorber ces gaz et faciliter leur sortie du métal. De plus on ménage presque toujours dans les parois du moule des évents livrant passage aux gaz. Lorsqu'on veut obtenir des pièces présentant une grande dureté superficielle, on fait usage de moules en fonte à parois épaisses (moulage en *coquille*).

Au moment où la solidification s'achève, les dernières bulles sont retenues dans le métal si celui-ci a passé par un état pâteux (fonte blanche), et produisent des soufflures. Avec la fonte grise, qui passe brusquement de l'état liquide à l'état complètement solide, les bulles s'échappent complètement et il se produit dans la région centrale de la masse, qui est encore liquide et bulleuse quand les faces en contact avec le moule se sont solidifiées, un affaissement (entonnoir de *retassement*) qui correspond à la réduction de volume subie par le métal, primitivement gonflé par la présence des gaz, lorsqu'il redevient compacte.

Dans certains cas, si la solidification contre les parois du moule s'est produite dès le début du moulage sur tout le contour extérieur de la fonte (moules à couvercles métalliques), cet entonnoir est remplacé par un vide intérieur, ou une caverne, situé généralement à la partie supérieure du corps et masqué par une

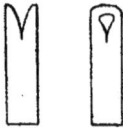

Fig. 74.

croûte compacte (fig. 74).

C'est pour compenser l'effet du retassement, et éviter la formation de soufflures et de cavernes, qui diminuent considérablement la solidité des pièces massives, qu'on relève en général les chassis du moule de façon à surmonter l'objet à fabriquer d'une colonne de fonte en excédent dite *masselotte*. C'est dans cette masselotte que se produit le phénomène du retassement, et que l'on est exposé à trouver des cavernes ou soufflures, qui, si elles sont nombreuses et de petites dimensions, lui donnent une texture poreuse ou spongieuse. Dès que la solidification est complète, on détache la masselotte de la pièce, qui se trouve ainsi constituée par la partie inférieure de la fonte, bien pleine et compacte.

On a remarqué qu'en ajoutant à la fonte, immédiatement avant de la couler, une matière riche soit en silicium, soit en manganèse (ferro-silicium ou spiegel), on évite la formation des soufflures. L'association de ces deux corps (silico-spiegel) donne un résultat encore meilleur.

La fonte solide contient encore une grande quantité de gaz, combinés au carbone ou aux autres éléments, ou retenus mécaniquement dans les pores de la matière. En chauffant ce métal dans le vide, on en retire de l'hydrogène, avec quelques traces d'azote et d'oxyde de carbone. En le broyant sous l'eau, il s'en dégage un mélange d'azote et d'hydrogène. On ne retrouve plus ici d'oxyde de carbone, parce que ce gaz a été probablement décomposé pendant le refroidissement par le fer, qui vers 300° ou 400° paraît s'emparer de l'oxygène combiné au carbone.

Structure de la fonte. — Les fontes très blanches ont une cassure lamelleuse et miroitante, qui est l'indice d'une cristallisation à grands éléments. Au fur et à mesure que la teinte se fonce, la cristallisation devient plus fine, et les fontes grises présentent finalement une cassure à grains fins, les paillettes graphiteuses étant intimement mélangées au fer.

La cristallisation apparaît et se développe durant la période de passage des corps de l'état liquide à l'état solide : les cristaux sont d'autant plus volumineux que cette période dure plus longtemps. Nous verrons plus tard, à propos de l'acier, qu'on peut à volonté obtenir, avec une même matière en fusion, un lingot à gros cristaux si l'on ralentit la marche de la solidification, ou une masse à grains fins et imperceptibles si on l'accélère jusqu'à obtenir une quasi-instantanéité (trempe au plomb). La différence constatée entre la structure de la fonte grise et celle de la fonte blanche s'explique donc facilement en remarquant que la première passe brusquement, presque instantanément, de l'état liquide à l'état solide vers 1200°, tandis que la seconde n'est complètement solide que vers 1100°. C'est à la présence du silicium, ou plutôt à la faible proportion de carbone incorporé qui en est d'ailleurs la conséquence, qu'on doit attribuer la rapidité de la transformation subie par la fonte grise. Dans la fonte blanche, il se produit d'abord une solidification partielle de grains peu carburés qui vont en grossissant aux dépens de l'eau mère, contenant la presque totalité du carbone ; cette dernière se solidifie à une température sensiblement plus basse.

M. *Turner* a observé que si dans une fonte contenant seulement 2 0/0 de carbone, c'est-à-dire très rapprochée des aciers à ce point de vue, on fait croître la teneur en silicium à partir de zéro, on voit décroître simultanément la densité (de 7600^k à 6950^k), la résistance à l'écrasement et à la traction, et le coefficient d'élasticité longitudinale qui tombe de 22 $\times$ 10^9 à 12 $\times$ 10^9.

Il est permis de supposer, dans ces conditions, que la texture de la fonte est lâche et présente de nombreux vides entre les paillettes graphiteuses et les grains métalliques. Cette porosité de la fonte est également mise en relief par ce fait qu'elle est beaucoup plus perméable aux gaz que le fer et l'acier. C'est, à notre avis, la seule hypothèse qui permette d'expliquer qu'une fonte grise, ne contenant que 0,40 à 0,60 de carbone incorporé comme un acier moyennement carburé, possède un coefficient d'élasticité longitudinale moitié moindre : 10 $\times$ 10^9, et que cette même fonte, ne renfermant en totalité que 4 0/0 de carbone, ait la densité qui conviendrait à un mélange compact formé de 83 0/0 de fer et de 17 0/0 de graphite.

Il est présumable qu'à l'état liquide la fonte grise et la fonte blanche ont sensiblement la même densité, très voisine de celle de l'acier : c'est pendant la solidification que s'établirait entre leurs poids spécifiques un écart représentant 6 à 12 0/0 de leur valeur moyenne. Nous donnerons au paragraphe suivant (art. 74) une explication théorique de ce phénomène, basée sur la rapide solidification de la fonte grise, et sur la séparation qui s'opère entre deux éléments constitutifs très dissemblables, paillettes graphiteuses et grains de fer peu carburé, tandis que dans la fonte blanche, qui se solidifie plus lentement, les éléments carbone et fer restent intimement associés.

Le coefficient de dilatation linéaire de la fonte paraît compris entre 0,0000107 et 0,0000112. Il augmente peut-être aux températures élevées. On admet que le retrait linéaire de ce métal, qui correspond à la diminution subie par une dimension linéaire de l'objet moulé par rapport à la même dimension mesurée à l'intérieur du moule, est en général de $\frac{1}{96}$: ce retrait correspondrait, pour un écart de température de 1000°, à un coefficient de dilatation de 0,0000104 qui ne diffère pas sensiblement de celui indiqué ci-dessus.

D'après M. Marion Howe, un boulet de fonte, projeté dans un bain de fonte en fusion, commence par aller au fond, puis remonte et vient émerger à la surface. Il en conclut que la densité de ce métal est maximum lorsqu'il est à l'état solide, minimum un peu avant son point de fusion (à l'état mou) et intermédiaire entre ces deux valeurs lorsqu'il est liquéfié.

Les poids spécifiques, calculés d'après les résultats d'une expérience faite sur la fonte grise, auraient été : 6,95 dans la première phase (état solide), 6,50 dans la seconde (état mou), et 6,88 dans la troisième (état liquide).

Il nous paraît plus simple d'expliquer ce phénomène par le dégagement gazeux qui doit se manifester dans le bain liquide, par suite du refroidissement local qu'il subit au contact du boulet solide : les bulles de gaz resteraient accrochées aux aspérités du boulet, et, en le soulevant comme autant de flotteurs, le feraient émerger. C'est ainsi que, dans une expérience de physique bien connue, un corps solide peut rester en suspension dans un liquide moins dense que lui, si ce liquide dégage des gaz formant une enveloppe de bulles adhérentes au corps.

Il ne semble pas qu'on ait jamais constaté, pendant le moulage de la fonte et au moment où elle change d'état, un gonflement subit du métal, susceptible de faire brusquement décroître sa densité de 7 0/0.

Il semble également improbable que la densité de la fonte solide puisse varier, entre 1100° et 0° de température, de 6,50 à 6,95, ce qui conduirait à attribuer au coefficient de dilatation linéaire la valeur 0,000019, très supérieure à celle fournie avec beaucoup de précision par des expériences directes.

Classification des fontes. — On classe les fontes d'après leurs couleurs : fontes *blanches* dépourvues de graphite ; *truitées* (blanc taché de gris) ; *gris clair* ; *gris foncé*, très riches en graphite.

Les fontes blanches entrent en fusion entre 1050° et 1100° ; elles sont relativement denses (le poids du mètre cube varie de

7300 à 7700 k.), dures, tenaces, résistantes, mais aigres, cassantes, et difficiles à attaquer au burin et à la lime ; elles ne conviennent pas pour le moulage, en raison des soufflures et des fentes de retassement qui se manifestent. Leur cassure est cristalline et parfois lamelleuse ; leur texture doit être d'autant plus compacte que leur densité est plus élevée.

Obtenues à l'allure froide du haut fourneau, elles sont généralement peu riches en carbone et pauvres en silicium. Leur coloration peut toutefois être due à la présence d'une quantité notable de manganèse ou à une forte teneur en soufre.

On les transforme en fonte grise par addition de matière carburée ou siliceuse (ferro-silicium), ou par élimination du soufre ou du manganèse. En les maintenant à une température élevée (1400 ou 1500°) on peut faire apparaître le graphite : cette modification peut être due dans certains cas à une élimination partielle du soufre, et du manganèse qui s'oxyde au contact des parois siliceuses du revêtement, et à une augmentation du silicium, qui est la conséquence de la réaction précédente.

On peut faire usage de la fonte blanche pour la fabrication des pièces moulées, à condition d'ajouter au produit en fusion, immédiatement avant la coulée : soit une fonte spéciale siliceuse qui agit à la fois en supprimant l'ébullition produite par l'évacuation des gaz, et par suite les soufflures qui en sont la conséquence, et en adoucissant la fonte par augmentation du silicium ; soit une fonte spéciale contenant à la fois du silicium et du manganèse (silico-spiegel, contenant de 1 à 3 0/0 de C, de 10 à 17 de Si, et de 15 à 18 de Mn), qui empêche les soufflures sans changer sensiblement la composition de la fonte, car le silicium et le manganèse s'oxydent et passent dans la scorie à l'état de silicate.

Il est probable que le manganèse et le silicium s'emparent de tout l'oxygène contenu dans le bain, et empêchent par suite la formation, au moment de la coulée, d'oxyde de fer qui rend la matière pâteuse, et d'oxyde de carbone dont le dégagement, qui provoque celui de l'hydrogène dissous, semble être, d'après M. *Le Verrier*, la cause déterminante du phénomène de l'ébullition. Il est certain que les composés riches en oxygène (aciers *sursouf-flés* au convertisseur Bessemer) subissent, quand on les coule, une ébullition intense avec projections de gouttelettes de métal, et donnent finalement un produit poreux et sans résistance.

Les fontes grises entrent en fusion entre 1150 et 1250° ; elles sont moins denses que les fontes blanches (6800 à 7400 k. le mètre cube), moins dures et moins tenaces, plus douces et moins cassantes. Elles peuvent être burinées, limées et percées. Leur cassure est à grain fin. Si l'on fait abstraction de la croûte dure et compacte qui existe sur tout leur pourtour, leur texture doit être lâche et poreuse, des fissures imperceptibles existant entre les paillettes graphiteuses et les grains métalliques.

Elles ne donnent pas de soufflures pendant le moulage, et présentent à un haut degré le phénomène du retassement.

Obtenues à l'allure chaude du haut fourneau, elles sont généralement riches en carbone et en silicium, et pauvres en soufre et en manganèse.

On éclaircit leur teinte par un refroidissement rapide (trempe en coquille) qui donne à leurs couches superficielles les propriétés de la fonte blanche (fontes durcies ou trempées); par une addition de fonte manganésée ou sulfurée ; ou par une élimination du silicium, qui peut résulter d'un chauffage en contact avec de l'oxyde de fer.

Les fontes truitées constituent à tous les points de vue des produits intermédiaires entre les fontes blanches et les fontes grises.

Emploi des fontes. Moulage. — La fonte passe trop brusquement de l'état liquide à l'état solide pour qu'on puisse la laminer et la marteler. Elle n'est utilisable que sous la forme d'objets moulés, pour lesquels on fait usage de fonte grise, à l'exclusion de la fonte blanche, malgré la résistance supérieure de celle-ci, pour des motifs déjà signalés. La composition des fontes de moulage est essentiellement variable. Il semble toutefois qu'on puisse indiquer les limites entre lesquelles varient habituellement les proportions des différents éléments :

        Carbone de   3   à 4, et même 4, 5 0/0 ;
        Silicium de   1   à 4,5 ;
        Manganèse de   0,3 à 1,2 ;
        Soufre de   0,04 à 0,2 ;
        Phosphore de   0,05 à 0,5.

Une forte teneur en soufre nuit à la qualité du produit. Une forte proportion de phosphore, 1 0/0, n'est acceptable que pour les fontes d'ornement.

Le manganèse, qui prévient les soufflures, n'est pas nuisible à une dose modérée, 1 0/0 ; mais comme il n'est pas indispensable, on réserve en général les fontes manganésées, qui ont une assez grande valeur marchande, pour la fabrication de l'acier fondu qui exige une forte proportion de ce métal. Une forte dose de manganèse blanchit la fonte et la rend impropre au moulage.

On doit tenir compte, dans la préparation des moules, de la contraction subie par le métal quand il passe de la température de solidification à la température ordinaire. Le retrait linéaire de la fonte paraît compris entre $\frac{1}{98}$ à $\frac{1}{95}$, soit 0,0102 à 0,0105. Le retrait cubique, ou réduction proportionnelle du volume, est naturellement trois fois plus grand : 0,0306 à 0,0315.

Quand la pièce à obtenir n'est pas massive, mais présente des évidements et des saillies accusées, il importe d'attribuer autant qu'on le peut une épaisseur uniforme à ses différentes parties : parois, cloisons, nervures, etc. Dans ces conditions, l'objet démoulé conserve exactement la forme attribuée au vide du moule. Mais, dans l'hypothèse contraire, les parties les plus minces se refroidissent plus rapidement que les plus épaisses : il y a discordance dans les effets du retrait, et l'on retire du moule une pièce gauchie et déformée.

On est souvent obligé en ce cas de refaire un nouveau moule, auquel on attribue une déformation réalisant la contre-partie de celle constatée dans le résultat du premier moulage. L'effet perturbateur du retrait est ainsi compensé, et, en faisant usage d'un moule gauchi, on obtient un moulage d'une forme satisfaisante. Nous avons eu occasion de voir employer ce procédé, avec un plein succès, pour la fabrication de panneaux de corniche, de grandes dimensions et de contour compliqué, destinés à un pont.

L'inégalité du retrait nuit d'autre part à la solidité de la pièce en raison des actions moléculaires développées à la jonction de chaque paroi mince avec une paroi épaisse, dont la contraction

s'est effectuée plus lentement. Il faut en conclure qu'il y a intérêt, au point de vue de la stabilité des constructions, à réaliser
l'uniformité d'épaisseur dans les différentes parties d'une pièce
moulée, surtout si elle est compliquée : pour une poutre à double
té, il importe peu que les ailes aient même épaisseur que l'âme ;
il n'en serait pas de même pour un caisson rectangulaire dont
les parois seraient réunies par des cloisons intérieures. Il convient
d'ailleurs en pareille matière de s'en rapporter à l'expérience du
fondeur, qui est seul compétent pour reconnaître si une pièce se
prête bien ou mal au moulage.

Les angles saillants peuvent être à arêtes vives ; les angles rentrants doivent être proscrits, ou remplacés par des raccordements
arrondis ou *congés* : il se produit presqu'inévitablement une fissure de retrait au sommet de tout angle rentrant à arête vive.

Affinage ou puddlage. — Les fontes destinées à la fabrication
du fer sont en général blanches, et doivent être aussi dépourvues
que possible de silicium, de soufre et de phosphore.

La teneur en carbone varie de 2   à 3,5 0/0 ;
   —   silicium   —   de 0,1 à 2   0/0 ;
   —   soufre   —   de 0,02 à 0,6 0/0 ;
   —   phosphore —   de 0,01 à 0,3 0/0 ;
   —   manganèse—   de 0,10 à 3,5 0/0 ;

Les fontes phosphoreuses, contenant de 0,5 à 1 de phosphore,
fournissent des fers fragiles et de mauvaise qualité.

Les fontes sulfureuses doivent être purgées du soufre par le
puddlage, sous peine de donner des produits *rouverins*, qui ne
se travaillent pas à chaud : cette élimination ne présente pas de
difficultés sérieuses.

La présence du manganèse en grande quantité ne peut qu'a-
méliorer la valeur du fer en facilitant l'expulsion de la scorie,
auquel ce métal donne plus de fluidité. Le manganèse est d'autant plus utile que la fonte est plus siliceuse.

On emploie en Suède, pour la fabrication de fers de qualités
exceptionnelles, des fontes blanches d'une pureté remarquable,
qui arrivent à ne contenir, avec 4 0/0 de carbone, que 0,22 de silicium, 0,04 de soufre, 0,01 de phosphore et 0,12 de manganèse.
Ces fontes doivent se prêter à la fabrication au creuset d'aciers
extra-durs non manganésés.   16

Fontes aciéreuses ordinaires. — Les fontes aciéreuses ordinaires, que l'on traite par les procédés *acides*, doivent être presqu'entièrement dépourvues de soufre et surtout de phosphore.
L'élimination du soufre s'obtient encore assez facilement dans
la fabrication de la fonte ; mais on ne peut faire usage que de
minerais très pauvres en phosphore, qui en raison de leur rareté
dans la nature ont une assez grande valeur marchande.

Ces fontes doivent être carburées, siliceuses et manganésées.

Teneur en carbone, de   2,5 à 4,5 0/0 ;
 — silicium, de   2   à 4,5 0/0 ;
 — manganèse, de 2   à 4,5 0/0 ;
 — soufre, traces   à 0,10 0/0 ;
 — phosphore, traces à 0,10 0/0.

Quand un des éléments essentiels, carbone, silicium ou manganèse, est trop peu abondant, on y remédie par une addition de
fonte riche fabriquée *ad hoc* : ferro-silicium donnant le silicium,
spiegel ou ferro-manganèse fournissant le carbone et le manganèse, silico-spiegel contenant du manganèse et du silicium, etc.

Fontes aciéreuses de déphosphoration. — Ces fontes, que l'on
traite par les procédés *basiques,* sont en général peu carburées,
et doivent contenir une faible proportion de silicium.

Teneur en carbone, de   2,4   à 3,5 0/0 ;
 — silicium, de   0,10 à 1,2 0/0 ;
 — manganèse, de 0,5   à 3   0/0 ;
 — soufre, de   0,04 à 0,20 0/0 ;
 — phosphore, de 1,6   à 2,5 0/0.

Fontes spéciales. — Nous donnons ci-après la composition
moyenne de différentes fontes spéciales, dont on fait usage pour
la fabrication des aciers ordinaires ou spéciaux :

	Teneur en carboné	Silicium	Manga-nèse	Soufre	Phos-phore
Ferro-silicium..............	1,8	10	2	0,04	0,21
Fonte manganésée (*spiegel*).	4	0,3 à 1	4 à 10	0,10	0,06
Ferro-manganèse..........	5 à 7	0,05 à 0,3	25 à 85	0,05	0,10
Alliage de silicium et de man-ganèse (*silico-spiegel*)......	1 à 3	5 à 17	13 à 20	»	»
Alliage de chrome.........	4,8	»	13	chrome	25
Id. de tungstène......	5,6	»	40	tungstène	24
Id. de nickel..........	0,3	»	0,8	nickel	25

Ces renseignements sur la composition des fontes doivent être regardés comme très incertains, en raison du nombre des éléments à faire entrer en ligne de compte : on ne doit pas oublier que le silicium et le manganèse se neutralisent mutuellement, de telle sorte qu'on peut, sans modifier sensiblement la couleur et l'emploi d'une matière donnée, faire varier simultanément et dans le même sens, mais non pas dans la même proportion, les teneurs en silicium et en manganèse. Si on les fait croître, la teneur en carbone doit diminuer, au moins lorsque la dose de silicium dépasse 2 0/0, et *vice versa*.

D'autre part, l'analyse d'une fonte est une opération difficile et délicate en raison de l'hétérogénéité de ce métal qui ne permet pas toujours notamment de déterminer avec exactitude la proportion effective du graphite ; on obtient souvent, avec des échantillons prélevés sur un même corps, des résultats très discordants pour tous les corps associés au fer. On commet facilement des erreurs par défaut sur les teneurs en graphite, la poussière de ce minéral étant difficile à recueillir et pouvant être perdue en partie.

59. Passage de la fonte à l'acier. — Si, partant d'une fonte grise, très carburée et siliceuse, on passe à des produits de moins en moins riches en carbone et en silicium, on voit la teinte s'éclaircir, la résistance à la traction et à la compression, ainsi que la densité et le coefficient d'élasticité longitudinale, aller en croissant, en même temps que la dureté et la fragilité. Puis il vient un moment où la trempe en coquille cesse de produire un effet sensible, tandis que la trempe à l'eau, ou à l'huile, agit de façon appréciable sur la texture et les propriétés élastiques. On a un produit légèrement malléable à chaud, qui peut être forgé et étiré en lingot, dont la résistance à la traction est très supérieure à celle des fontes blanches ordinaires : on se trouve donc à la limite de l'acier, qui peut être définie par une teneur en carbone de 2 0/0 avec 0,70 0/0 au plus de silicium. Toutefois ce produit est encore rouverin et se prête mal au travail à chaud. En fait, tant que la teneur en carbone dépasse 1,50 0/0 et la teneur en silicium 0,35 0/0, on a un métal mixte qui participe à la

fois aux propriétés de la fonte et à celles de l'acier, et est inutilisable dans l'industrie, sauf pour le moulage de certains objets.
A partir et au-dessous de cette limite, on a un véritable acier,
dont la dureté décroît avec la teneur en carbone, et dont la malléabilité à chaud n'est satisfaisante que si la teneur en silicium
est faible, ou compensée par une dose suffisante de manganèse,
0,70 ou plus.

Toutefois l'acier moulé, c'est-à-dire versé directement du convertisseur ou du creuset dans un moule où il se solidifie, se rapproche encore de la fonte blanche, tant au point de vue de la
texture, qui est nettement cristalline, qu'à celui de la ductilité et
de la malléabilité à froid, de la résistance à l'extension, à la
compression et aux chocs. Il n'acquiert complètement ses propriétés industrielles que par le forgeage et le laminage, ou par la
trempe vive et le recuit, ou même dans une certaine mesure par
un simple recuit.

Classification des produits	Composition élémentaire					Limite d'élasticité à l'extension en kil. par mm. carré		Limite de rupture à l'extension en kil. par mm. carré		Allongement de rupture en centièmes sur 200 m/m		Résistance au choc rapportée à celle de la fonte grise prise p. unité	
	C	Si	Mn	S	Ph	Métal naturel	Métal trempé à l'huile et recuit	Métal naturel	Métal trempé à l'huile et recuit	Métal naturel	Métal trempé à l'huile et recuit	Métal naturel	Métal trempé à l'huile et recuit
Fonte grise	3,425	3,510	0,120	0,040	0,125			8				1	
	3,351	1,000	traces	traces	0,092			9,52				1,3	
Fonte blanche	2,900	0,990	traces	traces	0,087			15,70				2,1	
	2,425	0,938	0,145	traces	0,091			20,70				2,7	
Métal mixte	2,150	0,700	0,180	0,035	0,085			24,70		0,20		3	
	1,530	0,730	0,160	traces	0,112			26,70		0,40		2,5	
Acier moulé	0,875	0,322	0,772	traces	0,095	37,8	47,8	60,5	82,4	1,4	3,0	8 ?	30 ?
	0,750	0,163	0,672	id.	0,097	34,7	36,3	62,3	72,3	3,1	9,4	17 ?	59 ?
	0,459	0,221	0,670	id.	0,078	25,2	30,3	52,2	56,0	3,5	16,9	17 ?	70 ?
	0,287	0,233	0,693	id.	0,070	20,7	28,8	45,7	49,3	8,8	21,4	30 ?	70 ?

Le tableau précédent, emprunté à l'ouvrage de M. *Lebasteur*,
indique comment la transition s'opère entre la fonte et l'acier

moulé, en passant par le métal mixte. Nous noterons encore que la température de fusion, qui varie pour les fontes blanches entre 1050° et 1150°, s'élève rapidement et dépasse 1300° pour les aciers très carburés, et 1500° ou même 1600° pour les aciers doux. Le coefficient d'élasticité longitudinale paraît avoir sensiblement la même valeur pour tous les aciers, quelle que soit leur composition.

60. Classification des fers et aciers. — Les composés ferreux qui contiennent moins de 1 0/0 de carbone (exceptionnellement de 1 à 1,5 0/0 pour les produits spéciaux, aciers exceptionnellement durs pour outils) diffèrent essentiellement de la fonte à tous les points de vue.

Leur température de fusion, variant de 1400 à 1700°, est d'autant plus élevée que le carbone est moins abondant, tandis que pour les fontes c'est à ce point de vue le silicium qui paraît jouer le rôle important, en relevant la température de fusion quand on passe de la fonte blanche à la fonte grise. Ils peuvent être laminés, forgés et martelés à chaud, au-dessus du rouge. Ils possèdent à la température blanche la propriété de se souder entre eux. Lorsqu'ils sont à l'état naturel, c'est-à-dire ont été refroidis lentement à partir de leur point de fusion, ils sont doux et malléables à froid.

Leur résistance à l'extension, qui est d'autant plus élevée que la carburation est plus forte, dépasse 28^k et peut atteindre 100^k et plus; l'allongement de rupture, qui varie en sens inverse de la résistance, est toujours notable (de 3 à 32 0/0 sur un barreau de 200^{mm} de longueur et 20^{mm} de diamètre), tandis que la fonte se rompt sans déformation sensible, l'allongement étant inférieur à un centième. Enfin le coefficient d'élasticité longitudinale est à peu près invariable, tant pour les produits fondus (de 1950×10^7 à 2200×10^7) que pour les produits soudés (de 1800×10^7 à 2000×10^7).

Lorsqu'un barreau de fer ou d'acier est chauffé à la température cerise claire (900 à 1000°) et refroidi rapidement ou presque instantanément, ses propriétés sont complètement transformées : sa cassure primitivement grise ou bleue devient blanche

et perd son aspect fibreux, grenu ou cristallin ; la résistance à
l'extension est augmentée dans une mesure très grande, tandis
que l'allongement de rupture est notablement diminué. Enfin le
métal devient dur, cassant et fragile, et ne possède plus de malléabilité à froid ; on ne peut que difficilement le buriner ou le
limer : c'est ce qu'on appelle le phénomène de la *trempe*.

L'établissement d'une classification rationnelle des fers et
aciers constitue un problème difficile, qui ne paraît pas jusqu'à
présent avoir reçu de solution définitive et complètement satisfaisante.

Le *Congrès métallurgique de Philadelphie* a proposé d'établir
quatre catégories.

1° *Fers soudés* : ceux qui, obtenus par la réunion de masses pâteuses, soit par paquetage, soit par tout autre procédé n'impli-
quant pas la fusion, ne durcissent pas sensiblement à la trempe.

2° *Aciers soudés* : ceux qui, obtenus généralement par la réunion
de masses pâteuses, prennent la trempe et possèdent ainsi la
propriété caractéristique des aciers.

3° *Fers fondus* : ceux qui, obtenus à l'état fondu, ne prennent
pas la trempe d'une manière sensible.

4° *Aciers fondus* : ceux qui, obtenus à l'état fondu, prennent la
trempe.

Le mot « *sensiblement* », qui figure dans la définition des fers
soudés ou fondus, indique immédiatement le point faible de cette
classification. Il n'est pas facile d'établir une ligne de démarcation nette et précise entre les produits qui prennent la trempe et
ceux qui ne la prennent pas. Théoriquement, tous les composés
de carbone et de fer qui contiennent de 0,10 à 1,5 de carbone,
c'est-à-dire tous les fers et les aciers, peuvent être influencés par
la trempe. En fait, les établissement, du Creusot ont réussi à tremper des fers soudés et des fers fondus extra-doux, et à obtenir
par un procédé nouveau (trempe à la glace) des produits aussi
durs et aussi résistants que ceux fournis, avec les méthodes
usuelles, par les aciers les plus carburés [1].

---

1. Nous devons à l'obligeance de M. *Barba*, directeur des usines, et de M.
Werth, chef du laboratoire d'essai des aciers, les renseignements suivants sur

Si l'on reconnaît que tous les fers et les aciers sont susceptibles de prendre une trempe énergique, à la condition d'accélérer le refroidissement au fur et à mesure que le carbone diminue et de réaliser une quasi-instantanéité pour les produits les plus doux, la classification du congrès de Philadelphie devient sans valeur, puisqu'elle s'appuie sur un caractère, prétendu distinctif des aciers, qui se retrouverait dans les fers.

Supposons qu'on ne veuille pas admettre que les expériences du Creusot puissent ouvrir une nouvelle voie à la métallurgie, et que, leur refusant toute importance au point de vue pratique, on persiste à réserver la qualification d'aciers aux métaux qui se trempent *par les procédés en usage* dans l'industrie. La limite séparative des aciers et des fers n'en restera pas moins difficile à fixer avec précision, ce qui est d'autant plus fâcheux que l'on

deux expériences faites au Creusot, en trempant dans l'eau glacée à — 15° des barres chauffées au cerise clair (1000°) :

Qualification des produits	Composition élémentaire					Limite de rupture à l'extension	Allongt. de rupture	Texture nerveuse
	C	Si	Mn	S	Ph			
Fer fondu (acier doux)	0,16	0,09	0,38	0,02	0,05	45	30	à l'état naturel
						117	10,5	trempé
Fer soudé	0,12	0,06	0,09	0,015	0,02	44	27	à l'état naturel
						28,5	4	trempé

TREMPE DES MÉTAUX A LA GLACE — Observations

Ces expériences bouleversent les idées qu'on se faisait sur les causes et les effets de la trempe. A la seule condition d'accélérer d'autant plus la vitesse du refroidissement que la teneur en carbone du produit est moindre, il semble qu'on puisse obtenir des résultats équivalents au point de vue de la résistance du produit, *quel que soit le degré de carburation du métal primitif.* L'abondance du carbone semble avoir pour unique effet de diminuer l'allongement de rupture (10,5 avec un acier doux et 3 à 5 avec un acier très dur à 0,80 de carbone, pour la même résistance), et de permettre l'emploi des méthodes usuelles qui ne donnent qu'un refroidissement peu rapide (trempe à l'eau ou à l'huile). Les effets dûs à la présence de la scorie, qui diminue la résistance et l'allongement de rupture du fer soudé, paraissent persister sans changement appréciable après la trempe.

fabrique aujourd'hui une quantité considérable de produits placés à la frontière des deux catégories, si bien que l'on ne sait pas au juste de quel côté il faut les ranger.

Il n'y a pas de différence appréciable au point de vue des caractères essentiels, des propriétés et des usages, entre un fer fondu dur et un acier fondu doux, qui sont employés indifféremment l'un et l'autre pour la fabrication des rails et d'autres produits industriels.

Si d'une part la distinction établie entre les fers fondus et les aciers fondus est subtile et contestable, d'autre part la catégorie créée par le congrès pour les aciers soudés ne présente plus d'intérêt bien sérieux. On a fait grand usage autrefois des aciers soudés, quand on ne savait pas fabriquer l'acier fondu. Mais depuis les découvertes de *Bessemer*, *Martin*, *Gilchrist* et *Thomas*, etc., on voit leur fabrication se restreindre de plus en plus ; souvent même on fait repasser au creuset les aciers soudés obtenus par cémentation, de façon à les transformer en aciers fondus. On peut prévoir le moment où ce genre de produit, chassé définitivement du domaine industriel par les aciers obtenus directement à l'état fondu, ne présentera plus qu'un intérêt rétrospectif et scientifique. Déjà dans la construction, l'artillerie, etc., on ne s'en sert plus. C'est tout au plus si on y a encore recours pour la coutellerie et certains outils.

Pourtant, on qualifie quelquefois d'aciers certains métaux soudés, utilisés notamment dans la fabrication des rails, qu'on obtient au four à puddler. Mais ces produits, dont le degré de carburation n'est pas élevé, peuvent aussi bien, si l'on adopte la classification du congrès de Philadelphie, être rangés à la limite des fers soudés qu'à celle des aciers soudés : l'incertitude signalée plus haut à propos des métaux fondus se manifeste encore ici, d'autant plus qu'on n'obtient jamais par le puddlage de composés très carburés, pour lesquels la désignation s'imposerait sans conteste.

En somme, l'interprétation des règles posées par le congrès de Philadelphie prête à la controverse en ce qui touche la délimitation à établir entre les fers et les aciers ; de plus la catégorie des aciers soudés ne présente pas d'intérêt. On conçoit donc que cette classification n'ait pu jusqu'à présent pénétrer dans la pratique, du moins en France, en dépit des efforts persévérants qui ont été faits, à tous les congrès ultérieurs, pour en généraliser l'adoption.

Les fabricants et les constructeurs ont persisté à répartir les produits sidérurgiques malléables et forgeables à chaud en deux catégories, définies exclusivement par leur mode de fabrication :

Fers : obtenus à l'état pâteux dans les fours à puddler ; teneur en carbone : de 0,05 ou plutôt 0,08 à 0,15 0/0 (exceptionnellement 0,15 à 0,30 pour le métal à rails).

Aciers : obtenus à l'état fondu par différents procédés ; teneur en carbone 0,10 à 1 0/0 (exceptionnement 1,50 pour certains métaux à outils).

Cette classification usuelle est parfaitement nette et claire, et ne peut soulever en pratique ni discussion ni contradiction, puisqu'elle s'appuie sur un fait matériel et patent, qui est le procédé mis en usage pour la fabrication.

Elle est d'un emploi commode dans les établissements métallurgiques, qui divisent leurs produits en trois classes correspondant aux trois grandes divisions de chaque usine :

les hauts-fourneaux, qui donnent la fonte ;

les fours à puddler, qui donnent le fer ;

l'aciérie (convertisseurs Bessemer, fours Martin, creusets, etc.), qui fournit l'acier.

On ne saurait d'ailleurs prétendre que cette classification, abstraction faite du mode de fabrication, soit à tout autre point de vue sans valeur. Les deux genres de produits, fers et aciers, se distinguent, au point de vue de la composition chimique, par un caractère très important, la présence dans les fers de silicates provenant de la scorie, qu'on ne trouve jamais dans les aciers ; il en résulte des différences considérables dans leurs propriétés élastiques, si bien qu'il est toujours facile de distinguer, par un essai de résistance à la traction, si le barreau expérimenté est en fer ou en acier. Il en est de même en ce qui touche l'emploi et la mise en œuvre, et nous ne retrouvons pas ici l'incertitude qu'entraîne l'application des règles du congrès de Philadelphie.

Nous nous en tiendrons donc à la classification usuelle, sans prétendre rejeter définitivement celle du congrès, qui serait peut-être susceptible, avec des remaniements et des modifications, de reprendre l'avantage quand on sera plus avancé dans la connaissance des métaux.

Cette division en fers et aciers ne suffit pas : chacune de ces catégories comprend une série de composés très variés, très différents les uns des autres au point de vue des caractères spécifiques, de la mise en œuvre et de l'emploi industriel, dont le nombre va se multipliant tous les jours, en raison des progrès de la métallurgie. Il conviendrait donc de répartir d'une part les fers, et d'autre part les aciers, en un nombre suffisant de genres distincts. Cette nécessité a été reconnue de tout temps : malheureusement chaque fabricant, chaque constructeur, chaque consommateur important a établi dans cet ordre d'idées une classification répondant à ses propres besoins, et la plus grande confusion règne dans la sidérurgie. Nous ne sommes pas compétent pour élucider et résoudre le problème, et choisir entre la classification de la marine française, celles des Compagnies de chemins de fer, celles des grands établissements métallurgiques et des usines de construction, etc. Nous nous bornerons à donner pour chaque classe de produits un spécimen de classification, sans prétendre en aucune façon en recommander l'adoption.

C'est là un problème de la compétence exclusive des métallurgistes, dont la solution rationnelle exigerait une connaissance approfondie des métaux, et ne pourrait être que le résultat des enquêtes à faire dans tous les établissements où le fer s'élabore ou se travaille. Nous n'estimons pas que l'état actuel de nos connaissances nous permette, quant à présent, de répondre à ce *desideratum*.

En ce qui touche les dénominations à appliquer aux différents aciers suivant leur degré de carburation, qui les rend plus ou moins aptes à prendre la trempe, on s'accorde à employer les qualificatifs : *extra-doux, doux, mi-doux, mi dur, dur, extra-dur*, qui indiquent les degrés croissants de carburation ou de dureté superficielle. Pour le fer, où le rôle du carbone est peu important comparativement à celui de la scorie et des autres éléments, silicium, soufre, phosphore et manganèse, on se sert de termes définissant la pureté du produit : *commun, ordinaire, fin, très fin,* etc. On est à peu près d'accord sur la nomenclature à employer, mais lorsqu'il s'agit de définir les métaux ainsi désignés, la discordance et la confusion réapparaissent.

61. Renseignements sur les aciers. — *Fabrication. Procédé Bessemer ordinaire ou acide.* — On traite en général par ce procédé des fontes carburées, siliceuses et non manganésées (grises ou blanches, suivant que l'élément dominant est le silicium ou le manganèse), qui peuvent contenir un peu de soufre, mais doivent être dépourvues de phosphore. On injecte par le fond de la cornue, où l'on a versé la fonte en fusion, de l'air chauffé qui brûle les éléments associés au fer et, en raison de la chaleur développée par cette combustion, porte la masse à une température excessivement élevée (1800° ou 2000°), suffisante pour maintenir à l'état de fusion parfaite les aciers les plus doux.

Le soufre s'élimine sans difficulté à cette température, qui suffirait à elle seule pour provoquer, dans une certaine mesure, son départ. La présence du silicium, qui déplace le soufre de sa combinaison avec le fer, celle du manganèse, qui s'unit à lui, et celle du carbone, qui forme du sulfure de carbone, favorisent son expulsion ; il est transformé en acide sulfureux qui se dégage, ou en sulfure de manganèse qui passe dans la scorie, principalement après l'addition du spiegel.

Nous verrons ci-après que le soufre s'élimine encore plus facilement dans le procédé dit *basique*, où il passe dans la scorie basique à l'état de sulfure de calcium.

Le carbone brûle et donne de l'acide carbonique, et, surtout à la fin du traitement, de l'oxyde de carbone qui s'enflamme à la sortie de la cornue.

Le silicium brûle également, en même temps que le manganèse, avec lequel il s'unit pour former un silicate qui passe dans la scorie. Le rôle du manganèse est de favoriser le départ de ce métalloïde, et de donner une scorie qui se sépare mieux de l'acier, en raison de sa fluidité et de sa moindre densité, que le silicate de fer à attendre d'une fonte dépourvue de manganèse. Le manganèse est

susceptible de s'oxyder par réduction de l'oxyde de fer, et l'oxyde
de manganèse déplace l'oxyde de fer de sa combinaison avec la
silice. Il en résulte qu'il est toujours facile d'obtenir un produit
où la proportion de ce métal ne soit pas exagérée, en prolongeant
l'opération.

L'élimination du carbone et celle du silicium suivent une marche parallèle : il s'établit à un moment quelconque de l'opération
une sorte d'équilibre entre la teneur en carbone et la teneur en
silicium, ce dernier corps ne pouvant disparaître entièrement
tant qu'il reste du carbone. A supposer qu'on eût réussi par un
tour de main à obtenir à un moment donné cette disparition, l'é-
quilibre ne tarderait pas à se rétablir, le carbone réduisant la
silice fournie par la scorie ou par les parois acides de la cornue
(en argile réfractaire ou quartz aggloméré) et régénérant le silicium contenu dans le métal en fusion.

Si donc il peut arriver qu'avec des fontes très siliceuses (à 5 0/0
de silicium) et insuffisamment manganésifères, ce métalloïde ne
soit qu'incomplètement scorifié au moment où le carbone a été
brûlé en totalité — ce qui entraîne en pareil cas l'échec de l'opération et la perte de la matière première employée, — l'hypothèse contraire n'est jamais réalisable : le métal fourni par le
procédé Bessemer acide contient toujours une certaine proportion de silicium, en raison même de la constitution de la cornue,
tant que le carbone n'a pas disparu en totalité.

On peut toutefois, en opérant rapidement, purifier suffisamment une fonte modérément siliceuse et suffisamment mangané-
sifère pour obtenir, à la fin du traitement et sans addition de
fonte spéciale, un acier doux de qualité convenable. C'est ainsi
que d'après M. *Bessemer* on a pu, sans addition finale, retirer
d'une fonte dont la composition était la suivante : 3,5 C ; 1,46 Si ;
2,18 Mn ; traces de soufre, un acier ainsi constitué : 0,18 C ;
0,04 Si ; 0,54 Mn. Mais il serait en tous cas impossible de fabriquer, même avec une fonte de cette catégorie, un produit contenant plus de 0,25 de carbone. c'est-à-dire de la catégorie des
aciers mi-doux.

A fortiori, avec une fonte moyennement siliceuse (3,55 C ; 2,39
Si), surtout si elle contient peu de manganèse, ne peut-on élimi-

ner dans une mesure suffisante le silicium sans réduire le carbone du produit à une teneur extrêmement faible, 0,04 par exemple : si la teneur en manganèse est insignifiante, la scorie est exclusivement ferrugineuse, et ne se sépare pas bien du métal, qui reste chargé de matières oxydées.

Un pareil produit est inutilisable, parce que, avec moins de 0,10 de carbone, il contient nécessairement de l'oxyde de fer qui le rend roúverin, c'est-à-dire fragile à chaud, et ne permet pas de le laminer et de le marteler.

Il est donc nécessaire de le recarburer, qu'il s'agisse d'obtenir un produit très doux à 0,15 ou 0.20 0/0 de carbone, ou un acier dur à 0,60 ou 0,80 0/0.

Cette recarburation pourrait se faire à la rigueur avec du charbon en poudre projeté à la surface de la matière fondue, mais pratiquement on préfère employer une fonte spéciale manganésée, spiegel pour les aciers durs, ferro-manganèse pour les aciers doux. Tandis que le carbone s'incorpore au fer, le manganèse réduit l'oxyde de fer disséminé dans la masse et passe dans la scorie. Il est important de pousser vivement cette dernière partie de l'opération, afin d'éviter la perte du carbone et la régénération du silicium, fourni par la réduction de la scorie ou du revêtement de la cornue.

On a reconnu qu'une addition, faite immédiatement avant la coulée, de produits contenant soit du silicium, soit du manganèse, soit de préférence ces deux corps associés, avait pour effet de diminuer ou même de faire entièrement disparaître les soufflures que l'on constate souvent dans les lingots moulés, et qui en diminuent sensiblement la valeur. A ce point de vue, une addition de silico-spiegel (à forte teneur en silicium et manganèse, avec une dose notable de carbone), effectuée peu de temps avant la coulée, peut présenter des avantages, à la condition bien entendu de ne pas dépasser, dans le produit final, la proportion de silicium compatible avec la qualité du produit. L'oxyde de carbone dissous dans la matière est réduit par le silicium et le manganèse qui passent dans la scorie à l'état de silicate de manganèse, et en l'absence de ce gaz l'hydrogène dissous ne se dégage que faiblement.

L'acide phosphorique et les phophates de fer et de manganèse sont réduits par l'oxyde de carbone ; la silice facilite cette réaction, en déplaçant cet acide de ses composés salins. Il en résulte que la combustion du phosphore ne se produit guère qu'au moment où, le carbone et le silicium ayant à peu près entièrement disparu, on va faire l'addition du spiegel ; or cette addition provoque immédiatement la réduction des phosphates. On retrouve donc en définitive dans l'acier la presque totalité du phosphore que contenait primitivement la fonte. C'est pour cette raison que le procédé Bessemer acide n'est pas applicable aux fontes phosphoreuses, qui donneraient des produits également phosphoreux et par conséquent de mauvaise qualité.

Le traitement des fontes au convertisseur Bessemer ne dure que 15 à 30 minutes, et la coulée doit être faite presque immédiatement après l'addition finale. En raison de cette rapidité de l'opération, il est difficile de bien régler la composition du produit : on ne peut obtenir qu'approximativement la qualité d'acier que l'on a en vue, et l'écart est parfois considérable malgré tout le soin apporté à la fabrication.

Procédé Siemens-Martin. — Le procédé *Siemens-Martin* consiste à faire réagir, dans un four à réverbère muni d'un régénérateur Siemens, du fer doux sur la fonte avec ou sans addition de minerais de fer riches, destinés à fournir, concurremment avec l'air ambiant, l'oxygène nécessaire pour la scorification du silicium et du manganèse de la fonte. La durée du traitement atteint plusieurs heures. Quand la masse est fondue, purifiée et rendue bien homogène par des brassages, on y ajoute en général du spiegel ou du ferro-manganèse pour recarburer le métal et achever sa purification, puis on fait la coulée. Le revêtement de la sole est acide et semblable à celui du convertisseur Bessemer. Les réactions chimiques sont identiques à celles dont il a été parlé plus haut ; il en est de même de la nature des fontes traitées, qui ne doivent pas être pbosphoreuses.

L'avantage de ce procédé est de permettre l'utilisation des déchets de fer et d'acier, des vieux rails, que l'on transforme ainsi en métal neuf, avec une addition de 30 à 40 0/0 de fonte.

Il permet de réaliser dans le produit, avec plus de facilité et de précision, la composition élémentaire que l'on désire, en raison du temps dont on dispose. Avec le procédé Bessemer, il faut se hâter, et on risque de ne pas atteindre exactement le but : le métal peut être imparfaitement dosé et affiné.

Fabrication de l'acier au creuset. — Ce procédé qui est coûteux et ne s'emploie guère plus aujourd'hui que pour la préparation d'aciers très durs de qualité supérieure, consiste à fondre en vase clos, dans un creuset d'argile graphiteuse, un mélange de fer et de fonte très pure, dont on règle la proportion en vue du résultat à obtenir. On fabrique de cette façon, par petites quantités, des aciers d'une composition rigoureuse et présentant exac_ tement les qualités qui sont exigées pour la confection des outils à travailler les métaux.

On peut par exemple préparer ainsi des aciers très durs non manganésés, susceptibles d'être trempés sans devenir trop fragiles.

La Compagnie des forges de Châtillon et Commentry fabrique avec des aciers au creuset des fils métalliques présentant une résistance exceptionnelle, qui peut dépasser 220 kilogrammes par millimètre carré.

On repasse parfois au creuset les aciers obtenus par cémentation, mais sans addition de fonte, et simplement pour les transformer en produits fondus, les rendre parfaitement homogènes et les affiner par élimination de la scorie, qui se sépare par liquation du bain sur lequel elle vient surnager.

Procédé direct. — On a cherché, dans un but d'économie, à retirer directement l'acier du minerai de fer, sans être obligé de fabriquer de la fonte à titre de produit intermédiaire. Les tentatives faites dans cet ordre d'idées n'ayant pas encore conduit à un procédé industriel complètement satisfaisant, leur étude est du domaine de la métallurgie, et nous n'en parlerons pas ici.

Déphosphoration. — Nous avons vu que la présence du silicium dans le métal traité au convertisseur Bessemer faisait obstacle à l'élimination du phosphore, qui demeurait en entier dans le produit ; que d'ailleurs la nature acide du revêtement de la cornue (argile réfractaire ou quartz aggloméré) ne permettait pas d'obtenir, même à la fin du traitement, un métal absolument exempt de silicium.

D'autre part, l'oxyde de carbone réduit l'acide phosphorique libre et les phosphates de manganèse et de fer, en régénérant le phosphore.

Pour traiter au convertisseur une fonte phosphoreuse, il faut donc : 1° remplacer le revêtement acide par un revêtement basique (*dolomie*, ou carbonate double de chaux et de magnésie) ou neutre (*magnésite*, ou silicate de magnésie ; *fer chromé*, ou chromate de fer ; *bauxite*, alumine contenant une petite quantité de silice et de bases terreuses, ainsi que de l'oxyde de fer comme élément isomorphe de l'alumine), qui ne puisse, sous l'action réductrice du carbone, fournir de silicium au métal traité ; 2° ajouter au bain une base énergique, telle que la chaux, susceptible de former avec le phosphore un sel que l'oxyde de carbone ne réduise que difficilement. On peut remplacer la chaux par le fluorure de calcium ou spath fluor, qui augmente la fluidité de la scorie et en facilite la séparation.

Cette double condition étant remplie, il devient possible de traiter au convertisseur des fontes phosphoreuses, à condition qu'elles ne renferment qu'une quantité modérée de silicium. Le silicium brûle le premier ; dès qu'il a disparu, le phosphore s'oxyde et donne des phosphates basiques, avant que le carbone n'ait été lui-même entièrement consumé. Quand la teneur en carbone est devenu très faible, la combustion du phosphore s'achève en donnant des sels de fer et de manganèse ; on active à ce moment le soufflage pour que la réaction soit complète.

La basicité de la scorie facilite aussi, ainsi qu'on l'a vu, l'élimination du soufre, qui donne du sulfure de calcium.

L'élimination du phosphore est en somme favorisée par l'abondance de l'oxygène, de la chaux, des oxydes de fer et de manganèse, et du fluor ; contrariée par la présence du silicium, du manganèse et du carbone. Mais il est à remarquer que c'est plutôt l'oxyde de carbone que le carbone qui réduit l'acide phosphorique et les phosphates ferrugineux, manganésiens, et même terreux. C'est pourquoi le phosphore peut être expulsé même en présence d'une forte teneur en carbone, si, la température étant peu élevée, la combustion du carbone est lente et donne de l'acide carbonique. A haute température, l'oxyde de carbone devient abondant et régénère le phosphore. Les fontes grises, fabriquées à l'allure chaude des hauts-fourneaux, sont pour un même minerai beaucoup plus phosphoreuses que les fontes blanches obtenues à l'allure froide.

Avant d'ajouter du spiegel ou du ferro-manganèse pour recarburer l'acier et faire disparaître l'oxyde de fer qu'il contient en raison de sa faible teneur en carbone, il est bon de faire écouler la plus grande partie de la scorie, afin d'éviter la régénération du phosphore par réduction des phosphates de manganèse et de fer. L'addition finale se fait souvent dans la poche de coulée, après avoir versé la majeure partie de la scorie qui surnageait sur le bain métallique.

Le même procédé est applicable dans les mêmes conditions de revêtement et d'additions avec le four Martin, qui permet de retirer de l'acier de bonne qualité des déchets de fer phosphoreux (rails).

L'avantage des procédés basiques est de permettre l'utilisation, pour la fabrication d'aciers d'excellente qualité, de fontes blanches peu siliceuses, et par suite obtenues économiquement à l'allure froide du haut-fourneau avec des minerais phosphoreux, qui sont très abondants dans la nature et d'une extraction facile et peu coûteuse. Ces procédés s'appliquent en général à la préparation d'aciers doux, qui ne contiennent, en raison de la marche suivie dans le traitement, que des traces de silicium. Ces aciers sont souvent chargés de manganèse, la perte de ce métal étant moindre avec le procédé basique qu'avec le procédé acide, par le double motif que le silicium est peu abondant et que la silice s'unit à la chaux de préférence au manganèse. Ces aciers basiques se prêtent à un travail à chaud long et compliqué. On peut d'ailleurs y introduire sans difficulté l'élément silicium qui leur fait défaut par une addition finale de silico-spiegel, si l'on veut avoir un métal siliceux. Cette addition, faite dans la poche de coulée après avoir débarrassé le métal de la scorie surnageante qui renferme le phosphore, présente une certaine utilité, en ce qu'elle prévient l'apparition des soufflures dans les lingots moulés.

Composition élémentaire de l'acier. — *Carbone.* — Dans les aciers fondus d'un emploi courant, la teneur en carbone varie de 0, 12 à 1. Au-dessous de 0,10, on a un métal contenant de l'oxyde de fer (acier brûlé), qui est inutilisable par suite de sa fragilité à froid et à chaud. Au-dessus de 1 %, on a un produit spécial, dont l'usage paraît limité à la fabrication d'outils très durs à travailler les métaux à froid.

Si partant d'un acier extra-doux à 0,12 de carbone, on fait croître la teneur en carbone jusqu'à obtenir un acier extra-dur à 1 % de ce métalloïde, on constate que :

La résistance à l'extension va en augmentant, tandis que l'allongement de rupture diminue. Le rapport entre la limite d'élasticité et la limite de rupture s'abaisse de $\frac{2}{3}$ à $\frac{1}{2}$.

La dureté et la résistance à la compression vont en croissant.

La densité varie d'une manière insignifiante : elle diminue probablement, en raison de la légèreté relative du carbone et du silicium associés au fer, dont la proportion devient plus grande. Mais, en raison du peu d'importance de la dose totale de ces éléments (1 à 1,5 % tout au plus), le résultat est presqu'insensible : le poids du mètre cube varie de 7930 à 7780 kg.

Le coefficient d'élasticité longitudinale, mesuré par le rapport de l'allongement élastique à la tension correspondante, ne paraît pas varier d'une manière sensible, ni dans un sens bien déterminé. On a trouvé indifféremment pour des aciers de toutes duretés des valeurs comprises entre 1960×10^7 et 2300×10^7. On admet dans la pratique, en vertu d'anciennes expériences dont la valeur est peut-être contestable, une moyenne générale de 22×10^9. Comme le coefficient d'élasticité n'est pas absolument constant entre la tension zéro et la limite d'élasticité, mais paraît augmenter avec la valeur du travail correspondant à l'allongement mesuré, les discordances relevées entre les résultats fournis par divers observateurs tiennent peut-être à un défaut d'accord sur la règle à suivre pour définir la limite d'élasticité. Il est permis d'admettre que si le coefficient d'élasticité n'est pas absolument invariable, il est plutôt influencé, comme la densité et dans une très faible mesure, par la structure physique que par la composition élémentaire du produit étudié.

La température de fusion va en décroissant rapidement, depuis 1600° et au-dessus pour les aciers extra-doux jusqu'à 1400° pour les métaux ultra-carburés.

La ductilité et la malléabilité à froid diminuent ; le métal dur est plus cassant que le métal doux.

La malléabilité à chaud va en décroissant, avec la marge existant entre le rouge et le point de fusion. Le travail à chaud devient de plus en plus difficile : tandis que les aciers doux peuvent être laminés au blanc éclatant, on ne peut dépasser l'orangé clair pour les métaux les plus durs.

La soudabilité diminue aussi ; la température à laquelle doit se faire la soudure varie du blanc éclatant pour les aciers doux à l'orangé clair pour les aciers extra-durs. On fait quelquefois usage pour ces derniers de fondants, borax, sable, sel marin, ferro-cyanure de potassium, etc. Cette circonstance serait de nature à faire penser que, pour que la soudure soit possible, il faut que la pellicule d'oxyde de fer, formée sur le métal chauffé à l'air, puisse donner avec la silice, ou tout autre acide, un sel fusible qu'élimine le martelage. Dans les aciers durs, le carbone existe en quantité assez considérable pour empêcher le silicium de s'oxyder, maintenir par suite l'oxyde de fer à l'état isolé, et faire obstacle à la soudure. A ce compte, le silicium et le manganèse, qui réduisent l'oxyde de fer et donnent un silicate très fusible, augmenteraient la soudabilité : ce point ne semble pas encore parfaitement démontré.

Le coefficient de dilatation linéaire varie pour tous les composés ferreux (fer, fonte et acier) entre 0,0000107 et 0,0000123. Il paraît augmenter par la trempe. Sa valeur dépend sans doute plutôt de l'état physique et de l'équilibre élastique des molécules (actions moléculaires latentes) que de la composition élémentaire. Il semble enfin que ce coefficient aille en croissant avec la température, jusqu'à 0,000014 et plus[1].

1. La figure 75 donne les résultats d'expériences faites sur la dilatation du fer et des aciers aux températures élevées par la Cie des Forges de Châtillon et Commentry, dans son usine de Montluçon.

La trempe agit d'autant plus énergiquement sur l'acier qu'il est plus carburé. Les aciers doux ne sont pas sensibles à la trempe ordinaire à l'eau, ainsi que nous l'avons déjà remarqué, ou du moins leur résistance aux chocs et leur dureté superficielle ne sont pas sensiblement modifiées, bien que la résistance de

Les métaux essayés ont été les suivants :
I. Fer à composition : 0,12 C ; 0,25 Mn ; 0,05 Ph ; 0,02 S.
II. Acier basique très doux ; 0,15 C; 0,54 Mn.
III. Acier mi-dur : 0,45 C.
IV. Acier très dur : 1,13 C (faible teneur en silicium et manganèse).

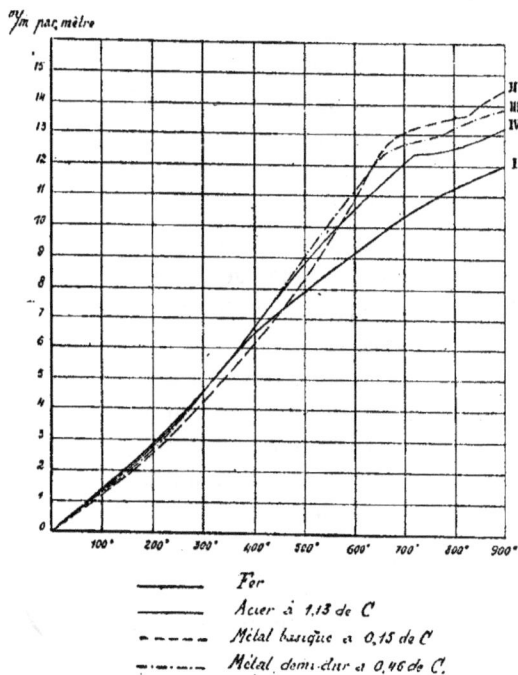

Fig. 75.

Les quatre courbes coïncident sensiblement jusqu'à 400°, température où l'allongement total, d'environ 0,0065 par mètre, correspond à un coefficient moyen de dilatation de 0,000016, très supérieur à celui — 0,0000117 — constaté au-dessous de 100°.

Au-dessus de 400°, il y a séparation des quatre courbes : l'acier se dilate plus que le fer, sans que la teneur en carbone paraisse jouer aucun rôle dans ce phénomène, le métal le plus dur s'éloignant moins du fer que le métal le plus doux.

rupture soit légèrement accrue, et l'allongement de rupture un
peu diminué.

Pour les aciers très durs, cette trempe agit avec assez de vio·
lence pour produire des fêlures et des ruptures ; il faut recourir
à la trempe à l'huile, qui est moins brutale.

La trempe augmente la résistance à l'extension et diminue l'allongement de rupture. Elle rend le métal dur, aigre et fragile.
Nous étudierons avec plus de détails ses effets au paragraphe
prochain. Elle diminue également la densité, et paraît augmenter
le coefficient de dilatation, ainsi que le coefficient d'élasticité
longitudinale qui peut, pour un acier très dur, être porté par la
trempe de 21×10^9 à 27×10^9.

Enfin, l'acier moulé est en général d'autant plus sujet aux
soufflures que la teneur en carbone est moindre.

Silicium. — Le silicium à haute dose rend l'acier rouverin, ou
fragile à chaud, et ne permet plus de le laminer ou de le marteler au-dessus du rouge : il le rend de plus cassant et fragile à
froid. La proportion de silicium admissible dans l'acier paraît
s'abaisser au fur et à mesure que la teneur en carbone s'élève ;
elle peut aller jusqu'à 0,80 pour les produits les plus doux, et ne
doit pas dépasser 0,34 pour les aciers très durs à 0,80 de carbone.
Il semble que la différence essentielle constatée entre les propriétés des fontes et celles des aciers soit imputable à l'influence
simultanée du silicium et du carbone. Il est possible, d'autre part,
que l'action du manganèse neutralise dans une certaine mesure
les inconvénients du silicium, l'acier très manganésé supportant
mieux la présence de ce métalloïde.

Tandis que le coefficient moyen de dilatation du fer diminue d'une façon régulière et continue à partie de 400°, jusqu'à tomber à 0,0000133 pour la tempéra·
ture de 900°, celui d'un acier quelconque continue à croître jusqu'à une température critique voisine de 700°.

Acier II Température critique 680° Max.du coeft.moyen de dilat⁰ⁿ 0,0000185

Acier III	—	680°	—	0,0000184
Acier IV	—	725°	—	0,0000173

Au-delà de cette température critique, qui semble correspondre dans les trois
cas à un allongement total de 0,0125 par mètre, la courbe des allongements devient irrégulière et s'abaisse : à 900°, le coefficient moyen de dilatation linéaire
est retombé à 0,0000161 pour l'acier II, à 0,0000154 pour l'acier III, et à
0,0000147 pour l'acier IV.

A dose convenable, le silicium rend des services. Il augmente la résistance à l'extension et diminue l'allongement de rupture ; il rend par conséquent l'acier plus dur.

Sa présence est une garantie contre l'existence dans le métal d'oxyde de fer qui le rendrait rouverin ; mais il n'est pas indispensable à ce point de vue, car un acier à 0,04 de silicium peut se prêter très bien au laminage s'il est suffisamment manganésé ou carburé.

Le silicium empêche les soufflures de se produire dans l'acier moulé, et augmente sa soudabilité. Sa présence dans le spiegel, avec le manganèse, facilite la séparation de la scorie et la purification du produit. Il relève probablement le point de fusion et nuit à la trempe dont il atténue les effets.

Manganèse. — Le manganèse augmente les limites d'élasticité et de rupture à l'extension, sans diminuer l'allongement de rupture autant que le feraient le silicium et le carbone ; pour une dureté donnée, la ductilité du métal est d'autant plus grande qu'il est plus manganésé. La teneur en manganèse ne peut toutefois dépasser 1 °/₀, au moins pour les aciers doux, sans les rendre fragiles. Le manganèse paraît neutraliser dans une certaine mesure les effets du soufre : on peut admettre que 4,5 de Mn compense 1 de S.

Comme il réduit l'oxyde de fer, et a une grande tendance à s'associer au silicium pour donner un silicate très fusible et qui se sépare aisément du métal fondu, il facilite la purification de l'acier, qui, s'il est manganésé, ne retient dans sa masse ni oxyde de fer, ni silicates ferrugineux ; il augmente d'autre part la soudabilité.

Enfin il concourt avec le silicium, mais avec moins d'énergie, pour faire disparaître les soufflures dans le moulage.

Il abaisse probablement la température de fusion, et accroît la fluidité du produit.

Il favorise les effets de la trempe, de telle sorte que les aciers manganésés deviennent facilement fragiles si on ne les trempe pas avec mesure et précaution ; il peut même se produire des craquelures dans le métal.

Les aciers manganésés à 1 0/0 sont utilisés pour les pièces de machines, essieux, manivelles, etc., qui ont à supporter des efforts considérables. Avec une teneur supérieure à 1 0/0, on a des produits durs et résistants, mais cassants et fragiles, qui servent à la fabrication d'outils à travailler les métaux. On en fait parfois usage pour les plaques de blindage, coupoles, etc., destinées à résister aux projectiles de l'artillerie.

Soufre. — Le soufre rend l'acier rouverin, diminue sa soudabilité, altère en certains cas sa résistance à froid en le rendant fragile, et augmente les soufflures de moulage. Avec une teneur supérieure à 0,25, l'acier ne peut plus être laminé ni martelé, et n'a plus de valeur industrielle. La présence du manganèse atténue les effets du soufre ; avec 0,80 de Mn, on peut accepter sans crainte 0,08 de soufre. Mais il ne convient pas de dépasser cette limite.

Le soufre s'élimine d'ailleurs facilement pendant la fabrication du métal, et il est rare que sa teneur dépasse 0,05 ; il n'en reste souvent que des traces.

Phosphore. — L'action du phosphore sur l'acier est extrêmement variable et capricieuse ; mais, d'une manière générale, les résultats sont toujours mauvais, et parfois désastreux. L'acier devient extrêmement fragile à froid, bien qu'il présente souvent une résistance aux efforts statiques et une ductilité (allongement de rupture par traction) très satisfaisantes : on remarque d'ailleurs que la limite d'élasticité est relevée, le rapport $\frac{N}{C}$ étant plus grand que pour les aciers non phosphoreux de même dureté.

Il semble que le phosphore détermine à haute température une cristallisation du métal, en raison peut-être de la fluidité que possèdent les phosphures métalliques. Il se concentre en certains points et forme des cristaux mal reliés au reste de la masse, dont les particules voisines ne possèdent pas d'adhérence mutuelle.

Il rend souvent le métal rouverin aux très hautes températures, à l'encontre du soufre et du silicium qui agissent surtout dans le voisinage du rouge.

Enfin il augmente la soudabilité et abaisse la température de fusion.

Les inconvénients du phosphore sont d'autant plus marqués que l'acier est plus carburé. Avec 0,10 de carbone, on peut tolérer 0,10 Ph : les aciers à rails contiennent jusqu'à 0,2 de phosphore, mais on prétend qu'ils deviennent alors très fragiles pendant les grands froids.

Avec 1 0/0 de C, il est bon de ne pas dépasser 0,05 de Ph, et il vaut même mieux se tenir au dessous : 0,03 pour les tôles fines.

Chrome. — Le chrome augmente énormément la résistance de l'acier, sans diminuer beaucoup sa ductilité. On peut obtenir des résistances de 72 à 95 kg. avec des allongements de 35 à 15 0/0.

La mise en œuvre des aciers chromés présente, au point de vue du laminage, des difficultés pratiques qui restreignent leur emploi ; leur prix de revient est d'ailleurs élevé et on n'en fait pas usage dans la construction. On s'en est servi avec succès pour les plaques de blindage.

Tungstène. — Les aciers tungstifères possèdent une dureté exceptionnelle ; ils servent à fabriquer des outils capables d'entamer au tour des pièces en acier trempé ordinaire.

Nickel. — Il semble, d'après les recherches faites sur l'influence du nickel, que ce métal puisse rendre des services analogues à ceux du chrome, en donnant des produits à la fois résistants et ductiles. Des plaques de blindage contenant 3 0/0 de nickel, avec des teneurs en carbone variant de 0,22 (métal doux) à 0,50 (métal dur), ont paru résister au choc des projectiles d'artillerie sans se diviser et se fissurer autant que les plaques d'acier ordinaire.

Nous ne pensons pas toutefois que l'on soit encore bien fixé sur les propriétés des aciers nickelés, et sur les emplois industriels dont ils sont susceptibles.

Autres métaux. — On ne rencontre guère dans les aciers que des traces de cuivre : à la dose de quelques dix-millièmes, il rend le produit rouverin et inutilisable.

On peut employer avec avantage, à la place du silico-spiegel, un alliage de fer et d'aluminium pour purifier l'acier fondu au moment de la coulée, et empêcher la formation des soufflures dans le lingot moulé : l'aluminium réduit l'oxyde de fer et l'oxyde de carbone avec plus d'énergie que le silicium, et sa grande fusibilité assure son mélange intime avec l'acier en fusion. Par suite de son affinité pour l'oxygène, qui lui permet de réduire les autres oxydes, il passe entièrement dans la scorie, et l'acier obtenu ne retient que des traces de ce métal.

On sait peu de choses sur les propriétés qu'acquiert l'acier lorsqu'on y introduit d'autres métaux que ceux dénommés plus haut.

Formules de M. Victor Deshayes. — A la suite d'essais multipliés faits sur des aciers fabriqués à l'usine de Terre-Noire, M. *Victor Deshayes* a proposé de calculer la résistance d'un acier à la rupture par extension simple, en kilogrammes par millimètre carré de section, par la formule suivante, où C représente en centièmes la dose du carbone, M*n*, S*i*, P*h*, celles du manganèse, du silicium et du phosphore :

$$C = 30 + 18C + 36C^2 + 18Mn + 15Ph + 10Si.$$

La figure 76 représente la courbe obtenue en s'en tenant aux trois premiers termes de cette formule : aciers constitués exclusivement par du fer et du carbone. Les autres corps simples, M*n*, P*h*, et S*i*, dont les pourcentages ne figurent qu'au premier degré

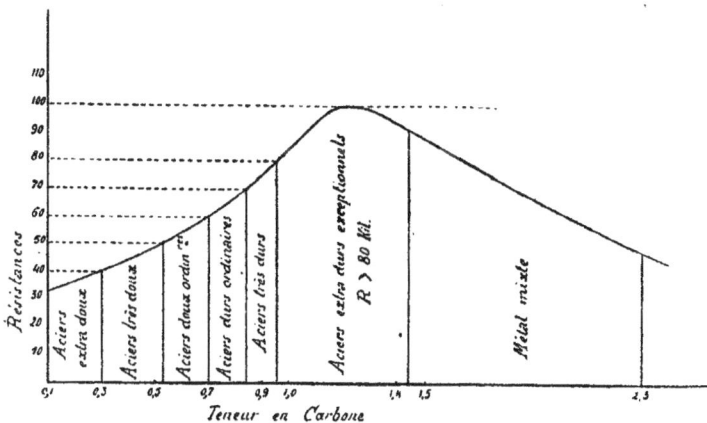

Fig. 76.

dans la relation, ne peuvent donner lieu qu'à un relèvement vertical de cette courbe, sans changement dans sa forme.

Nous avons également emprunté à l'ouvrage de M. Deshayes

sur le *Classement et l'emploi des aciers* la figure 77, qui donne les courbes d'allongement jusqu'à rupture d'aciers non manganésés à teneur croissante en carbone, et la figure 78, qui donne les

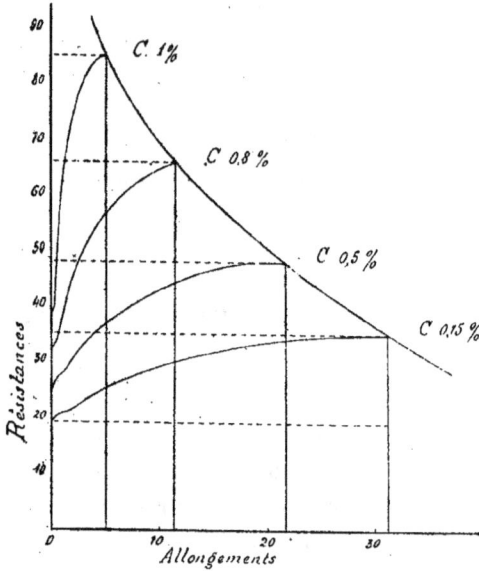

Fig. 77.

courbes d'allongement d'aciers contenant de 0,3 à 0,4 de carbone, à teneur croissante en manganèse.

M. Deshayes a proposé aussi d'évaluer l'allongement de rupture, mesuré sur 0^m10, d'une éprouvette d'acier de composition connue par la relation :

$$\lambda' = 42 - 36C - 5{,}5Mn - 6{,}0Si.$$

Nous supposons que l'éprouvette, à laquelle s'applique cette formule, devait avoir 200 millimètres carrés de section transversale (tige cylindrique de 0^m016 de diamètre).

Ces formules concordent avec les règles précédemment énoncées, en vertu desquelles, pour une résistance donnée, un acier possède un allongement de rupture d'autant plus grand qu'il est moins carburé, plus siliceux, et surtout plus manganésé.

M. Deshayes a calculé les coefficients de sa formule empirique en se basant sur les résultats d'expériences faites sur une série d'aciers de composition variant depuis la qualité *extra-doux* jusqu'à la qualité *très dur*. Il a emprunté à *M. Marché* (conférence du Trocadéro en 1878) le prolongement de sa courbe, représenté sur la

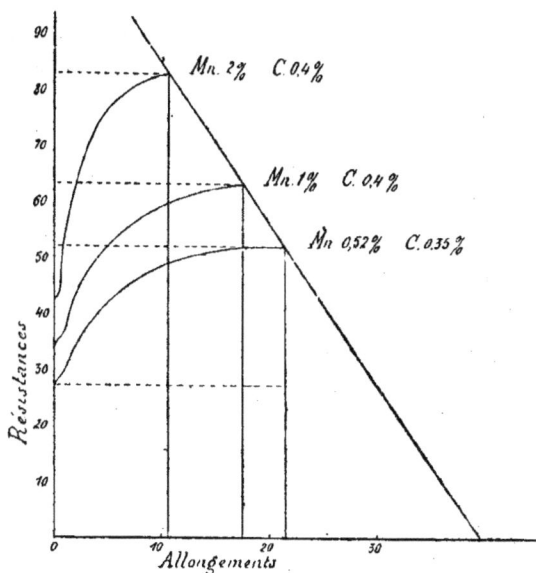

Fig. 78.

figure 76, qui se rapporte aux aciers extra-durs exceptionnels et aux métaux mixtes (art. 59) établissant la transition entre l'acier et la fonte blanche. Cette courbe n'a, bien entendu, aucun rapport avec la formule énoncée plus haut. Nous verrons, au paragraphe prochain, comment on peut s'expliquer que la loi de variation des résistances à la traction subisse une transformation complète au moment où la dose de carbone vient à dépasser 1,2 0/0.

Les règles de M. Deshayes fournissent, en ce qui touche les aciers de Terre-Noire expérimentés par lui, des résultats moyens d'une exactitude satisfaisante. Mais en raison de l'influence énorme qu'exercent les procédés de fabrication et d'usinage sur les propriétés de l'acier, et des changements notables que subissent ces procédés quand on passe d'un établissement métallurgique à un autre, il ne semble pas permis d'accorder une confiance abso-

lue à ces formules, lorsqu'il s'agit de définir *a priori* la composition élémentaire à réaliser pour un métal devant remplir des
conditions de résistance et de ductilité arrêtées à l'avance. Cette
composition élémentaire joue un rôle essentiel et considérable,
mais elle ne doit être considérée que comme un des éléments du
problème : la résistance dépend dans une large mesure du mode
de préparation et de mise en œuvre, dont il faut nécessairement
tenir compte.

Oxyde de fer. — L'oxygène ne peut exister dans les produits
ferreux à l'état de corps simple retenu mécaniquement dans les
pores de la matière ou dissous simplement dans le métal solide,
comme l'hydrogène et l'azote dont nous parlerons ci-après.

Il est toujours combiné à l'un des éléments solides de l'acier :
soit le carbone qui donne de l'oxyde de carbone, dont nous étudierons tout-à-l'heure l'influence ; soit le silicium et le phosphore,
qui donnent des sels, silicates et phosphates de fer ou de manganèse, mélangés intimement au métal. Mais la présence de ces
sels n'est constatée nettement que dans les fers puddlés, à l'exclusion des aciers où on ne les trouve jamais, en raison de la
purification complète qu'ils ont subie pendant leur fabrication.
Enfin l'oxygène peut être uni au fer seul, sous forme d'oxyde de
fer. La présence de cet oxyde altère gravement la qualité du
métal, qu'il rend rouverin, et par conséquent incapable d'être
laminé et chauffé à chaud. On a constaté qu'une proportion de
0,1 d'oxygène, combiné au fer seul, nuisait sensiblement à la
valeur du produit ; la soudabilité en serait également affectée.

Il est possible que la présence d'une certaine quantité de cet
oxyde contribue à déprécier les aciers ou fers dit *brûlés* qui ont
été maintenus longtemps dans une atmosphère oxydante à une
température élevée, et ne permette plus de les régénérer complètement par le laminage et le forgeage, bien que ces procédés
fassent disparaître la cristallisation du métal, principale cause de
son affaiblissement. Ce cas ne pourrait guère se présenter que
pour les aciers extra-doux à faible teneur en carbone.

Gaz contenus dans l'acier. — *Soufflures.* — Pendant que
l'acier en fusion, versé dans un moule, se solidifie et se refroidit,
il rejette une grande quantité de gaz, qui représentent à peu près,

à la température ordinaire, le triple de son volume, soit quinze à vingt fois ce même volume à la température de fusion de l'acier. Ce gaz se compose de 8 à 80 0/0 d'oxyde de carbone, de 2 à 80 0/0 d'hydrogène, et de 1 à 45 0/0 d'azote.

L'oxyde de carbone est surtout abondant dans les aciers qui ne contiennent que des traces de silicium : il ne peut, en effet, se former dans un métal chargé de silicium, l'oxygène se combinant à ce dernier métalloïde de préférence au carbone, pour donner un silicate de manganèse qui passe dans la scorie.

L'échappement des gaz donne lieu à une ébullition plus ou moins vive, et le métal peut s'élever dans le moule comme du lait bouillant, sous l'influence des bulles qui se gonflent. On le voit écumer et bouillir avec projections de gouttelettes. Avec des aciers très doux coulés dans un moule fermé, le gonflement peut donner lieu à une véritable explosion.

Cette ébullition est d'autant plus tumultueuse que le gaz contient plus d'oxyde de carbone (aciers basiques non siliceux), et que la réaction du spiegel, ajouté immédiatement avant la coulée, a été plus vive. Les aciers au creuset, fabriqués en vase clos à l'abri de l'oxygène de l'air, ne sont pas sujets à l'ébullition. Une addition de silico-spiegel provoque toujours un calme relatif. Avec un métal presque entièrement décarburé, et contenant par conséquent un excès d'oxygène, l'agitation est très grande et donne lieu à de nombreuses projections ; l'on obtient un lingot boursouflé et poreux.

Pendant le refroidissement, les gaz s'échappent tout d'abord par toute la surface extérieure de la masse en fusion ; puis, dès que le métal en contact avec les parois froides du moule s'est solidifié, les bulles sont arrêtées par cette croûte et demeurent dans le métal, à moins qu'elles ne puissent sortir latéralement par des fissures existant dans la croûte, ou verticalement par le noyau intérieur du lingot, encore à l'état liquide. C'est pourquoi les soufflures sont souvent disposées sur une surface concentrique au parement extérieur du lingot et à une faible distance de ce parement (fig. 79).

En raison tant de leur mode d'accroissement qui s'effectue à partir de la croûte solide dans une direction centripète, que de l'écrasement produit!par la solidification ultérieure du noyau (retassement), ces bulles ont la forme d'ellipsoïdes, dont le grand axe horizontal est dirigé normalement à la paroi du moule. En général le lingot est constitué par une couche extérieure compacte, une couche intermédiaire remplie de soufflures et un noyau intérieur plein. Il arrive toutefois assez souvent que ce noyau contient également des bulles de gaz irrégulièrement distribuées.

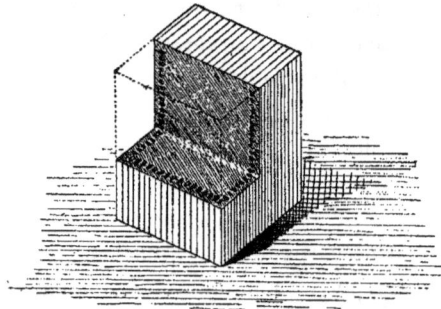

Fig. 79.

- Le phénomène du retassement est d'autant plus accentué que les soufflures sont moins nombreuses et moins volumineuses, parce que le noyau central, d'abord gonflé par les gaz, s'affaisse à l'extérieur de l'enveloppe solide du lingot quand toutes les bulles ont disparu.

L'acier au creuset, très carburé et fondu en vase clos à l'abri de l'air, ne contient pas d'oxygène : il en résulte qu'il ne présente presque jamais de soufflures.

Les aciers basiques, dépourvus de silicium, donnent souvent un métal boursouflé et poreux : une addition de silico-spiegel ou de ferro-silicium, faite avant la coulée, améliore le résultat. Les aciers acides, en général siliceux, sont moins sujets aux soufflures.

Un acier fondu à une température aussi basse que possible donne un lingot spongieux, sans doute parce que le métal, peu fluide au moment de la coulée, devient rapidement visqueux et pâteux à sa partie supérieure en contact avec l'air avant que l'expulsion des gaz du noyau intérieur ne soit complète, et les retient par conséquent en grande partie.

Un acier fondu à une température très élevée donne un résultat analogue, sans doute parce que cette haute température a accru notablement le pouvoir dissolvant de l'acier, qui se trouve renfermer une quantité de gaz très considérable. En définitive, il convient de se tenir pendant la coulée à une température moyenne, sans la dépasser ni rester au-dessous.

Si, après avoir coulé l'acier dans un moule, on laisse d'abord s'échapper la majeure partie des gaz, puis qu'on soumette le métal à une pression considérable au moment où il commence à devenir pâteux, et susceptible par conséquent de retenir les bulles, on constate que le lingot solide ne contient plus de soufflures, ce qui s'explique par les deux raisons suivantes : 1° Réduction du volume des bulles par l'action même de la pression. Avec une charge, qui peut atteindre dans certains appareils jusqu'à 2000 et 4000 k. par centimètre carré, le volume d'une bulle peut être réduit au millième de sa valeur primitive. Au moment où l'on exerce la pression sur le lingot, on remarque en général que son volume diminue de 8 à 12 0/0, ce qui doit correspondre à l'espace primitivement occupé par les bulles ; 2° Augmentation notable du pouvoir dissolvant à haute température du fer solide à l'égard des gaz, quand la pression s'élève. La pression agit à ce point de vue dans le même sens que le carbone et le silicium, qui diminuent les soufflures en augmentant la quantité de gaz retenue dans l'acier après solidification, tandis que le soufre exerce une action opposée. Quant au manganèse, il ne joue probablement aucun rôle à ce point de vue spécial, mais il réduit l'oxyde de fer, et augmente par suite la fluidité du produit ; d'autre part il facilite le départ de l'oxygène dans la scorie avant la coulée, et abaisse la proportion d'oxyde de carbone dans les gaz dissous.

Les gaz renfermés dans les soufflures, après solidification complète du lingot, ne contiennent plus que des traces d'oxyde de carbone : il est vraisemblable que cet oxyde a été réduit par le fer. Il ne reste plus guère que de l'hydrogène (de 50 à 90 0/0) et de l'azote (de 10 à 50 0/0) simplement mélangés, ou combinés ensemble sous forme de gaz ammoniac. Les aciers les plus dépourvus de soufflures apparentes renferment encore une quantité considérable de ces gaz, retenus mécaniquement dans leurs pores, dissous dans le fer ou combinés au carbone ou au silicium. En les broyant à froid sous l'eau, on peut en extraire dix à onze fois leur volume de gaz, contenant toujours un mélange d'azote et d'hydrogène (environ 70 0/0 H et 30 0/0 Az). En chauffant le métal dans le vide, on en retire également des produits gazeux, représentant quatre à cinq fois le volume du lingot, et formés d'hydrogène, d'azote et d'oxyde de carbone, qui est vraisemblablement régénéré à température élevée : l'oxyde de fer, produit par la réaction du fer sur l'oxyde de carbone vers 400°, est réduit à son tour par le carbone à une température supérieure.

Il est fort probable qu'outre les gaz qui se dégagent pendant la solidification et ceux que l'on en peut retirer par les procédés indiqués ci-dessus, l'acier en retient une quantité notable, dont la présence ne pourrait être décelée que par l'analyse chimique.

On doit donc admettre que les gaz dissous dans l'acier en fusion représentent, à cette température, au moins 80 à 100 fois son volume, soit quinze ou vingt volumes à la température ordinaire.

Le forgeage et le laminage font disparaître en partie les soufflures, qui sont écrasées et aplaties ; le gaz est expulsé, et il y a ressoudure des parois amenés au contact. Toutefois ces sutures ne présentent souvent qu'une adhérence médiocre, et les pièces métalliques retirées de lingots boursouflés sont sujettes à manquer de résistance. Comme c'est surtout à la partie supérieure des lingots que les bulles gazeuses s'accumulent, on prescrit souvent dans les cahiers des charges qu'avant de soumettre les lingots de coulée au forgeage ou au laminage, on abattra leur partie supérieure, le poids de métal ainsi enlevé devant représenter 28 à 35 0/0 du poids total primitif. Cette mesure présente en outre l'avantage d'assurer l'homogénéité du produit, en rejetant la portion du lingot dont la composition élémentaire a subi des changements notables pendant la solidification, par suite d'un phénomène de liquation déjà signalé à la page 48, et sur lequel nous ne reviendrons pas.

On exige même parfois, en vue spécialement d'obtenir un produit homogène, que la partie inférieure du lingot, relativement pauvre en carbone (page 48), soit également détachée et rejetée : cette *chute* inférieure peut représenter 4 à 5 0/0 du poids total.

Outre les soufflures et les cavernes de retassement, les lingots d'acier présentent parfois des craquelures ou fêlures superficielles de retrait, qui paraissent dues à un refroidissent trop rapide de l'enveloppe, celle-ci se contractant beaucoup plus vite que le noyau intérieur ; et des craquelures intérieures, produites par un réchauffement trop rapide des pièces, dont l'enveloppe se dilate plus rapidement que l'intérieur (ces craquelures doivent souvent avoir pour origine une ancienne soufflure, imparfaitement corrigée par le laminage).

Une trempe trop violente peut donner lieu à des fêlures et à des ruptures, principalement dans les aciers très durs.

Classification des aciers. — Nous donnons ci-après, à titre de spécimen de classification, un tableau qui nous a été communiqué par un grand établissement métallurgique, et qui s'applique aux aciers fondus d'un emploi courant. Les renseignements qu'il renferme se rapportent aux aciers forgés et étirés ; ils résultent d'essais effectués sur des lingots prélevés dans la coulée et passés au laminoir. On notera les différences essentielles qui séparent les aciers simplement moulés (page 224) des aciers travaillés à chaud, au point de vue de la résistance à l'extension et de l'allongement de rupture.

Le laminage, le forgeage et le martelage au-dessus de la température rouge cerise contribuent, tout autant que la composition chimique, à donner au produit ses qualités définitives.

La trempe vive, suivie d'un recuit complet, donne des résultats analogues.

Enfin un simple recuit après moulage, non précédé d'une trempe, produit une amélioration sensible au point de vue de la résistance et de la ductilité. Mais l'effet obtenu est très variable, et toujours moins satisfaisant que celui du laminage.

On a par exemple obtenu les résultats suivants, en essayant à la traction huit barrettes d'acier moulé et recuit, provenant toutes de la même coulée :

18

	Minimum	Maximum	Moyenne
Limite de rupture	48^{k}6	52^{k}1	50^{k}3
Allongement de rupture	10 0/0	20 0/0	16 0/0

Or un acier laminé de qualité équivalente donnerait avec un essai effectué dans les mêmes conditions : soit un allongement de 25 0/0 avec la résistance de 50^k, soit une résistance de 68^k avec l'allongement de 16 0/0.

Plus la pièce moulée est massive et plus le recuit est nécessaire ; plus aussi la résistance obtenue finalement est faible, comparativement à celle du même métal laminé.

Nous reviendrons plus longuement sur ces questions dans le prochain paragraphe.

Nous avons noté, sur le tableau de classification des aciers, les résultats produits, au point de vue de la résistance et de la ductilité, par la trempe à l'huile effectuée sur des barreaux chauffés au rouge, sans recuit ultérieur.

On voit que l'effet de ce genre de trempe s'atténue au fur et à mesure que la teneur en carbone s'abaisse. Mais, même pour les aciers doux et extra-doux, il y a toujours augmentation de la résistance à l'extension et diminution de l'allongement de rupture. La mention « ne trempe pas » vise expressément la résistance aux chocs, que la trempe à l'huile réduit considérablement pour les aciers durs, en les rendant fragiles et augmentant leur dureté superficielle, tandis qu'à ce point de vue spécial elle n'exerce pas d'action bien sensible sur les aciers doux, qui sont dits par ce motif « ne pas prendre la trempe ».

Nous avons d'ailleurs remarqué, à la page 246, qu'avec des procédés de trempe nouveaux (trempe à la glace) les établissements du Creusot sont parvenus à donner aux aciers extra-doux les propriétés des aciers extra-durs trempés à l'huile ; les renseignements inscrits au tableau n'ont donc qu'une valeur relative et ne peuvent être considérés comme exacts que pour le mode de trempe visé.

Un acier mi-dur trempé peut présenter la même résistance qu'un acier très dur à l'état naturel, avec un allongement de rupture égal ou même supérieur. Il ne s'en suit pas que les deux produits soient équivalents. A égalité de résistance et de ductilité, l'acier trempé est toujours beaucoup plus difficile à buriner, beaucoup plus cassant et fragile ; c'est une conséquence de sa constitution moléculaire, sur laquelle nous nous étendrons au prochain paragraphe.

Classification des aciers forgés en barrettes d'essai

ECHELLE de dureté	MODE de fabrication	COMPOSITION ÉLÉMENTAIRE					DEGRÉ de trempe	ÉTAT
		Car-bone	Sili-cium	Man-ganèse	Soufre	Phos-phore		
Très-dur ...	Martin acide......	0.60	0.30	0.70	0.C30	0.055	Trempe très-fort	Non trempé / Trempé
Dur.......		0.50	0.25	0.60	0.030	0.055	Trempe très-bien	Non trempé / Trempé
Mi-dur.....	Martin acide......	0,40	0.20	0.45	0.030	0.055	Trempe bien	Non trempé / Trempé
Mi-doux....		0.35	0.15	0.35	0.030	0.055	Trempe peu	Non trempé / Trempé
Doux	Martin acide...... / » basique... / Bessemer basique.	0.28 / 0.19 / 0.16	0.10 / 0.030 / traces	0.25 / 0 55 / 0.35	0.030 / 0.025 / 0.025	0.055 / 0.045 / 0.045	Ne trempe pas ou à peine	Non trempé / Trempé
Très-doux soudable...							Ne trempe pas	Non trempé / Trempé
Extra-doux soudant....	Martin basique.... / Bessemer basique.	0.14 / 0.13	0.03 / traces	0.45 / 0.30	0.02 / 0.02	0.025 / 0.030	Ne trempe pas	Non trempé / Trempé

cylindriques de 0,02 de diamètre.

Limite d'élasticité en kg. par mmq. de section	Limite de rupture en kg. par mmq. de section	Allongement de rupture pour cent mesuré sur 200 mm. de longueur	Striction (rapport de l'aire de la section de rupture à celle de la section primitive)	EMPLOIS
48-43	90-80	6-11	0,84-0,79	Ressorts, matrices, bouterolles, coutellerie, scies, pièces pour filature. Poinçons, limes, aimants, couteaux de balances.
90-80	140-120	2-5	0,98-0,93	
43-38	80 70	11-15	0,79-0,73	Ressorts, pièces d'armes, canons, masses, marteaux, rails, bandages, bêches. Sonnettes, socs de charrues, étampes.
80-68	120 105	5-7	0,93-0,87	
38-35	70-60	15-19	0,73-0,62	Rails, éclisses, pièces d'armes, canons, pelles, pioches, bêches, fourreaux de sabres, glissières, essieux, frettes, mandrins, clavettes.
68-60	105-90	7-11	0,87-0,72	
35-33	60-50	19-23	0,62-0,53	Pièces mécaniques, versoirs, pelles, étrilles, arbres de transmission, essieux de wagons, tire-fonds, tôles pour fermetures, scies à chaud, godets de dragues, fourches, vis, goujons, lunetterie.
60-50	90-70	11-16	0,72-0,58	
33-29	50-45	23-25	0,53-0,46	Tôles pour construction de navires et de ponts, profilés divers, affûts, boulons, pièces mécaniques, vis de bandages, constructions de toutes sortes.
50-40	70-55	16-19	0,58-0,50	
29-26	45-40	25-28	0,46-0,38	Tôles et profilés pour chaudières, rivets de chaudières, pièces cémentées, tôles pour pièces embouties, obus à mitraille, tubes, étuis sans soudure.
40-34	55-48	19-22	0,50-0,40	
29-26	40-35	28-32	0,38-0,31	Tréfilage, tôles minces embouties, qualité supérieure pour tôles à chaudières, foyers, viroles, communications soudées; remplace le fer de Suède; clous à cheval, bandages de roues, rivets, pièces cémentées, en général tôles très-façonnées, emboutis compliqués.
34-30	48-40	22-28	0,40-0,32	

Les aciers les plus doux sont obtenus par les procédés basiques qui permettent l'élimination complète du silicium, tandis qu'avec les procédés acides il en reste toujours au moins 0,10, d'après les indications du tableau. Les aciers durs sont fabriqués de préférence par les procédés acides, la recarburation étant plus facile en présence d'une scorie non phosphoreuse : l'addition d'un spiegel très carburé entraîne généralement une régénération partielle du phosphore, malgré les précautions prises pour séparer la scorie du métal avant la recarburation.

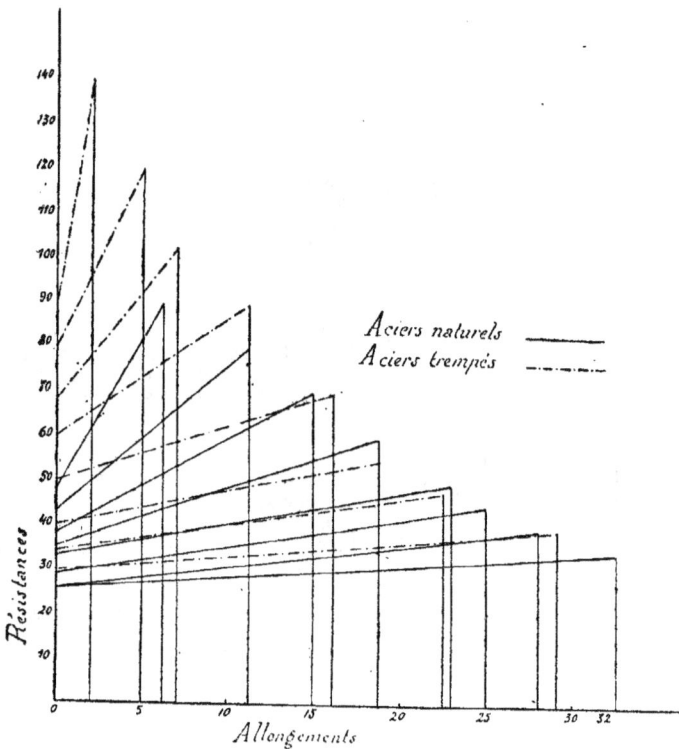

Fig. 80.

La valeur du métal, au point de vue de la dureté, est caractérisée par sa teneur en carbone, en silicium et en manganèse, ces trois corps simples concourant, à des degrés divers, pour diminuer la douceur et la ductilité et augmenter la résistance. La faculté de prendre la trempe croît avec la proportion de carbone et de manganèse et s'abaisse avec celle du silicium. La valeur du métal au point de vue de la facilité du travail à chaud est diminuée par le soufre qui nuit aussi à la résistance ; le phosphore le rend fragile, et abaisse sa résistance aux chocs et peut-être à toutes les actions dynamiques (vibrations).

Nous avons représenté schématiquement sur la figure 80 les courbes de résistance à l'extension relatives à ces différents métaux, trempés ou non trempés ; ces courbes se succèdent régulièrement, et font ressortir l'influence du carbone sur les propriétés des aciers.

Le Congrès International des procédés de construction, tenu à Paris en 1889, a émis l'avis qu'il convenait d'adopter pour la construction des grands ponts en fer l'acier très doux soudable caractérisé par les conditions suivantes :

Limite d'élasticité : 28 à 30 k.; limite de rupture : 42 à 45 ; allongement de rupture : 22 à 24 0/0 ; striction ou rapport de l'aire de la section de rupture à son étendue primitive avant l'essai : 0,45.

Ce métal se soude facilement, ne prend pas la trempe, en ce sens qu'il ne devient pas cassant et fragile, et acquiert par le laminage une texture fibreuse.

Pour les rivets, il faut faire usage de l'acier extra-doux, à texture également fibreuse, dont la limite de rupture est 35 k., avec allongement de 33 0/0 (mesuré sur une barre de 200 mm.).

Un certain nombre d'ingénieurs pensent que, pour les ouvrages d'une portée exceptionnelle, on peut sans inconvénient faire usage d'aciers plus durs, présentant plus de résistance et moins de ductilité. C'est ainsi que les aciers mis en œuvre dans le pont du Forth étaient définis comme il suit:

Pièces comprimées. Acier mi-doux. Résistance à la rupture : 57 k.; allongement : 17.

Pièces tendues. Acier doux. Résistance à la rupture : 47 k.; allongement : 20.

Ces deux qualités sont susceptibles de prendre un peu la trempe, et subissent sous l'action du poinçon ou de la cisaille un écrouissage énergique qui ne disparaît que par l'alésage ou le recuit.

Rivets. Acier très doux : résistance à la rupture, 41 k.; allongement: 25.

Enfin la circulaire du 29 août 1891, par laquelle le ministre des Travaux Publics a réglementé la construction des ponts métalliques en France, recommande l'emploi des métaux suivants :

Désignation		Limite de rupture à la traction	Allong. de rupture sur 200ᵐᵐ de longueur
Fer laminé	Fer profilé ou plat (dans le sens du laminage)	32	8 0/0
	Tôle { dans le sens du laminage	32	8
	dans le sens perpendiculaire	28	3,5
Acier laminé		42	22
Rivets en fer		36	16
Rivets en acier		38	28

On remarquera que cette circulaire est très peu exigeante en ce qui touche l'allongement de rupture du fer, qui s'obtient facilement avec des produits ordinaires (l'allongement du fer fin de la marine est de 18 0/0), mais qu'elle l'est beaucoup en ce qui touche l'allongement de l'acier laminé, à peu près équivalent à celui exigé par la marine pour ses tôles de chaudières.

Il n'y aurait peut-être pas grand inconvénient à faire usage pour les grands ponts d'aciers plus durs, donnant des allongements de 12 à 15 0/0 seulement et possédant des résistances élevées, qui pourraient atteindre 70 à 80 k. avec des métaux manganésés. On arriverait dans ces conditions à réduire énormément le poids et par suite le prix de revient des ouvrages à grande portée. La sécurité serait peut-être aussi bien assurée qu'avec des fers possédant un allongement de 8 0/0, inférieur de 25 à 50 0/0 à celui de ces aciers durs. Comme ces produits ne peuvent bien se laminer qu'à une température tout au plus égale au blanc, il conviendrait de prendre certaines précautions pour garantir les pièces fabriquées contre les effets de l'écrouissage : recuit des pièces forgées ou laminées — alésage des trous poinçonnés —, rabotage des tranches de cisaillage. Il faudrait, d'autre part, se prémunir contre les effets de la trempe en soumettant toute pièce chauffée au rouge cerise à un refroidissement gradué et lent. Il est d'ailleurs bien entendu qu'un métal de cette dureté ne serait pas acceptable pour les rivets, qui se refroidissent rapidement pendant leur pose, et que l'on ne peut recuire après avoir forgé leurs têtes.

Le laminage de l'acier modifie sensiblement la structure des régions superficielles en contact avec les laminoirs, en augmentant la densité et la dureté. La ténacité est notablement accrue. La ductilité est augmentée quand le laminage est effectué au-dessus du rouge cerise, et diminuée si ce traitement est poursuivi à une température plus basse.

Nous reviendrons sur ces questions au paragraphe prochain, et expliquerons pourquoi la limite de rupture d'une pièce laminée est d'autant plus élevée, et son allongement de rupture d'autant plus réduit que l'épaisseur de la pièce est plus faible. Quand on éprouve des échantillons prélevés sur une fourniture de tôles ou profilés provenant d'une même coulée d'acier, il faut s'attendre à trouver d'autant plus de dureté que les épaisseurs sont moindres, surtout si les pièces fabriquées n'ont pas subi de recuit. L'étirage à la filière donne à ce point de vue des résultats d'autant plus marqués que les fils d'acier ont un diamètre plus petit.

Dans le pont suspendu de *Brooklin* à *New-York*, on a employé des fils d'acier de 0,0013 de diamètre, présentant une limite d'élasticité de 52 k. avec une résistance à la rupture de 112 k., 5. On obtient couramment, avec des aciers doux, des fils dont la résistance atteint 60 à 70 k., avec 15 0/0 d'allongement.

Nous donnons ci-après les résultats d'essais effectués sur des tôles, plats et profilés, fabriqués avec les aciers doux, très doux et extra-doux, pour lesquels le tableau précédent de la page 276 a donné les résultats d'épreuves faites sur des barrettes de 0,02 de diamètre provenant de l'étirage de lingots prélevés sur les coulées.

TOLES							PLATS ET PROFILÉS		
	Acier doux		Acier très doux		Acier extra doux			Acier doux	
Epaisseurs en millimètres	Résistance de rupture	Allongement de rupture	Résistance de rupture	Allongement de rupture	Résistance de rupture	Allongement de rupture	Epaisseurs	Résistance de rupture	Allongement de rupture
2	48	13					2 à 4	48	15
3 à 5	47	17	46	21			4 à 6	46	18
5 à 7	46,2	20,5	45	23			6 à 8	45	21
7 à 9	45,5	22,5	44,3	24			8 et au dessus	44	24
9 à 11	45	23,5	43,9	24,5	40	27			
11 à 13	44,5	24	43,6	25	39,7	27,8			
13 à 15	44,2	24,2	43,3	25,5	39,5	28,6			
15 à 17	44	24,3	43,2	26	39	29,4			
17 à 19	43,7	24,4	43,1	26,5	38,8	30,2			
19 à 21	43,5	24,5	43	27	38,2	31			

Natures	Composition élémentaire				Limite d'élasticité		Limite de rupture		Allongement de rupture	
	C	Si	Mn	Cr	Naturel coulé	Trempé et recuit	Naturel coulé	Trempé et recuit	Naturel coulé	Trempé et recuit
Acier ordinaire	0,450	0,280	0,750	0,00	25	30	32	56	3,5	16,9
Acier chromé	0,450	0,280	0,750	0,750	36,5	38,3	63	87,2	2,2	10

Pour permettre de se rendre compte de l'influence du chrome
sur les propriétés de l'acier, nous donnons ci-dessus les résultats
d'essais effectués sur un acier dur ordinaire et sur un acier chromé
de même composition, sauf l'addition du chrome ; ces essais se
rapportent à des barreaux simplement moulés, ou bien trempés et
recuits, mais non étirés ou laminés.

On obtient des aciers chromés qui, après laminage et forgeage,
ont des résistances de 72^k avec un allongement de 35 0/0, et de
92^k avec un allongement de 14,5 0/0, résultats impossibles à
réaliser avec des aciers ordinaires. La trempe leur donne une
dureté exceptionnelle. Il est certain que si l'on pouvait se procurer
à des prix abordables des métaux de cette qualité, *et que leur
mise en œuvre ne présentât pas de difficulté exceptionnelle*, on
pourrait exécuter des ponts atteignant l'ouverture du pont du
Forth, soit 500^m, et exigeant à peine le tiers en poids du métal
employé dans cet ouvrage. Nous rappellerons toutefois que le laminage en tôles minces des aciers chromés ne paraît pas quant à
présent donner de très bons résultats, au point de vue de la qualité
et de l'homogénéité des produits.

En ajoutant à l'acier fondu 4 à 5 0/0 de tungstène, on obtient
un métal présentant à l'état naturel des résistances de 72^k ou
126^k, correspondant respectivement à des allongements de 15 ou
7, et qui acquiert par la trempe une résistance de 133^k avec un
allongement de 6. Ce sont encore des résultats que ne peut jamais
donner l'acier ordinaire.

Les aciers très chargés de manganèse offrent des propriétés analogues. M. *Deshayes* cite un acier fabriqué à Terre-Noire avec
2 0/0 de manganèse et 0,56 de carbone, qui avait une résistance à
la rupture de 84 kil. avec 16 0/0 d'allongement.

Les aciers phosphoreux se reconnaissent aux caractères suivants : pour une limite déterminée de rupture à la traction, la
limite d'élasticité est en général sensiblement plus élevée que
celle d'un acier non phosphoreux ; l'allongement de rupture est
variable et capricieux : tantôt il équivaut à celui de l'acier non
phosphoreux de même résistance, tantôt il n'en représente que le
tiers ou le quart, la barrette d'essai se rompant en ce cas sans
striction ; la fragilité aux chocs est extrême ; le laminage ne s'effectue pas convenablement aux très hautes températures.

On a employé des rails contenant jusqu'à 0,455 de phosphore avec 0,231 de carbone et 0,5 de manganèse. Pour avoir un métal qui puisse inspirer confiance, il convient de ne pas dépasser la teneur 0,2, et encore est-il nécessaire que la dose de carbone n'excède pas la limite 0,30.

Les aciers fabriqués au creuset qui, en raison de leur prix élevé, ne sont pas d'un emploi courant dans les constructions mais sont réservés pour la fabrication des outils, possèdent, en raison de leur pureté et de leur homogénéité, plus de résistance que les aciers Bessemer ou Martin de même composition. Avec les aciers extra-durs, qui ne s'obtiennent guère que par ce procédé, on obtient des limites de rupture extrêmement élevées.

La Cie *des forges de Châtillon et Commentry* fabrique avec des aciers au creuset des fils d'une solidité extraordinaire, dont la résistance et la ductilité (mesurée par le nombre de pliages qu'on peut faire subir à un fil sans le rompre) sont indiquées au tableau suivant pour les diamètres de 0,0018 et 0,0020. Les deux derniers passages de ces fils à la filière ne sont pas suivis d'un recuit. Peut-être sont-ils soumis après fabrication à une trempe douce, du moins pour les qualités à grande résistance.

Numéros des catégories	Résistance par millimètre carré		Moyenne admise dans les calculs	Pliages moyens entre mâchoires arrondies de 10^{mm} de rayon	
	Avant câblage	Après câblage		Diamètre du fil : 1^{mm}8	Diamètre du fil : 2^{mm}
I Métal doux	65—75	55—65	60	19	14
II Qualité ordinaire	85—95	75—85	80	19	14
III — à grande résistance	130—140	115—125	120	20	18
III — supérieure	150—160	135—145	140	24	21
IV — extra-supérieure	210—225	195—205	200	30	23

Au fur et à mesure que le diamètre augmente, la résistance du fil, pour une même qualité de métal, diminue, et son allongement de rupture augmente.

Le câblage réduit d'environ $\frac{1}{8}$ la résistance des fils, qui sont tordus en hélice par cette opération.

Nous étudierons au paragraphe prochain les effets produits sur l'acier par les actions thermiques (trempe et recuit), et les actions mécaniques à chaud (burinage, forgeage, et martelage), et à froid (poinçonnage, martelage, étirage, écrouissage) qu'on lui fait subir pour le mettre en œuvre.

62. Renseignements sur les fers. — *Fabrication.* — La fonte est soumise, dans les fours à puddler, à l'action d'un courant d'air chaud qui élimine le carbone sous forme d'acide carbonique et d'oxyde de carbone, et le soufre sous forme d'acide sulfureux.

La masse se divise alors en deux parties : la scorie à l'état liquide, qui contient la presque totalité du silicium et une fraction du soufre et du phosphore, sous forme de silicates, phosphates et sulfures de fer et de manganèse ; le fer presque pur, en grumeaux pâteux qui s'agglomèrent et finissent par constituer une sorte d'éponge, dont les vides sont remplis par la scorie.

La situation est à peu près la même qu'à la fin du traitement de la fonte par les procédés Bessemer ou Martin, avec cette différence que la température n'est plus ici assez élevée pour maintenir le fer à l'état fondu.

Il en résulte : 1° que la séparation de la scorie ne peut plus s'effectuer par simple liquation, en vertu de la différence des densités des deux matières en présence ; 2° qu'on ne peut pas recarburer le fer par une addition de spiegel, qui, en raison de l'état pâteux du fer, ne se mélangerait pas à lui, même par un brassage énergique, et agirait seulement sur la scorie dont elle régénérerait les éléments au préjudice de la pureté du produit.

Le puddlage ne peut donc donner qu'un métal très doux, dont la teneur en carbone tombe parfois à 0,08, et peut-être 0,05. Si toutefois la fonte est riche en manganèse, dont on connaît l'action favorable au point de vue de la scorification du silicium et du soufre, on peut arrêter plus tôt le traitement, et obtenir un fer sensiblement plus riche en carbone. On ne dépasse guère la teneur en carbone de 0,15, sous peine d'avoir un métal imparfaitement purgé des éléments étrangers que renfermait la fonte. On est arrivé à fabriquer, pour les rails de chemins de fer, des fers puddlés possédant une teneur en carbone de 0,20 à 0,30 comparable à celle des aciers doux ; mais, à moins de faire usage de fontes exceptionnellement pures et fortement manganésées, il est malaisé en pareil cas d'obtenir des produits bien affinés.

Il est indispensable d'arrêter le puddlage avant que la teneur en carbone soit tombée au-dessous de 0,05, ou plutôt 0,08, sans quoi on aurait un fer brûlé, mélangé d'oxyde de fer, et par suite rouverin et inutilisable. Tant que le carbone dépasse cette teneur minimum, l'oxyde de fer produit se scorifie en s'associant à la silice et à l'acide phosphorique, ou est réduit par le carbone ; il ne saurait demeurer à l'état isolé dans le métal.

Le fer puddlé est d'autant meilleur que la fonte qui a servi à le fabriquer est elle-même plus pure : c'est ce qui a fait la réputation des fers de Suède, obtenus par le traitement de fontes d'une qualité exceptionnelle (page 241).

Le phosphore ne s'élimine que partiellement et les fontes phosphoreuses donnent des fers qui peuvent contenir jusqu'à 0,3 de ce métalloïde. Le soufre s'élimine toujours avec facilité, si le puddlage a été bien conduit et prolongé pendant un temps suffisant.

Les fontes blanches siliceuses et peu carburées donnent des fers communs, pauvres en carbone et chargés d'impuretés (silicium et scorie). Les fontes blanches très manganésées donnent des fers fins, d'autant mieux purgés de scorie que celle-ci a plus de fluidité quand elle contient des sels de manganèse.

Cinglage et corroyage. — Le puddlage terminé, on retire du four la masse spongieuse ou *loupe*, et on en expulse la scorie liquide par l'opération du cinglage, qui s'effectue à l'aide du marteau-pilon, de presses ou de cingleurs rotatifs. On lamine le résidu et on a du fer brut.

En réchauffant le fer brut, et le mettant en paquets qu'on soude ensemble au marteau et qu'on soumet à un nouveau cinglage, on obtient un produit plus pur et de qualité supérieure, dit fer *corroyé*. Il ne faut pas exagérer le nombre des corroyages, qui ne doit pas dépasser deux ou trois, sans quoi le fer s'affaiblirait et perdrait de sa résistance, en raison de la disparition progressive du carbone, qui est brûlé partiellement à chaque réchauffage.

Composition élémentaire. — Le caractère essentiel qui distingue les fers puddlés des aciers fondus très doux, et qui est l'origine probable des différences constatées entre les propriétés de ces deux genres de produits, est la présence d'une certaine quantité de scorie qui n'a pas été éliminée par le cinglage. Cette scorie est composée en majeure partie de silicate de fer, avec une quantité variable, mais généralement faible, de phosphate de fer et sels d'alumine, et des traces de sulfure de fer. Les sels de manganèse sont facilement expulsés par le cinglage, en raison de leur fluidité. La teneur en scorie peut varier de 0,15 pour les produits les plus purs, à 2,3 0/0 pour les fers les plus communs.

En général les usines ne font pas de distinction, quand elles donnent la composition élémentaire d'un fer puddlé, entre les éléments oxydés qui proviennent de la scorie et les éléments réduits qui jouent le même rôle que dans les aciers fondus.

Mais on peut néanmoins se rendre compte de la nature du produit en comparant la dose du carbone à celle du silicium.

Un métal peu carburé et très siliceux est toujours chargé de scorie; sa texture est fibreuse et il rentre dans la catégorie des fers communs.

Beaucoup de carbone et peu de silicium dénotent un fer fin, d'une grande pureté, et à texture généralement grenue.

Peu de carbone et peu de silicium annoncent un puddlage trop prolongé : le fer peut être brûlé, c'est-à-dire contenir de l'oxyde de fer, et n'être plus utilisable. Au lieu d'être nerveux, comme les fers peu carburés de bonne qualité, il a une texture cristalline grossière, qui est l'indice d'un mauvais produit. C'est pourquoi on exige en général, dans les fers pour construction, la structure nerveuse, qui constitue une garantie sérieuse de la valeur des fournitures.

Enfin on ne peut trouver à la fois beaucoup de carbone et beaucoup de silicium que si le puddlage a été incomplet : on fabrique parfois de cette façon des fers durs, qui en raison de leur teneur en carbone peuvent à la rigueur prendre la trempe (aciers puddlés pour rail s.

La présence de la scorie abaisse la limite d'élasticité et la limite

de résistance à l'extension, et diminue l'allongement de rupture. Le coefficient d'élasticité est un peu plus petit que celui des produits fondus de même composition élémentaire.

Enfin les fers puddlés possèdent une soudabilité supérieure à celle des aciers de même composition; on peut l'expliquer par l'influence de la scorie, qui joue le rôle de fondant et facilite l'expulsion à l'état liquide de la pellicule d'oxyde de fer formée pendant le réchauffage sur les deux pièces à souder ensemble.

La scorie est donc l'élément qui joue, au point de vue des propriétés du fer, le rôle prépondérant. Les corps simples non oxydés, carbone, silicium, manganèse, soufre, phosphore, sont toutefois susceptibles d'agir sur le fer de la même façon que sur l'acier fondu, et nous croyons inutile de revenir ici sur ce qui a été déjà dit à ce propos.

Plus le métal contient de carbone, plus il est susceptible de subir, sans être brûlé, des réchauffages nombreux. Les fers destinés à subir un travail compliqué et prolongé doivent être autant que possible riches en carbone.

Le silicium et le manganèse, qui ont plus d'affinité pour l'oxygène que le fer, passent d'ailleurs à peu près en totalité dans la scorie, et la teneur en manganèse des fers du commerce est presque toujours très faible.

Le phosphore rend le fer fragile, dans les mêmes conditions que l'acier fondu : on a toutefois remarqué qu'un fer commun peut contenir jusqu'à 0,3 de phosphore, alors qu'un acier extra-doux n'est plus guère utilisable dès que la teneur de ce métalloïde dépasse 0,2. Cette immunité relative du fer est sans doute due à la présence de la scorie, qui neutralise en partie l'action fâcheuse du phosphore; peut-être aussi une fraction de ce corps s'y trouve-t-elle incorporée, sous forme de phosphate.

En résumé les fers communs sont peu carburés (0,05 à 0,08), peu manganésés, relativement riches en silicium, soufre et phosphore. Leur texture est nerveuse ; leur résistance et leur ductilité sont réduites. Un travail à chaud prolongé peut les brûler et déterminer l'apparition de défauts qui les affaiblissent considérablement : brûlures, pailles, gerçures, criqûres, dessoudures, etc.

Les fers fins ou supérieurs sont relativement très carburés (0,10 à 0,15 c.), parfois manganésés ; ils contiennent peu de sili-

cium, de soufre et de phosphore. Leur texture est soit nerveuse,
soit à grain fin ; ils possèdent beaucoup de résistance et de ductilité, peuvent se travailler longtemps à chaud, et sont en général
dépourvus de tous les défauts qui déprécient le métal de qualité
inférieure.

Nous avons vu que la trempe à la glace expérimentée au
Creusot modifie complètement les propriétés des fers; mais si
l'on fait usage des procédés ordinaires, on n'obtient qu'un résultat nul ou insignifiant. Toutefois cette opération a souvent
pour résultat de transformer la texture des fers à grain fin, qui
deviennent nerveux, avec augmentation de résistance et parfois
de ductilité; on ne constate pas que le produit soit cassant. C'est
là un simple effet mécanique, qui semble dû à la compression
énergique exercée sur le noyau de la barre trempée par la contraction immédiate de l'enveloppe extérieure qui se refroidit tout
d'abord.

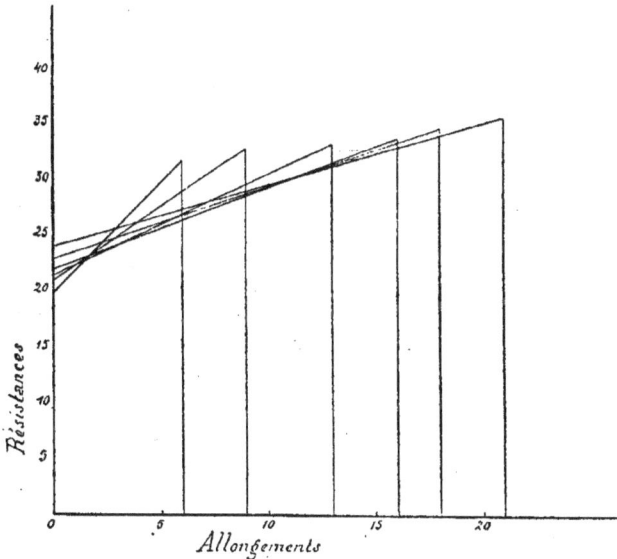

Fig. 81.

Nous donnons dans le tableau suivant un spécimen des clas-
sifications en usage pour les fers. Les coefficients de résistance
et de ductilité qui y figurent doivent être considérés non comme
des moyennes, mais comme des minima garantis par les fabri-

QUALITÉ	COMPOSITION ÉLÉMENTAIRE					RÉSISTANCE A LA TRACTION ET			
						Tôles: épaisseurs moyennes de 5 à 20mm.			
	C	Si	Mn	S	Ph	Sens	Limite d'élasticité	Limite de rupture	Allongement de rupture 0/ mesuré sur 200mm
Commun ou n° 2.	0,08	0,21	0,08	0,04	0,30	Long	20	32	6
						Travers	17	29	3,5
Ordinaire ou n° 3.	0,08	0,20	0,09	0,026	0,22	Long	21	33	9
						Travers	18	30	5
Fort ou n° 4	0,11	0,20	0,10	0,015	0,16	Long	21,5	33,5	13
						Travers	19	31	8
Fort supérieur ou n° 5.						Long	22	34	16
						Travers	20	32	12
Fin ou n° 6.	0,12	0,14	0,09	0,012	0,105	Long	23	35	18
						Travers	21	32	14
Fin extra ou n° 7	0,15	0,10	0,078	0,04	0,053	Long	24	36	21
						Travers	22	34	16

des fers.

DUCTILITÉ		EMPLOI
Plats et profilés, U, cornières, tês simples et doubles, fers à barrots		
Limite de rupture	Allongement de rupture 0/0	
34	8	Fers communs pour boulonnerie et serrurerie, tire-fonds ; à l'état corroyé sert pour les rivets du commerce ; plaques tournantes, barreaux de grilles, arbres de machines, profilés du commerce, ponts, charpentes pour parquets, chaudières ordinaires du commerce, caisses de cémentation, brancards de wagons, réservoirs. Les tôles de cette qualité ne doivent subir qu'un forgeage simple et des efforts statiques.
35	12	Fers ordinaires pour maréchalerie et serrurerie, fers à cheval, profilés ordinaires des chemins de fer, tôles devant supporter un léger emboutissage au marteau, corps cylindriques, ponts métalliques. Qualité « commune Marine. »
36	15	Fers pour boulonnerie et serrurerie de qualité supérieure, fers à bœufs; corroyé, fournit les rivets de bonne qualité pour ponts et charpentes de navires; profilés supérieurs, masses de mines, corps cylindriques, viroles, tôles avec bords tombés au marteau pour chaudières. Qualité « ordinaire marine ».
		Fers forts, tôles à chaudières pour hautes pressions, embouties et bords tombés à la presse, plaques AB des boites à fumée. Qualité « supérieure Marine ».
		Fers pour pièces de machines, tiges de tiroirs, bielles d'accouplement, essieux, arbres moteurs, fers profilés de qualité extra ayant à supporter un travail pénible, maillons de chaînes ; en corroyé, rivets de machines, tôles à chaudières de locomotives, foyers, plaques à tubes, plaques de boites à fumée, emboutis difficiles. Qualité « fine Marine ».
		Bielles motrices, tubes et tiges de pistons, essieux droits et coudés, taillanderie en général, pièces mécaniques très tourmentées, d'un travail difficile et soumises à de grands efforts, tôles de coup de feu, emboutis spéciaux, blindage des ponts de navires. Qualité « fine Marine », assimilable à la qualité au bois.

cants qui, en vue d'éviter des déchets de fournitures, doivent faire entrer en ligne de compte les risques que comporte l'emploi d'un métal de qualité inférieure, en raison des défauts qui peuvent s'y rencontrer à la suite d'un travail à chaud plus ou moins prolongé. Les produits sulfureux ou phosphoreux sont aussi très sujets à présenter des défauts locaux. Les courbes représentatives de la figure 81 n'ont aucun rapport avec celles de l'acier fondu (fig. 80), parce qu'elles correspondent à peu près exclusivement à l'effet produit par la scorie, qui ne se rencontre pas dans les métaux fondus.

On remarquera que la résistance et la ductilité sont toujours beaucoup plus grandes dans le sens du laminage (long) que dans le sens perpendiculaire (travers) L'effet du laminage est surtout sensible pour les fers spéciaux ou profilés, qui présentent souvent dans le sens de la longueur une résistance et une ductilité supérieures à celles des tôles de même métal, parce que l'étirement est plus accentué pour les profilés, dont la texture devient plus nerveuse.

On soumet souvent les tôles à des laminages successifs dans deux directions perpendiculaires, de façon à leur assurer une résistance transversale à peu près égale à la résistance longitudinale ; on n'en pourrait faire autant pour les fers profilés et plats, dont la résistance et la ductilité transversales sont par suite très inférieures.

On a cherché à obtenir des fers soudés par des procédés directs, permettant de les retirer immédiatement du minerai sans passer par la fonte comme produit intermédiaire. Mais, de même que pour les aciers, il ne semble pas qu'on soit encore arrivé à réaliser un procédé véritablement industriel, permettant d'abaisser le prix de revient des fers sans nuire à leur qualité.

63. Aciers de cémentation et fontes malléables. — Nous n'avons pas la prétention de présenter ici un tableau complet des produits extrêmement nombreux et variés, au point de vue de la composition élémentaire, du mode de fabrication, des propriétés caractéristiques et de l'emploi, que fournit aujourd'hui la sidérurgie. Nous dirons toutefois quelques mots de deux composés intéressants, *les aciers de cémentation* et les *fontes malléables*, bien que ces métaux ne soient pas utilisés dans les constructions métalliques.

L'acier de cémentation s'obtient par la carburation directe, à une température inférieure au point de fusion, du fer puddlé traité en vase clos par du charbon de bois de chêne, renfermé avec lui dans des cornues de cémentation. L'action directe du carbone sur le fer doit s'expliquer encore ici par la présence de gaz, hydrogène, gaz ammoniac, cyanogène, contenus dans le charbon de bois. Celui-ci *s'épuise* en effet à la suite de l'opération, et n'est plus susceptible d'être réutilisé dans un nouveau traitement. Les barres retirées de l'opération sont fissurées, couvertes d'ampoules et fragiles. On les recuit et on les étire pour obtenir un métal propre à la fabrication d'outils. On a remarqué que la surface extérieure de ces barres, qui était en contact direct avec le charbon, est plus carburée que le noyau intérieur. Il en résulte que les outils fabriqués avec ce métal ont une dureté superficielle comparable à celle des aciers très carburés, tandis que le centre, relativement doux, est encore ductile. On peut leur donner une trempe superficielle qui ne pénètre pas profondément, et on possède alors des instruments à la fois très durs et peu fragiles, que ne fournit pas l'acier fondu en raison de son homogénéité [1]. Par contre, ces instruments se détrempent assez facilement : on en a un exemple dans les couteaux de table, qui perdent leur trempe à force d'être lavés à l'eau bouillante.

1. Pour qu'un projectile d'artillerie ne puisse traverser de part en part, ni fendre ou briser une plaque de blindage, il serait désirable que cette plaque fût à la fois très résistante et très ductile. En raison de l'impossibilité où l'on se trouve de fabriquer un métal remplissant cette double condition, on fait souvent usage de plaques *Compound*, en métal mixte, dont la face exposée aux boulets est constituée par de l'acier dur, masquant une plaque de fer ou d'acier doux auquel il s'est soudé pendant la coulée. On a imaginé en Amérique de fabriquer ces plaques par un mode de cémentation, dit *procédé Harvey*, qui consiste à ne soumettre à l'action des matières carburantes que la face de la plaque qui doit être exposée au tir de l'artillerie. On obtient ainsi des plaques de 0m20 d'épaisseur où la teneur en carbone atteint 1 à 1,20 0/0 à la surface, puis va en décroissant jusqu'à 7 ou 8 cent. de profondeur. La cémentation n'ayant pas pénétré au-delà, le surplus de la plaque reste constitué par le métal doux (à 0,25 ou 0,35 de carbone) qui a servi à la fabriquer. En trempant ces plaques, on donne à leur surface une dureté exceptionnelle, tandis que, sur les deux tiers de l'épaisseur, la ductilité n'est pas affectée. Il paraît que ce traitement ne provoque pas sur la face traitée, qui reste polie, l'apparition des ampoules caractéristiques de l'acier de cémentation.

Les aciers de cémentation, renfermant la scorie des fers puddlés qui ont servi à les produire, possèdent une grande soudabilité qui les fait rechercher pour la fabrication de certains outils tranchants (versoirs de charrues, burins, marteaux à travailler les pièces dures, enclumes, outils à travailler les métaux), dont on constitue le corps en fer ductile et non cassant, auquel on soude des couvertes, des tranchants ou des pointes en acier dur de cémentation. On a même esssayé, mais sans succès, de fabriquer des rails de fer dont les champignons seraient formés par une couverte d'acier, et qui possèderaient à la fois une grande résistance aux chocs et une grande dureté à la surface de roulement.

En corroyant les aciers de cémentation, on réalise la même amélioration que pour les fers. En les fondant au creuset, on les transforme en aciers fondus.

La fonte malléable fournit la solution du problème inverse de celui résolu par l'acier de cémentation.

Après avoir coulé une pièce en fonte, on parvient, en la chauffant au rouge, c'est-à-dire au-dessous de son point de fusion, dans un milieu oxydant (minerais de fer et oxydes de fer), à provoquer la combustion partielle du carbone qu'elle contient. La teneur en carbone de la pièce ainsi traitée va en décroissant depuis le centre où elle a peu varié, jusqu'à la périphérie où elle ne dépasse pas celle d'un acier extra-dur, dur ou même doux, si l'opération a été suffisamment prolongée. Cette pièce possède donc la ductilité et la résistance à la flexion de l'acier, et elle n'est plus cassante ni dure à la surface.

Ce procédé rend de grands services en permettant de fabriquer à bas prix des pièces résistantes d'un profil compliqué, qui, ne pouvant être obtenues par le forgeage du fer ou de l'acier, ne pourraient être fournies que par des moulages d'acier fondu, beaucoup plus coûteux que les moulages de fonte. On en fait un grand usage dans la sellerie, la carrosserie, la serrurerie et l'armurerie.

Comme toutefois la décarburation de la fonte ne peut s'opérer que sur une faible épaisseur (peut-être deux centimètres), ce procédé n'est applicable qu'à des objets de faibles dimensions, et ne peut être utilisé pour les grandes constructions, où les pièces moulées sont massives et doivent forcément être coulées en acier, si la fonte ordinaire ne présente pas de garanties suffisantes de résistance.

61. Effets de la rouille sur les composés ferreux. — L'air sec n'attaque pas le fer à la température ordinaire ; ce n'est qu'à partir de 200° que l'oxydation devient sensible. L'attaque devient vive au rouge blanc : il se forme sur la pièce chauffée une pellicule d'oxyde, qui est brisée et détruite par le forgeage (battitures). Enfin, le fer brûle avec flamme à une température supérieure.

L'eau non aérée n'attaque le fer qu'à une température voisine de 100°, et plutôt supérieure à cette limite.

L'eau aérée corrode le fer à la température ordinaire, avec d'autant plus d'énergie qu'elle contient davantage d'oxygène et d'acide carbonique. Il se produit d'abord du carbonate de fer, qui se peroxyde et se transforme en rouille.

L'air humide a une action plus énergique que l'eau aérée : le fer s'oxyde rapidement sous l'influence de la pluie ou de la neige et de la rosée, surtout si la température est élevée, comme dans les pays chauds et humides.

L'eau de mer est également plus corrosive que l'eau douce, principalement si elle est très aérée : c'est ainsi que les coques des bateaux sont particulièrement rongées à la ligne de flottaison, qui est alternativement baignée par l'eau et par l'air.

Les produits d'égouts et toutes les impuretés organiques qui peuvent se rencontrer dans l'eau activent, en raison de leur acidité, la formation de la rouille.

L'eau acidulée agit vivement sur le fer, qui se combine à l'oxygène provenant de la décomposition de l'eau, avec dégagement d'hydrogène. C'est ainsi que les eaux provenant des contrées granitiques, et surtout des vallées tourbeuses, sont plus nuisibles aux ouvrages métalliques que les eaux calcaires : le fer est rongé et disparaît sans présenter de traces de rouille, l'oxyde étant dissous dans le liquide environnant.

Les fers exposés aux émanations acides contenant du chlore, de l'acide sulfurique, de l'acide sulfureux (fumées des houilles sulfureuses), de l'acide phosphorique, etc., sont rapidement détruits : les ponts métalliques par dessus les voies ferrées se conservent moins longtemps que les ponts par dessous, si du moins les peintures ne sont pas maintenues en parfait état d'entretien. Les cheminées d'usines sont corrodées par la fumée, surtout dans leur partie supérieure qui, plus éloignée du foyer, est à une température peu élevée ; la vapeur d'eau contenue dans la fumée se condense sur le métal, soumis par conséquent à l'action de la suie humide contenant de l'oxygène, de l'acide carbonique et les divers produits acides que dégage le combustible en brûlant.

Le fer se rouille très rapidement au contact du plâtre, sans doute parce que ce corps est très hygrométrique, et qu'il contient en outre presque toujours une certaine quantité d'acide sulfureux non combiné.

On a essayé de conserver les câbles en fer des ponts suspendus en les entourant dans les puits d'ancrage d'une couche de chaux destinée à absorber l'acide carbonique ambiant. En raison du retrait que subit la chaux quand elle se dessèche, retrait qui produit des fissures perméables à l'eau et à l'air, il ne semble pas que cette pratique ait donné de bons résultats.

Quand le fer est en contact, sous l'eau, avec un corps moins oxydable que lui (*électro-négatif* par rapport à lui), il est rapidement corrodé : les deux corps constituent une pile électrique, où le fer se trouve être le pôle sur lequel se porte l'oxygène provenant de la décomposition de l'eau.

La formation de la rouille est au contraire entravée quand le corps en contact avec le fer est plus oxydable que lui (*électropositif*).

C'est ainsi que le contact avec du cuivre, du bronze, de l'étain, ou de la rouille déjà formée, accélère l'oxydation du métal. Dès qu'une tache de peroxyde s'est manifestée sur une pièce métallique baignée par l'eau ou l'air humide, elle s'étend rapidement. Il est donc nécessaire, pour assurer la durée des ouvrages métalliques, de gratter avec soin et de faire disparaître les moindres traces de rouille, qui apparaissent dans les points où la peinture préservatrice a disparu, avant de refaire cette peinture.

On a remarqué que les rails en service sur les voies ferrées

étaient moins attaqués que les rails approvisionnés sur les bords
de la voie, bien qu'ils fussent en contact avec un ballast pierreux et souvent humide. Ce phénomène peut s'expliquer par l'influence des vibrations produites par le passage des trains, qui
font tomber incessamment les écailles de rouille formées sur les
rails de la voie, tandis que ces écailles demeurent attachées aux
rails approvisionnés et activent par là même l'action nuisible de
l'air humide.

On voit souvent en été, après une pluie chaude, les rails de la
voie se couvrir d'une pellicule de rouille, qui disparaît ensuite,
si le temps redevient sec, après le passage de plusieurs convois.

Nous avons pu constater sur une porte d'écluse en fer, plongeant dans l'eau légèrement acidulée d'une rivière alimentée par
des marais tourbeux, que des tôles de 1 cent. d'épaisseur étaient
corrodées et percées dans le voisinage immédiat de glissières en
bronze placées sous les ventelles de manœuvre, alors que ces
mêmes tôle. présentaient à peine quelques traces de détérioration
superficielle à une faible distance de ces glissières.

Le zinc, étant plus oxydable que le fer, le défend contre la
rouille, alors même que la couche protectrice présenterait des
lacunes. Comme l'oxyde de zinc adhère fortement au métal et
constitue une enveloppe imperméable, ce corps bien que très
oxydable peut se conserver longtemps s'il n'est pas soumis à des
frottements mettant de temps à autre à nu le zinc non oxydé, ou
s'il n'est pas plongé dans un liquide capable de dissoudre l'oxyde.
C'est pourquoi la galvanisation des fers est recommandée, surtout pour les ouvrages soumis à l'action de l'eau de mer, des
eaux aérées et souillées, de l'air salin des côtes, etc. On prétend
d'autre part que le zingage affaiblit le métal et le rend cassant, ce
qui pourrait s'expliquer par l'action sur le fer de l'hydrogène
naissant, produit par la décomposition de l'eau acidulée en présence du zinc : mais ce n'est pas une vérité bien démontrée, ou
du moins il ne semble pas que cette action, si elle se produit
véritablement, puisse avoir de conséquences fâcheuses au point
de vue de la stabilité des ouvrages galvanisés[1]. Ce qui est positif

---

1. D'après la Cⁱᵉ des Forges de Châtillon et Commentry, les fils qu'elle fabrique (Voir le tableau de la page 284) avec les deux catégories d'acier au creuset
qualifiées par elle de « Métal doux » et de « Qualité ordinaire » perdraient seu-

et indiscutable, c'est que le zinc protège parfaitement le fer contre l'oxydation.

Le fer-blanc se rouille très rapidement dès que l'eau peut atteindre le fer par une ouverture de la couche protectrice, parce que l'étain joue le rôle de pôle électro-négatif.

Tous les enduits imperméables à l'eau, peinture à l'huile siccative, goudron, coaltar, etc., protègent d'autant mieux le fer qu'ils adhèrent plus fortement à ce métal, et se défendent mieux eux-mêmes contre la pluie, l'eau, les frottements et les chocs qui peuvent amener leur destruction.

On a cherché à garantir les pièces métalliques en produisant à leur surface une pellicule de sous-oxyde très adhérente (bronzage des canons de fusil). On ne paraît pas encore avoir trouvé de procédé industriel applicable aux constructions importantes.

Au point de vue de l'adhérence au fer, et de la solidité de l'enduit, on admet que c'est la peinture au minium et à l'huile siccative de lin qui présente les meilleures garanties. La céruse est également considérée comme donnant de bons résultats. La peinture au colcotar ou peroxyde anhydre de fer (*minium de fer*) est économique, mais ne paraît pas valoir les peintures au plomb.

Quand le fer est enveloppé d'une matière perméable à l'eau et à l'air, susceptible par suite de conserver l'humidité et de laisser

---

lement 1 à 2 0/0 de leur résistance primitive par la galvanisation, tant que le diamètre ne tombe pas au-dessous de 0m,002.

Pour les fils plus fins, ou fabriqués avec des aciers de qualité supérieure, cette perte augmenterait et pourrait dépasser 10 0/0.

Il est permis de supposer que pour les éléments des constructions métalliques, exclusivement fabriqués en fer ou en acier très doux et dont les épaisseurs ne tombent guère au-dessous de 0,006 ou 0,008, la perte de résistance doit être insignifiante : à moins toutefois que l'action fâcheuse du zinc ne produise pas immédiatement tous ses effets et ne se prolonge longtemps après la galvanisation. Nous ne possédons à cet égard aucun renseignement positif. On prétend aussi que la rouille agit par sa présence sur le fer non oxydé en contact avec elle, et diminue sa ductilité ; cela ne semble pas démontré.

Au surplus, si les fils d'acier de la Cie de Châtillon et Commentry doivent leurs résistances exceptionnelles à une trempe douce effectuée après tréfilage, comme il est permis de le supposer, on conçoit que leur passage dans le bain de zinc fondu donne lieu à un recuit susceptible d'atténuer les effets de la trempe, et d'abaisser par suite la résistance des fils. A ce compte, l'affaiblissement signalé serait imputable non à l'action propre du zinc sur le fer, mais tout simplement à l'influence du recuit sur une pièce trempée que l'on chauffe à la température de fusion du zinc.

pénétrer l'oxygène jusqu'au fer (ballast, macadam, sable, surtout s'il est argileux et par suite hygrométrique), il est dans des conditions déplorables au point de vue de la durée.

Entouré d'une maçonnerie compacte et imperméable, qui ne permet pas à l'eau et à l'air de se renouveler, il est au contraire à l'abri de la rouille : c'est ainsi que la maçonnerie de ciment bien faite, surtout le béton gras (par suite de l'inégale dilatation des éléments de la maçonnerie de moellons, des fissures imperceptibles, mais perméables à l'air et à l'eau, peuvent se manifester entre la pierre et le mortier), constitue une excellente protection pour les pièces métalliques. Nous avons visité et réparé un pont en fonte dont certaines pièces étaient entourées de macadam sur une partie de leur hauteur, en contact avec une voûte en briques à mortier de ciment dans la région médiane, et enfin exposées à l'air libre dans leur partie inférieure : cette dernière zone, couverte par une peinture déjà ancienne et légèrement détériorée, présentait des traces d'oxydation ; la partie supérieure était enveloppée d'une couche épaisse de rouille, formant une sorte de grès ferrugineux avec les graviers du macadam ; la partie centrale, qui ne semblait pas avoir été couverte de peinture, était parfaitement nette et offrait la teinte grise de la fonte neuve. La ligne de démarcation entre la zone rouillée et la zone intacte coïncidait exactement avec le profil de la chape des voûtes.

Il ne semble pas que la composition élémentaire des produits ferreux ait une influence notable au point de vue de la formation de la rouille. Les résultats indiqués à ce propos par différents observateurs sont contradictoires, si bien que l'on ne peut quant à présent désigner avec certitude celui des trois métaux, fonte, fer ou acier, qui se corrode le plus ou le moins facilement.

Il paraît pourtant démontré que la croûte dure et compacte qui enveloppe les objets moulés en fonte leur assure une immunité relative, si on compare ce métal au fer et à l'acier. Mais si on enlève au burin cette croûte superficielle, la supériorité de la fonte disparaît, et peut même faire place à une infériorité réelle, imputable à la texture lâche et poreuse de ce produit.

La scorie contenue dans les fers nerveux, étant électro-négative par rapport au métal, devrait faciliter son oxydation. On retrouve en effet dans les rivières des épées romaines ou gauloises qui sont transformées en paquets de fibres métalliques encore résistantes, réunies en faisceaux par un ciment ferrugineux sans consistance : il semble bien que dans ce cas l'attaque se soit faite sur tout le pourtour de chaque fibre, formée de fer presque pur, après désagrégation préalable du ciment mêlée de scorie qui l'enveloppait.

Les métaux hétérogènes et mal fabriqués se défendent beaucoup moins bien contre la rouille que les produits homogènes, ce qui doit s'expliquer encore par les courants électriques qui se développent entre deux portions voisines de composition différente : on peut justifier de cette façon le discrédit qui a frappé les aciers fondus à l'époque où on ne savait pas encore bien les fabriquer, au point de vue de leur emploi dans les chaudières à vapeur. On revient aujourd'hui sur cette prévention, parce que les procédés de fabrication ont été considérablement perfectionnés : l'eau portée à une température élevée paraît corroder moins vite l'acier de bonne qualité que le meilleur fer.

La texture physique a une très grande importance : si le métal est criblé de pores ou de fissures livrant passage à l'air humide, l'étendue de la surface d'attaque est notablement augmentée, et la production de la rouille est activée en proportion. C'est pour cette raison que la fonte grise s'oxyde plus rapidement que la fonte blanche : on constate des pénétrations de rouille dans la couche superficielle des objets moulés, qui indiquent la présence de fissures initiales; on ne peut gratter à vif la fonte sans enlever en même temps des grains de métal encore intacts, entremêlés avec des parcelles de rouille.

L'eau acidulée attaque bien plus rapidement, pour les mêmes raisons, les produits phosphoreux, et les métaux écrouis, c'est-à-dire soumis à froid à des actions mécaniques extérieures qui ont déterminé à l'intérieur de la matière des criqûres et des fêlures imperceptibles.

MM. *Osmond* et *Werth* ont vérifié que, si l'on attaque par l'acide chlorhydrique étendu un fil d'acier recuit et un fil d'acier

écroui de même nature et de mêmes dimensions, la perte de
poids subie par le premier n'est que la cinquantième partie de
celle éprouvée par le second.

On s'explique de cette façon la rapide corrosion des tôles de
chaudières dans les points (joints et angles dièdres) où, par suite
des déformations dues à la dilatation, les effets mécaniques
peuvent dépasser la limite d'élasticité et produire un écrouissage
local.

Il est bien difficile de se rendre compte de la diminution
d'épaisseur qui peut résulter, pour une pièce métallique, de la
formation de la rouille, en raison de la complexité des circonstances diverses qui peuvent accélérer ou retarder l'oxydation.

Les observations faites à ce point de vue par divers expérimentateurs donnent des résultats tout à fait discordants, parfois
contradictoires.

On a trouvé par exemple que le fer exposé à l'action de divers
agents extérieurs pouvait perdre annuellement une couche superficielle représentée en millimètres dans le tableau suivant, où
nous avons noté les valeurs extrêmes qui ont été constatées.
(extrait de l'ouvrage de M. *Marion Howe*).

Circonstances de l'attaque	Perte d'épaisseur annuelle	Durée probable d'une tôle de 1 cent. d'épaisseur dont aucune des faces ne serait protégée par un enduit
Fer exposé à l'air extérieur......	de $0^{mm}012$ à $0^{mm}20$ et même 0,5	400 ans à 25 ans et même 10 ans
— id. — à l'eau douce propre.	0,006 à 0,012	800 ans à 400 ans
— id. — à l'eau souillée par des détritus organiques...	0,018 à 0,075	250 ans à 65 ans
— id. — à l'eau acidulée	0,6 à 12,0	8 ans à 6 mois
— id. — à l'eau de mer froide.	0,02 à 0,24	250 ans à 20 ans
Fer en contact avec du cuivre/ dans	0,06 à 0,26	80 ans à 20 ans
— id. — id. — bronze..)l'eau	0,24 à 0,36	20 ans à 12 ans
Fer déjà rouillé...........) de	0,03 à 0,05	150 ans à 100 ans
Fer poli................(mer	0,02	257 ans
Fer exposé à l'eau de mer chauffée à 45°.............	0,04 à 0,16	120 ans à 30 ans
— id. — à l'eau de mer propre bouillante........	0,10 à 0,15	50 ans à 30 ans
— id. — à l'eau de mer souillée et bouillante.......	0,36 à 0,45	13 ans à 11 ans
— id. — à l'eau de mer en contact avec du zinc...	0,03 à 0,09	160 ans à 55 ans

Ces renseignements si incomplets, si insuffisants et douteux qu'ils soient, permettent de se rendre compte de la nécessité absolue qu'il y a de garantir les ouvrages métalliques contre la rouille par des peintures solides, et renouvelées à des intervalles de temps convenables, après grattage parfait des taches de rouille sur les surfaces à repeindre. L'action protectrice du zinc paraît également bien mise en évidence, puisque le simple contact d'une lame de zinc avec une pièce de fer peut réduire des 2/3 la quantité de rouille produite. Mais la galvanisation n'est efficace que si l'oxyde de zinc produit n'est pas dissous, au fur et à mesure de sa formation, par le liquide ambiant, sans quoi la couche préservatrice disparaît en peu de temps et le fer se trouve mis à nu. Si le métal est plongé dans un liquide acide, il faut donc recourir à un enduit qui ne soit pas attaqué par le bain.

§ 2.

THÉORIE DES PROPRIÉTÉS PHYSIQUES ET ÉLASTIQUES DE L'ACIER, DU FER ET DE LA FONTE.

65. Travaux de MM. Osmond et Werth. — A la suite d'expériences faites dans le laboratoire des établissements du Creusot, MM. *Osmond* et *Werth* ont publié dans les *Annales des mines* (juillet-août 1885) et dans le *Mémorial de l'artillerie de marine* (tome XV, 2ᵉ série) un mémoire important, dans lequel ils ont exposé une théorie nouvelle sur la constitution de l'acier, « qui « permet de relier entre eux et de rapporter à un petit nombre « de causes simples les phénomènes si complexes que présentent « le travail et l'emploi des aciers ».

De nouvelles expériences, faites dans le laboratoire de M. *Le Chatelier* à l'Ecole des mines, et dans celui de M. *Troost* à la Sorbonne, ont permis à M. Osmond de publier dans le *Mémorial de l'artillerie de Marine* (tome XV, 2ᵉ série) un second article où il complète sa théorie, et la justifie par de nouveaux résultats d'observation.

Nous nous sommes basé, dans la présente étude, sur la théorie de MM. Osmond et Werth, en ajoutant aux renseignements nombreux et intéressants donnés par eux ceux qui nous ont été fournis par l'ouvrage de M. *Marion Howe* sur la métallurgie de l'acier. Nous sommes toutefois en désaccord sur l'explication à donner de l'effet produit par la trempe sur les aciers carburés : ils admettent que le fer peut se trouver dans ces métaux sous deux états *allotropiques*, fer de *recuit* et fer de *trempe*, tandis que nous chercherons à faire voir que les propriétés des produits sidérurgiques dépendent moins de leur composition chimique que de l'équilibre élastique de leurs éléments constitutifs, soumis à l'influence d'actions moléculaires *latentes* plus ou moins énergiques.

Nous nous proposerons de démontrer l'existence de ces actions moléculaires, d'en étudier les causes et les effets, et d'en tirer une explication plausible de tous les phénomènes observés sur les produits si variés de la sidérurgie.

66. Composition chimique. — Tous les produits ferreux, même les plus doux, sont à l'état de fusion parfaite à une température inférieure à 1800° : à ce moment le carbone qu'ils contiennent n'est pas combiné au fer dans lequel il se trouve seulement dissous.

Ces produits renferment une grande quantité de gaz, principalement azote et hydrogène, qui, à la température élevée du corps et à la pression ordinaire, représentent peut-être deux cents fois son volume, et s'y trouvent par conséquent à l'état liquide. Il est présumable que ces deux gaz sont retenus dans le bain surtout par le carbone, dont l'affinité pour eux est très grande à haute température ; on peut s'expliquer ainsi que la fusibilité du produit croisse rapidement avec la teneur en carbone, parce que ce dernier corps, quoique infusible lui-même à l'état isolé, est susceptible de former avec l'azote et l'hydrogène des composés qui se liquéfient facilement.

La température de solidification, qui dépasse peut-être 1700° pour les aciers extra-doux à 0,10 de carbone, tombe à 1050° pour ȷes fontes blanches dont la teneur atteint ou dépasse 3 à 4 0/0. Les fontes grises, qui déposent une partie du carbone dissous avant de se solidifier, ont une température de fusion notablement plus élevée (1150° à 1250°) que celle des fontes blanches, dans lesquelles la totalité du carbone demeure incorporée.

La séparation du carbone à l'état de paillettes graphiteuses, qui se manifeste dans les fontes grises à partir et au-dessous de 1500°, avant la solidification du métal, est favorisée par la présence du silicium et entravée par celle du manganèse et du soufre.

Il est possible que l'effet produit par le silicium soit dû à son action sur les gaz unis au carbone : on sait que l'addition d'une matière siliceuse dans l'acier en fusion ralentit et diminue le dégagement des gaz expulsés pendant la solidification, et empêche la formation des soufflures. En maintenant une fonte blanche pendant un certain temps à une température supérieure à 1200°, on peut faire apparaître des paillettes graphiteuses. Ce phénomène est explicable par la dissociation des hydrocarbures, donnant de l'hydrogène qui se dégage et du carbone qui se dépose. Le graphite contient probablement encore une certaine quantité de gaz, qui lui donne la propriété de se dissoudre dans la fonte en fusion et d'être absorbé par le fer et l'acier solides à une température supérieure au rouge.

Laissons de côté maintenant les fontes, pour ne plus nous occuper que des aciers. Au moment où ceux-ci se solidifient, le carbone n'est pas combiné au fer : ses particules se trouvent disséminées dans la masse et intimement mélangées aux particules de fer. Mais à partir d'une température critique W qui, autant qu'on a pu en juger en observant les effets de la trempe sur l'acier, paraît comprise entre 1100° (orangé foncé) et 1000° (cerise clair), il se produit un changement notable dans la composition chimique. Le carbone commence à se combiner au fer, et cette action, qui se termine d'autant plus rapidement que la teneur en carbone est moins élevée, est complète pour les produits les plus carburés à une seconde température critique V, paraissant comprise entre 700° (rouge foncé) et 600° (rouge très sombre). A ce moment le carbone est entièrement combiné, et l'acier ne le contient plus qu'à l'état de carbure de fer. La composition de ce carbure n'a pas été nettement déterminée. On a proposé de le représenter par la formule Fe³C, qui supposerait une proportion de 7 0/0 de carbone. Mais il résulte de certaines analyses que cette proportion peut s'élever jusqu'à 14 0/0.

Le carbone se rencontre en définitive dans l'acier sous deux états différents :

1° *Carbone séparé du fer*, ou carbone de TREMPE. On le trouve seulement dans les aciers trempés, c'est-à-dire refroidis assez rapidement, à partir de la température critique W, pour que la combinaison de ce métalloïde avec le fer n'ait pas eu le temps de s'effectuer d'une manière complète, et qu'une grande partie soit restée à l'état séparé. On trouve aussi le carbone de trempe dans les fonte blanches, où sa présence est le résultat d'une sursaturation du bain, qui contient une dose de carbone très supérieure à celle qui est susceptible de se combiner au fer pendant un refroidissement même très lent ; la majeure partie reste donc disséminée dans le métal, à l'état de corps simple.

Quand on attaque une barre d'acier trempé par l'acide chlorhydrique étendu, en la plaçant au pôle positif d'un élément Bunsen (méthode d'analyse de *Weyl*), le fer se dissout et on trouve un résidu noirâtre, amorphe et gélatineux, qui paraît être un hydrate de carbone provenant du carbone de trempe, et ne contenant que des traces de fer. Cet hydrate est très soluble à froid dans l'acide azotique concentré.

2° *Carbone combiné au fer*, ou carbone de RECUIT. On le rencontre dans tous les produits ferreux, tantôt seul, comme dans les aciers refroidis lentement et les fontes grises, tantôt associé au carbone de trempe, comme dans les aciers trempés et les fontes blanches ; il est d'autant moins abondant que le refroidissement a été plus rapide, et a par suite mieux entravé la transformation qui s'opère au dessous de la température W.

Les fontes blanches sont saturées de carbone de recuit, et renferment en outre un excès de ce métalloïde à l'état séparé. Les fontes grises contiennent du carbone de recuit dont la proportion peut s'abaisser à 0,60 et 0,40 : le carbone en excès a été déposé avant la solidification complète sous forme de graphite, et le carbone de trempe est à peu près absent.

20

En traitant l'acier naturel, c'est-à-dire non trempé, par la méthode de Weyl, on obtient des paillettes grises, brillantes et fragiles, de carbure de fer. Ces paillettes, qui renferment 5 à 14 0/0 de carbone, se dissolvent lentement à froid dans l'acide azotique concentré.

Ce carbure de fer est très cassant et ne possède à froid aucune malléabilité. La ductilité des aciers naturels est donc due uniquement à la prépondérance du fer non carburé, qui représente au moins 90 0/0 de la masse totale dans les produits les plus riches en carbone.

Le carbure de fer est fusible à une température peu élevée ; il devient pâteux à partir du rouge sombre. C'est à sa présence qu'est due la plasticité de l'acier chauffé au-dessus du rouge : il se comporte à la manière d'un mortier agrégeant les particules de fer solide, qui ne commencent elles-mêmes à prendre l'état pâteux qu'au-dessus de la température critique W, quand le carbone de trempe se régénère et se mélange au métal.

Le silicium déplace le carbone de sa combinaison avec le fer et les autres métaux ; peut-être aussi s'unit-il aux gaz, azote et hydrogène, ce qui expliquerait son action sur les soufflures et son influence sur la formation du graphite. On peut supposer au contraire, avec peut-être plus de vraisemblance, qu'il diminue le pouvoir dissolvant du bain et provoque le dégagement immédiat de ces gaz avant que la solidification ait commencé à se produire, ce qui expliquerait à la fois et le dépôt des paillettes de graphite et la disparition des soufflures [1].

1. Ainsi que nous l'avons mentionné à la page 238, M. *Le Verrier* explique la propriété que possèdent le silicium et l'aluminium d'empêcher la formation des soufflures dans l'acier coulé par l'action réductrice qu'ils exercent sur l'oxyde de carbone dissous dans le métal en fusion. En l'absence de ce gaz, les autres, hydrogène et azote, se dégagent lentement et incomplètement pendant la solidification, tandis que l'ébranlement produit dans la masse par le départ immédiat d'une quantité minime d'oxyde de carbone suffit pour provoquer un dégagement tumultueux de l'hydrogène et de l'azote, qui forment la presque totalité des gaz rejetés.

En somme l'ébullition du métal serait imputable, non à sa composition élémentaire, mais à la présence d'une quantité très faible d'oxyde de carbone dissous ; toutes les fois que ce gaz ne se rencontre pas dans les produits dégagés (métal fondu au creuset à l'abri de l'air — acier dans lequel on a versé, immédiatement avant la coulée, une faible dose de matière riche en silicium ou aluminium), la so-

La fonte grise doit probablement ses propriétés caractéristiques à la présence d'une quantité considérable de silicium. On sait que les aciers ne peuvent contenir de silicium en proportion notable sans perdre leurs qualités essentielles et devenir rouverins au-dessus du rouge ; la teneur limite admissible est d'autant moins élevée que le produit est plus carburé.

Le soufre s'unit au fer et peut-être au carbone et à l'hydrogène ; le sulfure de manganèse se sépare toujours par liquation du métal fondu et passe dans la scorie : les produits très manganésés ne sont donc pas en général sulfureux.

Le phosphore s'unit aux métaux et se concentre en certains points, en rendant l'acier hétérogène et cristallin.

Les métaux associés au fer, manganèse, chrome, tungstène, etc., lui sont en général intimement mélangés et se comportent comme lui vis-à-vis du carbone et des autres métalloïdes. Le manganèse augmente la solubilité à froid de l'hydrogène dans le fer et par là même s'oppose à la formation des soufflures, surtout s'il provient d'une addition faite au moment de la coulée, sans laisser au métal en fusion le temps de se charger de la nouvelle quantité d'hydrogène que la présence d'un surcroît de manganèse lui permettrait de dissoudre.

67. Structure cellulaire. — Quand on examine au microscope la cassure d'un barreau d'acier, trempé ou à l'état naturel, on constate que ce métal est constitué par une agglomération de grains polyédriques semblables, dont le diamètre est au plus égal à $\frac{1}{100}$ de millimètre.

Nous avons vu à la page 48 que, pendant la solidification de l'acier versé dans une lingotière, il se produit un phénomène de liquation très caractérisée : le métal qui durcit le premier au contact du moule est beaucoup moins chargé que celui, resté liquide

---

lidification s'opère sans agitation, et le résultat solide est dépourvu de soufflures, quelles que soient d'ailleurs sa teneur en carbone, silicium, manganèse, etc., et sa richesse en hydrogène et azote dissous.

Cette explication, d'après laquelle l'oxyde de carbone jouerait un rôle analogue à celui de l'amorce en fulminate dans une cartouche de dynamite, est plausible et s'accorde bien avec les faits observés.

jusqu'au dernier moment, qui constitue finalement la région centrale supérieure du lingot. La teneur en carbone varie de 0,34 à 1,32 pour un produit contenant en moyenne 0,41 au moment où, coulé à l'état liquide, il était à peu près homogène.

Ce qui se passe en grand dans le lingot doit sans doute se produire en petit dans la granulation microscopique dont le centre, qui s'est solidifié en premier lieu, est probablement moins chargé de carbone, de silicium et de soufre que le pourtour.

L'accroissement de ces granulations, s'il s'effectue par une succession de couches concentriques solidifiées successivement, s'arrête quand le grain vient au contact des grains voisins, qui se sont développés en même temps.

En définitive, il est probable que dans l'acier solidifié et maintenu à une température supérieure au point critique W, tous les éléments constitutifs se retrouvent en un point quelconque de la globulite ; mais, tandis que le fer et les autres métaux sont répartis uniformément, la teneur en carbone et en métalloïdes doit aller en croissant du centre à la périphérie. Celle-ci est encore à l'état fluide, ou du moins pâteux, quand le centre de la granulation est déjà complètement solidifié. L'acier possède donc, au-dessus du cerise-clair, les propriétés d'un mortier composé de grains solides agglutinés par une substance visqueuse. On peut sans difficulté modifier sa forme par le martelage et le laminage sans le désagréger ni altérer ses propriétés ; les granulations glissent les unes sur les autres sans cesser d'être rattachées ensemble par la matière collante qui entoure chacune d'elles.

Dès que la température est tombée au-dessous du point critique W, le carbone commence à se combiner au fer, avec un dégagement notable de chaleur ; à certains moments on voit la couleur du métal se raviver, la température se relève, et l'on constate un arrêt dans le refroidissement, ainsi qu'une dilatation temporaire du métal (*recalescence*) [1].

1. La Cⁱᵉ des forges de Châtillon et Commentry a cherché a déterminer expérimentalement la loi suivant laquelle varie la longueur d'une barre de fer ou d'acier refroidie en plein air après avoir été chauffée à une température voisine de 1000° (cerise clair).

La figure 82 représente les courbes de raccourcissement obtenues jusqu'au re-

Le carbure apparaît alors sur la périphérie de chaque grain, probablement à l'état liquide ou du moins visqueux ; il se produit

froidissement complet avec le fer doux, l'acier mi-dur à 0,48 de C., l'acier très dur à 0,75 de C., l'acier extra-dur à 1,13 de C., et enfin l'acier exceptionnellement dur à 1,35 de C.

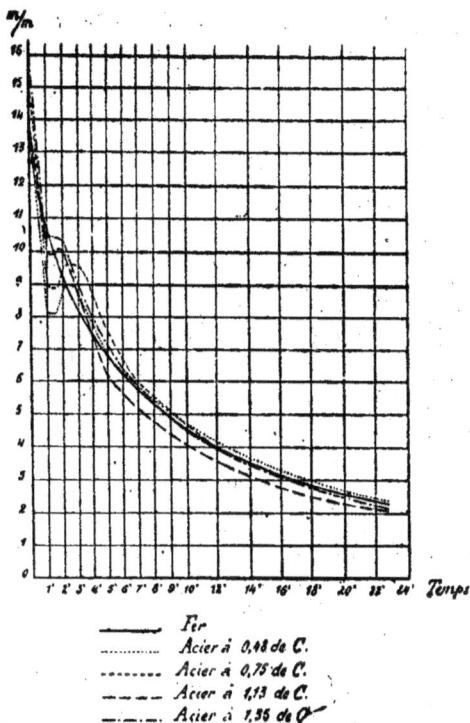

Fer
Acier à 0,48 de C.
Acier à 0,75 de C.
Acier à 1,13 de C.
Acier à 1,35 de C.

Le ressaut que présente chaque courbe à une température voisine de 700° résulte du phénomène de la recalescence. On voit que le dégagement de chaleur est insensible pour le fer doux, atteint son maximum pour l'acier demi-dur et l'acier très dur, puis va en décroissant avec l'acier extra-dur et l'acier exceptionnellement dur ; pour ce dernier métal, la courbe ne présente plus qu'un palier, au lieu du retour en arrière constaté pour les aciers de dureté moindre. Il est probable que pour les métaux mixtes et les fontes on trouverait une courbe continue, analogue à celle du fer doux. Nous en conclurons que la combinaison du carbone avec le fer commence d'autant plus tardivement et s'effectue pendant une période d'autant plus courte que la teneur en carbone du métal est moindre. Avec le fer doux, le dégagement de chaleur est insignifiant, en raison de la faible dose de carbone ; avec le métal mixte, il ne se constate pas, parce qu'il dure trop longtemps et relève la courbe à partir de son origine.

un phénomène-très net de séparation entre le fer non carburé et le carbure de fer, qui est pour ainsi dire sué par la granulation et vient s'amasser sur son pourtour, en formant une enveloppe qui la sépare des granulations voisines. Cette exsudation du liquide sera expliquée à l'article 74 par l'état de tension où se trouve le fer de la globulite.

Dès que la température est tombée au point critique V, le métal solide, ne contenant plus de carbone de trempe, se trouve finalement constitué par une agglomération de granules de fer presque pur (contenant les métaux associés au fer, mais non les métalloïdes) isolées les unes des autres par leurs enveloppes de carbure de fer (contenant la presque totalité du carbone de recuit, et des autres métalloïdes).

Ces enveloppes sont soudées ensemble et forment un réseau continu. En attaquant le métal par la méthode de *Weyl*, qui provoque la dissolution complète des grains de fer non carburé à l'exclusion du carbure, on retrouve celui-ci sous la forme d'une masse spongieuse conservant les dimensions primitives du barreau et assimilable à un gâteau de cire d'abeilles dont on aurait fait couler le miel contenu dans les alvéoles.

C'est ce résidu qui, délayé dans l'eau ou l'alcool, donne les paillettes grises, brillantes et fragiles dont il a été question plus haut.

Si rapide que soit le refroidissement produit par la trempe de l'acier, il faut bien que le métal passe par tous les degrés de chaleur entre le point critique W et la température ordinaire : il se forme donc toujours une certaine quantité de carbure de fer, et les aciers trempés possèdent eux-mêmes la structure cellulaire, chaque cellule ou globulite étant composée d'un noyau de fer pur ou chargé de carbone de trempe, entouré d'une enveloppe de ciment carburé contenant aussi du carbone séparé. Mais plus la trempe a été énergique et moins l'enveloppe est épaisse. C'est à peine si avec les aciers les plus trempés on obtient par la méthode de Weyl quelques traces de paillettes carburées ; on y retrouve principalement du carbone de trempe, lequel est disséminé aussi bien dans les grains que dans les enveloppes, et ne conserve pas après la disparition du fer la forme du barreau expérimenté.

M. Marion Howe désigne sous les noms de *ferrite* le fer pur, ou allié à d'autres métaux, mais non combiné au carbone, et de *cémentite* le carbure de fer. D'après lui, le fer et le carbure peuvent s'associer pour former un minéral intermédiaire entre les deux précédents, que l'on rencontre souvent soit dans le noyau soit dans l'enveloppe de la globulite : il lui donne le nom de *perlite*, et admet qu'il peut contenir de 1 à 1,5 de carbone de recuit. Les différences constatées entre les aciers doux et les aciers durs dépendraient à ce compte non seulement de l'épaisseur de l'enveloppe, mais encore de la composition élémentaire des deux parties de la cellule. D'après cet auteur, la cellule serait constituée comme il suit dans les différentes catégories de produits ferreux :

	Noyau	Enveloppe
Aciers extra-doux et doux :	Ferrite	Perlite
mi-doux et mi-dur :	Ferrite	Perlite et cémentite
dur et très dur :	Perlite	Cémentite
Fonte blanche :	Perlite et cémentite	Cémentite
grise :	Ferrite	Perlite.

Dans l'acier trempé, une partie du carbone est à l'état isolé ou de trempe, ce qui diminue d'autant la richesse du grain ou de l'enveloppe en carbone de recuit. On sait qu'il est impossible par les moyens usuels de refroidir suffisamment vite les aciers extra-doux pour empêcher le carbone de s'unir en totalité au fer pendant le temps très court qui s'écoule entre le passage à la température W et le retour à la température ordinaire.

La fonte blanche contient un excès de carbone qui reste à l'état séparé.

Dans la fonte grise, la majeure partie du carbone se dépose à l'état graphiteux : le produit n'est souvent pas plus riche en carbone de recuit qu'un acier mi-dur, et ne contient presque pas de carbone de trempe.

M. Marion Howe appelle *hardenite* (*hardened steel*, acier trempé) le fer mélangé intimement de carbone de trempe qui forme l'élément essentiel de l'acier trempé et de la fonte blanche.

Dans les fers et les aciers puddlés ou soudés, la scorie forme un second réseau continu distinct du réseau de perlite ou de cémentite, qui présente des mailles très larges subdivisées elles-mêmes par les cloisons de carbure de fer, dont la continuité est interrompue à la rencontre de la scorie.

Il peut se présenter un cas où le carbure de fer, au lieu d'être concentré dans l'enveloppe, se trouve disséminé dans la cellule tout entière : c'est celui de l'acier d'abord trempé, puis recuit à une température inférieure au point critique V, qui marque le moment où le carbure de fer commence à prendre l'état pâteux et acquiert la faculté de sortir du noyau. Ce recuit suffit pour transformer le carbone de trempe en carbone combiné, mais celui-ci, n'ayant pas acquis la mobilité qui le caractérise au-dessus du point V, reste dans la place où il s'est formé, au lieu de se rendre dans l'enveloppe.

La texture d'un acier recuit jusqu'à 600 à 700° est donc différente de celle qu'il acquiert par le recuit au rouge : la cassure est grisâtre dans le premier cas et bleuâtre dans le second, tandis que, pour l'acier trempé, elle est plutôt blanche.

68. Cristallisation. —Pendant que la cellule se constitue avec son enveloppe, par suite de la transformation du carbone de trempe en carbone de recuit au-dessous de la température W, elle tend à s'associer avec les cellules voisines pour former des agglomérations cristallines, que MM. Osmond et Werth qualifient de cellules *composées*. A l'intérieur de l'acier, ces cellules composées ont en général une forme polyédrique, et leurs facettes présentent ce caractère remarquable qu'il n'existe pas de carbure de fer entre elles et les facettes opposées des cellules composées voisines. Les cellules simples ou globulites, situées à la périphérie d'une cellule composée, sont donc dépourvues d'enveloppe sur la face appartenant au contour de l'agglomération cristalline.

Cette circonstance, qui a été observée par MM. Osmond et Werth, ne paraît pas avoir reçu d'explication pleinement satisfaisante. Il est probable que, la solidification du ciment carburé s'effectuant après la formation de la cellule, ce ciment se contracte en abandonnant l'état liquide et est rappelé à l'intérieur de la cellule composée, par un phénomène analogue au retassement. Peut-être aussi l'hydrogène, qui est dégagé durant cette période par le métal, est-il susceptible de décarburer le ciment dans les joints des cellules composées, où il s'amasse et circule pour s'échapper par les faces du lingot. On a constaté en effet que l'hydrogène porté à une température élevée décarbure partiellement l'acier : la couche superficielle extérieure d'un barreau soumis à l'action de ce gaz s'adoucit en perdant la majeure partie de son carbone combiné.

Quoiqu'il en soit, l'existence dans l'acier refroidi lentement de cellules composées dépourvues d'enveloppe est nettement établie, et il en résulte un affaiblissement très prononcé de la résistance du métal à l'extension.

Quand on maintient très longtemps une barre d'acier à une température voisine de W, on finit par lui faire perdre toute sa ténacité (*acier brûlé*) ; on obtient une pièce qui se brise sous le moindre effort, en présentant sur sa cassure des facettes étendues et brillantes, qui signalent l'existence de cellules composées de dimensions atteignant fréquemment 3 à 5 millimètres. On sait que les fers, dont la cassure à gros grain est l'indice d'une cristallisation très développée, ne possèdent guère de résistance et sont exclus des constructions. Cette division en cellules se met facilement en relief en attaquant par un acide une section polie de l'acier : les cellules se trouvent délimitées par un réseau polygonal de traits brillants, d'un éclat métallique, indiquant la présence dans les faces de contact de fer presque pur.

Les cellules composées situées sur le pourtour du lingot ne sont pas polyédriques comme celles de l'intérieur, mais prismatiques et dirigées normalement à la surface extérieure, d'après une disposition qu'on retrouve dans les coulées de basalte et dans les filons provenant de l'injection de matières liquides ou pâteuses à travers les fissures des couches terrestres.

Cette disposition est explicable : par le mode d'accroissement de ces cellules, qui a dû s'effectuer dans une direction centripète en suivant les progrès de la solidification complète, opérée tout d'abord au contact de la paroi du moule ; par le retrait que subit l'enveloppe extérieure du lingot au moment où elle se solidifie, retrait qui, se trouvant entravé par la présence du noyau encore

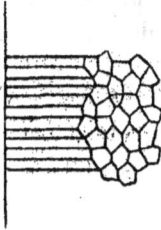

Fig. 83.

chaud, tend à diviser cette enveloppe en prismes hexagonaux (c'est à cette cause qu'on attribue la division prismatique du basalte) ; par l'action des gaz qui cherchent naturellement à s'échapper du lingot en suivant des directions normales à son contour, et se fraient un passage entre les cellules accolées, comme l'indique la disposition des soufflures, qui se trouvent en général dans le prolongement des cellules composées primatiques (fig. 83).

Il est possible que toutes ces circonstances agissent simultanément pour provoquer la formation des cristaux prismatiques.

MM. Osmond et Werth n'ont trouvé de traces bien caractérisées de cristallisation que dans les aciers refroidis lentement, à l'exclusion des aciers trempés. Mais M. Marion Howe rapporte que les aciers trempés à une température trop élevée, du blanc éblouissant à l'orangé clair, sont également sujets à la cristallisation, surtout sur le pourtour du lingot où l'on observe la division prismatique. Cette modification de structure peut donc être produite par la simple contraction de l'enveloppe, en contact au moment de sa solidification avec un noyau intérieur encore très chaud, et par l'échappement des gaz, avant que le carbone de trempe n'ait commencé à se combiner au fer.

69. Trempe. — La trempe maintient le carbone à l'état isolé : *carbone de trempe*. Effectuée à une température convenable, elle donne à l'acier une texture presque amorphe et empêche par conséquent la cristallisation de se manifester. Elle augmente considérablement la résistance à l'extension du métal, mais en réduisant sa ductilité et en le rendant cassant et fragile. Elle agit avec d'autant plus d'énergie que le métal est plus carburé, plus manganésé et moins siliceux. Enfin elle diminue la densité du produit.

D'après M. Marion Howe, on obtient, en soumettant à la trempe un acier moyennement carburé, des résultats qui varient avec le degré de température auquel il a été porté avant d'être brusquement refroidi.

Température avant la trempe	Densité	Dureté de la surface	Fragilité	Cassure
Blanc éblouissant : 1500°	7729	Excessive ; raie le verre	Excessive	Division prismatique sur le pourtour. Cristaux de grandes dimensions.
Blanc : 1300°	7748	Très-grande	Très-grande	Gros cristaux.
Orangé clair : 1200°		Grande	Grande	Cristaux plus petits.
Cerise clair : 1000° (W.)	7761	Grande	Grande	Grains fins.
Cerise : 900°	7787	Médiocre	Assez grande	Presque amorphe.
Rouge sombre : 700° (V)	7804	Faible	Peu sensible	Petits cristaux.
Rouge naissant : 525°	7825	»	Nulle	Cristallisation grossière.

En réchauffant jusqu'à la température W (1000 à 1100°) un acier très cristallin, et le soumettant à une nouvelle trempe, on le ramène à la texture grenue.

La trempe agit à la fois sur la constitution chimique (état du carbone) et la constitution physique (texture à grain fin ou grossier). On peut d'ailleurs obtenir le second résultat indépendamment du premier, en traitant le métal de façon que son refroidissement soit très rapide entre les températures W et V, qui limitent la période durant laquelle la cristallisation se produit, et très lent au-dessous de V : à ce moment la transformation du carbone s'opère encore, mais sans déplacement des molécules de la matière, et par conséquent sans changement de structure. Il suffit, pour obtenir ce résultat, de tremper l'acier dans un bain de métal en fusion, zinc (450°) ou plomb (335°). Ce procédé donne un acier naturel dont la texture est à grain fin.

Les aciers brûlés, où la cristallisation a atteint un développement excessif et où il y a peut-être des traces d'oxydation sur les facettes en contact des cellules composées, se ramènent difficilement à la texture grenue sans être refondus : un réchauffage et une trempe nouvelle à la température W ne suffisent pas toujours pour les régénérer.

Pour que la trempe donne des résultats convenables, il faut

que la rapidité du refroidissement soit en raison inverse du degré de carburation. La trempe est d'autant plus énergique que la température initiale du métal est plus élevée et celle du bain de trempe plus basse, que le pouvoir conducteur et le coefficient de chaleur spécifique du liquide employé sont plus grands.

C'est ainsi que l'on est arrivé au Creusot à tremper les aciers extra-doux en les portant au cerise clair (1000°) et les plongeant dans l'eau glacée à — 15° (page 247) alors qu'un traitement semblable appliqué à une barre d'acier très carburé eût sans doute déterminé une désagrégation complète, ou tout au moins des fêlures et des fissures diminuant de beaucoup sa résistance. On trempe les aciers durs au rouge (800° à 900°).

On peut ranger dans l'ordre suivant, au point de vue de l'énergie de la trempe, les liquides dont on fait usage : Mélange réfrigérant liquide (eau chargée de sels), mercure, eau pure, huile, eau de savon, suif, goudron, résine, etc.

Le bain de trempe est d'autant plus actif que sa température initiale et sa température finale sont plus basses, que le coefficient de chaleur spécifique et le pouvoir conducteur du liquide sont plus élevés, enfin que sa viscosité est moindre. Avec une teneur en carbone supérieure à 0,75, on ne peut plus se servir d'eau pure, dont l'action serait trop violente. En chauffant le bain, on atténue l'effet produit. Pour des aciers exceptionnellement durs, contenant 1,25 et plus de carbone (métal pour outils de tour et forets), on peut faire usage de bains métalliques portés à une température élevée : plomb fondu (325°), huile de lin bouillante (315°), mélange de plomb et d'étain dont on règle la composition de façon à obtenir à volonté une température de fusion comprise entre 200 et 300°, etc.

En résumé, la trempe de l'acier doit être effectuée à une température intermédiaire entre les points critiques W (1000°) et V (700°), et d'autant plus voisine du premier que la carburation du produit est moindre : cerise clair ou 1000° pour les métaux les plus doux, cerise ou 900° pour les aciers durs. Le bain de trempe doit être d'autant moins actif que le métal est plus chargé de carbone.

Si l'on veut simplement agir sur la constitution physique de l'acier et obtenir une texture amorphe ou à grain fin, mais sans entraver la combinaison du carbone avec le fer, il convient d'opérer le refroissement rapide seulement jusqu'à la température critique V. Dès que la coloration de la pièce est descendue au rouge sombre, on la retire du bain pour la laisser refroidir lentement à l'air : une transformation partielle du carbone se produit alors sans changement dans la texture. On obtient des aciers naturels, c'est-à-dire dépourvus de carbone de trempe, dont la cassure est à grain fin, en les trempant dans un bain de plomb fondu dont la température peut être portée à 500°. En maintenant pendant un temps suffisant la pièce dans le bain, on réalise la combinaison totale du carbone avec le fer.

On a remarqué que la trempe ordinaire, qui ne modifie pas sensiblement la constitution chimique d'une barre d'acier très douce, tend à lui donner une texture fibreuse ou nerveuse, qui est probablement le résultat d'une action purement mécanique subie par le métal : la partie périphérique de la pièce, qui est brusquement ramenée à la température peu élevée du bain de trempe, se contracte en exerçant sur le noyau intérieur encore chaud une pression énergique, qui provoque l'étirement et l'allongement des granules de fer primitivement sphériques. Les extrémités de ces grains allongés en fuseau se superposent et se soudent, de façon à constituer de véritables fibres parallèles à l'axe de la barre : le ciment est rejeté sur le contour prismatique de chaque fibre.

Si l'on poursuit le refroidissement brusque produit par la trempe au dessous du point critique V et jusqu'à la température ordinaire, la transformation du carbone de trempe en carbone de recuit n'a plus le temps de s'effectuer d'une manière complète. On obtient alors un acier trempé, différant des aciers naturels autant par sa constitution chimique que par ses caractères physiques et élastiques : densité, coefficient d'élasticité longitudinale, limites d'élasticité et de rupture, ductilité, fragilité. On peut, sans changer la texture de ce produit, diminuer ou même faire disparaître entièrement l'écart qui existe entre ses propriétés et celles des aciers naturels par l'opération du recuit dont il sera parlé ci-après.

Nous donnerons plus loin une explication de l'effet produit par la trempe sur les propriétés élastiques des aciers, basée sur le développement dans la matière d'actions moléculaires latentes.

70. Recuit. — Quand on soumet l'acier trempé à un réchauffage, le carbone de trempe se transforme progressivement en carbone de recuit. Ce phénomène se manifeste à une température bien inférieure au point critique V, car on l'a constaté sur des pièces plongées fréquemment et longtemps dans l'eau bouillante. Mais si la durée du recuit est limitée au temps nécessaire pour réchauffer la pièce, on n'observe de résultats appréciables qu'à partir de la température de 216°, signalée par la teinte jaune pâle, ou paille, que prend le métal.

L'effet est d'autant plus marqué que la température finale est plus élevée. A partir du bleu noir (316°), la transformation du carbone est presque complète et les effets de la trempe tendent à disparaître ; à 400° ou à 500°, le métal est revenu à l'état naturel, sans qu'il ait été nécessaire d'aller jusqu'au rouge sombre (700° ou V), ni même au rouge naissant (525°).

La cassure de l'acier présente alors une teinte grisâtre, qui a succédé à la coloration blanche de l'acier trempé. La texture physique n'a pas été modifiée. Il n'en est plus de même, ainsi que nous l'avons déjà remarqué, si l'on dépasse la température rouge: le carbure de fer est alors rejeté par le noyau et se concentre dans l'enveloppe des globulites ; la cassure devient bleuâtre, comme dans l'acier naturel, obtenu par refroidissement lent après fusion ; la cristallisation apparaît avec toutes ses conséquences.

On n'emploie guère l'acier trempé au vif, sans recuit, que pour les outils à travailler à froid les métaux, burins, cisailles, etc., lorsqu'une dureté de grain exceptionnelle est nécessaire, sans que le manque de ductilité et la fragilité présentent d'inconvénients sérieux.

Mais en général tous les produits industriels en acier trempé (coutellerie, ressorts, etc.), subissent un recuit qui varie entre le jaune pâle et le bleu, suivant le degré de dureté et de résistance aux chocs que l'on désire atteindre.

La combinaison du carbone avec le fer, qui se produit pendant le recuit, donne lieu naturellement à un dégagement de chaleur, équivalent à celui déjà constaté pendant le refroidissement de l'acier naturel entre les températures W et V.

Ce dégagement de chaleur commence vers 200° et présente un maximum très net vers 350°. Il semble qu'il devrait prendre fin vers 400° ou 500°, au moment où le carbone de trempe a complètement disparu. On observe cependant encore un phénomène de recalescence très marqué entre 500° et 700°, avec un maximum vers 660° ou 680°, c'est-à-dire dans le voisinage de la température critique V. Ce dégagement de chaleur, qui n'accompagne aucune combinaison chimique, a été expliqué par MM. Osmond et Werth en supposant qu'il se produit un changement dans les propriétés du fer, susceptible de se présenter sous deux états *allotropiques* différents : fer α dans l'acier naturel (refroidi lentement à partir de 700°) ; fer β dans l'acier trempé au vif, et dans le même acier recuit jusqu'à 500° seulement.

Cette modification allotropique du métal expliquerait, d'après

1. *Température de recuit des aciers extra durs pour outils* (d'après Landrin)

Température	Couleur du recuit	Désignation des outils
221°	Jaune très pâle	Lancettes
232°	Jaune pâle	Rasoirs supérieurs, instruments de chirurgie.
243°	Jaune ordinaire	Rasoirs communs, canifs.
254°	Brun	Cisailles et paires de ciseaux, ciseaux à couper le fer à froid.
265°	Brun teinté de pourpre	Haches, fers à rabots, couteaux de poche.
277°	Pourpre	Couteaux de table, grandes cisailles.
288°	Bleu pâle	Épées, ressorts de montres.
293°	Bleu ordinaire	Scies fines, poignards, tarières.
316°	Bleu foncé	Scies à main de charpentiers.

eux, les différences essentielles que l'on constate entre les propriétés des deux genres de produits.

Nous donnerons ci-après (art. 74) une autre explication de ce phénomène qui nous semble meilleure. Nous nous bornerons pour le moment à remarquer que le dernier dégagement de chaleur se manifeste au moment où le carbure de fer va prendre l'état pâteux et donner au métal la plasticité qui permet de le forger à chaud.

Immédiatement avant que cette recalescence ait eu lieu, c'est-à-dire entre le bleu noir et le rouge naissant, on trouve que l'acier est devenu extrêmement brisant et fragile, et a perdu toute ductilité et malléabilité.

C'est un phénomène analogue à celui que l'on constate pour l'asphalte, dont la structure se rapproche de celle de l'acier, les noyaux des globulites étant constitués par du calcaire et les enveloppes par un mastic bitumineux qui forme un réseau continu. Si l'on chauffe cet asphalte, solide et tenace à la température ordinaire, on remarque qu'il devient fragile et se réduit spontanément en poudre un peu au-dessous de la température où le bitume va devenir pâteux ; immédiatement après que ce changement d'état s'est produit, l'asphalte devient malléable et plastique comme l'acier au rouge, et n'est plus susceptible d'être pulvérisé par le broyage.

Le recuit simple, non précédé d'une trempe vive, peut dans certains cas, s'il est poussé jusqu'au rouge, modifier la constitution physique de l'acier moulé, en dissimulant la cristallisation. Le ciment carburé, devenu assez liquide pour se déplacer, pénètre dans les joints des cellules composées, qu'il relie entre elles, et après un refroidissement lent la cassure, primitivement à gros grains, présente un grain fin. Il en résulte un certain accroissement dans la résistance à la traction, et surtout une augmentation considérable de l'allongement de rupture.

D'autre part ce recuit fait disparaître les actions moléculaires *latentes de fabrication* (art. 75), dues à ce que, pendant le moulage, le refroidissement du contour de la pièce en contact avec les parois du moule a été beaucoup plus rapide que celui du noyau intérieur. En laissant refroidir lentement après le recuit, de manière à maintenir toujours toutes les parties de la pièce à la même température, on empêche ces actions moléculaires de fabrication de réapparaître, et on réalise une grande amélioration au point de vue de la résistance et de la ductilité.

On obtient le même résultat en ce qui touche les actions moléculaires latentes de fabrication dues au laminage et au forgeage des pièces, lorsque celles-ci sont travaillées à haute température ; mais alors la limite de rupture est abaissée, tandis que l'allongement de rupture peut être relevé.

Enfin cette opération détruit les effets de l'écrouissage. Quand l'acier subit à la température ordinaire, ou plutôt à une température inférieure au rouge cerise, qui dépasse de peu le point critique V, des actions mécaniques susceptibles de modifier sa forme et par conséquent de faire travailler le métal au-dessus de sa limite d'élasticité, il se produit dans le réseau de ciment des fissures imperceptibles qui entraînent un changement notable dans les propriétés de la matière (art. 85). En chauffant le métal au rouge cerise, on rétablit la continuité du réseau, parce que les particules de ciment, devenues pâteuses, se ressoudent entre elles : l'acier reprend les propriétés qu'il possédait avant l'écrouissage. Cette opération est surtout jugée nécessaire pour ramener à l'état naturel les pièces dont le travail à chaud a été terminé à trop basse température, ou qui ont été façonnées à froid, cisaillées, poinçonnées, etc.

71. Forgeage, martelage et laminage à chaud. — Tout travail à chaud, effectué à une température (rouge cerise ou au-dessus) supérieure au point critique V, qui correspond à la solidification complète du ciment carburé, modifie la forme d'un lingot d'acier, en faisant glisser les uns sur les autres les noyaux des globulites sans détruire leur adhérence mutuelle, due à la viscosité des enveloppes. Les agglomérations cristallines sont par là même brisées et disloquées ; la pression exercée sur le métal fait refluer le ciment dans toutes les directions et l'injecte dans les joints des cellules composées, qui en étaient dépourvus.

La texture passe ainsi de l'état cristallisé à l'état grenu, et le résultat obtenu est en apparence identique à celui que donne la

trempe. Nous disons « en apparence » parce qu'il peut arriver
que la cristallisation soit plutôt dissimulée, par l'introduction de
ciment dans les joints des cellules composées, que détruite, du
moins vers le centre des pièces massives, où la déformation n'est
pas considérable. On s'explique ainsi pourquoi des pièces forgées ont parfois une cassure cristalline, surtout quand leur rupture n'est pas le résultat d'un choc unique, mais celui d'une série
de chocs successifs répétés un très grand nombre de fois et dépassant chacun, mais de très peu, la limite d'élasticité. On a
supposé que la structure d'une barre de métal à grain fin, soumise à des actions vibratoires prolongées, pouvait être modifiée
et devenir cristalline par l'effet des vibrations. Nous pensons
plutôt que la cristallisation existait dès le principe, mais qu'elle
avait été masquée par le forgeage, les cristaux voisins ayant été
soudés ensemble par le ciment injecté dans leurs joints ; leurs
faces de contact restent toutefois des points faibles dans la pièce.
On conçoit alors qu'une succession d'efforts nombreux et répétés
puisse déterminer des fissures suivant les directions de moindre
résistance, c'est-à-dire celles des facettes des cellules composées,
alors qu'un choc unique et violent aurait donné une section de
rupture traversant ces cristaux, et fait par conséquent apparaître
une cassure à grain fin. On sait que pour dégager d'un minéral
un cristal enveloppé de gangue, il faut frapper à petits coups et
déterminer peu à peu des fentes orientées suivant les faces du
cristal : un choc violent briserait le minéral suivant une section
plane traversant le cristal, tandis qu'une série de petits chocs,
agissant dans tous les sens, est susceptible de déterminer des
ruptures partielles et successives dirigées suivant les plans
d'orientation variable qui correspondent à ses faces.

Nous admettrons donc que les actions dynamiques répétées
ne modifient pas la texture de l'acier, mais font apparaître la cristallisation quand elle existait dès l'origine, et qu'elle se trouvait
dissimulée par l'effet du laminage, du forgeage ou du recuit.

On a remarqué, en ce qui touche les aciers extra-durs spéciaux pour enclumes, marteaux, etc., que la transformation par
chocs répétés et le passage à la structure cristalline sont très
appréciables pour les aciers de Suède au bout de cinq ou six

mois ; un simple recuit suffit pour ramener le métal à son état primitif, en lui restituant un grain fin plus ou moins soyeux.

Cette observation, faite par M. Deshayes, vient à l'appui de notre thèse : il est bien certain qu'un recuit est insuffisant pour détruire les agglomérations cristallines, et qu'il fait simplement disparaître les résultats de l'écrouissage en ressoudant les facettes contiguës des cellules composées, qui tendaient à la longue à se disjoindre.

Le laminage modifie la texture à grain fin de l'acier naturel très doux, en étirant et allongeant les noyaux des globulites, formés de fer très pur (ferrite) et par suite très ductile, et les orientant en files, de façon à constituer des fibres soudées latéralement les unes aux autres par des enveloppes de ciment carburé (et d'autres enveloppes de scorie dans les métaux soudés). Il se produit une texture fluidale analogue à celle des filons minéraux qui ont été introduits à l'état pâteux, par l'effet d'une pression considérable, dans les fractures du globe.

Nous avons vu que la trempe agit d'une façon analogue sur les barres d'acier très doux qui subissent pendant ce traitement une compression transversale énergique due à la contraction du métal de la périphérie. La texture fibreuse ne s'observe plus dans les aciers durs, où le noyau de chaque cellule, chargé de carbone (perlite), ne possède plus la malléabilité du fer presque pur, et entre en fusion dans le voisinage du blanc, ce qui ne permet pas d'effectuer le laminage aux températures très élevées, où le ciment des enveloppes serait très fluide, comme on peut le faire sans difficulté pour les aciers doux.

Tandis que les métaux extra-doux peuvent se laminer au blanc éclatant, il n'est pas possible de dépasser l'orangé clair avec les produits extra-durs, sans courir le risque de les voir se briser et se diviser en fragments. Comme, d'autre part, on ne doit pas descendre au-dessous du rouge cerise, sous peine d'altérer la couche périphérique des pièces traitées, les aciers durs et extra-durs sont beaucoup plus difficiles à travailler à chaud que les fers et les aciers doux.

Un composé ferreux se prête d'autant mieux au laminage que l'écart entre les températures de fusion du noyau et de l'enve-

loppe de la cellule est plus élevé. Nous venons de voir que cet
écart est d'autant moindre que la teneur en carbone est plus
élevée : le forgeage, malaisé pour les aciers extra-durs, est à
peine praticable pour les métaux mixtes, intermédiaires entre
les aciers et les fontes, et tout à fait impossible pour ces derniers
produits, qu'il s'agisse de la fonte blanche, qui prend l'état pâteux pendant une courte période, ou de la fonte grise, qui passe
rapidement de l'état liquide à l'état solide.

Le soufre et, à un degré moindre, le silicium, qui relèvent le
point de fusion du ciment, rendent l'acier rouverin aux températures peu élevées : le métal peut se criquer et même se briser
au rouge cerise.

Le phosphore, qui abaisse le point de fusion des noyaux, rend
l'acier rouverin aux températures élevées.

Si l'on effectue le laminage au-dessus et dans le voisinage
immédiat du rouge cerise, c'est-à-dire au moment où le ciment
de l'acier, étant sur le point de se solidifier, a perdu sa mobilité
tout en demeurant encore plastique, on détermine dans la couche
périphérique de la pièce travaillée des actions moléculaires
latentes de fabrication (art. 75), qui augmentent sa consistance,
sa densité et sa dureté (comme fait le pilonnage pour le béton),
et relèvent les limites d'élasticité et de rupture, sans nuire à
l'allongement de rupture qui est plutôt même rehaussé. L'effet
produit est d'autant plus marqué que la pièce est moins épaisse,
l'importance relative de la couche périphérique étant d'autant
plus grande. Le recuit poussé jusqu'à l'orangé clair fait disparaître ou atténue les actions latentes, et abaisse la résistance.

Quand le travail à chaud est poursuivi au-dessous du rouge
cerise, il se produit un écrouissage superficiel, sur lequel nous
reviendrons plus tard (art. 77-78-79-85) : la limite de rupture est
relevée, mais l'allongement est réduit. Le recuit au rouge cerise
détruit l'écrouissage.

Les aciers et les fers qualifiés de « brûlés » présentent à un
haut degré le phénomène de la cristallisation, parce qu'ils ont
été maintenus longtemps entre les points critiques W et V. Un
laminage énergique ne suffit pas toujours pour les ramener à la
texture fine, en raison de l'étendue des joints dépourvus de

ciment, que l'on n'arrive pas à faire disparaître. On doit exclure
des applications industrielles les produits sans résistance, dont
la cassure à gros grains, ou à cristallisation grossière, décèle la
mauvaise qualité, et qui ne peuvent être régénérés que par la
fusion.

Pour les aciers extra-doux et les fers communs ou ordinaires,
la cassure nerveuse est toujours exigée après le laminage. Pour
les aciers doux et durs et les fers fins, à carburation relativement élevée, la cassure doit être à grains fins, sans trace apparente de cristallisation.

72. Moulage sous pression. — Le moulage sous pression
entrave la cristallisation : 1° En maintenant dans l'acier une certaine quantité d'hydrogène qui, au lieu de se dégager au dehors
ou de s'accumuler dans les soufflures, en facilitant la formation
des cristaux par l'ébranlement que la circulation des gaz produit
dans la masse, reste combiné à une fraction du carbone qu'il
maintient à l'état séparé du fer au moment où la température
passe au point V ; l'effet produit est analogue à celui de la
trempe au plomb, quoique toutefois beaucoup moins marqué.

2° En chassant le ciment dans les joints des cellules composées, comme fait le laminage, et masquant ainsi la structure
cristalline de la matière, dont la résistance et la ductilité sont
augmentées en conséquence.

Nous avons vu précédemment (page 271) que le moulage sous
pression donne des lingots sans soufflures. Nous ne reviendrons
pas sur ce sujet.

73. Actions moléculaires latentes de constitution. —
D'après M. *Fizeau*, le coefficient de dilatation linéaire du diamant serait 0,000 001 18, alors que celui du fer est dix fois supérieur : 0,000 012 36[1]. Il est présumable que le coefficient d'élas-

(1) D'après les expériences faites par la Cⁱᵉ de Châtillon-Commentry et rela-
tés à la page 259, le coefficient moyen de dilatation de l'acier, entre 0° et
900°, atteindrait même 0,000016. Si le coefficient du diamant ne subit pas,
entre ces températures extrêmes, un accroissement de même importance, les
valeurs des actions moléculaires latentes fournies par nos calculs ne peuvent
qu'être très inférieures à la réalité.

ticité longitudinale de ce minéral, exceptionnellement dur et compact, est plus grand que celui de l'acier (2×10^{10}).

Nous admettrons qu'on peut prendre pour limites extrêmes de ce coefficient, sur lequel nous n'avons aucune donnée expérimentale : 2×10^{10} et l'infini.

Considérons une sphère de diamant, dont nous représenterons le diamètre par 1, et admettons qu'on l'entoure, à la température de 1200°, d'une enveloppe concentrique de fer pur ; la sphère totale, enveloppe et noyau compris, aura un diamètre que nous représenterons successivement par les chiffres 2 et 4.

Avec le diamètre 2, le diamant représentera 0,125 du volume total de la sphère, ou 6 0/0 de son poids. C'est à peu près la teneur en carbone d'une fonte très carburée (fig. 84).

Avec le diamètre 4, le diamant représentera 0,016 du volume total, ou 0,70 0/0 du poids total. C'est à peu près la teneur en carbone d'un acier dur.

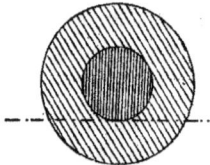

Fig. 84.

Laissons refroidir cette sphère à partir de la température initiale de 1200° jusqu'à zéro. La dilatation linéaire totale du fer, si elle était complètement libre, serait, pour cet écart de température, de 0,014 832, et celle du diamant de 0,001 415, soit le dixième seulement du chiffre précédent.

L'enveloppe de fer va donc se trouver pressée contre le noyau du diamant, et il est aisé de calculer, en se servant des formules de résistance des enveloppes sphériques épaisses, la pression mutuelle exercée entre le fer et le diamant à leur surface sphérique de contact. On trouve :

Dans le cas de la sphère de rayon 2 : une pression de 210 k. ou 340 k. par millimètre carré (suivant que l'on admet pour coefficient d'élasticité longitudinale du diamant 2×10^{10} ou l'infini) ; dans le cas de la sphère de rayon 4 : une pression de 230 k. ou 410 k.

Cette pression s'exercera dans tous les sens sur un cube élémentaire considéré en un point quelconque de la sphère intérieure. Mais si l'on examine un cube élémentaire de fer ayant une face normale au rayon de la sphère, on constate que la pression exercée sur cette face ira en diminuant à partir de la surface sphérique de contact jusqu'à la surface extérieure de l'enveloppe, où elle tombera à zéro.

Sur les faces parallèles au rayon, l'action moléculaire développée sera une tension, atteignant son maximum au contact du noyau et diminuant jusqu'à la périphérie où elle sera réduite à son minimum.

La valeur de cette tension variera : de 150 k. ou 240 k. par millim. carré sur la surface de contact à 45 k. ou 72 k. sur la surface extérieure, pour la sphère de rayon 2; de 120 k. ou 210 k. à 5 k. ou 10 k., pour la sphère de rayon 4.

Nous en conclurons : que dans le second cas il se produira vraisemblablement des gerçures dans le métal, au voisinage de

la région de contact avec le noyau; et que dans le premier cas ces fissures se propageront sans doute jusqu'à la surface extérieure, et détermineront une division de l'enveloppe en deux fragments (fig. 85).

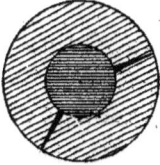

Fig. 85.

Si l'enveloppe était en diamant et le noyau en fer, les signes de toutes les actions moléculaires seraient renversés : le cube élémentaire de fer serait tendu dans tous les sens, et le cube élémentaire de diamant tendu sur la face normale au noyau et comprimé sur les deux autres. Il pourrait se produire un décollement partiel de l'enveloppe et du noyau (fig. 86).

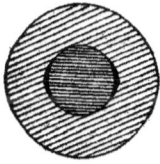

Fig. 86.

Nous sommes porté à croire qu'un phénomène de ce genre doit se manifester dans l'acier trempé, constitué vers 1000° par un mélange de fer et de particules disséminées de carbone de trempe, qui se trouve rapidement ramené à la température ordinaire. On peut objecter que le carbone de trempe est sans aucun doute loin d'avoir les propriétés caractéristiques du diamant; mais le charbon de cornue, auquel on peut plutôt l'assimiler, a encore un coefficient très inférieur à celui du fer (0,000 005 d'après M. *Fizeau*); d'autre part sa densité est loin d'atteindre celle du diamant (2 au lieu de 3,5), ce qui compense dans une certaine mesure sa plus grande dilatabilité,

MM. Osmond et Werth ont remarqué, en attaquant l'acier trempé par l'acide sulfurique, qui y gravait des figures en forme de rosaces, que cette expérience semblait prouver l'existence de zones alternativement condensées et dilatées, déjà signalées par M. *Fromme* dans les fils d'acier trempé, ce qui vient à l'appui de notre hypothèse.

Si, en effet, on coupe l'enveloppe métallique de la sphère *de rayon 4*, qui a la composition de l'acier trempé, par un plan tengent au noyau (fig. 84), ce plan rencontrera les rayons de la sphère sous un angle variant de 90° (centre de la section circulaire de l'enveloppe) à 14°30' (circonférence de la section). Le métal sera par conséquent comprimé au centre et tendu sur la circonférence.

74. — Constitution de l'acier trempé, de l'acier naturel et de la fonte. — Nous admettrons en définitive qu'il se développe dans l'acier, pendant la trempe, des actions moléculaires latentes très intenses, qui se font mutuellement équilibre dans chaque fraction élémentaire complète, ou cellule, de la matière. Il peut même arriver que le métal se gerce en certains points où la tension devient excessive, ou bien se sépare des particules de carbone : il en résulte des vides imperceptibles, dont chacun ne s'étend vraisemblablement que dans une région limitée d'une cellule, et l'existence de ces vides intra-cellulaires permet d'expliquer la réduction subie, du fait de la trempe, par la densité du métal. En vertu de la démonstration que nous venons de donner, cet effet, dû à l'inégale dilatabilité du fer et du carbone sous l'action de la chaleur, doit être d'autant plus marqué que l'acier est plus chargé de carbone, que le refroidissement produit par la trempe est plus rapide, et que l'écart des températures initiale et finale est plus grand. On sait qu'un acier extra-dur soumis à une trempe trop énergique peut se briser ou se désagréger : les tensions excessives, développées presqu'instantanément dans l'enveloppe de fer entourant un grain de carbone, la font éclater brusquement avec disjonction complète des deux éléments, et la pièce se rompt comme par l'effet d'un choc violent.

Ces actions moléculaires latentes doivent être beaucoup moins

intenses dans l'acier naturel, ou non trempé, qui ne devient parfaitement solide qu'à une température voisine de 700° ou même
600°, et dont les deux éléments constitutifs, fer pur et fer carburé
à 7 0/0, ont très probablement des coefficients de dilatation très
voisins, en raison de la prépondérance du fer dans la composition
du ciment.

On a d'ailleurs constaté qu'il se produit au-dessous de 1000°,
c'est-à-dire bien après la solidification du noyau de chaque cellule, une exsudation du carbone, qui est expulsé du noyau et rejeté dans l'enveloppe à l'état de carbure de fer liquide ou pâteux.
Le noyau se comporte comme un réservoir qui contiendrait un
liquide sous pression et le laisserait échapper lentement par des
fissures ou des pores de l'enveloppe.

En raison de ce phénomène qui, en éliminant les particules
comprimées contenues dans le noyau, diminue nécessairement
les tensions développées dans le fer pur, les actions moléculaires
latentes restent stationnaires ou ne peuvent croître que très lentement jusqu'à la température de 700°, où se produit la solidification complète de tous les éléments du métal.

Le laminage et le forgeage — qui détruisent les agglomérations
cristallines de l'acier, égalisent la répartition du ciment dans la
matière, et empêchent le retrait de ce ciment de s'effectuer irrégulièrement en laissant des joints vides — doivent contribuer également à empêcher ces actions moléculaires de se manifester au-
dessus de la température rouge.

On peut admettre que le fer chimiquement pur serait un corps
très malléable et très ductile, susceptible de subir sans se briser
des déformations notables, et jouissant à ce point de vue de propriétés analogues à celles du plomb.

Le carbure de fer, qui forme les enveloppes des cellules, est au
contraire, comme on l'a constaté expérimentalement, brisant et
peu malléable.

Nous supposons que le carbone séparé, ou de trempe, a un
coefficient de souplesse directe encore inférieur à celui du fer carburé : la moindre déformation doit suffire pour entraîner une
rupture.

Il est facile, en se basant sur l'exposé qui précède, d'expliquer d'une façon plausible chacun des caractères essentiels que l'expérience a fait reconnaître dans les différents genres d'acier.

Densité. — Les aciers naturels, étant compacts et dépourvus de vides intra-cellulaires, doivent avoir tous sensiblement la même densité : peut-être l'abondance du carbone et du silicium, qui sont moins pesants que le fer, est-elle susceptible d'abaisser le poids spécifique des produits les plus chargés de ces deux corps. Mais on reconnaît facilement que l'écart entre le métal le plus doux et le métal le plus dur ne saurait dépasser de ce chef 50 k. par mètre cube, ce qui correspond à une variation de densité insignifiante : 0,006 tout au plus.

Nous avons expliqué par l'existence de vides intra-cellulaires l'abaissement de densité produit par la trempe. Cette diminution, d'autant plus marquée que la trempe est plus énergique, et sans doute aussi que le métal est plus carburé, peut atteindre 100 k. par mètre cube, soit 0,012 de réduction proportionnelle sur la densité, pour un acier moyennement dur (page 315).

Propriétés élastiques. Si, partant de l'acier extra-doux, on fait croître graduellement la teneur en carbone, la composition élémentaire du ciment ne varie pas beaucoup, mais il est probable que les épaisseurs des enveloppes de cellules, formées par ce ciment, vont en augmentant. Au contraire la matière constitutive des noyaux se charge de carbone et passe du fer à peu près pur (ferrite des aciers extra-doux) à un produit carburé qui, dans les aciers extra-durs, doit se rapprocher beaucoup de la composition du ciment.

Nous verrons ci-après (art. 78) que ces remarques permettent d'expliquer les faits suivants : le coefficient d'élasticité longitudinale, qui dépend essentiellement de la nature du ciment, ne varie guère avec la dureté de l'acier ; l'allongement de rupture, qui dépend principalement de la ductilité du métal des noyaux, diminue rapidement quand la teneur en carbone augmente ; la limite d'élasticité, d'autant plus grande que les enveloppes des cellules sont plus épaisses et que la composition du ciment se rapproche davantage de celle des noyaux, s'élève avec la dureté ; la limite de rupture suit une progression analogue, mais plus rapide parce qu'elle est liée à l'adhérence mutuelle des noyaux et des enveloppes, d'autant plus grande que leurs compositions élémentaires sont plus voisines. C'est un fait d'expérience que la soudure effectuée entre deux aciers de même carburation est plus solide que celle réunissant un acier extra-doux à un acier extra-dur.

La présence du phosphore diminue cette adhérence des noyaux et des enveloppes. Il en résulte que le rapport $\frac{C}{N}$ de la limite de rupture à la limite d'élasticité va en s'abaissant quand la teneur en phosphore augmente.

La cristallisation de l'acier rompt la continuité du réseau de ciment, qui disparaît entre les faces des cellules composées : elle abaisse par suite l'allongement de rupture, la limite d'élasticité et la limite de rupture, et peut-être aussi la densité.

Dans les fers soudés, c'est à la présence de la scorie oxydée dans le réseau de ciment que l'on doit attribuer la diminution du coefficient d'élasticité longitudinale, de l'allongement de rupture, de la limite d'élasticité et de la limite de rupture. Si le phosphore nuit moins aux fers qu'aux aciers fondus, c'est probablement parce que ce métalloïde ne réduit pas l'adhérence sensiblement plus que ne le fait la scorie elle-même.

Un acier, pour lequel on aurait, par un refroidissement instantané, réalisé la trempe *absolue*, en maintenant la totalité du carbone à l'état séparé du fer, offrirait peut-être l'aspect d'une masse amorphe quasi-homogène, sans trace apparente de structure cellulaire. Sa limite d'élasticité et sa limite de rupture dépendraient essentiellement de l'intensité des actions moléculaires latentes, et on peut supposer que le métal à la fois le plus ductile et le plus résistant serait celui qui contiendrait le moins de carbone, et se rapprocherait le plus comme composition des aciers extra-doux. Il est évident en effet que la présence dans le fer de particules de carbone, jouissant de propriétés élastiques toutes différentes, ne peut que nuire à la résistance en faisant naître en certains points des tensions excessives, voisines de celles qui entraînent la disjonction des molécules. Les expériences de trempe vive des aciers doux, faites au Creusot (page 246), ne viennent pas à l'encontre de cette hypothèse, puisqu'elles ont permis d'obtenir des produits tout aussi résistants et beaucoup plus ductiles que les aciers très chargés de carbone et trempés par les procédés usuels.

Il ne semble pas que l'on ait de données positives sur les propriétés élastiques que posséderait le fer absolument pur, ne contenant aucun corps étranger, solide ou gazeux, si on pouvait l'obtenir à l'état amorphe et compacte par voie de fusion (à une température apparemment supérieure à 2000°). Peut-être ce corps, ainsi dépourvu de carbone de trempe et de carbone de recuit, présenterait-il à la fois une ductilité et une résistance exceptionnelles.

Quelle que soit la rapidité du refroidissement produit par la trempe, on ne peut éviter qu'une partie du carbone se combine au fer. Les aciers trempés se rapprochent donc, par leur composition chimique et leur structure cellulaire, des aciers naturels ; la présence du carbone isolé dans les enveloppes et les noyaux relève le coefficient d'élasticité longitudinale et diminue l'allongement de rupture. Les limites d'élasticité et de rupture dépendent à la fois de la cohésion propre du métal, qui est très grande en raison de son homogénéité, et de l'influence exercée par les actions moléculaires latentes.

La rupture se produit brusquement et instantanément, comme par l'effet d'un choc : c'est effectivement, si nous pouvons nous exprimer ainsi, un phénomène plutôt dynamique que statique, en ce sens qu'il est dû en partie à un dégagement de force vive latente (art. 79), qui entraîne la cassure immédiate et complète d'une barre d'acier trempé dès que l'effort statique exercé sur elle a provoqué la formation d'une fissure superficielle. Ainsi que nous l'avons déjà dit, ce métal se comporte comme un explosif. Pour couper au burin une barre d'acier naturel, il faut l'entailler par des coups successifs sur toute son épaisseur, tandis qu'avec le métal trempé il suffit d'un seul choc assez violent pour produire une légère pénétration de l'outil : la fracture se propage immédiatement dans toute la section. On dit que le métal est aigre ; il ne peut plus être laminé, raboté ou poinçonné. On doit en conclure que la limite de rupture à l'extension simple est certainement très inférieure à celle que présenterait un acier naturel de même cohésion. C'est ce qui explique pourquoi, à égalité de résistance limite, un acier trempé a toujours une dureté superficielle plus grande que celle d'un acier recuit.

Dureté superficielle. — La dureté superficielle d'un métal est d'autant plus grande qu'il est plus cohérent et moins ductille. Elle croît donc, pour les aciers naturels, avec la teneur en carbone.

La trempe l'augmente énormément, parce qu'elle abaisse l'allongement et accroît la cohésion dans une proportion beaucoup plus grande que la limite de rupture à l'extension, comme nous venons de le signaler, et comme nous l'expliquerons plus loin (art. 76).

Fragilité à froid. — Un métal résiste d'autant mieux aux chocs que le travail mécanique nécessaire pour le rompre est plus considérable.

La *résistance vive* à l'extension simple des aciers naturels étant d'autant plus élevée qu'ils sont plus doux, il n'est pas surprenant que la fragilité aille en croissant avec la teneur en carbone.

Nous expliquerons ci-après (art. 78) pourquoi un acier phosphoreux, dont la courbe d'essai par traction simple indique une résistance vive équivalente à celle d'un acier naturel de bonne qualité, est néanmoins beaucoup plus fragile : dans certaines régions du métal où le phosphore s'est accumulé, l'adhérence de cristaux de compositions différentes devient très faible et même nulle ; par suite la limite de rupture s'abaisse en se rapprochant de la limite d'élasticité. D'autre part le métal devient *capricieux,* en ce sens que des barreaux provenant d'une même coulée peuvent donner, aux essais par traction aussi bien qu'aux essais par choc, des résultats contradictoires. C'est la conséquence de son hétérogénéité de structure.

La fragilité que présentent à un haut degré les aciers trempés, malgré la cohésion résultant de leur grande homogénéité de composition chimique et de structure, est due à la *force vive latente* emmagasinée dans la matière. Elle est assimilable à celle des lames bataviques, obtenues par la trempe du verre, qui font explosion lorsqu'on en brise la pointe.

On a remarqué parfois que les aciers naturels, surtout les aciers durs (métal à rails), deviennent plus fragiles aux basses

températures. Si véritablement la fragilité dépend des actions
moléculaires latentes, d'autant plus intenses que le produit est
plus chargé de carbone et que l'écart entre sa température de solidification et sa température actuelle est plus grand, il n'y a pas
lieu de s'étonner qu'un abaissement de 40° à 50° puisse réduire
la résistance aux chocs, en augmentant l'intensité des actions
latentes sans modifier l'adhérence de l'enveloppe d'une cellule sur
son noyau.

Fragilité à chaud. — L'asphalte naturel devient fragile et
friable, et peut même se pulvériser spontanément, à une température un peu inférieure à celle où le bitume solide, qui agglutine
les grains de calcaire, va changer d'état. Ce bitume perd sa cohésion avant d'avoir pris l'état pâteux qui lui permettra de changer
de forme sans se désagréger, s'il est soumis à un choc.

On peut donner la même explication de la fragilité excessive
que possède temporairement l'acier au-dessus de la température
du bleu foncé, vers 400°, c'est-à-dire un peu au-dessous du point
où, le ciment commençant à prendre l'état pâteux, le métal va
pouvoir se forger et se laminer.

Les actions moléculaires latentes contribuent sans doute à
accentuer cette fragilité, et à la faire apparaître à une température plus basse : au moment, en effet, où la cohésion du ciment,
qui va s'affaiblissant, fait exactement équilibre aux tensions intérieures, le métal n'a plus de consistance et peut se désagréger
au moindre choc[1]. Il est donc possible que les aciers naturels présentent une fragilité à chaud d'autant plus marquée que leur
teneur en carbone est plus forte, et l'on doit présumer que la
trempe donne un résultat du même genre.

Le soufre et le silicium, qui paraissent relever le point de

---

[1] On a constaté que la résistance d'une barre à la traction directe va en diminuant rapidement, sans augmentation de l'allongement de rupture, quand la
température s'élève, et qu'elle tombe presque à zéro au point critique qui correspond au maximum de fragilité. La résistance se relève ensuite quand le
ciment a changé d'état et a acquis une certaine plasticité qui permet à son
réseau de conserver sa continuité pendant la déformation de la pièce, les éléments disjoints se ressoudant immédiatement par simple contact ; l'allongement
de rupture va croissant jusqu'au moment où l'acier s'étire sans se briser, en
filant comme une matière à la fois plastique et visqueuse.

fusion du ciment, rendent par là-même le métal rouverin au rouge cerise. En prolongeant, comme on le fait d'habitude, un peu au-dessous de cette température le laminage des barres de métal, on risque de faire apparaître des fêlures et des craquelures, parce que l'on se rapproche de la température où le ciment se solidifie. Si les tensions développées dans la matière pendant le traitement mécanique dépassent seulement la limite d'élasticité, la couche périphérique de la pièce subit un écrouissage qu'on peut faire disparaître par un recuit convenable. Si la limite de rupture est atteinte, il se produit une altération des faces en contact avec le laminoir, et la barre obtenue est inutilisable, en raison de l'affaiblissement que lui fait éprouver la présence de fissures même presqu'imperceptibles.

Remarquons, en outre, que par cela seul que le soufre et le silicium rendent le métal rouverin aux températures peu élevées, ils doivent accroître sa fragilité à froid, en augmentant l'écart existant entre la température ordinaire et celle de solidification du ciment.

La fragilité à chaud disparaît quand le ciment a changé d'état, pour reparaître plus tard quand les noyaux sont à leur tour sur le point de se liquéfier. C'est ce qui explique pourquoi les aciers très carburés sont rouverins aux températures élevées, l'abondance du carbone abaissant leur point de fusion. Le phosphore agit de la même façon et plus énergiquement, en abaissant le point critique où les noyaux des cellules perdent leur consistance avant de changer d'état.

Recalescence. — Quand on laisse refroidir une barre d'acier chauffée à 1000°, on observe, ainsi que nous l'avons déjà noté, un phénomène très net de recalescence : la nuance lumineuse de la barre se ravive, la contraction due au refroidissement s'arrête brusquement, et il se produit même une dilatation temporaire qui décèle un relèvement de la température. Ce phénomène est dû à la chaleur dégagée par la combinaison chimique du carbone avec le fer, ainsi qu'on a pu le constater en analysant le métal avant et après la recalescence, et constatant que le carbone de trempe a complètement disparu pendant cette phase du refroidissement.

Lorsqu'on recuit une barre d'acier trempé, le même phénomène doit nécessairement se reproduire, pendant que le carbone de trempe se combine au fer. On a vérifié ce point. Mais MM. Osmond et Werth, et d'autres expérimentateurs après eux, ont remarqué que cette transformation du carbone pouvait être réalisée d'une manière complète en maintenant pendant un temps suffisant l'acier à une température voisine de 500° ; et que pourtant, si l'on poursuivait ensuite le réchauffement de la pièce ainsi dépourvue de carbone de trempe, on observait toujours un nouveau phénomène de recalescence atteignant son maximum vers 660° environ. MM. Osmond et Werth attribuent ce dégagement de chaleur à une modification *allotropique* du fer, qui se produirait à la température en question. Cette modification, bien que portant sur le fer pur, s'effectuerait d'une manière d'autant plus complète que la teneur en carbone de l'acier serait plus élevée.

Nous pensons, quant à nous, que cette recalescence doit coïncider avec la période où les actions moléculaires latentes s'atténuent et disparaissent, par suite du changement d'état du carbure de fer, qui est devenu pâteux. Quand, en effet, on recuit un acier trempé, le carbone de trempe se combine bien au fer ; mais tant que le ciment produit n'a pas atteint son point de fusion, ses particules ne peuvent, ainsi que nous l'avons déjà vu, se déplacer dans la cellule, et la structure de l'acier ne subit pas de modification appréciable. Les actions moléculaires latentes ne sont donc pas modifiées d'une façon sensible.

Au moment où le ciment se rapproche de son point de fusion, sa cohésion propre diminue, et elle finit par être à peine supérieure aux tensions qui préexistent dans la matière : le métal est devenu extrêmement fragile.

Puis le ciment devient pâteux, et ses particules acquièrent une mobilité qui permet au noyau de la cellule de les expulser au dehors en se contractant et reprenant son volume naturel, modifié antérieurement par les actions latentes. Ces actions disparaissent et la force vive emmagasinée, qui leur correspondait, se transforme en chaleur par le frottement mutuel des molécules de fer et de ciment qui glissent les unes sur les autres.

On observe, en effet, le phénomène de recalescence au-dessous du rouge sombre, c'est-à-dire un peu avant que le métal ne devienne malléable, et que la dissociation du carbure de fer ne commence à s'opérer ; on constate immédiatement après un changement notable dans la structure du métal, le carbure de fer ayant été sué par le noyau, comme un liquide enfermé sous pression dans une enveloppe sphérique poreuse, et étant venu s'accumuler dans l'enveloppe de la cellule ; enfin ce dégagement de chaleur est d'autant plus abondant que, la teneur en carbone de l'acier expérimenté se trouvant plus élevée, les actions moléculaires latentes dues à la trempe étaient plus intenses, et la force vive emmagasinée plus considérable.

Il nous semble que cette explication est plausible, et s'accorde bien avec toutes les circonstances qui accompagnent et caractérisent le phénomène en question.

Nous signalerons plus loin, en étudiant l'effet produit sur une barre d'acier par un travail à l'extension dépassant la limite d'élasticité (écrouissage), un nouvel exemple de transformation en chaleur de la force vive accumulée dans la matière par les actions moléculaires, transformation résultant indubitablement du frottement mutuel des particules solides, qui, soumises à des tensions dépassant leur adhérence, se séparent et se déplacent à l'intérieur de la barre.

Métal mixte et fontes. — Quand la teneur en carbone et en silicium s'élève, jusqu'à dépasser une limite qu'on peut regarder comme assez convenablement définie par la condition : $C + 2/3$ Si $= 0,015$ Fe, il arrive que le fer, saturé par ces deux métalloïdes, n'est plus susceptible, même par un refroidissement très lent à partir de 1000°, ou par un recuit prolongé indéfiniment, de s'unir à la totalité du carbone, dont une portion reste à l'état isolé. On se trouve en présence d'un métal mixte qui, en raison de sa composition, doit s'éloigner de l'acier naturel et se rapprocher de l'acier trempé.

Tant que l'on a affaire à un acier exceptionnellement dur (fig. 76, page 265), on constate que le coefficient d'élasticité longitudinale s'élève, et peut atteindre et même dépasser la valeur 3×10^{10} ; que la dureté superficielle, la résistance à l'extension (limites

22

d'élasticité et de rupture) vont en croissant lentement ; que la ductilité s'abaisse, et que la densité diminue légèrement. Une trempe énergique, en développant outre mesure les actions moléculaires latentes, dont l'intensité croît avec la proportion du carbone de trempe, peut amener la rupture ou la désagrégation du métal. Une trempe adoucie, ne faisant qu'augmenter dans une faible mesure la dose de carbone isolé, n'altère pas beaucoup les propriétés du produit, qui est par suite moins sensible à la trempe que les aciers naturels extra-durs. Enfin ce corps est aigre et ne se laisse plus laminer ni travailler à froid ; en raison de l'abaissement progressif de sa température de fusion, il devient de plus en plus malaisé de le laminer et de le forger à chaud.

Dès que le pourcentage de carbone et de silicium dépasse 2, les actions moléculaires, développées pendant le refroidissement lent, acquièrent une grande puissance et provoquent une décroissance rapide de la limite d'élasticité, comme nous l'expliquerons à l'article 78 ; les fissures microscopiques de retrait se multiplient et se développent, ce qui entraîne un abaissement rapide de la limite de rupture, de l'allongement et de la densité. L'action de la trempe est de moins en moins appréciable.

On arrive enfin à la fonte blanche, qui n'est plus sensible à la trempe, la presque totalité du carbone restant à l'état isolé malgré un refroidissement lent ; la limite d'élasticité est peu élevée, la limite de rupture bien inférieure à celle des aciers les plus doux, l'allongement très faible, et la densité réduite. Comme la solidification s'opère dans une période très courte on ne peut plus la laminer ni la forger. Elle est moins aigre et surtout moins fragile que les aciers trempés.

Enfin le dernier terme de la série est fourni par la fonte grise, où le carbone, chassé par le silicium de sa dissolution dans le fer, s'est agrégé, avant et pendant la solidification, en paillettes graphiteuses de dimensions notables. Il n'existe plus dans le produit de réseau de ciment continu, la discordance des contractions subies pendant le refroidissement par les éléments fer et carbone ayant amené la séparation des paillettes de graphite et des particules métalliques, avec rupture des enveloppes des cellules. Cela entraîne les conséquences suivantes :

1° La limite d'élasticité, correspondant pour l'acier au travail d'extension qui détermine la rupture des enveloppes de cellules, est tombée à zéro. Toute action mécanique extérieure donne lieu à une déformation permanente, et le rapport de l'allongement total observé au travail correspondant est inférieur à la moitié du coefficient d'élasticité longitudinale de l'acier naturel. L'allongement de rupture est peu important. La limite de rupture à l'extension est tout au plus le quart de celle que possèdent les aciers les moins résistants.

2° Les actions moléculaires latentes, dont l'existence, ainsi que nous l'avons vu, est liée à la solidarité qui existe entre les particules de fer et de carbone, ont disparu en grande partie par suite de la disjonction effectuée entre ces deux éléments. La matière, ne contenant que peu de force vive latente, n'est plus fragile ni aigre : on peut la travailler à la lime et au burin, et la percer sans la rompre, ni modifier ses propriétés. Comme sa texture fissurée est analogue à celle de l'acier écroui, elle ne subit plus d'écrouissage par le travail à froid. Enfin elle est beaucoup plus propre au moulage que la fonte blanche, qui se rapproche des aciers trempés au point de vue de l'aigreur.

3° En raison de la multiplication et du développement des fissures de retrait, la densité est tombée à 7,2, et même parfois au-dessous. Cette fonte devient perméable aux gaz, à un degré incomparablement supérieur à celui de l'acier. Enfin, si l'on fait abstraction de la croûte compacte qui enveloppe les objets moulés, on constate que la fonte est beaucoup plus attaquable que l'acier par l'eau acidulée; les fissures livrent passage à l'acide et augmentent l'étendue de la surface attaquée.

D'après MM. Osmond et Werth, la solubilité des produits ferreux dans les acides va croissant dans l'ordre suivant :

Acier doux, acier dur, acier trempé, fonte blanche. C'est là, à ce qu'il nous semble, un argument sérieux en faveur de notre théorie, la solubilité dans les acides devant être d'autant plus marquée que les actions moléculaires latentes sont plus intenses, et surtout que les fissures microscopiques de retrait sont plus nombreuses et plus étendues.

L'acier écroui, dont la structure est nettement fissurée, est

beaucoup plus attaquable que l'acier naturel, et se rapproche à
cet égard de la fonte.

75. Actions moléculaires latentes de fabrication. —

Quand un lingot d'acier se refroidit à partir de la fusion, le métal
en contact avec les parois du moule ou avec l'atmosphère commence par se refroidir beaucoup plus vite que le noyau intérieur,
qui subit une moindre déperdition de chaleur. Il se contracte
donc plus rapidement, et exerce sur ce noyau une pression considérable. MM. Osmond et Werth ont effectivement constaté qu'un
lingot à section carrée refroidi à l'air sans précaution tendait à se
déformer en se rapprochant de la forme circulaire, qui est la figure
de périmètre minimum pour une aire donnée. On peut même, dans
ces conditions, constater l'apparition aux sommets du carré de fissures dirigées suivant ses diagonales, qui indiquent bien le sens
dans lequel s'effectue la déformation. Il arrive alors que l'enveloppe encore peu cohérente (au-dessus du rouge) se divise en prismes normaux à la périphérie, dont les intervalles sont remplis
immédiatement par le ciment encore liquide, qui y est chassé par
la pression intérieure.

Dès que l'enveloppe est complètement solidifiée et suffisamment refroidie, c'est au tour du noyau de perdre sa chaleur en
se contractant.

Le phénomène inverse se produit : l'enveloppe est attirée vers
l'intérieur (retassement). MM. Osmond et Werth ont observé à ce

Fig. 87

moment une tendance du noyau intérieur à se
rompre en quatre segments suivant les axes du
carré parallèles aux côtés. L'enveloppe du lingot se comporte dans ces conditions comme si
elle était soumise à une pression venant de l'extérieur : il doit donc se développer dans la matière qui la constitue des actions moléculaires de compression
dirigées normalement aux rayons du carré. Ces actions moléculaires atteignent leur maximum d'intensité quand la pièce est
complètement refroidie, et peuvent alors persister indéfiniment.

Nous en concluons que dans un lingot d'acier il existe, en sus
des actions moléculaires latentes de *constitution*, des actions

moléculaires latentes de *fabrication*, qui peuvent se définir
comme il suit : dans le sens du rayon du lingot, tensions atteignant leur maximum d'intensité à une certaine distance de la
surface ; dans le sens perpendiculaire à ce rayon, pressions atteignant leur maximum sur la surface extérieure, et allant en diminuant jusqu'à changer de signe pour se transformer en tensions,
dont la grandeur croît jusqu'au centre de la pièce.

M. Marius Howe a constaté que, si l'on détache d'un lingot
cylindrique une bande périphérique peu épaisse, épousant le
contour de la pièce et fendue suivant une des génératrices du
cylindre, les deux tranches s'écartent parce que, l'attraction intérieure qui s'exerçait sur cette bande ayant disparu, son rayon de
courbure tend à augmenter.

En vertu d'un principe énoncé dans le chapitre I (art. 25, page
84), les actions moléculaires latérales de compression diminuent nécessairement l'allongement de rupture à l'extension de l'enveloppe
périphérique du lingot, et sans doute aussi sa résistance limite. Bien
que les propriétés du noyau intérieur n'aient pas subi d'altération sensible, l'affaiblissement de l'enveloppe suffit pour réduire
notablement l'allongement et la limite de rupture de la pièce.

Il importe de bien se rendre compte que la résistance absolue
d'un corps, formé par la réunion intime de deux pièces métalliques de constitutions différentes, n'est égale à la somme des
résistances propres de ces
deux pièces que si leurs
allongements de rupture sont
identiques : sinon elle est nécessairement très inférieure
à cette somme. Soient : CD
la charge de rupture de l'enveloppe, soumise à des actions moléculaires latentes
de compression, et AD l'al-

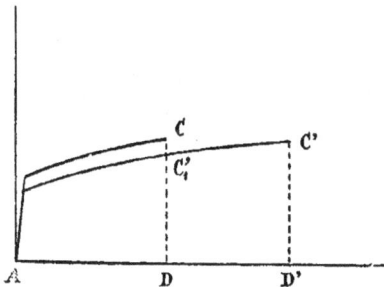

Fig. 88.

longement correspondant ; C′D′ la charge de rupture du noyau
intérieur et A′D′ l'allongement correspondant, qui est très supérieure à AD, la ductilité du métal n'étant plus ici diminuée par
les actions moléculaires latentes. La pièce composée se rompra

aussitôt que son allongement aura atteint la valeur AD, la traction exercée sur l'enveloppe atteignant alors son maximum CD. Mais à ce moment le noyau ne supportera qu'un effort total représenté par C'D, qui pourra être très inférieur à sa résistance limite C'D'. La présence de l'enveloppe sera donc une cause d'affaiblissement pour la pièce, dont la limite de rupture pourra tomber au-dessous de la résistance propre du noyau : toute fissure produite dans l'enveloppe se propage forcément dans le noyau, qui est immédiatement rompu.

Les intensités des actions moléculaires latentes croissant avec l'écart de température qui a pu exister à un moment donné entre le centre du lingot et son contour extérieur, leur effet doit être d'autant plus marqué que la pièce est plus épaisse. La résistance moyenne à l'extension, par unité de surface, d'une pièce en acier moulé, doit donc aller en s'abaissant au fur et à mesure que son diamètre augmente.

La résistance de rupture des aciers moulés n'est jamais inférieure à la moitié de la résistance des mêmes produits laminés; mais l'allongement peut être réduit au dixième et même au vingtième, et devenir comparable à celui des fontes, ce qui fait bien ressortir l'influence exercée par les actions moléculaires latentes de fabrication.

Il est possible que la supériorité des fontes grises sur les fontes blanches, au point de vue du moulage, soit due en partie à ce que ces actions moléculaires seraient beaucoup moins intenses dans le premier métal, dont l'enveloppe et le noyau se solidifient simultanément, tandis que pour le second il s'écoule un temps appréciable entre le durcissement de la périphérie et celui du centre. La texture fissurée de la fonte grise se prête d'ailleurs mieux aux mouvements de retrait ; ceux-ci sont contrariés par la cohésion et la compacité de la fonte blanche, et donnent lieu à des actions latentes très énergiques.

Les ruptures spontanées que l'on constate parfois dans les pièces de fonte, surtout lorsqu'il y a des changements brusques de température, sont évidemment dues aux actions latentes de fabrication.

Si on réchauffe une pièce d'acier moulé jusqu'à la température où le ciment devient pâteux et presque liquide, les particules de ce ciment se déplacent dans le métal en obéissant aux actions moléculaires, et celles-ci disparaissent. Il suffit ensuite de laisser refroidir lentement la pièce, de façon à maintenir toujours toutes ses parties au même degré de température, pour empêcher la réapparition de ces actions latentes. On s'explique de cette façon l'amélioration produite par le recuit, qui augmente la résistance et surtout la ductilité du métal : l'allongement de rupture d'une barre d'acier moulé peut être triplé et même sextuplé par cette simple opération.

Le recuit est peu praticable pour les fontes, dont le ciment et les noyaux de cellules fondent presqu'à la même température ; mais il est utile, au point de vue de la solidité des pièces fabriquées, de les laisser refroidir lentement après moulage, de façon à éviter de trop grands écarts de température entre le centre et la périphérie.

Quand on lamine un lingot d'acier moulé à la température du rouge cerise, la pression exercée sur son contour extérieur facilite le déplacement des particules de ciment, qui est à ce moment à l'état pâteux ; cette pression fait par conséquent disparaître les actions latentes de moulage beaucoup plus rapidement et plus complètement que le recuit.

Au moment où l'opération du laminage s'achève, les faces de la pièce fabriquée en contact avec les cylindres du laminoir sont à une température inférieure à celle du noyau extérieur, et très voisine du point de solidification du ciment. Il peut par conséquent se développer dans la couche périphérique, qui, ne possédant plus qu'une très faible malléabilité, est soumise à une pression considérable, des actions moléculaires latentes de signes opposés à celles qui s'étaient manifestées pendant le moulage : cette couche, au lieu d'être attirée par le noyau intérieur, sera repoussée par lui après le refroidissement complet, et fonctionnera comme une frette fortement tendue. Ces tensions latérales qui ont remplacé les pressions latérales du moulage, donnent nécessairement des résultats contraires. La limite et l'allongement de rupture des fibres extérieures de la barre sont relevés,

au lieu d'être diminués, et la résistance et la ductilité de la pièce
elle-même sont accrues. Nous verrons en effet au paragraphe prochain que, dans la région de rupture d'une barre laminée, l'allongement permanent des fibres du contour est sensiblement supérieur à celui de la fibre centrale.

En définitive, il existe deux genres distincts d'actions moléculaires latentes de fabrication : celles dues au moulage qui sont,
pour la couche périphérique, des pressions latérales diminuant
la résistance et la ductilité de la pièce ; celles dues au laminage
qui sont des tensions latérales produisant au contraire une amé-
liration, d'autant plus sensible que, la pièce étant moins massive,
l'importance relative de la couche périphérique tendue, comparativement au noyau intérieur comprimé, est plus grande. C'est ainsi
que le passage à la filière augmente énormément la résistance de
l'acier (art. 61, page 284). Le recuit fait disparaître ou tout au moins
atténue les actions latentes. Les renseignements précités, relatifs
aux fils d'acier fabriqués par la Cie de Chatillon-Commentry, s'appliquent à des produits n'ayant pas subi de recuit après leurs deux
derniers passages à la filière : un réchauffage final abaisserait en
pareil cas dans une large mesure la résistance du fil obtenu.

Lorsqu'on lamine ou qu'on forge une pièce de fer ou d'acier
au-dessous de la température à laquelle le ciment se solidifie, on
détermine également dans la couche périphérique des actions
moléculaires latentes. Mais ce phénomène est accompagné d'un
changement dans la structure du métal, qui conduit à des résultats tout différents de ceux fournis par le laminage à haute
température :

La limite de rupture peut être relevée, mais l'allongement de
rupture est notablement réduit. Nous traiterons plus loin cette
question de l'écrouissage des aciers, l'objet du présent article
étant limité à l'étude des actions moléculaires latentes de fabrication qui se développent au-dessus du rouge cerise dans une
pièce moulée ou laminée.

76. Théorie des deux ressorts. — Considérons deux ressorts a et b parfaitement élastiques, fixés l'un et l'autre par leurs
deux extrémités à des plaques c et d. Désignons par α et β les

coefficients d'élasticité longitudinale respectifs de ces deux ressorts.

En appliquant aux centres des plaques c et d les deux forces de traction F égales et de sens opposés, on tendra les deux ressorts. Nous admettrons que le ressort a devra se détacher de la plaque c au moment où l'effort de traction directement supporté par lui aura atteint une limite représentée par A. Si ce ressort est parti d'une tension nulle, l'allongement qu'il aura subi à ce moment sera égal à $\frac{A}{\alpha}$, et le travail mécanique dépensé pour l'amener de la tension zéro à la tension A aura pour expression $\frac{A^2}{2\alpha}$. Les données relatives au ressort b seront de même : traction limite $= B$; allongement limite $= \frac{B}{\beta}$; travail mécanique correspondant ou *résistance vive* du ressort $= \frac{B^2}{2\beta}$.

Nous appellerons résistance vive *primitive* du système des deux ressorts le travail mécanique $\frac{A^2}{2\alpha} + \frac{B^2}{2\beta}$ qu'il faudrait dépenser pour les amener l'un et l'autre de la tension initiale zéro aux limites respectives A et B, qui entraînent leur séparation de la plaque c.

Admettons d'autre part que, ces deux ressorts n'ayant pas dans le principe la même longueur, il ait fallu tirer l'un et comprimer l'autre pour amener leurs extrémités respectives en contact, et les attacher ensemble aux deux plaques. Soit T l'effort exercé dans ce but sur le ressort a; le ressort b aura dû être soumis à un effort — T égal et de signe contraire. Nous appellerons force vive *emmagasinée* ou *latente* le travail mécanique $\frac{T^2}{2\alpha} + \frac{T^2}{2\beta}$, qu'il a été nécessaire de dépenser pour amener les deux ressorts dans la position représentée par la figure 89.

Nous montrerons plus loin que la résistance vive *actuelle* du système, c'est-à-dire le travail mécanique nécessaire pour le rom-

Fig. 89.

pre en séparant les deux ressorts de la plaque c , est égale à la
résistance vive primitive diminuée de la force vive latente :

$$\frac{A^2}{2\alpha} + \frac{B^2}{2\beta} - \frac{T^2}{2\alpha} - \frac{T^2}{2\beta} \, .$$

L'action moléculaire latente T a par conséquent pour effet d'a-
baisser la résistance vive du système et par suite sa résistance
aux chocs, en augmentant sa fragilité.

Nous avons tracé sur la figure 90 les droites représentatives
de l'allongement élastique pour ces deux ressorts, dans l'hypothèse où l'on partirait de la tension zéro : les allongements élastiques sont représentés par les abscisses horizontales, et les tensions correspondantes par les ordonnées verticales des droites
oa et *ob*.

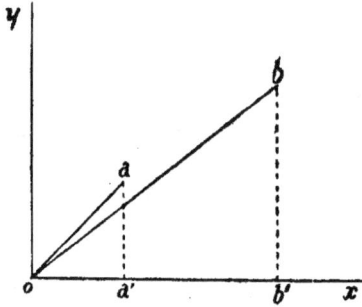

Fig. 90.

On a pour le ressort *a* :

Tension limite : $aa' = A$,

Allongement limite : $ca' = \dfrac{A}{\alpha}$,

Résistance primitive : aire $oaa' = \dfrac{A^2}{2\alpha}$;

Et pour le ressort *b* :

Tension limite : $bb' = B$,

Allongement limite : $ob' = \dfrac{B}{\beta}$,

Résistance primitive : aire $obb' = \dfrac{B^2}{2\beta}$.

Nous avons d'autre part marqué sur la figure 91 les droites représentatives des allongements élastiques des deux ressorts, en
tenant compte de l'action moléculaire latente T (que, pour fixer

les idées, nous supposerons correspondre à une tension initiale du ressort a, et à une compression du ressort b).

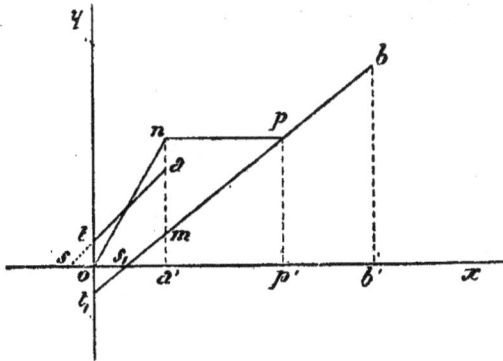

Fig. 94.

Nous avons sur cette figure :

$$aa' = A, \quad sa' = \frac{A}{\alpha}, \quad ot = T, \quad os = \frac{T}{\alpha} \; ;$$

$$\text{aire } sot = \frac{T^2}{2\alpha} \; ; \quad \text{aire } saa' = \frac{A^2}{2\alpha} \; ;$$

$$bb' = B, \quad s_1 b' = \frac{B}{\beta}, \quad ot = T, \quad os_1 = \frac{T}{\beta} \; ;$$

$$\text{aire } s_1 ot_1 = \frac{T^2}{2\beta} \; ; \quad \text{aire } s_1 bb' = \frac{B^2}{2\beta} \; .$$

Supposons maintenant que l'on applique aux plaques c et d deux forces F égales et de sens opposés. Tant que le ressort a n'aura pas été détaché de la plaque c, on obtiendra les résultats suivants :

Allongement du système : $\lambda = \dfrac{F}{\alpha + \beta}$;

Tension du ressort a : $F_a = \dfrac{F\alpha}{\alpha + \beta} + T$;

Tension du ressort b : $F_b = \dfrac{F\beta}{\alpha + \beta} - T$;

Travail mécanique dépensé : $\dfrac{\lambda F}{2} = \dfrac{F^2}{2(\alpha + \beta)}$.

Le système reviendra à son état primitif si l'on supprime les forces F.

Limite d'élasticité. — Au moment où le ressort a, soumis à la force d'extension limite A, sera sur le point de se détacher de la plaque c, nous aurons, en désignant par N la valeur particulière de la force F :

$$F_a = A = \frac{N\alpha}{\alpha + \beta} + T ;$$

$$F_b = N - A = \frac{N\beta}{\alpha + \beta} - T = (A - T)\frac{\beta}{\alpha} - T.$$

Limite d'élasticité :

$$N = \frac{A - T}{\alpha}(\alpha + \beta).$$

Allongement du système :

$$\lambda = \frac{A - T}{\alpha} ;$$

Travail mécanique dépensé :

$$\frac{N\lambda}{2} = \frac{(A - T)^2}{2\alpha^2}(\alpha + \beta).$$

Force vive d'écrouissage. — La courbe d'allongement du système des deux ressorts est représentée sur la figure 94, jusqu'à la limite d'élasticité, par la droite on dont les ordonnées sont les sommes géométriques de celles des droites ta et $t_1 b$, relatives aux deux ressorts considérés séparément. Au moment où la limite d'élasticité est atteinte, le ressort a cesse de fonctionner, et la totalité de l'effort de traction est transmise au ressort b, dont la tension passe brusquement de F_b, ou $a'm$, à N, ou $a'n$.

L'effort supplémentaire A, appliqué instantanément au ressort b, doit déterminer un allongement double de l'allongement statique $a'p' = \frac{A}{\beta}$ qui s'obtiendrait en faisant croître progressivement F_b de $\frac{(A - T)\beta}{\alpha} - T$, ou $N - A$, à $\frac{A - T}{\alpha}(\alpha + \beta)$, ou N (art. 23).

Il peut se présenter deux cas :

$$1° \frac{A - T}{\alpha}(\alpha + \beta) + A > B,$$

$$\text{ou } N + A > B.$$

Le ressort b se séparera immédiatement de la plaque, l'action dynamique exercée sur ce ressort étant équivalente à une tension statique supérieure à la limite B.

La rupture du système des deux ressorts aura donc lieu au moment même où la limite d'élasticité N aura été atteinte.

Le système sera fragile, la force vive $\frac{A^2}{2\beta}$ étant suffisante pour amener sa rupture.

$$2° \quad \frac{A-T}{\alpha}(\alpha+\beta)+A < B,$$
$$\text{ou } N+A < B.$$

Le ressort b ne se détachera pas de la plaque c ; il oscillera autour de sa position d'équilibre correspondant à l'allongement op', jusqu'à ce que le frottement de ce ressort sur les spires du ressort a ait transformé en chaleur la force vive d'*écrouissage* représentée par le triangle mnp, dont l'aire est $\frac{A^2}{2\beta}$. Il y aura donc élévation de la température du système, en même temps qu'allongement brusque égal à $\frac{A}{\beta}$.

Période de ductilité. — Dès que le ressort b sera redevenu immobile, l'allongement total du système étant représenté par op' et l'effort de traction N par pp', on pourra faire croître graduellement la force F depuis N ou $\frac{A-T}{\alpha}(\alpha+\beta)$ jusqu'à B. A ce moment la plaque c se détachera du ressort b, et l'appareil sera définitivement rompu.

On aura dans ces conditions :

Limite de rupture :

$$C = B ;$$

Allongement total de rupture :

. $\lambda' = ob = oa'$ (allongement élastique)$+a'b'$ (allongement de ductilité).

$$\lambda' = \frac{A-T}{\alpha} + \left(\frac{B+T}{\beta} - \frac{(A-T)}{\alpha}\right).$$
$$= \frac{B+T}{\beta}.$$

Travail mécanique dépensé :

$$Tr = ona' + npp'a' + pbb'p'$$
$$= saa' + s_1bb' - sto - os\,t_1 + npm$$
$$= \frac{A^2}{2\alpha} + \frac{B^2}{2\beta} - \frac{T^2}{2\alpha} - \frac{T^2}{2\beta} + \frac{A^2}{2\beta}\,.$$

Le travail mécanique de rupture est donc égal à la résistance vive actuelle du système (résistance vive primitive diminuée de la force vive latente), plus la force vive d'écrouissage qui a été transformée en chaleur par le frottement mutuel des deux ressorts.

Renseignements fournis par un essai de rupture à l'extension. — Supposons qu'ignorant les valeurs des quantités A, B, T, α et β qui définissent complètement le système des deux ressorts, nous cherchions à nous rendre compte de ses propriétés élastiques en le soumettant à un essai de rupture par extension simple.

Soient N et C les limites d'élasticité et de rupture obtenues par expérience ; λ l'allongement élastique correspondant à la limite d'élasticité, et λ' l'allongement de rupture. Nous pourrons écrire les relations de condition :

$$N = \frac{(A - T)(\alpha + \beta)}{\alpha}\,,$$
$$C = B,$$
$$\lambda = \frac{A - T}{\alpha}\,,$$
$$\lambda' = \frac{B + T}{\beta}\,.$$

Nous avons quatre équations entre cinq inconnues. Le problème n'est donc pas complètement déterminé, et l'on peut se donner arbitrairement une des quatre quantités A, T, α ou β. Il existe une infinité de systèmes différents satisfaisant aux données N, C, λ et λ' du problème.

L'aire $\int_0^{\lambda'} F d\lambda$ de la surface comprise entre la courbe d'allongement et l'axe des abscisses λ, qui donne la valeur du travail mécanique Tr nécessaire pour amener la rupture par extension simple, représente la résistance vive du système $\left(\dfrac{A^2}{2\alpha} + \dfrac{B^2}{2\beta} - \dfrac{T^2}{2\alpha}\right.$ $\left.- \dfrac{T^2}{2\beta}\right)$, augmentée de la force vive d'écrouissage $\left(\dfrac{A^2}{2\beta}\right)$. Cette aire ne fournit donc pas une définition précise de la résistance aux chocs ; si l'on considère en effet deux systèmes différents possédant la même résistance vive, le plus fragile sera celui pour lequel, la force vive $\dfrac{A^2}{2\beta}$ ayant la valeur la plus élevée, l'aire $\displaystyle\int_0^{\lambda'} F d\lambda$ aura été trouvée la plus grande.

En vertu de la condition $N + A < B$, qui est nécessaire et suffisante pour que le système ne se rompe pas immédiatement dès que la limite d'élasticité est atteinte, on doit poser en principe que, pour une valeur déterminée de l'aire $\displaystyle\int_0^{\lambda'} F d\lambda$, le système sera en général d'autant plus fragile que la limite d'élasticité N se rapprochera davantage de celle de rupture C. On pourrait toutefois, en faisant varier dans un sens convenable l'action moléculaire latente T, imaginer tel cas où la règle précédente tomberait en défaut.

Nous ajouterons que le coefficient E d'élasticité longitudinale du système, égal au rapport $\dfrac{N}{\lambda}$, a pour valeur $\alpha + \beta$. Quant au rapport $\dfrac{C}{\lambda'}$, que l'on pourrait appeler le coefficient de *ductilité*, il a pour valeur $\beta \dfrac{B}{B+T}$, et diffère donc peu en général de β.

77. Modification de la limite d'élasticité par l'écrouissage.

— Tant que la force F ne dépasse pas la limite d'élasticité N ou $\dfrac{A-T}{\alpha}(\alpha + \beta)$, on peut en faisant cesser son action ramener le système des deux ressorts à sa position initiale, l'allongement $\dfrac{F}{\alpha + \beta}$ disparaissant avec la cause qui l'a fait naître.

Il n'en est plus de même dès que cette limite N a été dépassée. Le ressort a ayant été détaché de la plaque c n'est plus tendu et ne peut plus l'être : mais il est resté enchevêtré dans le ressort b, et l'écartement des deux plaques c et d ne saurait diminuer sans que ce ressort se trouve comprimé.

Tandis que l'allongement produit par l'application de la force F, représentée sur la figure 92 par l'ordonnée ff', atteignait la valeur $\frac{F+T}{\beta}$ représentée par la longueur of', le raccourcissement obtenu par la suppression de cette force ne sera plus, en raison de la résistance apportée par le ressort b (fonctionnant comme le cliquet d'une roue à rochet), que de $\frac{F}{\alpha+\beta}$; il sera représenté par la longueur $o_1 f$.

L'allongement permanent, c'est-à-dire acquis à titre définitif, sera représenté par oo_1, et aura pour expression : $\frac{F+T}{\beta} - \frac{F}{\alpha+\beta}$.

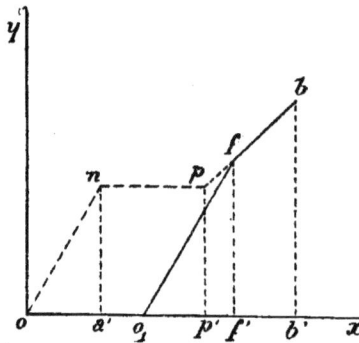

Fig. 92.

Le nouveau système, dont la courbe d'allongement sera la ligne brisée $o_1\, f\, b$ (caractérisée par la disparition du palier horizontal np qui, dans la courbe primitive $onpb$, succédait immédiatement à la droite des allongements élastiques), sera défini par les conditions suivantes :

$$A = o, \quad T = -\frac{F\alpha}{\beta+\alpha}, \quad E = \alpha+\beta;$$

$$N = F, \quad \lambda = \frac{F}{\alpha+\beta};$$

$$C = B, \quad \lambda' = \frac{B}{\beta} - \frac{F\alpha}{\beta(\alpha+\beta)}, \quad E' = \frac{C}{\lambda'} = \frac{B\beta}{B - \dfrac{F\alpha}{\alpha+\beta}}.$$

La droite $o_1 f$ des allongements élastiques est parallèle à la droite primitive on, puisque le coefficient d'élasticité E n'a pas changé.

La limite d'élasticité du nouveau système est précisément égale à la force F, supérieure à la limite d'élasticité primitive, qui a déterminé l'écrouissage.

La force vive latente est devenue :

$$\frac{F^2}{2(\alpha + \beta)},$$

au lieu de :

$$\frac{T^2}{2\alpha} + \frac{T^2}{2\beta}.$$

La résistance vive de rupture est devenue :

$$\frac{B^2}{2\beta} - \frac{F^2}{2(\alpha + \beta)},$$

au lieu de :

$$\frac{A^2}{2\alpha} + \frac{B^2}{2\beta} - \frac{T^2}{2\alpha} - \frac{T^2}{2\beta}.$$

Elle est figurée par l'aire o_1fbb', qui ne représente qu'une fraction de l'aire de la courbe d'allongement primitive : $onpbb'$.

A étant tombé à zéro, il en est de même de la force vive d'écrouissage, qui a été entièrement transformée en chaleur dans la première opération. On ne doit donc plus observer d'élévation de température quand on vient à dépasser la nouvelle limite d'élasticité F.

Les changements que l'écrouissage a apportés dans les conditions de résistance du système se résument comme il suit :

Le coefficient d'élasticité longitudinale n'a pas varié, mais la limite d'élasticité a été relevée.

La limite de rupture est restée la même, mais l'allongement de rupture a été diminué de l'allongement permanent dû à l'écrouissage.

La résistance vive de rupture a été réduite de la force vive latente correspondant à l'action moléculaire $\frac{F\alpha}{\alpha + \beta}$. La force vive d'écrouissage a disparu. Ces deux circonstances exercent, au point de vue de la résistance au choc, des influences opposées. Comme toutefois il faut admettre que dans le principe la condition $N + A < B$ était réalisée, puisque l'on a pu faire croître

23

l'effort de traction jusqu'à F sans rompre le système, on doit en conclure que la fragilité a été accrue par l'écrouissage.

Il est évident d'ailleurs que si l'on soumet à nouveau le système à un effort F_1, plus grand que F mais inférieur à B, on relèvera d'autant la limite d'élasticité, et l'exposé qui précède restera applicable à condition de substituer dans les formules F_1 à F. Mais on ne constatera aucun dégagement de chaleur pendant cette seconde opération.

78. Propriétés élastiques des composés ferreux. — Nous avons vu que l'acier est composé d'une multitude de grains microscopiques de fer pur (*ferrite*) ou presque pur (*perlite*) agglomérés ensemble, comme le sable dans le mortier, par un réseau continu de ciment carburé (*cémentite*, chargée probablement de la majeure partie des métalloïdes associés au fer), qui remplit tous les joints séparant ces grains. Il en résulte que si l'on soumet une barre d'acier à un effort de traction F croissant graduellement, il arrivera un moment où les joints *parallèles* à la force d'extension se rompront suivant des plans *normaux* à cette force F, par cela même qu'étant moins extensibles que le métal des grains ils supporteront l'effort transmis à la barre. Les joints *normaux* à la direction de cette force ne se briseront pas au même moment, en raison de la grande étendue qu'ils possèdent dans le sens perpendiculaire à l'effort exercé, étendue sur laquelle se répartit cet effort.

L'existence de ces fissures d'écrouissage paraît démontrée :

1° Par des observations directes, qui ont permis de découvrir des fractures microscopiques dans les métaux écrouis. MM. Osmond et Werth ont constaté à la loupe, après attaque par l'acide chlorhydrique, qu'un fil fortement écroui se compose d'un paquet de fibres courtes, dont les liaisons *latérales* sont en grande partie détruites. C'est exactement la théorie que nous formulons : les ruptures des enveloppes se produisent dans des plans normaux à la direction de l'effort F, par suite de l'inégale ductilité du noyau et de l'enveloppe, et détruisent la continuité des joints latéraux ;

2° Par les craquements que fait parfois entendre une barre d'acier soumise à un travail supérieur à la limite d'élasticité ;

3° Par la grande solubilité dans les acides des aciers écrouis, dont les fissures augmentent la surface d'attaque : MM. Osmond et Werth ont constaté qu'un fil écroui, plongé dans l'acide chlorhydrique étendu de 4 volumes d'eau, perdait 321 milligrammes pendant qu'un fil recuit de même métal en perdait 6 ; dans d'autres expériences le rapport des poids dissous a été trouvé de $\frac{1}{8}$, $\frac{13}{240}$, $\frac{25}{138}$, etc. ;

4° Enfin, par le relèvement de la température de la barre, qui indique que la force vive, primitivement absorbée par la déformation des joints, est restituée après leur rupture, et transformée en chaleur par le frottement qu'ils exercent, en reprenant leurs dimensions primitives, sur les grains de fer qui continuent à s'allonger dans la direction de F.

Dès que le réseau de ciment a été désagrégé de cette façon, la déformation de la barre s'accentue, comme résultant de l'étirage de grains formés d'un métal beaucoup plus ductile que le ciment. Mais si l'on fait cesser l'action de F, le retour de la barre à sa longueur primitive n'est plus possible, les débris des joints brisés ne pouvant plus se réunir et se ressouder, et mettront obstacle à la contraction longitudinale des grains.

Pour rétablir l'intégrité du métal, il faut le recuire jusqu'à la température où le ciment devient pâteux et soudant, et ne s'oppose plus au retour des grains à leur forme initiale : la matière reprend alors sa structure primitive.

Nous assimilerons l'acier à un système composé de deux séries de ressorts enchevêtrés, dont la première a se brisera à la limite d'élasticité, et la seconde b à la limite de rupture [1].

Dans les essais des métaux à la traction, il y aura donc lieu de considérer deux périodes distinctes correspondant, l'une (*période d'élasticité*) au fonctionnement simultané des deux séries de res-

---

1. Cette hypothèse de l'identité absolue de deux ressorts quelconques de l'une des séries est évidemment inexacte, puisqu'elle supposerait dans l'acier une homogénéité absolue de structure qui est contredite par tous les renseignements fournis par nous à ce sujet. Mais nous l'adopterons, quant à présent, pour faciliter notre exposé, sauf à examiner plus loin (art. 79) les modifications qu'il y a lieu d'apporter, dans cet ordre d'idées, à nos conclusions.

sorts, et la seconde (*période de ductilité*) au fonctionnement de la seconde série, qui sera seule demeurée intacte.

Ces ressorts seront supposés être *parfaitement élastiques* jusqu'à leur rupture.

Reportons-nous à l'article précédent et désignons par α le coefficient d'élasticité longitudinale et par A la limite de résistance de la première série de ressorts; par β et B les mêmes coefficients caractéristiques relatifs à la seconde série.

Limite d'élasticité du métal : $N = \dfrac{A - T}{\alpha} (\alpha + \beta)$. Cette limite d'élasticité dépend à la fois de la cohésion propre A du ciment, du signe et de l'intensité de l'action moléculaire latente T, et du rapport $\dfrac{\beta}{\alpha}$, toujours inférieur à l'unité, qui se rapproche de zéro pour l'acier doux.

Limite de rupture : $C = B$. — Cette limite dépend peut-être encore de la cohésion du ciment, mais plus probablement de son adhérence avec les grains de fer : il est permis de supposer qu'au moment de la rupture de la barre le joint de ciment se sépare d'un grain en restant uni au grain opposé.

Fig. 93, 94, 95.

La rupture peut être le résultat d'une action dynamique, déterminée par le dégagement de la force vive d'écrouissage qui correspond au travail absorbé par la déformation de la série des ressorts a, au moment où celle-ci va se rompre. En ce cas la valeur trouvée pour C peut être inférieure à l'adhérence B du ciment et des grains, et très peu supérieure à la limite d'élasticité N. Tel est certainement le cas pour l'acier trempé et les fontes.

On ne pourrait alors déterminer exactement la valeur de B

qu'en soustrayant la matière à l'action dynamique de la force instantanée A, c'est-à-dire en diminuant immédiatement la force F
de la quantité A au moment précis où les ressorts a se détendent. Cette opération ne semble pas pratiquement possible.

Les figures 93, 94 et 95 donnent un aperçu théorique, correspondant à notre manière de voir, des changements que subit la
structure de l'acier dans une barre soumise à un travail croissant
d'extension, qui, partant de zéro, dépasse la limite d'élasticité et
produit finalement la rupture.

Coefficient d'élasticité longitudinale :

$$E = \frac{N}{\lambda} = \alpha + \beta.$$

Le coefficient β est généralement une fraction peu importante
de α. Le coefficient d'élasticité longitudinale dépend donc principalement de la ductilité du ciment.

Il semble toutefois qu'il devrait croître lentement avec la teneur en carbone.

Coefficient de ductilité :

$$E' = \frac{C}{\lambda'} = \frac{B\beta}{B+T} .$$

La ductilité du métal dépend essentiellement de celle du
grain ; l'action moléculaire latente T la diminue ou l'augmente
suivant que son signe est positif ou négatif.

Résistance aux chocs. — Le métal est d'autant plus fra-
gile que sa résistance vive $\frac{A^2}{2\alpha} + \frac{B^2}{2\beta} - T^2 \left(\frac{1}{2\alpha} + \frac{1}{2\beta} \right)$ est moins
élevée, et que la force vive d'écrouissage $\frac{A^2}{2\beta}$ est plus considé-
rable.

L'aire de la courbe d'allongement $\int_{0}^{\lambda'} F\, d\lambda$ ne fournit donc
sur la résistance aux chocs qu'un renseignement incomplet, et
parfois même erroné, puisqu'elle représente la somme de la résistance vive de rupture et de la force vive d'écrouissage, alors
que c'est la première quantité, ou plutôt même la différence des
deux, qui caractérise le métal à ce point de vue. Nous en con-

clurons qu'un essai de rupture par extension simple ne suffit pas pour définir la qualité d'un produit au point de vue de la résistance aux chocs, parce qu'il laisse dans l'indétermination une des inconnues du problème, par exemple l'intensité de l'action moléculaire latente, ainsi que nous l'avons déjà remarqué à la page 350. Il est indispensable de recourir à des épreuves au choc.

Un acier trempé mi-doux ou mi-dur peut donner au quadruple point de vue de la limite d'élasticité, de la limite de rupture, de l'allongement de rupture et de l'aire de la courbe des allongements, des résultats équivalents à ceux d'un acier naturel très dur ou extra-dur, et être cependant beaucoup plus fragile, parce que les valeurs de A et de T sont sensiblement plus élevées pour le premier que pour le second. On arriverait au même résultat en comparant un acier naturel phosphoreux à un acier naturel dépourvu de phosphore : A et par suite $\frac{A^2}{2\beta}$ sont plus considérables pour le premier que pour le second.

Si toutefois l'on compare deux aciers de même nature, soit naturels, soit trempés, on peut considérer comme probable que la résistance aux chocs sera plus élevée pour celui dont la courbe d'allongement fournira l'aire la plus étendue ; à égalité d'aires d'allongement, le plus fragile sera celui pour lequel la limite d'élasticité N sera plus voisine de la limite de rupture, la probabilité étant qu'en pareil cas A et par suite $\frac{A^2}{2\beta}$ sont très grands.

Il nous reste à voir comment, en se basant sur notre théorie, on peut expliquer les propriétés des différentes catégories de composés ferreux.

Aciers naturels ou recuits. — Dans les aciers extra-doux, T est probablement négatif, le coefficient de dilatation du fer pur des grains étant supposé sensiblement supérieur à celui du fer carburé qui constitue le ciment.

Au fur et à mesure que la teneur en carbone s'élève, l'importance du réseau de ciment augmente, et le rapport $\frac{\alpha + \beta}{\alpha}$ va en croissant à partir de l'unité en se rapprochant de 1,25. On s'explique ainsi que la limite d'élasticité aille en augmentant régulièrement. Comme au surplus la composition chimique du ciment ne change guère, le coefficient α reste à peu près constant.

Quel que soit d'ailleurs le signe de T, on peut tenir pour certain que les actions moléculaires latentes ont peu d'importance : le métal n'est pas fragile.

Au fur et à mesure que la dose de carbone s'élève, les noyaux de cellules se chargent de carbure de fer. Leur adhérence avec les enveloppes augmente, et leur ductilité diminue; β varie peut-être de 2×10^8 à 5×10^9.

Il en résulte :

1° Que le coefficient d'élasticité longitudinale varie peu : de $1,8 \times 10^{10}$ à $2,2 \times 10^{10}$;

2° Que l'allongement de rupture décroît rapidement ;

3° Que la limite de rupture s'élève plus vite que la limite d'élasticité : le rapport $\dfrac{N}{c}$ varie de 2/5 à $\dfrac{1}{2}$;

4° Que la résistance vive de rupture s'abaisse. Le métal devient de plus en plus cassant (il paraît préférable de réserver le qualificatif de *fragile* aux produits dont la rupture résulte d'un phénomène dynamique intérieur, imputable à la force vive latente ou à la force vive d'écrouissage).

Aciers cristallisés ou brûlés. — Dans les aciers cristallisés ou brûlés, le réseau de ciment est incomplet : il existe entre les cellules composées des joints vides, où l'adhérence est très réduite. Tout se passe comme si un certain nombre de ressorts des séries *a* et *b* étaient très affaiblis, et susceptibles de se briser sous un effort très réduit. Il doit donc en résulter une diminution dans la limite d'élasticité, la limite et l'allongement de rupture.

Ces aciers se rapprochent par leurs propriétés des fontes, ou si l'on veut des aciers partiellement écrouis.

Aciers phosphoreux. — Il semble que le phosphore ait la singulière propriété de diminuer l'adhérence mutuelle de l'enveloppe et du noyau, sans modifier sensiblement la résistance du ciment. La limite de rupture s'abaisse et se rapproche de la limite d'élasticité. Tant que l'on a C—N—A$>$0, si faible que soit l'écart, les essais par extension indiquent un métal tenace et ductile, pour lequel l'aire de la courbe d'allongement est supérieure à celle des aciers non phosphoreux de même résistance.

Mais, pour peu que la limite de rupture C s'abaisse encore, et et que la différence C — N — A, qui est toujours faible pour les aciers phosphoreux, devienne négative, la rupture se produit brusquement au moment même où la limite d'élasticité est atteinte, par l'effet dynamique de la force vive d'écrouissage $\frac{A^2}{2\beta}$: l'allongement de rupture peut être réduit des deux tiers.

Comme d'autre part le phosphore n'exerce pas la même influence dans toutes les directions, mais qu'il semble produire une sorte de stratification du métal, dont l'orientation dépend soit de la manière dont la coulée a été faite, soit du sens du laminage, on obtient avec le même métal, dans les essais par extension simple, des résultats variables suivant l'angle que fait la direction de l'effort de traction avec les plans de moindre résistance déterminés dans le produit, dont la texture est parfois feuilletée.

Les aciers phosphoreux offrent toujours une grande fragilité, analogue à celle des schistes à phyllades, qui fournissent les ardoises.

Ces schistes, dont la structure présente le même caractère de stratification, se rompent au moindre choc suivant leurs plans de clivage, bien que, soumis à une traction dans un sens parallèle à ces plans, ils possèdent une ténacité comparable à celle des pierres les plus résistantes et les moins fragiles.

Le phosphore est d'autant plus nuisible que le métal est plus carburé, parce que, la limite d'élasticité N étant alors très élevée, une faible proportion de ce métalloïde suffit, en abaissant l'adhérence C, pour provoquer le changement du signe de la différence C — N — A.

Nous verrons enfin, dans le paragraphe prochain, que lorsqu'une barre, formée d'un métal où la limite d'élasticité est voisine de la limite de rupture, présente le moindre défaut ou la moindre irrégularité, susceptible de réduire légèrement la résistance d'une section transversale, elle se brise brusquement aux essais par extension, avant que l'on ait constaté d'allongement sensible : la résistance vive de rupture de la barre est en pareil cas à peu près réduite à zéro.

Les aciers phosphoreux présentent donc le double caractère d'être fragiles et capricieux.

Aciers écrouis. — Les aciers complètement écrouis sont ceux que l'on a soumis à un effort d'extension F supérieur à la limite d'élasticité. Les ressorts de la série A étant tous rompus, la résistance A est réduite à zéro. L'action moléculaire latente T, représentée par $-\dfrac{F\alpha}{\alpha+\beta}$, est négative et à peu près égale en valeur absolue à la nouvelle limite d'élasticité F, qui se trouve substituée à la limite primitive N du métal non écroui.

L'allongement de rupture est diminué de l'allongement permanent déterminé dans le métal par l'écrouissage.

La force vive d'écrouissage est réduite à zéro, puisque A est nul. Il n'y a donc plus de dégagement de chaleur, et l'on ne doit plus constater d'élévation de température quand on repasse par la nouvelle limite d'élasticité F. Le palier horizontal *np*, qui succédait dans la courbe d'allongement du métal non écroui à la droite des allongements élastiques, a disparu de la nouvelle courbe dont la droite des allongements élastiques se termine au point de l'ancienne courbe qui correspondait à l'effort F.

La résistance vive de rupture a diminué, par suite du développement des actions moléculaires latentes ; la résistance au choc a subi une réduction, et le métal doit être plus fragile qu'avant l'écrouissage.

Théoriquement, la limite de rupture C n'a pas varié ; nous verrons toutefois ci-après que l'assimilation faite entre le métal et un système de deux séries de ressorts, dont chacune se composerait d'éléments tous identiques, n'est pas rigoureuse. On s'explique ainsi que, dans certains cas, l'écrouissage puisse conduire à un relèvement de la limite de rupture, qui n'est d'ailleurs jamais très considérable. Tout écrouissage partiel (poinçonnage, cisaillage, burinage, martelage local, etc.) qui n'agit que sur une partie des ressorts *a* de la barre d'acier expérimentée, en laissant intacte l'autre partie, relève la limite d'élasticité, mais diminue nécessairement l'allongement de rupture de la pièce et *en général* abaisse la limite de rupture. Nous verrons au prochain paragraphe que dans certains cas un écrouissage partiel peut au contraire relever cette limite, en neutralisant l'influence perturbatrice des actions moléculaires latentes de fabrication, qui préexistaient dans le métal avant l'opération de l'écrouissage. Ce phénomène, qui a été constaté par différents observateurs, n'est pas en contradiction avec notre théorie.

Aciers trempés. — La trempe rapproche la composition du ciment de celle des grains qu'il enveloppe et agglomère. Elle augmente donc à la fois la cohésion de l'enveloppe et son adhérence sur le noyau ; les deux éléments de la cellule ont des résistances de ductilité assez voisines.

Il se développe d'autre part dans la matière des actions moléculaires latentes très énergiques, qui peuvent donner lieu à des gerçures ou ruptures localisées dans les points où le métal est soumis à des tensions excessives.

En raison de la présence du carbone de trempe, les coefficients α et β grandissent et se rapprochent l'un de l'autre ; le coefficient d'élasticité longitudinale E est relevé, et l'allongement de rupture est faible.

Le produit étant très homogène, les résistances A et B des ressorts a et b sont très considérables et peu différentes l'une de l'autre. Toutefois, en raison de l'importance de l'action moléculaire latente T, la limite d'élasticité N ou $\dfrac{A-T}{\alpha}(\alpha+\beta)$ ne dépasse guère le double de celle obtenue pour le même acier non trempé.

La résistance vive de rupture $\dfrac{A^2}{2\alpha}+\dfrac{B^2}{2\beta}-\dfrac{T^2}{2\alpha}-\dfrac{T^2}{2\beta}$ est faible, en raison de la grandeur de T, et des coefficients α et β. La force vive d'écrouissage $\dfrac{A^2}{2\beta}$ est relativement considérable, puisque A se rapproche de B.

C'est pourquoi l'acier trempé présente une grande fragilité et résiste fort mal aux chocs ; la moindre fissure superficielle donne lieu, en se formant, à un dégagement de force vive qui provoque la fracture complète de la pièce atteinte.

Quand on éprouve à l'extension une barre de fer trempé, la

rupture devrait théoriquement se produire au moment même où la limite d'élasticité est atteinte, par suite du dégagement de la force vive d'écrouissage. C'est ce qui arrive toutes les fois que la pièce présente un défaut de fabrication : le métal est capricieux. Mais en général il n'en est pas ainsi, parce que la répartition des ressorts en deux séries composées chacune d'éléments identiques n'est pas absolument conforme à la réalité (art. 79), et que par suite la force vive d'écrouissage ne se dégage pas tout entière en une seule fois. Mais c'est toujours elle qui détermine la rupture à un moment donné, et l'on peut tenir pour certain que la limite de rupture C est très inférieure à la résistance extrême B. Le rapport $\frac{N}{C}$ de la limite d'élasticité à la limite de rupture est plus élevé dans l'acier trempé que dans l'acier naturel.

Nous croyons que la dureté d'un métal varie proportionnellement à la quantité B. C'est ce qui expliquerait pourquoi, à égalité de limite C et d'allongement de rupture χ' à l'extension, un acier trempé possède une dureté superficielle très supérieure à celle d'un acier naturel, parce que la valeur de B est beaucoup plus grande pour le premier que pour le second.

L'acier trempé est d'ailleurs beaucoup plus fragile que l'acier naturel, quand bien même il le dépasserait au point de vue de la limite d'élasticité, de la limite de rupture, de l'allongement de rupture et de l'aire $\int_0^\lambda F\,d\lambda$ de la courbe d'allongement, que l'on confond en général et à tort avec la résistance vive de rupture, en ne tenant pas compte de la force vive d'écrouissage.

Il serait facile de donner de ce fait une démonstration expérimentale, en construisant deux systèmes de ressorts réalisant les mêmes valeurs pour N, C et λ, mais avec des tensions latentes T différentes. Le plus fragile serait celui pour lequel cette action atteindrait la plus grande valeur.

On peut de même affirmer que si deux métaux ont la même résistance à l'extension, le plus fragile sera forcément celui qui offrira la plus grande dureté superficielle.

Il est bien entendu que ces propriétés caractéristiques des aciers trempés sont d'autant plus marquées que la trempe a été plus énergique ; elles se retrouvent à un moindre degré dans les aciers naturels exceptionnellement durs, où l'abondance du carbone et du silicium a pour conséquence de maintenir une partie de carbone à l'état séparé, même après un refroidissement lent.

Fontes. — En raison de la forte proportion de carbone non combiné, les actions moléculaires latentes doivent être du même genre que dans l'acier trempé, mais avec une intensité bien supérieure. T est donc positif, mais très grand et très voisin de A. Il en résulte que la limite d'élasticité $\frac{(A-T)(\alpha+\beta)}{\alpha}$ est peu élevée. La période d'élasticité est très courte, et la déformation permanente se manifeste dès que la force F a atteint une valeur peu considérable.

Il arrive même que dans la fonte grise, où le carbone s'est concentré en paillettes volumineuses de graphite, la tension latente devient pendant le refroidissement supérieure à la cohésion propre du carbure de fer qui forme un réseau continu enveloppant les parcelles graphiteuses. Il se produit donc des ruptures multipliées, dans les points les plus faibles ou les plus tendus de ce réseau. Le métal devient fissuré, poreux, perméable au gaz, et très attaquable par les acides ; sa densité s'abaisse.

On peut assimiler dans ces conditions la fonte à un système dans lequel près de la moitié des ressorts a auraient été rompus pendant le retrait dû au refroidissement. La résistance A des ressorts encore intacts serait faible, et à peine supérieure à l'action moléculaire latente positive T : un léger surcroît de tension, résultant d'une traction exercée sur le barreau, suffirait pour provoquer la détente de ces ressorts.

Il en résulte nécessairement que la limite d'élasticité $\frac{(A-T)(\alpha+\beta)}{\alpha}$ doit être, comme A — T, très voisine de zéro. Il n'y a plus à proprement parler de période d'élasticité, et la période de ductilité, caractérisée par l'apparition des déformations permanentes, se manifeste dès qu'on soumet le métal à un travail d'extension, si minime qu'il soit.

Si l'on retranche de l'allongement mesuré la fraction qui demeure permanente après la suppression de la force T, la différence, qui représente l'allongement élastique, doit être égale au double de l'allongement élastique constaté sur une barre d'acier de même section soumise au même effort total de traction, puisque cet effort est, dans le cas de la fonte, transmis à un nombre moitié moindre de ressorts a, les autres étant détruits et ne fonctionnant pas. C'est effectivement ce que l'on trouve. La limite de rupture C est peu élevée, parce qu'un très grand nombre de ressorts b ont une résistance médiocre, due au peu d'adhérence du fer et du carbone déposé. Comme de plus le coefficient β, en raison de la forte teneur en carbone combiné, est élevé, on n'obtient qu'un allongement de rupture insignifiant. A et T, étant réduits à zéro pour la moitié des ressorts a, et ayant des valeurs très faibles pour les autres, la force vive latente $\frac{T^2}{2\alpha} + \frac{T^2}{2\beta}$ et la force vive d'écrouissage $\frac{A^2}{2\beta}$ sont peu importantes. Le métal n'est donc pas très fragile, et sa rupture ne s'opère pas avec explosion comme celle de l'acier trempé : la fonte grise est douce, facile à attaquer au burin et à la lime, peut même être martelée, et n'est pas sujette à l'écrouissage, puisqu'elle n'a pas de limite d'élasticité. Ce métal est pourtant cassant et résiste mal aux chocs, tant par suite de sa texture fissurée (page 14), qui le rend impropre à la transmission des vibrations, qu'en raison de la faiblesse de sa résistance vive de rupture, qui est à peu près réduite à $\frac{B^2}{2\beta}$: or B est très petit, et β très grand.

Le métal mixte et la fonte blanche établissent la transition entre l'acier dur ou l'acier trempé et la fonte grise. T est plus petit que A, mais s'en approche de plus en plus. Les ressorts a, encore intacts pour la plupart, commencent à se rompre sous un faible effort. La période d'élasticité est très courte ; le coefficient d'élasticité est d'abord égal à celui des aciers les plus durs, peut-être 3×10^{10} ; mais la limite d'élasticité est vite dépassée, et les allongements constatés sont alors en partie permanents et du même ordre de grandeur que ceux de la fonte grise.

T et A étant assez grands, le produit est aigre et fragile ; il ne peut plus se travailler à la lime, et est sujet à se fissurer pendant le moulage.

La trempe vive n'agit pas, parce que les actions moléculaires latentes ont atteint un développement maximum qu'elles ne peuvent plus dépasser sans entraîner la rupture d'un certain nombre de ressorts *a*. La trempe peut désagréger la matière, mais ne saurait accroître sa résistance et sa dureté.

La trempe en coquille donne seule un résultat appréciable, en entravant le dépôt du carbone en parcelles graphiteuses, et éclaircissant la couleur de l'objet moulé, dont le pourtour retient la majeure partie de son carbone à l'état de carbone de trempe ; on blanchit de cette façon la couche périphérique de la pièce, dont la dureté superficielle est accrue (fontes durcies).

La structure cristalline de la fonte contribue à diminuer la résistance de rupture, en diminuant son homogénéité et faisant varier, entre des limites très écartées, l'adhérence mutuelle des éléments contigus. La fonte est par suite un métal capricieux, où les actions moléculaires latentes sont distribuées d'une façon irrégulière, et qui est susceptible de se fissurer ou de se briser sous l'influence des variations de température et parfois même d'une manière spontanée, sans motif apparent, si le moulage, effectué sans précaution, a donné lieu à des actions latentes de fabrication très énergique.

Nous verrons d'ailleurs que cette instabilité de l'équilibre élastique se retrouve nécessairement dans tout métal soumis à un travail très supérieur à la limite d'élasticité, et suffisamment rapproché de la limite de rupture : certains ressorts qui ont presque atteint leurs limites de charge peuvent se rompre par l'effet d'actions extérieures agissant sur des régions localisées de la pièce, qui à la longue finit par se désagréger, sans que l'on sache au juste à quelle cause attribuer ce résultat.

Fers et aciers soudés. — Les fers et aciers soudés se comportent comme les aciers naturels, avec cette différence que, le réseau de ciment le moins résistant étant constitué par la scorie, qui est peu cohérente et peu adhérente au métal, les valeurs de A et de B sont très réduites ; il en résulte un abaissement correspondant dans la limite d'élasticité N et la limite de rupture C.

Les qualités élastiques du métal dépendent essentiellement de l'abondance, de la nature et du mode de répartition de la scorie (effets du corroyage). En laminant le métal de façon à aligner les globulites en fibres dont la scorie a été à peu près complètement expulsée, on améliore sa résistance. La texture fibreuse ou à nerf, pour les fers peu carburés, est donc un indice de bonne qualité. Les fers fins, contenant peu de scorie et relativement beaucoup de carbone, peuvent présenter sans inconvénient la texture à grain fin.

On doit toujours rebuter les fers dont la texture, à grain grossier, dénote une cristallation à grands éléments peu adhérents entre eux.

79. Complément de la théorie précédente. Variation de la limite de rupture. — La théorie que nous venons d'exposer est incomplète et insuffisante à deux points de vue.

En premier lieu, les particules constitutives de l'acier se comportent comme une réunion de ressorts orientés dans toutes les directions, et non pas seulement dans celle de l'effort de traction F; il se manifeste pendant la déformation des actions moléculaires *latérales*, obliques ou normales à la direction de F, qui sont susceptibles d'influer sur la résistance de la matière à l'extension simple. Nous avons déjà eu l'occasion de signaler l'importance des actions moléculaires latérales. Nous y reviendrons plus tard.

Les actions moléculaires latentes s'exerçant dans toutes les directions, la force vive latente emmagasinée dans la matière dépasse de beaucoup celle, correspondant aux tensions initiales des ressorts orientés parallèlement à la force de traction, que nous avons seule considérée dans les démonstrations de l'article 76, et que pourrait permettre d'évaluer un essai à la traction. Comme cette force vive se dégage tout entière au moment de la rupture, on voit que la fragilité du métal peut être beaucoup plus accentuée que ne le ferait présumer sa courbe d'allongement. C'est pourquoi nous avons comparé l'acier trempé à un explosif et qualifié de phénomène dynamique sa rupture à l'extension simple.

En second lieu, il ne semble pas légitime d'assimiler un produit sidérurgique quelconque à un système de deux séries de ressorts

a et *b*, dont chacune ne comporterait que des éléments identiques
à tous les points de vue, résistance, élasticité longitudinale, actions latentes, et soumis tous nécessairement, dans le même moment, au même travail élastique.

L'acier est une matière hétérogène, dont la composition et la structure sont sujettes à varier d'un point à un autre entre des limites
très écartées : certaines enveloppes de cellules peuvent être plus
épaisses, plus cohérentes, plus ductiles, plus adhérentes au noyau
que d'autres. Les actions moléculaires latentes doivent se modifier quand on passe d'une région de la pièce à une autre, même
très voisine de la première ; l'hypothèse de la répartition uniforme, sur la section transversale d'une barre, de l'effort de traction exercé à l'une de ses extrémités ne saurait sans aucun doute
être rigoureusement réalisée.

Nous avons représenté sur la figure 96 les courbes d'allongement jusqu'à rupture de différents systèmes constituant certains
types théoriques auxquels on pourrait, semble-t-il, ramener les
divers composés ferreux. Nous avons attribué à ces systèmes les
mêmes limites d'élasticité N, et de résistance extrême ou de
rupture C.

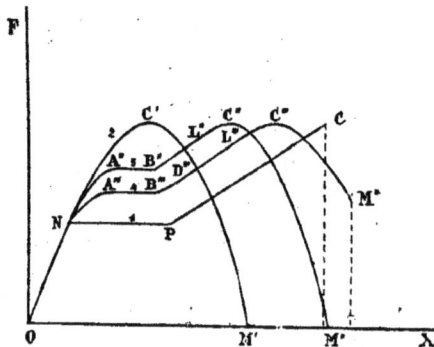

Fig. 96.

1. Courbe ONPC. — C'est l'épure théorique de l'article 76. On
a deux séries distinctes de ressorts *a* et *b*, comportant chacune
des éléments identiques et fonctionnant rigoureusement dans les
mêmes conditions.

C'est la courbe d'allongement type de l'acier naturel absolu, doué d'une structure cellulaire, parfaitement homogène, et à peu près dépourvu d'actions moléculaires latentes.

2. Courbe ONC'M'. — La ligne NC'M' est une parabole à axe vertical.

On n'a plus qu'une série de ressorts, tous identiques entre eux au point de vue de la résistance et de l'élasticité longitudinale, mais soumis à des actions moléculaires latentes variables, qui passent d'une façon régulière et continue de la limite positive T (tension extrême du ressort dont l'allongement de rupture sera le plus faible) à la limite négative — T (compression extrême du ressort dont l'allongement de rupture sera le plus considérable). Le premier ressort se brisera à la limite d'élasticité, et le second au moment de la rupture.

On voit qu'avec ce système l'effort de traction cesse de croître à partir du point C', avant que la moitié des ressorts ne se soient détendus. Puis il diminue progressivement jusqu'à tomber à zéro au moment de la rupture finale M'.

C'est la courbe d'allongement type de l'acier trempé absolu, doué d'une structure amorphe sans trace de cellules, et soumis à des actions moléculaires latentes d'une grande énergie.

Si la teneur en carbone du produit est suffisamment élevée pour qu'un certain nombre de ressorts se soient brisés pendant la trempe, en produisant des vides imperceptibles intra-cellulaires (art. 78) qui déterminent un abaissement de la densité du métal, on doit en conclure que, pour ces ressorts, l'action moléculaire latente T s'est trouvée supérieure à la limite de résistance A.

Il doit alors nécessairement y en avoir d'autres, encore intacts, mais sur le point de se rompre, pour lesquels la marge de résistance A — T serait très petite ; ces ressorts se détendront par conséquent sous le moindre effort supplémentaire de traction, et l'action moléculaire latente varierait à ce compte, dans l'intérieur de la masse, de + A à — A.

Il en résulte que le point N se trouverait reporté à l'origine ; la droite d'élasticité disparaîtrait de la courbe d'allongement,

24

constituée par une parabole unique à axe vertical passant par le point O.

A la suite d'expériences à la traction effectuées sur des barreaux d'acier trempé, M. Bauschinger a cru effectivement reconnaître que l'allongement λ croissait, à partir de la tension zéro, plus rapidement que la valeur $\frac{F}{A}$ du travail élastique, que par suite la limite d'élasticité était nulle, puisqu'il n'existait pas de période durant laquelle on pût appliquer les formules de la théorie de l'élasticité, qui supposent que l'allongement est une fonction linéaire du travail, avec lequel elle est dans un rapport constant qualifié de coefficient de souplesse directe, inverse du coefficient d'élasticité longitudinale E (art. 14).

Cette assertion a été contredite par d'autres auteurs. On voit pourtant que le phénomène signalé par M. Bauschinger est une conséquence logique de notre théorie, toutes les fois que la trempe a été suffisamment puissante pour occasionner des ruptures dans l'intérieur du métal.

Avec une trempe atténuée, ou un métal très doux, on doit au contraire supposer qu'aucun des ressorts n'a été rompu, ou n'est à sa limite de charge; la droite d'élasticité existe alors dans la courbe d'allongement, le point N étant plus ou moins rapproché de l'origine, suivant que la différence A − T est plus ou moins grande.

3. Courbe ONA″B″L″C″M″, constituée par la droite d'élasticité ON, la courbe parabolique NA″, la droite horizontale A″B″, la droite oblique B″L″, et la parabole à axe vertical L″C″M″. La courbe se termine encore sur l'axe Oλ: la rupture a lieu au moment où l'effort de traction est retombé à zéro.

Cette courbe correspond à l'hypothèse d'un système de deux séries de ressorts a et b, dont chacune comporte des éléments identiques comme résistance et élasticité, mais soumis, comme dans le cas précédent, à des actions moléculaires latentes variant de la limite + T à la limite − T.

C'est la courbe-type de l'acier trempé et incomplètement recuit, intermédiaire au point de vue de la structure et des actions latentes entre l'acier naturel et l'acier trempé *absolus*.

4. Courbe ONA‴B″D″L″M‴, constituée par les éléments rectilignes ON, A″B″ et D″L″, et les arcs paraboliques NA‴, B″D″
et L″C‴M‴.

Cette courbe s'obtient en considérant un cas exactement intermédiaire entre ceux qui correspondent aux lignes 2 et 3. Elle se
termine en un point M‴ placé très au-dessus du point C‴ qui
correspond au maximum de l'effort de traction.

C'est la courbe-type de l'acier naturel, dont la constitution résulte d'une trempe vive suivie d'un recuit complet.

Si nos idées théoriques sont justes, cette courbe doit ressembler
d'une manière générale aux courbes expérimentales qu'on obtient
dans les essais de traction simple effectués sur les métaux usuels.
Or il semble qu'à ce point de vue la démonstration soit
suffisante.

Au fur et à mesure que la dureté du métal augmente, on doit
logiquement se rapprocher de la courbe 2, puisque l'écart entre
les compositions chimiques et les propriétés élastiques des deux
séries de ressorts a (enveloppes) et b (noyaux) va en diminuant.

Avec la trempe, le résultat doit être du même genre, mais beaucoup plus marqué ; seulement, par l'effet dynamique du dégagement de la force vive latente, la rupture se produit en général
avant que l'on n'ait atteint l'effort maximum correspondant au
sommet de la courbe : la pièce se brise sans striction.

La courbe d'allongement de la fonte grise, pour laquelle il
n'existe pas de période d'élasticité, doit se réduire à une fraction
de la courbe NC′.

On arriverait aux mêmes résultats, en ce qui touche le tracé de
la courbe d'allongement si, au lieu de supposer que deux ressorts de la même série a ou b ne se différencient que par l'intensité
de l'action moléculaire latente T, on adoptait pour variable soit
une des résistances A et B, soit un des coefficients d'élasticité
α et β.

Ainsi que nous l'avons déjà remarqué, le problème relatif à la
détermination des propriétés élastiques d'un système de deux
ressorts est indéterminé si l'on s'en tient aux renseignements
fournis par un essai à la traction.

Il paraît plus rationnel d'admettre que, dans chaque série *a* ou *b*, les données caractéristiques d'un ressort, A, B ou T et α ou β, peuvent varier chacune entre un minimum et un maximum, suivant une loi qui ne pourrait être déterminée qu'expérimentalement.

Notre conclusion sera la suivante :

On peut toujours expliquer les résultats fournis par un essai de traction simple effectué sur une barre de métal, en assimilant cette pièce à un système composé d'un grand nombre de ressorts *parfaitement élastiques*, et combinés de façon à reproduire exactement la courbe d'allongement fournie par l'essai. Ces ressorts peuvent différer plus ou moins les uns des autres au triple point de vue de la résistance extrême, ou tension de rupture, de l'allongement élastique final, ou allongement de rupture, et de l'action moléculaire latente (tension ou compression préexistante) ; mais en général, du moins pour les fers, les aciers naturels, et les aciers trempés adoucis par un recuit, ces ressorts se répartissent en deux séries *a* et *b*, formées chacune d'éléments similaires, sinon identiques, dans les conditions mentionnées plus haut. La période de détente de la première série commence à la limite d'élasticité ; la période de détente de la seconde série se termine à la rupture du système. Ces deux périodes peuvent se succéder immédiatement, ou après un certain intervalle ; la fin de la première peut coexister avec le début de la seconde.

C'est de cette répartition des ressorts en deux séries bien tranchées que dérive la forme caractéristique des courbes d'allongement observées pour les produits sidérurgiques. Il n'y aurait rien d'impossible à ce que les essais effectués sur d'autres métaux ou matériaux donnassent des résultats tout différents, correspondant pour chacun à sa structure propre et à sa constitution chimique et physique. Déjà pour les aciers extra-durs, et surtout pour les aciers trempés, on s'éloigne sensiblement de ce type, les deux séries de ressorts tendant à se confondre ; pour la fonte, la première série a été en grande partie détruite par le retrait, et sa période de détente ne paraît pas séparée de celle de la seconde série. On sait enfin que le cuivre, le laiton et le bronze ont des propriétés élastiques et des courbes très dissemblables de celles du fer.

Chaque rupture de ressort détermine un dégagement de force vive emmagasinée qui se transforme en chaleur et provoque un relèvement de la température de la barre ; l'ébranlement moléculaire, qui fournit l'explication de ce phénomène thermique, peut entraîner la rupture des ressorts voisins de même genre et de résistance à peu près identique. Quand un ressort est tout près de sa limite de charge, il suffit en effet de lui imprimer un mouvement vibratoire très faible pour qu'il se brise immédiatement, par suite de l'accroissement dynamique subi par le travail élastique de la matière. On en conclura que les ressorts de chaque série ne doivent pas en général se briser isolément et successivement, mais bien par groupes plus ou moins importants, dont chacun comprend tous les éléments d'élasticité et de résistance analogues.

M. Bauschinger a en effet constaté, à l'aide de procédés d'investigation très précis et d'appareils de mesure extrêmement sensibles, que la courbe d'allongement d'une barre d'acier était constituée, au-delà de la limite d'élasticité, par une série d'échelons, dont chaque palier horizontal représente l'allongement brusque, accompagné d'un dégagement instantané de force vive, qui suit la rupture d'un groupe de ressorts. La contre-marche, qui suit le palier, indique une période d'accalmie, pendant laquelle les vibrations s'amortissent et les ressorts encore intacts se chargent sans se rompre, jusqu'au moment où la détente de l'un d'eux, parvenu à sa limite de résistance, entraîne à nouveau celle de tout un groupe.

La valeur maximum de l'effort de traction, qu'on appelle la limite de rupture de la pièce essayée, est atteinte au moment même de la rupture dans les métaux à force vive latente considérable et à faible ductilité, comme les fontes et les aciers trempés ; la courbe d'allongement est incomplète et s'arrête brusquement avant que sa tangente soit devenue horizontale. On n'obtient pas la limite de rupture virtuelle qui correspondrait au sommet hypothétique de cette courbe, et caractériserait la dureté superficielle du métal.

Dans les aciers naturels, l'effort de traction, après avoir passé par son maximum, rétrograde par suite de l'affaiblissement progressif de la série *b*, dont les ressorts se brisent par groupes successifs, et subit une décroissance continue jusqu'au moment où la barre se divise en deux fragments.

Cette limite de rupture peut varier suivant la manière dont l'essai est conduit. On opère habituellement en faisant croître l'effort de traction à partir de zéro, graduellement, mais dans un temps assez court. Si on applique immédiatement une force suffisante pour briser la pièce, on trouve une résistance moins élevée, parce que la force vive d'écrouissage, en se dégageant d'un seul coup et instantanément, produit un effet de choc, alors qu'une traction graduée permettrait d'amortir au fur et à mesure, en les transformant en chaleur, les vibrations produites par la détente des groupes de ressorts, rompus à intervalles plus ou moins éloignés.

On arrive à un résultat contraire en agissant par intermittences, c'est-à-dire en séparant des efforts de traction successifs et croissant graduellement par des repos pendant lesquels on laisse le travail élastique tomber à zéro ; en attendant, avant de reprendre l'essai, que la barre soit revenue à la température ambiante, on a la certitude que l'ébranlement moléculaire a pris fin [1], et l'on évite ainsi toute aggravation du travail élastique correspondant à l'effort de traction. On trouve finalement une limite de rupture plus élevée qu'avec le procédé habituel. Telle est l'explication du relèvement de la limite de rupture que l'on constate parfois à la suite de l'écrouissage d'une barre : en pro-

---

[1].Cet ébranlement moléculaire s'atténue rapidement, mais il faut probablement un temps assez long pour qu'il disparaisse en entier. Une pièce qui, après avoir été soumise à un travail d'extension supérieur à la limite d'élasticité, est laissée en repos, ne se retrouve dans un état d'équilibre stable qu'au bout de plusieurs mois ou même de plusieurs années, d'après M. Bauschinger. Durant cette période, il se produit dans la matière des déplacements moléculaires, provoqués par les actions moléculaires latentes apparues à la suite de l'écrouissage, qui font glisser sur les ressorts *b* les débris des ressorts *a*. Ces actions latentes tendent donc à s'atténuer ; la force vive latente emmagasinée dans le métal va en diminuant. On constate par suite que la limite et l'allongement de rupture, que l'on peut mesurer en soumettant la barre écrouie à un nouvel essai de traction, se relèvent avec le temps. La résistance aux chocs augmente aussi, en même temps que la résistance vive de rupture, en raison du dégagement partiel de la force vive latente, qui s'opère lentement pendant cette période.

voquant par petites fractions et à des intervalles éloignés le dégagement de la force vive d'écrouissage, on atténue son action dynamique qui a pour effet de renforcer l'effort statique de traction.

Quand une barre d'acier travaille au-delà de la limite d'élasticité, un certain nombre de ressorts a ou b sont à leur maximum de charge, et un très faible supplément de travail suffit pour provoquer leur détente. Des actions extérieures à peine perceptibles, chocs ou efforts statiques, variations de température ne se manifestant pas également sur tous les points de la pièce, suffisent pour détruire cet état d'équilibre instable, et entraîner un nouvel allongement de la barre, par suite de la rupture de certains ressorts travaillant à leur limite de charge. On a effectivement remarqué que la déformation complète, relative à un effort de traction déterminé, ne s'obtient qu'après un certain laps de temps ; les déplacements mutuels des particules s'effectuent avec une lenteur relative, et les ressorts les plus fatigués peuvent se maintenir durant une période assez prolongée avant de céder.

On conçoit donc qu'un effort de traction, légèrement inférieur à celui qui occasionnerait la rupture dans un temps très court (il ne s'agit pas bien entendu d'une charge instantanée), puisse produire le même résultat si on prolonge l'expérience, et que la barre ne soit pas absolument à l'abri des changements de température et des actions extérieures de toute nature, dont l'influence sera d'autant plus marquée qu'elles s'exerceront d'une façon irrégulière, tantôt sur un point et tantôt sur un autre.

En définitive, telle barre qui, soumise à une charge instantanée, se rompra sous une traction de 33 k. par millimètre carré, pourra résister à 36 k. si on fait croître l'effort à partir de zéro dans un temps assez court, bien que suffisant pour amortir la force vive d'écrouissage au fur et à mesure de son dégagement, deux à cinq minutes par exemple ; si l'expérience dure sans interruption pendant deux heures, on pourra constater un abaissement de la limite de rupture, qui tombera à 35 k. Enfin, si on laisse la charge agir indéfiniment, pendant une ou plusieurs années, la limite de rupture pourra être finalement réduite de 20 à 30 0/0, comme l'a constaté M. *Thurston* pour des fils d'acier. Cette désagrégation lente sera imputable à l'effet des actions extérieures variables, notamment des changements de température, sur un système de ressorts en état d'équilibre instable.

Quant à l'allongement de rupture, il devra être d'autant plus grand que l'essai aura duré plus longtemps, puisqu'on aura réduit au minimum le nombre des ressorts constituant le groupe qui se détend en dernier lieu, et détermine la fracture.

Avec un appareil d'épreuve qui serait disposé de manière à laisser tomber instantanément à zéro l'effort de traction au moment même où un léger allongement se manifesterait, et à faire cesser le travail statique dès qu'il y aurait dégagement de force vive, on arriverait peut-être à réaliser un allongement de rupture bien supérieur à celui indiqué par les procédés habituels pour une barre d'acier naturel. Théoriquement, si la force vive latente est peu importante, on devrait pouvoir prolonger la déformation jusqu'au moment où, la presque totalité des ressorts b ayant cédé un à un, l'effort de traction serait revenu à zéro : l'extrémité de la courbe d'allongement se rapprocherait ainsi de l'axe horizontal Ox.

En principe, toutes les fois qu'une pièce de métal travaille au-dessus de sa limite d'élasticité, elle est dans un état d'équilibre instable. Certains ressorts, ayant atteint leur limite de charge, se rompront au moindre changement produit dans leur situation : variation de température agissant sur une face de la pièce et non sur la face opposée, ou rendant temporairement la périphérie de la barre plus chaude ou plus froide que le noyau; vibrations produites par le passage d'une voiture, etc. N'a-t-on pas vu une corde de piano trop tendue se rompre lorsqu'on fait résonner une corde voisine vibrant à l'unisson?

Si ces modifications dans l'état élastique de la pièce sont fréquentes et notables, la matière finira par perdre sa consistance. On s'explique ainsi les résultats fournis par les expériences de Woehler, dont il a été question au chap. I, art. 22. En faisant subir au travail élastique des changements considérables et incessants, cet ingénieur est parvenu à rapprocher la limite de rupture de la limite d'élasticité. L'effet était surtout très marqué si le travail élastique changeait de signe (efforts alternatifs), ce qui est facile à comprendre, tel ressort disposé de façon à résister à la force d'extension pouvant céder sous la force de compression : en tirant une barre on fait principalement travailler les joints de ciment longitudinaux ou parallèles à l'effort exercé, tandis qu'en la comprimant on agit plutôt sur les joints transversaux ou perpendiculaires à l'effort.

Il n'est donc pas douteux que les efforts intermittents ou de même sens, qui, si on les réduit à un petit nombre en faisant croître graduellement leur intensité, relèvent la limite de rupture, doivent au contraire l'abaisser si on les répète indéfiniment. Les efforts alternatifs, qui, se succédant avec des signes opposés, agissent tantôt sur les liaisons longitudinales et tantôt sur les liaisons transversales des globulites, doivent amener une destruction beaucoup plus rapide. C'est ce qu'ont constaté MM. Woehler et Bauschinger (page 58).

Nous serions toutefois disposé à croire, contrairement à l'avis de ces auteurs, que cette désagrégation de l'acier ne peut progresser que si le travail élastique a dépassé à un moment donné la limite *de grande extension*, caractérisée par un allongement brusque de la barre, dû à la rupture immédiate d'un grand nombre de ressorts a. Si leurs expériences sont en désaccord avec notre manière de voir, c'est, d'après nous, qu'ils n'ont pas suffisamment tenu compte dans leurs recherches des actions dynamiques auxquelles étaient soumises les barres expérimentées, actions qui donnaient lieu à un travail élastique très supérieur à celui évalué par eux en se plaçant dans l'hypothèse d'efforts purement statiques. Nous jugeons inutile de reproduire ce qui a été déjà dit à ce sujet à la page 65.

En définitive, nous estimons que la stabilité d'une construction est convenablement assurée lorsqu'aucune des pièces qui la composent n'est susceptible de travailler en aucune circonstance au-delà de la limite de grande extension, étant bien entendu que l'on doit tenir compte en pareil cas de toutes les influences capables de modifier l'état élastique : forces statiques, chocs, vibrations, changements de température, etc.

Dans le cas où l'on serait conduit, par exemple pour un ouvrage provisoire, à faire travailler une pièce de métal dans le voisinage immédiat ou même un peu au-delà de cette limite, il serait probablement utile, au point de vue de la sécurité, de l'écrouir au préalable, de façon à relever sa limite d'élasticité au-dessus du travail élastique maximum à prévoir en service dans les conditions les plus défavorables. En rompant immédiatement tous les ressorts a qui auraient pu se trouver portés à leur limite de charge, on assurerait à la pièce un état d'équilibre élastique stable, et l'on se mettrait à l'abri des conséquences fâcheuses qu'entraînerait à un moment donné le dégagement d'une force vive d'écrouissage notable. C'est ainsi que les câbles fabriqués par la Cie de Chatillon-Commentry sont fabriqués avec des fils d'acier non recuits après le dernier passage à filière, dont la limite de rupture est relevée par un léger écrouissage périphérique.

Nous ne chercherons pas à dissimuler le caractère hypothétique de ces raisonnements, dont le seul but est de faire ressortir la vraisemblance de notre théorie, en comparant les conséquences qu'elle entraîne aux résultats d'expérience. Il serait évidemment utile que les recherches de MM. Woehler et Bauschinger fussent poursuivies dans des conditions d'exactitude et de précision incontestables, en vue d'élucider le problème suivant qui, dans l'état présent, ne nous paraît pas résolu : des efforts intermittents ou alternatifs peuvent-ils, s'ils sont répétés indéfiniment, modifier la courbe d'allongement d'une barre, et par suite changer ses propriétés élastiques, si l'expérience est conduite de façon qu'à aucun moment le travail élastique n'atteigne la limite de grande extension? Cette limite de grande extension, qui correspond à une rupture dans l'équilibre élastique de la matière et est suivie d'une transformation complète de sa structure interne, constitue-t-elle ou non un caractère invariable, tant qu'elle n'a pas été dépassée?

80. Courbes d'allongement. — Lorsqu'on soumet une barre métallique à un essai de traction, il y a lieu d'après la théorie que nous venons d'exposer, de distinguer dans le cours de l'expérience trois périodes successives, qui peuvent se décrire comme il suit :

I. *Période d'élasticité parfaite*, correspondant à la droite ON de la figure 97. Cette période prend fin au moment où la limite d'élasticité est atteinte.

Le métal demeure intact, et ne subit aucun changement définitif dans sa forme, sa texture et ses propriétés élastiques.

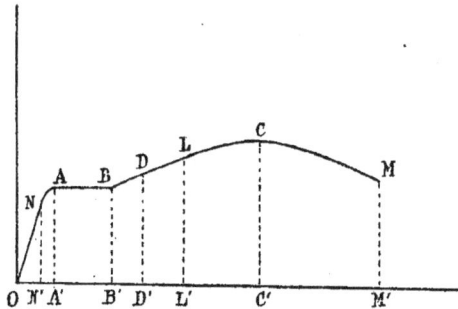

Fig. 97.

Cette période n'existe pas pour les fontes, blanches ou grises. Dans les aciers trempés, elle est d'autant plus courte que la teneur en carbone est plus élevée, et que la trempe a été plus énergique ; on doit même admettre qu'elle est souvent réduite à zéro, l'allongement croissant plus rapidement que le travail élastique dès le début de l'essai.

Dans l'acier écroui, elle se prolonge jusqu'à l'effort maximum de traction qui a provoqué l'écrouissage et a été par là même substitué à l'ancienne limite d'élasticité.

II. *Période de ductilité*, qui commence à la limite d'élasticité et se termine au moment où l'effort de traction atteint sa valeur maximum qui est la limite de rupture.

La texture et les propriétés élastiques du métal subissent de profondes modifications, dues à la rupture successive des ressorts de la série *a*.

Les déformations s'accentuent et deviennent permanentes ; par suite de l'écrouissage subi par la matière, la limite d'élasticité s'élève en restant toujours égale à l'effort de traction supporté en dernier lieu par la barre. Le métal devient plus fragile et perd de sa ductilité. Enfin l'on constate un dégagement de chaleur, dû à la transformation de la force vive d'écrouissage, qui provoque une élévation de température dans la barre. Cette période peut être décomposée en cinq phases successives :

1° *Première phase de transition*: Courbe NA, s'écartant très peu de la droite d'élasticité ON avec laquelle on la confond généralement, les appareils d'essai ordinaires ne permettant pas de les distinguer d'une façon précise. M. Bauschinger est le seul opérateur qui ait réussi à les séparer nettement.

Un petit nombre de ressorts *a* se brisent successivement. Le métal subit des modifications de structure peu appréciables, presqu'insignifiantes, les déformations permanentes ne dépassant pas l'ordre de grandeur des déformations élastiques de la première période. Les propriétés élastiques ne semblent pas altérées, et l'on ne constate pas d'écrouissage sensible. Il est donc possible qu'on soit dans la vérité, au point de vue des applications, en rattachant cette phase à la période d'élasticité, comme nous le montrerons dans le prochain paragraphe (art. 81).

Cette phase, parfois très importante pour les fers et les aciers naturels, est raccourcie pour les métaux écrouis, et très réduite pour la fonte grise.

Dans les aciers trempés, il semble qu'elle soit extrêmement développée aux dépens de la période d'élasticité, qui est abrégée et peut même entièrement disparaître, la courbe NA partant de l'origine O C'est en tous cas ce qui se produit pour la fonte blanche.

2° *Phase de grande extension* : Droite horizontale AB. Les ressorts *a* se rompent presque tous en même temps, par suite de l'ébranlement moléculaire dû à la détente d'un certain nombre d'entre eux. On constate un dégagement de chaleur qui relève la température de la barre.

Il peut se faire que les ressorts *a* se divisent en plusieurs groupes, qui se brisent successivement, la détente de chacun d'eux étant provoquée par un très faible accroissement de l'effort de traction. L'horizontale AB est alors remplacée par plusieurs paliers successifs, dont la dénivellation est très faible, et qui se traduisent graphiquement sur l'épure représentative de l'essai par une courbe presque rectiligne et très peu inclinée sur l'horizontale.

On obtient cette courbe en faisant varier graduellement l'effort de traction, tandis que si l'on opère par chargements successifs, comme dans les appareils d'essai à poids, on trouve plutôt l'horizontale unique AB.

Cette phase, très accentuée et très caractérisée pour les fers et aciers doux, perd de son importance au fur et à mesure que la dureté augmente. Elle est peu sensible pour les aciers extra-durs, et les aciers trempés au vif.

Elle est très réduite pour les métaux écrouis, et n'existe pas pour les fontes, blanches ou grises.

Dans les essais de matériaux de construction effectués avec les appareils courants, cette phase paraît succéder immédiatement à la période d'élasticité : on convient pratiquement d'assimiler la limite d'élasticité à l'effort de traction provoquant le phénomène très caractéristique et très apparent de la grande extension.

Le coefficient d'élasticité longitudinale E est le rapport du travail élastique, défini par la limite de grande extension, à l'allongement *élastique* correspondant (allongement total diminué de l'allongement permanent).

Pour les fers et les aciers naturels, ce coefficient d'élasticité est représenté, à l'échelle adoptée pour la courbe d'allongement, par le coefficient angulaire de la droite d'élasticité ON. Pour les aciers trempés et les fontes, dont la courbe d'allongement ne comporte pas cette droite, ce coefficient représente la tangente de l'angle moyen d'inclinaison de la courbe NA sur l'axe des allongements.

Comme dans la fonte grise la moitié des ressorts *a* a été détruite par le retrait du métal pendant le refroidissement, et qu'il s'est produit dans la matière des vides microscopiques très multipliés, on trouve pour le coefficient d'élasticité une valeur moitié moindre que celle qui se rapporte à l'acier.

3° *Deuxième phase de transition* : Courbe BD. Les derniers ressorts *a* achèvent de se briser.

Cette phase succède directement à la première dans les fontes blanches ou grises, où le phénomène de la grande extension n'est pas observé. Il en est à peu près de même pour les aciers extra-

durs et les aciers trempés, pour lesquels la phase de grande extension est à peine perceptible.

Nous verrons plus loin que l'on convient alors de distinguer la
première phase de transition de la seconde, en définissant leur
point de démarcation, qui remplace la limite de grande extension, par le travail élastique produisant un allongement permanent égal à l'allongement élastique.

Dans un acier écroui, la courbe d'allongement actuelle se raccorde avec la courbe primitive du métal, avant l'écrouissage, au
point de cette courbe qui correspond à l'effort maximum qui a
produit ce changement dans ses propriétés élastiques. Ce point
de raccordement peut donc se trouver placé sur la droite AB, la
courbe BD, ou la droite DL, suivant que l'écrouissage a été
poussé plus ou moins loin.

4o *Phase de ductilité parfaite* : Droite DL. Les ressorts *a* sont
tous brisés. Les ressorts *b* sont intacts, et s'allongent sous l'effort
croissant de traction.

Cette phase théorique n'existe pas pour les aciers trempés et
les fontes, par des motifs signalés précédemment. Elle ne s'observe pas toujours avec beaucoup de netteté dans les aciers naturels
et les fers, et se confond en général avec les phases précédente et
suivante : la courbe d'allongement n'est jamais parfaitement rectiligne, parce que la rupture des premiers ressorts *b* s'effectue en
même temps que celle des derniers ressorts *a*.

5o *Phase de désagrégation* : Courbe LC. Les ressorts *b* commencent à se briser successivement. Le coefficient de ductilité, ou
rapport $\frac{F}{\lambda}$ de l'effort de traction par unité de surface à l'allongement correspondant, va en décroissant. Il arrive un moment où
la dérivée $\frac{dF}{d\lambda}$ s'annule : l'effort de traction atteint son maximum,
qui est la limite de rupture C, et la courbe LC se termine par un
élément horizontal.

Quand la phase de ductilité parfaite n'existe pas pour le métal
éprouvé, les phases 4 et 5 ne sont pas nettement séparées, et peuvent coexister sur une certaine longueur (aciers naturels extra-
durs) : le premier ressort *b* se détend avant que le dernier ressort
a ait cessé de fonctionner.

Dans les aciers trempés au vif et les fontes, les ressorts *b* ont sensiblement les mêmes propriétés élastiques que les ressorts *a* : ils ne se distinguent que par les actions moléculaires latentes, positives pour les premiers et négatives pour les seconds, mais variant d'une façon continue entre deux maxima de signes contraires, en passant par zéro.

Il en résulte que la période de ductilité ne se décompose pas clairement en phases distinctes, et est représentée sur l'épure d'allongement par une ligne continue qui s'arrête avant d'arriver au point C, la rupture de l'éprouvette étant due au dégagement de la force vive latente, avant que l'effort statique ait atteint la limite d'adhérence.

Période de striction : Courbe CM. L'éprouvette continue à s'allonger sous un effort de traction qui va en décroissant par suite de l'affaiblissement produit par la détente successive des ressorts *b*.

La rupture finale s'obtient, par suite du dégagement de force vive, bien avant que l'effort de traction soit tombé à zéro, quoiqu'il soit d'ailleurs à ce moment très inférieur à la limite de rupture.

Il est probable que cette période est d'autant plus étendue que l'on procède dans l'essai avec plus de lenteur et de précaution ; en agissant avec intermittences, on obtient un allongement final de rupture plus grand qu'avec un effort ininterrompu.

Cette période, très accusée pour les aciers naturels doux, diminue d'importance au fur et à mesure que la teneur en carbone et silicium augmente. Elle n'existe plus pour les aciers trempés au vif et les fontes.

La déformation de striction présente ce caractère particulier d'être limitée à une fraction très courte de la pièce.

En raison de l'hétérogénéité du métal, des défauts qu'il peut présenter et de l'irrégularité de la barre, qui ne peut jamais être rigoureusement et mathématiquement prismatique, quel que soit le soin apporté à sa fabrication, on doit admettre qu'il existe toujours une section transversale possédant une résistance absolue inférieure, d'aussi peu qu'on le voudra, à celle de toute autre section de la barre. Soient ONCM la courbe d'allongement

relative à cette section, ONC_1M_1 celle, très voisine de la première, qui convient à une autre section. Dès que l'effort de traction exercé sur la pièce aura atteint la valeur CC', la désagrégation de la barre se produira au droit de la première section, et

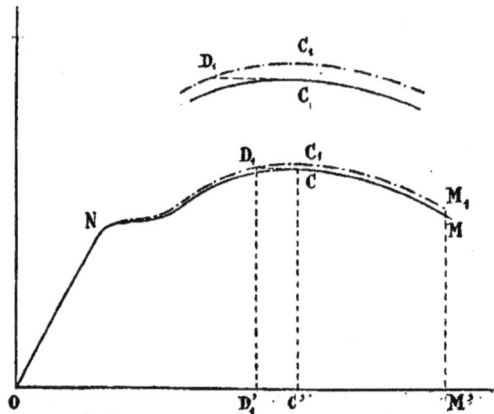

Fig. 98.

se continuera jusqu'à la rupture finale, tandis que la déformation
s'arrêtera pour l'autre au point D_1 de la courbe des allongements
défini par l'ordonnée $D_1D_1' = CC'$. Il faudrait en effet, pour que la
désagrégation s'étendît à cette section, que l'effort de traction attei-
gnît la valeur C_1C', ce qui n'est pas. Le métal n'y dépasse donc pas
la période de ductilité, quelque faible que soit l'écart existant entre
les deux courbes OCM et OC_1M_1, pourvu seulement que cet écart
existe.

On remarque en effet que le phénomène de striction, caractérisé par un allongement rapide et considérable sous un effort
décroissant, et par une diminution correspondante de l'aire de la
section (en raison du phénomène de la contraction latérale), se
manifeste sur une région peu étendue de la barre, en atteignant
son maximum au droit de la section transversale qui était dans
le principe le point faible de la pièce. Par suite des actions latérales exercées sur les sections voisines, celles-ci participent à la
déformation, et l'on obtient un étranglement qui se raccorde par
des courbes régulières avec la partie de barre demeurée prisma-

tique. Si toutefois les sections voisines de celle de rupture étaient
beaucoup plus résistantes qu'elles (art. 54. Barres entaillées),
elles ne dépasseraient pas la période de ductilité, et s'oppose-
raient à la diminution progressive de l'aire de la section de rupture : la barre se rompt en ce cas sans striction apparente. Il peut
arriver que la striction commence à la fois en deux points distincts de la pièce, qui se sont trouvés presqu'identiques; mais la
rupture finale ne se produit qu'en un seul point, parce qu'il est
impossible que les deux courbes d'allongement coïncident mathématiquement.

On appelle section transversale de *striction* la section de fracture, qui est très rétrécie, et la *striction* est le rapport de son aire
finale Ω à l'aire primitive A qui existait avant la déformation.
Le coefficient de *contraction* est égal à l'unité, diminuée du coefficient de striction : $\dfrac{A - \Omega}{A} = 1 - \dfrac{\Omega}{A}$.

D'après M. Barba, la densité du métal ne varierait que d'une
manière insignifiante pendant l'essai de traction, et la condition : $\Omega(1 + \lambda) = A$ serait toujours satisfaite, ce qui donnerait
entre le coefficient de striction $\dfrac{\Omega}{A}$ et l'allongement proportionnel
A la relation : $\dfrac{\Omega}{A} = \dfrac{1}{1 + \lambda}$.

Cette manière de voir est plausible pour la période de ductilité, les joints de ciment, bien que rompus, remplissent exactement les vides compris entre les noyaux des globulites, et les
empêchant par là-même de revenir à leur forme primitive quand
l'effort de traction cesse, ce qui explique le phénomène de la
déformation permanente due à l'écrouissage.

Mais il ne semble pas qu'il puisse en être de même pendant la
période de striction, où il se produit dans la région d'étranglement des séparations entre les enveloppes et les noyaux des globulites. Il doit en résulter dans la matière des vides microscopiques
réduisant sa densité. Nous serions donc disposé à nous en rapporter aux expériences de M. Bauschinger, qui a reconnu que le
volume de la région de striction augmentait pendant l'essai de
14 à 20 0/0, ce qui ferait tomber la densité du métal au-dessous

de celle de la fonte grise. Il nous paraîtrait surprenant que cette opinion fût absolument inexacte.

Supposons que l'on éprouve par traction une barre formée d'un métal peu homogène, et pour lequel la limite d'élasticité serait très voisine de la limite de rupture.

Soient ONC et ON_1C_1 les courbes d'allongement relatives à deux sections différentes de l'éprouvette. Les courbes NC et N_1C_1 seront, par hypothèse, très aplaties et très voisines de l'horizontale ; elles se trouveront d'ailleurs assez écartées l'une de l'autre, en raison de l'hétérogénéité du métal et de l'irrégularité de la barre. Il pourra se faire que la tangente en C à la première rencontre la seconde au-dessous du point N_1. La rupture se produira alors dans la section la plus faible avant que le métal ait dépassé dans

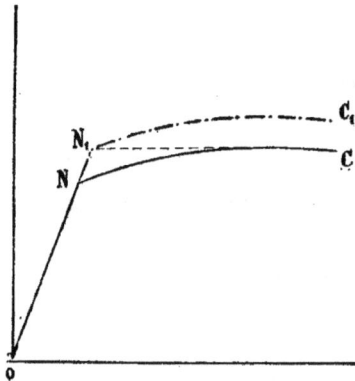

Fig. 99.

la section voisine la limite d'élasticité. L'allongement de rupture de la barre, réduit à la déformation permanente de la région d'étranglement, sera alors extrêmement faible.

Tel est parfois le cas des aciers phosphoreux, produits peu homogènes pour lesquels le rapport $\dfrac{N}{C}$ est relativement élevé et peut atteindre 3/4. Les résultats fournis par les épreuves sont extrêmement variables et discordants. Tantôt l'allongement de rupture et le coefficient de contraction sont ceux d'un acier naturel non phosphoreux de même résistance de rupture, tantôt l'une ou l'autre de ces quantités, ou même toutes les deux ensemble, peuvent être considérablement réduites, parfois des deux tiers. Quant à la fragilité, elle est souvent très grande parce que la force vive d'écrouissage $\frac{A^2}{2\alpha}$ est considérable, comparativement à la résistance vive de rupture : N + A est très voisin de B (page 349).

On peut, en étudiant la forme de la courbe d'allongement, tirer d'un essai à la traction des indications utiles sur la constitution élastique d'un acier. Mais on ne peut arriver à aucune certitude en ce qui touche la fragilité, qui n'est constatée avec exactitude que par un essai au choc. C'est une conséquence rigoureuse des recherches 'héoriques auxquelles nous nous sommes livré dans le présent paragraphe, et l'expérience justifie cette manière de voir.

§ 3.

ESSAI DES MÉTAUX A LA TRACTION

81. Période d'élasticité. Définition pratique de la limite d'élasticité. — Les essais par traction simple s'effectuent sur des barres cylindriques ou prismatiques, dont on mesure les allongements produits par des tensions croissantes. Pendant la période d'élasticité, la variation de longueur est proportionnelle au travail élastique. La limite d'élasticité est théoriquement dépassée au moment où cette proportionnalité n'existe plus ; pratiquement, elle est définie par l'effort au-delà duquel les allongements *observés* croissent plus vite que les tensions correspondantes.

M. *Considère* a proposé de prendre pour limite d'élasticité le travail à la traction qui donne un allongement double de celui qui devrait être constaté si la proportionnalité rigoureuse existait encore, ou, si l'on veut, le travail pour lequel l'allongement permanent serait la moitié de l'allongement total observé.

Cette règle pratique conduit en fait, du moins pour les aciers naturels et les fers, à substituer la limite de *grande extension* à la limite théorique d'élasticité. La limite de grande extension est toujours indiquée avec une grande précision par les appareils d'essai les plus simples et les plus rudimentaires, l'allongement brusque que subit à cet instant l'éprouvette étant facile à constater. La règle de M. Considère est donc excellente au point de vue des applications courantes de l'industrie, et c'est pourquoi, dans les tableaux numériques des pages 276 et 290, les nombres inscrits dans les colonnes intitulées « Limites d'élasticité » doivent être considérés comme se rapportant en réalité aux limites de grande extension.

M. *Bauschinger*, en faisant usage d'appareils d'une sensibilité extrême, a cherché à déterminer exactement le point précis où la proportionnalité entre le travail et l'allongement cessait d'être rigoureuse. Nous avons reproduit sur la figure 100 les résultats

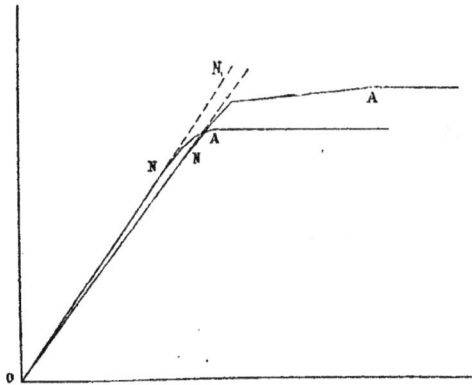

Fig. 100.

de deux essais : les courbes de transition NA, qui séparent les droites d'élasticité ON des droites de grande extension, sont indiquées nettement dans les deux cas.

La figure 101 est relative à une expérience de *Hodgkinson*, qui a vérifié que, dans la période de transition, l'allongement permanent était représenté par les distances horizontales de la courbe d'allongement NA à la ligne pointillée NN', qui est très sensiblement dans le prolongement de la droite d'élasticité.

M. Bauschinger est d'avis qu'il faut distinguer dans la pratique la limite d'élasticité de la limite de grande extension, et s'en
tenir, pour définir la première, à la règle théorique basée sur la
proportionnalité absolue entre le travail et l'allongement, qui
exclut l'éventualité d'une déformation permanente appréciable.

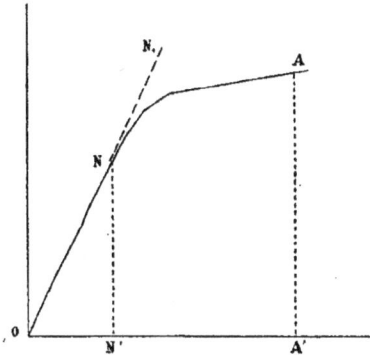

Fig. 101.

Dans l'expérience précitée de Hodgkinson, il s'agissait d'une
barre de fer forgé ayant une résistance de 37 k. 46 par millimètre carré de section, et pour laquelle la limite d'élasticité serait représentée d'après M. Considère par l'ordonnée AA', qui
donne 22 k. 5 par millimètre carré, et d'après M. Bauschinger
par l'ordonnée NN', qui donne 15 k. seulement. La différence
est notable.

La seconde manière de voir soulève des objections sérieuses :

1° Une objection d'ordre pratique. L'appareil de M. Bauschinger
permettait de mesurer les allongements des barrettes avec une
approximation de deux millièmes de millimètre. Les écarts constatés par lui entre la droite d'élasticité ON et la courbe de transition NA étaient souvent du même ordre de grandeur que les
erreurs d'observation compatibles avec l'instrument très perfec-
tionné dont il faisait usage. Avec les engins employés dans l'industrie courante, c'est tout au plus si l'allongement élastique
total est perceptible : pour une barrette de $0^m,20$ de longueur entre
repères, cet allongement peut varier de $0^m,0002$ (fer ou acier extra-
doux) à $0^m,0005$ (acier extra-dur). On conçoit la difficulté de recon-

naître un écart qui ne représenterait qu'une fraction assez faible de cette longueur, soit par exemple un vingtième de millimètre, si l'on veut un résultat suffisamment précis. Une pareille recherche n'est pas possible industriellement, et, même en opérant avec le plus grand soin, il est aisé de commettre sur la valeur réelle de la limite d'élasticité vraie une erreur de 20 0/0.

La limite de grande extension s'obtient au contraire facilement en toute circonstance, et avec une grande exactitude, parce qu'elle correspond à une déformation rapide de la barrette d'essai, dont l'allongement atteint brusquement et peut même dépasser, avec les métaux doux employés dans les constructions, dix à vingt fois l'allongement élastique. On n'a pas besoin d'effectuer le mesurage des allongements pour apprécier le moment où ce phénomène se manifeste; avec un peu d'attention et de soin, on arrive sans difficulté à déterminer l'effort limite correspondant avec une approximation de 5 0/0.

2° Au point de vue théorique, est-il bien certain que la limite d'élasticité rationnelle, telle que la définit M. Bauschinger, existe véritablement? Quelques auteurs ont pensé qu'un effort de traction, quelque faible qu'il fût, déterminait toujours une déformation permanente, et que la courbe d'allongement ne se raccordait avec la droite d'élasticité, devenue virtuelle, qu'à l'origine O où elle lui était tangente. On ne peut, il est vrai, constater l'écart des deux lignes que pour une valeur assez élevée de l'effort, et encore est-on obligé de recourir à des mesurages extrêmement minutieux. Mais rien ne prouve qu'un appareil encore plus sensible que celui de M. Bauschinger ne permettrait pas d'abaisser notablement la valeur indiquée par lui pour la limite d'élasticité d'un métal déterminé.

Cette opinion est certainement fondée pour la fonte grise, et très probablement pour la fonte blanche. M. Bauschinger a reconnu lui-même qu'il en est de même pour les aciers trempés, et même pour les métaux extra-doux, réputés ne pas prendre la trempe, qui ont été refroidis brusquement par les procédés habituels à partir de la température du rouge cerise. Nous avons vu que cette opinion, contredite par d'autres observateurs qui n'avaient sans doute pas recours à des moyens d'investigation aussi puissants, est plausible et s'accorde parfaitement avec notre théorie sur la constitution élastique des composés ferreux.

En ce qui touche les fers et les aciers naturels, il est extrêmements probable, d'après les résultats d'expérience aussi bien qu'au point de vue théorique, qu'il existe une période d'élasticité parfaite. Il conviendrait, d'après M. Bauschinger, de déterminer exactement par un essai de traction le point de contact de la courbe NA et de la droite ON. Or, du moment que dans cette recherche un écart d'un millième de millimètre prend de l'importance, en ce qu'il entraîne un changement appréciable dans la limite d'élasticité, il peut paraître évident que le moindre défaut de la barrette d'essai, irrégularité de forme, criqûre, impureté, écrouissage partiel, qu'une légère excentricité ou obliquité dans la direction de l'effort de traction (provenant d'un ajustage imparfait des têtes de l'éprouvette dans les mâchoires de l'appareil), qu'un ébranlement moléculaire à peine sensible suffiront pour entacher d'erreur le résultat en altérant la déformation élastique de la pièce. Il ne semble pas que les expériences de M. Bauschinger viennent à l'encontre de cette manière de voir : les différences très variables qu'il a obtenues, pour des métaux similaires, entre la limite d'élasticité et la limite de grande extension sont peut-être imputables à ces circonstances accidentelles. Il l'a d'ailleurs constaté plusieurs fois, en cherchant l'explication de certains résultats anormaux dans les défauts que présentaient ses barres.

On pourrait en conclure que la limite d'élasticité, évaluée d'après la règle de M. Bauschinger, n'a de valeur que pour la pièce expérimentée et pour l'appareil d'essai employé, que dans ces conditions elle ne constitue pas un caractère *spécifique* de la matière, puisque deux échantillons prélevés sur une même fourniture d'acier et éprouvés avec deux instruments différents pourraient fournir des renseignements discordants.

En somme la définition donnée par M. Bauschinger semble, dans la pratique, prêter à l'incertitude et à l'erreur.

En ce qui touche au contraire la limite de grande extension, les imperfections de la barre, aussi bien que la grossièreté de l'appareil d'essai, ne peuvent modifier dans une mesure appréciable le résultat, en raison de la grandeur des déformations, sur lesquelles toutes les circonstances accessoires n'exercent qu'une influence absolument négligeable. De quelque manière qu'on s'y prenne, et sauf le cas de défaut grave et visible dans la pièce essayée, on trouvera toujours des nombres concordants quand on opérera sur divers échantillons de la même matière.

3° Supposons toutefois qu'on ait pu écarter toutes les causes perturbatrices qui se rattachent à la préparation de l'éprouvette et au fonctionnement de l'appareil, et qu'on soit arrivé à tracer exactement la courbe d'allongement pour un métal donné. On disposera ainsi des valeurs exactes de la limite d'élasticité, qui correspond au point de contact de la droite d'élasticité parfaite et de la courbe de ductilité, et de la limite de grande extension, marquée par un point angulaire de la courbe de ductilité qui change brusquement de direction pour devenir horizontale. Quel sera celui de ces deux caractères spécifiques qui définira le mieux les propriétés élastiques du métal, et fournira le renseignement le plus topique au point de vue de l'emploi qu'on en peut faire ?

Il faut d'abord mettre de côté les fontes et les aciers trempés qui, de l'avis même de M. Bauschinger, n'ont pas de limite d'élasticité.

Or, il résulte des expériences de cet ingénieur que tout effort supérieur à la limite d'élasticité et inférieur à celle d'extension ne modifie que d'une façon insignifiante les propriétés élastiques du métal. Il produit simplement un relèvement de la limite d'élasticité, qui se rapproche de plus en plus de celle de grande extension, au fur et à mesure que l'effort de traction va en croissant. A part cela, on ne constate pas de changement, ce qui n'a rien de surprenant au point de vue théorique, puisque jusqu'alors on n'a brisé qu'un nombre infime de ressorts a, dont la résistance se trouvait accidentellement plus faible que celle de la presque totalité des éléments de cette série.

Mais dès que la limite de grande extension est dépassée, ces ressorts se détendent presque tous simultanément, et l'équilibre élastique de la matière est rompu. Il faut d'ailleurs un temps assez long pour que cet équilibre se rétablisse dans des conditions absolument nouvelles, ainsi que l'a constaté M. Bauschinger qui a tiré de ses essais les conclusions suivantes :

« La limite de grande extension s'élève immédiatement jusqu'à la valeur maximum de l'effort auquel la pièce a été soumise. Si, après avoir enlevé la charge, on laisse la pièce en repos, cette limite de grande extension croît avec le temps, arrive à dépasser l'effort maximum, et continue à augmenter pendant des semaines, des mois, et peut-être des années.

« La limite d'élasticité, mesurée immédiatement après l'enlèvement de la charge, se trouve abaissée et souvent réduite à zéro. Si la pièce est laissée en repos, cette limite se relève, dépasse sa valeur primitive, et finit au bout d'un temps suffisant (plusieurs années) par se rapprocher de la limite de grande extension, qui ne la surpasse plus que de très peu de chose.

« Enfin, le coefficient d'élasticité du métal se trouve également abaissé, la réduction subie du fait de l'écrouissage pouvant atteindre 10 et même 15 0/0. Mais ce coefficient se relève aussi pendant la période de repos, et peut arriver finalement à dépasser de 4 à 5 0/0 sa valeur primitive constatée avant l'écrouissage. »

Cet abaissement simultané de la limite et du coefficient d'élasticité, qui disparaît à la longue, est le résultat des actions moléculaires latentes que développe dans la matière tout effort supérieur à la limite de grande extension. Ces actions varient vraisemblablement d'intensité de la périphérie au centre de l'éprouvette, et le métal écroui devient, à ce point de vue spécial, assimilable à l'acier trempé.

Nous donnerons, au paragraphe prochain, l'explication de ce phénomène de l'abaissement apparent du coefficient d'élasticité, quand il résulte d'un travail à la flexion poussé au-delà de la limite d'élasticité. Cette explication permet de se rendre compte de ce qui peut se passer dans un essai de traction simple.

Les actions moléculaires latentes d'étirage s'atténuent avec le temps, par suite de modifications progressives dans l'arrangement moléculaire de la matière, dont les particules subissent de petits déplacements mutuels ; l'on voit se relever à la fois la limite et le coefficient d'élasticité.

En définitive, tout effort de traction supérieur à la limite de grande extension entraîne dans les propriétés élastiques un changement considérable, qualifié d'*écrouissage*. La perturbation qui se manifeste a des effets à longue échéance, l'équilibre moléculaire ne se rétablissant définitivement qu'au bout de plusieurs années [1]. On peut donc se croire autorisé à admettre que c'est

---

1. Les recherches de M. Bauschinger se rapportent aux effets produits par un repos prolongé sur une barre métallique abandonnée à elle-même sans charge, après avoir été écrouie préalablement par un essai de traction ayant duré peu de temps. *Vicat* et M. *Thurston* ont étudié de leur côté les résultats donnés par un effort de traction invariable agissant indéfiniment sur un fil métallique.

Vicat a pris des fils de fer non recuits, dont il a déterminé tout d'abord la limite de rupture C, par un essai de traction. Puis il en a pris quatre qu'il a soumis pendant près de trois mois à l'action ininterrompue de charges constantes représentant respectivement $\dfrac{C}{4}$, $\dfrac{C}{3}$, $\dfrac{C}{2}$ et $\dfrac{3C}{4}$.

Il a constaté qu'au bout de 33 mois de repos sans charge, le fil portant $\dfrac{C}{4}$ n'avait pas changé de longueur; le fil tendu à $\dfrac{C}{3}$ s'était allongé de 2 mm. 75, par mètre; le fil à $\dfrac{C}{2}$ s'était allongé de 4 mm. 09, par mètre; enfin le fil à $\dfrac{3C}{4}$ s'était allongé de 6 mm. 13 par mètre.

M. Thurston, en opérant de la même façon sur des fils de fer de Suède non recuits et recuits, a obtenu les résultats suivants, qui se rapportent au temps nécessaire pour que la charge supportée par le fil produise sa rupture.

Importance de la charge	Durée du chargement jusqu'au moment de la rupture	
	Fil non recuit	Fil recuit
0,95 C.	80 jours	8 minutes
0,90 C.	85 jours	5 minutes
0,85 C.	17 mois sans rupture	1 jour
0,80 c.	91 jours	266 jours
0,75 C.	17 mois sans rupture	17 jours
0,70 C.	id.	455 jours
0,65 C.	id.	455 jours
0,60 C.	id.	17 mois sans rupture

Ces expériences ont en somme donné des résultats discordants. Il n'est pas bien la limite de grande extension, et non la limite vraie d'élasticité, qui joue le rôle essentiel au point de vue de la résistance des métaux, et marque le point où s'opère une transformation radicale de leur constitution moléculaire. La limite d'élasticité ne constituerait qu'un caractère accessoire et sans grand intérêt, puisque, dans un métal écroui, elle varierait avec le temps depuis zéro jusqu'à la limite de grande extension, sans que pendant cette période la valeur du produit, au point de vue des applications, ait été sensiblement améliorée.

À titre d'exemple à l'appui du raisonnement précédent, nous citerons les résultats suivants obtenus par M. Bauschinger.

	Effort total correspondant à la limite d'élasticité	Effort total correspondant à la limite de grande extension
Fer (soudé). Valeurs primitives......	1410 k.	1920 k.
Charge de 3480 k. Repos de 3 ans un mois..........................	3670	3880
Acier (fondu). Valeurs primitives....	2660	2960
Charge de 4260 k. Repos de 3 ans 2 mois...	>4260	>4260
Acier (fondu). Valeurs primitives....	2480	2580
Charge de 3330 k. Repos de 30 minutes.	930	3300
Charge de 3710 k. Repos de 30 minutes.	630	3790
Charge de 4330 k. Repos de 3 ans....	>4330	>4330

prouvé que la rupture, attribuée à l'effet prolongé d'une charge invariable, ne soit pas due en réalité aux aggravations temporaires et périodiques qu'a pu subir le travail élastique, par suite d'actions extérieures accidentelles et non constatées : changements de température, vibrations transmises aux fils, etc. Cette supposition est corroborée par cette circonstance que, dans les expériences de M. Thurston, les fils de fer non recuits, qui avaient subi un écrouissage marqué pendant le passage à la filière, se sont mieux comportés que les fils recuits. Or nous avons expliqué précédemment (page 378) que, d'après notre théorie, lorsqu'une barre métallique doit être soumise à un effort prolongé F supérieur à sa limite d'élasticité N, on augmentera sa stabilité en lui faisant supporter pendant un temps très court une charge supérieure à F, de façon à l'écrouir en relevant sa limite d'élasticité au-dessus de F.

D'autre part, les deux expérimentateurs ne se sont pas préoccupés de l'affaiblissement progressif des fils par l'oxydation lente de leur couche périphérique.

Si l'on admet notre hypothèse sur la constitution élastique des aciers, on est obligé de reconnaître que c'est bien véritablement la limite de grande extension qui correspond à ce que nous avons appelé la limite d'élasticité du système des deux séries de ressorts, puisqu'elle marque le moment où s'effectue la détente de la série *a*, qui entraîne une transformation complète des propriétés du système.

Quant à la limite d'élasticité de M. Bauschinger, elle serait la résultante d'un certain nombre de circonstances accidentelles et variables, et ne fournirait pas de renseignement valable sur la qualité du métal éprouvé, et sur l'emploi dont il est susceptible.

En définitive si, au lieu d'examiner la question au point de vue scientifique, on envisage le but pratique des essais de matériaux, qui est de fournir une base certaine pour la fixation de la limite de sécurité, il semble qu'il n'y ait rien à tirer de la règle de M. Bauschinger. Elle est, d'après lui-même, inapplicable à la fonte, à l'acier trempé et à l'acier écroui, puisqu'elle conduit à une limite d'élasticité nulle. En ce qui touche les aciers naturels et les fers, à supposer qu'on pût dans l'industrie se résoudre à des opérations de mesurage longues et minutieuses, faites avec des instruments compliqués et dispendieux, on n'en arriverait pas moins à un résultat très incertain qui, même en le tenant pour numériquement exact, ne donnerait pas sûrement une idée juste de la qualité du produit.

Nous proposerons donc de s'en tenir à la règle de M. Considère dont l'application ne soulève aucune difficulté, n'expose à aucune erreur, et fournit, d'après nous, des indications numéri-

Quelles qu'aient pu être les précautions prises, en vue de maintenir parfaitement sec l'air ambiant, et à supposer même que cette condition essentielle ait pu être réalisée de façon satisfaisante, il paraît impossible d'admettre qu'en 17 ou 33 mois il ne se soit pas produit sur le pourtour de chaque fil une couche de rouille (art. 64) entraînant une réduction notable de sa section nette. Au surplus, un des fils de Vicat, dont le diamètre commun était inférieur à un millimètre, s'est rompu au bout de 33 mois dans une partie rouillée.

Il semble donc que, pour être pleinement édifié sur les effets à attendre d'un effort prolongé indéfiniment, il conviendrait de recommencer ces expériences, en opérant sur des tiges assez massives pour que l'on pût négliger la diminution de résistance produite par la formation de la rouille pendant la durée de l'essai.

quement plus exactes, et d'ailleurs plus sûres et plus probantes, sur les propriétés élastiques du métal étudié, propriétés qui dépendent essentiellement de la limite de grande extension et non de la limite *vraie* d'élasticité.

On peut objecter que M. Bauschinger a trouvé, en soumettant des barres à des efforts alternatifs, que la stabilité d'une pièce, successivement comprimée et tendue, n'était assurée que si l'effort de traction maximum ne dépassait pas une limite d'élasticité naturelle (art. 22, page 61) très inférieure à la limite de grande extension, et que l'on pourrait considérer comme étant la limite d'élasticité *vraie* de la matière. Mais nous avons déjà signalé à plusieurs reprises que ces expériences, où il n'était pas tenu compte de l'effet dynamique produit par une charge instantanée, sont contestables. Nous ne reviendrons pas là-dessus.

Nous conclurons qu'il convient dans les essais à la traction de prendre pour limite d'élasticité *usuelle*, destinée à servir de base à la limite de sécurité, l'effort qui produit une déformation permanente égale à la déformation élastique, ou qui donne un allongement total double de celui qui résulterait de la règle de proportionnalité.

Cet effort coïncide en fait pour les aciers naturels et les fers avec la limite de grande extension, qui se reconnaît aisément à l'allongement notable et instantané subi par l'éprouvette quand on entre dans cette phase de l'essai. Avec les fontes, les aciers extra-durs et les aciers trempés, on pourra être conduit, si la grande extension ne se manifeste pas de façon apparente, à appliquer strictement la règle précitée, ce qui ne soulève aucune difficulté, pourvu que l'on dispose d'un appareil permettant de mesurer les allongements à $\frac{1}{10}$ de millimètre près.

Au surplus, on n'a guère affaire dans les constructions qu'à des fers ou des aciers naturels doux ou de dureté moyenne, pour lesquels la grande extension est bien caractérisée. Pour les fontes, on se borne à déterminer la limite de rupture, et ce renseignement suffit, sans qu'il y ait besoin de tracer la courbe d'allongemement.

Durant la période d'élasticité, on a entre l'allongement *élastique* λ de l'éprouvette (rapporté à l'unité de longueur), l'effort total de traction F exercé sur elle, et l'aire Ω de sa section transversale, la relation :

$$\lambda = \frac{F}{E\Omega}.$$

Le coefficient d'élasticité longitudinale E est, pour les fers et les aciers naturels, indépendant de la grandeur de l'effort F, en tant qu'on ne dépasse pas la limite de grande extension, et que l'on a soin de déduire de l'allongement total observé l'allongement permanent, la différence représentant la valeur exacte de l'allongement élastique λ. Pour les aciers trempés ou écrouis et les fontes, on adoptera pour le coefficient E, qui varie avec F, la valeur minimum obtenue en mesurant l'allongement au moment même où l'effort de traction atteint la limite d'élasticité N; pour tout effort inférieur à cette limite, l'allongement élastique calculé sera un peu supérieur à l'allongement vrai, E étant un peu plus grand que le coefficient conventionnel introduit dans la formule de calcul.

Quant à l'allongement permanent, il est toujours nul, ou plutôt négligeable devant l'allongement élastique, tant que l'on se tient en deçà de la limite de sécurité, qui, ainsi que nous l'avons déjà vu, reste toujours inférieure à la moitié de la limite d'élasticité usuelle. En conséquence on ne s'en occupe pas.

Le coefficient d'élasticité des fers paraît varier entre 18×10^9 et 20×10^9 : on peut admettre une moyenne de 19×10^9.

Dans les aciers naturels de toute espèce, la carburation ou plutôt la dureté ne paraît pas exercer d'influence bien nette et bien marquée sur les allongements élastiques, bien qu'*a priori* on pût s'attendre à voir le coefficient d'élasticité croître avec la teneur en carbone. Il semble à cet égard que la texture physique joue un rôle plus important que la composition élémentaire. D'après MM. Bauschinger, Mercadier, etc., le coefficient d'élasticité des aciers de toutes les catégories serait compris entre 19×10^9 et 23×10^9 : on peut adopter une moyenne de 21×10^9. Certaines expériences auraient donné 24×10^9 ou plus : il est possible que

ces résultats, obtenus avec des appareils de mesurage peu perfectionnés, soient douteux, ou se rapportent à des aciers extra-durs
ou imparfaitement recuits, qui auraient contenu une certaine
proportion de carbone de trempe.

La trempe, qui maintient le carbone séparé du fer, relève le
coefficient d'élasticité, d'autant plus que la matière est plus carburée et que l'opération a été plus complète. E est supérieur à
22×10^9 et peut s'élever suivant la dureté et le degré de trempe
jusqu'à 30×10^9 et plus ; il ne semble pas que l'on ait dépassé
40×10^9 [1].

Quant à la limite d'élasticité, ou plutôt de grande extension,
elle varie dans le fer suivant qu'on l'essaie dans le sens du laminage ou dans le sens transversal, et est d'autant plus élevée que
le produit est plus pur et plus carburé. Elle augmente dans les
aciers naturels avec la dureté, ainsi que nous l'avons déjà signalé;
enfin, la trempe donne lieu à un accroissement notable, à moins
qu'il n'y ait eu exagération dans la rapidité du refroidissement, auquel cas le produit se rapproche de la fonte et peut perdre une
notable partie de sa résistance, par suite de la rupture immédiate
d'un certain nombre de ressorts *a*.

Dans la fonte, la proportion de carbone à l'état séparé du fer
est d'autant plus élevée que la teneur en carbone total et en silicium est plus élevée; plus le carbone à l'état séparé est abondant, et plus il tend à relever le coefficient d'élasticité, mais
seulement jusqu'à une certaine limite, à partir de laquelle les
actions moléculaires latentes deviennent supérieures à l'adhérence des éléments constitutifs de la matière. Il se produit alors
pendant la solidification des fissures imperceptibles de retrait,

---

1. Nous verrons au prochain paragraphe (art. 88) que les actions moléculaires
latentes, développées dans une barre métallique par un travail de flexion dépassant la limite d'élasticité, entraînent un abaissement notable du coefficient apparent
d'élasticité longitudinale. Il est donc possible, et même probable, que les différences
constatées au point de vue de la déformation élastique entre deux produits sidérurgiques de compositions similaires résultent de la distribution des actions
moléculaires latentes, qui varient d'un point à l'autre d'une pièce. Il n'est pas
surprenant que cette diminution progressive du coefficient E se constate surtout
dans la fonte et l'acier trempé, où les actions moléculaires de moulage ont une
grande intensité, alors qu'elles ont à peu près disparu dans les métaux laminés.

un certain nombre de ressorts *a* sont détruits, et le coefficient d'élasticité subit par là même une diminution notable.

Nous citerons, à titre de renseignements intéressants, les résultats obtenus par M. *Thomas Turner* en essayant à la traction des barreaux de fonte blanche dont la teneur en silicium allait croissant graduellement ; la dose de carbone était à peu près invariable, ainsi que celle des autres éléments associés au fer (0,33 Ph ; 0,05 S).

Teneur en carbone	Teneur en silicium	Densité	Limite de rupture à la traction	Coefficient d'élasticité longitudinale
1,98	0,19	7,560	15,97	$25,8 \times 10^9$
2,00	0,45	7,510	19,28	28,7
2,09	0,96	7,641	20,02	31,2
2,21	1,37	7,555	22,11	33,5
2,18	1,96	7,518	24,62	23,6
1,87	2 51	7,422	23,00	25,5
2,23	2,96	7,285	19,26	21,2
2,01	3,92	7,185	17,76	15,6
2,03	4,74	7,167	16,00	17,7
1,86	7,33	7,128	8,30	14,8
1,81	9,80	6,978	7,47	14,0

La valeur maximum de E a été trouvée de $33,5 \times 10^9$ avec 2,2 0/0 de carbone et 1,37 0/0 de silicium. Ce métal, analogue à l'acier exceptionnellement dur, était encore très compacte et très cohérent, comme l'indiquent sa densité et sa limite de rupture, et les actions moléculaires avaient atteint leur maximum d'intensité. En forçant la dose de silicium, on ne pouvait que provoquer la détente des ressorts *a*, et par suite la décroissance simultanée de la densité, de la résistance et du coefficient d'élasticité.

Le *ferro-silicium*, qui constituait le dernier terme de la série, se rapproche de la fonte grise au point de vue de la densité et des propriétés élastiques ; par suite de la suppression d'une grande partie des ressorts *a* pendant le retrait, la matière a pris une texture fissurée et peu consistante, et elle est devenue très déformable.

On peut admettre en général pour la fonte grise un coefficient d'élasticité de $9,5 \times 10^9$ pouvant varier de 7×10^9 à 12×10^9, et une limite d'élasticité de 6 k. pouvant varier de 5 à 7. Il doit d'ailleurs être bien entendu que ces coefficients numériques sont des moyennes obtenues en appliquant la règle de M. Considère, celle de M. Bauschinger tombant en défaut dans le cas présent.

En raison de la contraction latérale que subit la matière, l'aire transversale de la barre soumise à l'essai de traction va en se réduisant au fur et à mesure que la pièce s'allonge.

Si nous désignons par A l'aire primitive, avant l'essai, et par Ω l'aire actuelle correspondant à l'allongement élastique λ, on aura la relation :

$$\Omega = A\,(1 - 2\eta\lambda) = A\left(1 - 2\eta\,\frac{F}{E\Omega}\right).$$

On peut admettre (page 52) que le coefficient de contraction latérale s'écarte peu de 0,30 pour le fer et l'acier.

La contraction $\dfrac{A - \Omega}{A}$ subie par la section transversale ne dépasse guère, pour les aciers les plus durs, $\dfrac{1}{1000}$ à la limite d'élasticité. Il n'y a par conséquent aucun inconvénient à calculer le travail élastique développé dans la matière par la formule de la résistance des matériaux $\left(R = \dfrac{F}{A}\right)$ qui suppose l'invariabilité de la section transversale. L'erreur commise est insignifiante, et ne change rien au degré d'exactitude du résultat, en raison des circonstances pratiques et théoriques qui entachent toujours d'incertitude les calculs relatifs à la stabilité des constructions (pages 90 et 121).

82. Période de ductilité. — Nous avons reproduit sur la figure 102 les courbes d'allongement obtenues expérimentalement pour un barreau de fonte, une barre de fer et plusieurs barres d'acier. Chacune de ces courbes est tracée à partir de la limite de grande extension, qui clôt la période d'élasticité usuelle; l'allongement correspondant à cette limite est trop minime pour

être représenté nettement à la même échelle que l'allongement
de ductilité.

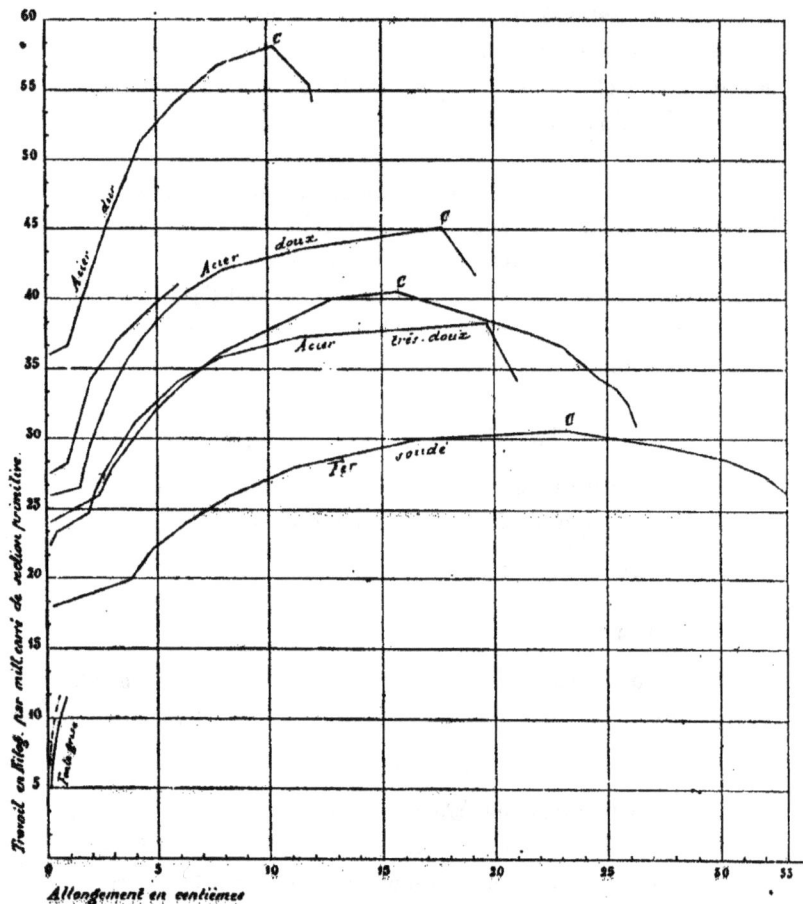

Fig. 102.

La phase de grande extension, très développée pour le fer et
pour l'acier très doux, où elle donne lieu à des allongements
brusques de 5 0/0 et 3 0/0, perd de son importance au fur et à
mesure que la teneur en carbone s'élève. Elle disparaît à peu près
pour les aciers extra-durs et les aciers trempés au vif, et n'existe
plus pour les fontes.

Après le palier de grande extension, la courbe d'allongement affecte la forme d'une ligne continue tournant sa concavité vers l'axe horizontal des allongements.

Nous avons déjà signalé et expliqué qu'en réalité, d'après les expériences de M. Bauschinger et conformément à nos idées théoriques, la déformation devait s'effectuer par soubresauts ; la courbe de ductilité serait une ligne brisée à échelons, dont la droite de grande extension formerait la première marche.

La période de ductilité prend fin au moment où la tangente à la courbe devient horizontale ; l'allongement total de ductilité et la limite de rupture sont représentés respectivement par l'abscisse et l'ordonnée de ce sommet.

Si la barre d'essai était parfaitement prismatique, et le métal absolument homogène, l'allongement de ductilité devrait se manifester d'une façon uniforme sur toute la longueur de la pièce. Mais comme cette double condition n'est pas rigoureusement remplie, le phénomène de la striction, dont il va être parlé ci-après, commence à apparaître en un point, ou même en plusieurs points de la barre si elle est suffisamment longue, avant que l'on soit arrivé à la limite de rupture C.

Dans ces conditions, l'allongement de ductilité ne peut être évalué qu'approximativement.

M. Considère a obtenu les résultats suivants dans quatre expériences.

	Allongement de ductilité	Résistance limite par millim. carré	Coefficient de ductilité
	λ'	C	$\dfrac{C}{\lambda} \times 10^6$
Fer fin très doux...........	0,15	30 k.	2×10^8
Fer ordinaire............	0,06	40 k.	7×10^8
Acier très doux..........	0,12	40 k.	3.3×10^8
Acier ordinaire de construction..............	0,08	60 k.	7×10^8

Nous verrons dans l'article suivant que lorsqu'on essaie à la traction un fil fin de fer ou d'acier, dont la longueur entre repères est égale à 100 ou 200 diamètres, l'allongement de rupture obtenu est sensiblement égal à l'allongement de ductilité, l'influence du phénomène de la striction étant en ce cas à peu près nulle.

L'allongement diminue et la limite de rupture augmente au fur et à mesure que la teneur en carbone, en silicium, en manganèse, etc., s'élève. La trempe agit dans le même sens d'une façon très caractérisée. Les produits de mauvaise qualité (fer commun ou mal fabriqué) s'allongent relativement peu, bien que leur résistance ne soit pas abaissée, ou ne subisse qu'une réduction insignifiante.

M. Considère cite un barreau de fonte grise dont l'allongement total de rupture (égal à l'allongement de ductilité, puisque ce métal n'éprouve pas de striction) avait été de 0,009 pour un travail maximum de 11 k. 30 par millimètre carré, ce qui donnerait un coefficient de ductilité de $1,3 \times 10^9$. L'allongement permanent de rupture a été trouvé égal à 0,0055. L'allongement élastique était donc, pour la charge extrême, de 0,0035. On voit que le coefficient d'élasticité longitudinale, représenté à un moment quelconque par le rapport du travail à l'allongement élastique, a varié progressivement pendant l'expérience, en raison de la rupture successive des ressorts b, de la valeur initiale 10×10^9 à la valeur finale $\dfrac{11.300.000}{0,0005} = 3,3 \times 10^9$.

Dans une expérience mentionnée par M. Madamet, on avait obtenu pour un barreau de fonte grise un allongement de 0,0025 seulement avec un travail de 12 k., ce qui donnait : $\dfrac{C}{\lambda} = 5 \times 10^9$.

Nous avons emprunté à l'ouvrage de M. *Thurston* sur les matériaux de construction la figure 103, où il a représenté en traits gras les courbes des allongements totaux et en traits fins les courbes des allongements permanents, pour un acier doux et un acier dur ; et la figure 104, qui fournit les mêmes renseignements pour deux barreaux de fonte (les allongements sont ici donnés en millièmes).

La distance horizontale entre le trait gras et le trait fin correspondant représente à un moment quelconque l'allongement élastique, qui disparaît quand on ramène le travail à zéro en enlevant la charge. On voit que le coefficient d'élasticité est à peu près invariable pour les aciers naturels pendant la période de ductilité, conformément à la théorie des ressorts, tandis que le coefficient de ductilité va en décroissant.

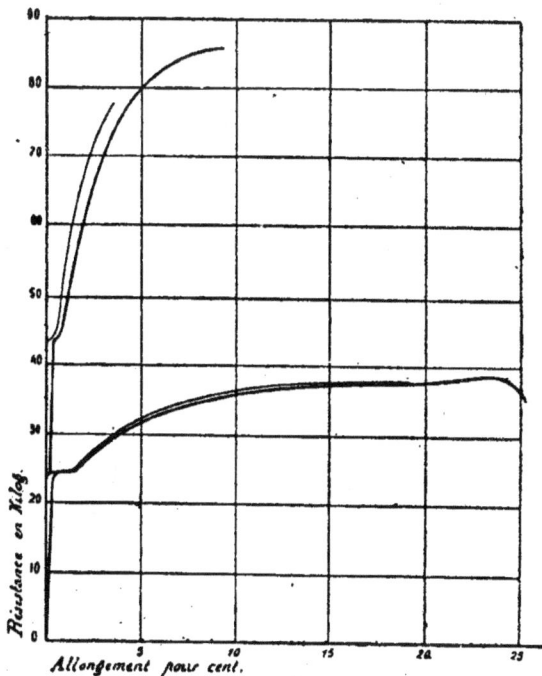

Fig. 103.

Pour la fonte, le coefficient d'élasticité diminue quand la charge augmente; il doit en être probablement de même pour l'acier trempé, en raison de la constitution élastique de ce métal. Comme nous l'avons déjà dit, ce phénomène est causé par les actions moléculaires latentes de constitution ou de fabrication; nous ne reviendrons pas sur ce sujet.

Nous signalerons plus loin l'influence que peuvent exercer, sur l'allongement de ductilité et la limite de rupture, la forme de l'éprouvette et les opérations mécaniques auxquelles on l'a soumise (écrouissage complet ou partiel).

Pendant la période de ductilité, la section transversale de l'éprouvette se rétrécit, et l'on a entre l'aire Ω' et l'allongement λ' la relation (art. 20):

$$\Omega' = A (1 - \eta' \lambda')^2.$$

A est l'aire de la section primitive, et η' est le coefficient de contraction latérale de la matière.

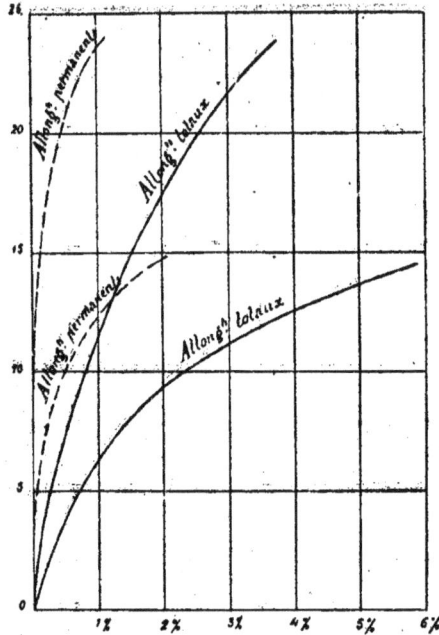

Fig. 104.

L'effort de traction étant F, le travail par millimètre carré de section actuelle est $\dfrac{F}{\Omega'}$, et le coefficient de ductilité a pour valeur $E' = \dfrac{F}{\lambda'\Omega'}$. Il décroît au fur et à mesure que λ' et F augmentent, et que Ω' diminue en même temps.

Dans les aciers naturels et les fers, on constate un écart brusque entre E et E' au moment de la grande extension, en raison de la déformation instantanée que subit la barre.

Dans les aciers extra-durs ou trempés et les fontes, où cette grande extension n'est pas sensible, le coefficient de ductilité E' est, à la limite d'élasticité définie par la règle de M. Considère, égal au double du coefficient d'élasticité longitudinale.

On n'a pas de données certaines sur le coefficient de contraction latérale η' qui figure dans la relation énoncée plus haut.

M. Barba et différents auteurs estiment que le volume de la barre ne varie pas durant l'essai, ou tout au moins qu'on peut le regarder comme constant sans erreur sensible.

La chose paraît possible, peut-être même probable, tant que l'on n'est pas entré dans la période de striction. Si l'on admet cette manière de voir, on en conclut que la relation entre Ω' et A peut être mise sous la forme :

$$\Omega' (1 + \lambda') = A.$$

Le travail élastique à l'extension serait dans ces conditions fourni par la formule :

$$R' = \frac{F}{\Omega'} = \frac{F}{A (1 - \eta \lambda')^2} = \frac{F (1 + \lambda')}{A}.$$

Cette valeur de R' diffère sensiblement de celle $R = \frac{F}{A}$ à laquelle conduit la formule usuelle de la résistance des matériaux, qui suppose l'invariabilité de la section transversale. On convient toutefois de rapporter. durant la période de ductilité, l'effort de traction à l'aire de la section primitive de la barre, sans se préoccuper du rétrécissement subi par cette section. La limite de rupture est donc par convention le travail élastique C qui, multiplié par l'aire A, donne l'effort maximum total que l'éprouvette peut supporter avant de se rompre. Cette manière d'évaluer le travail est commode, en ce qu'elle dispense de mesurer les dimensions de la section rétrécie; elle ne présente dans les applications aucun inconvénient, car il n'y a pas d'intérêt à connaître le travail effectif du métal par millimètre carré de section rétrécie.

83. Période de striction. — La formule théorique qui donne la déformation latérale de l'éprouvette est :

$$\Omega' = A (1 - \eta' \lambda')^2 = A \left(1 - \eta' \frac{F}{E' \Omega'}\right)^2.$$

Le coefficient de contraction latérale ne varie guère : tout au plus passe-t-il de sa valeur initiale 0,30 à la valeur finale 0,40, au moment de la rupture.

Au contraire le coefficient E' s'abaisse très rapidement au fur et à mesure que le travail élastique $\frac{F}{\Omega'}$ augmente, jusqu'à se réduire, à la fin de la période de ductilité, au tiers de la valeur initiale qu'il possédait après la phase de grande extension.

Nous avons donné, dans l'article 79, l'explication théorique de ce phénomène, basée sur la rupture successive des ressorts de la série b.

Il en résulte que la contraction proportionnelle $\frac{A - \Omega'}{A}$ subie par une section transversale de la barre est d'autant plus forte, pour un effort donné F, que l'aire primitive A de cette section était moindre.

Si, par conséquent, la barre n'est pas mathématiquement prismatique, et que par exemple une section déterminée ait eu une aire A_1 un peu inférieure à celle A_2 d'une section voisine, la contraction proportionnelle de la première sera forcément plus considérable, à un moment quelconque de l'essai, que celle de la seconde.

On aura :

$$\frac{\Omega'_1}{\Omega'_2} < \frac{A_1}{A_2}.$$

On ne peut espérer que dans une barre d'acier toutes les sections puissent être identiques ; à supposer qu'on ait calibré l'éprouvette avec un soin minutieux, il est bien certain que la résistance ne sera pas absolument uniforme d'une extrémité à l'autre en raison même de l'hétérogénéité du métal.

Il y aura donc toujours dans la pièce une section de moindre résistance qui se rétrécira plus rapidement que les autres, et fera par suite apparaître pendant la période de ductilité un étranglement qui ira en s'accentuant au fur et à mesure que l'effort de traction grandira. C'est ce qu'on appelle le phénomène de la *striction*, qui devient sensible à la fin de la période de ductilité.

Remarquons d'autre part que l'allongement proportionnel λ', au droit d'une section transversale quelconque, est lié à l'aire Ω' par la relation :

$$\lambda' = \frac{F}{E'\Omega'}.$$

Comme E' et Ω' sont minima pour un effort donné au droit de la section de moindre résistance, c'est en ce point que l'allongement proportionnel atteint son maximum; il surpasse d'autant plus l'allongement relatif à une section voisine que l'effort F est plus voisin de la limite de rupture. En d'autres termes, si l'on trace séparément les courbes d'allongement proportionnel relatives aux deux sections A_1 et A_2 dont il a été question plus haut, on constate que ces courbes se confondent jusqu'à la limite d'élasticité, mais qu'ensuite elles se séparent en s'écartant de plus en plus, le rapport des efforts qui correspondent à une même valeur de l'allongement allant en s'éloignant de l'unité. Soient C_1 et C_2 les sommets de ces deux courbes, définis respectivement par les conditions :

$$\frac{dF}{\delta\lambda_1} = o \quad \text{et} \quad \frac{dF}{\delta\lambda_2} = o.$$

Le point C_2 est placé au-dessus du point C_1.

Au moment où l'effort de traction atteindra la valeur C_1, l'allongement de la barre pourra se continuer indéfiniment au droit de la section A_1 sans augmentation de la force F, tandis qu'au droit de la section A_2 la déformation s'arrêtera : l'allongement restera pour cette dernière limité à celui, marqué sur la courbe OC_2 par le point D_2, qui correspond à l'effort de traction C_1 (fig. 98).

Le phénomène de la striction consiste donc dans un allongement qui se manifeste exclusivement au droit de la section de moindre résistance, et qui se poursuit pendant que l'effort de traction va s'abaissant graduellement à partir du maximum, qui représente la limite de rupture relative à cette section faible ; tandis que le surplus de la barre ne subit plus de déformation nouvelle et ne sort pas de la période de ductilité.

Il peut se présenter deux cas :

1° La barre est géométriquement prismatique au droit de la section de moindre résistance, et la matière est bien homogène.

Il en résulte qu'une section M_2 N_2, très voisine de la section

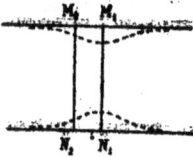

Fig. 105.

d'étranglement $M_1 N_1$, en diffère extrêmement peu au point de vue des dimensions
et de la résistance.

Pendant la striction, la section $M_1 N_1$
continue tout d'abord à se contracter pendant que la section $M_2 N_2$ cesse de se déformer ; par conséquent les fibres périphéri-
ques $M_1 M_2$ et $N_1 N_2$, au lieu de rester parallèles à l'axe de la
pièce, prennent des directions obliques ; les composantes perpendiculaires à cet axe des actions moléculaires d'extension, qui
sollicitent ces fibres, constituent pour la barre des actions *latérales* tendant à écarter l'un de l'autre les points M_1 et N_1, et à rapprocher les points M_2 et N_2. En vertu de ce qui a été dit précédemment (art. 25), ces actions latérales augmenteront l'allongement
$M_2 N_2$ et par suite la contraction de cette section comprimée latéralement, et entraveront au contraire la contraction de la section
$M_1 N_1$ tirée latéralement; elles tendront par suite à rétablir l'é-
quivalence des déformations dans ces deux plans.

En somme, la section $M_1 N_1$ doit entraîner la section $M_2 N_2$, et
le phénomène de la striction s'étendre de part et d'autre de $M_1 N_1$
sur une certaine longueur de la barre.

On constate en effet, dans les essais à la traction des éprouvettes cylindriques de fer ou d'acier, que la section de rupture
très contractée se raccorde, par une surface affectant grossièrement la forme d'un paraboloïde de révolution, avec le contour
cylindrique de la portion de pièce qui n'a pas dépassé la période
de ductilité.

On définit l'importance de la striction par le coefficient de *striction*, qui est le rapport de l'aire actuelle de la section de rupture à son aire primitive $\frac{\Omega}{A}$, ou par le coefficient de *contraction*,
qui est égal à l'unité diminuée du précédent rapport, soit $\frac{A - \Omega}{A}$.

On a observé que le coefficient de contraction atteint son maximum pour les aciers extra-doux et les fers : il diminue au fur et
à mesure que la dureté augmente. La trempe a également pour
effet de le réduire.

La longueur de la région de striction, qui est la distance entre
les extrémités opposées de l'étranglement constaté sur la barre,

va en croissant au fur et à mesure que, la nature du métal se modifiant dans les conditions signalées plus haut, le coefficient de contraction s'abaisse.

Dans les aciers extra-durs, ou les aciers trempés au vif, la striction n'est plus sensible.

2° Supposons que la section M_2N_2, très voisine de celle de moindre résistance M_1N_1, ait, en raison de la forme non prismatique de l'éprouvette, une aire beaucoup plus étendue, de telle sorte que l'horizontale passant en C_1 rencontre la courbe OC_2 (fig. 98) en un point voisin de la limite de grande extension. Il arrivera en ce cas que les actions latérales développées entre M_1N_1 et M_2N_2, par suite des contractions discordantes de ces deux sections, ne seront plus suffisantes pour rétablir l'équilibre entre elles, et obliger la section la plus étendue à suivre le mouvement de déformation de la section la plus réduite. Dans ces conditions, il se produira un phénomène de cisaillement en M_1N_1, et le barreau se rompra sans striction apparente. Nous en avons déjà donné un exemple dans l'article 54 (page 202), en signalant les expériences de M. Barba sur la rupture par traction de barres prismatiques dont le contour est interrompu par des entailles.

Cette rupture sans striction peut également se produire si la différence de résistance entre les deux sections est due, non à un profil défectueux de la pièce, mais à une imperfection physique du métal (gerçure, criqûre, écrouissage, soufflure), ou bien à un défaut d'homogénéité, cristallisation, mauvaise soudure, épuration insuffisante.

On ne constate pas de striction pour les barreaux de fonte, probablement par suite de l'hétérogénéité de la matière, cristalline et fissurée. L'étranglement, peu sensible pour l'acier doux simplement moulé, s'accentue après le recuit, surtout s'il a été précédé d'une trempe vive, et n'atteint son développement complet qu'après le laminage, qui donne à la matière une structure homogène et fait disparaître les actions moléculaires latentes de refroidissement.

Quand la barre d'essai est bien calibrée et n'offre pas de défauts apparents, que la section de rupture est nette et ne décèle pas de soufflures, l'importance de la striction est donc, pour un métal de dureté déterminée, un indice de qualité très important, qui rend compte de la pureté et de l'homogénéité du produit.

Le coefficient de striction $\frac{\Omega}{A}$ peut varier de 0,33, pour les aciers extra-doux, à 0,90 pour les aciers durs.

M. Barba pense que, dans la région de striction, la densité du métal ne varie pas sensiblement ; tel est le résultat auquel il est arrivé par des mesurages de volumes effectués avec une grande précision avec l'aréomètre.

M. Bauschinger a trouvé au contraire des augmentations de volume atteignant 18 et 20 0/0, en mesurant très exactement au palmer les allongements progressifs entre repères et les diamètres correspondants de l'étranglement. Il est possible que ces deux manières de voir ne soient pas en désaccord. D'après nous, en effet, le volume de la barre doit augmenter, par suite de l'apparition des vides imperceptibles causés par la rupture successive des ressorts b, et nous sommes d'accord sur ce point avec M. Bauschinger. Mais la densité mesurée à l'aréomètre n'a pas varié si le liquide environnant a pu pénétrer dans les fissures et les remplir. Or d'après ce que nous avons dit précédemment au sujet de l'attaque des métaux écrouis par les acides (page 355), il est indubitable que ces fissures sont pénétrables par le liquide, et que le fer peut, alors même que son volume apparent aurait sensiblement augmenté, conserver sa densité primitive, telle qu'elle résulte d'un mesurage à l'aréomètre.

Si le volume occupé par la barre restait invariable, l'allongement proportionnel au droit de la section de rupture serait exactement représenté par le rapport du coefficient de contraction au coefficient de striction : $\frac{A - \Omega}{A} \times \frac{A}{\Omega}$. Cette valeur devrait au contraire être majorée de 10 à 20 0/0 si le volume avait augmenté dans cette proportion. Il est toutefois présumable qu'on ne commettra jamais d'erreur bien grave en admettant ce mode d'évaluation pour l'allongement proportionnel de la section de striction :

$$\lambda' = \frac{A - \Omega}{\Omega}. \quad [1]$$

[1]. Certaines expériences de rupture par flexion, dont il sera parlé au prochain paragraphe, permettent de supposer que l'allongement indiqué par cette formule serait de 10 à 15 0/0 au-dessous de la vérité, conformément à l'avis de M. Bauschinger.

Si, à partir de l'instant où la striction devient sensible, on mesure de temps à autre le diamètre de la section d'étranglement. on pourra tracer, d'après cette convention, la courbe d'allongement proportionnel relative à cette section. Nous avons représenté sur la figure 106 un certain nombre de courbes d'allongement de striction pour différents métaux. Ces courbes d'allongement sont beaucoup plus utiles et intéressantes que celles établies à l'ordinaire en se basant sur l'allongement proportionnel moyen que subit la barre d'essai entre deux repères, plus ou moins éloignés de la section de rupture. Elles sont notamment indispensables pour l'étude de la résistance des barres à la flexion et la recherche de la courbe de résistance à la compression simple : les courbes inférieures de la figure se rapportent précisément à ce dernier genre de travail.

Il serait donc utile que l'on s'astreignît, dans les essais de traction, à tracer cette courbe d'allongement *vrai*, en mesurant exactement les dimensions successives de la section de striction dans les différentes phases de l'expérience.

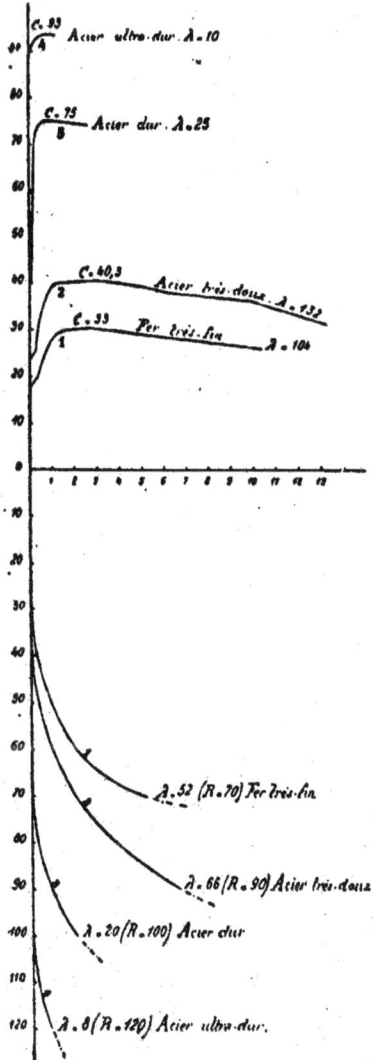

Fig. 106.

Le renseignement obtenu serait infiniment plus sûr et complet que celui résultant du mesurage de l'allongement moyen entre deux repères; c'est cependant de cette dernière façon que l'on procède d'habitude, comme nous allons l'indiquer ci-après.

Toutefois, pour que l'on puisse considérer cette courbe d'allongement vrai comme constituant un caractère spécifique invariable de la matière étudiée, il est nécessaire qu'elle soit indépendante du profil géométrique ainsi que des dimensions de la section transversale de l'éprouvette, en tant que celle-ci est rigoureusement prismatique dans la région où se produit la rupture. Les renseignements d'expérience semblent justifier absolument cette manière de voir. Si l'on essaie deux barres cylindriques formées du même métal mais de diamètres différents, on trouve le même coefficient de striction et la même courbe d'allongement vrai; les deux étranglements de striction ont pour contours apparents des surfaces courbes géométriquement semblables, de telle sorte que l'allongement moyen, dans la région de striction, est également indépendant du diamètre primitif de la pièce.

Si l'on compare deux éprouvettes ayant des profils transversaux différents, dont l'un soit par exemple circulaire, et l'autre carré ou rectangulaire, on obtient encore *sensiblement* le même coefficient de striction et la même courbe d'allongement.

On peut donc considérer qu'au point de vue de la résistance à l'extension simple la courbe d'allongement vrai et le coefficient de striction fournissent, au même titre que les limites d'élasticité et de rupture, des renseignements précis et sûrs sur les propriétés élastiques du métal expérimenté.

On est d'accord pour évaluer le travail élastique, pendant la période de striction, en rapportant toujours l'effort total de traction à l'aire primitive de la section transversale : la valeur de ce travail va donc en diminuant dans le même rapport que F. En réalité le travail élastique continue à augmenter dans la section de striction, dont l'aire diminue plus vite que l'effort exercé, de sorte que la courbe représentative de ce travail effectif, au lieu de s'abaisser à partir du point C, devrait continuer à s'élever jusqu'à la rupture.

Mais le tracé de cette courbe, qui serait des plus faciles connaissant l'aire Ω correspondant à chaque valeur de l'effort de traction, ne présente dans la pratique aucun intérêt et aucune utilité. Ce travail effectif maximum de la section de rupture n'indique d'ailleurs pas la limite extrême de résistance du métal à l'extension simple, en raison de la forme affectée par la barre dans l'étranglement de striction, où les fibres périphériques prennent par rapport à l'axe des directions obliques. Il est certain que les actions latérales énergiques exercées sur la section de rupture par les sections voisines contribuent à ce moment à rehausser sa résistance : le travail du métal est triple et non simple (art. 25).

En fait, il peut arriver qu'une barre de métal se rompe sans striction appréciable, en raison de sa forme non prismatique ou d'un défaut de fabrication, gerçure ou criqûre superficielle, et que l'effort *total* nécessaire pour amener sa rupture soit sensiblement le même que pour une barre prismatique de même métal et de même aire primitive à la section de rupture, qui, fabriquée avec plus de soin, présenterait après l'essai un étranglement de striction très accentué. Une barre plate percée d'un trou de rivet en son milieu présentera par exemple à peu près la même résistance de rupture, rapportée à l'aire primitive de la section de moindre résistance, qu'une barre non trouée du même métal, tandis que, si l'on se basait sur l'aire finale de la section de rupture, on pourrait trouver pour la première, qui se brise sans striction, une résistance en fin d'essai tout au plus égale à la moitié ou même au tiers de celle de la seconde. Il convient donc de séparer dans les épreuves les résultats relatifs à la résistance de la matière de ceux qui se rapportent à la ductilité, et c'est pourquoi il faut rapporter le travail de rupture à l'aire primitive, et non à l'aire de striction, si l'on veut obtenir un renseignement sûr et précis, caractérisant bien la nature du produit étudié.

84. Allongement de rupture. — Au lieu d'observer et de noter la contraction progressive que subit, au cours de l'expérience de traction, l'aire de la section de striction, et d'en déduire avec plus ou moins de précision l'allongement proportionnel correspondant par la formule conventionnelle $\lambda = \dfrac{A - \Omega}{A}$, méthode qui permet d'établir la courbe des allongements vrais pour la section de rupture, on trouve plus simple et plus commode dans la pratique de mesurer l'allongement total éprouvé par la barre entre deux points de repère suffisamment écartés, marqués au pointeau au début de l'expérience, et dans l'intervalle desquels se trouve la région de striction.

On détermine l'allongement de rupture après que la pièce a été divisée en deux fragments, que l'on ramène au contact aussi exactement qu'on le peut pour mesurer la distance finale des deux repères.

Cet allongement de rupture est la somme de l'allongement de ductilité subi par les parties de la barre qui n'ont pas dépassé cette période et sont par suite demeurées sensiblement prismatiques, et de l'allongement de striction éprouvé par la région d'étranglement.

L'allongement de ductilité se manifesterait d'une façon à peu près uniforme sur toute la longueur de la barre qui se trouve en dehors de l'étranglement, si la pièce était exactement prismatique et parfaitement calibrée d'une extrémité à l'autre, et si le métal était absolument homogène.

Mais les éprouvettes sont en général terminées par des parties élargies, ou têtes, qui permettent à l'appareil d'essai de les saisir par leurs extrémités. Comme la section transversale d'une de ces têtes a une aire très supérieure à celle de la section courante de la barre, le travail n'y dépasse pas la limite d'élasticité. Elle ne subissent donc au cours de l'essai aucune déformation permanente. Chacune d'elles exerce sur la partie prismatique qui l'avoisine une influence marquée, en raison des actions moléculaires latérales (art. 25) qui sont la conséquence nécessaire de l'obliquité des fibres périphériques déformées sur l'axe de la pièce. La contraction et l'allongement proportionnel vont en croissant d'une manière continue à partir de la tête, où ils sont nuls, jusqu'à une section transversale plus ou moins éloignée, où l'on obtient enfin l'allongement de ductilité qui se rapporte au métal. Cette région d'*influence* de la tête a une étendue plus ou moins grande suivant la forme de celle-ci et l'aire de la section transversale de la barre. Dans les éprouvettes très courtes, il arrive que cette région d'attache se prolonge jusqu'à l'étranglement de striction, si bien qu'on n'obtient en aucun point de la barre l'allongement normal de ductilité.

Les actions moléculaires latérales dues à la présence de la tête ont également pour effet d'augmenter la résistance à la rupture de la région influencée ; on doit donc prévoir qu'à moins de défaut dans le métal ou d'irrégularité dans le calibrage de l'éprouvette, l'étranglement de striction devra toujours apparaître dans une partie de la barre située en dehors de la région influencée, et par suite assez éloignée des têtes. Il faut d'ailleurs excepter le cas où il existerait un angle rentrant, non arrondi au sommet, à la jonction de la tête et de la partie courante, et celui où une fabrication peu soignée aurait produit une gerçure ou une paille dans le congé de raccordement.

Pour éliminer des résultats de l'essai cette action perturbatrice des têtes, il suffirait de placer les points de repère, entre lesquels on mesurera l'allongement, à une distance assez grande des abouts de l'éprouvette. Mais comme cette distance représenterait peut-être plusieurs diamètres de la barre, il faudrait attribuer à celle-ci une grande longueur, ce qui serait une complication.

C'est pourquoi dans la pratique on place les repères dans le voisinage immédiat des têtes, sans se préoccuper de la réduction subie de ce chef par l'allongement.

Soit, en définitive, ABCD le contour apparent d'une éprouvette terminée à chaque extrémité par une tête ABC raccordée par un congé arrondi avec la partie prismatique de la pièce.

Après la rupture, que nous supposerons s'être effectuée dans la section DD_1, le contour apparent sera figuré par la ligne $BM_1N_1D_1$ qui se raccorde en B avec le contour non déformé de la tête ; la courbe des allongements proportionnels vrais, évalués séparément pour chaque section en particulier, sera, si on la rapporte à l'horizontale $B'D''$, représentée par la ligne $B'M'N'D'$.

De M' en N' l'allongement est sensiblement uniforme, et la barre a conservé sa forme prismatique, à part quelques irrégularités signalant de légers défauts de calibrage ou d'homogénéité, qui ont occasionné, pendant la période de ductilité, des commencements de striction, arrêtés brusquement à partir du moment où, la limite de rupture ayant été atteinte en DD_1, les déformations ont cessé de croître en dehors de l'étranglement $N_1 D_1$.

En B, l'allongement et la contraction sont nuls, le travail élastique étant resté au-dessous de la limite d'élasticité. Ils vont en croissant régulièrement de B en M ; dans la région voisine de la tête, la pièce déformée est assimilable à un tronc de cône ayant sa grande base en C.

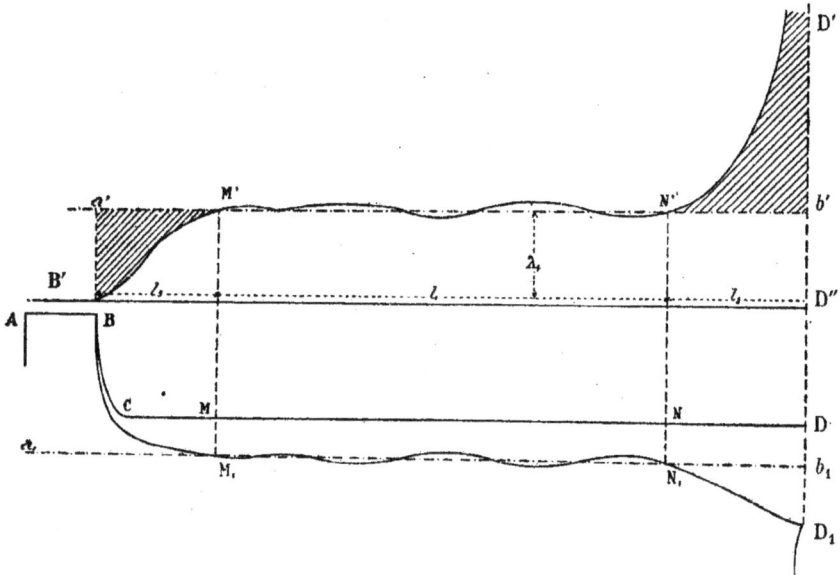

Fig. 107.

Enfin, dans la région de rupture ND, où s'est produit l'étranglement de striction, la courbe d'allongement se relève et son ordonnée est maximum au droit du plan de séparation DD_1 de l'éprouvette. Cette extrémité de la barre affecte grossièrement la forme d'un paraboloïde de révolution.

Désignons par λ_1 la distance séparative des droites parallèles B'D″ et M'N', qui représente l'allongement de ductilité ; cet allongement est un caractère spécifique du métal, indépendant, d'après ce que l'on a pu voir, de la forme et de l'étendue de la section transversale de la barre, si l'on suppose, bien entendu, le métal parfaitement homogène (il n'en serait pas de même si, par suite du mode de fabrication de la barre, laminage, martelage ou étirage, la périphérie avait des propriétés élastiques notablement différentes de celles du noyau intérieur).

Désignons par λ_2 l'ordonnée moyenne, par rapport à la droite M′N′, de la portion de courbe N′D′ qui se rapporte à l'étranglement de striction, et par l_2 la longueur ND. Le produit $\lambda_2 l_2$ donne l'aire de la surface hachurée comprise entre N′B′ et la courbe d'allongement N′D′.

Désignons par λ_3 l'ordonnée moyenne, par rapport à la droite M′ N′, de la portion B′M′ qui se rapporte à la région influencée par la tête, et par l_3 la longueur de cette région. Le produit $l_3 \lambda^3$ représente l'aire de la surface hachurée comprise entre B′M′ et a′M′.

Soit enfin l la distance, suivant l'axe de la pièce, du point B au point D. L'allongement proportionnel de rupture λ, mesuré entre le point B et le point D, sera l'ordonnée moyenne de la courbe B′M′N′D′ par rapport à la droite B′D″, ou si l'on veut le quotient de l'aire comprise entre cette courbe et cette droite par la longueur l.

On aura :

$$\lambda = \lambda_1 + \frac{\lambda_2 l_2}{l} - \frac{\lambda_3 l_3}{l}.$$

Action perturbatrice des têtes. — Quand les têtes sont très rapprochées, et que la longueur de la partie prismatique de la barre n'est plus qu'une fraction de son diamètre, la contraction de la section de rupture et son allongement proportionnel sont à peine sensibles, comme nous l'avons déjà signalé à l'article 54 à propos des expériences de M. Barba sur la résistance des barres entaillées. Les actions latérales très énergiques, qui s'opposent en cette circonstance à la déformation de la section de rupture, rehaussent par là même les limites d'élasticité et de rupture.

Il en résulte qu'une bande étroite de tôle percée d'un trou circulaire ne se rompt à la traction qu'avec un très faible allongement, et une contraction à peu près nulle, dans la section de rupture, qui passe par le centre du trou ; la résistance de rupture, rapportée à l'étendue nette de la section, déduction faite du vide représenté par le trou, est d'autant plus élevée que la bande est plus étroite, et que la réduction d'aire résultant du trou est proportionnellement plus importante.

Avec une éprouvette poinçonnée dont la largeur effective, déduction faite du diamètre du trou, était de 52 mm., M. Barba a obtenu une limite de rupture de 42 k. 7 par millimètre carré de la section de moindre résistance ; avec une barre poinçonnée de même dont la largeur effective atteignait 122 mm., cette limite de rupture s'est abaissée à 36 k. 4.

Au fur et à mesure que les deux têtes s'écartent, la striction apparaît et se développe. Il arrive un moment où l'étranglement se produit indépendamment de l'action des têtes, dont la région d'influence ou région d'attache, au lieu d'empiéter sur la région de striction, en est séparée par une fraction de barre demeurée prismatique, et qui n'est plus sujette qu'à l'allongement de ductilité.

M. Barba a essayé à la traction une barre cylindrique de 17 mm., 2 de diamètre et de 500 mm. d'intervalle entre repères. Il a subdivisé cette longueur par des repères intermédiaires en parties égales de 0 m. 05 chacune, puis il a mesuré après rupture l'allongement subi par chaque division.

Il a pu ainsi déterminer l'allongement proportionnel de rupture sur des longueurs de 50, 100, 150, etc. 500 mm., comprenant toutes la région de striction, et l'a comparé en chaque cas à l'allongement proportionnel de rupture éprouvé par une barrette de même diamètre, mais ayant 50, 100, 150, etc., 450 mm., de longueur entre repères voisins des têtes. L'influence de celles-ci est mise en relief par ce fait que l'allongement d'une éprouvette de longueur donnée est toujours inférieur à celui constaté sur une fraction égale de la barre de 500 mm. de longueur, fraction comprise entre repères très éloignés des têtes.

Les barres avaient toutes 17 mm. 2 de diamètre, et l'on a obtenu pour limite d'élasticité 23 k. 7, pour limite de rupture 37 k. et pour coefficient de striction 0,317.

Voici les résultats de ces expériences. La figure 108 représente l'application de l'épure de la figure 107 aux barres de 500 mm., 250 mm. et 50 mm. entre repères.

Elle fait ressortir assez nettement l'influence des têtes ; plus celles-ci sont rapprochées de la section de rupture et plus la courbe s'abaisse au sortir de la région de striction.

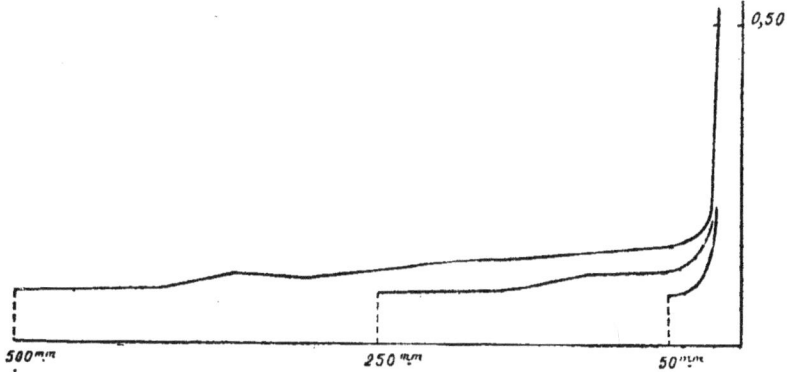

Fig. 108.

Allongements de rupture sur les divisions successives du barreau de 500 mm.		Allongements de rupture sur les barrettes de longueurs variables entre repères		Diminutions d'allongement imputables au rapprochement des têtes
Longueurs des divisions (1)	Allongements de rupture proportionnels (2)	Longueurs des éprouvettes (3)	Allongements de rupture proportionnels 4)	
50mm	50,8	50mm	42	— 8,8
100	39,9	100	32	— 7,9
150	35,6	150	29,4	— 6,2
200	33,1	200	27,2	— 5,9
250	31,2	250	26,6	— 4,6
300	29,5	300	26,0	— 3,5
350	28,2	350	25,6	— 2,6
400	27,0	400	25,0	— 2
450	25,8	450	24,9	— 0,9
500	24,8	500	24,8	»

Il y a lieu de remarquer que les chiffres de la colonne (2) correspondent très exactement à la formule empirique

$$\lambda = 31,7 + \frac{1}{l} - 18\,l,$$

où la longueur l de chaque division est comptée en mètres.

Les chiffres de la colonne (4) satisfont à la relation :

$$\lambda = 23 + \frac{0,9}{l}.$$

La forme des têtes de l'éprouvette joue un rôle important au point de vue de la réduction apportée à l'allongement de rupture. On donne généralement aux éprouvettes fabriquées avec les aciers de coulée une forme cylindrique avec renflements coniques aux extrémités. Les échantillons prélevés sur les métaux façonnés en tôles ou profilés ont des têtes plates, constituées par deux oreilles saillantes sur la tranche de la tôle, qui ne gênent la déformation latérale de la pièce que dans le sens de sa largeur.

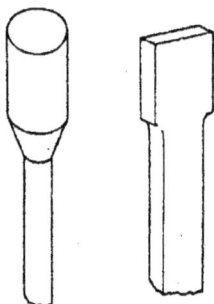

Fig. 109.

M. Barba a obtenu les résultats suivants en essayant des barres de sections circulaire, carrée ou rectangulaire :

	Limite de rupture	Allongement proportionnel sur 200 mm.	Allongement proportionnel sur 100 mm.
Barre ronde	41k5	23,5	32,7
— carrée	41,7	24,5	33,7
— rectangulaire	39,6	26,7	36

Ces écarts sont probablement imputables à l'influence variable des têtes, car M. *Adamson* a constaté d'autre part qu'en dehors de la région d'attache l'allongement est complètement indépendant de la forme de la section transversale. Dans la région de striction, la section déformée d'une barre plate est, d'après M. Barba, un rectangle semblable à la section primitive. Dans la région d'attache au contraire, ce rectangle s'aplatit, les oreilles des têtes s'opposant à la diminution de la largeur et non à celle de l'épaisseur de la barre.

L'allongement de rupture d'une barre plate à oreilles croît, d'après M. Barba, jusqu'à ce que la largeur soit égale à six fois l'épaisseur, ce qui se comprend aisément, puisque le rapport de la largeur de la tête à celle de la barre va en décroissant; mais cet allongement diminue ensuite, sans doute parce qu'avec une section très large, comparativement à son épaisseur, il est difficile d'assurer dans l'expérience une répartition uniforme de l'effort de traction transmis par l'appareil d'essai aux oreilles de la tête, dans toute l'étendue de la section de rupture : la formule $R = \dfrac{F}{\Omega}$ devient inexacte.

Un très grand nombre d'observateurs ont vérifié que la formule générale de l'allongement de rupture,

$$\lambda = \lambda_1 + \frac{\lambda_2 l_2}{l} - \frac{\lambda_3 l_3}{l},$$

pouvait être identifiée, pour des éprouvettes de même diamètre et pourvues de têtes identiques, avec la relation : $\lambda = a + \dfrac{b}{l}$, où les coefficients numériques a et b seraient indépendants de la longueur l entre repères.

M. *Marché* a constaté expérimentalement que les longueurs l_2 et l_3 des régions de striction et d'attache étaient indépendantes de l et proportionnelles au diamètre d de l'éprouvette.

Enfin M. Barba a démontré que deux éprouvettes de même métal et affectant des formes géométriquement semblables donnent le même allongement de rupture. C'est ce qu'il a appelé *la loi de similitude*. On peut conclure de toutes ces remarques : 1° que les quantités λ_1 et λ_2 dépendent uniquement de la nature du métal expérimenté ; 2° que la quantité λ_3 dépend à la fois de la nature du métal, de la forme des têtes et de leurs distances aux repères ; 3° que les longueurs l_2 et l_3 dépendent de la nature du métal et sont proportionnelles au diamètre de l'éprouvette, ou, pour une section rectangulaire, à la racine carrée de son aire.

Il en résulte que l'allongement de rupture peut être représenté avec une exactitude assez satisfaisante par la formule suivante, indiquée par M. Marché :

$$\lambda = a + K \frac{d}{l},$$

où a et K seraient des constantes spécifiques dépendant de la nature du métal, avec cette réserve que la forme des têtes et leur rapprochement des points de repère peuvent, dans une mesure limitée, modifier la valeur de K.

Il est bien entendu d'ailleurs que cette formule est inapplicable à une éprouvette dont la longueur l serait assez faible pour que la région d'attache empiétât sur celle de striction : cette dimension minimum est égale à la somme $l_1 + l_2$ des longueurs des deux régions, relevées sur une éprouvette où elles seraient nettement séparées. Il ne semble pas qu'il convienne de descendre au-dessous de la limite $l = 5\,d$; avec des têtes massives, cette limite inférieure serait peut-être insuffisante.

On conçoit, d'autre part, que le moindre défaut de prismaticité de la pièce modifie sensiblement son allongement de rupture et ne permet plus d'appliquer la formule.

Nous remarquons que, dans les expériences de M. Barba déjà citées et dont les résultats sont reproduits sur la figure 108, il semble que les barrettes, au lieu d'être rigoureusement prismatiques, devaient avoir une section variable, dont l'étendue allait en décroissant légèrement à partir de chaque tête jusqu'au milieu de la longueur, à moins d'admettre que l'influence des têtes pût s'exercer jusqu'à la région de striction. Les courbes de la figure devraient en effet présenter toutes une partie sensiblement rectiligne et horizontale entre les régions d'attache et de striction (fig. 107), tandis que l'allongement de ductilité va en croissant lentement mais régulièrement quand on se rapproche de l'étranglement.

Influence de la nature du métal. — Nous avons déjà vu que l'allongement de rupture λ est d'autant moindre et les limites d'élasticité N et de rupture C d'autant plus élevées que le métal est plus dur; la trempe agit dans le même sens (tableau de la page 276).

D'après M. Marché, la longueur λ_2 de la région de striction est d'autant plus courte et le coefficient de striction $\dfrac{\Omega}{A}$ d'autant plus petit que le métal est plus doux : le produit $\lambda_2\,l_2$ paraît décroître quand la dureté augmente.

La longueur de la région d'attache l_3 est d'autant plus grande que le métal est plus doux.

Nous ajouterons en terminant que la section de fracture affecte en général une forme concave dite en *cuvette* ; l'allongement des fibres périphériques est donc notablement supérieur à celui de la fibre moyenne. Il paraît que cette fracture en cuvette est un indice de la bonne qualité et de l'homogénéité du métal. Elle semble démontrer que les actions moléculaires latentes de moulage ont entièrement disparu pour faire place aux actions latentes de laminage, de signes contraires, qui ont pour effet d'accroître l'allongement de rupture des fibres extérieures (art. 75).

85. Effets de l'écrouissage. — Nous avons déjà vu que si l'on soumet une barre à un effort de traction supérieur à la limite d'élasticité, on relève d'autant celle-ci, en réduisant l'allongement de rupture. Nous ne reviendrons pas sur ces faits déjà signalés et expliqués (art. 77).

Un effort de compression dirigé suivant l'axe de la barre, et supérieur à la limite d'élasticité, produit au point de vue de la résistance à la traction des effets analogues.

Comme l'écrouissage est le résultat de la rupture d'un certain nombre de ressorts a, le résultat, en ce qui touche le relèvement de la limite d'élasticité à la traction et la diminution de l'allongement, est le même quel que soit le moyen employé pour amener cette rupture.

Tel est par exemple le cas d'un travail à la flexion supérieur à la limite d'élasticité, que l'on peut réaliser en courbant ou en redressant à froid une tôle ou une barre, à l'aide d'un marteau ou d'une presse.

M. Thurston a relevé de 16 k. 1 à 20 k. 9 la limite d'élasticité à la traction d'une barre de fer en la pliant à froid sous un angle de 120°. La limite de rupture n'a pas varié : 35 k. 5.

Nous avons remarqué en outre que l'écrouissage donne lieu parfois à un accroissement de la limite de rupture, généralement médiocre, dont nous avons donné une explication.

Écrouissage superficiel. — En laminant ou en martelant à froid une tôle ou une barre de fer ou d'acier naturel, on écrouit la couche superficielle de la tôle ou la région périphérique de la barre, sans modifier les propriétés élastiques de la partie intérieure.

Cette opération, qui réduit l'épaisseur de la région écrouie, détermine nécessairement l'apparition d'actions moléculaires latentes d'extension dans toutes les directions parallèles à la face de la tôle ou tangentes à la périphérie de la barre.

L'état élastique est le même que si le noyau intérieur, exerçant une pression sur l'enveloppe écrouie, faisait travailler celle-ci à l'extension dans toutes les directions parallèles à leur surface de séparation.

On conçoit facilement que par cela seul que l'allongement de rupture de la région superficielle est abaissé, il ne peut plus y avoir de striction lorsqu'on éprouve la pièce à l'extension. En effet, dans la région de striction, la fibre extrême AB est après la rupture plus allongée que la fibre moyenne CD. Si cette fibre a été écrouie avant l'essai, elle sera moins déformable que la fibre moyenne,

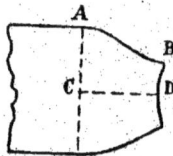

Fig. 110.

et la fracture devra se produire de la façon qu'indique la figure 111, sans réduction sensible de l'aire de la section. On constate en effet que l'éprouvette ainsi travaillée à froid s'allonge peu, et a une résistance de rupture notable en raison des actions latérales développées dans son pourtour.

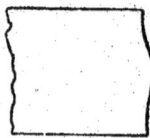

Fig. 111.

Expériences de M. Fairbairn :

	Limite de rupture.	Allongement de rupture.
Barre à la sortie du laminoir..........	41 k.	20 0/0
Id. laminée à froid.................	62 k.	7,8

Expériences de M. Barba :

Cornière à l'état naturel..............	45,7	24,5 0/0
Id. martelée à froid.............	53,8	17,2
Tôle naturelle.....................	41,3	32
Id. martelée.....................	50,0	6
Tôle naturelle.....................	39,3	35
Id. martelée.....................	45,6	10

Expériences de M. Thurston sur des barres comprimées dans le sens latéral, de façon à réduire leur section en augmentant leur longueur (on obtient ainsi un résultat analogue à celui de l'étirage).

	F	C	λ
Barre primitive...............	21k	36k5	24,6
Barre comprimée à froid sur son pourtour...................	42	49	10,4

Le laminage des fers et des aciers, qui se commence à la température du blanc éclatant pour les produits doux, et de l'orangé pour les aciers durs, doit être poursuivi jusqu'au cerise clair, si l'on veut éviter que les barres travaillées ne présentent des traces de cristallisation, nuisibles à leur résistance. Mais il arrive fréquemment qu'au moment où l'opération s'achève, la coloration du métal est tombée au rouge, au rouge sombre, ou même a cessé d'être lumineux (fabrication des tôles minces). La pièce obtenue dans ces conditions a subi nécessairement un écrouissage superficiel analogue à celui des éprouvettes travaillées à froid, et qui ne peut disparaître que par un recuit ultérieur.

D'après M. Considère, les tôles laminées à température trop basse se reconnaissent à une coloration rougeâtre, très différente de la teinte bleuâtre des tôles laminées à température convenable. Cet auteur cite l'exemple suivant, qui est en parfaite concordance avec les renseignements énoncés plus haut.

	Limite d'élasticité.	Limite de rupture.	Allongement de rupture.
Avant recuit...........	48 k. 6	58 k.	·9 0/0
Après recuit...........	23 k. 2	47 k.	16,5 0/0

Les fils de fer ou d'acier qui n'ont pas été recuits après leur dernier passage à la filière, ont généralement subi ce genre d'écrouissage périphérique, qui, en raison de leur faible diamètre, relève très notablement leur limite de rupture et énormément leur limite d'élasticité. Cette circonstance peut être considérée comme avantageuse (page 179) quand on se propose de les soumettre en service à des efforts considérables.

Les fils qui ont subi une trempe douce après le dernier passage à la filière peuvent donner, avec une constitution moléculaire toute différente, des résultats analogues, en ce qui touche la limite et l'allongement de rupture, et la fragilité ; mais la limite d'élasticité est, toutes choses égales d'ailleurs, nécessairement moins élevée.

On reconnaîtra donc toujours facilement si un fil à grande résistance est écroui ou trempé.

Ecrouissage local. Poinçonnage et cisaillage. — Lorsqu'on poinçonne une tôle d'acier, on écrouit le métal autour du trou sur une zone dont la largenr, mesurée dans la direction du rayon,

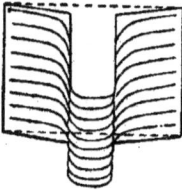

Fig. 112.

est généralement considérée comme inférieure ou tout au plus égale à un millimètre. Toutefois cette largeur augmenterait, d'après M. Considère, avec l'épaisseur de la tôle, et atteindrait peut-être deux millimètres pour les tôles de 20 mm. et plus. D'après le même auteur, l'écrouissage, avec un poinçon de 18 à 20 mm. de diamètre, irait en s'atténuant quand l'épaisseur de la tôle diminue à partir et au-dessous de 8 millimètres. Il semble en effet évident que l'altération du métal doit être d'autant plus marquée que le rapport de l'effort total, nécessaire pour percer la tôle, au périmètre du trou est plus élevé. Or nous avons vu que cet effort va en croissant quand l'épaisseur de la tôle varie à partir de zéro, en se rapprochant rapidement du maximum qu'il doit atteindre pour une épaisseur infinie (art. 53). L'écrouissage doit être en définitive une fonction croissante de l'épaisseur e de la tôle et peut-être décroissante du diamètre du poinçon, suivant une loi compliquée qu'il paraît difficile de déterminer par le calcul.

M. Barba a réussi à séparer d'une tôle poinçonnée la bague de 1 mm. d'épaisseur qui formait le pourtour du trou. Or cette bague s'est brisée en fragments quand on a essayé de l'aplatir, tandis qu'après recuit il a été possible de l'aplatir complètement sur son diamètre sans la rompre. La même bague, découpée autour d'un trou *foré* et non poinçonné, avait conservé sensiblement la même ductilité que la tôle d'où on l'avait tirée. Il paraît donc bien établi que le poinçonnage écrouit l'acier, en augmentant sa résistance et diminuant sa ductilité dans le voisinage immédiat du trou percé, tandis que le forage ne produit qu'une altération nulle ou insensible.

Soient l la largeur et e l'épaisseur d'une éprouvette de tôle dans laquelle on a pratiqué par forage un trou de diamètre d. Le métal n'étant pas écroui sur le pourtour du trou, la limite de rupture, rapportée à la section nette de moindre résistance, dont l'aire est $(l - d) e$, devra être supérieure à la limite de rupture primitive, en raison des actions latérales qui se manifestent dans une pièce de largeur variable quand on la soumet à un essai de traction simple. Cet accroissement de résistance dans la partie rétrécie est d'autant plus considérable que le rapport $\dfrac{l - d}{l}$ est plus petit. Nous ne reviendrons pas sur ce sujet, qui a déjà été complètement traité par nous (art. 25 et 54).

Supposons maintenant que, la tôle ayant été poinçonnée, il y ait eu écrouissage local du métal sur le pourtour du trou. Si l'on essaie l'éprouvette à la traction, l'allongement proportionnel dans la section de rupture ne pourra dépasser celui qui se rapporte à la matière altérée : dès que la bague écrouie se sera fissurée, la fracture se propagera dans le métal environnant, et la pièce se cassera. Cette diminution de l'allongement final se constate toujours dans les tôles poinçonnées.

En ce qui touche la limite de rupture, le problème est plus complexe, en raison des influences diverses qui agissent simultanément et tendent les unes à relever et les autres à abaisser cette limite.

Soient : l la largeur primitive, avant poinçonnage, et e l'épaisseur de la bande de tôle expérimentée ; n le nombre des trous de rivets équidistants percés dans la section la plus affaiblie, où se produira la cassure, et d le diamètre de chacun de ces trous ; ε la largeur de la zone écrouie sur le bord d'un trou, largeur qui, d'après M. Considère, peut être inférieure ou supérieure à 1 mm., mais ne semble guère avec les tôles de grandes épaisseurs, pouvoir dépasser 2 mm. : enfin C la limite primitive de rupture de la barre, rapportée à la section le, et C' sa limite de rupture après poinçonnage, rapportée à la section nette de moindre résistance, dont l'aire est $(l - nd)e$. C' et C sont reliés par une relation de la forme :

$$C' = C (1 + \alpha^2) \left[(1 - \beta^2) \left(1 - \frac{2n\varepsilon}{l - nd} \right) + (1 + \gamma^2) \left(\frac{2n\varepsilon}{l - nd} \right) \right]$$

Les valeurs numériques des coefficients positifs α^2, β^2 et γ^2 dépendent en premier lieu de la nature du métal.

α^2, coefficient de majoration relatif au rétrécissement de la section transversale, est indépendant de l'écrouissage produit par le poinçon ; il doit croître en même temps que le rapport $\frac{nd}{l}$.

β^2, coefficient de réduction, représente l'affaiblissement de résistance dû à ce que la pièce se rompt avant que le métal non écroui ait atteint sa limite de rupture propre. Il augmente probablement, comme la largeur ε de la zone écrouie, quand le diamètre d diminue et que l'épaisseur e s'accroît.

γ^2, coefficient de majoration correspondant au relèvement de la limite de rupture propre du métal écroui, varie sans doute dans le même sens que β^2 et ε.

Il résulte de cette étude que, toutes choses égales d'ailleurs et abstraction faite de la nature du métal employé, le rapport $\frac{C'}{C}$ est d'autant plus élevé que le rapport $\frac{nd}{l}$ des vides pratiqués dans la pièce à sa largeur primitive est plus grand, et, pour une même valeur de nd, que la largeur l est moindre; et que l'épaisseur e de la tôle est plus faible. En général ce rapport $\frac{C'}{C}$ doit être inférieur à l'unité, mais le cas contraire peut se présenter avec une bande de tôle mince et de faible largeur.

A l'appui des considérations qui précèdent, nous donnerons les résultats d'expérience suivants, que nous empruntons à M. Considère.

Influence de la largeur d'une barrette poinçonnée sur sa résistance : nd et e restent constants, tandis que l varie.

Expériences de M. Barba.	C	C'	
		$l = 0^m,032$	$l = 0^m,080$
Trou central de $0^m,017$ de	$54^k.50$	$48^k.1$	$41^k.2$
diamètre....	60, 00	53, 1	44, 8

Expériences de M. Considère sur des barrettes dont les bords
étaient échancrés par deux coups de poinçon, le centre de chaque entaille demi-circulaire étant sur une arête de la pièce : la
largeur de la section rétrécie était dans ce cas représentée
par $l - d$.

C	C', pour les valeurs suivantes de $l - d$.					
	5mm	6mm	8mm	14mm	30mm	50mm
51k.50	67k.1	65k.4	64k.0	52k.4	45k.1	42k.1
60 00			73, 7	62, 3	52, 9	48, 2

On remarquera que dans ces derniers essais le rapport $\frac{C'}{C}$ a été
trouvé supérieur à l'unité pour les valeurs de $l - d$ inférieures
à 14mm.

Dans les tôles mises en œuvre dans les constructions et les
machines, les trous de rivets sont toujours trop écartés les uns
des autres pour que le rapport $\frac{C'}{C}$ puisse être supérieur à l'unité.
L'affaiblissement dû au poinçonnage ne s'écarte guère, dans les
conditions usuelles, d'une valeur moyenne, variable avec la nature du métal, que nous indiquerons ci-après.

Influence de l'épaisseur de la tôle poinçonnée, l et n d restant
constants.

M. Considère a reconnu par expérience que pour un acier doux
Martin la perte de résistance $\frac{C-C'}{C}$ due au poinçonnage allait en
diminuant avec l'épaisseur :

$$e = 8^{mm} \qquad 6^{mm} \qquad 4^{mm} \qquad 2^{mm} \qquad 1^{mm}$$
$$\frac{C-C'}{C} = 0,22 \qquad 0,19 \qquad 0,16 \qquad 0,14 \qquad 0,12$$

On ne se sert guère, dans la pratique des constructions, que de
tôles d'épaisseurs égales ou supérieures à 8mm, et dans ces conditions l'affaiblissement paraît à peu près indépendant de e.

Influence de la nature du métal. — La diminution de résistance produite par le poinçonnage est maximum pour les aciers les plus durs, et va en s'abaissant avec la dureté. On admet en général qu'elle est moindre pour le fer que pour l'acier le plus doux, et souvent même on la regarde comme nulle ou négligeable pour les produits soudés.

Toutefois, d'après M. Considère, le rapport $\frac{C-C'}{C}$ serait de 19 0/0 pour les fers supérieurs, et pourrait s'élever à 21 0/0 pour les produits communs ou phosphoreux ; il varierait de 20 0/0 pour les aciers les plus doux à 35 0/0 pour les métaux durs.

Étant donné que la perte de résistance est le résultat d'un écrouissage local, M. Considère en conclut avec raison que, si la barre expérimentée a été préalablement écrouie sur toute sa largeur par un procédé quelconque, l'affaiblissement dû au poinçonnage devra être très diminué ; si le percement du trou n'augmentait pas l'altération du métal, la résistance de l'éprouvette ne devrait même subir aucun changement. M. Considère a vérifié que le rapport $\frac{C-C'}{C}$ peut tomber de 19 0/0 à 9 0/0 pour le fer, et de 22 0/0 à 10 0/0 pour l'acier doux, quand la barrette a été écrouie avant poinçonnage.

Un recuit préalable exagère au contraire la perte de résistance, qui peut passer de 22 à 24 0/0, parce qu'il fait disparaître les traces d'écrouissage superficiel résultant pour la barre de ses derniers passages au laminoir.

Ainsi que nous l'avons déjà signalé, le percement des trous au foret n'écrouit pas le métal dans une mesure appréciable, et n'entraîne par suite aucune diminution de résistance.

On peut faire disparaître les effets nuisibles du poinçonnage :

Soit en recuisant les tôles, le recuit ramenant, comme on le sait, le métal écroui à l'état naturel ; mais cette opération présente l'inconvénient sérieux de déformer les tôles, qui ont ensuite besoin d'être dressées ; elle semble surtout applicable aux aciers durs et aux pièces moulées qui ont subi un travail à froid ;

Soit en alésant les trous, de façon à enlever la région altérée ; cette opération est généralement prescrite pour les aciers doux de construction. Elle est *a fortiori* indispensable pour les métaux durs. L'alésage des trous poinçonnés donne des résultats à peu près aussi satisfaisants que le forage, qui supprime l'emploi du poinçon. D'après M. Considère, il conviendrait d'augmenter par alésage les diamètres des trous poinçonnés :

De 2 mm. pour les tôles de 10 mm. d'épaisseur
De 3 mm.   —   15 mm.   —
De 4 mm.   —   20 mm.   —

Cet ingénieur a vérifié, sur des bandes de tôles assemblées bout à bout par rivets, que la résistance à l'extension par millimètre carré de section nette est réduite, par le poinçonnage, sensiblement dans les rapports indiqués plus haut pour les différentes catégories de métaux; et que le recuit et l'alésage remédient complètement à cet affaiblissement et relèvent même la limite de rupture un peu au-dessus de la valeur constatée pour la barre pleine. Ce phénomène s'explique facilement par l'influence des actions moléculaires latérales. Du moment que le métal n'est plus écroui sur le pourtour de chaque trou, on a :

$$\beta^2 = \gamma^2 = 0, \text{ et } \varepsilon = 0.$$

D'où :

$$C' = C(1 + \alpha^2); \ C' > C.$$

Le cisaillage des tôles produit sur la tranche de coupe un effet analogue à celui du poinçonnage, et à peu près aussi pernicieux. Il est donc bon, au moins pour les aciers, de raboter, buriner ou user à la meule cette tranche sur 1 mm. à 2 mm. d'épaisseur, de façon à enlever la zone écrouie.

Toute action mécanique, tout choc susceptible de déformer à froid une pièce métallique donne des résultats du même genre (planage ou redressage des tôles). Il convient donc d'éviter le travail à froid, ou d'en corriger les effets par un recuit ultérieur.

On a remarqué que la rupture des éprouvettes essayées à la traction s'effectuait souvent au droit de l'un des points de repère marqués d'un coup de pointeau avant l'expérience, bien qu'*a priori* il pût sembler évident que la région altérée ne pouvait, en

28

raison de ses dimensions infimes, exercer d'influence sérieuse sur la résistance de la barre.

Il ne faut pas confondre les effets de l'écrouissage avec ceux dus aux défauts de continuité intérieurs ou périphériques que peut présenter la pièce essayée (pailles, gerçures, fissures, cristallisations, soufflures, manques d'adhérence, dessoudures), soit par suite de la mauvaise qualité du métal, soit en raison d'une mise en œuvre défectueuse, ou d'un travail à froid exagéré qui aurait atteint la limite de rupture dans la région altérée. Si en effet dans les deux cas l'allongement de rupture est diminué, les limites d'élasticité et de rupture, relevées dans le premier, sont notablement abaissées dans le second, en raison de l'influence nuisible des points critiques existant sur le pourtour des vides ou des fissures.

Le recuit suffit pour faire disparaître l'écrouissage, en reconstituant au rouge cerise les ressorts a, qui sont seuls brisés; tandis que, s'il y a solution de continuité, les ressorts a et b étant détruits dans la partie endommagée, le recuit ne donnera qu'un résultat nul ou insignifiant.

Lorsqu'on pose un rivet, il arrive souvent que le façonnage de la tête se termine à une température très inférieure au rouge cerise, et que le métal qui la constitue est écroui. Cela ne diminue pas la résistance de la pièce, et ne l'empêche pas de faire un bon service. Il n'en est pas de même si le travail à basse température a été exagéré, et qu'il se soit produit sur le bord de la tête une gerçure ou une fissure à peine apparente; le rivet ne vaut plus rien et sautera tôt ou tard, quand la fissure se sera propagée dans le métal encore sain.

Pour éviter ce danger, on emploie exclusivement dans les constructions des rivets en fer fin ou en acier extra-doux, métaux très malléables à froid, et susceptibles de subir des déformations assez considérables sans qu'il se manifeste de ruptures superficielles. C'est de là aussi que provient la supériorité des rivets posés à la machine sur ceux placés à la main, parce qu'avec le premier procédé on termine toujours la tête à température élevée, et qu'on ne risque pas de voir un dernier coup de marteau écraser, en les gerçant, les bords de la tête.

On a remarqué aussi que la résistance des rivets est plus grande de 10 à 20 0/0 quand les bords du trou, au lieu d'être à angle vif, sont légèrement arrondis ou taillés en biseau. On conçoit en effet que si la tête est réunie au corps par un angle rentrant, il peut se produire au sommet de cet angle, pendant la pose, une fissure périphérique qui avec le temps se propagera dans le noyau intérieur, et séparera la tête du corps. D'une manière générale, les faces d'un angle rentrant doivent toujours, pour une pièce quelconque, être raccordées par un congé (art. 54).

Conclusions. — En résumé, si l'on prend l'acier au sortir du convertisseur, ou le fer au sortir du four à puddler, on constate :

1° Que le travail à chaud, laminage, forgeage ou martelage, relève les limites d'élasticité et de rupture N et C, l'allongement de rupture λ et le coefficient de contraction Γ dans la section de rupture.

L'effet produit est d'autant plus marqué que le travail a été plus énergique et que la région périphérique influencée a plus d'importance comparativement au noyau intérieur, dont la structure a pu n'être pas sensiblement modifiée. La résistance et la ductilité des pièces laminées sont d'autant plus grandes que leur diamètre, ou leur épaisseur, est moindre : il est bien entendu que l'allongement de rupture ne donne pas ici la mesure exacte de la ductilité, puisque, pour un métal déterminé, il diminue avec le diamètre de la pièce essayée, en raison de la réduction de longueur subie par la région de striction.

On a trouvé pour une barre étirée au laminoir une limite de rupture de 40^k et un allongement de 13,5 0/0, alors que la même pièce fabriquée au marteau-pilon, dont l'action beaucoup plus puissante atteint le cœur de la barre, donnait une résistance de 52^k, avec un allongement de 17 0/0.

Si le travail à chaud est incomplet, ou est arrêté trop tôt, au-dessus du rouge cerise, la pièce fabriquée peut présenter des traces de cristallisation : N, C, λ et F ont des valeurs plus faibles.

Si le travail à chaud est poursuivi au-dessous du rouge cerise, la pièce subit un écrouissage périphérique ou superficiel : N est considérablement relevé, C légèrement augmenté, λ et Γ très diminués.

2° Tout travail à froid qui donne lieu à une déformation permanente écrouit le métal, en relevant la limite d'élasticité et diminuant l'allongement de rupture et le coefficient de contraction. L'écrouissage complet et l'écrouissage périphérique peuvent entraîner une augmentation considérable de N, avec un accroissement appréciable de C.

L'écrouissage local ne rehausse pas sensiblement N, et entraîne en général une réduction notable de C.

Quand le travail à froid a été exagéré et a produit une désagrégation locale du métal qui s'est gercé ou fissuré, il en résulte un abaissement simultané de N,C, λ et Γ, qui est surtout sensible pour ces trois dernières quantités.

3° Le recuit fait disparaître l'écrouissage, quelle qu'en soit l'origine. Il diminue donc N, et relève λ et Γ. La limite de rupture peut être abaissée ou relevée suivant l'effet qu'avait produit l'écrouissage. Il atténue les effets de l'écrouissage, et ne corrige qu'imparfaitement ou pas du tout les défauts de fabrication, fissures, pailles, gerçures, etc.

86. Eprouvette normale. Coefficients de qualité. — Nous avons vu que dans les essais de traction l'allongement de rupture dépendait autant de la forme de l'éprouvette que de la nature du métal, tandis que la limite d'élasticité et la striction étaient soustraites à cette influence, qui n'agissait que dans une mesure très faible, presque insignifiante, sur la limite de rupture.

Les résultats fournis par un essai de traction n'ont donc de valeur, du moins en ce qui concerne l'allongement de rupture, que pour l'éprouvette expérimentée, et comme on ne possède pas de formule permettant de faire entrer en ligne de compte, d'une manière sûre et précise, le diamètre, la longueur entre repères et la forme des têtes, il serait désirable que l'on s'entendît une fois pour toutes pour arrêter définitivement la forme de l'éprouvette-type qui serait exclusivement admise dans des essais à la traction des fers et aciers [1].

1. M. Considère a constaté qu'il n'existe pas de proportionnalité entre l'allongement de striction et l'allongement de rupture, dont le rapport, qui dépend

Il semble que l'on soit disposé aujourd'hui à admettre une longueur de 200 mm. entre repères, divisée en deux parties de
100 mm. dont on mesure séparément les allongements, en tant
que la rupture s'effectue nettement dans l'une d'elles, de façon à
obtenir l'allongement dans les 10 cent. de la rupture, l'allonge-

d'ailleurs des dimensions de l'éprouvette, peut, si l'on se place toujours à ce
point de vue dans des conditions identiques, varier de 14 à 2 suivant la nature du
métal. Il est probable, dans ces conditions, que le rapport des deux coefficients numériques a et K, qui figurent dans la formule d'allongement

$$\lambda = a + K\frac{d}{l},$$

n'est pas invariable. Toutefois, nous avons cru remarquer que pour les produits
naturels doux (non écrouis ni trempés), ce rapport $\frac{a}{K}$ est généralement compris, avec les types d'éprouvettes en usage, entre $\frac{1}{2}$ et $\frac{1}{3}$, et ne s'écarte
guère de $\frac{1}{2,5}$. Soient donc λ et λ' les allongements de rupture obtenus pour le
même métal en essayant deux éprouvettes cylindriques, de longueurs l et l' et
de diamètres d et d', peu différentes au point de vue de la forme de la tête et de
sa distance au repère. Peut-être pourrait-on, faute de mieux, admettre entre λ et
λ' la relation suivante : $\dfrac{\lambda}{\lambda'} = \dfrac{1 + 2,5\,\dfrac{d}{l}}{1 + 2,5\,\dfrac{d'}{l'}}$. Dans le cas d'une éprouvette à section rectangulaire, d serait le diamètre du cercle d'aire équivalente. Cette for-
mule, à la rigueur acceptable pour les produits doux, n'a pas été vérifiée pour les
aciers durs. Nous l'indiquons à titre de pis-aller, sans la garantir en aucune
façon.

Lorsqu'on essaie à la traction une pièce de largeur variable, l'allongement de
rupture est considérablement diminué parce qu'il ne se produit de déformation
permanente que dans la partie rétrécie. Il n'y a pas de formule qui permette, en
pareil cas, de prévoir le résultat de l'essai, qui dépend non seulement de la nature du métal, mais encore des dimensions et de la forme de la partie rétrécie; si
celle-ci est très courte, l'allongement peut être insensible. Avec une barre percée
d'un trou foré, ou recuite après poinçonnage, on a obtenu un allongement représentant à peu près le cinquième de celui donné par la même barre prismatique
non trouée. Cette déformation peut encore être réduite au quart si, le poinçonnage
du trou n'ayant pas été suivi d'un recuit ou d'un alésage, le métal de la partie
rétrécie est écroui.

Nous ne connaissons pas de règle permettant de se rendre compte de la ductilité d'un acier par un essai effectué sur une barre de largeur variable.

ment sur les 10 cent. en dehors de la rupture, et enfin l'allongement moyen sur 20 centimètres.

Pour le diamètre, on le prend tantôt égal à $\frac{l}{10}$ ou 20 mm., tantôt égal à 16 mm. de façon à obtenir une section circulaire dont l'aire soit 200 mmq. Les têtes sont cylindriques et raccordées à la partie prismatique par une partie conique allongée.

Quant aux éprouvettes plates, découpées dans des tôles ou des barres laminées, on leur attribue la même longueur de 200 mm. entre repères, avec une largeur de 0,020 et une épaisseur égale à celle de la tôle.

Ces données sont assez vagues et ne sont pas encore unanimement admises. Il faut espérer que l'on se décidera à arrêter un type invariable, dont la forme et les dimensions seront fixées avec minutie et précision, car il importe de faire disparaître la confusion qui règne aujourd'hui. Il serait même à désirer que l'on définît le mode d'attache des têtes dans l'appareil d'essai, la manière dont on appliquera les efforts de traction croissant graduellement, et le temps que durera l'essai. Sans cela, on n'arrivera jamais à s'entendre, et nous devons remarquer à ce propos que les renseignements expérimentaux, donnés par nous dans le cours de la présente étude, peuvent, ou plutôt doivent, n'être pas tous comparables entre eux, et que nous risquons fort de nous être trompé assez souvent en attribuant aux propriétés élastiques des métaux essayés des effets imputables aux formes des éprouvettes et aux procédés d'essai.

Il est bien certain qu'abstraction faite de l'habileté de l'opérateur et de la précision de l'appareil, on arrive facilement, non seulement en modifiant les dimensions de l'éprouvette et les formes des têtes, mais encore en accélérant ou retardant, par un tour de main, certaines phases de l'essai, à faire varier entre des limites assez écartées sinon la limite d'élasticité, qui n'est guère influencée que par la composition du métal, la trempe, le recuit et l'écrouissage, du moins la limite de rupture et l'allongement. On peut presque toujours gagner quelque chose sur C en perdant sur λ, ou réciproquement : il suffit de précipiter ou de ralentir l'opération.

Soient N et C les limites d'élasticité et de rupture à l'extension simple d'un métal déterminé ; λ l'allongement de rupture en centièmes et Γ le coefficient de contraction en centièmes :

$$\Gamma = 100 \left(\frac{A - \Omega}{A} \right).$$

Quand la dureté du produit augmente, N et C croissent, tandis que λ et Γ diminuent. Les sommes N + λ, N + Γ, C + λ, C + Γ ne varient donc pas beaucoup, puisque l'un des termes s'abaisse qnand l'autre s'élève. Chacun de ces coefficients a sensiblement la même valeur pour deux métaux de duretés peu différentes, qui, au point de vue de la pureté, de l'homogénéité et de la bonne fabrication, seraient à peu près équivalents. Il pourra donc être considéré comme un coefficient de *qualité* du produit, abstraction faite de sa *dureté*.

Nous avons calculé ci-après les valeurs de ces coefficients pour les aciers et les fers qui figurent dans les tableaux de classification des pages 276 et 200 du présent chapitre.

Désignation des produits		Limite d'élasticité N en kg par m.m.q.	Limite de rupture C en kg par m.m.q.	Allongement de rupture λ en centièmes	Striction Σ	Contraction Γ=100 (1-Σ)	Coefficients de qualité			
							N+λ	N+Γ	C+λ	C+Γ
ACIERS										
Très dur	Naturel	48	90	6	0.84	16	54	64	96	106
	Trempé	90	140	2	0.98	2	92	92	142	142
Dur	Naturel	43	80	11	0.79	21	54	64	91	101
	Trempé	80	120	5	0.93	7	85	87	125	127
	Naturel	38	70	15	0.73	27	53	65	85	97
	Trempé	68	105	7	0.87	13	75	81	112	118
Mi-dur	Naturel	35	60	19	0.62	38	54	73	79	98
	Trempé	60	90	11	0.72	28	71	88	101	118
Mi-doux	Naturel	33	50	23	0.53	47	56	80	73	97
	Trempé	50	70	16	0.58	42	66	92	86	112
Doux	Naturel	29	45	25	0.46	54	54	83	70	99
	Trempé	40	55	19	0.50	50	59	90	74	105
Très doux soudable	Naturel	26	40	28	0.38	62	54	88	68	102
	Trempé	34	48	22	0.40	60	56	94	70	108
Extra doux soudant	Naturel	29	40	28	0.38	62	57	91	68	102
	Trempé	34	48	22	0.40	60	56	94	70	108
	Naturel	26	35	32	0.31	69	58	95	67	104
	Trempé	30	40	28	0.32	68	58	90	68	108
FERS										
Commun	Long	20	32	6	»	»	26	»	38	»
	Travers	17	29	3.5	»	»	20.5	»	32.5	»
Ordinaire	Long	21	33	9	»	»	30	»	42	»
	Travers	18	30	5	»	»	23	»	35	»
Fort	Long	21.5	33.5	13	»	»	34.5	»	46.5	»
	Travers	19	31	8	»	»	27	»	38	»
Fort supérieur	Long	22	34	16	»	»	38	»	50	»
	Travers	20	32	12	»	»	32	»	44	»
Fin	Long	23	35	18	»	»	41	»	53	»
	Travers	21	32	14	»	»	35	»	46	»
Fin-extra	Long	24	36	21	»	»	45	»	57	»
	Travers	22	34	16	»	»	38	»	50	»

Nous n'insisterons pas sur le parti que l'on peut tirer de ces coefficients de qualité.

On spécifie souvent dans les cahiers des charges relatifs aux fournitures de métaux, outre les valeurs minima et maxima des allongements et des limites d'élasticité et de rupture qui visent spécialement la dureté du produit demandé, les valeurs extrêmes acceptables pour tel coefficient de qualité, sensiblement indépendant de la dureté, qui doit renseigner sur la pureté et la bonne fabrication du produit.

On voit en effet que pour les aciers de bonne qualité mentionnés au tableau précédent, la dureté n'influe guère sur les coefficients de qualité, tandis que, pour les fers, de compositions similaires, leurs valeurs croissent au fur et à mesure que la fabrication a été plus soignée.

Les coefficients $N + \Gamma$ et $C + \Gamma$ sont à peu près indépendants de la forme de l'éprouvette admise dans les essais. Les coefficients $N + \lambda$ et $C + \lambda$ sont au contraire, comme λ, très influencés par cette forme.

Toute stipulation insérée au cahier des charges, touchant l'allongement de rupture et les coefficients de qualité qui en dépendent, n'a pas grande signification si l'on n'a pas en même temps fixé les dimensions types de l'éprouvette d'essai.

Supposons par exemple que l'on ait demandé un métal très doux, ayant une résistance d'au moins 40^k avec un allongement supérieur à 26 0/0. En augmentant le diamètre de la barrette et réduisant sa longueur, on obtiendra sans difficulté le même allongement avec un acier mi-dur, mais la supercherie sera mise en évidence par ce fait que, la résistance de rupture étant très élevée (60^k par exemple), le coefficient de qualité $C + \lambda$ atteindra la valeur 86, très supérieure à celle qui convient à un acier doux et de dureté moyenne. C'est pourquoi on stipule souvent non seulement une limite inférieure mais encore une limite supérieure pour la résistance de rupture, ou pour un coefficient de qualité qui en dépende.

Dans les essais de fers, où l'allongement de rupture est le seul indice certain de pureté et de qualité, la résistance ne variant guère par ce motif, on peut facilement gagner quelques centièmes, avec une éprouvette dont la longueur et la section auraient été fixées par le cahier des charges, en supprimant les oreilles des têtes et les remplaçant par un élargissement graduel et lent, donnant à chaque extrémité de la barre la forme d'un coin que l'appareil d'essai peut saisir. On peut ainsi sauver une fourniture qui, avec les formes usuelles de têtes, eût été refusée.

On arriverait évidemment à se mettre à l'abri de ces causes d'erreur en basant la spécification sur la limite de rupture et sur le coefficient de striction ou de contraction. Mais la détermination expérimentale de ces coefficients est assez malaisée à effectuer avec précision, de sorte qu'on est grandement disposé à leur préférer la mesure de l'allongement de rupture, qui ne soulève pas de difficulté pratique.

Pour un fil très fin par exemple, il est à peu près impossible de mesurer la striction ; l'allongement proportionnel est très faible, la région de striction étant très courte et n'exerçant pas en pareil cas d'influence appréciable sur l'allongement total. Si l'on admet l'exactitude de la formule empirique et problématique énoncée dans la note de la page 437, l'allongement de rupture, mesuré sur 10 cent., d'un fil recuit (pour faire disparaître toute trace d'écrouissage) de 1^{mm} de diamètre serait les 0,67 seulement de celui d'une barrette de 2 centimètres de diamètre, en supposant identiques la nature et la constitution du métal dans ces deux pièces : en réalité cette dernière condition ne peut être remplie, l'action de la filière étant bien plus énergique que celle du laminoir, et il en résulte que le fil a toujours une résistance sensiblement plus élevée, et un allongement très réduit.

§ 4

ESSAIS A LA COMPRESSION SIMPLE, A LA FLEXION, AU CHOC, ÉPREUVES DIVERSES, RENSEIGNEMENTS NUMÉRIQUES

87. Essais à la compression. — Nous avons déjà expliqué (art. 54 et 55) pourquoi les essais directs à la compression simple ne peuvent fournir que des renseignements incertains et presque sûrement inexacts.

Quand on opère sur des éprouvettes dont la longueur est relativement grande par rapport au diamètre, il est possible de déterminer assez convenablement la limite d'élasticité et le coefficient d'élasticité longitudinale, si l'on dispose d'un appareil assez précis pour pouvoir mesurer à $\frac{1}{1000}$ près la hauteur de la pièce pendant l'essai. M. Thurston a par exemple fait usage de cylindres en fonte de 0,0508 de hauteur et de 0,0127 de diamètre. Pour obtenir avec une approximation suffisante les valeurs de la limite d'élasticité longitudinale, il fallait donc qu'il fût en mesure d'observer les raccourcissement à $\frac{1}{200}$ de millimètres près. Il conviendrait d'ailleurs en pareil cas de tenir compte de la dépression élastique qui peut être déterminée par la pression sur les faces des plateaux de l'appareil, au contact avec les bases de l'éprouvette; ce qui complique les mesurages. Mais, en ce qui touche la limite de rupture à la compression simple, les éprouvettes longues ne peuvent donner de renseignement valable, parce qu'elles se brisent par flambement ou par flexion. M. Thurston a en effet reconnu que ses échantillons se pliaient avant de se rompre. On conçoit au surplus qu'il soit très difficile de répartir uniformément la pression sur la base de l'éprouvette, condition indispensable pour que la matière travaille à la compression simple.

Si l'on emploie des éprouvettes courtes (*Staatsbahn* — Autriche : cubes de 2 cent. de côté, ou cylindres de diamètre égal à la hauteur), on peut écarter l'éventualité du flambement. Mais il est d'autant plus difficile de reconnaître la valeur du coefficient d'élasticité longitudinale que les déformations sont extrêmement faibles et du même ordre de grandeur que celles des plateaux de l'appareil. D'autre part les actions latérales, qui se développent au contact du plateau et de la base de l'éprouvette (page 203), sont très énergiques et suffisent, en raison de la faible hauteur de la pièce, pour relever notablement la limite d'élasticité et surtout celle de rupture. Cette influence perturbatrice fournit l'explication des résultats discordants obtenus en diverses circonstances.

D'après M. *Lebasteur*, la Cie de Terrenoire a trouvé une résistance de 407 k. par millimètre carré pour des aciers coulés, alors que pour des aciers laminés de diverses duretés la Staatsbahn indique 91 k. à 216 k., et M. Bauschinger 47 k. 8 à 98 k. 90.

Pour le fer, la Staatsbahn a obtenu des résistances comprises entre 73 et 100 k., tandis qu'on admet 35 à 45 k. et parfois même 25 à 30 k.

Il est reconnu que la fonte travaille beaucoup mieux à la compression qu'à l'extension ; mais pour le fer et l'acier on a souvent soutenu que la résistance à la compression était tout au plus égale, sinon inférieure, à la résistance à l'extension : cette opinion est radicalement fausse, comme nous le verrons à l'article prochain.

En somme si, partant d'une éprouvette suffisamment longue par rapport à son diamètre pour se briser par flambement, et présenter par suite une résistance à la compression très inférieure à sa résistance à l'extension simple, on fait décroître graduellement cette dimension, la limite de rupture ira en croissant indéfiniment jusqu'à atteindre celle des plateaux de l'appareil d'essai, quand l'échantillon sera réduit à la forme d'un disque plat et mince.

Au surplus, les résultats des expériences faites par M. Bauschinger, que nous mentionnerons dans l'article 94, suffisent pour démontrer que, si les essais à la compression directe peuvent sans doute fournir des renseignements acceptables pour la limite d'é-lasticité, ils ne méritent qu'une confiance très limitée en ce qui touche le coefficient d'élasticité, et sont sans valeur aucune pour la limite de rupture, puisqu'une simple modification dans la forme de l'échantillon a suffi pour porter cette limite du simple au double.

Pour étudier la manière dont un métal se comporte sous un effort croissant de compression, il est nécessaire, comme nous allons le montrer, de recourir aux essais de flexion.

88. Essais à la flexion. — *Limites d'élasticité et de rupture.* — Considérons une barre géométriquement prismatique et à section rectangulaire, sollicitée par un moment de flexion situé dans un de ses deux plans longitudinaux de symétrie. Nous désignerons par h la hauteur de la section transversale mesurée dans le plan de flexion, et nous admettrons pour simplifier que sa largeur, mesurée perpendiculairement au plan de flexion, soit égale à l'unité.

Examinons ce qui va se passer si l'on fait croître indéfiniment le moment de flexion à partir de zéro.

Au début de l'essai, aucune des fibres tendues ou comprimées ne travaillera au-delà de la limite d'élasticité, et l'on constatera que la déformation de la pièce satisfait à l'hypothèse fondamentale de la résistance des matériaux. La fibre moyenne se courbe sans changer de longueur ni sortir du plan de flexion ; une section transversale quelconque AB reste plane, identique à elle-même et normale à l'axe longitudinal déformé, qui continue à passer par son centre de gravité. La déformation de la barre est le résultat d'une série de rotations élémentaires effectuées respectivement par chacune des sections autour de la perpendiculaire au plan de flexion qui passe par son centre de gravité.

Menons dans le plan de flexion une droite *ab*, de direction arbitraire, qui passe par le centre de gravité G de la section AB : la fibre coupée en F par le plan AB supporte un effort d'extension simple proportionnel à la distance FG, qui peut être représenté à une échelle convenue par l'ordonnée Ff; l'allongement élastique par unité de longueur subi par cette fibre est également proportionnel à la même longueur FG, qui fournit sa valeur à une échelle déterminée.

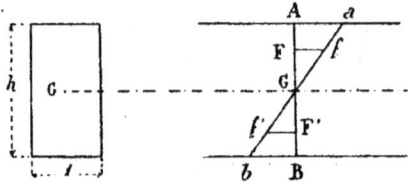

Fig. 113.

Dans la zone inférieure de la section, les longueurs F'f' et GF' représentent, pour les mêmes motifs et avec les mêmes échelles, l'effort de compression par unité de surface et le raccourcissement élastique proportionnel relatifs à la fibre qui passe en F'.

Le travail maximum à l'extension R, qui se manifeste sur la fibre extrême supérieure A, sera réprésenté par l'ordonnance Aa, et l'allongement correspondant par l'abscisse GA.

Le travail maximum de compression R', subi par la fibre inférieure B, sera figuré par Bb, et le raccourcissement par GB.

En vertu de la théorie de la flexion des prismes élastiques, les valeurs absolues de R et R', et celles de l'allongement et du raccourcissement maxima, sont respectivement égales entre elles.

La valeur du moment de flexion X, qui agit sur la section AB, sera fournie par l'expression $\dfrac{2RI}{h}$, ou $\dfrac{2R'I}{h}$, où I représente le moment d'inertie de la section transversale par rapport à la perpendiculaire au plan de flexion qui passe en G, c'est-à-dire $\dfrac{1}{12}\,h^3$.

D'où :

$$X = \frac{Rh^2}{6} = \frac{R'h^2}{6}.$$

Supposons maintenant que l'on fasse croître le moment de flexion de manière à dépasser la limite d'élasticité et à se rapprocher de la limite de rupture, atteinte au moment où la fibre A se brise par l'effet d'une tension excessive.

On constate que la déformation de la pièce devient permanente
et ne satisfait plus à l'hypothèse de la résistance des matériaux.
La section transversale AB reste encore plane, et la fibre
moyenne déformée ne sort pas du plan de flexion. Mais l'axe neutre, autour duquel s'est effectuée la rotation élémentaire de la
section, ne passe plus comme précédemment par le point G situé
au milieu de la hauteur *h*. On a constaté expérimentalement,
pour le fer et l'acier doux, que cet axe neutre O, marquant la position de la fibre qui, n'étant ni tendue ni comprimée, n'a pas
subi de raccourcissement ou d'allongement permanent, se trouve
placé lors de la rupture aux $\frac{3}{5}$ ou aux $\frac{2}{3}$ de la hauteur *h*. Le rapport
$\frac{AO}{OB}$, au lieu de rester égal à l'unité, est compris entre $\frac{3}{2}$ et 2.

D'autre part, la section ne conserve pas son profil rectangulaire
initial. En raison de la souplesse latérale de la matière, les fibres
tendues de la zone supérieure se rétrécissent en s'allongeant,
tandis que les fibres comprimées de la zone inférieure se gonflent
en se raccourcissant.

C'est une conséquence nécessaire du phénomène de la striction, qui, au lieu de se manifester uniformément sur toute la section comme dans le cas de l'extension simple, atteint son maximum sur les fibres extrêmes supérieures, va en décroissant jusqu'à l'axe neutre où il s'annule, puis change de signe dans la
zone comprimée. L'aire ω de la coupe transversale d'une fibre
quelconque est liée à sa variation proportionnelle de longueur λ,
positive ou négative, par l'équation connue :

$$\omega = a\,(1 - n\lambda)^2.$$

La face supérieure tendue de la barre prismatique devient
donc plus étroite et la face inférieure comprimée plus large ; la
section transversale affecte sensiblement la forme d'un trapèze à
bases perpendiculaires au plan de flexion et légèrement curvili-
gnes, dont le centre de gravité n'est plus ni sur la fibre moyenne
primitive de la pièce, ni sur l'axe neutre de la section elle-
même.

La fig. 114 représente, d'après M. Considère, la section de rupture d'une barre d'acier doux essayée à la flexion. Voici les résultats des mesurages effectués par lui :

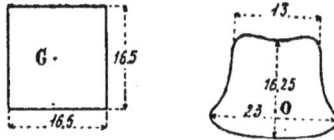

Fig. 114.

Aire primitive de la section, 272 mmq.;

Aire de la section de rupture, 290 mmq.;

Allongement des fibres extrêmes tendues, 78 %;

Raccourcissement des fibres extrêmes comprimées, 35 %;

Position de l'axe neutre: $\frac{69}{100}$ de la hauteur.

On en conclut facilement que le volume de la barre a dû s'accroître pendant l'essai de 20 % dans le voisinage de la section de rupture.

M Considère a également remarqué que le déplacement de l'axe neutre s'était effectué progressivement du milieu aux $\frac{69}{100}$ de la hauteur, après que la limite d'élasticité eût été dépassée.

Soit F un point situé dans la zone supérieure tendue de la section : l'allongement de la fibre qui passe en F est proportionnel à sa distance FO à l'axe neutre, puisque la section est restée plane en tournant autour de l'axe neutre O.

Si nous portons sur l'horizontale qui passe en F une longueur Ff proportionnelle à l'effort de traction (rapporté à l'aire primitive de sa coupe transversale) que supporte la fibre en question, le lieu géométrique du point f aura son origine en O et sera précisément la courbe d'allongement *vrai* ou de striction, que l'on obtiendrait directement pour le métal dont il s'agit par un essai de traction simple effectué sur une barre prismatique : c'est une courbe du genre de celles que nous avons représentées sur la figure 106.

Nous ne connaissons pas, quant à présent, la courbe des raccourcissements relative à la région inférieure comprimée, un essai direct à la compression simple ne pouvant nous fournir à cet égard de renseignement valable (art. 87). Supposons que nous l'ayions tracée hypothétiquement.

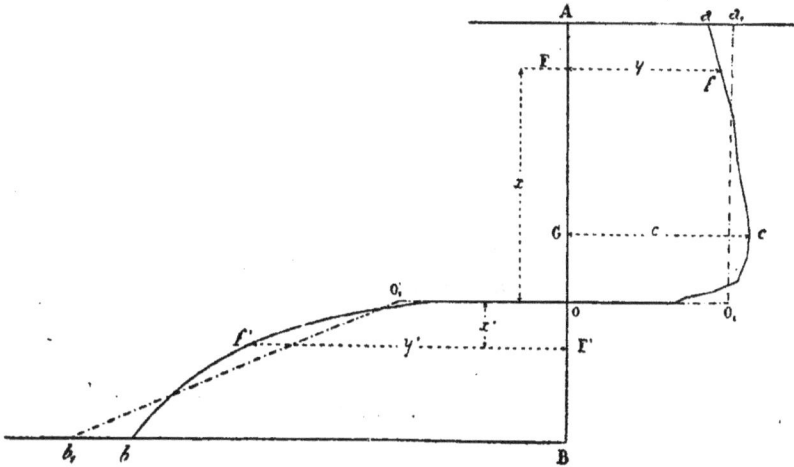

Fig. 115.

La résultante des tensions exercées sur la zone AO de la section transversale aura pour expression :

$$\int_0^m y\,dx.$$

Cette intégrale définie représente l'aire de la surface comprise entre la courbe Oa et la droite OA. Si l'on connaît la position du point O, et soit l'allongement de la fibre A, soit l'effort de traction Aa qu'elle supporte, il est facile d'évaluer cette aire en se basant sur la courbe d'allongement fournie par un essai de traction.

La résultante des pressions exercées sur la zone inférieure de la section sera de même mesurée par l'aire comprise entre la droite OB et la courbe Ob, et aura pour expression :

$$\int_0^{m'} y'\,dx'.$$

Ces deux résultantes de directions opposées forment un couple

29

qui fait équilibre au moment fléchissant. Leurs grandeurs sont donc identiques :

$$(1) \int_o^m y\,dx = \int_o^{m'} y'\,dx'.$$

D'autre part, le moment fléchissant est égal à la somme des moments des deux résultantes par rapport à l'axe neutre :

$$(2)\ X = \int_o^m xy\,dx + \int_o^{m'} x'y'\,dx'.$$

Les relations (1) et (2) peuvent se traduire comme il suit : les aires des deux surfaces AaO et BbO sont égales entre elles ; la somme de leurs moments statiques par rapport au point O représente le moment de flexion qui sollicite la section transversale AB.

Ces deux remarques permettent de tracer par points la courbe des raccourcissements Ob en faisant croître graduellement la valeur du moment fléchissant X, et mesurant de temps à autre la déformation subie par la barre : il suffit de noter l'allongement proportionnel subi en A par la fibre qui supporte la tension maximum ; au moment de la rupture, cet allongement est égal, et presque toujours supérieur, à l'allongement proportionnel obtenu dans la section de striction d'une barre rompue à la traction [1].

En définitive la courbe des raccourcissements, qui fait connaître la réduction proportionnelle de longueur due à un travail de

---

[1]. Il peut paraître surprenant que la fibre A, qui travaille à l'extension simple (art. 47), puisse prendre un allongement supérieur à l'allongement de striction fourni pour le même métal par un essai de traction directe. Mais nous avons déjà remarqué que la formule employée par MM. Barba et Considère pour déduire cet allongement de la contraction subie par la section de rupture

$$\lambda = \frac{A - \Omega}{\Omega}$$

doit être, d'après les expériences de M. Bauschinger et conformément à nos idées théoriques sur la constitution de l'acier, inexacte par défaut, et indiquer des allongements inférieurs, peut être de 10 à 15 0/0, à la réalité. Ce qui se passe dans les essais à la flexion, augmentation du volume de la pièce fléchie et allongement considérable des fibres les plus tendues, est un argument de plus en faveur de cette manière de voir.

Il nous paraît donc probable que, dans les courbes de la figure 106, les allongements indiqués sont un peu trop faibles.

compression simple donné, peut être obtenue sans difficulté pour un métal dont on a tracé au préalable la courbe des allongements à l'aide d'un essai de traction ; il suffit d'effectuer méthodiquement une expérience de flexion sur une barre prismatique rectangulaire.

Nous avons reproduit sur la figure 115 la courbe d'allongement relative à un acier très doux essayé par M. Considère, courbe déjà tracée sur la figure 106.

Nous admettons d'autre part que l'axe neutre soit aux deux tiers de la hauteur au moment où la pièce prismatique à section rectangulaire est sur le point de se rompre, la fibre extrême A ayant atteint son allongement maximum.

Nous pourrons, sans commettre d'erreur grave, remplacer la courbe $a\,c\,O$ (dont l'ordonnée maximum, qui correspond au point c, représente la limite de rupture C) par la droite $a_1\,O_1$ dont la distance à AO est égale à $\frac{9}{10}$ C.

Supposons que la courbe Ob des raccourcissements puisse être remplacée par la ligne brisée $O'O'_1b_1$, dont le côté vertical OO'_1 a la même longueur que OO_1, soit $\frac{9}{10}$ C, et dont l'ordonnée Bb_1 est égale à $1{,}15\,Bb$.

Nous pourrons dans ces conditions calculer sans difficulté le travail maximum à la compression Bb, ou C', subi par la fibre extrême inférieure, ainsi que le moment fléchissant *de rupture* X_c.

On a en effet :

$$\int_0^m y\,dx = \int_0^{\frac{2h}{3}} \frac{9}{10}\,C\,dx = \frac{3}{5}\,Ch\,;$$

$$\int_0^{m'} y'\,dx' = \int_0^{\frac{h}{3}} \frac{1{,}15C'+0{,}9C}{2}\,dx' = \frac{h}{6}\,(1{,}15C'+0{,}9C)\,;$$

D'où :

$$\frac{h}{6}\,(1{,}15C'+0{,}9C) = \frac{3}{5}\,Ch,\ \text{ et } C' = 2{,}35C.$$

On a d'autre part :

$$X_c = \int_0^{\frac{2h}{3}} 0,9C\,xdx + \int_0^{\frac{h}{4}} \left[0,9C + (1,15C' - 0,9C)\frac{3x'}{h}\right]x'dx'$$
$$= 0,317\,Ch^2.$$

Si la formule de la résistance des matériaux était applicable, elle indiquerait pour le moment de rupture la valeur $\frac{Ch^2}{6}$, C étant la tension de la fibre supérieure A.

Le moment vrai est donc égal au moment théorique multiplié par le coefficient de majoration : K' = 0,317×6 = 1,90.

M. Considère a trouvé dans une expérience que ce rapport s'était élevé à 1,95 ; mais le point de passage de l'axe neutre se trouvait alors aux $\frac{69}{100}$ de la hauteur (fig. 114), tandis que nous l'avons supposé placé aux $\frac{2}{3}$ seulement.

Il y a donc accord très satisfaisant entre ce résultat d'observation et l'explication théorique donnée par M. Considère (*Annales des Ponts et Chaussées*, 1885), que nous avons reproduite plus haut en la développant sous une forme un peu différente : nous en concluons que la courbe des raccourcissements ne doit pas s'écarter beaucoup de la ligne O*b*.

Pour une barre de fer carrée, M. Considère a trouvé un coefficient de majoration égal à 1,92. Avec des barreaux de fonte, il a obtenu 1,82, ce qui prouve que ce métal se comporte à la flexion à peu près de la même manière que l'acier ; l'axe neutre était situé aux $\frac{61}{100}$ de la hauteur avant la rupture.

Soit N la limite d'élasticité à l'extension du métal expérimenté, c'est-à-dire le travail à l'extension qui, d'après la définition de M. Considère, *produit un allongement total double de l'allongement élastique calculé*. Cherchons la valeur du moment fléchissant qui, faisant travailler à la limite d'élasticité d'extension la fibre supérieure A, pourra être considéré comme correspondant à la limite d'élasticité à la flexion. Nous admettrons, conformément à l'expérience, que l'axe neutre ne s'est pas encore déplacé de façon appréciable et passe toujours par le milieu de la hauteur de la pièce ;

la courbe des allongements ne peut en ce cas différer sensiblement de celle des raccourcissements, puisque leurs aires et leurs bases AG et GB sont respectivement égales.

L'effort de tension N ou Aa, supporté par la fibre A, se maintient sans changement sensible pour les fibres voisines jusqu'au quart de la hauteur (AD = DG); la courbe d'allongement s'écarte peu de la ligne brisée que l'on obtient en faisant suivre la verticale ad de la droite dG.

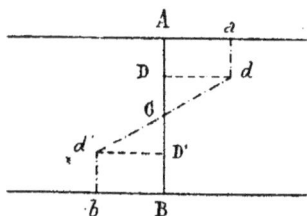

Fig. 116.

Le moment de flexion X_n est égal au double du moment statique de l'aire AadG pas rapport au point G :

$$X_n = 2\Big[\int_0^{\frac{h}{4}} \frac{4Nx}{h}\, x\, dx + \int_{\frac{h}{4}}^{\frac{h}{2}} Nx\, dx\Big]$$

$$= \frac{11}{48}\, Nh^2.$$

La formule théorique de la résistance des matériaux attribuerait à X_n la valeur $\dfrac{Nh^2}{6}$. Le coefficient de majoration est ici égal à $\dfrac{11}{48} \times 6 = \dfrac{11}{8} = 1{,}37$. C'est précisément le chiffre obtenu par M. Considère pour l'acier très doux.

La conformité de ces deux résultats permet de conclure que, pour le métal expérimenté, la limite d'élasticité à l'extension simple N était égale ou inférieure à la limite d'élasticité à la compression N′, et que de plus il n'y avait pas de différence sensible entre les deux coefficients d'élasticité longitudinale E et E′, à l'extension et à la compression.

Par contre, M. Considère a observé, en essayant un barreau de fer carré, que l'on pouvait hésiter, pour ce coefficient de majoration, entre les valeurs extrêmes 1,30 et 1,50, et il s'est finalement arrêté au chiffre intermédiaire 1,46, qui ne s'accorde plus du tout avec notre démonstration théorique.

Cette divergence est très facile à expliquer ; elle tient uniquement à la définition admise pour la limite d'élasticité à la flexion.

Nous sommes parti de la règle suivante : la limite d'élasticité à la flexion est atteinte *quand la déformation totale du barreau rectangulaire essayé est double de celle qui satisfait à la formule théorique de la résistance des matériaux*

$$\frac{1}{\rho} = \frac{X}{EI},$$

où ρ est le rayon de courbure de la fibre moyenne déformée (supposée rectiligne au début de l'essai), X le moment de flexion, E le coefficient d'élasticité longitudinale à l'extension ou à la compression, et enfin I le moment d'inertie de la section rectangulaire, soit $\frac{h^3}{12}$.

Si l'on s'en tient à cette définition, le coefficient de majoration fourni par l'expérience sera nécessairement compris entre 1,30 et 1,37, et ne pourra en aucun cas dépasser ce dernier chiffre.

Supposons au contraire que nous adoptions la règle suivante : la limite d'élasticité à la flexion est atteinte quand la *déformation élastique* (qui disparaît dès que la pièce est soustraite à l'action des forces extérieures) représente exactement la *moitié de la déformation totale et est par conséquent égale à la déformation permanente*. Nous n'arriverons point au même résultat que précédemment, et le coefficient de majoration trouvé sera nécessairement supérieur à 1,40, et atteindra peut-être 1,50.

Il est assez curieux de constater que ces deux définitions de la limite d'élasticité, qui concordent entre elles pour le cas de l'extension simple et celui de la compression simple, sont en complet désaccord pour celui de la flexion ; quand la déformation totale d'un barreau essayé est double de la déformation calculée par la formule de la résistance des matériaux, la déformation élastique n'est la moitié de cette déformation totale que s'il s'agit d'un essai à l'extension ou à la compression simple ; dans une barre rectangulaire fléchie, elle doit théoriquement en représenter les $\frac{8}{11}$. Nous donnerons la démonstration de ce fait, en appe-

rence paradoxal, quand nous étudierons la déformation élastique des pièces éprouvées à la flexion.

Nous nous bornerons, quant à présent, à maintenir notre première définition de la limite d'élasticité, qui est ici la seule admissible, et à formuler les principes suivants qui nous paraissent
applicables aux fers et aux aciers.

Le moment fléchissant X_n correspondant à la limite d'élasticité
surpasse de 30 à 35 0/0, *pour une pièce à section rectangulaire*,
le moment théorique $\dfrac{Nh^2}{6}$; à cet instant, l'axe neutre de la section
ne s'est pas déplacé de façon appréciable, et l'allongement de la
fibre la plus tendue est sensiblement égal au raccourcissement de
de la fibre la plus comprimée ; les deux coefficients d'élasticité
longitudinale à l'extension et à la compression ne peuvent jusqu'a-
lors différer l'un de l'autre que dans une mesure insignifiante ;
la limite d'élasticité à la compression simple N' est au moins égale,
et très probablement supérieure à celle d'extension N, puisque la
limite d'élasticité à la flexion est atteinte quand le travail élastique de la fibre la plus tendue devient égal à N.

Comme la fonte n'a pas réellement de limite d'élasticité à l'extension, il en est nécessairement de même pour le cas de la flexion;
on admet en pareil cas une limite conventionnelle, dont nous parlerons plus loin.

En ce qui touche la limite de rupture, la comparaison des résultats fournis par le fer, l'acier et la fonte permet d'affirmer que
le coefficient de majoration K' doit être compris entre 1,5 pour
les produits les plus durs, dont l'allongement de striction est faible ou nul, et 2 pour les métaux les plus doux. L'axe neutre est
situé, au moment de la rupture, dans une zone comprise entre
les $\dfrac{60}{100}$ de la hauteur (fontes et métaux durs) et les $\dfrac{70}{100}$ (métaux
doux).

M. Considère cite des expériences de M. Bauschinger, d'où il
résulterait que le coefficient K' va en décroissant pour l'acier au
fur et à mesure que la dureté augmente, conformément au tableau suivant :

Teneur en carbone	Coefficient de majoration K'
0,14	1,78
0,19	1,79
0,46	1,56
0,55	1,58
0,66	1,36
0,80	1,06
0,96	1,02

Nous ne pouvons croire à l'exactitude de ces résultats, qui conduiraient à supposer que, pour l'acier extra-dur, les courbes d'allongement et de raccourcissement se réduisent aux droites d'élasticité passant par le milieu de la hauteur, hypothèse certainement mal fondée.

Il semble probable que ces métaux durs avaient subi un écrouissage superficiel, soit pendant le laminage soit pendant la confection de l'éprouvette, et que l'allongement de rupture des fibres tendues extrêmes A était sensiblement réduit de ce chef. Nous avons vu que l'altération produite par la lime ou le burin n'influait pas d'une manière appréciable sur les résultats d'un essai de traction directe. Il est vraisemblable qu'il n'en doit pas être de même pour la résistance à la flexion, parce que la déformation de la pièce est limitée par l'allongement maximum que peut subir la fibre A avant de se briser. Dès que celle-ci est rompue, la pièce se casse nécessairement sans augmentation du moment fléchissant, la fissure superficielle amorcée à la partie supérieure de la section se propageant immédiatement jusqu'au centre. Nous jugeons superflu de justifier par le calcul cette assertion, dont le bien fondé paraît évident. Pour qu'un essai de flexion puisse fournir des renseignements précis et sûrs, il est indispensable d'opérer sur une éprouvette parfaitement calibrée, à faces bien polies et régulières, et ayant subi après sa confection un *recuit complet*, susceptible de faire disparaître toute trace d'écrouissage superficiel. On admettra sans difficulté qu'il importe d'autant plus de remplir ces conditions que le métal éprouvé est plus dur, puisqu'en pareil cas l'écrouissage peut réduire presque à zéro l'allongement de rupture de la fibre altérée A.

En somme, quelle que soit la nature du composé ferreux soumis à un essai de flexion, il est impossible, suivant nous, que le coefficient de majoration du moment de rupture tombe au-dessous de 1,40 si les faces sont parfaitement nettes, sans fissure ni irrégularité, et la matière bien homogène et non écrouie.

Nous n'avons jusqu'à présent traité que le cas d'une pièce fléchie à section rectangulaire. Rien n'empêcherait d'appliquer la même méthode à une section quelconque.

Désignons par z l'épaisseur de la section, mesurée perpendiculairement au plan de flexion à la distance y de l'axe neutre.

Les formules (1) et (2) de la page deviennent :

$$\text{(1)} \qquad \int_0^m yz\,dx = \int_0^{m'} y'z'\,dx',$$

$$\text{et} \quad \text{(2)} \qquad X = \int_0^m xyz\,dx + \int_0^{m'} x'y'z'\,dx'.$$

Dans le cas d'un profil rectangulaire, les variables z et z' disparaissent, ce qui simplifie les calculs. D'autre part, on connaît par expérience les distances m et m' de l'axe neutre aux fibres extrêmes, ce qui permet de déterminer avec une précision assez satisfaisante la valeur du moment de rupture X_c, malgré l'ignorance où l'on se trouve du tracé exact à attribuer à la courbe des raccourcissements.

Si l'on s'écarte du profil rectangulaire, on ne connaît plus, faute de renseignements d'expérience, les valeurs de m et m'. On pourrait, à la rigueur, les déduire des courbes d'allongement tracées sur la figure 115, mais le tracé de la dernière de ces deux courbes a été effectué un peu arbitrairement, et les résultats de calculs effectués en la supposant parfaitement exacte ne mériteraient pas grande confiance. Nous nous bornerons donc à donner des renseignements généraux au sujet de l'influence qu'exerce le profil de la section sur la résistance à la flexion d'une pièce prismatique.

Considérons d'abord le cas d'une section doublement symétrique par rapport au plan de flexion et par rapport à la perpendiculaire à ce plan qui passe par son centre de gravité. Soit r le rayon de gyration de cette section, c'est-à-dire le rapport $\sqrt{\frac{I}{\Omega}}$, I étant le moment d'inertie par rapport à l'axe neutre passant au centre de gravité, et Ω l'aire ; h représente toujours la hauteur, divisée en deux parties égales par l'axe neutre. La plus grande valeur du rapport $\dfrac{r}{h}$ s'obtient dans le cas de la section à double té symétrique, dont les ailes ont une épaisseur et une largeur assez considérables pour que l'aire de l'âme verticale ne représente qu'une fraction insignifiante de Ω. Dans ces conditions, le rapport $\dfrac{r}{h}$ est à peine inférieur à $\dfrac{1}{2}$. Supposons que nous le fassions décroître de $\dfrac{1}{2}$ à zéro, en modifiant convenablement le profil de la barre. Ce changement progressif entraînera les résultats suivants :

Le coefficient de majoration K, relatif à la limite d'élasticité à la flexion, ira en croissant de 1 à 2.

Le coefficient de majoration K′, relatif à la limite de rupture à la flexion, ira en croissant à partir de l'unité jusqu'à un maximum représentant le rapport des limites de rupture du métal à la compression et à l'extension. Dans le cas où le profil conduirait, en supposant que la fibre A doit se rompre par extension, à attribuer à K′ une valeur supérieure, cela prouverait que la pièce doit se briser par compression, la fibre B s'écrasant et se désagrégeant la première. Le rapport $\dfrac{m}{h}$ de la distance de la fibre tendue A à l'axe neutre O au moment de la rupture, à la hauteur ira en décroissant à partir d'une limite supérieure voisine de l'unité jusqu'à une limite inférieure voisine de $\dfrac{1}{2}$, pour $\dfrac{r}{h}$ très peu supérieur à zéro : l'axe neutre O se rapprochera graduellement du milieu G de la hauteur.

Enfin, le rapport $\dfrac{C}{C'}$ de la tension limite en A à la compression limite en B ira en diminuant à partir de l'unité, jusqu'à ce que la pression C′ atteigne la valeur extrême qui produit l'écrasement immédiat de la fibre B. Ce rapport est toujours supérieur à $\dfrac{1}{K'}$. Pour rendre cet exposé plus clair, nous allons donner des chiffres, déterminés par nous d'une façon *à peu près arbitraire*, faute de données expérimentales, qui permettront de se rendre compte de l'influence exercée par le rapport $\dfrac{r}{h}$ sur les autres variables. Nous admettons que ces chiffres se rapportent aux aciers extra-doux.

	Section en double té avec semelles épaisses et âme mince	Section rectangulaire	Section circulaire	Section en losange	Section en croix avec branche horizontale épaisse et branche verticale mince.
$\dfrac{r}{h}$	0,45	0,29	0,25	0,20	0,10
K	1,04	1,37	1,47	1,63	1,77
K'	1,15	1,90	2,40	3,00	7
$\dfrac{m}{h}$	5/6	2/3	0,63	0,58	0,52
$\dfrac{C}{C'}$	0,75	0,43	0,37	0,28	0,125

Il est bien entendu que la majeure partie de ces chiffres ont été évalués un peu au hasard ; rien ne prouve qu'ils seraient vérifiés par l'expérience, mais ils indiquent d'une façon exacte les lois suivant lesquelles varient les différentes fonctions de $\dfrac{r}{h}$.

Dans le cas de la section en croix, nous avons supposé que la compression exercée en B, à l'instant de la rupture, pouvait être huit fois plus grande que la tension exercée en A ; il est probable que la valeur 7 admise pour le coefficient K' est exagérée, et que la pièce se romprait par écrasement de la fibre B bien avant que la fibre A eût atteint son allongement limite de striction.

Considérons encore le cas d'une section dissymétrique par rapport à son axe neutre primitif : soient d la distance de la fibre A au centre de gravité G, et d' celle de la fibre B : $d+d'=h$. Prenons, par exemple, le cas d'un triangle isocèle, à base perpendiculaire au plan de flexion.

Si le sommet opposé à la base travaille à la compression, on a $d < d'$: les coefficients K et K' seront plus grands et le rapport $\dfrac{C}{C'}$ plus petit que dans le cas de la section en losange.

Le phénomène inverse se produira si le sommet en question travaille à l'extension : K et K' diminueront, tandis que $\dfrac{C}{C'}$ se relèvera.

En conséquence, un fer à simple té doit présenter plus de résistance lorsque son aile travaille à l'extension que lorsqu'elle travaille à la compression, *à condition, toutefois, que l'âme soit assez épaisse pour ne pas se rompre par flambement.*

On a constaté pour les fers et les aciers doux qu'une barre rectangulaire fléchie se rompait toujours au moment où la fibre la plus tendue A venait à se briser : cela semble prouver que la limite de rupture à la compression simple est au moins égale à 2,3C, C étant la limite de rupture à l'extension. Pour déterminer expérimentalement la résistance extrême à la compression, il faudrait donc essayer à la flexion une barre à section en losange et observer la valeur du moment fléchissant de rupture.

Pour les fontes, dont la résistance à la compression est comparable à celle de l'acier, tandis que C est très réduit, il conviendrait peut-être de faire usage d'une barre dont la section fût un triangle isocèle à base perpendiculaire au plan de flexion, en faisant travailler le sommet à la compression.

M. Considère a déterminé expérimentalement les moments de rupture pour un certain nombre de barreaux de fonte grise, douce ou dure : ses résultats corroborent les conclusions que nous venons d'émettre.

Il a trouvé pour K' les valeurs suivantes :

	FONTE GRISE DOUCE *Limite de rupture à la traction 11 k. 30*	FONTE GRISE DURE *Limite de rupture à la traction 22 k. 30*
Section en double té	$\frac{r}{h} = 0,35$, K' $= 1,40$;	$\frac{r}{h} = 0,35$, K' $= 1,15$;
rectangulaire	$\frac{r}{h} = 0,29$, K' $= 1,82$;	$\frac{r}{h} = 0,29$, K' $= 1,57$;
circulaire	$\frac{r}{h} = 0,25$, K' $= 2,21$;	$\frac{r}{h} = 0,25$, K' $= 1,84$.

L'allongement total de rupture à la traction était de 0,90 0/0, dont 0,55 d'allongement permanent, pour la fonte douce, et de 36 0/0 pour la fonte dure. On voit que le coefficient K' est d'autant moins élevé, pour un profil de barre donné, que le métal est moins ductile, conformément à nos prévisions : le calcul qui

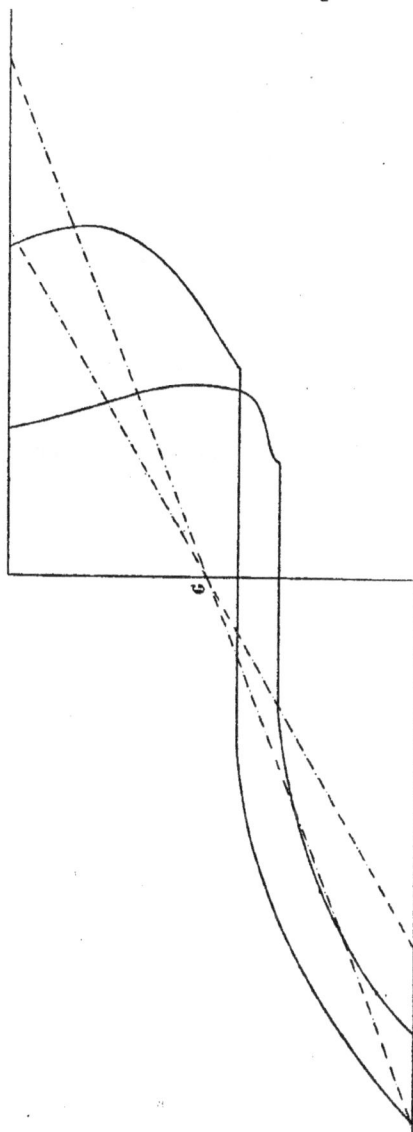

Fig. 117

nous a permis de déterminer la valeur théorique de K' était basé, ainsi que nous l'avons déjà signalé, sur la courbe d'allongement d'un acier exceptionnellement doux et ductile. Cette valeur serait nécessairement moindre avec un acier dur, mais non toutefois dans le rapport indiqué par les expériences de M. Bauschinger, dont nous avons contesté plus haut l'exactitude.

Nous avons indiqué sur la figure 117 les courbes *probables* du travail maximum à la flexion relatives à un acier doux et à un acier extra-dur : en représentant les limites de rupture à l'extension et à la compression du premier par 1 et 2,4, celles de l'acier dur seraient 1,9 et 2,8. Les droites pointillées qui passent par le milieu G de la hauteur sont les droites du travail *conventionnel* déduites de la formule théorique de la résistance des matériaux, qui correspondent aux moments fléchissants de rupture. D'après cette figure, le coefficient de majoration K' serait 1,90 pour l'acier doux et 1,45 pour l'acier dur. L'axe neutre se trouverait placé aux $\frac{2}{3}$ de la hauteur pour l'acier doux et aux $\frac{5}{9}$ pour l'acier dur.

Déformation des pièces fléchies. — On définit d'habitude la déformation subie par une pièce fléchie, dont la fibre moyenne était primitivement rectiligne, par la flèche de la courbe décrite par cette fibre déformée. Soient f la flèche totale, f' la flèche élastique, qui disparaît quand les forces extérieures cessent d'agir, et f'' la flèche permanente.

On a :

$$f = f' + f''.$$

Nous trouvons plus commode dans le cas présent de définir la déformation au droit d'une section transversale déterminée par le rayon de courbure de la fibre déformée. Soient :

ρ le rayon de courbure correspondant à la déformation totale ;
ρ' —   —   élastique ;
ρ'' —   —   permanente.

On a :

$$\frac{1}{\rho} = \frac{1}{\rho'} + \frac{1}{\rho''}$$

La formule théorique de la résistance des matériaux, qui donne la valeur de ρ' en fonction du moment fléchissant X, est :

(1) $$\rho' = \frac{EI}{X}.$$

Elle peut être mise sous la forme :

$$(2) \qquad\qquad \rho' = \frac{Eh}{2R},$$

en vertu de la relation existant entre X et le travail à l'extension R subi par la fibre A la plus éloignée de l'axe neutre :

$$R = \frac{Xh}{2I}, \text{ on } X = \frac{2RI}{h}.$$

Tant que le travail à l'extension R de la fibre A ne dépasse pas la limite d'élasticité absolue, telle que la définit M. Bauschinger (art. 81), et que l'allongement permanent de cette fibre peut être considéré comme rigoureusement nul, ces diverses formules sont parfaitement exactes, et l'on a :

$$\rho'' = o, \ \rho' = \rho = \frac{EI}{X} = \frac{Eh}{2R}$$

Il n'en est plus de même quand R prend une valeur pour laquelle l'allongement permanent de la fibre A n'est plus négligeable devant son allongement élastique. Supposons que ce travail atteigne la limite usuelle d'élasticité N : d'après la définition de M. Considère, l'allongement permanent de la fibre A est alors égal à son allongement élastique. Le rayon de courbure total ρ, qui est inversement proportionnel à l'allongement de cette fibre, n'a donc que la moitié de la longueur fournie par la formule (2), où l'on substituerait N à R :

$$\rho = \frac{Eh}{4N}.$$

D'autre part, la relation entre le moment fléchissant X_n qui sollicite la section considérée et le travail à l'extension N subi par la fibre A, devient :

$$N = \frac{X_n}{K} \cdot \frac{h}{2I}, \text{ ou } X_n = \frac{2KIN}{h},$$

K étant le coefficient numérique de majoration, variable avec le profil de la section transversale, dont il a été parlé précédemment.

D'où :

$$\rho = \frac{Eh}{4N} = \frac{KEI}{2X_n}.$$

Cherchons à déterminer la déformation élastique de la pièce en évaluant le rayon de courbure ρ.

Reportons-nous à la figure 116. Au moment où l'allongement proportionnel de la fibre A est égal au double de l'allongement élastique $\frac{N}{E}$ qui correspond au travail N, les efforts de tension ou de compression déterminés dans les différents points de la section transversale sont représentés dans le plan de flexion par les distances de la ligne brisée $adGd'b'$ à la droite AGB.

Si les forces extérieures cessent d'agir sur la pièce, la fibre A se raccourcira tout d'abord de $\frac{N}{E}$, et son travail à l'extension retombera à zéro. Mais la fibre D, située au milieu de la distance AG, ne se sera raccourcie que de $\frac{N}{2E}$, et se trouvera par suite encore soumise à un travail d'extension $\frac{N}{2}$. La courbe représen-

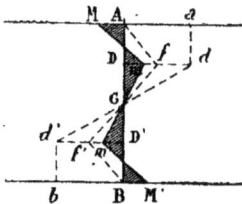

Fig. 118.

tative des tensions et compressions subies par les différentes fibres de la section étant la ligne brisée $AfGf'B$, le moment de flexion ne sera pas encore nul. La pièce devra continuer à se redresser, et la fibre A, diminuant encore de longueur, sera par là même soumise à un effort de compression croissant graduellement.

Finalement la pièce atteindra sa position d'équilibre lorsque, l'effort de compression développé en A étant représenté par la longueur MA et la courbe des tensions et pressions étant devenue la ligne brisée $MmGm'M'$, le moment statique par rapport à G des surfaces hachurées situées à droite de la ligne AB (régions tendues de la barre) sera égal au moment statique par rapport au même point des surfaces situées à gauche de AB (régions comprimées) : dans ces conditions en effet le moment fléchissant sera réduit à zéro.

Soit U l'effort de compression subi par la fibre A, et représenté par la longueur MA. Il est aisé de démontrer, en partant de la condition d'égalité des moments statiques qui vient d'être énoncée, que l'on a entre U et N la relation :

$$U = (K-1)N,$$

K étant le coefficient de majoration, dépendant du profil de la section transversale, dont il a été déjà question. La fibre A, en passant de la tension $+ N$ à la pression $- U$, a subi un raccourcissement élastique proportionnel représenté par $\dfrac{N+U}{E}$. Il est donc facile d'évaluer la déformation élastique de la pièce, en remarquant que $\dfrac{1}{\rho}$ et $\dfrac{1}{\rho'}$ sont respectivement proportionnels à $\dfrac{1}{2N}$ et à $\dfrac{1}{N+U}$.

On trouve :

$$\rho = \frac{Eh}{4N} = \frac{KEI}{2X_n},$$

$$\rho' = \frac{Eh}{2KN} = \frac{EI}{X_n},$$

$$\rho'' = \frac{Eh}{2(2-K)N} = \frac{KEI}{(2-K)X_n}.$$

On en déduit sans difficulté le rapport de la flèche élastique f' à la flèche totale f.

$$\frac{f'}{f} = \frac{\rho}{\rho'} = \frac{K}{2}.$$

Si la section transversale de la pièce est un rectangle, K est égal à $\dfrac{11}{8}$; donc $f' = \dfrac{11}{16} b$.

Si c'est un losange, $K = \dfrac{13}{8}$, et $f' = \dfrac{13}{16} f$.

Nous avons déjà signalé à la page 454 ce fait *a priori* paradoxal : quand la fibre extrême A travaille à la limite d'élasticité N, la flèche élastique de la pièce fléchie est supérieure à la moitié de la flèche totale, et leur rapport est fonction du profil de la section.

Si l'on admettait par définition que la limite d'élasticité à la flexion fût atteinte seulement quand la flèche élastique est égale à la moitié de la flèche totale, on serait conduit à augmenter notablement la valeur du moment X_n, et à admettre par conséquent un coefficient de majoration K plus grand que celui dont nous avons calculé précédemment la valeur.

Si l'on fait croître le moment de flexion au-delà de la limite d'élasticité jusqu'au maximum X_c qui entraîne la rupture, le rayon de courbure totale ρ de la fibre neutre (placée entre la moitié et les $2/3$ de la hauteur) s'abaisse jusqu'au minimum :

$$\rho = \frac{h}{\lambda + \lambda_1},$$

en désignant par λ et λ_1 l'allongement et le raccourcissement proportionnels subis respectivement par les fibres extrêmes A et B. Pour les métaux doux, λ se rapproche de l'unité, et peut même la dépasser ; λ_1 est sensiblement égal à $\frac{1}{2}\lambda$. On voit que le rayon ρ n'est alors qu'une fraction de la hauteur, et que la barre doit se replier sur elle-même avant de se briser, le rayon de courbure de la fibre extrême comprimée B tombant presque à zéro (essais de pliage des aciers doux).

Par analogie avec les résultats obtenus à la limite d'élasticité, on peut admettre que le rayon de courbure élastique ρ' est fourni à la limite de rupture par la relation :

$$\rho' = \frac{EI}{X_c} = \frac{Eh}{2\,KC}.$$

La valeur de ce rayon est donc, pour une barre rectangulaire, la moitié seulement de celle indiquée par la formule théorique $\frac{Eh}{2C}$; elle est inférieure au tiers de cette même valeur pour une barre à section en losange.

La flèche élastique observée devra réciproquement être égale dans le premier cas au double et dans le second cas au triple de la flèche calculée. Nous ne formulons ces propositions que sous toute réserve, ne connaissant pas de résultats d'expérience qui permettent d'en vérifier l'exactitude.

Nous n'avons pas tenu compte, dans la recherche des déformations d'une pièce fléchie, des phénomènes de glissement dus à l'influence de l'effort tranchant. On sait (page 160) qu'une section transversale, au lieu de rester plane et normale à la fibre moyenne, se transforme en une surface courbe, normale au plan de flexion, qui coupe obliquement l'axe longitudinal : il en résulte que la hauteur de la pièce, mesurée perpendiculairement à l'axe dans le plan de flexion, diminue légèrement, ce qui entraîne une réduction corrélative du rayon de courbure de l'axe. C'est sans doute dans cette circonstance qu'il faut rechercher l'explication du fait expérimental suivant : dans les essais de flexion, on obtient généralement pour le coefficient d'élasticité E une valeur un peu plus faible (l'écart peut varier de 0 à 10 0/0) que celle fournie pour le même métal par un essai de traction directe (art. 94). Dans une expérience de M. Considère relatée plus haut (fig. 114), la distance des fibres extrêmes dans la section de rupture s'était trouvée réduite de 16 mm. 5 à 16 mm. 25 durant l'essai : l'accroissement du rayon de courbure permanente dû à cette circonstance était seulement de 1,5 0/0.

La déformation subie par le plan de la section transversale est d'ailleurs trop faible pour pouvoir être observée directement : des perpendiculaires aux arêtes d'un prisme rectangulaire tracées sur les faces parallèles au plan de flexion ont toujours paru être demeurées rectilignes et normales à l'axe neutre après la rupture par flexion. Eu égard aux dimensions des éprouvettes essayées, il ne semble pas en effet que l'écart existant entre la courbe AB de la figure 38 et la droite pointillée qu'elle coupe en son milieu puisse dépasser $\frac{1}{100}$ de millimètre.

Conclusions. — Il nous paraît utile de résumer ici les résultats théoriques auxquels nous a conduit cette étude, en rappelant que nous n'avons pu fournir de justification expérimentale que pour un petit nombre d'assertions, et que par suite les autres peuvent être considérées comme sujettes à caution.

I. — Les formules de la résistance des matériaux, qui se rapportent au cas du travail à la flexion, sont les suivantes :

Travail des fibres les plus éloignées de l'axe neutre, en supposant la section transversale symétrique :

$$\pm R = \frac{Xh}{2I}, \text{ ou } X = \frac{2RI}{h}.$$

Déformation :
$$\rho = \frac{EI}{X} = \frac{Eh}{2R}.$$

Ces relations sont rigoureusement exactes tant que R ne dépasse pas la limite d'élasticité absolue, telle que la définit M. Bauschinger, c'est-à-dire la valeur du travail à l'extension simple au-delà duquel la déformation permanente d'une barre essayée à la traction directe cesse d'être négligeable devant sa déformation élastique. Il semble toutefois qu'il y ait lieu, pour tenir compte des glissements produits par l'effort tranchant, d'attribuer à E une valeur inférieure de quelques centièmes à celle du coefficient d'élasticité longitudinale fournie par un essai de traction directe ; cette réduction peu importante doit varier avec le profil de la barre et avec l'intensité du travail au glissement. Quand les actions extérieures cessent d'agir sur la pièce, elle reprend exactement sa forme primitive, et les actions moléculaires déterminées par la flexion retombent à zéro en tous les points de la section.

La limite d'élasticité à la flexion est atteinte quand la déformation totale, mesurée par la flèche prise par la pièce primitivement rectiligne, est double de la déformation théorique calculée par la formule précitée. Les relations fournies par la résistance des matériaux cessent alors d'être parfaitement exactes, et doivent être remplacées par les suivantes, où N représente la limite d'élasticité usuelle à l'extension simple.

Travail élastique :
$$\pm N = \frac{X_n h}{2KI}, \text{ ou } X_n = \frac{2KIN}{h}.$$

Déformation totale :
$$\rho = \frac{KEI}{2X_n} = \frac{Eh}{4N} ;$$

— élastique :
$$\rho' = \frac{EI}{X_n} = \frac{Eh}{2KN} ;$$

— permanente :
$$\rho'' = \frac{KEI}{(2-K)X_n} = \frac{Eh}{2(2-K)N}.$$

Le coefficient de majoration K varie, suivant le profil de la pièce fléchie, depuis le minimum 1 pour $\frac{r}{h} = \frac{1}{2}$, jusqu'au maximum 2 pour $\frac{r}{h} = 0$. Il est d'ailleurs présumable que, pour un même profil de la barre, K doit avoir une valeur un peu moindre s'il s'agit d'un acier dur que s'il s'agit d'un acier doux. On qualifie d'habitude de limite d'élasticité à la flexion le travail conventionnel KN, dont la valeur numérique est fournie par l'expression $\frac{X_n h}{2I}$.

A la limite d'élasticité, l'axe neutre de la section passe encore par son centre de gravité, situé au milieu de la hauteur. Si les forces extérieures cessent d'agir sur la pièce, celle-ci ne revient pas à l'état d'équilibre élastique qu'elle possédait avant l'essai, et il s'y manifeste des actions moléculaires latentes, que l'on ne peut faire disparaître que par le recuit : le travail élastique de la fibre tendue la plus éloignée de l'axe neutre passe de la valeur positive N à la valeur négative $(K — 1)$ N.

Soient C la limite de rupture à l'extension simple et λ l'allongement de striction du métal essayé, C_1 la limite de rupture à la compression simple et λ_1 le raccourcissement maximum qui lui correspond.

Quand la pièce fléchie est sur le point de se rompre, le moment fléchissant a pour expression :

$$X_c = \frac{2IK'C}{h}.$$

On qualifie parfois de limite de rupture à la flexion le produit K'C, égal à $\frac{X_c h}{2I}$.

Le rayon de courbure totale ρ de la fibre neutre dans la pièce déformée a la valeur suivante, où λ' désigne le raccourcissement, inférieur à λ_1, qu'à subi la fibre extrême comprimée :

$$\rho = \frac{h}{\lambda + \lambda'}.$$

Cette fibre neutre ne passe plus par le milieu de la hauteur, et sa distance m à la fibre extrême tendue est donnée par la relation :

$$\frac{m}{h} = \frac{\lambda}{\lambda + \lambda'}.$$

Il est probable que le rayon de courbure élastique ρ' s'écarte peu de la valeur fournie par la formule :

$$\rho' = \frac{EI}{X_c} = \frac{Eh}{2K'C}.$$

Le coefficient de majoration K' et le rapport $\frac{m}{h}$ dépendent à la fois de la nature du métal et du profil de la section transversale : ils sont l'un et l'autre d'autant plus petits que, le produit essayé étant plus dur, son allongement de striction est moindre.

Lorsque $\frac{r}{h}$ varie de $\frac{1}{2}$ à zéro, K' croît à partir de l'unité, et $\frac{m}{h}$ décroît de 1 à $\frac{1}{2}$. Toutefois $\frac{m}{h}$ ne peut s'abaisser au-dessous du minimum $\frac{\lambda}{\lambda + \lambda_1}$, et K' ne peut dépasser le maximum $\frac{C_1}{C}$. Dans le cas où le profil de la section transversale serait tel que, le rapport $\frac{r}{h}$ étant très réduit, on fût conduit à attribuer à $\frac{m}{h}$ une valeur plus petite, ou à K' une valeur plus grande que les limites précitées, la pièce fléchie se romprait par écrasement de la fibre comprimée, dont le travail se trouverait porté à C_1 et le raccourcissement à λ_1, avant que la fibre extrême tendue eût atteint son allongement maximum λ.

Dans une pièce à section transversale non symétrique par rapport à l'axe neutre, il y a relèvement du coefficient K' si la fibre extrême tendue est plus rapprochée du centre de gravité que la fibre extrême comprimée, et *vice versa*.

Les actions moléculaires latentes, qui persistent dans la matière si on interrompt l'essai avant d'avoir rompu la barre, sont du même genre que celles déjà signalées à la limite d'élasticité ; mais elles ont évidemment une intensité très supérieure. Comme dans le cas précité, le travail élastique change de signe dans les régions de la section qui avoisinent les fibres extrêmes.

II. — Les effets produits par l'écrouissage doivent être essentiellement variables, suivant la nature et le signe des actions mécaniques qui ont été exercées sur la pièce. Si celle-ci a déjà été soumise à un travail de flexion supérieur à la limite d'élasticité, et qu'on l'essaie en la pliant *dans le même sens*, on devra constater un relèvement de la limite d'élasticité et un abaissement de la déformation de rupture ; le moment de rupture n'aura pas varié, ou même plutôt aura été un peu augmenté, comme dans le cas de la traction simple.

Mais, si l'on plie cette pièce *dans le sens opposé*, de façon à faire disparaître, en la redressant, la déformation permanente produite par l'écrouissage, il semble que l'on ne constatera pas de relèvement notable pour la limite d'élasticité, et que celle-ci pourra peut-être, au contraire, se trouver réduite par l'influence des actions moléculaires latentes déterminées par l'écrouissage : du moment, en effet, que la fibre extrême tendue supporte déjà, avant l'essai, une tension initiale U, il devra suffire, pour atteindre la limite d'élasticité, de soumettre la pièce à un moment fléchissant développant dans cette fibre une tension supplémentaire égale à la différence de sa limite actuelle d'élasticité à l'extension et de la tension préexistante U. Il est de même présumable que la limite de rupture K′ C sera diminuée de U. Nous aurions ainsi l'explication des résultats obtenus par M. Wœhler en soumettant des barres à des efforts de flexion alternatifs et de sens opposés, en admettant, bien entendu, que dans ces expériences la limite primitive d'élasticité ait été dépassée.

L'écrouissage déterminé par un effort de traction ou de compression directe nous paraît devoir relever la limite d'élasticité, diminuer la déformation et réduire le moment de rupture : le coefficient K′ se rapprochera de l'unité. L'écrouissage périphérique ou superficiel doit produire un effet analogue et tout aussi accentué en ce qui touche l'affaiblissement de la résistance : il semble que la courbe du travail *afOf′ b* de la figure 115 puisse être remplacée, après un écrouissage énergique, par la droite *aGb* de la figure 113, où l'on attribuerait à l'ordonnée A*a* la longueur représentative de la limite de rupture à l'extension simple C. Dans ces conditions, le coefficient K′ se trouverait ramené à l'unité.

Il est évident qu'un écrouissage local ne peut qu'affaiblir considérablement la pièce, sans modifier sensiblement sa limite d'élasticité ; il en serait de même, *a fortiori*, de toute désagrégation superficielle ayant entraîné la rupture des fibres extrêmes et produit une amorce de fracture.

Nous pensons, en définitive, que l'écrouissage exerce une influence défavorable sur la résistance des pièces soumises à un travail de flexion, en abaissant presque toujours, et dans une mesure parfois considérable, la valeur du moment fléchissant de rupture : c'est ainsi que nous avons expliqué plus haut les résultats obtenus par M. Bauschinger dans ses expériences de flexion sur les aciers durs. En pareil cas, le recuit (qui abaisse à la fois la limite d'élasticité et la limite de rupture à l'extension simple, en augmentant l'allongement de rupture), devrait, si nos prévisions sont justes, relever simultanément les deux limites relatives à la flexion, tout en augmentant la ductilité.

Si, après avoir plié une barre dans un sens, on la plie en sens contraire, on doit trouver une résistance de rupture réduite, en raison de l'influence défavorable exercée par les actions moléculaires latentes développées dans la matière par la première opération.

III. — Si l'on a tracé au préalable, en effectuant un essai de traction directe, la courbe des allongements de striction relative à un métal déterminé, il est toujours possible de se procurer la courbe des raccourcissements produits par la compression simple en procédant méthodiquement à un essai de flexion sur une barre à section rectangulaire. Il suffit de mesurer de temps à autre, au cours de l'expérience, l'allongement et le raccourcissement, ou les rayons de courbure, des deux fibres extrêmes tendue et comprimée, en notant la valeur du moment de flexion correspondant ; connaissant ainsi X, $\frac{m}{h}$ et λ, il sera toujours aisé d'évaluer le travail de compression subi par la fibre B en s'aidant des formules (1) et (2) de la page 450.

C'est ainsi que nous avons tracé approximativement, en nous basant sur des résultats d'expérience assez vagues et incomplets, les courbes de raccourcissement indiquées sur la figure 106.

On a toujours observé que les barres rectangulaires fléchies se rompaient par tension, la fibre A cédant avant la fibre B. Les courbes de compression fournies par une pièce de cette forme sont donc nécessairement incomplètes, et il faut admettre que, pour tous les composés ferreux, la limite de rupture C_1 à la compression simple doit être supérieure à 2,3 C.

Pour achever le tracé de la courbe de raccourcissement, il faudrait essayer à la flexion une barre dont le profil fût tel que le rapport $\frac{r}{h}$ eût une valeur inférieure à celle (0,29) correspondant au rectangle : par exemple le cercle (0,25), le losange (0,20), ou un losange curviligne dont les côtés tourneraient leur convexité vers le centre de gravité, etc. Il est probable que l'on arriverait ainsi à reconnaître, pour les fers et les aciers, les valeurs de la limite de rupture C_1 à la compression et du raccourcissement correspondant λ_1.

Mais il semble démontré que pour les fontes le rapport $\frac{C_1}{C}$ est très élevé et atteint peut-être la valeur 8. Il conviendrait donc, pour obtenir C_1, de recourir à un profil dissymétrique, tel qu'un triangle isocèle dont on ferait travailler la base à l'extension et le sommet opposé à la compression, ou un té simple. On arriverait dans ces conditions à écraser la fibre comprimée B avant que la fibre A ne fût rompue par extension.

Il est présumable que, pour le fer et l'acier, la limite usuelle d'élasticité à la compression N' est un peu supérieure à la limite d'élasticité à l'extension N ; nous ne savons pas de combien, mais l'écart est probablement peu considérable. Les coefficients d'élasticité longitudinale à l'extension et à la compression, E et E', ne doivent pas différer sensiblement l'un de l'autre. Les expériences de compression directe semblent indiquer pour E' une valeur un peu supérieure, mais nous avons déjà remarqué que ces expériences sont sujettes à caution.

Pour la fonte, la limite d'élasticité, évaluée conventionnellement par la règle de M. Considère, est peut-être triple ou quadruple de N ; l'axe neutre se déplace avant que la limite d'élasticité à la flexion ait été atteinte. Il est possible enfin que le coefficient d'élasticité longitudinale à la compression E' soit pour ce métal un peu supérieur au coefficient d'élasticité longitudinale à l'extension E.

IV. Soient X_n et X_c les valeurs des moments fléchissants correspondant respectivement à la limite d'élasticité et à la limite de rupture d'une barre fléchie.

On ne peut définir spécifiquement la résistance à la flexion du métal considéré par les valeurs conventionnelles du travail maximum $\frac{X_n h}{2I}$ et $\frac{X_c h}{2I}$, qu'indique la formule théorique de la résistance des matériaux : $R = \frac{X h}{2I}$.

Ces valeurs dépendent en effet tout autant du profil transversal de l'éprouvette que des propriétés élastiques de la matière, et les résultats obtenus seraient très différents suivant que l'on opérerait sur une pièce à double té, ou à section rectangulaire, circulaire, losangée, hexagonale, triangulaire, etc.

On a parfois posé en principe que la résistance de la fonte, travaillant à l'extension dans une pièce fléchie, était double de celle relative à l'extension directe. C'est pour ce motif qu'on admet dans les constructions métalliques une limite de sécurité de 1 k 50 par millimètre carré dans tous les cas où le travail est calculé par la formule usuelle $R = \frac{F}{\Omega}$ (traction directe), et 2 k. 50 dans tous les cas où ce calcul s'effectue par la relation $R = \frac{X h}{2 I}$ (flexion).

Cette règle nous paraît irrationnelle : pour une barre cylindrique, le moment de *rupture* effectif peut bien atteindre et même dépasser le double de la valeur conventionnelle $\frac{2CI}{h}$; mais il n'en est pas de même du moment *d'élasticité*, qui ne surpasse le moment théorique $\frac{2NI}{h}$ que de 30 à 40 0/0.

D'ailleurs, pour toute autre forme de pièce, le résultat serait très différent. Avec le type à double té, très employé dans les constructions métalliques, on ne constatera, si les ailes sont larges et épaisses, et l'âme mince et haute, qu'une majoration très faible (peut-être 10 à 20 0/0) en ce qui touche la limite de rupture, et beaucoup moins encore pour la limite d'élasticité. Par contre, avec une section à simple té (qui se rapproche du profil triangulaire), les coefficients de majoration seraient sans doute très élevés (peut-être 1,6 pour la limite d'élasticité et 3 pour la limite de rupture), si du moins la barre était orientée de façon que son ailé, parallèle à l'axe neutre, travaillât à l'extension.

C'est ce qui justifie l'usage fréquent qu'on fait de ce type de poutre dans les édifices ; à égalité de poids et de hauteur, il doit, d'après M. Considère, offrir une résistance à la flexion supérieure à celle du double té. On s'en approche parfois en employant des doubles tés dissymétriques à ailes inégales. La forme en caisson, ou rectangle évidé, est assimilable au double té, et ne comporte par suite qu'un coefficient de majoration peu élevé. La forme en U est à peu près équivalente au simple té.

Nous pensons en somme qu'il convient d'admettre la même limite de sécurité à l'extension pour les pièces simplement tendues et les pièces fléchies, quels que soient le genre de métal employé et le profil de barre adopté. Cette règle procurera un surcroît de stabilité d'autant plus grand que le rapport $\frac{r}{h}$ du rayon de gyration de la section à sa hauteur sera plus petit.

Pour le fer et l'acier, on attribuera à la limite d'élasticité à la compression simple N' la même valeur qu'à la limite d'élasticité à l'extension N ; par conséquent la limite de sécurité sera indépendante du genre de travail auquel la pièce devra être soumise.

Pour la fonte au contraire, il est plus conforme aux résultats d'expérience d'adopter une limite de sécurité à la compression triple ou quadruple de la limite de sécurité à l'extension. La circulaire ministérielle du 29 août 1891, qui règlemente la construction des ponts métalliques en France, admet 6 k. pour la limite de sécurité quand la fonte travaille à la compression, et 1 k. 50 pour le cas de la traction directe. Dans les pièces travaillant à la flexion, cette dernière limite est relevé à 2 k. 50.

Cette règle est justifiée pour les poutres pleines à profil rectangulaire ou circulaire, et *a fortiori* pour les pièces en U ou à simple té ; mais elle est inacceptable pour les doubles tés ou les caissons rectangulaires évidés, dont on fait grand usage dans les constructions. Elle nous paraît donc, sous sa forme générale, dangereuse et critiquable.

La circulaire ajoute d'ailleurs que l'emploi de ce métal, lorsqu'il est exposé à travailler à l'extension, ne doit être admis qu'à titre tout à fait exceptionnel, et cette restriction est suffisante pour éviter tout mécompte dans les constructions neuves.

Mais il serait sans doute préférable de limiter d'une manière absolue à 1 k. 5 le travail à l'extension simple, sans distinguer le cas de la traction directe et celui de la flexion.

89. Épreuves au cisaillement. — M. Smith a évalué expérimentalement, en poinçonnant des rails, la résistance *au cisaillement*, mesurée par le rapport de l'effort de compression exercé sur le poinçon à l'aire du contour cylindrique du trou, c'est-à-dire à l'étendue de la région de rupture.

Chaque trou avait 22 mm. 25 de diamètre, et l'épaisseur des tôles était de 19 mm.

M. Bauschinger a fait des recherches expérimentales du même genre sur le cisaillage des tôles.

Soit C″ la résistance au cisaillement d'une tôle dont la limite de rupture à l'extension serait représentée par C. Le rapport $\frac{C''}{C}$ varie suivant la nature du métal éprouvé.

Ces deux expérimentateurs ont obtenu les résultats suivants.

Teneur en carbone	Rapport $\frac{C''}{C}$	
	Smith	Bauschinger.
0,14	»	0,77
0,19	»	0,78
0,28	0,73	»
0,29	0,73	»
0,30	0,73	»
0,32	0,75	»
0,36	0,74	»
0,40	0,75	»
0,45	0,73	»
0,46	»	0.67
0,50	0,79	»
0,51	»	0.72

0,54	»	0,71
0,55	»	0,71
0,57	0,80	0,65
0,66	»	0,68
0,78	»	0,64
0,80	»	0,67
0,87	»	0,68
0,96	»	0,70

Ces résultats ne sont pas très concordants.

D'après d'autres expériences, le rapport $\frac{C''}{C}$ serait d'environ 0,80 pour le fer et les aciers doux ; il diminuerait quand la dureté s'élève, jusqu'à tomber à 0,60 avec les produits extra-durs.

Les expériences de résistance au cisaillement ne présentent au surplus pas grand intérêt, parce que l'on ne sait pas au juste dans quelles conditions travaille le métal. On n'en tire donc aucun renseignement sur les caractères spécifiques de la matière (art. 25). On en conclut simplement qu'au moment de la rupture le poinçon produit le même effet qu'un travail à l'extension simple qui représenterait à peu près, pour les fers et les aciers doux, les $\frac{5}{4}$ du travail moyen au glissement obtenu en rapportant l'effort de cisaillement à la surface de fracture. On admet que ce même rapport est applicable à la limite d'élasticité, pour laquelle l'expérience ne fournit pas d'indication, et l'on détermine la section d'un rivet ou boulon, exposé à travailler au cisaillement, comme s'il devait supporter un effort de traction supérieur d'un quart à l'effort de glissement calculé.

Les rivets et boulons sont toujours fabriqués en fer ou en acier très doux, pour lesquels le rapport $\frac{C''}{C}$ a la valeur 0,80.

La résistance au cisaillement dont il vient d'être question se rapporte au sens perpendiculaire aux fibres du fer et de l'acier : c'est, au point de vue de la stabilité des rivets et boulons, la seule direction qui présente de l'intérêt. On sait, toutefois, que la résistance au cisaillement est sensiblement moindre dans toute direction parallèle aux fibres, quand la fracture se produit par décollement et non par rupture de celles-ci. L'abaissement de la ré-

sistance est surtout marqué dans les fers, quand le glissement
s'effectue dans un plan parallèle au laminage (dessoudures des
tôles) ; elle peut tomber à la moitié et même aux 2/5 de la résistance à l'extension simple, sans doute par suite de l'influence de
la scorie, qui détermine un plan de moindre résistance parallèle
à l'effort de cisaillement. Le fer est, à ce point de vue, assimilable aux schistes ardoisiers, et on peut lui supposer des plans de
clivage parallèles aux faces de laminage.

Nous avons déjà rendu compte, au paragraphe précédent, des
effets d'écrouissage produits par le poinçonnage ou le cisaillage
des métaux.

90. Torsion. — La limite d'élasticité à la torsion est tout au
plus égale aux 4/5 de la limite d'élasticité à l'extension simple.
Mais l'écart entre les limites de rupture est beaucoup moindre et
parfois même nul ; on trouve que le métal résiste aussi bien à la
torsion qu'à la traction.

M. Considère a étendu à ce cas l'explication donnée par lui en
ce qui touche la flexion. Soit OA un rayon
du cylindre tordu. Si l'on élève en un point
de cette droite, tel que M, une ordonnée
Mm proportionnelle au travail de glissement, le lieu géométrique du point m sera
un rayon du cercle, comme le suppose la
résistance des matériaux, tant que la limite

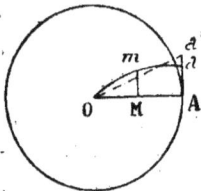

Fig. 119.

d'élasticité n'aura pas été dépassée. Mais, au moment de la rupture, ce sera une courbe telle que Oma, et le moment statique de
l'aire AaO par rapport au point O sera équivalent à celui d'un
triangle tel que Aa'O, dont la base Aa' serait sensiblement plus
longue que Aa. Or, c'est cette base qui représente la limite conventionnelle de rupture à la torsion fournie par la formule théorique : $S = \dfrac{T\rho}{I_p}$, où T est le moment de torsion *de rupture*, et
I_p le moment d'inertie polaire de la section. Il n'est pas surprenant que cette limite conventionnelle de rupture Aa', supérieure
à la limite vraie Aa, atteigne ou même dépasse de 5 à 10 °/₀ la
limite de rupture à l'extension simple C.

On admet généralement que le coefficient d'élasticité transversale ou de glissement G représente sensiblement les 2/5 du coefficient d'élasticité longitudinale E, conformément à la théorie des corps isotropes (art. 14) :

$$G = \frac{E}{2(1+\eta)} = \frac{2}{5} E.$$

On réduit parfois ce rapport à 1/3.

Les résultats d'expériences ne s'écartent pas beaucoup en plus ou en moins des valeurs moyennes suivantes :

Fer : 7×10^9 à 8×10^9 ;
Acier : 8×10^9 à 9×10^9.

91. Essais au choc. — Nous avons démontré précédemment (p. 357) qu'il ne suffisait pas de déterminer par un essai de traction les limites d'élasticité et de rupture, ainsi que les allongements élastiques et de rupture, pour être édifié sur les propriétés d'un métal, et tout particulièrement sur sa résistance aux actions dynamiques. Les épreuves statiques de tout genre, compression, flexion, torsion, cisaillement, ne permettent pas de combler cette lacune.

Le nombre de relations de condition, que l'on peut tirer d'expériences semblables, est inférieur d'une unité à celui des inconnues à déterminer. On se trouve dans l'incertitude en ce qui touche l'importance des actions moléculaires latentes, qui jouent au point de vue de la résistance aux chocs un rôle essentiel.

Il est donc souvent indispensable de recourir à des épreuves au choc, et c'est une nécessité qui a été reconnue de tout temps : la fragilité et la dureté superficielle sont les seuls indices permettant de distinguer un acier mi-doux trempé d'un acier naturel extra-dur, les courbes d'allongement ne pouvant donner que des présomptions et non une certitude absolue. La fragilité des aciers phosphoreux n'est décélée que par un essai au choc.

L'effet produit par un choc sur une barre de métal dépend : 1° de la nature du produit ; 2° de la forme géométrique de la barre éprouvée, de ses dimensions transversales et longitudinale ;

3° de la distance mutuelle et des dispositions des deux appuis ;
4° du poids du mouton, de sa forme, de la hauteur de chûte, etc.

La question est donc très complexe, et nous ne connaissons pas
de formule qui permette de comparer les résultats fournis par
deux essais effectués dans des conditions différentes, en tenant
compte de toutes les circonstances qui influent sur l'expérience.

Il serait donc désirable que les constructeurs se missent d'accord pour régler dans tous ses détails la manière dont les essais
en question devront être effectués. Comme cette entente n'a jamais été établie, les renseignements numériques que nous pour-
rions citer ne seraient pas comparables entre eux, et, par suite,
n'offriraient pas grand intérêt.

En général, on procède en laissant tomber d'une certaine hauteur un mouton de poids déterminé sur une pièce prismatique
portée à ses deux extrémités par des appuis fixes.

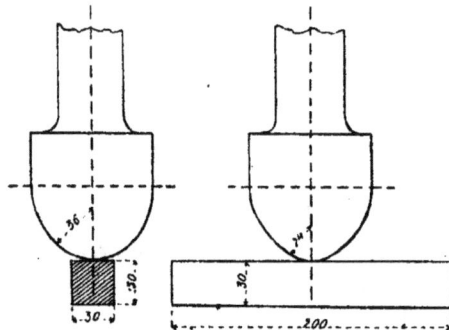

Fig. 120.

La figure 120 indique la forme de la pièce d'essai et le mouton
en usage pour les aciers dans le service de l'artillerie de marine.
D'après M. *Cornut*, le poids du mouton en acier trempé est de
18 k., la hauteur de chute 2 m. 750, le poids de l'enclume 350 k.,
la distance des couteaux qui supportent la barre de 160 mm., et
la saillie de ces couteaux de 50 mm. On soumet à l'essai, suivant
les cas, des barres de métal naturel ou trempé, et en général on
exige que les barres supportent sans se rompre 15 coups de
mouton. La flèche permanente est mesurée à titre de renseignement intéressant.

Dans d'autres circonstances, on a jugé préférable de laisser tomber un mouton au centre d'une tôle circulaire appuyée ou encastrée sur son pourtour, et de mesurer la flèche permanente produite.

On a proposé également de faire usage d'explosifs (fulmi-coton) qu'on ferait détonner au centre d'un disque de tôle appuyé sur son pourtour. Les plaques de blindage sont soumises au choc de projectiles d'artillerie, explosifs ou non.

On a constaté par expérience que l'acier doux résiste mieux aux chocs que le fer.

Si l'on compare les aciers entre eux, on remarque que toute modification apportée dans la composition élémentaire, dans la constitution chimique, ou dans la structure physique, qui diminue la ductilité (allongement de rupture), augmente la fragilité, quand bien même la résistance (limite de rupture) serait accrue dans une proportion considérable.

Par conséquent les aciers naturels sont d'autant plus fragiles qu'ils sont plus durs, c'est-à-dire contiennent plus de carbone, de manganèse, de silicium, de soufre, etc.

Le recuit augmente la résistance aux chocs tandis que la trempe la diminue.

L'écrouissage complet, périphérique ou local rend les métaux fragiles et cet effet ne disparaît que par le recuit : la résistance au choc est minimum immédiatement après que l'opération d'écrouissage a été effectuée, et se relève sensiblement avec le temps, par suite de l'équilibre nouveau que prennent les molécules, avec réduction sensible des actions moléculaires latentes.

La résistance des tôles aux chocs est très abaissée par le poinçonnage, et beaucoup moins par le forage des trous de rivets.

Le phosphore rend les aciers et les fers exceptionnellement fragiles, bien qu'il ne diminue pas toujours la ductilité et augmente parfois la résistance.

Nous ne reviendrons pas sur les considérations théoriques exposées déjà au paragraphe 2 du précédent chapitre en vue d'expliquer ces phénomènes.

92. Essais de pliage à froid. — Etant donné que la limite
de sécurité est toujours, dans les constructions métalliques, très
inférieure à la limite d'élasticité, on pourrait se figurer à tort que
la manière dont le métal se comporte sous un travail supérieur à
la limite d'élasticité ne présente pas d'intérêt au point de vue des
applications, puisque cette limite ne doit jamais être atteinte.
Cete opinion ne serait pas fondée, pour les deux motifs suivants :

En premier lieu, la ductilité d'un métal dépend de sa composition élémentaire, de sa constitution chimique et de sa texture
physique ; c'est donc un caractère spécifique qui permet de déterminer son rang dans la classification sidérurgique et de vérifier
s'il a été bien fabriqué et épuré, s'il est homogène et convenablement laminé, s'il est écroui, trempé, etc. En comparant les résultats obtenus pour la limite d'élasticité, la limite et l'allongement
de rupture, aux renseignements fournis par un tableau de classement, on sait à quoi s'en tenir sur la valeur du produit et sur
l'utilisation dont il est susceptible.

En second lieu, bien que les dimensions des éléments d'une
construction soient toujours calculées de façon que le travail élastique reste au-dessous de la limite d'élasticité, on ne peut jamais
avoir la certitude absolue que ce résultat sera toujours obtenu en
toute circonstance, et dans tous les points de chaque pièce. Les
méthodes de calcul sont imparfaites, et l'on ne tient généralement
pas compte des dilatations discordantes qui se manifestent dans
les pièces d'un ouvrage établi en plein air, dont la température
ne saurait être toujours uniforme ; par exemple, la tôle supérieure
d'une poutre se réchauffe davantage au soleil et se refroidit plus
vite pendant la nuit que les fers qu'elle couvre et abrite.

Il peut exister des défauts et des malfaçons dans les assemblages des éléments juxtaposés ou réunis bout à bout. Que, dans un
câble en acier, tous les fils ne soient pas également tendus pendant la fabrication, il en résultera nécessairement en service des
inégalités de travail très appréciables.

Le brochage des trous de rivets, destiné à racheter les inégalités
du poinçonnage lorsqu'il s'agit d'assembler des tôles dont les trous
ne se correspondent pas exactement, donne lieu à des actions
moléculaires latentes qui peuvent venir en surcroît du travail calculé.

Une chaudière à vapeur insuffisamment alimentée, ou dont certaines parois sont incrustées, peut subir un coup de feu ; une barre quelconque peut être exposée accidentellement à subir des chocs ou des actions statiques énergiques qui la déforment et la gauchissent.

Quand on rive des tôles, il arrive toujours que, le martelage de la tête d'un rivet ayant été terminé au-dessous du rouge cerise, le métal de cette tête a subi un écrouissage marqué : en pareil cas un acier trop dur pourrait se fissurer et se gercer, et c'est pourquoi les rivets se fabriquent toujours avec des produits très doux.

Dans une construction bien étudiée et bien exécutée, la limite d'élasticité ne peut être dépassée, sous l'influence des causes signalées plus haut, que dans certaines régions superficielles très restreintes des éléments les plus exposés, sans que la valeur moyenne du travail, rapportée à une section transversale quelconque, puisse dépasser sensiblement la limite de sécurité admise. Il n'en peut donc résulter qu'un écrouissage pénétrant à une très faible distance de la périphérie. Or une pareille modification superficielle de la structure de la pièce n'a aucun inconvénient au point de vue de la stabilité de l'ouvrage, si la limite de rupture n'a été dépassée en aucun point et qu'il ne se soit produit aucune fissure ou gerçure sur le contour du corps. On sait en effet qu'en pareil cas la limite de rupture et le coefficient d'élasticité longitudinale ne sont pas modifiés; la limite d'élasticité seule est changée, mais avec relèvement de sa valeur, ce qui ne peut avoir de conséquence fâcheuse. La région altérée continue donc à résister comme auparavant, et il n'y a pas de mécompte à craindre.

Il en serait tout autrement si la déformation locale avait été suffisante pour que, la limite de rupture étant dépassée, une fissure à peine perceptible fût apparue sur la périphérie de la pièce.

Nous avons déjà vu que le sommet de tout angle rentrant, et par conséquent de toute fissure interrompant la continuité du contour d'une pièce élastique quelconque, constitue un point critique où les actions moléculaires atteignent un maximum qui peut dépasser de beaucoup la valeur moyenne du travail évaluée pour l'ensemble du corps : la stabilité est par suite compromise parce que cette fissure est destinée fatalement à s'étendre jusqu'au

moment où elle aura pénétré assez profondément pour amener
la rupture totale de la pièce, alors même que celle-ci aurait été
calculée dans le principe avec une marge de sécurité exceptionnelle. Quand un essieu de wagon se brise après un long service,
on constate toujours que la fracture correspond à une fissure *ancienne*, qui a dû mettre quelquefois plusieurs années à se développer à partir du contour, en pénétrant graduellement dans le
noyau intérieur. Tout rivet d'assemblage dont la tête est gercée
après la pose est destiné à sauter tôt ou tard. D'après nous, les
rivets que l'on est obligé de remplacer chaque année dans certains ponts métalliques doivent souvent leur rupture à la présence de fissures imperceptibles datant de la pose. On ne saurait
donc se montrer trop exigeant au sujet de la perfection des têtes
de rivets lorsqu'on exécute une construction métallique, et il faut
impitoyablement remplacer tout rivet dont la tête présente des
traces de gerçure.

On conçoit donc l'utilité qu'il y a à faire usage dans les constructions de métaux très ductiles qui peuvent subir des déformations considérables sans se gercer ou se fissurer, et dont les surfaces soient par suite aptes à se conserver intactes malgré les
changements de forme qu'elles sont exposées à subir de temps à
autre sous l'influence de causes accidentelles (chocs, actions statiques, variation de température, etc.). C'est pourquoi l'on emploie
à peu près exclusivement les aciers doux et très doux, principalement dans les chaudières à vapeur, les coques de navires, etc.
Pour les rivets, on se sert même de produits extra-doux, en sa-
crifiant dans une certaine mesure la résistance à la ductilité.

Pour les rails de chemins de fer, où la résistance absolue et la
dureté de la surface de roulement sont très désirables, en raison
des efforts exceptionnels qu'on leur fait supporter et de l'usure
produite par le passage des roues, on a souvent recommandé
l'emploi d'aciers mi-durs, mais il n'est pas démontré que leurs
avantages ne soient pas compensés par le manque de ductilité
qui peut donner lieu à des ruptures nombreuses en service.

On s'explique ainsi l'intérêt considérable que présentent les essais de *pliage à froid*, qui ont pour but de mettre en évidence la
ductilité d'un produit, indépendamment de toute recherche sur

sa résistance à l'extension ou à la flexion. Ces essais consistent :
1° à plier des bandes de tôle, à la presse ou au marteau, sous un
angle variable d'une part avec l'épaisseur, et d'autre part avec le
degré de dureté et la qualité du métal demandé. Pour les tôles à
chaudières, on exige souvent que les deux faces de l'angle soient
rabattues bord à bord l'une sur l'autre.

2° à poinçonner la tôle et à agrandir le trou au moyen d'un
mandrin conique. On peut par exemple porter le diamètre du trou
de 21 mm. à 23 mm., et même jusqu'à 30 mm. pour les tôles ex-
tra-douces. On ne doit constater sur la pièce ainsi déformée ni
criqûres, ni gerçures, ni dessoudures.

Il n'y a pas de règle uniforme en ce qui touche les essais à froid,
que chaque consommateur de fer ou d'acier règle à sa guise.

Lorsqu'on veut s'assurer que le métal est parfaitement doux et
ne prend pas la trempe, on prescrit de chauffer les éprouvettes
au rouge cerise et de les tremper à l'eau avant de les soumettre
aux essais de pliage.

D'après M. Victor Deshayes, si on plie à froid une barre laminée de 5 mm. d'épaisseur et 15 mm. de largeur, après lui avoir
fait subir cette trempe, on constate que :

1° Un acier à 0,10 de carbone plie complètement à fond sans
déchirures ; 2° à 0,15 de carbone, le pliage à fond donne des criqûres sur les bords ; 3° à 0,20 de carbone, le pliage à 45° ne produit pas de criqûres, mais le pliage à fond entraîne la rupture ;
4° à 0,25 de carbone, le pliage à 45° donne des criqûres, mais la
rupture ne s'obtient pas par le pliage à 90° ; 5° à 0,30 de carbone,
la rupture se produit entre 120 et 90° ; 6° avec des teneurs supérieures, elle s'obtient au-dessus de 130°.

Le manganèse, le silicium, le phosphore exercent une influence
analogue à celle du carbone ; les renseignements précédents
s'appliquent aux aciers presque dépourvus de ces corps.

Pour les métaux extra-doux à rivets, on peut exiger que la tête
puisse être confectionnée à froid sans présenter de criqûres, ce
qui ne peut être obtenu qu'avec un métal excellent.

Quand une barre a subi un écrouissage complet, périphérique
ou local, elle se prête fort mal au pliage à froid, pour les motifs
déjà signalés à propos des essais de flexion. Il en est de même

des pièces présentant des défauts superficiels, fissures, gerçures, pailles, etc. Ce genre d'épreuve permet donc de reconnaître si la fabrication des tôles ou profils a été faite à température convenable, et si on leur a fait subir après coup un recuit suffisant pour faire disparaître toute trace d'écrouissage.

On peut ranger parmi les épreuves à froid l'examen de la cassure obtenue en entaillant une barre à la tranche ou au burin, et en la rompant par des coups de marteau frappés en porte-à-faux.

Dans les fers à grain, le grain doit être uniforme, demi-fin, de couleur gris plombé ; l'on ne doit pas remarquer de facettes brillantes et larges.

Dans les fers nerveux, le nerf doit être blanc sans éclat, délié et allongé, et présenter de petits crochets aux points de séparation ; les fibres ne doivent être ni courtes, ni noirâtres.

On obtient parfois une fracture mixte, qui doit d'ailleurs être uniforme et homogène. Les défauts de soudure des tôles obtenues par laminage de fers paquetés se reconnaissent sans difficulté, à la cassure, par un changement de la teinte, qui est noircie ou brunie à la rencontre des plans de clivage déterminées par le défaut de soudure.

Il est au surplus difficile de rien préciser en ce qui touche les conditions à exiger pour la cassure d'une éprouvette. C'est là une question de coup d'œil, pour laquelle un observateur quelconque ne peut être guidé que par son expérience propre dans la matière. Ce n'est pas dans les livres, mais bien dans la pratique des essais, que l'on peut acquérir à ce point de vue les connaissances nécessaires.

93. Épreuves à chaud. — Les épreuves à chaud, qui ont pour objet de vérifier que les fers ou aciers sont susceptibles d'être travaillés facilement et amenés à leur forme définitive sans détérioration superficielle, sont de différentes sortes :

1° On prend des morceaux de tôle que l'on forge de façon à leur donner la forme : soit d'un cylindre de diamètre déterminé, ou d'une calotte sphérique, parfois hémisphérique, avec bord plat conservé dans le plan primitif de la tôle ; soit d'une caisse à base carrée et à bords relevés d'équerre, dont les angles sont arrondis par des congés de rayon déterminé ;

2° On forge des barres de fer de façon à donner à une extrémité la forme d'une tête de rivet, ou d'un crochet, ou d'un double crochet en fendant la pièce en deux parties dont chacune est
rabattue d'un côté ;

3° On perce des trous dans des barres carrées ou rondes, ou
dans des fers plats de faible largeur, avec un poinçon conique
qui écarte le métal sans le chasser devant lui ;

4° On soude bout à bout des tronçons de barres et l'on exige
que ces pièces, soumises à un essai de traction directe, possèdent
une résistance et un allongement qui ne s'écartent pas beaucoup des résultats obtenus avec une barre de même métal sans
soudure. On tolère toutefois une certaine réduction qui est parfois fixée uniformément à 5 0/0 pour la limite λ et l'allongement C
de rupture ; en d'autres cas on admet 25 0/0 de diminution en ce
qui touche l'allongement. La réduction subie par λ ne peut
pas tomber au-dessous de 2,5 0/0 avec les métaux les plus purs
et les mieux soudants : généralement λ est plus affecté que C,
parce que la rupture se produit au droit de la soudure avec une
faible striction.

94. Renseignements numériques divers. — Le Ministre des travaux publics a récemment chargé une commission spéciale d'étudier les méthodes d'essai en usage pour les matériaux
de construction, et d'arrêter les bases d'une règlementation définitive à adopter par l'État, qui serait sans doute immédiatement
acceptée par tous les établissements où l'on s'occupe de la fabrication ou de la mise en œuvre des produits sidérurgiques. Cette
mesure, réclamée depuis longtemps par tous les spécialistes,
permettra d'établir une classification rationnelle des métaux, de
définir avec précision les propriétés des aciers et des fers suivant
leurs catégories et leurs qualités. Il paraît difficile quant à présent de coordonner les résultats obtenus par des méthodes d'é-
preuve très différentes, et nous nous bornerons à énoncer pêle-
mêle un certain nombre de renseignements numériques récol-
tés un peu partout, malgré les discordances, imputables au manque d'uniformité dans les procédés d'essai, que l'on pourra facilement relever entre certains d'entre eux.

Expériences de M. Bauschinger sur

Teneur en carbone en centièmes	Essais à la traction directe (1) Eprouvette représentée par la fig 121					Essais à la compression directe (2)					
						Eprouvette représentée par la figure 122			Eprouvette représentée par la figure 123		
	Coefficient d'élasticité longitudinale $\frac{E}{10^7}$	Limite d'élasticité $\frac{N}{10^6}$	Limite de rupture $\frac{C}{10^6}$	Allongement de rupture sur 400 mm $\lambda\times100$	Contraction dans la section de striction $\Gamma\times100$	Coefficient d'élasticité longitudinale $\frac{E'}{10^7}$	Limite d'élasticité $\frac{N'}{10^6}$	Limite de rupture $\frac{C'}{10^6}$	Coefficient d'élasticité longitudinale $\frac{E'}{10^7}$	Limite d'élasticité $\frac{N'}{10^6}$	Limite de rupture $\frac{C'}{10^8}$
0,14	2.265	29,25	44,30	21,8	49,2	2.740	27,75	47,80	2.645	27,75	92,50
0,19	2.170	33,10	47,85	20,1	41,6	2.690	30,00	53,90	2.520	30,50	
0,46	2.255	34,50	53,30	18,1	30,5	2.360	34,40	63,30	2.250	34,40	111,00
0,51	2.210	34,05	56,00	14,3	25,1	2.270	32,20	70,00	2.300	32,80	125,00
0,54	2.165	34,90	55,60	17,8	32,8	2.510	34,40	61,10	2.570	34,40	114,00
0,55	2.220	33,00	56,50	17,6	27,8	2.260	34,40	61,70	2.480	35,50	127,50
0,57	2.160	33,10	56,05	18,4	30,6	2.330	34,40	65,50	2.170	34,40	122,00
0,66	2.280	37,45	62,95	13,7	19,7	2.430	37,75	65,50	2.590	37,75	124,00
0,78	2.360	37,50	64,70	11,4	19,1	2.280	35,50	68,30			
0,80	2.150	40,05	72,30	9,0	14,0	2.320	44,40	96,70	2.230	44,40	172,00
0,87	2.185	42,90	73,35	8,1	16,4	2.210	40,00	89,40	2.230	38,85	151,00
0,96	2.170	48,70	83,05	6,6	10,0	2.290	50,00	98,90	2.320	50,00	178,00

L'impossibilité d'obtenir des renseignements valables par les essais à la com-
tatée entre les résultats fournis par le même métal suivant la forme de l'échan-
de rupture C' n'ont aucune espèce de signification ; le coefficient d'élasticité ne
la limite d'élasticité est peut-être constatée avec plus d'exactitude. Il n'existe
coefficient d'élasticité longitudinale, dont la valeur n'est pas en rapport avec la

Le rapport $\dfrac{G}{E}$ ne s'écarte guère de la valeur théorique indiquée par la théorie

$$= \frac{1}{2\left(1+\frac{1}{3}\right)} = 0,40.$$

différentes variétés d'acier Bessemer

Essais à la flexion (3)			Essais au cisaillement		Torsion			OBSERVATIONS
Coefficient d'élasticité longitudinale	Limite conventionnelle d'élasticité	Limite conventionnelle de rupture	Limite de rupture	Rapport de la limite de rupture à celle relative à la traction directe	Coefficient d'élasticité transversale $\frac{G}{10^7}$	Limite d'élasticité	Rapport $\frac{G}{E}$	
2.000	37,50	(79,20)	34,10	0,77				
2.050	41,70	(86,00)	37,10	0,78	878	15,25	0,40	
2.060	40,30	83,40	35,85	0,67	853	14,70	0,38	
2.090	41,70	93,00	40,20	0,72				
2.030	40,30	85,50	39,30	0,71	856	15,00	0,40	
2.130	42,40	88,25	40,00	0,71				
2.060	44,50	96,00	36,45	0,65	837	15,83	0,39	
2.250	43,80	86,00	42,80	0,68	869	16,50	0,38	
2.120	46,50	87,50	41,40	0,64	851	17,50	0,36	
2.320	47,25	76,45	48,20	0,67	893	19,70	0,42	
2.140	47,00	76,50	50,00	0,68	850	20,30	0,39	
2.060	69,50	84,80	58,20	0,70	876	26,65	0,40	

(1) Eprouvette essayée à la traction directe.

Fig. 121.

(2) Eprouvettes essayées à la compression directe.

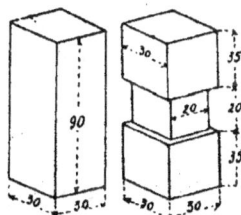

Fig. 122.   Fig. 123.

pression directe est démontrée par la discordance constillon expérimenté : les valeurs obtenues pour le travail s'obtient qu'avec une approximation des plus grossières; pas de relation nette entre la dureté d'un acier et son teneur en carbone.

de l'élasticité pour les corps isotropes : $\dfrac{G}{E} = \dfrac{1}{2(1+\eta)}$

(3) Les barres essayées à la flexion étaient à section rectangulaire. Les échantillons à 0,14 et 0,19 de carbone n'ayant pas été rompus, les chiffres indiquant les efforts limites réalisés sans rupture ont été mis entre parenthèses.

CLASSEMENT DES ACIERS PAR M. VICTOR DESHAYES. — M. Deshayes classe les aciers d'après leur limite de rupture, liée à la composition élémentaire par la formule (page 265) :

$$C = 30 + 18C + 36C^2 + 18Mn + 15Ph + 10Si.$$

L'allongement de rupture mesuré sur 10 centimètres de longueur (et probablement avec une éprouvette de 200 mm. carrés de section) est d'autre part donné par la relation :

$$a = 42 - 36\,C - 5,5\,Mn - 6,0\,Si.$$

PREMIÈRE CLASSE. — Aciers extra-doux exceptionnels : $C < 40$.

La limite d'élasticité est de 20 à 25 k., l'allongement après rupture, mesuré sur 100 mm., varie de 30 à 40 0/0, et la striction est comprise entre 50 et 30 0/0.

La teneur en carbone varie en général de 0,10 à 0,20 ; celle en manganèse de 0,20 à 0,30. Les aciers extra-doux sont presque exempts de silicium, soufre et phospore, dont les doses peuvent, dans les produits de pureté exceptionnelle tomber à : 0,02Si, 0,028Ph et 0,005S. On emploie parfois pour la tréfilerie des aciers extra-doux renfermant jusqu'à 0,20 de silicium, qui doivent naturellement être pauvres en carbone et manganèse, pour satisfaire à la condition qu'exprime la formule énoncée plus haut.

M. Deshayes recommande ces aciers extra-doux, qui se forgent et se soudent parfaitement bien, pour les tubes, enveloppes, cornières et tôles de chaudières ; les boulons et rivets, les pièces de machines ; les canons de fusil, les pièces de blindage et pièces d'armement ; les fils, chaînes et objets de tréfilerie.

On les obtient en général au four Martin plutôt qu'au convertisseur Bessemer, et par le procédé basique plutôt que par le procédé acide.

La trempe relève légèrement la limite de rupture, en diminuant l'allongement ; elle n'améliore pas ces aciers au point de vue de l'emploi dont ils sont susceptibles. Il est bon de les recuire après laminage ou forgeage, surtout si le travail à chaud, étant compliqué, a été prolongé jusqu'à une température inférieure au rouge cerise. La soudure et le laminage s'effectuent dans les meilleures conditions au blanc éblouissant.

DEUXIÈME CLASSE. — Aciers très doux : $40 < C < 50$; allongement de rupture : 20 à 25 0/0.

La teneur en carbone varie de 0,30 à 0,50 ; en manganèse de 0,10 à 0,60.

Ces aciers se fabriquent surtout par les procédés Bessemer et Martin.

La trempe, tout en n'augmentant pas beaucoup leur dureté et leur fragilité, abaisse sensiblement leur ductilité, indiquée par des pliages à froid : cet effet est d'autant plus marqué que la teneur en carbone est plus élevée.

Les aciers très doux servent à fabriquer les tôles et profilés de tout genre pour constructions métalliques, chaudières, essieux, bandages de roues, pièces de machines, artillerie et armurerie, taillanderie, serrurerie, tréfilerie, etc. ; outils d'agriculture, chaînes, etc.

Il est utile de les recuire après laminage ou forgeage, pour faire disparaître l'écrouissage dû à un travail à chaud un peu prolongé.

TROISIÈME CLASSE. — Aciers doux ordinaires : $50 < C < 60$. Allongement de rupture : 15 à 20 0/0.

On doit distinguer les aciers exclusivement carburés qui contiennent de 0,50 à 0,70 de carbone, avec 0,20 à 0,40 de manganèse ; les aciers manganésés, dont la teneur en manganèse s'élève à 0,50, 0,80 et 1,00, tandis que la dose de carbone s'abaisse à 0,50, 0,40 et 0,30 ; les aciers phosphoreux qui contiennent jusqu'à 0,25 et 0,40 de phosphore, la dose de carbone se rapprochant de 0,30, et celle de manganèse variant de 0,60 à 0,80.

On les fabrique soit au creuset, soit par les procédés Bassemer et Martin.

Les aciers doux ordinaires prennent d'autant mieux la trempe qu'ils sont plus chargés de manganèse ; les produits exclusivement carburés peuvent être utilisés à l'état trempé, tandis que les aciers manganésés, qui deviendraient trop durs et trop fragiles, sont surtout employés après recuit.

On s'en sert fréquemment pour la fabrication des pièces en acier coulé de toute nature.

Leurs principaux usages sont les suivants : — Métal non trempé
et recuit, de préférence manganésé : canons, pièces d'armurerie;
matériel fixe (rails et traverses) et matériel roulant (essieux, bandages, ressorts, chaînes et tendeurs d'attelage) des chemins de
fer ; pièces de machines, etc. — Métal trempé relativement pauvre
en manganèse : tarauds, alésoirs, faux et faucilles, aiguilles,
plumes, etc.

Il nous semble que ces aciers doux, exclus de toutes les constructions exposées à des actions dynamiques intenses, chocs ou
mouvements vibratoires, ou à des changements de température
notables et irréguliers, telles que les coques et les charpentes
des navires, les pièces de machines et enveloppes de chaudières,
pourraient être admis dans la construction des ponts, au moins
pour les grandes poutres soustraites à l'action directe des
chocs du matériel roulant qui ne leur transmet par ses vibrations. Il n'est peut être pas indispensable d'exiger dans ce
cas une ductilité, mesurée par l'allongement de rupture, supérieure à celle des fers destinés au même usage, et il pourrait être
avantageux d'autre part d'utiliser l'excès de résistance qu'ils présentent comparativement aux aciers très doux. A ce point de vue
les aciers manganésés mériteraient peut-être d'être recommandés
pour la construction des ponts, à la condition de corriger la trempe
ou l'écrouissage par des recuits convenables.

QUATRIÈME CLASSE. — Aciers durs : $60 < C < 70$. Ils renferment 0,60 à 0,80 de carbone, la proportion de manganèse étant
inférieure ou supérieure à 0,500. Une forte teneur en phosphore
(0,4) les rend très fragiles. Ils acquièrent par la trempe une
grande dureté. Tous les procédés en usage conviennent pour leur
fabrication.

On distingue également la série carburée de la série manganésée, que la trempe durcit beaucoup plus que la première, tandis
que son action est atténuée par le phosphore.

On fait usage des aciers durs pour les rails et les pièces de
matériel ou de machines qui ont à résister en service à des frottements importants, ce qui rend désirable pour elles une grande
dureté superficielle : tiges de pistons, fleurets de mines, cylindres

de laminoirs, outils à tailler le fer et le bois, bandages spéciaux, glissières, arbres d'hélices, manivelles, etc. On les emploie suivant les cas à l'état recuit ou à l'état trempé.

CINQUIÈME CLASSE. — Aciers très durs : $70 < C < 80$. La teneur en carbone varie de 0,70 à 0,80 ; elle peut s'abaisser à 0,50 pour les produits très manganésés (à 1,50 de Mn).

On les obtient au four Martin, au convertisseur Bessemer ou au creuset.

Ces aciers doivent être forgés avec précaution et ne se soudent que difficilement.

A l'état recuit, ils s'emploient pour la fabrication de rails très durs (aiguilles de bifurcation), de certaines pièces de machines, où la dureté superficielle est le caractère essentiel à obtenir, bandages, paliers, coussinets, engrenages, etc.

Ils sont utilisés, après recuit ou à différents degrés de trempe, pour la tréfilerie et les outils : limes, fraises, cisailles et forets, scies, étampes, bouterolles, machines à river, marteaux et ciseaux à travailler les pierres et les métaux, enclumes, pièces d'horlogerie, etc.

SIXIÈME CLASSE. — Aciers extra-durs : $80 < C$. Ce sont des aciers à outils généralement fabriqués au four Martin ou plutôt au creuset ; ils proviennent parfois d'aciers de cémentation refondus au creuset.

Ils se divisent en quatre groupes :

1° *Aciers durs par le carbone.*

a. — Teneur comprise entre 1 et 1,25 0/0 : $80 < C < 100$.

Emplois : Rasoirs, canifs, outils à travailler à froid les métaux et les pierres dures, obus, pièces de blindage, etc.

Ils sont généralement trempés et recuits jusqu'à une température réglée en raison de la dureté superficielle à obtenir, depuis le jaune très pâle pour les lancettes jusqu'au bleu foncé pour les scies.

b. — Aciers à plus de 1,25 et moins de 1,50 de carbone : Ces produits, difficiles à travailler, sont également utilisés pour certains outils.

c. — Aciers à plus de 1,50 de carbone : ce sont des produits mixtes qui possèdent une grande dureté superficielle. On ne les emploie guère qu'à l'état de moulages, sous le nom de métaux mixtes, fontes malléables, fontes durcies, etc.: engrenages spéciaux, cylindres de laminoirs, plaques de blindage, etc.

2° *Aciers manganésés.* — On obtient une résistance de 84 k. avec un allongement de 16 0/0. Ils contiennent jusqu'à 3,5 de manganèse, et peuvent être utilisés pour la fabrication, par voie de moulage, de pièces dures soumises en service à des frottements considérables, telles que les coussinets.

3° *Aciers chromés.* — Le chrome relève les limites d'élasticité et de rupture, sans abaisser dans la même proportion que le carbone, ou même le manganèse, l'allongement de rupture et la contraction de striction.

4° *Aciers au tungstène.* — Le tungstène permet d'obtenir des résistances extrêmement élevées et donne des produits d'une dureté superficielle exceptionnelle.

On remarquera que le classement de M. Deshayes ne concorde pas, au point de vue de la spécification et de la qualification des divers aciers, avec le tableau inséré à la page 276. Nous ne reviendrons pas sur les observations déjà présentées à ce sujet (p. 250)

. DENSITÉ ET RÉSISTANCE DES PRODUITS SIDÉRURGIQUES. — Les renseignements suivants ont été extraits de différentes publications et sont donnés sous toute réserve. Certains d'entre eux, comme nous le signalons plus loin, n'ont qu'une valeur très relative, et ne sauraient être considérés comme exacts que dans les conditions d'expérience où ils ont été déterminés.

Les chiffres soulignés indiquent la moyenne généralement admise dans les calculs de stabilité.

Densité ; coefficients de dilatation et d'élasticité

Désignation des métaux	Densité	Coefficient de dilatation linéaire 0,0000	Coefficient d'élasticité longitudinale $\dfrac{E}{10^9}$	Coefficient d'élasticité transversale $\dfrac{G}{10^9}$
Fonte grise........	6800	106	8	3,4
	7200	112	9,5	4
	7400	115	11	4,5
Fonte blanche	7400		11	4,5
	7500	115	13	5,2
Métal mixte	7800		22	9,0
Acier	7500	110	20	7,5
	7800	115	21	8,4
	8000	119	22	9,0
Fer..............	7700	112	18	7,0
	7800	117	19	7,6
	7900	120	20	8,0

La trempe abaisse la densité de l'acier et relève son coefficient de dilatation (jusqu'à 125 et même 135 $\times 10^7$), ainsi que son coefficient d'élasticité longitudinale, qui peut monter jusqu'à 27×10^9 et peut-être plus. Théoriquement, cette dernière valeur pourrait être applicable aux métaux mixtes voisins de l'acier extra-dur; mais, comme la limite d'élasticité vraie se rapproche de zéro, la valeur obtenue expérimentalement pour E, en se basant sur la règle de M. Considère touchant la fixation de la limite d'élasticité, va en décroissant graduellement quand on passe de l'acier extra-dur à la fonte grise par le métal mixte et la fonte blanche (art. 78).

Résistance à l'extension

Désignation des métaux		Limite d'élasticité usuelle N	Limite de rupture C	Allongement de rupture en centièmes λ	Striction $\Sigma = \dfrac{\lambda\lambda}{A}$
			11	0,25	
Fonte grise		6	12	0,70	»
				0,90	
Fonte blanche..............		7	15	»	»
Acier extra-dur exceptionnel		>50	>90	<6	>0,86
id. très dur................		45	85	9	0,82
id. dur....................		41	75	13	0,76
id. mi-dur................		37	65	17	0,67
id. mi-doux		34	55	22	0,58
id. doux..................		31	47	24	0,50
id. très doux..............		28	43	26	0,42
id. extra-doux		27	37	30	0,34
Fer commun	Long	20	32	6	0,82
	Travers ...	17	29	3,5	
Ordinaire	Long	21	33	9	0,75
	Travers ...	18	30	5	
Fort	Long......	21,5	33,5	13	0,65
	Travers....	19	31	8	
Fort supérieur	Long	22	34	16	0,55
	Travers ...	20	32	12	
Fin	Long	23	35	18	0,50
	Travers ...	21	32	14	
Fin extra	Long	24	36	21	0,40
	Travers ...	22	34	16	
Fer spécial de Suède à rivets	Long	20	30	30	0,34
	Travers...	19	28	28	

La fonte est un produit variable et capricieux, pour lequel il est difficile d'indiquer des moyennes, en raison des écarts considérables que l'on peut trouver en essayant des produits différents.

Les aciers simplement moulés présentent des caractères intermédiaires entre ceux de la fonte et ceux de l'acier forgé.

Un simple recuit améliore leur qualité, en relevant N, C et λ dans une proportion notable, et abaissant Σ. Une trempe suivie d'un recuit complet produit un effet beaucoup plus marqué et donne au métal des propriétés analogues à celles de l'acier forgé ou laminé. Si l'on prend un acier moulé offrant une résistance à la traction de 40 k. avec 5 0/0 d'allongement, un simple recuit relèvera C à 45 k. et λ à 8 0/0 ; une trempe vive suivie de recuit donnera : $C = 50$ k. et $\lambda = 18$ 0/0.

Les chiffres inscrits dans le tableau qui précède se rapportent à l'acier de coulée laminé sous forme d'éprouvettes cylindriques de 0,020 de diamètre et 0,200 de longueur entre repères.

Dans les métaux laminés, la couche superficielle, en contact avec les laminoirs, a acquis une dureté supérieure à celle du noyau intérieur. Il en résulte que les limites d'élasticité N et de rupture C sont d'autant plus élevées que, la pièce étant moins épaisse, l'importance relative de la croûte périphérique est plus grande. L'écart entre les limites de rupture d'une tôle épaisse de 2 cent. et d'une tôle de 2 mill. peut dépasser 10 0/0 de leur valeur moyenne. L'étirage en fils produit le même effet, mais sur une échelle beaucoup plus grande. Un fil de fer de 3 mm. de diamètre non recuit après étirage peut avoir une limite d'élasticité de 30 k. et une limite de rupture de 70 k. On obtient avec des fils d'acier non recuits des résistances de 70 à 250 k. suivant la qualité du métal et la grosseur du fil [1]. Le recuit fait disparaître l'écrouissage superficiel dû à l'étirage, et diminue la dureté du fil, en abaissant la limite de rupture.

L'allongement de rupture dépend à la fois de l'épaisseur de la tôle, de la longueur et de la largeur de l'éprouvette, de sorte que

---

1. Il est fort possible que les résistances élevées, 150 k., 200 k. et plus, ne puissent être obtenues que par une trempe douce opérée après tréfilage. Le recuit détruirait en ce cas l'effet de la trempe, en abaissant la limite de rupture et augmentant l'allongement.

les chiffres inscrits au tableau n'ont aucune valeur et aucune signification si l'on s'écarte des conditions où l'essai a été effectué.
En ce qui touche le fer, nous admettons que les allongements
indiqués se rapportent à des éprouvettes de 20 cent. de long.,
2 cent. de large et 1 cent. d'épaisseur.

A titre d'exemple, nous donnons ci-dessous, d'après M. *Cornut*,
les conditions exigées par la marine française pour les tôles d'a-
cier pour constructions et pour chaudières : les dimensions des
éprouvettes sont fixées suivant l'épaisseur de la tôle d'après des
règles qu'il nous paraît inutile d'énoncer.

Epaisseur en millimètres	Tôles pour constructions		Tôles pour chaudières.	
	C	λ	C	λ
1 1/2 à 2	47	10		
2 à 3	46	13		
3 à 4	45	16		
4 à 6	44	18	45	22
6 à 8	43	21	42	25
8 à 20	42	22	42	26
20 à 30	42	24	40	26

Ainsi le même métal peut donner tantôt 10 et tantôt 24 0/0
d'allongement, suivant la manière dont il est employé et essayé.
On voit combien le renseignement fourni par l'allongement de
rupture est incertain et aléatoire, s'il n'est pas complété par l'indication précise de la forme attribuée à l'éprouvette.

Avec les fils de fer et d'acier, l'allongement est très réduit, tant
par suite de la dureté de la croûte périphérique qu'en raison de
la faible longueur de la région de striction qui n'influe sur l'allongement total que dans une mesure insignifiante.

Le coefficient de striction est un caractère plus fixe et plus net
que l'allongement de rupture. Toutefois il peut encore varier
suivant les dimensions transversales de l'éprouvette : quand l'é-
paisseur devient très faible par rapport à la longueur, la valeur de
ce coefficient se relève en se rapprochant de l'unité. Pour un métal donné, la valeur de Σ peut varier de 0,40 pour une barre carrée à 0,70 pour une éprouvette de 0,30 de largeur et 0,02 d'é-
paisseur.

Résistance à la compression

	C'
Fonte grise	60 à 80
Fonte blanche	80 à 100
Acier moulé	80 à 120

On doit admettre que la limite d'élasticité à la compression est au moins égale et plutôt supérieure à la limite d'élasticité à l'extension pour le fer et l'acier laminés.

Le rapport des limites $\frac{C'}{C}$ est probablement supérieur à 3 pour les fers et les aciers doux et à 2 pour les aciers extra-durs.

Le coefficient de ductilité à la compression (rapport du raccourcissement à la limite de rupture) a une valeur au plus égale au $\frac{1}{6}$ de celle du coefficient de ductilité à l'extension pour les fers et les aciers doux. Ce rapport se relève pour les aciers durs et les fontes.

Il n'y a pas d'intérêt à connaître exactement les valeurs N' et C' pour les métaux laminés ou forgés : comme les pièces comprimées ont toujours une longueur suffisante pour être sujettes au flambement, il suffit de savoir que N' est au moins égal à N, et E' à E, et l'on n'a plus alors à faire intervenir dans les calculs que les coefficients relatifs à l'extension, lesquels sont suffisamment connus.

Résistance à la flexion

Quand on essaie à la flexion une barre à section rectangulaire, le travail élastique calculé par la formule $R = \frac{6X}{h^2}$ est égal, lorsque la limite d'élasticité est atteinte, à la limite d'élasticité à l'extension simple multipliée par le coefficient de majoration K, qui varie peut-être de 1,37 pour les aciers extra-doux et les fers fins à 1,20 pour des aciers extra-durs et les fers communs. Au moment de la rupture, le coefficient de majoration K', par lequel on doit multiplier la limite de rupture à l'extension simple, peut varier de 1,90 pour le fer et les aciers extra-doux à 1,40 (peut-être) pour les aciers extra-durs et les fers communs.

Les nombres K et K' s'abaissent respectivement de 1,30 à 1,10 et de 1,80 à 1,38 quand on passe de la fonte grise douce à la fonte blanche.

Ces coefficients de majoration se modifient avec le profil de la section de la pièce fléchie : ils tendent vers l'unité quand le rapport $\frac{r}{h}$ (égal à $\sqrt{\frac{1}{12}}$ pour la section rectangulaire) se rapproche de $\frac{1}{2}$ (section en double té), et se relèvent au contraire quand ce rapport $\frac{r}{h}$ diminue (section circulaire ou en losange).

Résistance au cisaillement. — On admet que la résistance extrême au cisaillement est égale aux $\frac{4}{5}$ de la limite de rupture à l'extension pour les fers et les aciers doux ; ce rapport tomberait à $\frac{2}{3}$, et même $\frac{3}{5}$, pour les métaux durs et extra-durs.

En ce qui touche la fonte grise, il nous est difficile de nous prononcer, la limite de rupture au cisaillement étant évaluée par quelques auteurs à 10 k., tandis que d'autres la portent à 17 et 30 k. Il y a là un désaccord qui ne peut être tranché que par l'expérience.

Résistance à la torsion. — On admet en général que la limite d'élasticité au glissement pour les fers et aciers ne dépasse pas les $\frac{4}{5}$ de la limite d'élasticité à l'extension simple. D'après M. Bauschinger, ce rapport pourrait même s'abaisser à $\frac{1}{2}$, valeur qui nous semble un peu faible.

Pratiquement, on adopte, aussi bien pour le cisaillement que pour la torsion, une limite de sécurité égale aux $\frac{4}{5}$ de celle relative au cas de la traction directe.

La limite de rupture à la torsion, calculée par la formule usuelle de la résistance des matériaux en se basant sur le résultat d'une épreuve faite sur une barre cylindrique, est, d'après M. Considère, au moins égale à la limite de rupture à l'extension simple C, qu'elle dépasserait même peut-être de 5 à 10 0/0.

Nous ne savons rien en ce qui touche la fonte.

Matériaux divers. — Nous avons extrait de diverses sources les renseignements qui suivent, sans chercher à les contrôler et à écarter ceux qui pourraient sembler erronés.

C'est pourquoi il nous arrivera parfois d'indiquer pour le même objet des nombres très différents, dont l'un doit être inexact, sans que nous puissions le désigner.

Les renseignements relatifs aux bois sont incertains et douteux: tous les nombres indiqués se rapportent au cas de la compression ou de la traction exercée parallèlement aux fibres, et du cisaillement dirigé dans un sens perpendiculaire. Si l'on exerce un effort de traction suivant le rayon d'un tronc d'arbre, perpendiculairement aux fibres, on peut admettre que le coefficient d'élasticité E est réduit dans le rapport de 1 à 1/5 et la limite de rupture C dans le rapport de 1 à 1/4 ; dans le sens perpendiculaire aux fibres mais normal au rayon et tangent à la circonférence du tronc, le coefficient d'élasticité est réduit dans le rapport de 1 à 1/8, et la limite de rupture dans le rapport de 1 à 1/6. On ne doit jamais faire travailler le bois dans le sens perpendiculaire aux fibres, en raison de la faible résistance qu'il présente et des déformations notables qu'il subit.

Désignation des matériaux	Poids du mètre cube		Coefficient de dilatation linéaire 0,0000	Coefficient d'élasticité longitudinale × 10⁹
MÉTAUX				
Cuivre rouge..........	8.600 — 8.900		172	»
id. laminé.........	8.800 — 9.000		172	10 — 11
id. étiré en fils (non recuit).............	»		172	12
Laiton fondu..........	8.400 — 8.700		180 — 210	»
id. laminé.........	8.500 — 8.600		id.	6,5 — 10
id. en fils..........	8.400 — 8.700		id.	10
Bronze................	8.400 — 9.200		180 — 190	3,2
Zinc........	6.800 — 7.200		295 — 311	9,4 — 9,6
Plomb................	11.300 —11.400		280 — 290	0,5 — 0,8
Etain	7.100 — 7.500		195 — 230	3,2
BOIS	Vert	Sec		
Aulne......	870	555	»	1,11
Frêne................	900	550	»	1,12
Hêtre...............	980	590	»	0,98
Bouleau..............	990	490	»	1,00
Sapin rouge...........	870	480	»	0,90
Sapin blanc...........	890	480	»	0,90
Orme................	990	550	»	1,17
Chêne	970-1.070	650-710	»	0,92 — 1,1
Pin..................	910	550	»	0,06 — 1,4
Peuplier..............	800	400	»	0,52
Teak	»	860	»	1,6
Noyer....	880	660	»	»

Coefficient d'élasticité transversale × 10⁹	Limite d'élasticité à l'extension simple	Limite de rupture à l'extension	Limite de rupture à la compression	Limite de rupture au cisaillement
»	»	13 — 30	70	1,8 — 2
4,3	8	21 — 26	40 — 45	»
»	13	42 — 70	»	»
»	»	12,5 — 13		10 — 21
2,1 — 3,5	4,4	22 — 25	»	»
»	»	35 — 85	»	»
1,0 — 1,2	»	11 — 23	2,5	12 — 22
»	1,50	5 — 6	»	»
»	0,44	0,5 — 1,35	5	4,6
»	0,90	3 — 3,5	11	6,6
»	»	3 — 4,5	4,8 — 5	»
»	»	7 — 12	6 — 6,5	»
»	»	4 — 8	5,5 — 6,5	»
»	»	4	5,5 — 6,5	»
0,4	»	4	2,5 — 4,5	»
0,4	»	6 — 9	4 — 4,5	»
»	»	4 — 7	4,8 — 5	»
0,4	»	6 — 8	4,5 — 7	2,5
»	»	2,5 — 3	3,8 — 5	2
»	»	2	2 — 3,5	»
»	»	11	8,5	»
»	»	»	4 — 5	»

Résistance des câbles

Un cordage neuf en chanvre de bonne qualité se rompt sous un effort de traction représentant environ 9 k. 5 par millimètre carré de section transversale brute; cette résistance s'abaisse pour une vieille corde à 4 k. par millimètre carré.

Un cordage neuf en chanvre goudronné de bonne qualité se rompt sous un effort de 6 k. 30 par millimètre carré de section ; cette résistance peut s'abaisser à 3 k. 5 avec le temps.

La résistance d'une courroie en cuir est de 2 k. 20 par millimètre carré de section.

Il peut paraître plus commode de calculer la résistance d'un câble en fonction de son poids. — Un cordage neuf en chanvre se rompt sous une charge de 6000 à 8000 fois son poids par mètre courant π ; avec le temps, cette limite de rupture s'abaisse de près de moitié.

La résistance des câbles fabriqués par la Compagnie de Chatillon-Commentry avec les fils d'acier, au sujet desquels nous avons donné quelques renseignements à la page 284, peut être évaluée comme il suit.

En tordant en hélice un certain nombre de fils, avec ou sans âme centrale en chanvre, on obtient un *toron*. Plusieurs torons enroulés en hélice autour d'une âme en chanvre donnent une *aussière*. Les câbles plats s'obtiennent en tressant plusieurs aussières, qui s'entremêlent de façon à être solidaires les unes des autres. On fabrique les câbles ronds en enroulant en hélice les aussières autour d'une âme centrale en chanvre.

Soit π le poids par mètre courant d'un câble fabriqué avec des torons sans âme de chanvre. La charge de rupture peut être évaluée en fonction de ce poids π.

Qualité des fils d'acier employés	Charge de rupture	
	Câbles plats	Câbles ronds
1re *qualité*. Métal doux................	6000π à 7000π	5000π à 6000π
2e *qualité*. Qualité ordinaire...........	8000π à 9000π	7000π à 8000π
3e *qualité*. Grande résistance..........	12000π à 13000π	10000π à 12000π
4e *qualité*. Résistance supérieure.......	14000π à 15000π	12000π à 13000π
5e *qualité*. Résistance extra-supérieure..	19000π à 20000π	16000π à 18000π

Quand les torons ont une âme de chanvre, la charge de rupture, rapportée au poids par mètre courant, peut être abaissée de 20 à 40 0/0.

CHAPITRE IV

MÉTHODES GÉNÉRALES

ET FORMULES USUELLES

SOMMAIRE :

CHAPITRE IV

MÉTHODES GÉNÉRALES ET FORMULES USUELLES

———

§ 1.

VÉRIFICATION DE LA STABILITÉ D'UNE PIÈCE PRISMATIQUE. DOCUMENTS RÉGLEMENTAIRES

95. Calcul du travail élastique. — Nous croyons utile de faire ici une récapitulation sommaire des formules à employer pour évaluer le travail élastique maximum, à l'extension, à la compression ou au glissement, déterminé dans une section transversale sollicitée par un effort normal **F**, un moment fléchissant **X**, ou un effort tranchant **V**.

Travail à l'extension simple. — On fait usage de la formule : $R = \dfrac{F}{\Omega}$, où Ω représente l'aire de la section transversale de la pièce. Quand on a affaire à une poutre à double té dont la hauteur varie rapidement, il convient d'attribuer à Ω la valeur A +B, A étant l'*aire réduite* de la section transversale des semelles (art. 55), et B l'aire de la coupe transversale de l'âme.

Travail à la compression simple. — Considérons d'abord le cas où la pièce ne peut se déformer par flambement, soit que la distance de ses deux extrémités soit fixe et invariable (ponts en arcs) [1], soit que la pièce soit maintenue et guidée par des assemblages la reliant à des pièces voisines en des points suffisamment rapprochés pour que la fibre moyenne ne puisse être déviée et écartée sensiblement de sa direction primitive (membrure comprimée d'une poutre à treillis). On devra dans ces conditions faire usage de la formule déjà indiquée pour le travail à l'extension : $R' = \dfrac{F}{\Omega}$.

Considérons ensuite le cas d'une pièce rectiligne, montant, support, colonne, bras de triangulation, élément de membrure, qui puisse se rompre par flambement, parce qu'elle est complètement libre dans tous les sens transversaux, entre deux sections extrêmes que leurs liaisons avec des corps voisins ne peuvent empêcher de se rapprocher légèrement l'une de l'autre, avec diminution appréciable de la longueur l qui les séparait dans le principe.

Théoriquement, il convient d'appliquer dans ce cas la formule suivante, établie par nous dans l'article 56 du chapitre II :

$$R' = \frac{F}{\Omega}\left(1 + \frac{Nl^2}{s \pi^2 E i^2}\right),$$

où N représente la limite d'élasticité à l'extension de la matière,

1. Soit AB un support relié par articulations, à ses deux extrémités, avec deux massifs absolument invariables et indéformables, de telle sorte que la distance

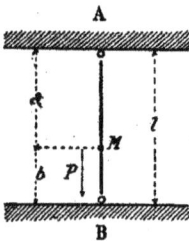

Fig. 124.

mutuelle des deux points A et B ne puisse subir aucun changement. On peut imaginer qu'on applique en un point M, au moyen d'un collier ou d'une frette, une charge P dirigée suivant l'axe longitudinal du support. Soient a et b les distances du point M aux articulations A et B. La région supérieure AM du montant sera soumise à un travail d'extension égal à $\dfrac{Pb}{\Omega l}$. La région inférieure BM supportera un travail de compression égal à $\dfrac{Pa}{\Omega l}$: la longueur totale AB, ou

$a+b$, de la pièce étant invariable par hypothèse, la portion MB comprimée ne pourra pas se déformer par flambement, et dans ces conditions il n'y aura pas lieu de majorer la valeur du travail élastique fournie par l'expression $\dfrac{F}{\Omega}$, qui devient dans le cas présent $\dfrac{Pa}{\Omega l}$, parce que $F = \dfrac{Pa}{l}$.

E son coefficient d'élasticité longitudinale, l la longueur de la pièce entre les deux sections extrêmes, et r le rayon de gyration *minimum* de sa section transversale, c'est-à-dire le demi-petit axe de l'ellipse d'inertie : ce moment d'inertie minimum de la section est représenté par Ωr^2. Quant au coefficient s^2, sa valeur numérique dépend de la manière dont peut s'effectuer la déformation par flambement de la pièce comprimée ; il faut donc tenir compte, pour la fixation de cette valeur, des liaisons existant entre les extrémités de la pièce considérée et les corps voisins, qui peuvent exercer une influence sur la courbe décrite par la fibre déformée.

Nous avons indiqué, à la page 212, les valeurs de s^2 relatives à divers cas particuliers. On n'a en général à envisager dans la pratique que trois hypothèses :

Pièce encastrée aux deux extrémités (montant rivé sur deux poutres transversales) :

$$s^2 = 4.$$

Pièce encastrée à une extrémité et articulée à l'autre :

$$s^2 = 2.$$

Pièce articulée à ses deux extrémités :

$$s^2 = 1.$$

On pourrait encore considérer le cas d'une pièce encastrée à une extrémité et parfaitement libre à l'autre (colonne isolée fixée dans le sol et chargée en son sommet) : s^2 se trouverait alors réduit à $1/4$ ou $0,25$.

La valeur théorique précitée est exclusivement applicable aux métaux que l'on suppose avoir sensiblement la même limite d'élasticité à l'extension simple et à la compression simple.

Elle convient par conséquent aux fers et aux aciers, pour lesquels la limite d'élasticité à la compression est certainement supérieure, mais probablement d'assez peu, à la limite d'élasticité à l'extension.

On constate que le rapport $\dfrac{N}{\pi^2 E}$ ne s'écarte guère pour les fers de toutes catégories de la valeur $\dfrac{1}{9.000}$; en ce qui touche les aciers, il peut varier du minimum $\frac{1}{8.000}$ pour les produits très doux au maximum $\frac{1}{4.000}$ pour les produits extra-durs.

Comme la limite d'élasticité à la compression est pour la fonte de cinq à huit fois supérieure à la limite d'élasticité à l'extension, on ne peut faire emploi pour ce métal de la relation $R' = \frac{F}{\Omega}\left(1 + \frac{K l^2}{s^2 r^2}\right)$ qu'à la condition de déterminer expérimentalement la valeur du coefficient K, qui n'a ici aucun rapport avec l'expression $\frac{N}{\pi^2 E}$.

D'après les recherches de *Hodgkinson*, *Gordon*, *Wiesbach*, *Rankine*, etc., on peut attribuer à K, suivant les dispositions de la pièce calculée et d'après la nature de la matière qui la constitue, les valeurs empiriques suivantes.

Valeurs du coefficient $\frac{K}{s^2}$

	Deux extrémités encastées $s^2 = 4$	Une ext. encas. Une ext. artic. $s^2 = 2$	Deux extrémit. articulées $s^2 = 1$	Une ext. enc. Une ext. lib. $s^2 = 2,25$
Fers et aciers doux	$\frac{1}{36000}$	$\frac{1}{18000}$	$\frac{1}{9000}$	$\frac{1}{2250}$
	0,000028	0,000056	0,000111	0,000444
Fonte	$\frac{1}{6400}$	$\frac{1}{3200}$	$\frac{1}{1600}$	$\frac{1}{400}$
	0,000156	0,000313	0,000625	0,0025
Bois	$\frac{1}{3000}$	$\frac{1}{1500}$	$\frac{1}{750}$	$\frac{1}{188}$
	0,000333	0,000666	0,001333	0,005833

Nous avons déjà fait observer que le coefficient $\frac{1}{36000}$ semblerait devoir être réduit à $\frac{1}{32000}$ pour les aciers doux et à $\frac{1}{16000}$ pour les aciers extra-durs, dont la limite d'élasticité à l'extension est deux fois et demie plus élevée que celle du fer, tandis que le coefficient d'élasticité longitudinale n'est accru que de 10 0/0 ou au plus 20 0/0. Au fur et à mesure que l augmente, la supériorité de l'acier dur sur le fer doit aller en décroissant, et pour les grandes valeurs du rapport $\frac{l}{r}$, les charges de rupture sont presque identiques.

En conséquence, lorsque la pièce calculée est en acier, nous sommes d'avis qu'il y a lieu de multiplier le coefficient $\frac{K}{s^2}$, indiqué expérimentalement par Rankine pour le fer, par le rapport de la limite d'élasticité de l'acier à celle du fer, qui est d'environ 20 k. par millimètre carré.

Si l'on suppose que l'encastrement des extrémités de la pièce ne soit par parfait (colonnes reposant simplement sur des bases plates), il peut être prudent d'augmenter de 30 0/0 les valeurs de K indiquées plus haut pour le cas du double encastrement $\left(\frac{1}{28000} \text{ au lieu de } \frac{1}{36000}\right)$.

Il arrive parfois que les pièces articulées aux deux bouts sont en forme de fuseau (bielles), et ont une section variable dont le moment d'inertie va en croissant à partir de chaque extrémité jusqu'au milieu. Soient r' le rayon de gyration minimum de la section centrale, et r'' le rayon de gyration minimum de la section située au quart de la hauteur. Il peut sembler convenable en pareil cas de substituer à r^2, dans la formule qui donne R, la moyenne fournie par l'expression : $\frac{r'^2 + 2r''^2}{3}$.

Travail à la flexion. — Le travail élastique maximum, développé dans la fibre extrême supérieure, est donné par la relation : $R = -\frac{Xn}{I}$, où n désigne la distance de cette fibre à l'axe neutre passant par le centre de gravité de la section. On a de même pour la fibre extrême inférieure : $R = +\frac{Xn'}{I}$. Si la section est symétrique ($n = n'$), on fera usage de la formule unique : $R = \pm\frac{Xh}{2I}$, où le signe $+$ correspond à la fibre extrême inférieure.

Si la pièce considérée est à double té, on convient d'habitude de ne tenir compte, pour la résistance à la flexion, que de l'aire des plates-bandes ou semelles. Soit A l'aire cumulée de ces régions extrême de la pièce ; on substitue $\dfrac{Ah^2}{4}$ à I, et on obtient la relation :

$$R = \pm \; \frac{2X}{Ah} \, .$$

Si la pièce est de hauteur variable, A doit représenter l'*aire réduite* des deux semelles, conformément à la définition donnée à l'article 55. A part cette seule réserve, la formule précédente demeure applicable.

Dans une section sollicitée par un effort tranchant F et un moment de flexion X, le travail normal s'obtiendra pour les fibres extrêmes en faisant la somme algébrique du travail à l'effort normal et du travail à la flexion, calculés à part à l'aide des formules précédentes :

$$\begin{aligned}-\frac{Xn}{I}\\+\frac{Xn'}{I}\end{aligned}\right\} \begin{aligned}\frac{F}{\Omega}\\ \text{ou}\ \frac{F}{\Omega}\left(1+\frac{K\,l^2}{s^2 r^2}\right).\end{aligned}$$

Considérons à titre d'exemple le cas d'un support en potence portant la charge P à l'extrémité d'un bras horizontal relié par encastrement à son sommet.

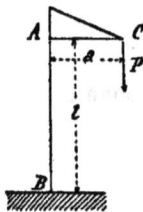

Fig. 125.

La valeur du travail maximum à la compression déterminé dans la section de base B de la colonne AB sera fournie, le moment fléchissant ayant sur toute la hauteur la valeur constante Pa, par la relation :

$$R = \frac{Pah}{2I} + \frac{P}{\Omega}\left(1+\frac{K}{s^2}\frac{l^2}{r^2}\right) = \frac{P}{\Omega}\left(\frac{ah}{2r^2}+1+\frac{K}{s^2}\frac{l^2}{r^2}\right).$$

r est ici, non pas le rayon de gyration minimum de la section, mais le rayon de gyration qui correspond au plan BAC, dans lequel la fibre moyenne tend à se déformer (plan de flexion).

On a dans le cas présent : $s^2 = \dfrac{1}{4}$.

Admettons que la colonne soit en fonte, avec une section circulaire pleine de rayon d.

On trouvera :

$$R = \frac{4P}{\pi d^2}\left(\frac{8a}{d}+1+0{,}04\,\frac{l^2}{d^2}\right).$$

Si la colonne était en fer, avec section circulaire évidée à paroi mince d'épaisseur e, on trouverait de même :

$$R = \frac{P}{\pi de}\left(\frac{4a}{d} + 1 + 0,0036\,\frac{h^2}{d^2}\right).$$

Travail au glissement. — Le travail maximum au glissement, correspondant à un effort tranchant V, s'obtient par la formule : $S = \frac{V}{I}\left(\frac{\mu}{u_0}\right)$, dont il a été question aux articles 32 et 46 du chapitre II. Nous ne reviendrons pas sur ce qui a été dit relativement au module de glissement $\frac{1}{I}\left(\frac{\mu}{u_0}\right)$ (page 97).

Nous remarquerons simplement qu'en évaluant S par la formule $S = \frac{V}{\Omega}$, analogue à celle employée pour l'effort normal, on commettrait une erreur par défaut variable avec le profil transversal. Le travail maximum réel au glissement s'obtient en multipliant le rapport $\frac{V}{\Omega}$ par un coefficient de majoration M, dont nous indiquerons ci-dessous les valeurs numériques pour un certain nombre de profils usuels.

	Rectangle	Cercle	Losange.
Profils pleins	$\frac{3}{2}$	$\frac{4}{3}$	$\frac{9}{8}$
Profils évidés à parois minces.	$\frac{9}{4}$	2	$\frac{3}{2}$

L'erreur commise par défaut sur la valeur vraie de S, en se servant de l'expression $\frac{V}{\Omega}$, n'est donc pas en général négligeable.

Elle dépasse 50 0/0 pour le rectangle évidé.

Dans les pièces à section en double té, ou en rectangle évidé, on convient de calculer le travail au glissement comme si l'effort tranchant était uniformément réparti dans la section transversale de l'âme ou des âmes, abstraction faite des semelles: $S = \frac{V}{B}$.

Cette règle simple donne des résultats suffisamment exacts tant

33

que le rapport de l'aire cumulée A des semelles à l'aire B de l'âme n'est pas inférieur à l'unité.

Pour A = B, on aurait exactement :

$$S = \frac{9}{8} \frac{V}{B}.$$

Pour A > B, le coefficient de majoration se rapproche de l'unité.

Quand la hauteur de la pièce à double té varie rapidement, il convient de substituer, dans la formule qui fournit le travail au glissement S, l'effort tranchant réduit W à l'effort tranchant absolu V (art. 55, page 207).

On a d'une part :

$$V = \frac{dX}{dx},$$

et de l'autre :

$$W = h \frac{d\left(\frac{X}{h}\right)}{dx} = \frac{dX}{dx} - \frac{X}{h} \frac{dh}{dx}$$

$$= V - \frac{X}{h} \frac{dh}{dx}.$$

Le remplacement de W par V dans la formule exacte $S = \dfrac{W}{B}$ pourrait donner lieu à des erreurs notables, les valeurs de ces deux efforts tranchants pouvant être numériquement très différentes, et parfois même de signes opposés (page 208).

Il ne faut pas confondre le travail de glissement déterminé dans les pièces fléchies par l'effort tranchant avec le travail de cisaillement produit par l'action d'une force extérieure dirigée dans le plan de la section transversale considérée et passant par son centre de gravité (page 191).

Ce genre de travail ne se rencontre guère que dans les boulons, rivets, etc., qui servent à assembler les éléments des constructions métalliques. On admet, pour simplifier les calculs, que l'effort total de cisaillement se répartit uniformément dans la section considérée.

Nous jugeons superflu de reproduire ici la formule qui sert à calculer le travail de glissement dû à un couple de torsion, ainsi que les relations qui permettent de déterminer les intensités des efforts subis par une pièce fléchie dans des directions obliques à son axe longitudinal (art. 44 et 47). On ne fait guère usage dans la pratique de ces formules, qui ne présentent en somme qu'un intérêt à peu près exclusivement théorique.

86. Vérification de la stabilité. — *Méthode usuelle ne tenant pas compte des règles de Wœhler.* — Soient :

R la valeur maximum du travail à l'extension,

R′   id.   id.   id.   à la compression,

S   id.   id.   id.   au glissement ou au cisaillement, calculées pour une section transversale de la pièce au moyen des formules rappelées à l'article précédent.

Si cette pièce est en fer ou en acier laminé, il est nécessaire et suffisant, pour que la stabilité soit assurée, que les valeurs absolues de R et R′ soient l'une et l'autre inférieures ou au plus égales à une limite de sécurité T que l'on fixe *a priori*, en tenant compte de la nature et de la qualité du métal à employer dans la construction.

Il faut, d'autre part, que la limite T soit supérieure ou tout au plus égale au travail de glissement S multiplié par un coefficient de majoration, auquel on attribue d'habitude la valeur 5/4. D'après les expériences faites sur la résistance des métaux au cisaillement (art. 89), ce coefficient de majoration 5/4 conviendrait bien aux fers et aux aciers doux, mais il y aurait lieu de le relever pour les aciers durs et extra-durs jusqu'à 4/3, et peut-être même 3/2 (page 477). Mais, comme les expériences dont il s'agit se rapportent à la limite de rupture au cisaillement, et non à la limite d'élasticité, il n'est pas prouvé que la dureté de l'acier soit dans l'espèce un élément dont il faille tenir compte.

En définitive, la stabilité de la pièce, pour la section transversale considérée, devra être regardée comme satisfaisante si les conditions suivantes sont remplies :

$$\left.\begin{array}{c} R \\ R' \\ \frac{5}{4}S \end{array}\right\} \leq T.$$

La limite de sécurité T est une fraction de la limite d'élasticité à l'extension N du métal ; on n'est pas absolument d'accord sur la valeur conventionnelle à attribuer au rapport $\frac{T}{N}$, qui peut varier entre 1/4 et 2/5, suivant la marge de sécurité que l'on entend se réserver.

Pour la fonte et l'acier moulé, on distingue la limite de sécurité à l'extension T de la limite de sécurité à la compression T', qui est notablement plus élevée, et les conditions de stabilité à remplir sont représentées par les inégalités suivantes :

$$\left.\begin{array}{c} R \\ S \end{array}\right\} \lessgtr T ;$$

$$R' \leqq T'.$$

Nous énoncerons à la fin du présent article les valeurs numériques des limites de sécurité généralement admises pour les différentes espèces de métaux.

Méthode basée sur les principes de Wœhler. — Soient R et Rφ les limites extrêmes, de même signe ou de signes opposés, entre lesquelles peut varier le travail élastique, en un des points de la section transversale les plus éloignés de l'axe neutre. Le rapport φ est compris entre $+ 1$ et $— 1$. Si l'on veut appliquer à ce cas les règles de Wœhler, dont il a été question au chapitre I (art. 22, 23 et 24), il y a lieu de multiplier le travail élastique R par un coefficient de majoration qui, égal à l'unité pour $φ = 1$, doit aller en croissant au fur et à mesure que φ se rapproche de $— 1$.

D'après ce qui a été dit à l'article 24, il conviendra de faire usage de l'une des deux formules :

(1) $R_1 = R \left(1 + \frac{v}{\lambda} (1 — φ) \right)$, qui peut être mise sous la forme :

$R_1 = R \frac{1-nφ}{1-n}$ *(formule de Séjourné)* ;

et (2) $R_1 = R \frac{1+m}{1+mφ}$ *(formule du ministère des travaux publics).*

Les expériences de Wœhler ayant porté exclusivement sur les fers et les aciers laminés, ce n'est qu'à cette catégorie de matériaux, à l'exclusion des fontes et des aciers moulés, que les formules précédentes peuvent être appliquées. On ne paraît pas s'en être jamais servi pour les constructions en fonte.

Nous avons développé à l'article 24 les considérations sur lesquelles il convient de se baser pour la fixation des valeurs numériques à attribuer aux coefficients $\frac{v}{\lambda}$, n ou m. Nous ne reviendrons pas sur ce sujet.

M. Séjourné a adopté la formule (1), en posant $n = 0,4$, ou, si l'on veut, $\frac{v}{\lambda} = \frac{2}{3}$.

Le Ministère des travaux publics a recommandé l'emploi de la formule (2), où l'on prendrait : $m = \frac{1}{2}$.

D'après nous, il serait plus rationnel de faire varier ces coefficients en raison des circonstances, en appréciant l'importance des actions dynamiques (chocs ou vibrations) que la pièce est exposée à subir en service.

La figure 126 représente un abaque à triple réglure sur lequel on peut relever immédiatement la valeur du rapport $\frac{R_1}{R}$, correspondant à une valeur donnée de φ, qui satisfait à la formule (1), lorsqu'on est fixé sur la valeur numérique à attribuer au coefficient $\frac{v}{\lambda}$, qui peut varier entre 0 et 1, ou au coefficient n, nécessairement compris entre 0 et 1/2.

Il est facile de dresser cet abaque, dont les droites verticales équidistantes ont pour équation générale : $x = \varphi$; les droites horizontales, également équidistantes, sont définies par la relation :

$$y = \frac{R_1}{R} - 1 ;$$

enfin, les droites issues de l'origine ont pour équation générale :

$$\frac{y}{x} = \frac{v}{\lambda}, \text{ ou } \frac{y}{x} = \frac{n}{1-n}.$$

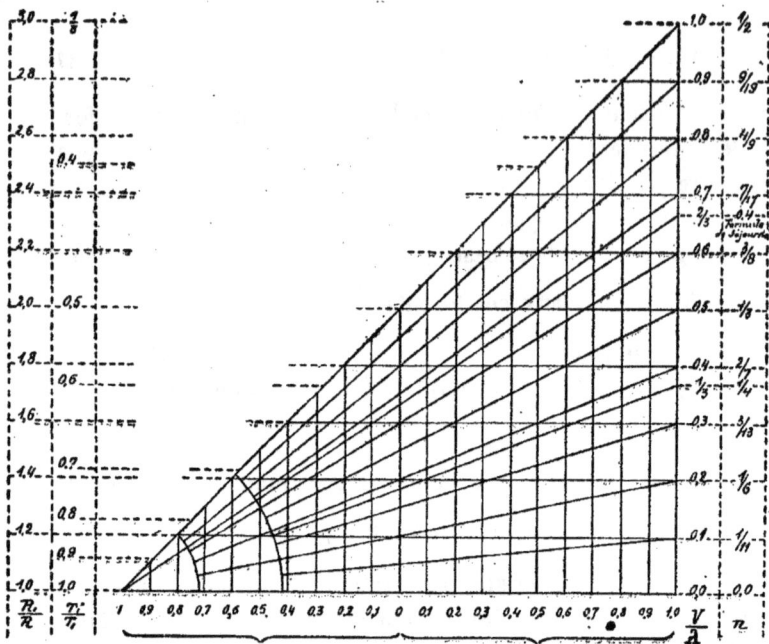

Fig. 126.

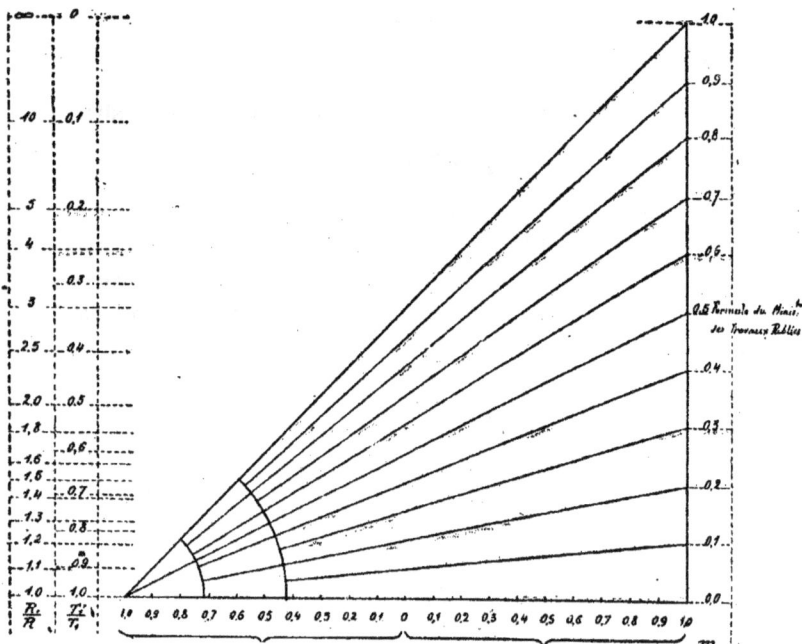

Fig. 127.

Le rapport $\dfrac{R_1}{R}$ est égal à l'unité augmentée de l'ordonnée du point qui, ayant pour abscisse la longueur représentative de φ, est situé sur la droite oblique dont le coefficient angulaire est

$$\frac{v}{\lambda} \text{ ou } \frac{n}{1-n}.$$

La figure 127 représente un abaque du même genre correspondant à la formule (2).

Les verticales équidistantes ont pour équation générale :

$$x = \varphi ;$$

les droites issues de l'origine ont pour équation :

$$\frac{y}{x} = m.$$

Les horizontales correspondant au rapport $\dfrac{R_1}{R}$ ne sont plus équidistantes. L'échelle verticale, qui donne la valeur de $\dfrac{R_1}{R} - 1$, doit être divisée en se basant sur la règle hyperbolique que fournit la relation :

$$y = 1 - \frac{R}{R_1} ; \text{ ou } \frac{R_1}{R} = \frac{1}{1-y}.$$

Quand cette division a été effectuée, l'emploi de cet abaque ne présente pas plus de difficulté que celui du précédent.

Nous avons marqué sur ces deux figures les droites qui se rapportent, soit à la règle pratique de M. Séjourné (fig. 126), soit à celle du ministère des travaux publics (fig. 127).

Supposons qu'après s'être donné *a priori* la valeur, soit du coefficient $\dfrac{v}{\lambda}$ ou du coefficient n, soit du coefficient m, on ait calculé par une des formules précitées les valeurs majorées du travail maximum à l'extension, à la compression et au glissement, R_1, R'_1 et S_1, en se basant sur les valeurs R, R' et S fournies par les procédés de calcul énoncés à l'article 95.

On vérifiera la stabilité de la pièce en comparant ces résultats à une limite de sécurité T_1, sensiblement supérieure à la limite T admise dans la première méthode exposée plus haut.

On pose souvent :

Soit
$$T_1 = T\left(1 + \frac{v}{\lambda}\right) \qquad (1)$$
$$= T\frac{1}{1-n},$$

soit
$$T_1 = T(1+m). \qquad (2)$$

De cette façon, le rapport $\dfrac{R_1}{T_1}$ est égal au rapport $\dfrac{R}{T}$ quand φ est nul (travail variant de zéro au maximum R).

Tel est le cas pour la formule de M. Séjourné, où l'on a pour le fer :
$$T = 6\,k., \quad T_1 = 10\,k. \quad \text{et} \quad n = 0,4 \,;$$

et pour la formule du ministère des travaux publics où l'on a : pour le fer :
$$T = 6\,k., \quad T_1 = 9\,k. \quad \text{et} \quad m = \frac{1}{2}\,;$$

pour l'acier :
$$T = 8\,k., \quad T_1 = 12\,k. \quad \text{et} \quad m = \frac{1}{2}\,.$$

La stabilité de la pièce sera considérée comme satisfaisante si les conditions suivantes sont remplies :

$$\left.\begin{array}{r} R_1 \\ R'_1 \\ \dfrac{5}{4}S_1 \end{array}\right\} \leq T_1.$$

Ainsi que nous l'avons déjà dit, cette règle n'est pratiquement applicable qu'aux fers et aux aciers laminés, à l'exclusion des autres métaux, et notamment de la fonte et de l'acier moulé, qui n'ont pas été expérimentés par M. Wœhler.

Il nous reste à donner quelques renseignements sur les valeurs numériques des limites de sécurité T, T' et T_1 qui peuvent être admises pour les différents métaux.

Fers. — Valeurs extrêmes de T :

5 k. par millimètre carré (fer de mauvaise qualité ou travaillant en travers) ;

8 k. par millimètre carré (fer supérieur).

Valeurs moyennes généralement adoptées :

6 ou 7 k.

Circulaire du ministre des travaux publics du 29 août 1891 :

$$T = 6,5.$$

Valeurs de T_1 : — d'après M. Séjourné : 10 k.

La condition de stabilité à remplir est fournie par l'inégalité :

$$R_1 = R\,\frac{1 - 0,4\varphi}{0,6} = R\,\frac{5 - 2\varphi}{3} \leq 10\,;$$

— d'après la circulaire du ministre des travaux publics : 9 k.

La condition de stabilité est représentée par l'inégalité :

$$R_1 = R\,\frac{1,5}{1 + 0,5\varphi} = R\,\frac{3}{2 + \varphi} \leq 9.$$

Aciers (laminés ou forgés). — Valeurs de T. De la qualité extra-doux à la qualité doux, on peut faire varier T de 7 k. à 9 k. Pour les aciers doux employés dans les ponts, le ministère des travaux publics admet la valeur 8 k. 500.

Pour les aciers de la qualité mi-doux à la qualité extra-dur, T doit varier de 9 à 15 k.

Il peut sembler convenable de prendre pour un acier quelconque :

$$T = 0,3N,$$

N étant la limite d'élasticité usuelle à l'extension (tableau de la page 276).

Valeurs de T_1. Pour les aciers employés dans la construction des ponts, le ministère des travaux publics admet la valeur 12 k.

La condition de stabilité à remplir devient :

$$R_1 = R\,\frac{3}{2 - \varphi} \leq 12\,.$$

Il semble que, pour un acier quelconque, on puisse attribuer à T_1 une valeur comprise entre 0,40N et 0,45N :

$$0,40N < T_1 < 0,45N.$$

Ainsi que nous l'avons déjà remarqué, on n'a besoin pour la

vérification de la stabilité d'une construction en fer ou en acier laminé que de la donnée T ou de la donnée T_1, qui se déduisent l'une et l'autre de la limite d'élasticité à l'extension N.

Fils de fer et d'acier. — La limite de sécurité est essentiellement variable. On se base soit sur la limite d'élasticité, soit sur la limite de rupture exigées du fabricant. On peut aller jusqu'à 9 k. pour les fils de fer et jusqu'à 15 k. et plus pour les fils d'acier (pages 284 et 504).

Pour un câble soumis à un travail statique invariable, on peut admettre sans danger une charge représentant le 1/4 de l'effort de rupture ; pour un câble de mine soumis à des efforts dynamiques, enroulé sur une poulie, et sujet à s'user par frottement, il semblera prudent de descendre au $\frac{1}{10}$ de la charge de rupture.

Aciers moulés. — Limite de sécurité à l'extension T : il paraît convenable de ne pas dépasser 6 k., en raison de l'hétérogénéité de la matière. Si la pièce employée n'a pas subi de recuit, il sera bon de se tenir un peu au-dessous de ce chiffre.

Limite de sécurité à la compression T' ; il est très rare qu'une pièce en acier moulé soit exposée à flamber, et dans ces conditions on peut admettre jusqu'à 15 et même 20 k. par millimètre carré.

Fontes. — Limite de sécurité à l'extension T : de 1 k. 50 à 2 k. On admet parfois jusqu'à 2 k. 50 pour les pièces fléchies. Nous avons critiqué cette manière de voir (page 475).

Limite de sécurité à la compression T' : de 6 à 12 k. Pour une pièce exposée à flamber, il est bon que le travail élastique vrai $R\left(1 + \frac{K l^2}{s^2 r^2}\right)$ ne dépasse pas le chiffre de 6 k.

Quand une colonne de fonte se rompt par flambement, ce sont les fibres tendues qui se brisent tout d'abord.

Pour une pièce de fonte massive, dont la hauteur ne dépasse pas sensiblement la plus petite dimension transversale, on peut admettre sans danger T' = 15 k.

Matériaux divers.

	T	T'
Cuivre rouge fondu.	2	4
id. laminé.	4	4
id. en fils non recuits.	7	»
Laiton.	2,20	2,20
id. en fils.	8	»
Bronze.	2 à 3,5	3,5
Plomb.	0,22	»
Zinc.	0,75	»
Etain.	0,45	»
Teak.	1,10	0,85
Chêne de bonne qualité.	0,75	0,60
id. perpendiculairement aux fibres.	0,17	»
Pin.	0,75	0,50
Sapin.	0,40	»
Orme.	0,70	»
Cordage neuf non goudronné.	2,00	»
id. goudronné.	1,50	»
Cuir.	0,40	»

97. Méthode différente pour la vérification de la stabilité. — La méthode que nous venons d'exposer peut se résumer comme il suit : on calcule le travail maximum à la compression, à l'extension ou au glissement pour une section transversale quelconque, sans se préoccuper de la limite de sécurité. On multiplie les valeurs ainsi obtenues par des coefficients de majoration variés, se rapportant les uns à la tendance au flambement, ou au rapport du travail au glissement et du travail normal en un même point, et les autres aux lois de Wœhler. Quand tous ces calculs sont terminés, on compare les résultats numériques obtenus à une seule limite de sécurité T, s'il s'agit du fer ou de l'acier laminé ou forgé ; on à deux limites T et T' (relatives à l'extension et à la compression) s'il s'agit de la fonte ou de l'acier moulé. C'est à notre avis la marche la plus commode et la plus rationnelle, parce qu'elle est indépendante de la qualité du métal à employer, dont on ne se préoccupe qu'au dernier moment, quand toutes les opérations numériques sont effectuées. Rien n'empêche alors, si l'on a besoin d'une limite de sécurité un peu élevée, de remplacer le métal que l'on se proposait d'employer par un autre plus résistant, sans avoir à revenir sur les calculs faits.

En général, pourtant, on ne procède pas ainsi, et on applique une méthode qui nous paraît moins bonne, mais que nous croyons utile de mentionner en raison de l'usage à peu près exclusif qui en est fait. Au lieu de majorer la valeur du travail, on réduit dans une proportion inverse celle de la limite de sécurité correspondante. Le résultat final est le même, mais la marche suivie a cet inconvénient que l'on est obligé de tenir compte dans le cours des recherches de la nature du métal employé, et que l'on a toujours à calculer simultanément pour chaque élément de la construction la valeur du travail élastique et la limite de sécurité applicable.

Compression simple. — Au lieu de calculer le travail élastique par la formule $R = \dfrac{F}{\Omega}\left(1 + \dfrac{K l^2}{s^2 r^2}\right)$ et de le comparer à la limite de sécurité T', on se sert de la relation $R = \dfrac{F}{\Omega}$, et on fait usage de la limite de sécurité réduite que fournit la relation suivante, due à *Gordon* et *Rankine* :

$$T'' = \frac{T'}{1 + \dfrac{K l^2}{s^2 r^2}}.$$

Nous avons indiqué à la page 510 comment on détermine la quantité $\dfrac{K l^2}{s^2 r^2}$, d'après la forme de la pièce et la nature du métal employé. Nous n'avons rien à ajouter à ce sujet.

Hodgkinson, *Love*, et d'autres auteurs ont proposé des formules empiriques permettant de calculer la résistance de rupture d'une pièce exposée à flamber. Nous ne croyons pas devoir reproduire ici ces formules, qui nous paraissent surannées et ne sont plus guère employées. La formule de Rankine est beaucoup plus rationnelle, d'un emploi plus commode, et nous semble devoir être préférée en toute circonstance.

Glissement ou cisaillement. — Au lieu de comparer $\dfrac{5}{4}$ S à T, on compare S à $\dfrac{4}{5}$T.

Application de la loi de Wœhler. — Au lieu de comparer à la limite de sécurité T_1 la valeur majorée du travail élastique fournie par l'une des expressions :

$$R \frac{1+m}{1+m\varphi},$$

ou

$$R \frac{1-n\varphi}{1-n},$$

on conserve la valeur non majorée du travail R, et l'on substitue à la limite de sécurité fixe T_1 la limite variable T'_1 fournie par l'une des relations inverses des précédentes :

(1)
$$T'_1 = T_1 \left(\frac{1-n}{1-n\varphi} \right),$$

(2)
$$T'_1 = T_1 \left(\frac{1+m\varphi}{1+m} \right),$$

qui conduisent aux valeurs principales suivantes de T'_1.

$$\varphi = 0 \qquad T'_1 = T_1$$

$$\varphi = 1 \qquad T'_1 = \begin{cases} T_1 (1-n) \\[2mm] \dfrac{T_1}{1+m} \end{cases}$$

$$\varphi = -1 \qquad T'_1 = \begin{cases} T_1 \dfrac{1-n}{1+n} \\[2mm] T_1 \dfrac{1-m}{1+m} \end{cases}$$

Nous n'avons rien à ajouter à ce qui a été dit dans les articles 24 et 96 sur les coefficients m et n.

Les abaques représentés par les figures 126 et 127 peuvent fournir les valeurs du rapport $\dfrac{T'_1}{T_1}$ aussi bien que celles du rapport $\dfrac{R_1}{R}$.

Il suffit de changer la graduation de l'échelle verticale de chacun d'eux, en remarquant que, pour les mêmes valeurs de φ et de m, le rapport $\frac{T'_1}{T_1}$ est inverse du rapport $\frac{R_1}{R}$.

La formule proposée par M. Séjourné pour évaluer la limite de sécurité applicable aux fers dérive de l'équation (1). C'est la suivante :

$$T' = 1000 \times \frac{0,6}{1-0,4\varphi} = \frac{600}{1-0,4\varphi}$$

La formule recommandée par le Ministre des travaux publics pour la construction des ponts rentre dans l'équation (2) :

$$\text{Fer :} \qquad T'_1 = 900 \frac{1+0,5\varphi}{1,5} = 600 \left(1 + \frac{1}{2} \varphi\right);$$

$$\bullet \text{Acier :} \qquad T'_1 = 1200 \frac{1+0,5\varphi}{1,5} = 800 \left(1 + \frac{1}{2} \varphi\right).$$

98. Extraits des règlements administratifs, en vigueur en France et à l'étranger, concernant les limites de sécurité à admettre dans la construction des ponts. — Il nous paraît convenable, en terminant, de reproduire à titre de renseignement utile quelques extraits des règlements administratifs en vigueur en France, en Autriche, en Allemagne et en Russie, concernant les limites de sécurité à admettre *dans la construction des ponts*. Ces renseignements nous ont été fournis par la *Revue générale des chemins de fer* de décembre 1891.

FRANCE

RÈGLEMENT DU 29 AOUT 1891

Ponts de chemins de fer et ponts-routes.

Limites du travail du métal. — Art. 2. — Les dimensions des différentes pièces des ponts seront calculées de telle sorte que, dans la position la plus défavorable des trains désignés à l'article 1er, et en tenant compte de la charge permanente ainsi que des efforts accessoires, tels que ceux qui peuvent être produits par les variations de température, le travail[1] du métal par millimètre carré de section nette, c'est-à-dire déduction faite des trous de rivets ou de boulons, ne dépasse pas les limites indiquées ci-dessous :

I. — Pour la fonte supportant un effort d'extension directe . . . . 1 k. 50

Pour la fonte travaillant à l'extension dans des pièces soumises à des efforts tendant à les faire fléchir[2] . . . 2 k. 50

Pour la fonte supportant un effort de compression . 6 k. »

II. — Pour le fer et l'acier travaillant à l'extension, à la compression ou à la flexion, les limites exprimées en kilogrammes par millimètre carré de section seront fixées aux valeurs suivantes :

Pour le fer. . . . . 6 k. 50
Pour l'acier . . . . 8 k. 50

Toutefois ces limites seront abaissées respectivement :

A 5 kilog. 50 pour le fer et à 7 kilogr. 50 pour l'acier dans les pièces de pont, longerons et entretoises sous rails ;

1. Le mot « travail » est entendu ici non dans son sens scientifique, mais dans le sens d'effort imposé au métal par unité de surface, qui lui est donné dans la pratique des constructions.

2. Nous avons critiqué précédemment (pages 475 et 522) la distinction établie entre les pièces de fonte simplement tendues et celles qui travaillent à la flexion. Il y a lieu toutefois de remarquer que, si une barre de fonte calculée en vue de résister à un effort d'extension directe est *encastrée* à l'une de ses extrémités sur un autre élément de la construction, elle subira *nécessairement* des efforts de flexion, qu'il n'est pas toujours permis de négliger : 1° par suite de défauts ou d'irrégularités dans les assemblages ; 2° par l'effet même de la charge et de la surcharge, qui produisent des moments de flexion *secondaires* (art. 109) ; 3° par l'effet des changements de température, qui entraînent des déformations discordantes dans les éléments de l'ouvrage (art. 104). Il est donc prudent, pour obvier à ces actions perturbatrices, d'augmenter sensiblement la marge de sécurité dont on dispose. Mais il nous paraîtrait préférable de se mettre complètement à l'abri de ces actions, qui peuvent aggraver le travail à l'extension dans une mesure difficile à évaluer à l'avance, en prescrivant d'une manière formelle que toute pièce de fonte, calculée en vue d'un effort de traction directe, devra *obligatoirement* être articulée à ses deux extrémités, de façon à ne pouvoir, en aucun cas, se trouver soumise à un travail de flexion. Cette règle étant admise d'une façon absolue, la distinction établie par la circulaire ne serait plus justifiée.

À 4 kilogr. pour le fer et à 6 kilogr. pour l'acier, dans les barres de treillis et autres pièces exposées à des efforts alternatifs d'extension et de compression ; ces dernières limites pourront, néanmoins, être rapprochées des précédentes pour les pièces qui seront soumises à de faibles variations de ces efforts.

Dans l'établissement du projet des ouvrages métalliques d'une ouverture supérieure à 30 mètres, les ingénieurs pourront appliquer au calcul des fermes principales des limites supérieures à celles qui ont été fixées plus haut, sans jamais dépasser ;

> Pour le fer :   8 k. 50
> Pour l'acier :   11 k. 50

Ils devront justifier, dans chaque cas particulier, les diverses limites dont ils auront cru devoir faire usage.

Lorsque des fers laminés dans un seul sens seront soumis à des efforts de traction perpendiculaires au sens du laminage, les coefficients seront réduits d'un tiers dans les calculs relatifs à ces efforts.

Les coefficients concernant l'acier ne subiront pas cette réduction.

On appliquera aux efforts de cisaillement et de glissement longitudinal les mêmes limites qu'aux efforts d'extension et de compression, mais en leur faisant subir une réduction d'un cinquième, étant entendu que les pièces auront les dimensions nécessaires pour résister au voilement ; pour le fer laminé dans un seul sens, on fera subir à ces coefficients une réduction d'un tiers, lorsque l'effort tendra à séparer les fibres métalliques.

Le nombre et les dimensions des rivets seront calculés de telle sorte que le travail de cisaillement du métal ne dépasse pas les quatre cinquièmes de la limite qui aura été admise pour la plus faible des pièces à assembler, et que le travail d'arrachement des têtes, s'il s'en produit, ne dépasse pas 3 kilogrammes par millimètre carré, en sus de l'effort résultant du serrage [1].

---

1. Le sens qu'il convient d'attribuer à cette phrase ne se dégage peut-être pas du texte avec toute la clarté désirable. Il est bien entendu que le travail d'arrachement des têtes, dû à l'action des forces extérieures, ne vient pas s'ajouter au travail à l'extension simple qui s'est développé dans le corps du rivet pendant la pose, et détermine le serrage. Ce dernier travail reste invariable, mais l'effort

III. — Les calculs justificatifs de la rivure seront toujours fournis à l'appui des projets en même temps que les calculs des dimensions des diverses pièces.

Il en sera de même des calculs des assemblages par boulons dans les ponts en fonte.

Qualités du fer et de l'acier auxquelles correspondent les limites de travail du métal fixées par l'article 2. — Article 3. — Les coefficients de travail du métal, fixés ci-dessus pour le fer et l'acier, correspondent aux qualités définies par les conditions suivantes :

Désignation			Allongement minimum de rupture par mm.q. mesuré sur des éprouvettes de 200 mm. de longueur	Résistance minimum à la traction par mm.q. mesurée sur des éprouvettes de 200 mm. de longueur
Fer laminé		Fer profilé et plat (dans le sens du laminage).	8 0/0	32 kg.
	Tôle	dans le sens du laminage......	8 0/0	32
		dans le sens perpendiculaire au laminage......	3,5 0/0	28
Acier laminé...................			22 0/0	42
Rivets en fer..................			16 0/0	36
Rivets en acier................			28 0/0	38

d'arrachement, qui ne modifie en rien les conditions d'équilibre élastique du rivet, réduit la pression mutuelle, et par suite l'adhérence réciproque des tôles assemblées, et abaisse par là-même la résistance du rivet au cisaillement : le serrage de ces tôles est diminué de l'effort d'arrachement.

Pour éviter toute erreur d'interprétation, nous serions d'avis de libeller comme il suit la dernière ligne du paragraphe :

... 3 kilogrammes par millimètre carré, « *abstraction faite* » ou bien « *sans tenir compte* » (au lieu de « *en sus* ») de l'effort résultant du serrage.

Nous pensons même qu'il vaudrait mieux adopter la règle suivante, qui, partant du même principe, est plus nette et plus satisfaisante :

Soit S le travail au cisaillement du rivet, par millimètre carré de section ; R le travail d'arrachement exercé sur les têtes, sous l'influence des forces extérieures (abstraction faite du serrage déterminé par la pose); T la limite de sécu-

Les cahiers des charges fixeront pour l'acier le minimum et le maximum entre lesquels devra être compris le rapport de la limite pratique d'élasticité à la résistance à la rupture. Le minimum ne devra pas être inférieur à un demi, et le maximum ne devra pas dépasser deux tiers.

Des coefficients de travail plus élevés pourront être autorisés par l'Administration pour des métaux de qualités différentes, si des justifications suffisantes sont produites.

On ne tolérera, dans aucun cas, l'emploi d'aciers fragiles et on s'assurera fréquemment, pendant la construction, de la qualité du métal à ce point de vue, au moyen d'essais de trempe et d'expériences faites en pliant des barres percées de trous au poinçon. Les cahiers des charges devront renfermer des prescriptions détaillées à cet égard, sans préjudice des autres conditions relatives aux qualités du métal.

Dans tous les cas, lorsqu'on emploiera l'acier, les trous des rivets seront forés ou alésés après le percement, sur une épaisseur d'au moins un millimètre, et les bords des pièces coupées à la cisaille seront affranchis sur la même épaisseur.

Pièces travaillant à la compression. — Art. 6. — On s'assurera, autant que possible, que les pièces travaillant à la compression, soit d'une manière continue, soit d'une manière intermittente, ne sont pas exposées à flamber.

Calcul des efforts pendant le lançage. — Art. 8. — Lorsque la mise en place du tablier devra être faite au moyen d'un lançage, on devra justifier que le travail du métal, pendant cette opération, n'atteindra, dans aucune pièce, une limite dangereuse.

---

rité à l'extension qui convient au métal constitutif du rivet ; il y aura lieu, pour assurer la stabilité, de satisfaire à l'inégalité suivante :

$$S + 1{,}6R \leq \frac{4}{5} T,$$

ou $$\frac{5}{4} S + 2R \leq T.$$

Nous reviendrons plus loin sur ce sujet, en traitant du calcul des assemblages (art. 117 et 118).

Ponts-canaux.

Limite du travail du métal. — Art. 21. — Les dimensions des différentes pièces des ponts-canaux seront calculées de manière que le travail du métal par millimètre carré de section nette, déduction faite des trous de rivets, ne dépasse nulle part 8 k. 50 pour le fer et 11 k. 50 pour l'acier.

INSTRUCTION ANNEXÉE AU RÈGLEMENT

Art. 2. — Les coefficients du travail de la fonte sont fixés surtout en vue de la vérification des efforts supportés par les ouvrages existants ; pour les constructions neuves, l'emploi de ce métal, lorsqu'il sera exposé à travailler à l'extension, ne devra être admis que dans des cas tout à fait exceptionnels.

Les règles fixées pour le fer et l'acier ont été établies de façon à réduire, d'une manière générale, les limites du travail du métal en raison des variations du sens et de la grandeur des efforts qu'il est appelé à supporter ; mais elles ne tiennent pas compte des différences qui peuvent se produire, à ce point de vue, entre les divers points des plates-bandes d'une même poutre, et qui, eu égard aux règles habituellement suivies pour les constructions métalliques, ne peuvent entraîner des inégalités de résistance inquiétantes.

Il appartiendra d'ailleurs aux ingénieurs, lorsqu'ils le jugeront utile, de déterminer ces différences par une analyse détaillée, et de faire varier en conséquence les limites du travail du métal. Pour fixer ces limites, ils pourront faire usage des formules suivantes, dont les résultats sont suffisamment d'accord avec les données de la pratique [1] :

1° Lorsque les efforts, correspondant pour la même pièce aux différentes positions des surcharges, seront toujours de même sens (extension ou compression) :

---

1. Se reporter aux observations formulées précédemment (art. 22, 23, 24, 96 et 97) en ce qui touche l'application des lois de Wœhler.

Pour le fer : 6 k. $+ 3$ k. $\dfrac{A}{B}$;

Pour l'acier : 8 k. $+ 4$ k. $\dfrac{A}{B}$;

(A représentant le plus petit et B le plus grand des efforts auxquels la pièce est exposée).

2° Lorsque le sens des efforts totaux, correspondant pour la même pièce aux différentes positions de la surcharge, variera selon ses positions (extension et compression alternatives) :

Pour le fer : 6 k. $- 3$ k. $\dfrac{C}{B}$;

Pour l'acier : 8 k. $- 4$ k. $\dfrac{C}{B}$;

(B représentant le plus grand en valeur absolue des efforts supportés par la pièce et C le plus grand des efforts en sens contraire).

Ces formules sont données à titre de simple indication et ne limitent en rien l'initiative des ingénieurs, qui pourront employer telle méthode qu'ils jugeront convenable.

Les coefficients, fixés à l'article 2, ne sont applicables aux pièces comprimées directement que lorsque celles-ci seront assez courtes pour qu'il n'y ait pas lieu de les renforcer, en vue d'éviter qu'elles puissent fléchir sous l'action de la charge. Dans le cas contraire, on devra tenir compte des prescriptions de l'article 6, et diminuer en conséquence le travail du métal.

Les ingénieurs ne perdront pas de vue les efforts supplémentaires qui pourront résulter de la répartition dissymétrique des charges, notamment dans les ponts biais et dans ceux sur lesquels la voie est en courbe.

L'évaluation des sections nettes et, par suite, le calcul définitif des efforts supportés par les différentes pièces, doivent être faits seulement lorsque la position des joints des tôles aura été arrêtée, et après la détermination du nombre, du diamètre et de la position des rivets.

Le soin de déterminer le rapport entre le diamètre des rivets et l'épaisseur des pièces à assembler est laissé aux ingénieurs, qui se guideront d'après les données de la pratique.

Art. 3. — Il n'a pas paru nécessaire de déterminer la qualité de la fonte à laquelle correspondent les coefficients fixés à l'article 2 ; cette détermination est, au contraire, indispensable pour l'acier dont les propriétés peuvent varier dans des limites très étendues, et même pour le fer dont la résistance, et surtout la ductilité, sont parfois insuffisantes pour inspirer une sécurité complète. Les qualités définies par le règlement sont celles des métaux dont l'emploi peut être considéré comme normal dans la construction des ponts ; *mais, notamment en ce qui concerne l'acier, le choix qui en a été fait, pour fixer les coefficients usuels, n'est pas un obstacle à l'emploi d'un métal de qualité différente, dans les cas où il sera justifié.* Dans l'état actuel de la métallurgie, il est possible d'élever jusqu'à 55 kilogrammes la résistance de l'acier avec un allongement de 19 p. 100, sans qu'il cesse de remplir les conditions nécessaires pour la construction des ponts, et l'augmentation de la résistance permet d'élever proportionnellement la limite des efforts normaux par m. m. q. Mais à mesure que la dureté de l'acier augmente, des précautions plus minutieuses sont nécessaires dans la fabrication pour que son emploi soit exempt de tout danger, et la rédaction des projets est d'autant plus délicate qu'on adopte des coefficients de travail plus élevés ; aussi l'Administration se réserve-t-elle de n'autoriser de dérogations à la règle générale que dans les cas où elles seront justifiées par l'importance de l'ouvrage et lorsque les conditions dans lesquelles celui-ci devra être construit offriront des garanties suffisantes au point de vue de l'exécution.

Les cahiers des charges devront, dans tous les cas, renfermer l'énumération des conditions nécessaires pour assurer l'emploi de matériaux de bonne qualité et l'exécution des travaux selon les règles de l'art. Le but de l'article 3 est de définir les qualités du métal auxquelles correspondent les coefficients indiqués à l'article 2, et d'éviter les dangers que l'emploi de l'acier a quelquefois présentés ; ses prescriptions ne sauraient être considérées comme suffisantes pour empêcher les malfaçons, aussi bien dans la fabrication du métal que dans sa mise en œuvre.

Article 6. — Les vérifications relatives au flambage devront être faites pour la fonte comme pour le fer et l'acier.

Lorsqu'on aura recours à des formules de la forme $R' = KR$ [1], dans lesquelles R' représente le coefficient de travail à adopter pour la pièce considérée, et R le coefficient de travail correspondant à une longueur très petite, on prendra uniformément pour R, dans les pièces soumises à des efforts de sens variables, 6 kg. pour le fer et 8 kg. pour l'acier ; on substituera la valeur ainsi trouvée pour R' au coefficient calculé au moyen des règles fixées à l'article 2, s'il en résulte une augmentation de la section de la pièce considérée, à moins que l'on ne modifie la forme des pièces ou leurs dispositions de manière à accroître la résistance au flambage.

Art. 8. — La limite des efforts que les tabliers métalliques peuvent subir sans danger pendant le lançage est laissée à l'appréciation des ingénieurs ; cette limite peut, en effet, varier selon la constitution des ouvrages et selon les conditions dans lesquelles ils seront mis en place. La présence de montants verticaux, dans les poutres à treillis ou à croix de St-André, les moyens employés pour consolider les parties faibles, la durée du lançage, etc., sont autant d'éléments dont il y a lieu de tenir compte et que les ingénieurs auront à examiner avant d'arrêter leurs propositions.

Art. 21. — Dans le cas où certaines pièces seraient, par leur position, exposées particulièrement à être oxydées, leur épaisseur devrait être augmentée en conséquence.

---

1. Se reporter, en ce qui touche le flambement des pièces comprimées, aux articles 56, 95, 96 et 97.

AUTRICHE

ORDONNANCE DU 15 SEPTEMBRE 1887.

Ponts de chemins de fer à construire.

. . . .

§ 4. — *Travail intérieur.*

Le travail maximum des matériaux, calculé par centimètre carré de section effective (c'est-à-dire déduction faite des trous de rivets et des parties pleines qui ne participent pas au travail), ne devra pas dépasser les limites suivantes :

a. — Pour du « fer soudé » (fer puddlé) soumis à l'extension, à la compression ou au cisaillement :

1. — Au-dessous de 40 m. 00 de portée : 700 kg., avec une augmentation de 2 kg. par mètre de portée.

2. — A partir et au-dessus de 40 m. 00 de portée, à savoir :

Pour 40 m. 00. . . 780 kg.   Pour 120 m. 00. . . 880 kg.
»   80 m. 00. . . 840 kg.   «   160 m. 00. . . 900 kg.

On procédera par interpolation rectiligne pour les valeurs intermédiaires, et on prendra pour les poutres transversales et les longerons les valeurs qui correspondent à la portée de ces poutres.

3. — Pour calculer la résistance des rivets au cisaillement : dans une seule direction 600 kg., dans plusieurs directions 500 kg. ; les parois des trous de rivets, mesurées en projection sur la section diamétrale, ne devront pas avoir à supporter plus de 1.400 kg. par centimètre carré.

4° Pour le calcul de la résistance au glissement longitudinal des fibres laminées : 500 kg.

5° Le fer soudé (fer puddlé), ayant une résista e à la rupture de 3.600 kg. et plus, doit avoir, au moins, 12 0/0 d'allongement dans le sens du laminage.

Pour une résistance à la rupture inférieure à 3.600 kg.,

l'allongement devra augmenter proportionnellement ; et, pour 3.300 kg., la plus faible limite de résistance admise, il devra s'élever au moins à 20 0/0 [1].

L'allongement sera mesuré sur une éprouvette de 5 centimètres carrés de section, entre deux repères écartés de 0 m. 200. Dans le cas où l'emploi d'une éprouvette de section différente serait inévitable, on déterminera l'écartement des repères, par rapport à l'éprouvette type, de telle manière que les carrés des écartements soient entre eux comme les sections [2].

b. — Pour la fonte de fer, qui ne pourra constituer aucune partie essentielle de toute construction travaillant comme poutre ou console, les limites précisées au commencement de ce paragraphe seront fixées à 700 kg. pour la compression, 200 kg. pour l'extension simple et 300 kg. pour l'extension dans le cas de la flexion.

c. — Pour le bois, on admettra 80 kg. pour l'extension et la compression dans le sens des fibres.

d. — Pour toutes les pièces travaillant à la compression, on aura à tenir compte de la résistance à la flexion par aboutement (résistance au flambement).

1. La résistance à la rupture prévue au § 4 *a*, avec une limite inférieure de 3.300 à 3.600 kg. par centimètre carré, a été fixée de façon à ne pas exclure les excellents fers doux de Styrie. La prescription complémentaire qui fixe des allongements variant de 26 à 12 0/0, selon la résistance à la rupture, a pour objet d'éviter l'emploi des fers de mauvaise qualité, et concerne surtout les fers importés de l'étranger en Autriche qui sont généralement plus aigres (*Calcul des ponts métalliques,* par M. de Leber, page 93). — (*Note de la Revue générale des chemins de fer*).

2. L'ordonnance autrichienne ne renferme aucune prescription relative à l'emploi du fer fondu, ce métal ayant été presque abandonné en Autriche, après quelques essais faits de 1879 à 1881, qui n'ont pas paru suffisants..... L'emploi du fer fondu, pour la construction des ponts, ne provoque pas, en France, la même défiance qu'en Autriche ; il a été admis depuis quelques années dans plusieurs ponts importants et il paraît devoir prendre une extension rapide. Nous croyons donc utile de résumer les conditions auxquelles doit satisfaire ce métal pour donner des garanties complètes de sécurité..... On peut admettre que l'allongement, mesuré sur des éprouvettes de 0 m. 200 de longueur et de 500 millimètres carrés de section, doit être d'au moins 24 0/0 pour une résistance de 42 kg. et d'au moins 20 0/0 pour une résistance de 50 kg. (*Calcul des ponts métalliques,* par M. de Leber, pages 93-96). — (*Note de la Revue générale des chemins de fer*).

e. — Le travail maximum des matériaux résultant des effets du vent combinés avec les effets mentionnés ci-dessus, suivant les pièces considérées, ne devra pas excéder les limites suivantes :

§ 4 *a.* — Nᵒˢ 1 et 2. . . . . . 1.000 kg.
§ 4 *a.* — Nᵒ 3 700
§ 4 *a.* — Nᵒ 4 600
§ 4 *c* 90

Ponts-routes.

§ 16. — *Travail intérieur.*

Le travail maximum des matériaux provoqué par les charges et effets précisés au § 15 *a-b-d*, ainsi que par le poids propre de la construction, et calculé par cent. carré de la surface de section effective (c'est-à-dire déduction faite des trous de rivets et des parties pleines ne participant pas au travail), ne devra pas excéder les limites suivantes :

a. — Pour le fer soudé (fer forgé, puddlé) spécifié au § 4 *a*, nᵒ 5 : 750 kg. avec une augmentation de 2 kg. par mètre de portée jusqu'à concurrence de 900 kg. au plus, étant entendu que, pour les poutres transversales, les longerons et les poutres intermédiaires, on s'en tiendra également au travail qui correspond à leur portée.

b. — Pour la fonte de fer, on admettra les limites du travail intérieur fixées au § 4 *b*.

c. — Enfin les dispositions prises pour les ponts de chemins de fer au § 4 *a*, nᵒˢ 3 et 4, *c*, *d* et *e* (le cas échéant § 6 *b*) seront aussi applicables aux ponts-routes.

RUSSIE

CIRCULAIRE DU 18 JUILLET 1875.

**Coefficients de sécurité pour la superstructure des ponts
en fer soudé.**

Kilogrammes
par
millim. carré

a. — Ponts avec ouverture de moins de 15 m. et pièces
de pont pour toute ouverture :

Extension (nette) et compression (nette) 6,00
Cisaillement dans l'âme verticale 3,50

b. — Ponts avec ouverture au-dessus de 15 m.:

Extension (nette) 7,00
Compression (moitié nette) 7,00

c. — Ponts avec poutres à treillis et à montants :

Pour les plates-bandes :

Extension (nette) 7,25
Compression (moitié nette) 7,25

Pour les diagonales et montants :

Extension (nette) 7,25
Compression (moitié nette) 7,00
Cisaillement dans les tôles verticales 4,50

d. — Pour les contreventements dans les ponts de toute
ouverture :

Extension. 9,00

e. — Rivets :

Cisaillement des rivets dans les assemblages des
traverses avec les poutres principales et des longrines avec les traverses 5,00
Cisaillement des rivets dans toutes les autres parties de la superstructure métallique pour toute
ouverture 6,00

CIRCULAIRE DU 25 AOUT 1888.

I. — Le fer fondu est admis pour toutes les parties des ponts, sauf pour les rivets qui doivent être exécutés en fer soudé.

II. — a. — La teneur en carbone dans le fer fondu ne doit pas être supérieure à 0,1 0/0, et celle du phosphore à 0,05 0/0.

Pour le fer fondu provenant de la fonte russe, qui est produite au charbon de bois et contient une petite quantité de phosphore (0,06 0/0), la teneur en phosphore n'est pas limitée.

b. — La résistance à la rupture par millimètre carré de section doit être de 34 kg. au minimum et de 40 kg. au maximum ; la limite d'élasticité ne doit pas être inférieure à 17 kg., et doit en général se rapprocher de la moitié de la résistance à la rupture ; l'allongement minimum, au moment de la rupture, est de 25 0/0 pour une pièce d'essai de 20 mm. de longueur sur 30 mm. de largeur.

c. — Le fer fondu ne doit ni se rompre, ni présenter aucune crique ou déchirure quand on le courbe à froid et au marteau, de manière que les faces intérieures des deux moitiés de la pièce courbée se touchent complètement.

Pour faire les essais, on coupe des bandes de fer fondu de 250 à 300 mm. de longueur et 340 mm. de largeur. Les bords de ces bandes doivent être limés.

d. — Le fer fondu ne doit pas prendre la trempe, afin que les pièces d'essai chauffées au moment où elles se touchent à moitié ne donnent ni criques ni déchirures.

III. — En vue de l'altération des qualités du fer fondu sous le travail mécanique, on doit remplir les conditions suivantes pendant sa fabrication :

a. — Le fer fondu, quel qu'il soit, doit être recuit après le laminage, puis ensuite refroidi lentement dans le four à recuire ou dans un bain de sable chaud ; à sa sortie du laminoir, la température du fer doit correspondre à celle du rouge cerise. Le recuit a lieu dans l'usine où l'on travaille le fer ; les pièces entières sont placées dans le four, dont l'espace doit être suffisant pour que tous les côtés de chacune d'elles soient soumis à l'action des gaz chauds.

b. — Il est défendu de poinçonner les trous ; ils doivent être forés.

c. — Il est permis de travailler avec des ciseaux à froid, à condition que les pièces ainsi découpées soient recuites une seconde fois, ou que leurs bords soient rabotés sur 1 mm. 1/2 de largeur au minimum.

d. — En tout cas, les quatre bords des tôles verticales, des plates-bandes dans les poutres principales, de l'âme verticale dans les longrines et traverses, ainsi que les bords transversaux des tôles horizontales des plates-bandes, des diagonales et des cornières doivent, après coupage au ciseau, être rabotés sur une largeur de 1 mm. 1/2 au minimum.

e. — Il faut faire à chaud tous les plis, après quoi les pièces doivent être refroidies lentement.

Le recuit mentionné en *c* n'a pas lieu si le coupage au ciseau est exécuté entre le laminage et le recuit indiqué en *a*.

f. — Il est défendu de poser les pièces chaudes sur de la terre humide, de la pierre ou du métal ; on doit les placer sur du sable sec.

IV. — Pour faire les essais mécaniques (§ II, *a*, *c*, *d*), on prend dans chaque coulée et d'après le choix de l'inspecteur, deux pièces au moins, dont l'une en fer brut et l'autre en fer façonné, si ce dernier provient de la même coulée que le fer plat. Après les avoir fait recuire de la façon indiquée au § III *a*, on en tire les pièces d'essai à la rupture et les bandes pour les essais à la flexion et à la trempe. Sur chaque pièce et pour chaque mode d'épreuve (rupture, flexion et trempe), on procède à deux essais au minimum. On prend les pièces d'essai dans les côtés opposés du fer à éprouver, et préférablement en travers du laminage, si la largeur de la pièce le permet.

V. — Indépendamment des essais susmentionnés, le contrôle général de la fabrication se fait en choisissant, sur cinquante pièces de fer brut et façonné, une pièce dans laquelle on découpe, en différents points et selon le sens du laminage, des pièces d'essai et des bandes qui sont essayées conformément aux indications du § II, *b*, *c*, *d*. Le nombre des épreuves de la même espèce pour chaque pièce est de trois au minimum pour la flexion et la trempe, et de cinq pour la rupture. On prend les éprouvettes d'essai pour la rupture dans le centre de la pièce à essayer et sur les quatre faces de celle-ci en travers du laminage. La différence dans la résistance à la rupture des cinq éprouvettes susdites ne doit pas être supérieure à 4 kg. par millimètre carré dans les limites indiquées au § II, *b* ; l'allongement doit être de 25 0/0 au minimum.

VI. — Les épreuves doivent être exécutées sur des éprouvettes provenant des pièces de fer fondu dans l'état où il est présenté à la réception.

Les pièces d'essai doivent être préparées avec la lime, la tranche et le foret, sans pliage, coups de marteau, de ciseau, sans chauffage ni recuit.

Art. 7. — *Coefficients de sécurité* (en kilogrammes par millimètre carré), *fer fondu :*

a. — Dans les ponts jusqu'à 15 m. d'ouverture (inclusivement) et dans les pièces de pont, les longrines et les traverses, pour les ponts de toute ouverture :

Extension (nette) . . . . } 6,50 kg.
Compression (nette) . . . . }
Cisaillement de l'âme verticale. . . . . . 3,75 kg.

b. — Dans les ponts d'une ouverture comprise entre 15 et 32 m. inclusivement, pour les poutres principales :

Extension (nette) . . . . } 7,25 kg.
Compression (nette) . . . . }
Cisaillement de l'âme verticale. . . . . . 4,25 kg.

c. — Dans les ponts d'une ouverture au-dessus de 32 m. :
Pour les poutres :
Extension nette et compression (moitié nette) dans les plates-bandes . . . . 7,75 kg.
Extension. Croisillons et montants. . . . . 7,50 kg.
Cisaillement des tôles verticales . . . . . 4,75 kg.

d. — Dans les contreventements des ponts au-dessus de 30 m. d'ouverture :
Extension (nette) . . . . 9,50 kg.
Compression (nette) . . . . 8,50 kg.

e. — Dans les contreventements des ponts au-dessus de 30 m. d'ouverture :

Extension (nette) . . . . }
Compression (moitié nette) . . . . } 9 kg.

b. — Rivets. — Il est interdit d'employer des rivets en fer fondu.

Coefficients de sécurité pour les rivets en fer soudé :

Cisaillement des rivets dans les assemblages des traverses avec les poutres principales et des longrines avec les traverses. 5,00 kg.

Cisaillement des rivets dans les contreventements. . . . . 7,50 kg.

Cisaillement des rivets dans les autres parties de la construction pour toute ouverture . . . . . 6,00 kg.

Remarque. — En cas d'emploi simultané du fer fondu et du fer soudé dans la même construction, les groupes de parties de la même espèce doivent être exécutés en entier avec du fer de la même sorte, c'est-à-dire avec du fer fondu ou avec du fer soudé.

Dans un pont, les groupes susdits sont les suivants :

a. — Plates-bandes supérieures et inférieures des poutres.

b. — Montants et diagonales des poutres.

c. — Traverses, longrines et contreventements.

ALLEMAGNE

CONDITIONS A REMPLIR POUR LA FOURNITURE DU MÉTAL DESTINÉ A LA
CONSTRUCTION DES PONTS ET AUTRES OUVRAGES MÉTALLIQUES, ARRÊ-
TÉES PAR L'ASSOCIATION DES UNIONS DES INGÉNIEURS ET ARCHITECTES
ALLEMANDS, AVEC LA COOPÉRATION DE L'UNION DES INGÉNIEURS AL-
LEMANDS ET DE L'UNION DES MAITRES DE FORGE ALLEMANDS [1]
(1886).

I. — Qualité du métal.

§ 1. — *Fer soudé.*

Le fer doit avoir une texture homogène, être bien corroyé et
bien soudé ; il ne doit être cassant ni à froid, ni à chaud, et sa
surface doit être unie et ne présenter aucune fissure sur les
bords.

1. Le document que nous publions ne contient que les conditions exigées pour
la réception du fer et de la fonte et leurs conditions de fabrication. Il n'est question ni des coefficients de travail du métal à admettre dans les projets, ni de
l'emploi de l'acier.

Ces questions sont encore à l'étude en Allemagne ; des expériences se pour-
suivent à ce sujet, et actuellement il n'existe, en ce qui concerne les ponts, aucun document officiel fixant les coefficients de travail.

Le seul document officiel qui fixe un coefficient est celui relatif à l'emploi du
fer dans la construction des bâtiments et des charpentes métalliques. Ce document, daté du 16 mai 1890 indique les chiffres suivants à admettre dans les
projets :

1o Fer......	Traction : de 750 à 1.000 kg. par cc.
	Compression : de 750 à 1.000 kg. par cc.
	Cisaillement : de 600 à 750 kg. par cc.
2o Fonte....	Traction : 250 kg. par cc.
	Compression : 500 kg. par cc.
	Cisaillement : 200 kg. par cc.

On pourra, du reste, consulter à ce sujet l'article très intéressant de M. Bricka
sur la construction des ponts métalliques à poutres droites en Allemagne, en
Hollande et en Suisse, publié dans le no de mars 1887 des Annales des ponts et
chaussées (*Revue générale des Chemins de fer*).

A. — *Essais à la rupture*.

Ces épreuves consistent à déterminer, en premier lieu, la résistance à la traction par centimètre carré et l'allongement sur une longueur de 0 m. 200.

Les barreaux d'essai doivent être préparés à froid.

Les conditions de réception sont les suivantes :

1° Fer méplat, fer cornière, fer façonné et tôle, ayant à résister seulement dans le sens du laminage.

(*a*) Résistance à la traction pour une épaisseur de :

1. 10 m/m et au-dessous, 3.600 kg. par cent. carré ;

2. 10 m/m jusqu'à 15 m/m, 3.500 kg. par cent. carré ;

3. 15 m/m jusqu'à 25 m/m, 3.400 kg. par cent. carré.

(*b*) Au moment de la rupture, l'allongement doit être de 12 0/0 dans tous les cas.

2° Tôles ayant à supporter des efforts dans le sens longitudinal, mais qui sont soumises principalement à des efforts de flexion, comme les âmes des poutres de pont :

(*a*) Résistance à la traction dans le sens longitudinal, 3.500 kg. par cent. carré ;

(*b*) Allongement, 10 0/0 ;

(*c*) Résistance à la traction dans le sens transversal, 2.800 kg. par cent. carré ;

(*d*) Allongement, 3 0/0.

3° Tôles n'ayant pas à supporter d'efforts dans le sens longitudinal, mais soumises principalement à des tensions dans différentes directions, comme, par exemple, les tôles de raccord :

(*a*) Résistance à la traction dans le sens des fibres, 3.500 kg. par cent. carré ;

(*b*) Allongement, 10 0/0 ;

(*c*) Résistance à la traction dans le sens transversal, 3.000 kg. par cent. carré ;

(*d*) Allongement, 4 0/0.

4° Fer pour rivets, boulons, etc. :

(*a*) Résistance à la traction dans le sens longitudinal, 3.800 kg.

(*b*) Allongement, 18 0/0.

Ces efforts minima à la traction doivent pouvoir être supportés sans rupture par les barreaux d'essai pendant deux minutes.

B. — *Essais supplémentaires.*

1° Fer méplat, fer cornière, fer façonné et tôle :

Des bandes découpées, à bords arrondis, de 30 à 50 m/m de largeur doivent pouvoir être pliées autour d'une barre de 14 m/m de diamètre, sans apparition d'aucune fissure à l'endroit où la tôle est pliée. L'angle minimum α, dont pourra être relevé un des côtés de la bande, est le suivant :

(*a*) Essais à froid :

$\alpha = 50°$ pour des tôles de 8 à 11 m/m d'épaisseurs ;
$\alpha = 35°$ »   »   12 à 15 m/m   »
$\alpha = 25°$ »   »   16 à 20 m/m   »
$\alpha = 15°$ »   »   21 à 25 m/m   »

(*b*) Essais au rouge cerise sombre :

$\alpha = 120°$ pour des tôles de 0 à 25 m/m d'épaisseur ;
$\alpha = 90°$ »   »   au-dessus de 25 m/m d'épaisseur.

2° Fer pour rivets :

Le fer pour rivets doit se plier à froid et pouvoir être recourbé au marteau suivant un diamètre égal au rayon de la barre de fer, sans aucune trace de fissure à l'endroit où le fer est courbé.

Un morceau de fer rond à rivets chauffé, sur une longueur égale au double de son diamètre, à la température à laquelle il doit être employé, devra pouvoir être refoulé sur un tiers de cette longueur sans aucune fissure sur les bords.

§ 2. — *Fonte.*

La fonte, lorsqu'il n'aura pas été stipulé que ce sera de la fonte de qualité spéciale, doit présenter dans sa cassure un grain gris, homogène et exempt de défauts.

La résistance à la traction doit être, au minimum, de 1.200 kg. par cent. carré.

On doit pouvoir frapper avec un marteau une série de coups sur une des arêtes d'un barreau d'essai sans altérer cette arête.

Un barreau brut de 30 m/m de côté reposant sur deux appuis espacés de 1 m. 00 doit pouvoir supporter, sans se rompre, des charges successives s'élevant jusqu'au maximum de 450 kg. placés au milieu de la portée [1].

Les variations d'épaisseur de la fonte, dans une section dont la surface doit être partout uniforme, ne doivent pas excéder 5 m/m pour des colonnes de 0 m. 40 de diamètre moyen et de 4 m. de longueur. Pour des colonnes de plus grand diamètre et de plus grande longueur, cette différence, pour chaque décimètre en plus de diamètre et pour chaque mètre en plus de longueur, pourra s'élever à 1/2 m/m.

Dans aucun cas, l'épaisseur de la fonte ne sera inférieure à 10 m/m.

Les colonnes doivent toujours être fondues debout.

. . . .

§ 2.

CALCUL DES POUTRES A AME PLEINE.

99. Formules générales. — Les formules générales relatives à la déformation d'une poutre droite, que sollicitent des forces extérieures situées dans un plan de symétrie contenant l'axe longitudinal de la pièce et dirigées perpendiculairement à cet axe, sont les suivantes (article 45) :

(1) $$\frac{d^2y}{dx^2} = \frac{X}{EI} ;$$

(2) $$\frac{dy}{dx} - \theta_0 = \int_{x_0}^x \frac{X dx}{EI} ;$$

(3) $$y - y_0 - \theta_0 (x - x_0) = \int_{x_0}^x dx \int_{x_0}^x \frac{X dx}{EI}$$
$$= (x - x_0) \int_{x_0}^x \frac{X dx}{EI} - \int_{x_0}^x \frac{X x dx}{EI}$$ (équation de la ligne élastique).

1. Ce qui correspond à un travail conventionnel à la flexion de 2.500 kg. par cent. carré.

L'effort normal F, dirigé suivant l'axe longitudinal, est nul dans toutes les sections transversales.

Nous allons énoncer, pour certains types usuels de poutres ne reposant pas sur plus de deux appuis, les formules représentatives : du moment fléchissant, de l'effort tranchant absolu, de la ligne élastique ou courbe décrite par la fibre moyenne déformée, etc. Nous traiterons, en ce qui touche le mode d'application des forces extérieures, deux cas : celui d'une charge uniformément répartie d'une extrémité à l'autre de la pièce, et celui d'une charge unique concentrée en un point de la fibre moyenne.

Enfin nous supposerons que la forme de la poutre, dont la section est supposée symétrique par rapport à l'axe neutre, puisse être définie, en ce qui concerne son profil en long, de l'une des manières suivantes :

A. — Section constante : les sections transversales successives étant identiques, le moment d'inertie I et la hauteur h restent invariables d'une extrémité à l'autre. Nous désignerons par R' la valeur maximum du travail à la flexion, qui s'observe dans la section où le moment fléchissant atteint lui-même sa plus grande valeur.

B. — Solide d'égale résistance et de hauteur constante h. Le travail à la flexion R, fourni par l'expression $\dfrac{Xh}{2I}$, est constant d'une extrémité à l'autre ; le moment d'inertie I est par conséquent proportionnel à X.

C. — Solide d'égale résistance et de hauteur variant comme la racine carrée du moment fléchissant. R est constant, et l'on a entre h et X la relation : $h = K \sqrt{X}$, K étant un coefficient numérique invariable, et X la valeur absolue du moment fléchissant. Nous désignerons par H la plus grande hauteur de la poutre, qui correspond à la valeur absolue maximum de X. I est proportionnel à $X \sqrt{X}$.

D. — Solide d'égale résistance dont la hauteur varie comme le moment fléchissant : $h = KX$, X étant la valeur absolue du moment fléchissant, et K un coefficient numérique invariable. Nous désignerons encore par H la plus grande hauteur de la poutre, qui correspond à la valeur absolue maximum de X. I est proportionnel à X^2.

L'effort tranchant réduit W, identique à l'effort tranchant absolu V dans les poutres de hauteur constante, est égal à $\frac{1}{2}$ V dans la poutre B, et à zéro dans la poutre C, où le travail au glissement est nul en tous les points de l'âme, comme on le reconnaît sans difficulté en partant de la relation connue (article 55) :

$$W = h \frac{d}{dx} \frac{X}{h} = V - \frac{X}{h} \frac{dh}{dx}.$$

Nous distinguerons parmi les poutres étudiées les systèmes *isostatiques*, où l'équation représentative des moments fléchissants est indépendante de la forme de la poutre, c'est-à-dire de la loi de variation de I, et les systèmes *hyperstatiques* où cette loi de variation influe sur la formule qui donne X.

Nous placerons dans chaque cas l'origine des coordonnées x et y à l'extrémité de gauche O de la poutre et nous dirigerons de bas en haut l'axe des y, pour satisfaire à la relation :

$$EI \frac{d^2y}{dx^2} = X.$$

100. Poutre appuyée à ses deux extrémités. — La poutre, simplement appuyée à ses deux extrémités, est reliée par articulation à deux supports placés à ses deux bouts. Le moment fléchissant est nul pour $x = o$ et $x = l$, l étant la longueur totale de la pièce. C'est un système isostatique.

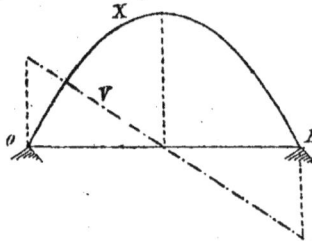

Fig. 128.

I. — *Charge uniformément répartie, à raison de p kilogs par mètre courant de poutre.*

Moment fléchissant :

$$X = \frac{1}{2} px \ (l - x).$$

Effort tranchant :

$$V = p \left(\frac{l}{2} - x\right).$$

Valeurs particulières de X et de V :

$x = o$	o	$+ \dfrac{pl}{2}$
$x = \dfrac{l}{2}$	$\dfrac{pl^2}{8}$	o
$x = l$	o	$- \dfrac{pl}{2}$

Equation de la ligne élastique et flèche d'abaissement f au milieu de la portée : f est égal à la valeur changée de signe que prend y pour $x = \frac{l}{2}$.

A. — I et h sont constants ; $R' = \dfrac{pl^2 h}{16}$ (milieu de la poutre).

$$y = \frac{-p}{24\,EI} (x^4 - 2lx^3 + l^3 x) = -\frac{2}{3}\frac{R'}{El^2 h}(x^4 - 2lx^3 + l^3 x) ;$$

$$f = \frac{5}{384}\frac{pl^4}{EI} = \frac{5}{24}\frac{R'l^2}{Eh} = 0,20816\,\frac{R'l^2}{Eh}\ .$$

B. — R et h sont constants :

$$R = \frac{Xh}{2I} ;$$

$$y = -\frac{Rx\,(l-x)}{Eh} ;$$

$$f = \frac{6}{24}\frac{Rl^2}{Eh} = 0,25\,\frac{Rl^2}{Eh}\ .$$

C. — R est constant ;

$$h = K \sqrt{X} = \frac{2H\sqrt{x(l-x)}}{l},$$

H étant la hauteur au milieu de la portée.

$$y = \frac{-Rl}{2EH}\left[\frac{\pi l}{2} - 2\sqrt{x(l-x)} - (l-2\dot{x})\ \text{arc sin.}\left(\frac{l-2x}{l}\right)\right] ;$$

$$f = \frac{6}{24}(\pi - 2)\frac{Rl^2}{EH} = \frac{6}{24}\times 1,1416\,\frac{Rl^2}{EH} = 0,2854\,\frac{Rl^2}{EH}\ .$$

D. — R est constant :

$$h = KX = \frac{4H}{l^2} x(l - x)$$

$$y = \frac{-Rl}{2EH}\left(l \log. \text{n.} l - x \log. \text{n.} x - (l - x)\log. \text{n.} (l - x)\right);$$

$$f = \frac{12 \log. \text{n.} 2}{24} \frac{Rl^2}{EH} = \frac{12}{24} \times 0{,}69314 \ \frac{Rl^2}{EH}$$

$$= 0{,}34657 \frac{Rl}{EH} \ .$$

Supposons que, chacune de ces poutres ayant une section transversale à double té, on calcule le travail normal à la flexion par la formule $R = \frac{2X}{Ah}$, et le travail au glissement par la formule $S = \frac{W}{B}$.

A est l'âme réduite des deux plates-bandes, et B l'aire de l'âme verticale (art. 55). Il est facile d'évaluer le volume total U de chacune de ces poutres, qui est égal à leur poids divisé par la densité du métal. On trouve :

Pour la poutre A : $U = \frac{pl^2}{2}\left(\frac{l}{2R'h} + \frac{1}{S'}\right)$, R' et S' étant respectivement les valeurs maxima du travail à la flexion et au glissement ;

Pour la poutre B : $U = \frac{pl^2}{2}\left(\frac{l}{3Rh} + \frac{14}{24S}\right)$, R et S étant les valeurs constantes du travail à la flexion et au glissement ;

Pour la poutre C :

$$U = \frac{pl^2}{2}\left(\frac{\pi l}{8RH} + \frac{H}{2Rl} + \frac{16}{48S}\right);$$

Pour la poutre D :

$$U = \frac{pl^2}{2}\left(\frac{l}{2RH} + \frac{4H}{3Rl} + \frac{1}{12S}\right).$$

Ces expressions permettraient le cas échéant de se rendre compte de l'économie qui peut résulter d'un changement apporté à la forme de la pièce.

Nous terminerons cette étude en remarquant que, pour une section transversale quelconque, le moment fléchissant X est maximum quand la charge uniformément répartie s'étend sur toute la longueur l de la poutre. Il n'en est pas de même de l'effort tranchant V, qui, pour un point quelconque, est maximum quand la charge est incomplète et couvre seulement la région comprise entre ce point et l'une des extrémités.

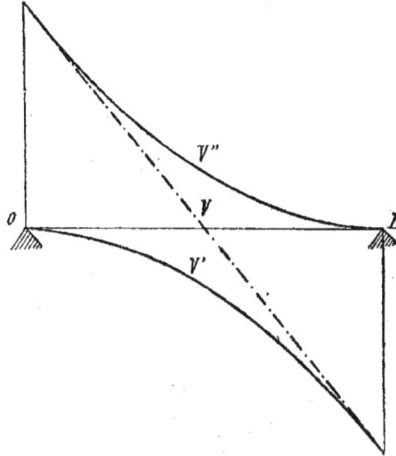

Fig. 129.

Les formules donnant les valeurs limites de signes opposés V' et V" que peut atteindre l'effort tranchant, quand la poutre est chargée de o à x ou de x à l, sont les suivantes :

Charge incomplète de o à x :

$$V' = -\frac{pl}{2}\left(\frac{x}{l}\right)^2 ;$$

Charge incomplète de x à l :

$$V'' = +\frac{pl}{2}\left(\frac{l-x}{l}\right)^2 ;$$

Pour $x = \frac{l}{2}$, on trouve $V' = -\frac{pl}{4}$, et $V'' = +\frac{pl}{4}$.

Quant on calcule la poutre dans l'hypothèse où elle devra supporter une charge uniforme mobile, qui la couvrira graduellement en s'avançant d'une extrémité à l'autre, il convient donc de régler l'épaisseur de l'âme de façon que le travail au glissement déterminé par le plus grand des efforts tranchants V' ou V" ne dépasse nulle part la limite de sécurité.

Nous avons reproduit sur la figure 129 les paraboles représentatives de V' et V", et la droite représentative de V.

II. — *Charge P concentrée en un point M,* dont la distance à l'origine des abscisses est représentée par m : $OM = m$.

Expression du moment fléchissant :

$$X = \begin{cases} P\ \dfrac{(l-m)x}{l}, \text{ de } O \text{ à } M : o < x < m\ ; \\[2mm] P\ \dfrac{m(l-x)}{l}, \text{ de } M \text{ à } L : m < x < l. \end{cases}$$

C'est en M que X atteint son maximum $\dfrac{P(l-m)m}{l}$.

Expression de l'effort tranchant :

$$V = \begin{cases} P\ \dfrac{(l-m)}{l}, \text{ de } O \text{ à } M : o < x < m\ ; \\[2mm] -\dfrac{Pm}{l}, \text{ de } M \text{ à } L : m < x < l. \end{cases}$$

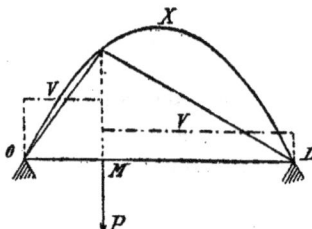

Fig. 130.

Supposons qu'une charge mobile P parcoure la poutre de O à L.

L'enveloppe des moments fléchissants maxima, développés en chaque point au moment où la charge y passe, aura pour équation :

$$X' = \frac{Px(l-x)}{l}\ .$$

En conséquence la poutre devra être calculée, au point de vue de la résistance à la flexion, comme si elle avait à supporter une charge totale 2 P uniformément répartie sur toute sa longueur :

$$p = \frac{2P}{l}\ .$$

La courbe enveloppe des efforts tranchants V′ se compose de deux droites qui se coupent au milieu de la poutre.

$$V' = \begin{cases} P\left(\dfrac{l-x}{l}\right) = \dfrac{P}{2} + \dfrac{P}{2l}(l - 2x), \; 0 < x < \dfrac{l}{2}; \\ -\dfrac{Px}{l} = -\dfrac{P}{2} + \dfrac{P}{2l}(l - 2x), \dfrac{l}{2} < x < l. \end{cases}$$

Par conséquent, l'âme de la poutre doit être calculée de façon à résister à l'effort tranchant que produit en chaque point une charge totale P uniformément répartie sur toute la longueur $\left(p = \dfrac{P}{l}\right)$, augmenté de la constante $\pm \dfrac{P}{2}$.

Considérons le cas particulier où le poids P est concentré au milieu de l'ouverture :

$$m = \frac{l}{2}$$

$$X = \begin{cases} P\,\dfrac{x}{2} \; , 0 < x < \dfrac{l}{2}; \\ P\,\dfrac{l-x}{2} \; , \dfrac{l}{2} < x < l. \end{cases}$$

Maximum de X pour $x = \dfrac{l}{2} : \dfrac{Pl}{4}$

$$V = \begin{cases} -\dfrac{P}{2} \; , 0 < x < \dfrac{l}{2}; \\ +\dfrac{P}{2} \; , \dfrac{l}{2} < x < l. \end{cases}$$

C'est dans ce cas seulement que nous déterminerons, pour chacune des poutres A, B, C et D, l'équation de la ligne élastique, la flèche au milieu, et le volume de métal entrant dans la poutre à double té :

A. — $\qquad\qquad R' = \dfrac{Plh}{8I}$;

Equation de la ligne élastique jusqu'au milieu de la portée $\left(0 < x < \dfrac{l}{2}\right)$:

$$y = -\frac{P}{48\,EI}(3l^2x - 4x^3)$$

$$= -\frac{4R'}{24\,Ehl}(3l^2x - 4x^3) \; ;$$

$$f = \frac{1}{48}\frac{Pl^3}{EI} = \frac{4}{24} \cdot \frac{R'l^2}{Eh};$$

$$U = \frac{Pl}{2}\left(\frac{l}{hR'} + \frac{1}{S'}\right).$$

B. — $\quad y = -\frac{Rx(l-x)}{Eh};$

$$f = \frac{6}{24}\frac{Rl^2}{Eh};$$

$$U = \frac{Pl}{2}\left(\frac{l}{2hR} + \frac{1}{S'}\right).$$

C. — $\quad h = H\sqrt{\frac{2x}{l}};$

$$y = -\frac{2Rlx}{EH}\left(1 - \frac{2\sqrt{2}}{3}\sqrt{\frac{x}{l}}\right);$$

$$f = \frac{8}{24}\frac{Rl^2}{EH};$$

$$U = \frac{Pl}{2}\left(\frac{2l}{3HR} + \frac{H}{Rl} + \frac{1}{2S}\right).$$

D. — $\quad h = \frac{2Hx}{l};$

$$y = -\frac{Rlx}{EH}\left(1 - \log. n. \frac{x}{2l}\right);$$

$$f = \frac{12}{24}\frac{Rl^2}{EH};$$

$$U = \frac{Pl}{2}\left(\frac{l}{RH} + \frac{2H}{Rl}\right).$$

Nous examinerons encore le cas particulier où la poutre supporte deux charges concentrées placées symétriquement par rapport au milieu A de la portée (pièce de pont ou poutrelle d'un ouvrage sur lequel passe une voie ferrée).

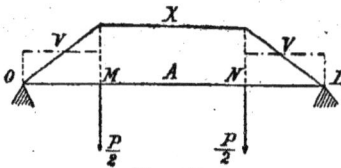

Fig. 131

Soient $\frac{P}{2}$ la valeur de l'une de ces deux charges, et m sa distance à l'extrémité la plus voisine O.

On a pour une moitié de la poutre (de O à A) :

$$X = \begin{cases} \dfrac{Px}{2} \quad, \quad \text{de O à M} : o < x < m \,; \\[2ex] \dfrac{Pm}{2} \quad, \quad \text{de M à A} : m < x < \dfrac{l}{2} \,; \end{cases}$$

$$V = \begin{cases} \dfrac{P}{2}\,, \quad \text{de O à M} : o < x < m \,; \\[2ex] 0\,, \quad \text{de M à A} : m < x < \dfrac{l}{2} \,. \end{cases}$$

Les flèches élastiques au milieu ont été calculées par nous pour les deux poutres A et B :

Poutre A. — $\quad f = \dfrac{Pm}{48EI}\,(3l^2 - 4m^2) = \dfrac{2}{24}\,\dfrac{R'}{Eh}\,(3l^2 - 4m^2)\,;$

Poutre B. — $\quad f = \dfrac{6}{24}\,\dfrac{l^3 R}{Eh}\,.$

Le calcul des flèches pour les poutres C et D serait assez compliqué. Nous ne l'avons pas fait. On pourra se servir, le cas échéant, des formules approximatives suivantes, qui doivent donner des résultats suffisamment exacts pour les besoins de la pratique :

Poutre C. — $\quad h = H\sqrt{\dfrac{x}{m}}$ pour $o < x < m$, et $h = H$
pour $m < x < \dfrac{l}{2}$:

$$f = \dfrac{6}{24}\left(1 + \dfrac{2m}{3l}\right)\dfrac{l^3 R}{EH}\,.$$

Poutre D. — $\quad h = H\dfrac{x}{m}$ pour $o < x < m$, et $h = H$ pour
$m < x < \dfrac{l}{2}$:

$$f = \dfrac{6}{24}\left(1 + \dfrac{2m}{l}\right)\dfrac{l^3 R}{EH}\,.$$

101. — **Poutre encastrée à une extrémité et libre à l'autre.** — C'est encore un système isostatique.

I. — *Charge uniformément répartie* p.

$$X = -\dfrac{1}{2}p\,(l-x)^2\,; \quad V = p\,(l-x).$$

Maximum de X :　　$-\dfrac{1}{2}\,pl^2$ pour $x = o$;

Maximum de V :　　pl pour $x = o$.

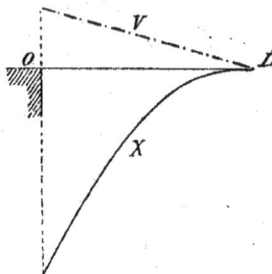

Fig. 132.

Poutre A. —　　　$R' = \dfrac{pl^2h}{4I}$;

$$y = -\frac{p}{24EI}\left((l-x)^4 + 4l^3x - l^4\right) ;$$

$$f = \frac{3}{24}\frac{pl^4}{EI} = \frac{12}{24}\frac{R'l^2}{Eh} .$$

Poutre B. —　　　$y = -\dfrac{Rx^2}{Eh}$;

$$f = \frac{24}{24}\frac{Rl^2}{Eh} .$$

Poutre C. —　　　$h = \dfrac{H\,(l-x)}{l}$;

$$y = -\frac{2Rl}{EH}\left[(l-x)\,[\log.n.\,(l-x) - \log.n.\,l-1] + l\right] ;$$

$$f = \frac{48}{24}\cdot\frac{Rl^2}{EH} .$$

Poutre D. —　　　$h = H\dfrac{(l-x)^2}{l^2}$.

Nous avons ici occasion d'appliquer une remarque faite par nous dans l'article 15, page 154.

La formule générale de la déformation des poutres droites peut être mise ici sous la forme :

(1)　　　　$$\frac{d^2 y}{dx^2} = \frac{X}{EI} = -\frac{2R}{Eh} = -\frac{2Rl^2}{EH(l-x)^2} .$$

D'où, en intégrant une première fois :

$$(2) \qquad \frac{dy}{dx} = \frac{2Rl^2}{EH} \int_0^x \frac{1}{(l-x)^2} = \frac{2Rl^2}{EH} \left(\frac{1}{l} - \frac{1}{l-x} \right).$$

Or, si l'on pose $x = l$ dans cette relation, on trouve :

$$\frac{dy}{dx} = -\infty .$$

La fibre moyenne déformée devient verticale à l'extrémité li-bre de la poutre : dans la région avoisinant ce point, elle a né-cessairement des valeurs *finies* négatives. Par conséquent, on ne saurait admettre que l'expression exacte de l'inverse du rayon de courbure $\frac{1}{\rho}$, qui est

$$\frac{\frac{d^2y}{dx^2}}{\left(1 + \frac{dy}{dx} \right)^{\frac{3}{2}}},$$

puisse être remplacée sans erreur sensible dans cette région par l'expression approximative $\frac{d^2y}{dx^2}$ (page 154).

L'équation initiale (1) serait donc fausse, et ne pourrait con-duire à la valeur exacte de y pour les points avoisinant l'extré-mité libre de la poutre.

On trouve, en effet, en intégrant l'équation (2) :

$$(3) \qquad y = -\frac{2Rl^2}{EH} \left(\log. \text{n.} \, l - \log. \text{n.} \, (l-x) - \frac{x}{l} \right)$$
$$= -\frac{2Rl^2}{EH} \left(\log. \text{n.} \, \frac{l}{l-x} - \frac{x}{l} \right).$$

Si l'on pose $x = l$ dans cette formule, on trouve :

$$y = -\frac{2Rl^2}{EH} \left(\log. \text{n.} \, \frac{l}{0} - 1 \right) = -\infty .$$

La flèche d'abaissement serait infinie à l'extrémité de la poutre, ce qui est un résultat absurde.

La formule est toutefois exacte tant que l'on ne pénètre pas dans la région où, l'inclinaison de la fibre moyenne sur l'hori-zontale atteignant une valeur finie notable, $\frac{dy}{dx}$ ne peut plus être négligé devant l'unité.

Reportons-nous à la poutre C. L'expression $\dfrac{dy}{dx}$ pour cette pièce est :

$$\frac{dy}{dx} = \int_0^x \frac{X}{EI}\, dx = -\int_0^x \frac{p\,(l-x)^2}{EI}\, dx = -\int_0^x \frac{2Rl}{EH\,(l-x)}\, dx$$

$$= -\frac{2Rl}{EH}\, \log. \text{ n. } \frac{l}{l-x}\, .$$

Elle donne aussi $\dfrac{dy}{dx} = -\infty$ pour $x = l$, et pourtant la valeur trouvée pour f, qui est l'y changé de signe correspondant à $x = l$, n'est pas infinie et peut être considérée comme exacte.

Il semble qu'il y ait là une contradiction. Nous en donnerons l'explication suivante : dans le cas de la poutre C, la région, avoisinant l'extrémité de la pièce, où $\dfrac{dy}{dx}$ prend une valeur infinie négative, qui va croissant jusqu'à l'infini négatif pour $x = l$, est une fraction *extrêmement petite* de la longueur de la poutre, qui peut être assimilée à un infiniment petit si on la compare à cette longueur l.

Cherchons en effet la valeur de l'abscisse x, qui correspondrait dans l'un et l'autre cas à une valeur $-\theta$ de l'inclinaison $\dfrac{dy}{dx}$ que possède, par rapport à l'horizontale, la tangente à la ligne élastique.

Nous trouverons pour la poutre C :

$$-\theta = \frac{2Rl}{EH}\, \log. \text{ n. } \frac{l}{l-x}\, .$$

D'où :

$$x_c = l\left(1 - e^{-\frac{\theta EH}{2Rl}}\right)\, .$$

Pour la poutre D : $-\theta = \dfrac{2Rl^2}{EH}\left(\dfrac{1}{l} - \dfrac{1}{l-x}\right)\, .$

D'où :

$$x_D = \frac{\theta EH l}{2Rl + \theta EH}\, .$$

Il est aisé de reconnaître que, pour toute matière élastique satisfaisant à la condition fondamentale de la théorie de l'élasticité énoncée à la page 6 (les déformations élastiques sont infiniment petites par rapport aux dimensions auxquelles elles se rapportent), la différence $l - x_{\text{c}}$ est un infiniment petit du premier ordre dès que l'angle θ prend une valeur finie, tandis qu'il n'en est pas de même pour la différence $l - x_{\text{D}}$.

Prenons, pour fixer les idées, un exemple numérique, relatif à une poutre en fer.

Nous admettrons que $H = \frac{1}{10} l$, $R = 5 \times 10^6$, $E = 2 \times 10^{10}$, et nous nous proposerons de déterminer l'abscisse du point de la poutre où l'inclinaison $\frac{dy}{dx}$ de la ligne élastique atteint la valeur $-\frac{1}{10}$.

$$\frac{2Rl}{EH} = \frac{10^7}{2 \times 10^9} = \frac{1}{200} .$$

Poutre C :
$$x_{\text{c}} = l \left(1 - e^{-\frac{1}{20}} \right) = l \left(1 - \frac{1}{5 \times 10^8} \right) .$$

$$l - x_{\text{c}} = \frac{l}{5 \times 10^8} .$$

L'étendue de la région comprise entre le point où $\frac{dy}{dx} = -\frac{1}{10}$ et l'extrémité libre est bien un infiniment petit si on le compare à l.

Par contre, nous obtiendrons, en ce qui touche la poutre D :

$$x_{\text{D}} = \left(\frac{20l^2}{l + 20l} \right) = \frac{20}{21} l ; \quad l - x_{\text{c}} = \frac{l}{21} .$$

$\frac{l - x_{\text{c}}}{l}$, égal à $\frac{1}{21}$, n'est plus assimilable à un infiniment petit.

Tandis que la formule relative à la poutre C est, comme nous venons de le voir, applicable jusqu'à l'extrémité libre $(x = l)$, celle obtenue pour la poutre D cesse d'être juste à une certaine distance de ce point.

Dans les conditions de la pratique, on peut la tenir pour exacte tant que x n'est pas supérieur à $9/10 \ l$.

Elle donne, pour $x = \frac{9}{10} l$, la valeur suivante de y :

$$y = -\frac{2Rl^2}{EH} (\log. \text{n. } 10 - 1) = -\frac{48}{24} \times 1{,}3026 \times \frac{Rl^2}{EH} .$$

II. *Charge P concentrée à l'extrémité libre de la poutre.*

$$X = -P(l-x); \quad V = P.$$

Maximum de X : Pl, pour $x = o$.

Poutre A. — $R' = \dfrac{Plh}{2l};$

$$y = -\frac{P}{EI}\left(\frac{(l-x)^3}{6} + \frac{l^2 x}{2} - \frac{l^3}{6}\right) = -\frac{2R'}{lh}\left(\frac{(l-x)^3}{6} + \frac{l^2 x}{2} - \frac{l^3}{6}\right);$$

$$f = \frac{8}{24}\frac{Pl^3}{EI} = \frac{16}{24}\frac{R'l^2}{Eh}.$$

Poutre B. — $y = -\dfrac{Rx^2}{Eh};$

$$f = \frac{24}{24}\frac{Rl^2}{Eh}.$$

Poutre C. — $h = H\sqrt{\dfrac{l-x}{l}};$

$$y = -\frac{2R\sqrt{l}}{EH}\left(\frac{4}{3}(l-x)^{\frac{3}{2}} + 2\,x\sqrt{l} - \frac{1}{3}\,l^{\frac{3}{2}}\right);$$

$$f = \frac{32}{24}\frac{Rl^2}{Eh}.$$

Poutre D. — $h = H\dfrac{l-x}{l};$

$$y = -\frac{2Rl}{EH}[x\log.\text{n}.\,l + (l-x)(\log.\text{n}.(l-x) - 1) - l(\log.\text{n}\,l - 1)];$$

$$f = \frac{48}{24}\cdot\frac{Rl^2}{EH}.$$

102. Poutre encastrée aux deux extrémités. — Nous avons affaire ici à un système hyperstatique, puisqu'on peut remplacer l'encastrement sur chaque support par une articulation sans compromettre l'équilibre statique de la pièce. En conséquence, les expressions analytiques de X et de V dépendent non seulement du mode de répartition des charges verticales, mais encore de la forme de la poutre. Il faudra les déterminer séparément pour les cas A, B, C et D, tandis que, avec les systèmes isostatiques étudiés dans les deux articles précédents, il n'y avait à ce point de vue aucun compte à tenir du profil longitudinal du solide considéré.

I. — *Charge uniformément répartie.*

Poutre A. — Section constante. *Charge uniformément répartie complète.*

$$X = \frac{1}{2} p \left(lx - x^2 - \frac{l^2}{6} \right);$$

$$V = p \left(\frac{l}{2} - x \right).$$

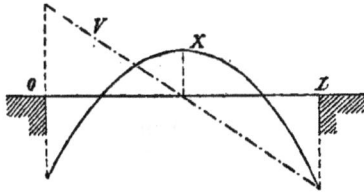

Fig. 133.

Valeurs particulières de	X	et de	V
$x = 0$	$\dfrac{-pl^2}{12}$		$\dfrac{pl}{2}$
$x = \dfrac{l}{2}\left(1 - \dfrac{1}{\sqrt{3}}\right)$	0		$\dfrac{pl}{2\sqrt{3}}$
$x = \dfrac{l}{2}$	$\dfrac{+pl^2}{24}$		0
$x = \dfrac{l}{2}\left(1 + \dfrac{1}{\sqrt{3}}\right)$	0		$\dfrac{-pl}{2\sqrt{3}}$
$x = l$	$\dfrac{-pl^2}{12}$		$\dfrac{-pl}{2}$

$R' = + \dfrac{pl^2 h}{24 I}$ (travail élastique dans la section d'encastrement sur l'appui).

$$y = -\frac{p}{2EI} \left(-\frac{lx^3}{6} + \frac{x^4}{12} + \frac{l^2 x^2}{12} \right).$$

La ligne élastique présente deux points d'inflexion au droit des sections définies par les abscisses $\dfrac{l}{2}\left(1 \mp \dfrac{1}{\sqrt{3}}\right)$, où X change de signe. Le rayon de courbure change de signe en passant par l'infini.

$$f = \frac{1}{384} \frac{pl^4}{EI} = \frac{1,5}{24} \frac{R'l^2}{Eh}.$$

Charge uniformément répartie incomplète. Moment fléchissant.

Considérons d'abord un point situé sur le premier tiers de la longueur totale de la poutre. Si x est inférieur à $\frac{l}{3}$, il existe deux dispositions de surcharge incomplète correspondant, pour le point considéré, aux valeurs maxima négative X' et positive X'' que peut atteindre ce moment de flexion.

Charge couvrant la poutre de l'abscisse $\frac{lx}{l-2x}$ à l'abscisse l :

$$X' = -\frac{pl}{12}\frac{(l-3x)^4}{(l-2x)^3}.$$

Charge couvrant la poutre de l'abscisse o à l'abscisse $\frac{lx}{l-2x}$:

$$X'' = \frac{p}{12}\left[\frac{l(l-3x)^4}{(l-2x)^3} + 6lx - 6x^2 - l^2\right].$$

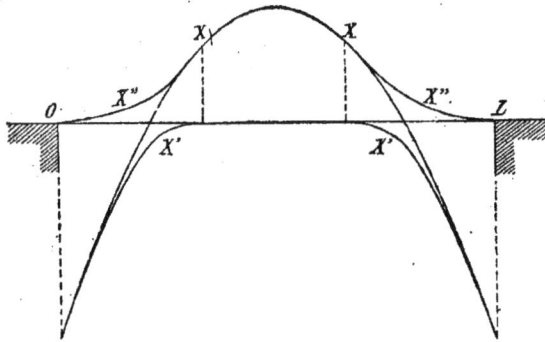

Fig. 134.

Tiers central de la poutre : X est toujours positif et sa valeur maximum s'obtient avec la charge complète, couvrant la poutre de o à l.

Troisième tiers : les valeurs de X' et de X'', déjà indiquées pour le premier tiers, se reproduisent symétriquement.

Effort tranchant.

Charge de o à x. Effort tranchant négatif maximum :

$$V' = -\frac{px^3}{l^3}\left(l - \frac{x}{2}\right).$$

Charge de x à l. Effort tranchant positif maximum :

$$V'' = + \frac{p(l-x)^3(l+x)}{2l^3}.$$

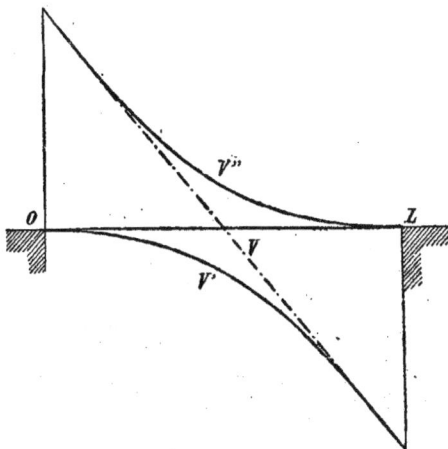

Fig. 135.

Poutre B. — Solide d'égale résistance de hauteur constante h.

Charge complète :

$$X = \frac{1}{2} p \left(lx - x^2 - \frac{3}{16} l^2 \right) ;$$

$$V = \frac{1}{2} p (l - 2x).$$

Valeurs particulières de	X	et de	V
$x = 0$	$-\frac{3}{32} pl^2$		$\frac{pl}{2}$
$x = \frac{l}{4}$	0		$\frac{pl}{4}$
$x = \frac{l}{2}$	$+\frac{3}{32} pl^2$		0
$x = \frac{3l}{4}$	0		$-\frac{pl}{4}$
$x = l$	$-\frac{3}{32} pl^2$		$-\frac{pl}{2}$

On voit que la courbe des X n'est plus la même que dans le cas de la poutre A : l'ordonnée du sommet de la parabole, situé au milieu de la portée, se trouve réduite de $\dfrac{pl^2}{24}$ à $\dfrac{pl^2}{32}$.

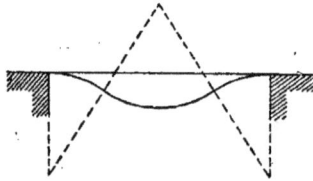

Fig. 136.

La ligne élastique est composée des trois arcs de cercle, se raccordant tangentiellement, que représente la figure 136, et dont les équations sont, en les assimilant à des paraboles :

$$\text{de } 0 \text{ à } \frac{l}{4} \quad , \quad y = -\frac{Rx^2}{Eh} \; ;$$

$$\text{de } \frac{l}{4} \text{ à } \frac{3l}{4} \quad , \quad y = +\frac{Rx^2}{Eh} - \frac{Rlx}{Eh} + \frac{Rl^2}{8Eh} \; ;$$

$$\text{de } \frac{3l}{4} \text{ à } l \; , \quad y = -\frac{R(l-x)^2}{Eh} \cdot$$

$$f = \frac{3}{24}\frac{Rl^2}{Eh} \cdot$$

Nous n'avons pas étudié le cas de la charge uniforme incomplète.

Poutres C et D. — Si la hauteur h varie proportionnellement à $\sqrt{X}$ ou X, elle s'annule en même temps que le moment fléchis-

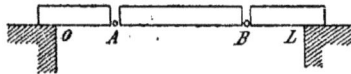

Fig. 137.

sant. La poutre n'est pas continue, mais se compose de trois pièces distinctes réunies bout à bout par articulation (la section de hauteur nulle, et par suite de moment d'inertie nul, est assimilable à une articulation). Au point de vue des calculs de stabilité, ce n'est qu'un cas particulier du système que l'on obtiendrait en réunissant les extrémités libres A et B des deux poutres encastrées en O et L sur deux supports fixes par une poutre centrale AB simplement appuyée à ses deux bouts A et B.

Rien n'est plus facile que de calculer la stabilité d'un pareil système, en étudiant à part et successivement ses éléments AB, OA et BL.

Si nous considérons en particulier l'effet produit par la charge uniformément répartie, nous remarquons que la courbe des **X** est une parabole qui passe par les centres des articulations A et B. Soient $OA = a$ et $BL = b$.

L'équation de la parabole des X est :

$$X = \frac{1}{2} px\ (l-x) - \frac{1}{2} pa\ (l-a) \left(1 - \frac{x}{l}\right) - \frac{1}{2} pb\ (l-b) \frac{x}{l}\ .$$

$$V = \frac{1}{2} p\ (l-2x) + \frac{p}{2l}\ (a\ (l-a) - b\ (l-b)).$$

Valeurs particulières de **X** :

$x = 0$	$-\frac{1}{2} pa\ (l-a)$
$x = \frac{l}{2}$	$\frac{1}{8} pl^2 - \frac{1}{4} pa\ (l-a) - \frac{1}{4} pb\ (l-b)$
$x = l$	$-\frac{1}{2} pb\ (l-b).$

Il sera toujours facile de calculer la flèche au milieu de la poutre en déterminant à part la ligne élastique de la poutre AB simplement appuyée à ses deux extrémités (art. 100), et celle de l'une des pièces d'about, par exemple OA, qui supporte à la fois une charge uniformément répartie p, et un poids concentré à son extrémité libre $\frac{p}{2}\ (l-a-b)$ (art. 101).

En général la ligne élastique, considérée de O à L, n'est pas une ligne continue, et présente un point angulaire au droit de chaque articulation. On ne peut donc appliquer de o à l la formule générale $\frac{d^2y}{dx^2} = \frac{X}{EI}$; il faut intégrer séparément de o à a, de a à $l-b$ et de $l-b$ à l.

II. — *Charge concentrée.* — Soit P la charge appliquée en M, à une distance m de l'encastrement O. Nous ne traiterons que le cas de la poutre à section constante, qui est le seul présentant de l'intérêt.

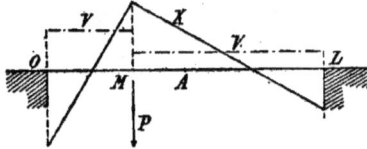

Fig. 138.

Poutre A. — On a les formules :

$$X = \frac{P(l-m)^2}{l^3}(- ml + (l+2m)\, x), \text{ de O à M} : o < x < m ;$$

$$X = \frac{Pm^2}{l^3}(l\,(2l-m) - (2l-2m)\,x), \text{ de M à L} : m < x < l ;$$

$$V = \frac{P(l-m)^2(l+2m)}{l^3}, \text{ de O à M} : o < x < m ;$$

$$V = -\frac{Pm^2(3l-2m)}{l^3}, \text{ de M à L} : m < x < l.$$

Valeurs particulières de X :

$x = o$	$-\dfrac{Pm\,(l-m)^2}{l^2}$
$x = \dfrac{ml}{l+2m}$	o
$x = m$	$+\dfrac{2Pm^2\,(l-m)^2}{l^3}$
$x = \dfrac{l\,(2l-m)}{3l-2m}$	o
$x = l$	$-\dfrac{Pm^2\,(l-m)}{l^2}$

Considérons le cas particulier où $m = \dfrac{l}{2}$.

$$X = \frac{P}{2}\left(x - \frac{l}{4}\right)$$
$$V = +\frac{P}{2}$$
$$\left. \right\} \quad \text{de O en A} : o < x < \frac{l}{2} ;$$

$$X = \frac{P}{2}\left(\frac{3l}{4} - x\right)$$
$$V = -\frac{P}{2}$$
$$\left. \right\} \quad \text{de A en L} : \frac{l}{2} < x < l.$$

Le moment fléchissant passe par trois maxima égaux en valeur absolue :

$-\dfrac{Pl}{8}$ pour $x = o$ et $x = l$, et $+\dfrac{Pl}{8}$ pour $x = \dfrac{l}{2}$. Il s'annule pour

$x = \dfrac{l}{4}$ et $x = \dfrac{3l}{4}$.

$$\mathbf{R'} = \frac{Plh}{16 I}.$$

La flèche au milieu est :

$$f = \frac{2Pl^3}{384 EI} = \frac{2}{24}\frac{R' l^2}{Eh}$$

Il se trouve que, pour ce cas spécial, les expressions de X et de V ne changent pas lorsqu'on passe de la poutre A à l'une des poutres B, C et D.

On peut donc calculer sans difficulté les flèches d'abaissement relatives à ces trois types :

Poutre B. — $f = \dfrac{3}{24}\dfrac{R l^2}{E h}$.

Poutre C. — $f = \dfrac{4}{24}\dfrac{R l^2}{E H}$.

Poutre D. — $f = \dfrac{6}{24}\dfrac{R l^2}{E H}$.

Il est bien entendu que, le système de la poutre encastrée à ses deux extrémités étant hyperstatique, la courbe des X varie avec le profil de la pièce toutes les fois que m est différent de $\dfrac{l}{2}$.

1. Supposons que l'on encastre sur les appuis la poutre A représentée par la figure 131 de la page 554 (poutrelle de pont-rail). Les formules applicables à cette pièce de pont, encastrée à ses deux extrémités et supportant deux charges $\dfrac{P}{2}$ placées symétriquement par rapport à son milieu, seront les suivantes :

de O à M $\quad\left\{\; X = \dfrac{Px}{2} - \dfrac{Pm}{2l}(l-m)\,;\right.$

$o < x < m \quad\left.\; V = \dfrac{P}{2}.\right.$

de M à N $\quad\left\{\; X = \dfrac{Pm^2}{2l}\,;\right.$

$m < x < l-m \quad\left.\; V = o.\right.$

103. Poutre encastrée à une extrémité et appuyée à l'autre. — C'est encore un système hyperstatique.

Nous n'étudierons que le cas de la charge uniformément répartie, qui conduit seul à une équation simple.

Soient O la section d'encastrement et L l'appui simple.

Poutre A. —
$$X = \frac{5}{8} p l x - \frac{1}{2} p x^2 - \frac{1}{8} p l^2 ;$$
$$V = \frac{5}{8} p l - p x .$$

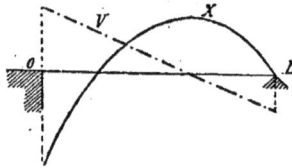

Fig. 139.

Valeurs particulières de X et de V

x	X	V
$x = 0$	$-\frac{1}{8} p l^2$	$+\frac{5}{8} p l$
$x = \frac{l}{4}$	0	$+\frac{3}{8} p l$
$x = \frac{l}{2}$	$+\frac{1}{16} p l^2$	$+\frac{1}{8} p l$
$x = \frac{5}{8} l$	$+\frac{9}{128} p l^2$	0
$x = l$	0	$-\frac{3}{8} p l$

Flèche d'abaissement au milieu de la portée :

$$f = \frac{2}{384} \frac{p l^4}{EI} = \frac{2}{24} \frac{R' l^2}{E h} .$$

de N à L
$l - m < x < l$
$$\begin{cases} X = \frac{P (l-x)}{2} - \frac{P m (l-m)}{2 l} ; \\ V = -\frac{P}{2} . \end{cases}$$

Flèche d'abaissement au milieu : $f = \dfrac{P m^2}{384 EI} (24\, l - 32\, m)$.

Au point dont l'abscisse est 0,578 l, l'abaissement est :

$$\frac{2.08}{384} \cdot \frac{pl^4}{EI} = \frac{2.08}{24} \cdot \frac{R'l^2}{Eh} .$$

Charge uniformément répartie incomplète. — *Moment fléchissant* : Considérons le premiers tiers de la longueur de la poutre à partir de la section d'encastrement : $o < x < \dfrac{l}{3}$. Le moment fléchissant correspondant à une charge uniformément répartie incomplète peut varier entre la limite négative X' et la limite positive X'' données par les formules suivantes :

Charge uniformément répartie sur la région comprise entre le point dont l'abscisse est $l\sqrt{\dfrac{l-3x}{l-x}}$ et l'extrémité L de la barre :

$$X' = -\frac{pl}{8}\left(\frac{l-3x}{l-x}\right)^2 .$$

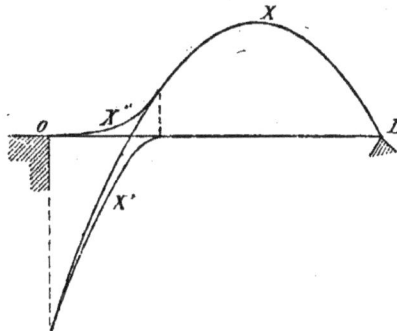

Fig. 140.

Charge incomplète couvrant la région comprise entre l'extrémité O et le point dont l'abscisse est $l\sqrt{\dfrac{l-3x}{l-x}}$:

$$X'' = \frac{5}{8}plx - \frac{1}{2}px^2 - \frac{1}{8}pl^2 + \frac{pl}{8}\frac{(l-3x)^2}{l-x} .$$

Effort tranchant :

Charge répartie de x à l :

$$V'' = \frac{p}{8l^2}(l-x)^2(5l^2+2lx-x^2).$$

Charge répartie de o à x :

$$\mathbf{V}' = -\frac{p}{8l^3}\, x^3\, (4l - x).$$

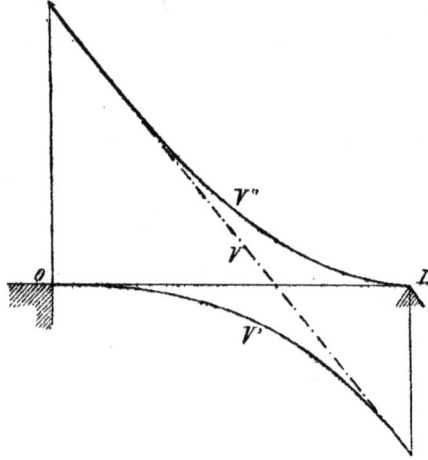

Fig. 141.

Poutre **B**. —   *Charge uniformément répartie complète* :

$$\mathbf{X} = \frac{plx}{4}(4 - \sqrt{2}) - \frac{1}{2}px^2 - \frac{pl^2}{4}(2 - \sqrt{2}) ;$$

$$\mathbf{V} = \frac{pl}{4}(4 - \sqrt{2}) - px.$$

Valeurs particulières de   **X**   et de   **V**

	X	V
$x = o$	$-\dfrac{pl^2}{4}(2 - \sqrt{2})$	$\dfrac{pl}{4}(4 - \sqrt{2}).$
$x = (2 - \sqrt{2})\dfrac{l}{2}$	0	$\dfrac{pl\sqrt{2}}{4}$
$x = \dfrac{l}{2}$	$+\dfrac{pl^2}{8}(\sqrt{2} - 1)$	$\dfrac{pl}{4}(2 - \sqrt{2})$
$x = \dfrac{l}{4}(4 - \sqrt{2})$	$+\dfrac{pl^2}{16}$	0
$x = l$	0	$-\dfrac{pl}{4}\sqrt{2}.$

Flèche d'abaissement au milieu de la portée :

$$f = \frac{(24\sqrt{2} - 30)\,Rl^2}{25}\,\frac{Rl^2}{Eh} = \frac{3{,}940}{24}\cdot\frac{Rl^2}{Eh}.$$

Au point dont l'abscisse est $l\,(2 — \sqrt{2})$, l'abaissement atteint son maximum qui est :

$$f = (3 — 2\sqrt{2})\,\frac{Rl^3}{Eh} = \frac{4,118}{24}\,\frac{Rl^3}{Eh}\,.$$

Nous n'avons pas étudié les poutres C et D, pour le motif déjà indiqué à l'article précédent.

104. Effets des changements de température. — Pour que la stabilité d'une poutre droite soit indépendante des changements de température, il faut que l'une de ses extrémités soit libre dans la direction de l'axe longitudinal, de façon qu'aucun obstacle ne s'oppose aux variations de sa longueur.

Supposons que les deux extrémités de la pièce soient reliées par articulations ou encastrements fixes à des massifs immobiles et que la longueur l soit par suite invariable. Si la température s'élève de t, la barre, ne pouvant s'allonger, sera soumise à un effort de compression — F ; si au contraire la température s'abaisse, la pièce se trouvera tendue.

Désignons par ω l'aire de la section transversale définie par l'abscisse x, et par α le coefficient de dilatation linéaire de la matière. La relation suivante exprime que la longueur de la pièce n'a pas varié, malgré le changement opéré dans la température :

$$(1) \qquad \int_0^l \frac{F}{E\omega}\,dx + l\alpha t = o.$$

Si la poutre est à section constante, cette formule devient :

$$\frac{F}{E\omega}\,l + l\alpha t = o\,; \quad\text{d'où}\quad \frac{F}{\Omega} = — E\alpha t.$$

Il est facile d'évaluer le travail à la compression ou à l'extension développé dans une poutre à section constante par une variation de température de $\pm 35°$. On trouve :

	α	E	$E\alpha t$ pour $t = \pm 35°$ (en kg. par mm. carré).
Fer :	0,000012	19×10^9	$\pm$ 7,98
Acier :	0,000012	21×10^9	$\pm$ 8,82
Fonte :	0,000011	10×10^9	$\pm$ 3,85
Bois de sapin :	0,000005	12×10^8	$\pm$ 0,21

Si la pièce est à section variable, le travail dans la région de moindre résistance peut être très supérieur aux chiffres mentionnés plus haut.

Prenons par exemple une barre de forme tronconique, et désignons par D et d les diamètres des deux sections circulaires d'about. On a, en plaçant l'origine des abscisses au centre de la section la plus rétrécie, de diamètre d :

Fig. 142.

$$\omega = \frac{\pi}{4}\left(d + (D - d)\frac{x}{l}\right)^2.$$

L'équation (1) prend alors la forme :

$$\int_0^l \frac{4F}{\pi E\left(d + \frac{(D-d)x}{l}\right)^2} + l\alpha t = 0.$$

D'où, en intégrant :

$$\frac{4F}{\pi d^2} = -E\alpha t \times \frac{D}{d}.$$

Le travail élastique à la compression ou à l'extension déterminé dans la section d'about de moindre résistance est égal à $E\alpha t$ multiplié par le rapport des diamètres extrêmes.

Dans les anciens ponts en fonte, les barres de contreventement des arcs étaient constituées par des pièces présentant parfois des élargissements à leurs extrémités, pour faciliter l'assemblage avec les arcs, et en leur milieu (forme de bielle). On a constaté que ces barres se rompaient toutes au bout d'un certain temps, et il est admis aujourd'hui que les entretoises et pièces de contreventement des ouvrages de ce genre doivent toujours être en fer ou en acier.

Ces ruptures paraissent imputables : d'une part aux moments secondaires de flexion qui se manifestent toujours dans une pièce de ce genre quand elle n'est pas articulée à ses extrémités (art. 109); d'autre part à l'influence des changements de température agissant sur une barre à section variable dont les extrémités sont fixes.

Supposons que l'on scelle dans des massifs de maçonnerie par-

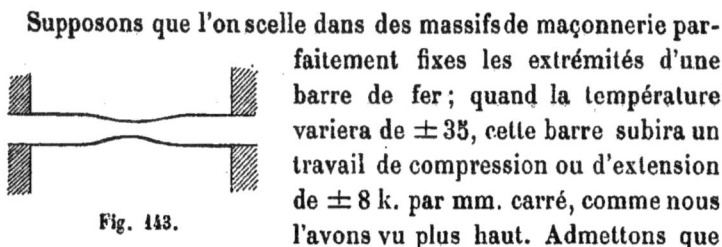

Fig. 143.

faitement fixes les extrémités d'une barre de fer ; quand la température variera de ± 35, cette barre subira un travail de compression ou d'extension de ± 8 k. par mm. carré, comme nous l'avons vu plus haut. Admettons que l'on réduise de moitié l'aire de la section de cette poutre sur une très faible partie de sa longueur (fig. 143) : le travail élastique de cette région rétrécie sera exactement doublé. D'où ce résultat curieux : si, une barre étant scellée dans deux murailles opposées, on augmente le diamètre de la partie à l'air libre sans renforcer en proportion les ancrages dans la maçonnerie, il arrivera nécessairement un moment où ces ancrages se briseront ou seront arrachés.

Lorsqu'on se trouve dans la nécessité de relier invariablement à deux massifs les extrémités d'une poutre métallique dont la température soit sujette à varier entre des limites éloignées, il est indispensable de lui attribuer une section uniforme sur toute sa longueur, et de donner aux ancrages la même résistance qu'à la poutre courante, ou, si l'on veut, une résistance supérieure.

Nous avons indiqué sur la figure 144 en AB, une disposition ra-

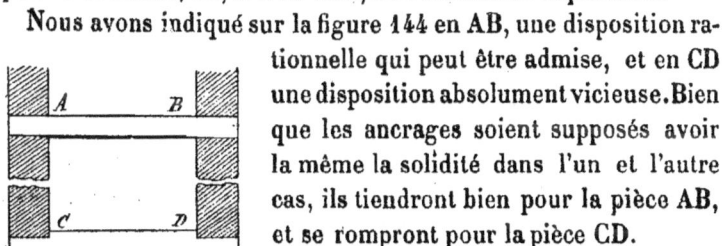

Fig. 144.

tionnelle qui peut être admise, et en CD une disposition absolument vicieuse. Bien que les ancrages soient supposés avoir la même la solidité dans l'un et l'autre cas, ils tiendront bien pour la pièce AB, et se rompront pour la pièce CD.

Les ruptures de boulons que l'on observe souvent dans les ponts en fonte, surtout à la jonction des tympans et des arcs, s'expliquent de cette façon. Plus les pièces à réunir sont massives et plus le boulon est exposé à se briser à la suite des changements de température.

L'influence nuisible des changements de température est nécessairement accrue par les défauts de fabrication, pailles, fissures, angles rentrants, etc., qui constituent des régions critiques où le travail élastique est sensiblement augmenté : les ruptures spontanées des pièces de fonte dont le profil est défectueux, des rivets mal posés, etc., peuvent être attribuées à cette cause.

§ 3.

PIÈCES COURBES

105. Formules générales de la déformation. — Nous reproduirons ici, sous une forme plus complète, les formules de la déformation des pièces courbes, déjà énoncées à la page 179. Nous conserverons les notations de l'article 49.

Variation du rayon de courbure au point K (fig. 48) :

$$\frac{1}{\rho_1} - \frac{1}{\rho_1 + \delta\rho_1} = \frac{X}{EI} + \frac{1}{\rho_1}\left(\alpha t + \frac{F}{E\Omega}\right).$$

D'où :

$$\delta\rho_1 = \rho_1^2 \frac{X}{EI} + \rho_1\left(\alpha t + \frac{F}{E\Omega}\right).$$

$$\delta\theta_1 = \delta\theta_0 + \int_{s_0}^{s_1} \frac{X ds}{EI} ;$$

$$\delta s_1 = \delta s_0 + \int_{s_0}^{s_1} \frac{F ds}{E\Omega} + \alpha t (s_1 - s_0);$$

$$\delta x_1 = \delta x_0 - \delta\theta_0 (y_1 - y_0) - \int_{s_0}^{s_1} \frac{X(y_1 - y)}{EI} ds + \int_{x_0}^{x_1} \frac{F dx}{E\Omega} + \alpha t (x_1 - x_0);$$

$$\delta y_1 = \delta y_0 + \delta\theta_0 (x_1 - x_0) + \int_{s_0}^{s_1} \frac{X(x_1 - x)}{EI} ds + \int_{y_0}^{y_1} \frac{F dy}{E\Omega} + \alpha t (y_1 - y_0).$$

Ces formules permettent toujours de déterminer les expressions du moment fléchissant X et de l'effort normal F, en fonction de x et y, pour une pièce courbe de forme quelconque.

L'effort tranchant V est lié au moment fléchissant X par la relation :

$$V = \frac{dX}{ds}.$$

L'effort tranchant réduit W, qui doit être substitué à V pour le calcul du travail au glissement de la pièce à double té de hauteur variable, est donné par la formule :

$$W = h \frac{d}{ds} \left(\frac{X}{h} \right) = V - \frac{X dh}{ds} .$$

Supposons que l'on enroule une tige prismatique rectiligne autour d'un tambour de diamètre D. Le rayon de courbure de la pièce étant devenu égal à $\frac{D}{2}$, on a, en désignant par X le moment de flexion développé dans une section transversale, et par R le travail à la flexion :

$$\frac{2}{D} = \frac{X}{EI}, \text{ et } R = \frac{Xh}{2I} .$$

D'où
$$R = \frac{Eh}{D} ,$$

et
$$D = \frac{Eh}{R} .$$

A ce compte, la limite d'élasticité serait atteinte avec un tambour dont le diamètre D′ serait fourni par la relation :

$$D' = \frac{Eh}{N} .$$

Mais, ainsi que nous l'avons vu dans l'article 88, il y a lieu ici de multiplier la quantité N par un coefficient de majoration K, variable avec la forme du profil de la barre. Ce coefficient peut être évalué à 1,50 pour un profil circulaire.

Dans ces conditions, un fil de diamètre d peut être enroulé, sans subir de déformation permanente appréciable, autour d'un tambour dont le diamètre D_N serait fourni par l'équation :

$$D_N = \frac{Ed}{1,5N} .$$

On trouve que le rapport $\frac{D_N}{d}$ peut varier de 400 (acier doux naturel) à 100 acier extra-dur trempé.

Si le fil, n'ayant pas été recuit, a subi pendant son étirage un écrouissage superficiel notable, le rapport $\frac{D_N}{d}$ peut tomber égale-

ment à 100 avec un acier extra-dur non trempé, et même au-
dessous de ce chiffre avec un acier trempé.

106. Calcul d'un anneau circulaire. — Considérons un
anneau circulaire ABA′B′ sollicité par deux forces P égales et de
sens contraire appliquées aux extrémités opposées d'un diamètre
AA′ et suivant la direction de ce diamètre. Dans les ponts de
fonte en arc du système Polonceau, dont le pont des Sts-Pères,
à Paris, est l'application la plus importante et la plus connue, les
tympans sont constitués par des anneaux en fonte placés dans
les conditions indiquées plus haut. Cet ouvrage constitue un système hyperstatique, comme nous l'avons indiqué déjà à la page
136 : on peut en effet le considérer comme une pièce prismatique
dont les abouts seraient soudés l'un à l'autre, et on pourrait le
couper en un point quelconque sans que l'équilibre statique fût
rompu.

Nous admettrons dans la recherche du moment fléchissant et
de l'effort tranchant que cet
anneau est à section constante.

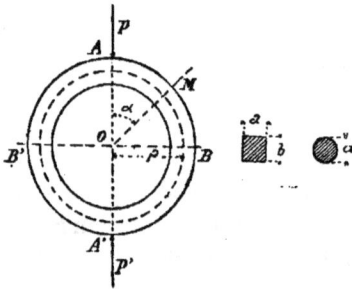

Fig. 145.

Soient Ω l'aire et I le moment d'inertie de la section
transversale.

On a, en désignant par α
l'angle formé par une section
quelconque M avec la droite
AA′, et supposant que les
forces P et P′ sont dirigées de façon à rapprocher l'une de l'autre
les extrémités du diamètre AA′ :

$$X = \frac{P\rho}{\pi} - \frac{P\rho}{2} \sin \alpha ;$$

$$F = -\frac{P \sin \alpha}{2} ;$$

$$V = -\frac{P \cos \alpha}{2} .$$

Valeurs particulières de	X	F	et	V
$\alpha = o$ (diamètre AA′)	$\frac{P\rho}{\pi}$	o		$-\frac{P}{2}$

$$\sin \alpha = \frac{2}{\pi} \qquad\qquad o \qquad\qquad -\frac{P}{\pi} \qquad -\frac{P}{2}\sqrt{1-\frac{4}{\pi^2}}$$

$$\alpha = 90^\circ (\text{diamètre BB}') \quad -P\rho\Big(\frac{1}{2}-\frac{1}{\pi}\Big) \quad -\frac{P}{2} \qquad o$$

Soient u la réduction subie, du fait de la déformation, par le diamètre AA′, et v l'accroissement subi par le diamètre BB′ :

$$u = \frac{P\rho\pi}{4E\Omega} + \frac{P\rho^3}{EI}\Big(\frac{\pi}{4}-\frac{2}{\pi}\Big) = \frac{P\rho}{E}\Big(\frac{0,7854}{\Omega}+\frac{0,1488\rho^2}{I}\Big) ;$$

$$v = -\frac{P\rho}{2E\Omega} + \frac{P\rho^3}{EI}\Big(\frac{2}{\pi}-\frac{1}{2}\Big) = \frac{P\rho}{E}\Big(-\frac{0,5}{\Omega}+\frac{0,1366\rho^2}{I}\Big).$$

Si la section de l'anneau a un profil rectangulaire de dimensions a et b (la dimension a étant prise dans le plan du cercle de rayon ρ), on trouve :

$$u = \frac{P\rho}{Eab}\Big(0,7854+1,7856\,\frac{\rho^2}{a^2}\Big) ;$$

$$v = \frac{P\rho}{Eab}\Big(-0,5+1,639\,\frac{\rho^2}{a^2}\Big).$$

Si le profil transversal de l'anneau est un cercle de diamètre a :

$$u = \frac{P\rho}{Ea^2}\Big(1+3,096\,\frac{\rho^2}{a^2}\Big) ;$$

$$v = \frac{P\rho}{Ea^2}\Big(-0,6366+2,782\,\frac{\rho^2}{a^2}\Big).$$

§ 4.

CALCUL DES FERMES A TRIANGULATION.

107. Calcul d'une ferme à triangulation assimilable à une poutre courbe à section en double té. — Considérons une ferme constituée par deux membrures, droites ou courbes, assimilables à des pièces prismatiques dont les fibres moyennes

seraient contenues dans un même plan, et reliées entre elles par
une série de pièces droites successives, formant une ligne brisée
dont les sommets sont alternativement sur chacune des deux
membrures ; cette ligne brisée divise en triangles l'espace compris entre les deux membrures de la ferme, que l'on qualifie pour
ce motif de *ferme à triangulation*.

Pour effectuer les calculs de stabilité d'un ouvrage ainsi constitué, nous supposerons que l'on ait remplacé les pièces de triangulation par une tôle plane formant âme, située dans le plan des
fibres moyennes des deux membrures et reliant invariablement
ces éléments entre eux. La ferme se trouvera, dans ces conditions, transformée en une poutre à double té de hauteur variable,
et pourra se calculer d'après la méthode exposée dans les articles 55 et 105.

Admettons que l'on ait tracé l'axe longitudinal de cette poutre,

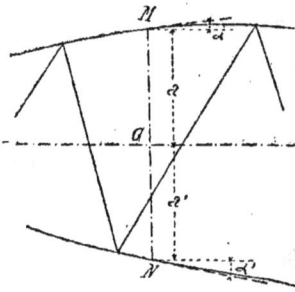
Fig. 146.

en appliquant la règle énoncée à la
page 205 : $a \omega \cos a = \alpha' \omega' \cos \alpha'$.
Soit MN une section transversale
quelconque, dont le plan est normal
en G à l'axe longitudinal de la pièce.
Désignons par : ω l'aire de la section
droite de la membrure supérieure, en
M ; par α l'angle que fait la fibre
moyenne de cette membrure avec la
normale au plan de la section trans-
versale (qui est parallèle par définition à la tangente en G à l'axe
longitudinal de la poutre); enfin par a la distance MG du point M
au point G.

Soient ω', α' et a' les mêmes données relatives à la membrure
inférieure.

L'aire *réduite* Ω des deux membrures sera fournie, pour la
section transversale MN, par l'expresssion :

$$\Omega = \omega \cos \alpha + \omega' \cos \alpha'.$$

Le moment d'inertie *réduit* I de la poutre se calculera de même
par la relation :

$$I = a^2 \, \omega \cos \alpha + a'^2 \, \omega' \cos \alpha'$$
$$= ha \, \omega \cos \alpha = h \, a' \, \omega' \cos \alpha',$$

en désignant par h la distance MN : $h = a + a'$.

Ayant déterminé la position de l'axe longitudinal, et les valeurs Ω et I pour un certain nombre de sections transversales de la ferme, on est en mesure de lui appliquer la méthode de calcul relative aux pièces prismatiques courbes, à section en double té de hauteur variable, telle que nous l'avons résumée dans l'article 105.

Si l'axe longitudinal s'écarte peu de la ligne droite, on fera usage de l'équation relative aux pièces prismatiques :

$$EI \frac{d^2 y}{dx^2} = X,$$

où I représente le moment d'inertie réduit.

Nous formulerons d'ailleurs plus loin (art. 110) une réserve au sujet de la valeur numérique à attribuer dans les formules de calcul au coefficient d'élasticité longitudinale E.

Supposons que l'on ait pu déterminer, en suivant cette marche, les valeurs numériques précédées de leurs signes du moment de flexion X, de l'effort normal F, et de l'effort tranchant réduit W (qui est égal à l'effort tranchant absolu V quand la hauteur h est constante), relatifs à la section transversale MN.

Travail élastique des membrures.

Le travail R à l'extension ou à la compression développé dans la membrure supérieure en M se calculera par la formule :

(1) $$R = \frac{F}{\Omega} - \frac{aX}{I} = \frac{F}{\omega\cos\alpha + \omega'\cos\alpha'} - \frac{X}{h\omega\cos\alpha}.$$

Le travail R′ développé dans la membrure inférieure en N se calculera de la même façon :

(2) $$R' = \frac{F}{\Omega} + \frac{a'X}{I} = \frac{F}{\omega\cos\alpha + \omega'\cos\alpha'} + \frac{X'}{h\omega'\cos\alpha'}.$$

Travail élastique des pièces de triangulation.

Supposons que l'on parcoure la ligne brisée de triangulation en partant de l'extrémité de gauche de la ferme. A chaque sommet de la ligne brisée, on déterminera l'inclinaison, sur la section transversale, de la barre non encore parcourue qui a son origine en ce sommet : on mesurera à cet effet l'angle compris entre la normale à l'axe longitudinal issue du sommet et dirigée de haut en bas, et la fibre moyenne de la barre, en allant de gauche à droite à partir de la normale. L'angle obtenu sera par suite obtus pour toute barre issue d'un point de la membrure inférieure, telle que AB ($\beta' > 90°$) ; et aigu pour toute barre issue d'un point de la membrure supérieure, telle que BC

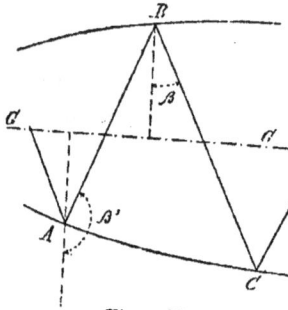

Fig. 147.

($\beta < 90°$).

Soit ε l'aire de la section droite d'une de ces barres, dont la direction est définie par l'angle β, plus petit ou plus grand que $\frac{\pi}{2}$, suivant que cette barre a son extrémité antérieure sur la membrure supérieure ou sur la membrure inférieure.

Le travail à l'extension ou à la compression développé dans la barre aura pour expression :

$$(3) \qquad \frac{F}{\Omega + \varepsilon \sin \beta} + \frac{W}{\varepsilon \cos \beta}.$$

Il est bien entendu que dans ces trois formules (1), (2) et (3) les lettres X, F et W représentent les valeurs précédées de leurs signes du moment fléchissant, de l'effort normal et de l'effort tranchant réduit :

$$W = h \frac{d}{ds}\left(\frac{X}{h}\right)$$
$$= \frac{dX}{ds} - \frac{X}{h}\frac{dh}{ds}$$
$$= V - \frac{X}{h}(\operatorname{tg} \alpha + \operatorname{tg} \alpha').$$

On voit en définitive que toutes les fois qu'une ferme à triangulation peut être assimilée à une pièce prismatique à section en double té, de hauteur constante ou variable, et à axe longitudinal droit ou courbe (mais, dans ce dernier cas, situé dans un plan), son calcul s'effectue sans aucune difficulté ni complication par la méthode exposée dans les articles 55 et 105.

Il peut arriver que les membrures, au lieu d'être réunies par

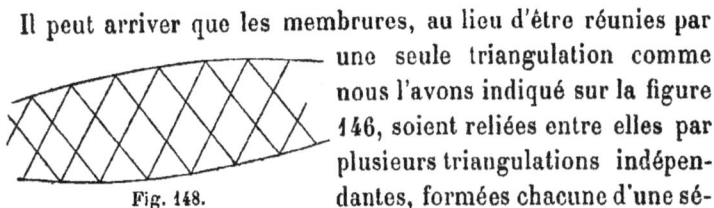

Fig. 148.

une seule triangulation comme nous l'avons indiqué sur la figure 146, soient reliées entre elles par plusieurs triangulations indépendantes, formées chacune d'une série de pièces successives formant une ligne brisée, dont les sommets soient alternativement sur la membrure supérieure et sur la membrure inférieure.

La détermination exacte du travail développé dans chacune des pièces d'assemblage des membrures exigerait en pareil cas des calculs difficiles et compliqués. Le plus simple est d'admettre que ces différentes triangulations possèdent des résistances équivalentes, et de partager également entre toutes les efforts à transmettre.

Soit n le nombre des triangulations distinctes. On se servira, pour calculer le travail subi par une barre quelconque définie par les quantités ε et β, de la relation :

$$R'' = \frac{F}{\Omega + n\varepsilon \sin\beta} + \frac{W}{n\varepsilon \cos\beta},$$

qui dans la pratique donne des résultats suffisamment exacts, à la seule condition d'attribuer aux différentes pièces de triangulation des dimensions telles que les barres tendues, ou *tirants*, qui résistent simultanément à un effort tranchant déterminé W, aient sensiblement la même section transversale ε, et qu'il en soit de même pour les barres comprimées, ou *bras*.

Il convient d'ailleurs de rappeler ici que les barres comprimées (pour lesquelles β est plus grand que $\frac{\pi}{2}$ si W est positif, et plus petit que $\frac{\pi}{2}$ si W est négatif) sont exposées à flamber, et qu'en conséquence il y a lieu de majorer la valeur trouvée pour R'', d'après la règle pratique indiquée à l'article 95, page 508.

108. Barres surabondantes. — Soit ABCDE la triangulation reliant les deux membrures d'une ferme. Supposons que

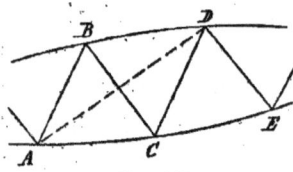

Fig. 149.

nous ajoutions une pièce supplémentaire, telle que AD, reliant deux sommets non consécutifs A et D de la ligne brisée ABCDE. Quel rôle remplira cette barre au point de vue de la stabilité de la ferme ?

Quand une triangulation comporte des pièces supplémentaires de ce genre, dont la présence est signalée par ce fait que le nombre des barres aboutissant à certains sommets est supérieur à 2, et que l'on peut se rendre d'un sommet A à un autre D par deux ou plusieurs chemins différents AD ou ABCD, on ne saurait déterminer avec exactitude les conditions de stabilité par la méthode exposée dans l'article précédent.

Il faut de toute nécessité admettre que certaines barres en excès ne seront d'aucune utilité, et n'en pas tenir compte dans les recherches.

On devra par conséquent les faire disparaître, en ramenant le tracé de chaque triangulation à une ligne brisée simple, avant d'entreprendre les calculs.

Nous citerons à titre d'exemple les poutres à montants verticaux et croix de St-André. Trois barres de triangulation viennent aboutir à chaque nœud 1, 2, 3, 4, 5, ou 1′, 2′, 3′, 4′, 5′ d'une semblable cons-

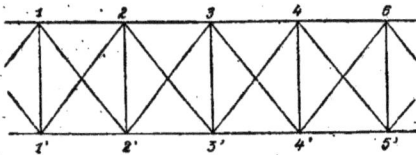

Fig. 150.

truction. Si on veut l'étudier par la méthode des pièces prismatiques courbes, on est obligé de faire abstraction d'une barre sur trois, considérée comme n'existant pas ou ne jouant aucun rôle. On aura le choix entre l'une des solutions suivantes :

1° Triangulation simple 1′12′23′34′4... $n'n$, obtenue en supprimant les barres obliques 12′, 23′, 34′ et $n(n+1)'$: triangulation à bras verticaux et tirants obliques (en supposant $W > 0$).

2° Triangulation simple 11′22′33′... $n'n$, obtenue par la suppression des barres obliques 1′2, 2′3, 3′4 et $n'(n+1)$: triangulation à tirants verticaux et bras obliques (en supposant $W > 0$).

3° Triangulation double comportant les deux lignes brisées

$12'34'56'\ldots n(n+1)'$ et $1'23'45'6\ldots n'(n+1)$, obtenue par la suppression des montants verticaux $11', 22', 33'\ldots nn'$: triangulation comportant deux systèmes indépendants de barres obliques alternativement tendues et comprimées.

Si l'on voulait absolument tenir compte de la présence des barres surabondantes, il faudrait renoncer à la méthode de calcul indiquée plus haut, et faire usage de procédés applicables aux systèmes articulés, dont nous parlerons au prochain paragraphe.

109. Moments de flexion secondaires. — Considérons

une poutre droite à triangulation simple, dont les membrures parallèles soient reliées par des montants verticaux et des barres obliques. Soit ABCD un panneau de cette poutre. Sous l'action des forces extérieures, la poutre va se déformer. Soient R la valeur numérique du travail à la compression supporté par la portion BC de membrure supérieure, et R' le travail à l'extension supporté par la portion AD de membrure inférieure. La première se raccourcira de $\dfrac{a\mathrm{R}}{\mathrm{E}}$, et la seconde s'allongera de $\dfrac{a\mathrm{R}'}{\mathrm{E}}$.

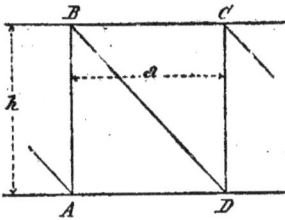

Fig. 151

Le rectangle ABCD va se transformer, par suite de cette déformation, en un trapèze tel que A'B'C'D', dont les côtés opposés non parallèles A'B' et C'D' sont des droites normales aux courbes circulaires affectées par les bases A'B' et B'C'.

Si la barre BD est articulée en B et en D avec les membrures, elle restera rectiligne après la déformation, et prendra la position nouvelle B'D'. Mais si elle est reliée aux membrures par un assemblage rigide à boulons ou rivets, qui réalise l'encastrement, elle ne pourra rester droite, les angles formés en B' et D' par sa fibre moyenne avec celles des membrures n'ayant pas subi de modification.

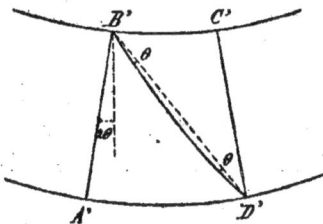

Fig. 152

Il est aisé de reconnaître que la courbe circulaire B'SD', affectée par la fibre moyenne déformée de cette pièce, rencontrera la droite B'D' sous des angles θ égaux entre eux et à la moitié de l'angle mutuel formé par les deux directions A'B' et C'D' (fig. 152).

On voit sans difficulté que :

$$2\theta = \frac{(R+R')a}{Eh}.$$

Soit i le moment d'inertie de la section transversale de la pièce AB, que nous supposerons être rigoureusement prismatique.

Le moment fléchissant μ, sous l'action duquel la droite AB s'est transformée en un arc de cercle dont l'angle au centre 2θ est connu ainsi que la longueur de la corde AB ou $\sqrt{h^2+a^2}$ qui le sous-tend, est facile à calculer, en recourant à la formule $EI\,\frac{d^2y}{dx^2}=\mu.$

On trouve : $\mu = \dfrac{2Ei\theta}{\sqrt{h^2+a^2}}.$

D'où, en substituant à θ sa valeur :

$$\mu = \frac{(R+R')ai}{h\sqrt{h^2+a^2}}.$$

Soit c la hauteur, mesurée dans le plan de flexion, de la barre AD.

Le travail T, déterminé dans cette barre par le moment de flexion μ, aura pour expression :

$$T = \frac{\mu c}{2i} = \frac{(R+R').ac}{2h\sqrt{h^2+a^2}}.$$

Nous supposerons qu'il soit permis, sans erreur sensible, d'étendre l'application de cette formule à toutes les fermes à triangulation, ce qui nous permettra d'énoncer la règle suivante :

Quand les barres de triangulation d'une ferme sont réunies par articulation avec les membrures, chacune d'elles n'est soumise qu'à un effort normal d'extension ou de compression, dont la grandeur se détermine par la méthode de l'article 107.

Mais si ces barres sont reliées avec les membrures par des assemblages rigides qui maintiennent invariable l'angle sous lequel elles rencontrent chaque membrure, on doit admettre que chacune d'elles sera soumise en outre, sur toute sa longueur, à l'action d'un moment de flexion secondaire, déterminant dans les fibres extrêmes un travail élastique T. Celui-ci peut être calculé par la formule suivante, où c désigne la hauteur propre de la pièce mesurée dans le plan de triangulation, h la hauteur de la poutre, mesurée au droit du milieu de la longueur de la barre; R et R′ les valeurs absolues du travail élastique développé par le moment fléchissant seul (à l'exclusion de l'effort normal) dans les deux membrures; enfin β l'angle que fait la fibre lmoyenne de la barre avec le plan de la section transversale de a ferme :

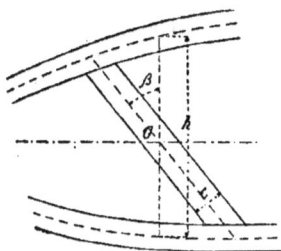
Fig. 152

$$T = \frac{(R+R')c \sin \beta}{2h}.$$

Si R=R′ (double té symétrique en fer ou en acier), on trouve :

$$T = \frac{Rc \sin \beta}{h}.$$

Cas particuliers : $\beta = o$ (montant vertical) : $T = o$; le moment de flexion secondaire est nul;

$\beta = \frac{\pi}{2}$ (barre inclinée à 45° sur l'horizontale) :

$$T = \frac{R+R'}{2} \cdot \frac{c}{h\sqrt{2}};$$

$\beta = \frac{2\pi}{3}$ (barre inclinée à 30° sur l'horizontale) :

$$T = \frac{R+R'}{2} \frac{\sqrt{3}}{2} \frac{c}{h}.$$

Comparativement à la hauteur totale de la poutre, la largeur en élévation d'une barre de triangulation est généralement très faible. C'est tout au plus si on peut admettre que c atteigne le dixième de h. Par conséquent T ne représente d'habitude qu'une fraction insignifiante de R.

Toutefois, l'influence de ce moment de flexion secondaire peut n'être pas négligeable pour les barres soumises à un effort de compression. C'est pourquoi il y lieu, autant qu'on le peut, d'attribuer aux bras de la ferme la direction verticale (montants comprimés), en faisant travailler à l'extension les barres obliques, dont l'angle β devra, par suite, être inférieur à $\frac{\pi}{2}$ si $W > 0$, ou supérieur à $\frac{\pi}{2}$ si $W < 0$.

Lorsque, dans une construction métallique, un barreau de fonte est exposé à subir un effort notable de traction directe, le supplément de travail à l'extension, dû aux moments de flexion secondaires, peut n'être pas négligeable, en raison de la faible résistance à l'extension que possède ce métal. Il faut donc, autant que possible, éviter l'emploi de la fonte dans toutes les pièces sujettes à travailler à la traction : membrures tendues, tirants de triangulation, barres de contreventement, etc.

Si l'usage de ce métal est imposé, à l'exclusion du fer et de l'acier, il est prudent de terminer les barres tendues par des assemblages articulés ou à ressorts (art. 120), de façon à empêcher l'apparition des moments de flexion secondaires, qui ne peuvent se manifester que si les assemblages d'about sont rigides et donnent lieu à un encastrement.

Dans une ferme à triangulation ou un système articulé, tout élément qui n'est relié à l'ossature que par ses extrémités, supposées articulées, ne peut travailler qu'à l'extension ou à la compression simple. Toutefois, il fonctionne, sous l'influence de son poids propre, comme une poutre droite simplement appuyée à ses deux extrémités. Les moments de flexion secondaires dus à cette cause spéciale (poids propre de l'élément lui-même) ne donnent lieu en général qu'à un travail élastique insignifiant.

Toutefois, si la pièce est très longue et que sa hauteur soit une fraction assez faible de sa longueur, il peut arriver qu'il en soit autrement. Dans le pont du Forth, par exemple, le travail secondaire à la flexion, dû au poids propre des éléments de la membrure et des barres obliques de triangulation, ne peut être regardé comme négligeable. Certaines pièces semblent même avoir, sous cette influence, pris, pendant le montage, une courbure appréciable à l'œil.

Nous en concluons que, dans l'étude des constructions métalliques à grande portée, il convient de calculer les moments de flexion secondaires dus, soit à la rigidité des assemblages, soit au poids propre de chaque pièce, et de s'assurer qu'ils ne peuvent donner lieu ni à un accroissement notable du travail élastique, ni à une déformation sensible.

110. Déformation. — La relation fondamentale $EI \dfrac{d^2y}{dx^2} = X$, où la lettre E représente la valeur spécifique du coefficient d'élasticité longitudinale du métal, n'est véritablement exacte que pour les pièces prismatiques de la Résistance des matériaux. Si on remplace l'âme pleine d'un double té par une triangulation articulée, la déformation est notablement accrue : il est d'ailleurs possible de la calculer exactement, comme nous le montrerons au paragraphe prochain, relatif à l'étude des systèmes articulés. On peut voir, dans le tome I de notre ouvrage sur les ponts métalliques, la comparaison faite à ce point de vue entre les poutres à âme pleine et les poutres articulées, dont on fait grand usage en Amérique.

Si l'on substitue aux barres articulées des ponts américains des pièces de triangulation reliées aux membrures par assemblages rigides, à boulons ou rivets, la déformation est sensiblement diminuée et se rapproche de celle que l'on constaterait sur une poutre pleine. Mais, néanmoins, elle lui reste toujours supérieure. On a observé expérimentalement que cette déformation, difficile à évaluer par un calcul exact, s'obtenait avec une approximation convenable par l'emploi des formules relatives aux poutres pleines, à la seule condition d'attribuer dans ces formules au coefficient d'élasticité longitudinale E une valeur un peu plus faible que celle fournie, pour le métal employé, par un essai de traction directe.

En conséquence, toutes les fois que, dans l'étude d'une construction métallique triangulée, assimilable comme forme générale à une pièce prismatique droite ou courbe, on fera usage des formules de calcul fournies par la résistance des matériaux où figure le coefficient d'élasticité longitudinale E, il conviendra d'attribuer à ce cofficient une valeur numérique réduite, qui dépendra du mode d'assemblage employé pour la réunion des éléments de l'ouvrage. Il nous semble que l'on pourrait, sans inconvénient, adopter la règle pratique suivante :

Valeurs pratiques du coefficient d'élasticité longitudinale.

	Fonte	Fer	Acier
Poutre pleine à section massive	$9,5 \times 10^9$	19×10^9	21×10^9
Poutre à section évidée, avec âme mince (doublé ou caisson à parois minces). . . .	9×10^9	18×10^9	20×10^9
Poutre à barres de triangulation rivées. . .	8×10^9	16×10^9	18×10^9
Poutre à barres de triangulation articulées. .	7×10^9	14×10^9	$15,5 \times 10^9$

Il est bien entendu d'ailleurs que si, dans la recherche des déformations d'une ferme triangulée, on fait usage non des formules de la résistance des matériaux relatives aux pièces prismatiques à âme pleine, mais de la méthode des systèmes articulés que nous allons exposer ci-après, il conviendra d'attribuer à E la valeur indiquée pour les poutres pleines à section massive ou évidée, étant donné que l'on évalue en ce cas la variation de longueur subie en particulier par chaque barre considérée isolément, et que l'on tient compte d'autre part des variations éprouvées par les angles mutuels de ces éléments.

§ 5

CALCUL DES SYSTÈMES ARTICULÉS

111. Formules générales. — Un *système articulé* est une construction décomposable en éléments rectilignes reliés les uns aux autres, à leurs extrémités respectives, par des articulations. On appelle *nœuds* les points où ces barres droites viennent se terminer et s'assembler.

Dans la recherche des conditions de stabilité d'un système articulé, on admet que toutes les forces extérieures qui le sollicitent sont appliquées exclusivement aux nœuds ; aucune d'elles ne doit agir sur un point de la partie courante d'une barre. Il en résulte qu'un élément quelconque de l'ouvrage ne travaille jamais qu'à l'extension ou à la compression simple, puisque, ses extrémités étant articulées, il est en équilibre sous l'action de deux forces appliquées respectivement aux centres de gravité de ses deux sections d'about, qui ne peuvent en aucun cas être sollicitées par un moment de flexion. Nous faisons ici, bien entendu, abstraction des moments de flexion secondaires dus au poids propre de chaque pièce.

Soit M un nœud de la construction, où viennent aboutir plusieurs barres, dont nous désignerons le nombre par m. Soit F la force extérieure directement appliquée à ce nœud. Pour que ce point M soit en équilibre, il faut et il suffit que les composantes de la force F suivant trois axes rectangulaires ox, oy et oz, menés arbitrairement dans l'espace, soient égales et de directions opposées aux sommes respectives des composantes suivant les mêmes axes de toutes les réactions exercées sur le nœud par les m barres qui y aboutissent : dans ces conditions, en effet, la résultante de la force extérieure et des m forces intérieures qui agissent sur le point M est nulle ; et le nœud reste immobile dans l'espace.

Soient F_x, F_y et F_z les projections de la force F sur les trois axes ; α, β et γ les angles que fait une barre avec ces axes, ω l'aire de la section droite de cette barre, et R le travail élastique avec son signe, positif (extension) ou négatif (compression), que supporte cette pièce. La réaction totale qu'elle exerce sur le nœud sera représentée en grandeur et en signe par Rω.

Les trois équations :

(1) $$F_\alpha + \Sigma R\omega\cos\alpha = o;$$
(2) $$F_y + \Sigma R\omega\cos\beta = o,$$
(3) $$F_z + \Sigma R\omega\cos\gamma = o,$$

où le signe Σ indique qu'on a fait la somme algébrique des composantes telles que R$\omega\cos\alpha$ parallèles à un même axe pour toutes les barres aboutissant en M, expriment les conditions nécessaires et suffisantes pour que ce nœud soit en équilibre statique.

Soit n le nombre total des nœuds de la construction ; on pourra écrire pour chacun d'eux les trois équations d'équilibre (1), (2) et (3), et l'on obtiendra finalement $3n$ relations exprimant les conditions nécessaires et suffisantes pour que le système articulé soit en état d'équilibre statique. Si d'autre part R ne dépasse pour aucune barre la limite de sécurité qui convient à la matière employée, la stabilité de la construction se trouvera assurée.

Pour que le système articulé, considéré dans son ensemble, soit immobile dans l'espace, il est évidemment nécessaire que les forces extérieures qui lui sont appliquées satisfassent aux *équations universelles d'équilibre* des corps solides, que l'on obtient en égalant séparément à zéro les sommes respectives des composantes de toutes ces forces suivant les axes et de leurs moments par rapport à ces axes, sans quoi le centre de gravité de la construction se déplacerait forcément dans l'espace sous l'action de la résultante et du couple résultant de toutes les forces en question.

Ces équations universelles d'équilibre sont les suivantes :

(4) $\Sigma F_x = o,$ (5) $\Sigma F_y = o,$ (6) $\Sigma F_z = o,$
(7) $\Sigma M_x = o,$ (8) $\Sigma M_y = o,$ (9) $\Sigma M_z = o.$

Comme d'ailleurs les $3n$ relations (1), (2) et (3) dont il a été parlé plus haut, sont nécessaires et *suffisantes* pour assurer l'immobilité de tous les nœuds considérés chacun en particulier, et par suite celle du système tout entier, on en doit conclure que ces $3n$ relations comprennent implicitement les six équations universelles d'équilibre. En vertu d'une loi analytique, ces six équations peuvent se déduire des $3n$ premières par élimination des termes contenant les forces intérieures $R\omega$ et les angles α, β et γ.

Il est donc en conséquence toujours possible d'exprimer les conditions d'équilibre statique de tous les nœuds de la construction au moyen des six équations universelles d'équilibre entre les forces extérieures F, et de $3n-6$ autres relations où figurent, outre les forces extérieures, les forces intérieures $R\omega$ et les angles α, β et γ que forment les barres avec les axes de coordonnées.

La recherche de ce système d'équations, équivalent aux $3n$ équations particulières d'équilibre des nœuds, peut exiger des calculs longs et pénibles ; mais au point de vue algébrique, elle ne soulève aucune difficulté et peut toujours être menée à bonne fin.

112. Classification des systèmes articulés. — A. *Systèmes isostatiques et hyperstatiques.* — Considérons un système articulé dont tous les nœuds, au nombre de n, sont en équilibre sous l'action des forces extérieures et intérieures qui les sollicitent. Ces forces satisfont donc aux six équations universelles d'équilibre ne renfermant que les forces extérieures, et aux $3n-6$ équations particulières où figurent à la fois les forces extérieures et les forces intérieures.

Il peut se présenter deux cas :

1° Toutes les forces extérieures sont connues en grandeurs et directions, ou bien celles qui, résultant des liaisons du système articulé avec des corps voisins, ne sont pas connues a priori, peuvent être complètement déterminées par la résolution des six équations universelles d'équilibre 7, 8, 9, 10, 11 et 12. Les forces extérieures sont donc indépendantes des dispositions et des dimensions des éléments de la construction, puisqu'on peut les calculer *a priori* sans avoir à tenir compte des orientations (α, β et γ) et des aires ω des différentes barres. L'ouvrage étudié rentre ainsi dans la catégorie des systèmes *isostatiques*, suivant la définition que nous en avons donnée à l'article 38.

On peut renforcer, affaiblir ou supprimer une pièce quelconque de l'ossature, augmenter ou diminuer le nombre des nœuds ajouter même d'autres barres et d'autres nœuds sans rien changer aux forces extérieures, du moment que l'on ne modifie pas les liaisons du système avec les corps voisins.

2° Les équations universelles d'équilibre ne permettent pas de déterminer complètement les forces extérieures inconnues qui sollicitent la construction. Il faut alors recourir aux $3n-6$ équations particulières (1), (2) et (3), où figurent les forces intérieures $R\omega$ et les angles définissant l'orientation de chaque barre. Mais alors certaines forces extérieures dépendent des dimensions des éléments de l'ouvrage, et celui-ci rentre dans la catégorie des systèmes *hyperstatiques*, suivant la définition de l'article 38 : on ne saurait apporter de modification à l'ossature sans produire des changements corrélatifs dans quelques-unes des forces extérieures qui agissent sur elle. Nous verrons plus loin (art. 113) comment on peut, à l'aide des $3n-6$ équations particulières d'équilibre, déterminer les forces extérieures qui n'ont pu être fournies par les six équations universelles d'équilibre.

B. *Barres manquantes et barres surabondantes. Liaisons complètes, incomplètes et surabondantes.* — Considérons un système articulé, isostatique ou hyperstatique, dont le mode de construction soit complètement défini et connu, en ce qui touche le nombre, les longueurs et les directions des différentes barres. On pourra donc, dans les $3n-6$ équations particulières qui, avec les six équations universelles, expriment d'une manière complète les conditions d'équilibre statique du système, remplacer les cosinus des angles α, β et γ par leurs valeurs numériques précédées des signes convenables.

On pourrait aussi attribuer aux composantes des forces extérieures connues *a priori* leurs valeurs numériques, mais nous supposerons pour l'instant qu'on n'en fasse rien, et que l'on continue à représenter ces composantes par des lettres, en vue de se conserver la liberté de modifier au besoin les grandeurs et les directions des forces.

Proposons-nous de résoudre les $3n$ équations numériques ainsi constituées, de façon à en tirer d'une part les composantes suivant les axes des forces extérieures inconnues, et d'autre part les forces intérieures R_ω qui sont les réactions exercées sur les nœuds par les différentes barres qui y aboutissent. La résolution de $3n$ équations algébriques simultanées du premier degré peut exiger des calculs pénibles et compliqués, mais elle est théoriquement toujours possible, et nous admettrons que cette opération ait été effectuée par les méthodes classiques.

Il pourra se présenter quatre cas : 1° On se trouvera disposer d'autant d'équations que d'inconnues, et la séparation de ces dernières s'effectuera sans difficulté. On obtiendra donc la valeur de chacune d'elles en fonction des données de la question (orientation des barres et forces extérieures connues représentées par des lettres).

Le système articulé sera à *liaisons complètes*, et il jouira de la propriété suivante : on aura la faculté de modifier arbitrairement les directions et les intensités des forces extérieures connues qui rentrent dans les données du problème, sans que l'équilibre statique soit troublé, à la seule condition que ces forces continuent à satisfaire aux équations universelles 4 à 9.

2° Le nombre des inconnues se trouvera inférieur à celui des équations de condition, de sorte que certaines composantes des forces intérieures se trouveront finalement représentées chacune par deux ou plusieurs expressions différentes, en fonction des données du problème. Le système articulé sera alors à *liaisons incomplètes*.

Il ne pourra demeurer en équilibre statique que si les forces extérieures connues, qui rentrent dans les données du problème, ont des grandeurs et des directions telles que les expressions différentes d'une même inconnue conduisent à la même valeur numérique. Faute de quoi, il sera nécessaire de compléter la construction par l'adjonction de nouvelles barres, indispensables pour assurer son équilibre.

38

En définitive, un système à *liaisons incomplètes* comporte des barres *manquantes*, que l'on ne peut se dispenser d'établir, à moins que, en raison des valeurs numériques attribuées aux données du problème, les forces intérieures $R\omega$ relatives à ces barres complémentaires ne se trouvent accidentellement nulles, auquel cas leur suppression peut être maintenue.

L'équilibre statique d'un système à liaisons incomplètes n'est donc que relatif; il ne persiste pas si l'on modifie arbitrairement les directions ou les grandeurs des forces extérieures connues *a priori*.

3° Le nombre des inconnues se trouvant supérieur à celui des équations dont on dispose, le problème n'est pas complètement déterminé.

Parmi les relations finales auxquelles conduit la résolution des $3n$ équations de condition, quelques-unes peuvent contenir deux ou plusieurs inconnues, forces extérieures ou intérieures. On aurait donc la faculté d'annuler certaines des forces $R\omega$, en supprimant les barres qui leur correspondent, sans troubler l'équilibre de la construction, quelles que soient d'ailleurs les grandeurs et les directions des forces extérieures connues : on ramènerait ainsi toutes les relations tirées des équations de condition à ne contenir plus chacune qu'une seule inconnue.

Le système articulé dont il s'agit comprend donc des barres *surabondantes;* il est susceptible d'être simplifié par la suppression des éléments en surcroît. Il est qualifié de système à liaisons surabondantes.

4° Enfin il peut arriver que la construction comporte à la fois des barres manquantes, dont l'absence n'est sans inconvénient que si les forces extérieures connues remplissent des conditions déterminées, et des barres surabondantes, dont les dimensions transversales peuvent être arrêtées arbitrairement sans inconvénient. On a affaire à un système mixte, à liaisons incomplètes et à liaisons surabondantes.

En résumé, pour transformer en un système à liaisons complètes : un système à liaisons incomplètes, il faut ajouter les barres manquantes; —un système à liaisons surabondantes, il faut supprimer les barres surabondantes; un système à liaisons incomplètes et à liaisons surabondantes, il faut ajouter les barres manquantes et supprimer les barres surabondantes.

113. Calcul des systèmes isostatiques. — Pour qu'un

système articulé soit isostatique, il faut et il suffit : ou que les forces extérieures soient toutes connues et satisfassent aux six équations universelles d'équilibre, ou que celles inconnues *a priori* puissent être complètement déterminées par la résolution de ces équations.

On obtient ensuite les forces intérieures R_ω par la résolution des $3n$—6 équations particulières d'équilibre.

Pour que le système soit à liaisons complètes, il faut que les conditions suivantes soient remplies. n représentant le nombre de nœuds, N celui des barres de la construction, et enfin m étant le nombre minimum des barres aboutissant à un nœud quelconque, on doit avoir :

$$N = 3n-6 \; ; \; m \gtrless 3.$$

Ces conditions sont nécessaires mais non suffisantes, car elles peuvent être remplies par un système mixte à liaisons incomplètes et à liaisons surabondantes, comme nous le verrons ci-après.

Un système comporte nécessairement des liaisons incomplètes si l'on a : $N < 3n-6$, ou $m < 3$:

Un système comporte nécessairement des liaisons surabondantes si l'on a : $N > 3n-6$.

Pour un système à liaisons incomplètes et à liaisons surabondantes, comportant des barres manquantes et des barres surabondantes, les valeurs de N et de m ne sont soumises à aucune condition spéciale. Toutefois si l'on trouve simultanément $N \gtrless 3n-6$ et $m < 3$, on peut être assuré que l'on a affaire à un ouvrage de cette catégorie.

Considérons le système, comportant 8 nœuds et 24 barres, que représente la fig. 153 ; les barres sont dirigées suivant les arêtes d'un polyèdre constitué par deux pyramides de sommets S et S′, ayant pour base commune l'hexagone 1, 2, 3, 4, 5, 6. Nous admettrons que l'on connaisse toutes les forces extérieures appliquées à ces 8 sommets, à l'exception, si l'on veut, de six composantes parallèles aux trois axes ox, oy et oz, dont les valeurs pourront être tirées des équations universelles d'équilibre.

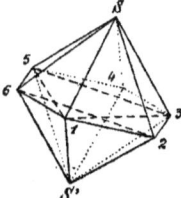

Fig. 153.

C'est là un système isostatique à liaisons complètes. On peut en imaginer d'autres dérivant de la même figure géométrique, qui résulteraient par exemple de la suppression de l'arête S.1 avec adjonction de l'une des barres suivantes ; 2.6, 1.5, ou 1.3.

Mais si l'on supprime une ou p arêtes, sans ajouter en même temps une ou p barres supplémentaires qui, ramenant N à la valeur $3n-6$, *puissent suppléer* les précédentes, on aura un système à liaisons incomplètes, dont l'équilibre sera relatif.

On ne pourrait par exemple supprimer la pièce S.1 que si l'étude faite du système à liaisons complètes a permis de constater que la force $R\omega$, dirigée suivant cette arête, est nulle ; dans ce cas la barre en question est inutile et doit disparaître. Mais ce n'est que par exception et par accident qu'un système à liaisons incomplètes peut être stable. Si on modifie arbitrairement les forces extérieures qui le sollicitent, il se disloquera forcément.

On obtiendra un système à liaisons surabondantes en ajoutant aux éléments de la figure une barre nouvelle 1.3, 2.6, ou 3.5, etc.

Supposons enfin que, supprimant la barre S.1, nous ajoutions la barre 3.5. On aura en ce cas : $N = 3n-6$ et $m \geqq 3$. Toutefois, comme la seconde barre ne supplée pas la première, nous aurons un système à liaisons incomplètes et à liaisons surabondantes, comportant une barre manquante S.1 et une barre surabondante 3.5. On peut évidemment imaginer une infinité de systèmes du même genre dérivant de la même figure géométrique, pour lesquels N pourrait être à volonté supérieur, égal ou inférieur à $3n-6$.

Calcul d'un système à liaisons complètes. — Recherche des forces intérieures. — On tirera les valeurs des $3n-6$ forces extérieures Rω en résolvant les $3n$—6 équations particulières simultanées du 1er degré.

Connaissant Rω, il sera toujours facile d'en déduire l'étendue ω à attribuer à la section d'une barre, de façon que le travail élastique R soit égal à la limite de sécurité T.

Recherche de la déformation. — Soient AA′ une barre de longueur l, et R le travail élastique qu'elle supporte. Sa variation élastique de longueur δl sera fournie par la relation connue :

$$\delta l = l \frac{R}{E}.$$

Désignons par x, y et z, x', y' et z' les coordonnées connues de ses extrémités A et A′, et par u, v et w, u' v' w' les changements subis par ces coordonnées à la suite de la déformation éprouvée par l'ouvrage.

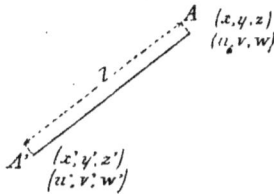

Fig. 154.

On a :

$$l = \sqrt{(x-x')^2 + (y-y')^2 + (z-z')^2},$$

et

$$l + \delta l = \sqrt{(x+u-x'-u')^2 + (y+v-y'-v')^2 + (z+w-z'-w')^2}.$$

D'où :

$$(11)\quad \delta l = \frac{(x-x')(u-u') + (y-y')(v-v') + (z-z')(w-w')}{l} = l\frac{R}{E}.$$

On peut écrire une équation semblable pour chacune des $3n$—6 barres du système, ce qui fournira autant de relations entre les $3n$ coordonnés des nœuds.

Supposons qu'on définisse la position relative des axes par rapport à la construction en plaçant l'origine au nœud 1 (d'où $u_1 = v_1 = w_1 = o$), en faisant coïncider l'axe des x avec la barre 1.2 (ce qui entraîne pour le nœud 2 la conséquence $v_2 = w_2 = o$), et qu'enfin on fasse passer le plan *oxy* par un troisième nœud 3 (d'où $w_8 = o$); le nombre des déplacements inconnus, ainsi diminué de six, se trouve alors précisément égal à celui des équations (11) dont on dispose.

Il suffira donc de résoudre ces $3n{-}6$ équations simultanées du 1er degré pour connaître les composantes parallèles aux axes des déplacements élastiques de tous les nœuds, et se rendre compte par suite de la déformation éprouvée par le système tout entier.

Calcul d'un système à liaisons incomplètes. — On procédera exactement de la même manière. N étant ici inférieur à $3n{-}6$, il pourra arriver que la résolution des équations particulières d'équilibre conduise à une impossibilité en fournissant deux ou plusieurs valeurs différentes de $R\omega$ pour la même barre : en ce cas il serait nécessaire de compléter le système par l'adjonction d'éléments nouveaux qui puissent assurer son équilibre, c'est-à-dire dont les $R\omega$ figurent dans les équations reconnues incompatibles entre elles.

Si au contraire les valeurs numériques des forces extérieures sont telles que les expressions distinctes de $R\omega$ conduisent au même résultat numérique, le système à liaisons incomplètes sera en équilibre statique dans le cas particulier considéré, sans qu'il y ait lieu de le compléter par l'adjonction de nouvelles barres.

Calcul des systèmes à liaisons surabondantes. — Si le système contient des barres surabondantes, il y a lieu d'adopter la marche suivante, sans distinguer le cas où l'on y trouverait aussi des barres manquantes.

La formule de déformation d'une barre, déjà énoncée : $\dfrac{\delta l}{l} = \dfrac{R}{E}$, peut être mise sous la forme :

$$R\omega = \frac{E\omega\delta l}{l} = \frac{E\omega}{l^2}\left[(x-x')(u-u')+(y-y')(v-v')\right.$$
$$\left.+(z-z')(w-w')\right].$$

En substituant cette expression à $R\omega$ dans les $3n-6$ équations particulières d'équilibre, on obtiendra une nouvelle série d'équations simultanées du 1er degré où les inconnues seront les déplacements élastiques des nœuds :

$(n-1)$ relations : $(1)'$ $X + \Sigma \dfrac{E\omega\partial l}{l} \cos \alpha = 0,$

$(n-1)$ id. $(2)'$ $Y + \Sigma \dfrac{E\omega\partial l}{l} \cos \beta = 0,$

$(n-1)$ id. $(3)'$ $Z + \Sigma \dfrac{E\omega\partial l}{l} \cos \gamma = 0.$

Cos α, cos β et cos γ sont connus pour chaque barre : on peut d'ailleurs les remplacer si l'on veut par leurs valeurs en fonction des coordonnées des nœuds extrêmes de la pièce :

$$\cos \alpha = \frac{x - x'}{l} , \; \cos \beta = \frac{y - y'}{l} , \; \cos \gamma = \frac{z - z'}{l} .$$

Nous avons vu plus haut que le nombre des déplacements élastiques inconnus u, v et w des n nœuds est précisément égal à $3n - 6$: Il sera donc toujours possible de les déterminer en résolvant les équations dont on dispose, à la seule condition de se donner arbitrairement les valeurs des aires ω de toutes les barres. Puis on déduira de ces déplacements élastiques les variations de longueur ∂l des barres, qui permettront d'évaluer le travail élastique R, d'où l'on déduira la force intérieure Rω. Il pourra arriver que l'aire ω adoptée arbitrairement pour un des éléments se trouve trop forte ou trop faible, en ce qu'elle conduirait pour le travail élastique R à un chiffre très supérieur ou très inférieur à la limite de sécurité. Il faudra alors rectifier les données arbitraires du premier calcul, en affaiblissant les barres trop massives et renforçant les barres trop grêles, et reprendre sur nouveaux frais le calcul des déplacements élastiques. Après quelques tâtonnements, on arrivera en fin de compte à un résultat satisfaisant.

En résumé, quand on a à faire l'étude d'un système articulé isostatique, on dispose des équations de condition suivantes :

I. — 6 équations universelles d'équilibre entre les forces extérieures.

II. — $3n - 6$ équations particulières d'équilibre entre les forces extérieures et les forces intérieures.

III. — $3n - 6$ équations de déformation entre les déplacements élastiques des nœuds et les forces intérieures.

On commence par résoudre la série d'équations I pour se procurer les forces extérieures inconnues.

Si le système est à liaisons complètes ou à liaisons incomplètes, on résout ensuite la série II, qui donne les forces intérieures, et en dernier lieu la série III qui donne les déformations.

Si le système comporte des barres surabondantes, il faut résoudre simultanément les séries II et III, ce qui complique les opérations et nécessite des tâtonnements, en raison des hypothèses faites sur les aires ω des éléments.

Il est bien entendu d'ailleurs qu'avant d'entamer cette besogne il importe de rechercher si les équations II ne permettent pas à elles seules de déterminer un certain nombre de forces intérieures $R\omega$, dans les régions de la pièce où il n'existe pas de barres surabondantes. Tout résultat obtenu dans ces conditions simplifiera le travail, en permettant d'arrêter définitivement l'aire à attribuer à une barre pour laquelle $R\omega$ est connu, et d'en conclure sa variation de longueur δl : on diminuera de la sorte le nombre des équations II et III à résoudre simultanément par tâtonnement.

Nous signalerons encore la différence essentielle suivante, qui existe entre les systèmes à liaisons complètes et les systèmes à liaisons surabondantes.

Dans un système à liaisons complètes, comportant $3n - 6$ éléments, on peut se donner *a priori* les valeurs R du travail élastique pour toutes les barres, et en déduire, au moyen des équations II, les valeurs correspondantes à attribuer aux aires ω ; réciproquement on pourrait se donner les ω et calculer ensuite les valeurs correspondantes de R, qui se trouveraient complètement déterminées.

Dans un système à liaisons surabondantes, comprenant $3n - 6 + p$ barres, on peut se donner arbitrairement : soit les valeurs de R pour $3n - 6$ barres, constituant un système à liaisons complètes, et celles de ω pour les p barres en surcroît ; soit les valeurs de ω pour les premières et celles de R pour les secondes. Mais on n'a le choix qu'entre ces deux partis : si l'on prétendait par exception se donner R pour tous les éléments, ou même seulement pour $3n - 5$ d'entre eux, on aboutirait à une impossibilité.

Étant donné que la limite de sécurité ne doit être dépassée pour aucune pièce de la construction, on sera presque toujours obligé d'admettre pour R, dans les barres surabondantes, une valeur extrêment faible, sans avoir la possibilité de la réduire, sous peine de dépasser la limite de sécurité pour les autres. Le métal est donc généralement mal utilisé dans un ouvrage à liaisons surabondantes, certaines pièces massives n'ayant à supporter que des efforts insignifiants. C'est là un inconvénient inhérent au système, et auquel on ne peut se soustraire. Aussi doit-on recommander de réduire au minimum le nombre des barres surabondantes, en se rapprochant le plus possible de la disposition-type à liaisons complètes.

114. Systèmes hyperstatiques. — Si l'on a affaire à un système hyperstatique, à liaisons complètes ou à liaisons incomplètes, on est obligé de résoudre simultanément les séries I et II des équations universelles et particulières d'équilibre, pour en tirer à la fois les forces extérieures inconnues et les forces intérieures $R\omega$. Après quoi on détermine séparément la déformation élastique en se servant de la série III.

Soit j le nombre des composantes des forces extérieures inconnues, dont on peut fixer arbitrairement les valeurs sans cesser de satisfaire aux équations universelles d'équilibre : on ne pourra déterminer ces inconnues qu'en recourant aux équations particulières II.

Pour que le système considéré soit à liaisons complètes, il est nécessaire, mais non suffisant, que le nombre N des barres soit égal à $3n-6-j$.

Pour un système à liaisons incomplètes, on a $N < 3n-6-j$.

Pour un système à liaisons surabondantes, on a $N > 3n-6-j$.

Enfin si le système est à liaisons incomplètes et à liaisons surabondantes, la valeur numérique de N n'est subordonnée à aucune condition.

Pour calculer un système hyperstatique à liaisons incomplètes, nous opérerons de la même façon que s'il était à liaisons complètes : dans le cas où les expressions différentes obtenues pour une même force, extérieure ou intérieure, ne conduiraient pas à la même valeur numérique, il serait nécessaire de compléter la construction en y ajoutant des barres supplémentaires.

Pour calculer un système hyperstatique comportant des liaisons surabondantes, il faut résoudre simultanément toutes les relations de condition I, II et III, représentant un total de $6n-6$ équations simultanées du 1er degré. On suivra la marche déjà indiquée pour les systèmes isostatiques à liaisons surabondantes. L'opération ne présente aucune difficulté théorique, mais, dans les applications, elle peut être impraticable en raison des calculs longs et compliqués qu'elle entraînerait.

115. Systèmes plans. — Si toutes les barres et toutes les forces extérieures d'un système articulé sont exactement dans un même plan oxy, les calculs seront notablement simplifiés et abrégés.

Désignons toujours par N le nombre des barres et par n celui des nœuds.

Le nombre des équations universelles d'équilibre se trouvera réduit à 3 : il ne restera que les formules (4), (5) et (9).

Celui des équations particulières d'équilibre sera ramené à $2n$ (formules (1) et (2)), et, si l'on en déduit les précédentes qui y sont implicitement contenues, il ne restera que $2n-3$ relations contenant les forces intérieures $R\omega$.

Enfin les équations de déformation seront au nombre de $2n-3$.

Les conditions nécessaires, mais non suffisantes, pour qu'un système isostatique soit à liaisons complètes sont les suivantes :

$$N = 2n-3 \text{ et } m \geqq 2.$$

La condition nécessaire pour qu'un système hyperstatique soit à liaisons complètes sera :

$$N = 2n-3-j.$$

Le pentagone représenté par la fig. 155, dont 4 sommets sur 5 sont reliés par des barres à un point S du plan, est un système

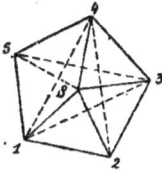

isostatique plan à liaisons complètes. On peut en obtenir d'autres, en supprimant par exemple la barre S.3 et ajoutant un des éléments 2.4, 1.3 ou 3.5.

Il n'en serait pas de même si l'on remplaçait la barre S.3 par la barre 1.4 : on aurait ainsi une liaison incomplète et une liaison surabondante, bien que N restât toujours égal à $2n-3$.

Fig. 155.

116. Applications de la théorie des systèmes articulés. — On peut faire usage de cette théorie pour l'étude des fermes à triangulation, auxquelles est applicable la méthode exposée dans le paragraphe précédent (Voir *Ponts Métalliques*, Tome I, chap. III. Poutres américaines).

On s'en sert généralement pour les fermes de toit, qui ne peuvent être assimilées sans erreur sensible à des pièces prismatiques, en raison de l'angle saillant qui existe au faîte de la construction entre les deux pièces droites, dites *arbalétriers*, inclinées suivant les pentes respectives des deux faces du toit.

D'autre part la méthode des systèmes articulés est la seule que l'on puisse appliquer aux ouvrages que l'on ne peut assimiler à des pièces prismatiques, et qui par conséquent sortent du domaine de la Résistance des Matériaux.

Nous citerons le cas des dômes, coupoles, etc.

Considérons par exemple une charpente de toit établie en forme de pyramide hexagonale dont toutes les arêtes correspondent à des barres, telle que la représente la figure 156. C'est un système articulé à liaisons incomplètes qui ne saurait conserver son équilibre que si l'on suppose verticales les directions de toutes les forces extérieures appliquées aux sommets de l'hexagone.

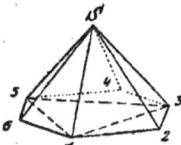

Fig. 156.

Pour que ce système fût à liaisons complètes, il faudrait inscrire un triangle dans l'hexagone, en ajoutant les barres figurées en pointillé.

Nous n'avons pas jugé indispensable de donner ici des exemples d'application pratique de la méthode qui précède. Nous renverrons à ce point de vue à notre ouvrage sur les Ponts Métalliques (Tome I : Poutres américaines, et Tome II : Etude des systèmes articulés ; Piles métalliques).

§ 6.

CALCUL DES ASSEMBLAGES ET DES ÉLÉMENTS ACCESSOIRES.

117. Rivets. — *Pose.* — *Rupture.* — *Relâchement.* — Quand on pose un rivet à chaud, soit à la main, soit à la machine, l'abaissement de température subi par le corps cylindrique pendant le forgeage de la tête donnerait lieu à un raccourcissement sensible de cette partie si sa longueur n'était pas maintenue invariablement égale à l'épaisseur des tôles à réunir ensemble. Il se développe donc nécessairement dans le rivet (art. 104) des tensions longitudinales qui dépassent la limite d'élasticité et se rapprochent de celle de rupture.

Ces tensions sont d'autant plus intenses que le rapport de la longueur du corps à son diamètre est plus élevé, et d'autant plus voisines de la limite de rupture que le métal est moins ductile.

La section de moindre résistance est celle qui rattache le corps à la tête forgée sur place, le martelage de cette tête au-dessous du rouge produisant un écrouissage énergique de la matière, et pouvant même parfois déterminer un commencement de désagrégation.

Si une fissure superficielle se manifeste au sommet de l'angle rentrant formé par le rebord de la tête et le corps cylindrique, cette fissure est destinée à se propager dans le corps du rivet, et la tête finit à la longue par se détacher.

En d'autres circonstances, il arrive que, la limite de rupture ayant été dépassée dans la section de jonction, mais sans fissuration du métal, un commencement de striction s'est produit dans cette partie, dont la résistance limite a été par suite abaissée d'une façon sensible. Ce rivet ayant subi une allongement permanent notable, ses tensions longitudinales sont très atténuées. Si l'on pose dans son voisinage d'autres rivets, confectionnés avec soin et convenablement serrés, il arrive que les têtes du premier cessent d'exercer une pression sur les tôles. Il devient mobile dans son trou et doit être remplacé.

Ce phénomène peut ne devenir apparent qu'à la longue : par suite d'actions extérieures variables et accidentelles, changements de température ou vibrations temporaires, la région altérée continue à s'allonger par striction, et l'on s'aperçoit un jour que le rivet a cessé d'adhérer aux tôles.

Ces deux défauts de pose, fissuration des parties forgées ou striction du corps à sa jonction avec la tête forgée, qui entraînent tôt ou tard la mise hors de service du rivet, soit par décollement de la tête, soit par suppression du serrage, sont d'autant plus à craindre que le métal est moins ductile et que l'épaisseur totale des tôles à assembler est plus considérable.

C'est pourquoi l'on prescrit dans tous les cahiers des charges l'emploi de fer très fin ou d'acier extra-doux, dont la malléabilité et l'allongement de rupture soient très grands. On recommande de maintenir le rapport $\frac{l}{d}$ de la longueur du corps cylindrique à son diamètre au-dessous de certaines limites, déterminées par expérience, au sujet desquelles nous fournissons plus loin quelques indications. Pour la pose des rivets de grande longueur, on regarde parfois comme utile de refroidir le corps du rivet en le mouillant avant la pose, en vue de diminuer sa contraction pendant le forgeage de la tête. Il serait préférable, si la chose était pratiquement possible, de chauffer à une température un peu élevée les tôles à assembler, de façon que leur contraction propre compensât dans une certaine mesure le raccourcissement du rivet. On pourrait sans doute, moyennant cette précaution, faire usage pour les rivets de métaux à grande résistance, bien que ces produits n'aient qu'un faible allongement de rupture.

On constate parfois que des rivets posés avec le plus grand soin et dans des conditions pleinement satisfaisantes finissent avec le temps par se rompre avec disjonction d'une tête, ou par se relâcher. Ce cas se présente surtout quand le rivet réunit deux pièces qui tendent à certains moments à s'écarter l'une de l'autre, leur déplacement relatif s'effectuant dans le sens de l'axe du rivet. Si la tension ainsi déterminée par une cause accidentelle dépasse la limite de rupture du métal, le rivet se brise, ou bien s'allonge par striction, ce qui entraîne une réduction du serrage.

C'est pourquoi l'on recommande d'abaisser à 3 k. par millimètre carré (circulaire du 29 août 1891) le travail de tout rivet ayant à résister éventuellement à un effort de traction directe dirigé suivant son axe. C'est surtout dans les changements de température, agissant d'une façon inégale et irrégulière sur les divers éléments d'une construction ou déterminant dans ces éléments des déformations discordantes, qu'on doit rechercher la cause des ruptures et des relâchements de rivets (art. 120). La transmission des mouvements vibratoires d'une pièce à l'autre peut être aussi une cause de désorganisation pour les assemblages. On trouve souvent des rivets rompus ou relâchés à la jonction des pièces de tablier des ponts (pièces de ponts, poutrelles, entretoises) avec les grandes poutres, à la soudure des tympans rigides avec les arcs métalliques, etc...

Quant aux rivets qui, reliant les différents éléments, tôles et cornières, d'une même pièce composée, ne sont guère soumis en service qu'à un travail de cisaillement dirigé normalement à leurs axes, ils doivent se comporter beaucoup mieux, et il est assez rare qu'ils se rompent ou se desserrent, si du moins leur pose a été effectuée de façon convenable, sans donner lieu à une fissuration ou à un relâchement initial. Le décollement de la tête ou l'allongement par striction du corps n'est en effet explicable que par une tension exagéré dans le sens de l'axe du rivet, si celui-ci remplit convenablement son trou.

Quand on pose les rivets à froid, ce qui oblige à employer un métal extra-doux de très grande malléabilité, on n'obtient qu'un serrage insignifiant ; la pièce ne travaille guère qu'au cisaillement, comme les chevilles des ponts américains (art. 121). D'autre part, le métal de la tête a été écroui au-delà de la limite de rupture, et le rivet est exposé à se rompre ou à se relâcher sous le moindre effort de traction exercé dans la direction de son axe, en raison de la désorganisation subie par le métal.

Travail élastique. — Le travail longitudinal à l'extension, développé dans le corps du rivet lorsqu'il vient d'être posé, est, comme nous l'avons déjà dit, supérieur à la limite d'élasticité ; il ne faut pas qu'il ait dépassé en aucun point la limite de rupture. On admet qu'il atteint 25 k. par millimètre carré de section du corps du rivet avec le fer ; il est sans doute supérieur à ce chiffre pour les aciers extra-doux (peut-être 35 k. ?). Enfin avec un acier dur, on obtiendrait certainement un serrage beaucoup plus énergique.

Quand le rivet a pour rôle d'empêcher la disjonction de deux tôles ou pièces qui tendent à bailler ou à se séparer dans le sens de l'axe du rivet, ce dernier ne travaille qu'à l'extension simple, et son équilibre élastique n'est pas modifié tant que l'effort total de traction exercé sur une tête n'atteint pas la limite indiquée ci-dessus, soit 25 k. par millimètre carré pour le fer.

Si cette limite est dépassée, le rivet s'allonge et se relâche, ou bien il se brise.

Nous avons dit plus haut qu'en pareil cas on recommande de limiter à 3 k. le travail effectif maximum à exiger du rivet, en vue de parer aux influences accidentelles, changements de température, vibrations, etc., qui peuvent exagérer dans une large mesure l'effort exercé suivant l'axe du rivet.

On ne peut d'ailleurs supposer en général que l'effort total transmis aux rivets d'un même assemblage soit réparti également entre eux : si l'une des deux pièces reliées ensemble tend à se séparer de l'autre par un mouvement de rotation, et non par une translation simple, certains rivets, situés sur les bords de l'assemblage, subiront un travail d'extension très supérieur à la valeur moyenne supposée. Il est donc prudent d'augmenter la marge de sécurité dont on dispose, pour tenir compte de ce fait que l'assemblage devra résister non seulement à l'effort de séparation calculé, mais encore à un couple situé dans un plan parallèle aux axes des rivets.

Les rivets ont le plus généralement pour rôle de relier deux tôles qui tendraient à se séparer en glissant l'une sur l'autre, dans une direction parallèle à leurs faces de contact. En ce cas le métal constitutif du rivet est soumis à un travail complexe :

1° Extension simple, correspondant aux actions moléculaires développées pendant la pose. Les tôles assemblées sont pressées les unes contre les autres ; leur déplacement relatif est donc entravé par une adhérence, correspondant à leur frottement mutuel, que l'on estime d'habitude à 12 k. ou 16 k. par millimètre carré de section de rivet, ce qui suppose un coefficient de frottement du fer sur le fer d'environ 50 0/0 pour les surfaces brutes des tôles. C'est là, au surplus, un résultat d'expérience : on l'a obtenu en mesurant l'effort nécessaire pour faire glisser l'une sur l'autre deux tôles, réunies par des rivets posés dans des trous élargis et ovalisés et qui ne pouvaient par conséquent travailler au cisaillement.

Cette adhérence des tôles, étant proportionnelle à l'effort total de traction exercé par le corps du rivet sur chacune des têtes à la suite du refroidissement produit durant la pose, est d'autant plus grande, si le travail a été bien fait, que la limite d'élasticité du métal employé est plus élevée. On l'augmentera donc en substituant l'acier doux au fer, et, s'il était possible de faire usage d'aciers durs sans nuire à la perfection des assemblages, l'adhérence serait certainement doublée.

Quand les tôles rivées ensemble tendent à se disjoindre, leur pression mutuelle est diminuée de l'effort de séparation qui s'exerce parallèlement aux axes des rivets : l'adhérence subit par suite une réduction proportionnelle, et la résistance de l'assemblage au glissement mutuel des tôles se trouve abaissée.

2° Cisaillement. Par suite de l'adhérence des têtes avec les tôles sur lesquelles elles sont pressées, et du contact du corps cylindrique avec les parois du trou, l'effort de traction T est transmis partiellement aux rivets qui travaillent par conséquent au cisaillement.

3° Flexion. Le rivet, tiré par les deux tôles dans deux sens opposés, est soumis à l'action d'un couple qui le fait travailler à la flexion. Ce travail est d'autant plus accentué que le rivet remplit moins exactement le trou dans lequel il a été introduit. On admet en général que le jeu du rivet dans son trou ne doit pas dépasser 5 0/0 de son diamètre. Quand le trou est mal calibré, ou que les ouvertures des tôles superposées ne se correspondent pas exactement par suite d'un repérage défectueux lors du poinçonnage, le travail à la flexion est notablement accru.

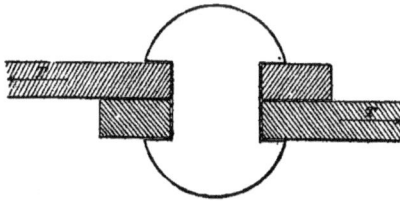

Fig. 157.

En dehors même de l'utilité que présente l'alésage en ce qui touche l'enlèvement du métal écroui par le poinçon, cette opération offre l'avantage de permettre la rectification des erreurs commises dans le percement des trous. L'alésoir ramène les orifices des tôles à se correspondre exactement.

Quand un rivet remplit mal son trou, par suite d'une insuffisance de diamètre, ou d'un réchauffement insuffisant de l'extrémité à forger pendant la pose, ou d'un manque de correspondance des orifices pratiqués dans les tôles, la solidité de l'assemblage laisse toujours à désirer. Le procédé du *brochage*, qui s'emploie couramment pour la régularisation des trous, donne des résultats médiocres ou mauvais : il altère par écrouissage le métal de la paroi, et détermine une répartition irrégulière de l'effort total de glissement entre les différents rivets d'un même assemblage, certains d'entre eux travaillant sensiblement plus que les autres.

On a constaté par expérience que la résistance limite opposée par un rivet au glissement de deux tôles superposées représentait sensiblement les $\frac{4}{5}$ de la limite de rupture à l'extension simple de ce même rivet. On en a conclu qu'il était légitime de fixer la limite de sécurité aux $\frac{4}{5}$ de celle admise dans le cas de l'extension simple pour le métal constitutif du rivet.

La rupture se produit en général par décollement d'une tête,

39

d'habitude la tête forgée sur place, qui se détache du corps cylindrique. L'angle rentrant situé entre les bords de la tête et le corps constitue en effet une région critique, et on s'explique aisément qu'une fissure puisse se manifester au sommet de cet angle. On a vérifié que la résistance est relevée sensiblement, de 3 à 15 0/0, quand on fait disparaître le sommet de cet angle rentrant, en rattachant la tête au corps par une surface conique formant collet. Pour que ce collet puisse pénétrer dans le trou de la tôle, il est alors nécessaire d'abattre l'arête du trou en remplaçant son angle vif par une facette conique ou un congé arrondi. Cette modification est utile même pour les tôles intermédiaires qui ne sont pas en contact avec les têtes. On reconnaît en effet (art. 7) que, dans la surface de contact de la tôle et du rivet, l'angle saillant qui limite l'orifice est encore un point critique, où le travail au cisaillement atteint forcément une intensité supérieure à la moyenne.

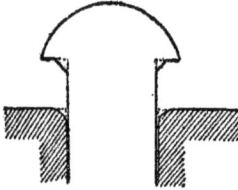

Fig. 158.

En conséquence, dans un assemblage exécuté avec un soin exceptionnel, il convient de raccorder la tête du rivet avec le corps par un collet conique, et d'arrondir les bords des trous percé dans les tôles. Cette dernière opération est surtout justifiée pour les trous forés ou alésés, dont les bords sont nets et coupants, tandis que le poinçon écrase et émousse cette arête circulaire.

Divers expérimentateurs ont constaté qu'un rivet posé dans un trou foré ou alésé paraît offrir une résistance inférieure à celle d'un rivet identique posé dans un trou poinçonné, mais qu'après abattage des arêtes de ces trous, la supériorité du forage ou de l'alésage sur le poinçonnage devient manifeste. Cette dernière opération augmenterait de 12 0/0 la résistance du rivet posé dans le trou foré dont l'arête est régulière et aigue, et de 3 0/0 seulement celle du rivet posé dans le trou poinçonné, dont le bord est émoussé.

La longueur du corps du rivet, pourvu d'une seule tête, doit être telle qu'il puisse fournir le métal nécessaire à la fabrication de la seconde tête. S'il y a défaut de matière, la tête est incomplète, et ses bords trop peu nourris peuvent avoir une solidité insuffisante et une surface de contact avec la tôle trop peu étendue

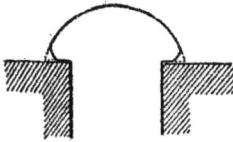

Fig. 159.

(fig. 159). S'il y a excès de matière, la matrice écrase le métal sur le pourtour de la tête, qui présente des bavures ou est bordée par une sorte de collerette (fig. 160) : cette collerette est généralement désagrégée et gercée par les derniers coups de marteau. Dans ces conditions la solidité du rivet ne peut inspirer de confiance parce que son contour présente des traces de désorganisation. Il est donc très important que la longueur du rivet ait été déterminée à l'avance de façon à fournir exactement la quantité de métal qu'exige la fabrication de la deuxième tête. On doit d'ailleurs regarder comme indispensable de faire disparaître au burin après la pose les saillies ou les bavures qui peuvent exister sur les bords de la tête, de façon à enlever le métal désorganisé par écrasement sous l'action de la matrice.

Fig. 160.

Quand on remplace un rivet rompu ou relâché, il importe de vérifier si les rivets voisins ne se sont pas relâchés eux-mêmes à la suite de cette opération et ne doivent pas être remplacés aussi.

Règles de construction. — Les règles de construction relatives à l'emploi des rivets sont les suivantes : pour que le poinçonnage des pièces s'effectue dans de bonnes conditions, qu'il n'y ait pas exagération dans le travail de compression développé sur la surface de contact de la tôle et du rivet, surface représentée par de, et que d'autre part les bords du trou ne soient pas exposés à s'écraser sous la pression exercée par la saillie de la tête, il convient autant que possible d'attribuer au corps un diamètre au moins égal à deux fois l'épaisseur de la tôle la plus forte, sans dépasser le triple de cette épaisseur.

$$2\,e \leqq d \leqq 3\,e.$$

La distance entre l'axe d'un rivet et le bord d'une tôle ne doit pas être inférieure à 2,5 d.

L'écartement d'axe en axe de deux rivets consécutifs doit être au moins égal à 3 d; on estime habituellement qu'il ne faut pas dépasser 5 d.

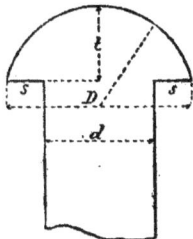

Fig. 161.

Nous empruntons à l'ouvrage de M. *Mo-*

randière sur la construction des ponts les renseignements qui suivent :

« La pratique a montré entre quelles limites le diamètre et l'espacement des rivets devaient varier suivant les épaisseurs à river. Les données du tableau ci-dessous peuvent être prises comme exemple des proportions convenables à observer :

Diamètre des rivets. En millimètres :

8, 10, 12, 14, 16, 18, 20, 22, 25.

Épaisseur à river (cornières comprises) :

6 à 10, 10 à 12, 12 à 14, 14 à 16, 16 à 20, 20 à 25, 25 à 35, 35 à 50, 50 à 70.

Distance d'axe en axe des rivets :

50 à 60, 60 à 70, 70 à 80, 80 à 90, 90 à 100, 100 à 120, 100 à 120, 100 à 120, 100 à 120.

Il existe également une relation entre les dimensions de la tête et celles du corps du rivet. Si *d* est le diamètre du rivet, on prend généralement (fig. 161) :

$$S = \frac{1}{8} d \text{ (d'où } D = 1,66\, d).$$

$$t = 0,60\, d.$$

$$\rho = 0,86\, d.$$

Le tableau ci-après indique les dimensions des rivets de 0 m. 018, de 0 m. 020, de 0 m. 022, de 0 m. 025 qui sont très employés dans les ponts en tôle.

Diamètre (*d*) des rivets..	En millimètres	18	20	22	25
Section..............	— id. — carrés	254	314	380	490
Épaisseur (*t*) des têtes...	En millimètres	10.8	12	13.2	15.00
Diamètre (D) — id. —..	— id. —	30	33	36	41
Rayon (ρ) — id. —..	— id. —	15.5	17.2	18.9	21.5
Limite habituelle inférieure Épaisseur à river..	— id. —	12.	18	21	30
Longueur totale du corps du rivet avant la pose..........	— id. —	39	48	51	66
Poids de 100 rivets.	En kilogr.	14.5	17	22.5	35
Limite habituelle supérieure Épaisseur à river..	En millimètres	25	35	50	70
Longueur totale du corps du rivet avant la pose..........	— id. —	52	65	83	115
Poids de 100 rivets.	En kilogr.	15	23	32	55
Poids de 100 têtes de rivets........	— id. —	4	5.5	8	11.7

« On a observé qu'au moment du refroidissement les têtes se détachent souvent lorsque la longueur des rivets atteint 0 m. 15, et il est nécessaire alors de refroidir un peu, avant la pose, le corps du rivet en le mouillant. Mais, dans la construction des ponts, on doit éviter d'employer des rivets d'une aussi grande longueur.

« Les conditions générales qui viennent d'être établies pour la rivure se modifient suivant les exigences de la construction. Ainsi, par exemple, dans les longues poutres, il arrive souvent, surtout dans les semelles, que les épaisseurs des lames superposées varient, et néanmoins, pour la facilité de la construction, on adopte généralement un diamètre de rivet uniforme, et ce diamètre est basé sur la plus forte épaisseur.

« De même, lorsque les feuilles de tôle superposées sont très larges, et que le mode général d'assemblage ne conduit pas à mettre des rivets près des bords, on est conduit à ajouter une ou plusieurs séries de rangées de rivets en bordure, simplement pour empêcher les tôles de bailler. Dans ce cas, l'espacement d'axe en axe des rivets est augmenté, et varie de 15 à 30 centimètres. » Afin de faciliter le travail de la poinçonneuse, l'écartement des rivets de serrage est généralement le double de l'écartement adopté pour les autres rivets.

118. Assemblages à rivets. — *Liaisons transversales. Couvre-joints.* — Supposons que l'on ait à réunir deux tôles de largeur a et d'épaisseur e, juxtaposées bout à bout. On masquera le joint par une tôle supplémentaire de même épaisseur à cheval sur les deux autres, et dont la longueur sera déterminée en raison du nombre de rivets à poser.

En vertu de la circulaire ministérielle du 29 août 1891, les aires cumulées des sections transversales de tous les rivets traversant l'une des deux tôles doit être égale aux 5/4 de l'aire transversale de cette tôle, défalcation faite des vides représentés par les trous dont elle est percée. Soient N le nombre de rivets réunissant le couvre-joint à une tôle et n le nombre maximum des rivets placés sur une même file transversale. Il faudra avoir :

$$N \frac{\pi d^2}{4} = \frac{5}{4} \left(ae - \frac{n\pi d^2}{4} \right).$$

On supprime quelquefois le terme $\frac{n\pi d^2}{4}$, et l'on obtient ainsi un surcroît de stabilité.

Cette relation permet de calculer une des quantités N ou d quand on se donne l'autre *a priori*.

L'espacement mutuel des rivets étant déterminé par les règles pratiques énoncées à l'article précédent, on fixe sans difficulté le nombre n, puis, N ayant été calculé par la formule précédente, la largeur du couvre-joint.

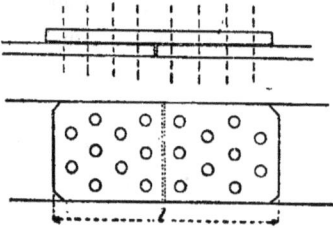

Fig. 162.

Dans la figure 162, N est égal à 10 et n à 3.

D'où, en appliquant la formule précédente :

$$\frac{10\pi d^2}{4} = \frac{5}{4} \left(ae - \frac{3\pi d^2}{4} \right);$$

$$d = \sqrt{\frac{4ae}{11\pi}}.$$

Soit : $d = 2e$;

alors $a = 11\pi e = 34,5e.$

Cet assemblage conviendrait à une tôle dont la largeur serait égale à 34 fois 1/2 l'épaisseur.

Puisque n est égal à 3, l'espacement d'axe en axe de deux rivets d'une même file serait d'environ $11e$ ou $5,5d$, ce qui semble excessif.

Quand la distribution des rivets n'est pas imposée par des circonstances spéciales, on peut admettre la relation :

$$a = 4nd + 5d.$$

On en conclut que :

$$\frac{N\pi d^2}{4} = \frac{5}{4} \left(ae - \frac{\pi dd}{16} + \frac{5}{16}\pi d^2 \right).$$

Soit $d = 2e$;

Alors $N = 1,5 + 0,27 \frac{a}{e}$.

En ne tenant pas compte de l'affaiblissement des tôles par la rivure, on aurait la formule suivante qui suppose n nul :

$$N = 0,40 \frac{a}{e} \cdot$$

Quant à la longueur l du couvre-joint, elle s'établit sans difficulté, connaissant N et n, en réglant convenablement les écartements des files transversales de rivets.

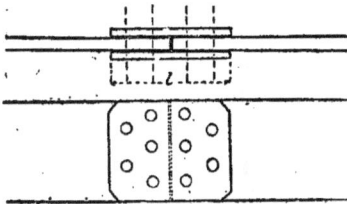

Au lieu de relier les deux tôles par un couvre-joint unique d'épaisseur e, il est préférable, quand on le peut, d'employer deux couvre-joints d'é-

Fig. 163

paisseur moitié moindre appliqués sur les faces opposées des deux tôles. Comme chaque rivet possède en ce cas deux sections de cisaillement, on peut réduire de moitié le nombre de ces pièces :

$$2N \frac{\pi d^2}{4} = \frac{5}{4} \left(ae - \frac{n\pi d^2}{4} \right).$$

La longueur commune de ces couvre-joints jumeaux ne dépasse guère la moitié de la longueur du couvre-joint unique qu'ils remplacent. Il en résulte une économie d'environ 1/3 sur le poids du métal entrant dans l'assemblage, ainsi qu'une réduction équivalente sur sa longueur.

On a parfois recommandé d'attribuer au couvre-joint, au lieu de la forme rectangulaire indiquée sur la figure 162, une forme en losange, de façon à réduire son aire transversale au fur et à mesure que l'on s'éloigne du joint et que par suite l'effort de traction va en diminuant. Il est facile en effet, de reconnaître qu'à une extrémité le couvre-joint supporte l'effort transmis par un seul rivet,

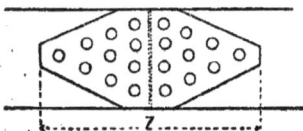

Fig. 164

tandis qu'en son milieu il subit la totalité de la force de traction transmise par les dix rivets. Il est donc naturel de lui attribuer sur le joint une largeur presque décuple de celle qu'il a à chaque extrémité.

Cette disposition, assez usitée en Allemagne et en Hollande, complique le travail de préparation des pièces ; elle n'est pas toujours réalisable, soit que la répartition des rivets en files longitudinales soit imposée par des circonstances spéciales, soit que l'on ne dispose pas d'un espace suffisant pour allonger le couvre-joint, en passant de la forme rectangulaire à la forme en losange.

Enfin, cette amélioration ne s'appliquerait qu'au cas de l'assemblage de deux tôles simples ajustées bout à bout. Elle tombe en défaut si la platebande comporte plusieurs tôles superposées. Il ne semble donc pas bien utile d'y recourir dans les cas, plus ou moins rares, où on le peut ; d'ailleurs, l'emploi des couvre-joints rectangulaires masquant toute la largeur des tôles à réunir est, quant à présent, suffisamment justifié par l'expérience.

Quand on se propose de relier bout à bout une série de tôles

Fig. 165

empilées les unes sur les autres, on doit recourir à l'une des dispositions en échelons représentées par la figure 165 (avec couvre-joint unique) et la figure 166 (avec couvre-joints jumeaux.

Fig. 166

Soient 2N le nombre de rivets d'un assemblage réunissant deux tôles juxtaposées bout à bout, et l la longueur du couvre-joint. La longueur de chacun des ressauts en escalier à ménager entre deux tôles successives sera prise égale à $\frac{l}{2}$, de façon à y pouvoir poser N rivets. Si la platebande comprend t tôles, la longueur du couvre-joint sera égale à $\frac{l}{2}(t+1)$, et le nombre des rivets d'assemblage sera de N $(t+1)$.

Si les tôles empilées n'avaient pas toutes la même épaisseur, il conviendrait d'arrêter les dimensions du couvre-joint, le diamètre et le nombre des rivets, en se basant sur la plus grande épaisseur rencontrée.

Les mêmes règles seront applicables à tous les assemblages transversaux, qui ont pour objet de relier bout à bout des éléments de construction métallique situés dans le prolongement l'un de l'autre au moyen de couvre-joints rivés : tôles d'âmes, cornières (couvre-joints de cornières), profilés, etc.

Liaisons longitudinales. — *Assemblage des platebandes avec l'âme d'une poutre.* — Considérons la coupe transversale d'une poutre à double té (fig. 167). Soient : ω_1 l'aire d'une platebande, constituée par un nombre quelconque de tôles superposées ; a_1 la distance du centre de gravité de cette surface au centre de gravité G de la section transversale tout entière ; ω_2 et a_2 les mêmes données relatives au système des deux cornières qui relient la platebande à l'âme ; ω_3 et a_3 les mêmes données relatives à la portion d'âme limitée à l'horizontale qui passe en G ; enfin V l'effort tranchant absolu ou réduit qui sollicite cette section transversale de la poutre, et I son moment d'inertie.

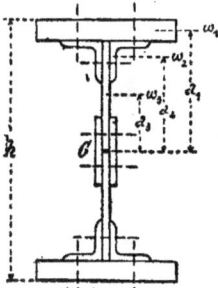

Fig. 167

Soit A l'aire cumulée des sections de cisaillement des deux files de rivets qui assemblent les cornières avec les platebandes, sur une longueur de 1 m. mesurée suivant l'axe longitudinal de la poutre.

Si d est le diamètre d'un rivet, et m_1 l'écartement d'axe en axe de deux rivets consécutifs, on a :

$$A_1 = \frac{\pi d^2}{2m_1}.$$

Soit 4/5 T la limite de sécurité admise pour le travail au cisaillement du rivet (circulaire du 29 août 1891). Il convient de satisfaire à la condition suivante :

$$A_1 = \frac{\pi d^2}{2m_1} \gtrless \frac{V}{I} \omega_1 a_1 \times \frac{5}{4T}.$$

Pour la file de rivets qui relie les cornières à l'âme verticale (ces rivets ont chacun deux sections de cisaillement), on aura de même la condition :

$$A_2 = \frac{\pi d^2}{2 m_2} \mathrel{\gtrdot} \frac{V}{I} \left(\omega_1 a_1 + \omega_2 a_2 \right) \times \frac{5}{4T}.$$

Enfin, si l'on suppose l'âme interrompue au milieu de sa hauteur, et formée par conséquent de deux tôles superposées et reliées entre elles par deux couvre-joints longitudinaux, l'aire totale des sections de cisaillement de la file de rivets reliant ces couvre-joints à l'une des tôles sera déterminée par la condition :

$$A_3 = \frac{\pi d^2}{2 m_3} \mathrel{\gtrdot} \frac{V}{I} \left(\omega_1 a_1 + \omega_2 a_2 + \omega_3 a_3 \right) \times \frac{5}{4T}.$$

On voit que l'on a : $A_1 < A_2 < A_3$. Le nombre des rivets d'assemblage doit théoriquement aller en croissant au fur et à mesure que l'on se rapproche du milieu de la hauteur de la poutre.

Il n'y a guère à prévoir le cas où l'âme verticale serait divisée par un joint longitudinal placé au milieu de la hauteur ; sauf nécessité absolue, c'est là un vice de construction.

On reconnaît facilement que, si h représente la hauteur totale de la poutre, on a :

$$\frac{V}{I} \omega_1 a_1 < \frac{V}{I} \left(\omega_1 a_1 + \omega_2 a_2 \right) < \frac{V}{h}.$$

On peut donc poser pour simplifier :

$$A_1 = A_2 = \frac{5}{4T} \times \frac{V}{h}.$$

Cette formule procure un léger excès de stabilité en fournissant pour A_1 et A_2 une valeur un peu trop forte, qui se rapproche de A_3. Il n'y a donc pas d'inconvénient à s'en servir, et son emploi est commode.

Supposons que l'on ait déterminé l'épaisseur e de l'âme verticale de façon qu'elle travaille, sous l'action de l'effort tranchant V, à la limite de sécurité au glissement $\frac{4}{5}$ T, en se servant de la formule connue, qui s'emploie couramment pour le calcul des poutres à double té :

$$he = \frac{5}{4}\frac{V}{T}.$$

On en concluera que :

$$A = \frac{\pi d^2}{2m} = \frac{5}{4}\frac{V}{Th} = e.$$

L'écartement d'axe en axe de deux rivets consécutifs devra satisfaire à la condition :

$$m = \frac{\pi d^2}{2e}.$$

Cette dernière relation permet de vérifier immédiatement si la résistance des files de rivets reliant les platebandes à l'âme est exactement équivalente à la résistance propre de l'âme. Si l'on se donne *a priori* d et e, on en déduira l'écartement m à admettre pour deux rivets consécutifs.

Soit $d = 2e$;
Alors : $m = \pi d$.

L'écartement d'axe en axe est de trois diamètres.

Avec $d = 2{,}5e$,
on trouverait : $m = 4d$.

Le travail élastique de l'âme verticale est presque toujours très inférieur à la limite de sécurité $\frac{4}{5}T$, parce que l'on ne peut pas faire descendre l'épaisseur e au-dessous de 1 centimètre ou à la rigueur 7 millimètres, quand bien même les calculs de stabilité conduiraient à une dimension inférieure. En ce cas la formule $m = \frac{\pi d^2}{2e}$ doit être appliquée en attribuant à e la valeur fictive, inférieure à la réalité, qui correspondrait pour l'âme à la limite de sécurité $\frac{4}{5}T$.

Soit une poutre en fer de 0,60 de hauteur, avec une âme de 0,01 d'épaisseur.

Supposons que l'effort tranchant maximum V ne dépasse pas 180.000 k,

Le travail au glissement développé dans l'âme sera $\frac{180.000}{0,06}$ = 3.000.000 k., soit 3 k. par millimètre carré, alors que la limite de sécurité est de 5 k.

L'écartement m des rivets, en leur attribuant 0 m. 02 de diamètre, devra être en ce cas déterminé par la condition :

$$m = \frac{\pi d^2}{2e} \times \frac{5}{3} = 0 \text{ m. } 105.$$

Un pareil écartement pourrait paraître exagéré ; on rapprochera les rivets et on aura alors un excès de stabilité. Il en est toujours ainsi en général pour les assemblages longitudinaux, dont la solidité est supérieure aux besoins, sauf dans les sections transversales où l'effort tranchant V atteint son maximum.

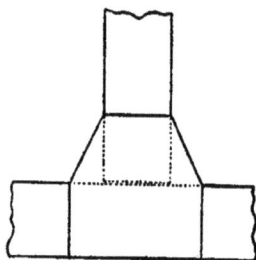

Fig. 168.

Assemblages d'about. — La réunion de deux pièces différentes d'une même construction constitue souvent un problème pratique assez difficile à résoudre d'une manière satisfaisante. Quand deux tôles de platebandes ou d'âmes se trouvent dans le même plan, on les relie par un couvre-joint : il est souvent possible (fig. 168) d'élargir ce couvre-joint, de façon à pouvoir y poser autant de rivets qu'il est nécessaire, et dans ces conditions rien n'empêche de donner à l'assemblage toute la solidité désirable.

Quand deux tôles se rencontrent à angle droit, on les relie par des cornières emboîtées dans l'angle rentrant. Cette disposition fournit seulement deux files de rivets ; pour augmenter la longueur de ces files, ou peut souvent élargir au moyen d'une tôle supplémentaire l'extrémité de l'une des pièces (fig. 169). Les fers à té peuvent être renforcés par des goussets, tôles établies dans le prolongement de l'âme et reliées aux faces extérieures des platebandes par des cornières (fig. 170).

Quand deux tôles se rencontrent sous un angle aigu ou obtus, le problème est plus difficile à résoudre. On peut à la rigueur faire usage de cornières à angles variables, mais il en résulte une complication assez grande dans la préparation des matériaux. On doit s'astreindre autant que possible, dans l'étude des projets, à disposer les éléments à assembler de façon que les plans des tôles se rencontrent sous l'angle zéro ou sous l'angle de 90°.

C'est généralement par insuffisance des assemblages d'about que pêchent les constructions métalliques, et c'est surtout dans ces régions que l'on constate des ruptures de rivets.

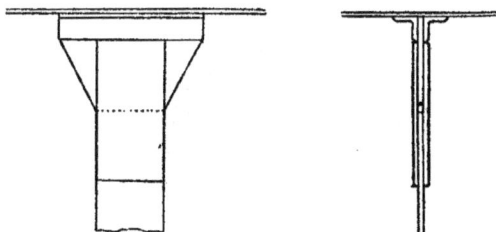

Fig. 169.

L'assemblage d'une tôle cintrée avec une tôle plane laisse toujours à désirer, si la rencontre ne s'effectue pas à angle droit sur une génératrice de cylindre, auquel cas on peut faire usage de cornières à 90°; mais, si cela ne suffit pas pour donner le nombre de rivets nécessaires, on se sert alors de couvre-joints cintrés, formant colliers (assemblage des montants cylindriques et des membrures rectangulaires du pont du Forth) : cette solution est peu satisfaisante.

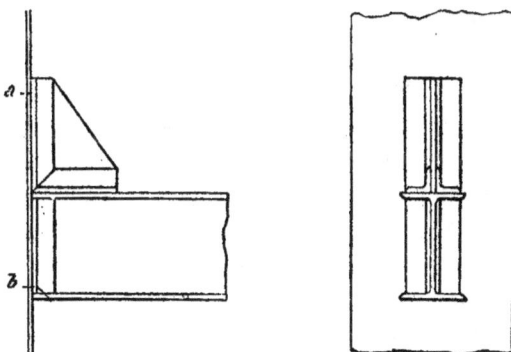

Fig. 170.

Quand une pièce doit transmettre à une autre un moment de flexion (console en encorbellement fixée sur une poutre, ou poutre encastrée à ses deux extrémités), il faut tenir compte de ce fait que le travail élastique subi en service par un rivet sera proportionnel à sa distance à l'axe neutre de la pièce fléchie. Dans l'assemblage à gousset représenté par la figure 170, ce sont les rivets extrêmes *a* et *b* qui travaillent le plus, et qui par suite sont exposés à se rompre.

Considérons un fer à té rencontrant à angle droit une tôle, et assemblé avec elle par deux files de rivets horizontales (cornières rivées sur la platebande) et deux files verticales (cornières rivées sur l'âme) : on calculera les files verticales (N) en se basant sur l'effort tranchant, et les files horizontales (N′) en se basant sur le moment fléchissant, par les formules :

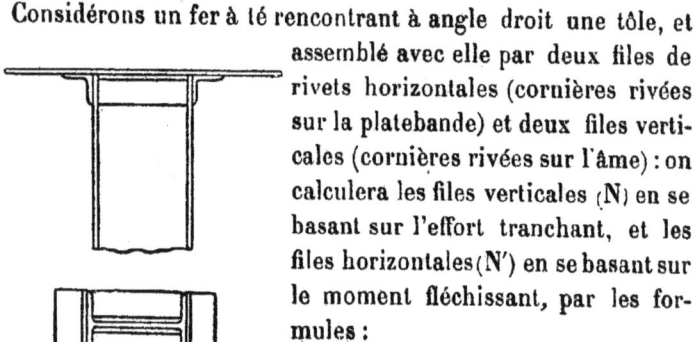

Fig. 171.

$$N \frac{\pi d^2}{4} \times \frac{4}{5} T = V.$$

$$N \frac{\pi d^2}{4} \times \frac{1}{2} \frac{T h}{2} = X.$$

Dans le dernier cas, le rivet subissant un effet d'extension dirigé suivant son axe, il convient de limiter son travail à $\frac{1}{2} T$ au lieu de $\frac{4}{5} T$ (page 528).

On ne se préoccupe pas toujours suffisamment dans l'étude des assemblages d'abouts des moments de flexion secondaires (art. 109) qui se manifestent à la jonction des éléments d'une construction, et il en résulte parfois des mécomptes sérieux.

Quand les pièces assemblées tendent à la fois à se séparer par glissement mutuel, dans une direction perpendiculaire aux axes des rivets, et par disjonction, dans une direction perpendiculaire à ces axes, il convient de calculer séparément le travail au cisaillement S et le travail à l'extension R correspondant pour l'ensemble des rivets à ces deux genres d'efforts.

On appliquera ensuite la condition de stabilité (page 530) :

$$\frac{5}{4} S + 2 R = T,$$

qui satisfait pour les cas extrêmes $(R = o,\ S = \frac{4}{5} T;\ S = o,$

$R = \frac{1}{2} T)$ aux prescriptions de la circulaire ministérielle du 29 août 1891.

119. Boulons. — Lorsqu'un boulon relie deux pièces qui tentend à glisser l'une sur l'autre, il faut que l'effort d'extension auquel il est soumis développe entre les deux pièces, serrées par lui l'une contre l'autre, un frottement capable de faire équilibre à la force qui tend à opérer le glissement.

En d'autres termes, soient P l'effort, perpendiculaire à l'axe du boulon, qui tend à faire glisser les deux pièces l'une sur l'autre, et φ le coefficient de frottement mutuel des deux surfaces en contact.

L'effort d'extension F qu'il faut faire subir au boulon est donné par la formule :

$$F = \frac{P}{\varphi}.$$

Dans les ponts métalliques, on a en général $\varphi \lessgtr 0,20$ pour les surfaces non polies ni lubréfiées, mais rabotées, qui sont mises en contact (voussoirs des ponts en fonte) ; pour les surfaces brutes, tôles juxtaposées, φ peut atteindre 0,50 et même 0,60.

Dans les ponts européens, les boulons ne sont donc calculés qu'en vue de résister à un effort d'extension, que l'on cherche à limiter au maximum de 4 kilo-

Fig. 172.   grammes par millimètre carré de section du boulon, de façon que le serrage de l'écrou ne présente aucune difficulté. Le coefficient de frottement de l'écrou sur la vis ne dépasse pas 0,12, eu égard au poli des surfaces en contact, qui doivent être graissées si l'on veut serrer l'écrou à sa limite. Il en résulte que la pression sur les surfaces en contact peut atteindre sans difficulté 6 kilogrammes par millimètre carré.

Ayant calculé comme nous venons de le montrer l'effort F qu'aura à supporter un boulon, on détermine ses dimensions principales par les formules usuelles suivantes :

Diamètre du boulon : $d = 0,0008 \sqrt{F}$.

Cette formule donne au boulon une section telle que le noyau de la partie filetée travaille à raison de 3 kilogrammes par milli·mètre carré de section. Si l'on veut augmenter ce travail, il convient de diminuer proportionnellement la section du boulon, c'est. à-dire le carré du diamètre d, mais alors il faut augmenter la hauteur de l'écrou et de la tête.

Diamètre du noyau : $d' = 0{,}8d$ (fig. 172).

Donc la hauteur du filet de vis est égale à peu près à 0,1 d.

Tête. Hauteur : $h = 0{,}7\ d$.

Diamètre du cercle extérieur : $d' = 1{,}5\ d$.

Ecrou. Hauteur : $h' = d$.

Diamètre du cercle inscrit dans l'hexagone ou le carré qui limite l'écrou : $d'' = 1{,}4\ d$.

Effort de torsion. — Dans le cas où un boulon aurait à résister à un effort de torsion, son diamètre se calculerait par la formule suivante :

$$d = 0{,}00045\ \sqrt{\mathrm{T}}.$$

T étant l'effort de torsion appliqué à la circonférence extérieure du noyau ($d' = 0{,}8\ d$).

S'il a à travailler à la fois à l'extension et à la torsion, il convient de calculer son diamètre par la formule :

$$d = 0{,}0008\ \sqrt{\mathrm{F} + 0{,}3\mathrm{T}.}$$

Les boulons en usage dans les constructions ont rarement un diamètre inférieur à 0 m. 012 ou supérieur à 0 m. 03. Si le calcul indique des dimensions plus fortes, il convient d'employer plu·sieurs boulons au lieu d'un seul.

Il est à remarquer qu'un boulon doit toujours se briser à l'ori·gine de la partie filetée, où le diamètre du corps cylindrique se ré·trécit brusquement, ou bien à la jonction de la tête et du corps ; toute fracture constatée dans la partie cylindrique dénote l'exis·tence antérieure d'un défaut de fabrication, paille ou gerçure.

Il arrive quelquefois qu'à la suite d'un changement de tempé·rature, ou pour toute autre cause, deux pièces métalliques, assem·blées par des boulons, sont forcées de se déplacer l'une par rapport à l'autre dans une direction perpendiculaire à celle des axes des boulons, sans que la résistance de ceux-ci soit suffisante pour entraver ce mouvement relatif. En ce cas, il est nécessaire, pour éviter que les boulons ne soient cisaillés et rompus, d'ovaliser les trous dans la direction du mouvement prévu, de façon que le déplacement mutuel des pièces puisse s'effectuer sans dislocation de l'assemblage (éclisses des rails). Il peut être bon en pareil cas de régler de façon invariable la tension longitudinale de chaque boulon, en intercalant un ressort entre sa tête et l'une des pièces. Nous indiquons ci-après comment on peut y arriver.

120. Boulons à ressorts. — Toutes les fois qu'un pont métallique en arc subit un relèvement de température, sa clef se soulève verticalement, et le rayon de courbure de l'arc diminue

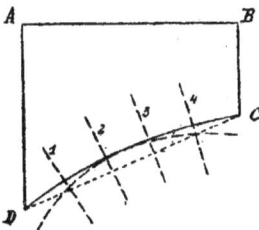

Fig. 173

en un point quelconque. Réciproquement, tout abaissement de température détermine une descente de la clef, avec augmentation du rayon de courbure.

Soit ABCD un panneau de tympan relié invariablement à l'extrados de l'arc par quatre boulons 1, 2, 3 et 4. Quant la température monte, la courbure de l'arc augmente, et le panneau tend à se séparer de lui aux extrémités de la ligne de contact, c'est-à-dire au droit des boulons 1 et 4; si la température s'abaisse, c'est au contraire dans la partie centrale, au droit des boulons 2 et 3, que la disjonction cherche à se produire. Les quatre boulons peuvent donc alternativement, deux en été et deux en hiver, être soumis à des tractions considérables en raison de la discordance des déformations subies par le panneau et par l'arc. Pour un boulon de 5 centimètres de longueur entre les têtes, il suffit d'un surécartement de $\frac{1}{10}$ de millimètre pour que la limite d'élasticité à l'extension soit dépassée; avec un surécartement de 1/2 millimètre, on peut compter que la limite de rupture sera atteinte dans la section de moindre résistance, qui est l'origine de la partie filetée (dont le diamètre d' est inférieur de $\frac{1}{5}$, comme on l'a

40

vu, au diamètre du corps cylindrique). Il se produira nécessairement en ce point un phénomène de striction, et, après un certain nombre d'alternatives de chaud et de froid, la rupture de la pièce s'ensuivra. Il pourra même se faire que la fracture s'opère immédiatement sous l'influence nuisible de l'angle rentrant qui existe à l'origine du filet.

On était obligé, en ces dernières années, de remplacer annuellement au pont Sully, à arcs de fonte, établi sur la Seine dans l'intérieur de Paris, plus de 200 boulons rompus au-dessous de l'écrou : ces pièces brisées se rencontraient principalement à la jonction des tympans et des arcs, ou à l'assemblage des panneaux de tympans entre eux et avec les corniches, poutrelles du tablier, et entretoises. Ceux qui assemblent les voussoirs successifs d'un arc conservaient leur intégrité, ce qui prouve bien que les accidents constatés étaient dus à la discordance des déformations subies par les arcs et les tympans. Certains boulons, dont les têtes étaient restées en place, paraissaient intacts ; mais on constatait en les démontant l'existence d'une fissure divisant le corps cylindrique au droit d'un défaut de fabrication; d'autres avaient probablement subi sans se rompre un commencement de striction, et se trouvaient par suite desserrés, soit en été, soit en hiver.

Au pont de Solférino, également en fonte, les boulons se comportaient mieux, et il n'y en avait qu'un petit nombre à remplacer chaque été. Mais en revanche les fontes se rompaient au droit des boulons, et on pourrait prévoir le moment où toute cette partie de l'ossature serait divisée en fragments, à remplacer ou à réunir par des éclisses.

Les autres ponts en fonte de Paris étant d'ailleurs sujets aux mêmes accidents, rupture ou relâchement des boulons, dislocation de la charpente, nous avons pris le parti d'adopter comme pièces d'assemblage des boulons à ressorts, obtenus tout simplement en intercalant, entre l'écrou ou la tête fixe du boulon et la fonte, deux rondelles Belleville, ayant ensemble une flèche totale de 6 mm. et susceptibles de supporter une charge d'environ 4.000 k. avant de s'aplatir complètement. On serrait l'écrou de chaque boulon de façon à faire travailler le métal à 2 ou 3 k. par millimètre carré. Dans ces conditions la distance entre la tête

fixe et l'écrou pouvait varier de 1 mm., en raison d'un surécartement des pièces assemblées dû aux changements de température,
sans que l'effort de traction variât de plus de 667 kilogs., soit 1 k. 4
seulement par millimètre carré pour un boulon de 0 m. 025 de
diamètre.

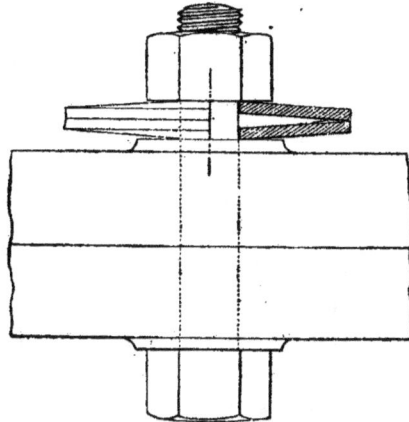

Fig. 174.

Ce dispositif donne de bons résultats. On ne constate plus de
rupture ni dans les bou-
lons ni dans les fontes,
et d'autre part les as-
semblages sont toujours
serrés, quelle que soit
la température exté-
rieure; la variation de
distance entre l'écrou
et la tête fixe n'est ja-
mais qu'une fraction
peu considérable de la
flèche totale du ressort,
et la tension longitudi-

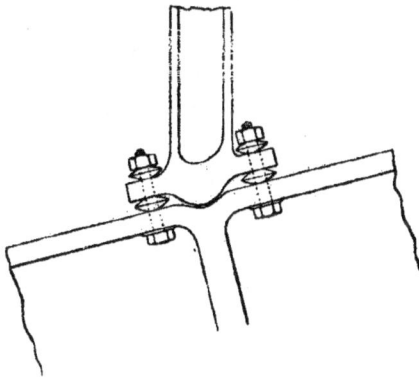

Fig. 175.

nale du boulon varie par conséquent entre des valeurs extrêmes
assez voisines, sans jamais dépasser la limite de sécurité du
métal.

Peut-être l'emploi des boulons à ressorts serait-il à recommander, non seulement dans les ponts en fonte, mais d'une manière
générale dans toutes les constructions métalliques, lorsqu'il
s'agit de relier deux éléments exposés, par suite des changements
de température ou pour toute autre cause, à subir des déformations discordantes : par exemple pour l'assemblage des poutrelles
et longrines de tablier avec les grandes poutres en fer, pour la
réunion de pièces métalliques avec des ancrages pratiqués dans
des massifs de maçonnerie, lorsque ces ancrages s'opposent à la
dilatation du métal, etc. En principe, toutes les fois que, dans
un ouvrage quelconque, on constate la rupture fréquente et pé-
riodique de certains rivets, qui, bien que calculés de manière
convenable et posés avec le plus grand soin, ne peuvent jamais
se conserver longtemps, il y a avantage à leur substituer des
pièces moins rigides, capables de céder dans une certaine mesure aux déplacements mutuels des éléments juxtaposés, sans
que leur serrage en soit sensiblement affecté. A la jonction des
ouvrages métalliques et des ouvrages en pierre, une mesure de
ce genre permettrait parfois d'éviter l'apparition de lézardes dans
les maçonneries, ou la dislocation des ancrages.

121. Chevilles et boulons d'articulation. — On emploie
dans les ponts américains, et en général dans toutes les constructions métalliques dites articulées, des boulons qui travaillent
uniquement au cisaillement et à la flexion, et non plus à l'extension. Nous les désignerons sous le nom de *chevilles* (fig. 176).

Ces chevilles s'engagent dans des ouvertures circulaires de
même diamètre, dites *œils*, prati-
quées dans les têtes des barres
B, B', lesquelles sont soumises à
des efforts d'extension ou de compression dirigés en sens inverse.
Ces efforts tendent à cisailler la
cheville C suivant une section intermédiaire. On admet que la résistance au cisaillement du métal
n'est que les $\frac{4}{5}$ de sa résistance à
l'extension.

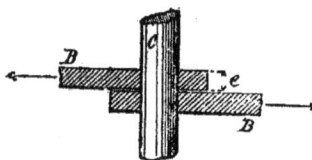

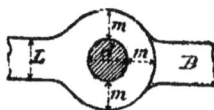

Fig. 176.

Il faut remarquer que la cheville travaille aussi par flexion, puisque les efforts égaux et de sens contraire exercés par les barres B et B′ sont appliqués à des sections différentes du boulon, séparées par une distance égale à la demi-somme des épaisseurs de ces barres. Il est de bonne construction que les barres, dont les efforts se font équilibre par l'intermédiaire de la cheville, aient leurs surfaces en contact, de façon à réduire au minimum cet effort de flexion.

Il est certain que si ces deux barres étaient à une distance notable l'une de l'autre, la cheville serait soumise à un moment fléchissant important, et on serait conduit à lui attribuer un diamètre excessif.

Soit L la largeur et e l'épaisseur de l'une des barres B (l'autre étant supposée identique) mesurée en avant de la tête dans la partie où la barre est encore prismatique. Le diamètre à attribuer à la cheville d'assemblage est donné par la formule :

$$d = 1,9 \sqrt[3]{Le^2}.$$

Cette formule empirique, mais d'une forme théorique ratiotionnelle, s'accorde bien avec les résultats de l'expérience (voir *Comolli* ; *Ponts américains*, page 176). Elle est également satisfaisante au point de vue théorique dans les limites où varient en pratique les dimensions L et e, c'est-à-dire avec la condition que le rapport $\frac{e}{L}$, en général plus petit que l'unité, ne soit jamais notablement supérieur à 1.

Il faut également que la pression sur la surface de contact de la cheville et de la barre ne dépasse pas la limite de sécurité, sans quoi il pourrait y avoir désagrégation de cette surface, et la cheville pénétrerait dans la barre dont elle couperait la tête en en creusant peu à peu la surface.

On doit avoir en conséquence $ed \geqq Le$. Les chevilles du viaduc de Crumlin, en Angleterre, se sont trouvées en peu de temps hors de service parce qu'on n'avait point observé cette règle essentielle.

La règle pratique à suivre est donc la suivante :

Si l'on a $e \geqq 0,4\text{L}$, il faut prendre $d = 1,9 \sqrt[3]{\overline{\text{L}e^2}}$.

Si l'on a $e \leqq 0,4\text{L}$, il faut prendre $d = \text{L}$.

Ces formules supposent que l'effort transmis par la barre donne lieu à un travail au cisaillement sur une seule section de la cheville.

Si la cheville est soutenue par ses deux sections extrêmes (fig. 177), il faut prendre pour le calcul la moitié de l'épaisseur e.

Si l'on a plusieurs barres successives agissant dans le même sens, ce qui est de mauvaise construction, il faut faire la somme des épaisseurs de ces barres, et prendre la valeur moyenne de la largeur L.

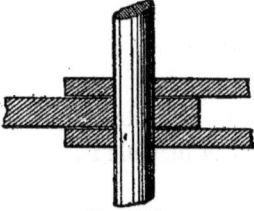

Dans le cas où une cheville traverse plusieurs barres de dimensions différentes, on doit lui donner le plus grand des diamètres qu'indique la formule, appliquée successivement aux différentes barres.

Fig. 177.

La tête de la barre a même épaisseur e que la barre : sa dimension suivant le rayon de l'œil est donnée par la formule :

$$m = \frac{3}{8}(\text{L} + d).$$

En Amérique, on donne aux barres forgées à la presse hydraulique une tête circulaire concentrique à la cheville, dont le diamètre est donc :

$$d + \frac{3}{4}(\text{L} + d) = \frac{3}{4}(\text{L} + 5d).$$

Pour les pièces forgées au marteau, l'expérience a, paraît-il, conduit à réduire la dimension de la couronne perpendiculaire à l'axe de la barre (fig. 178).

On prend :

$$m = \frac{3}{8}(\text{L} + d) ;$$

et :

$$m' = \frac{3}{10}(\text{L} + d).$$

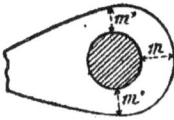

Fig. 178.

Nous ne voyons pas de justification théorique à invoquer à l'appui de cette coutume.

Nous avons dit que la cheville et l'œil ont même diamètre : il faut nécessairement un certain jeu, qui en général est limité par les cahiers des charges à un demi-millimètre.

122. Assemblages incomplets — Soient AB et CD les sections d'about de deux pièces métalliques. On réalisera entre elles un assemblage complet en les reliant par une pièce intermédiaire boulonnée ou rivée sur chacune d'elles, ou par une triangulation formées des pièces AC, AD et BD articulées à leurs extrémités A, B, C et D, ou par deux articulations réunissant respectivement A à C et B à D.

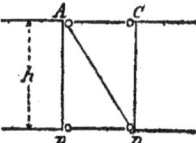

Fig. 179.

Etabli dans ces conditions, l'assemblage transmettra intégralement d'une pièce à l'autre le moment fléchissant X, l'effort normal F et l'effort tranchant V.

Dans l'hypothèse où l'on ferait usage de l'assemblage articulé que représente la figure 180, il serait facile d'évaluer le travail élastique développé, dans chacun des éléments AC, BD et AD, par le moment de flexion X, l'effort normal F et l'effort tranchant V.

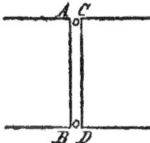

Fig. 180.

Soient a, b et c les aires des sections transversales de ces trois barres, et α l'angle ADB.

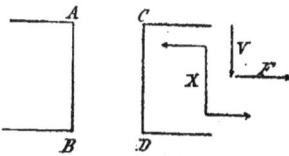

Fig. 181.

Le travail normal déterminé dans chaque pièce aura pour expression :

Barre AC : $\qquad -\dfrac{X}{ha} + \dfrac{F}{a+b+c\cos\alpha}$;

Barre BD : $\qquad +\dfrac{X}{hb} + \dfrac{F}{a+b+c\cos\alpha}$;

Barre AD : $\qquad \dfrac{V}{c\sin\alpha} + \dfrac{F}{a+b+c\cos\alpha}$.

Nous nous proposons d'indiquer ici différents assemblages *incomplets*, qui ne transmettront de la section CD à la section AB que deux ou une seule des résultantes d'actions moléculaires **X**, **F** et **V**.

Pour que le moment fléchissant **X** soit transmis de CD à AB, il faut et il suffit que le déplacement mutuel des sections AB et CD soit réglé de telle sorte que AB reste toujours parallèle à CD.

Pour que l'effort normal **F** soit transmis, il faut et il suffit que, dans une position quelconque des deux corps, la somme des distances AC et BD soit invariable.

Pour que l'effort tranchant **V** soit transmis, il faut et il suffit que le rectangle ABCD ne puisse se transformer, par le déplacement mutuel de AB et de CD, qu'en un trapèze dont les bases parallèles soient AC et BD.

Ces trois principes nous paraissent évidents *a priori*. Nous nous dispenserons de les démontrer.

Transmission de X et de F. — On reliera A à C et B à D par deux barres articulées à leurs extrémités (fig. 182) : c'est l'assemblage de la figure 180, où l'on a supprimé le tirant AD qui transmettait l'effort tranchant **V**.

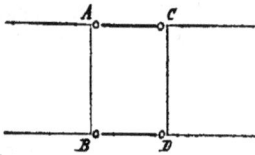

Fig. 182.

Transmission de X seul. — On reliera AB à CD par les deux parallélogrammes articulés AMNB, et MCDN. On voit immédiatement que le déplacement mutuel de AB et de CD est subordonné à la seule condition que le parallélisme de AB et de CD soit toujours conservé.

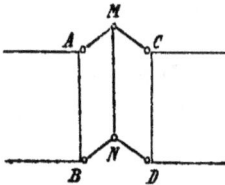

Fig. 183.

Transmission de X et de V. — Il suffira de compléter l'assemblage précédent en y ajoutant les pièces obliques AP et CQ (de directions opposées à celles de AM et MC), articulées respectivement d'une part en A et en B avec les abouts des poutres, et d'autre part en P et Q avec un manchon pouvant glisser librement sur le montant vertical MN.

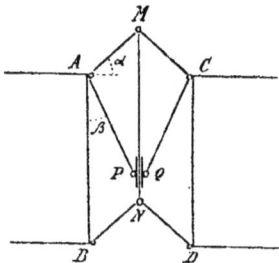

Fig. 184.

On déterminera sans difficulté les conditions de stabilité des divers éléments de cet assemblage.

Barres AM et MC. Effort normal — $\dfrac{X}{h \cos \alpha}$

Barres BN et ND   id. $+ \dfrac{X}{h \cos \alpha}$

Barre AP   id. $\dfrac{V}{\cos \beta}$

Barre QC   id. $- \dfrac{V}{\cos \beta}$.

Le montant central MN est sollicité par un effort normal de traction égal à :

$$+ \frac{X}{h} \operatorname{tg} \alpha.$$

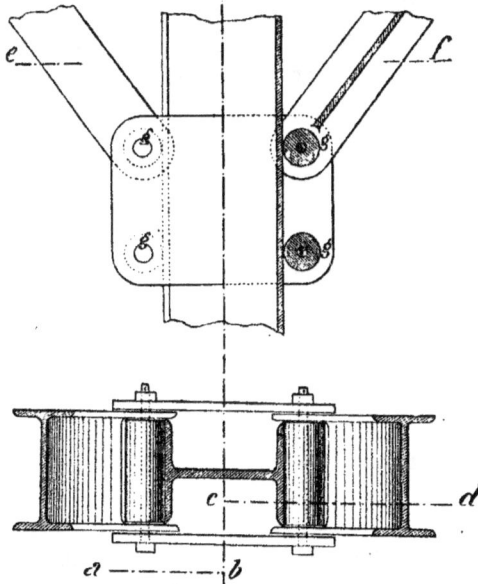

Fig. 185.

D'autre part, il fonctionne comme une poutre droite simplement appuyée à ses extrémités M et N, et sollicitée en P par une force horizontale, et par suite perpendiculaire à son axe longitudinal, dont la valeur est :

$$2V \operatorname{tg} \beta.$$

Cette pièce est donc à la fois tendue (ou comprimée si l'on change le signe de X ou de α) et fléchie.

La réalisation pratique de l'assemblage à manchon PQ ne soulève aucune difficulté (fig. 185). Il suffit de constituer le montant MN par une poutre à section rectangulaire ou à double té, orientée comme l'indique la figure.

Les quatre galets gggg, roulant sur les ailes opposées de ce montant, sont reliés entre eux par deux tôles rectangulaires où s'engagent leurs axes. Cé chariot est réuni aux pièces obliques AP et CQ par les axes des galets supérieurs, formant articulations.

Dans ces conditions, le manchon à galets peut se déplacer librement dans le sens vertical. Mais le triangle AMC reste toujours isocèle, et le quadrilatère ACPQ demeure trapézoïdal. La figure ACDB est toujours un rectangle dont le côté AC est de longueur variable.

Soit δl la variation subie par la distance horizontale AC. L'abaissement vertical correspondant du point M sera $u = \frac{\delta l}{2} \cot g\ \alpha$. Le relèvement vertical du point P sera de même :

$$v = \frac{\delta l}{2} \operatorname{tg} \beta.$$

Les galets P et Q rouleront sur le montant de façon à parcourir la distance :

$$u + v = \frac{\delta l}{2} (\cot g\ \alpha + \operatorname{tg} \beta).$$

Supposons qu'une poutre à une travée soit invariablement fixée à ses deux extrémités sur les culées qui la supportent. En intercalant en son milieu un assemblage tel que celui représenté par la figure 185, on permettra à cette poutre de s'allonger ou de se raccourcir librement sous l'influence des changements de température, sans qu'elle cesse de résister aux charges verticales dans les mêmes conditions que si elle était continue d'une extrémité à l'autre.

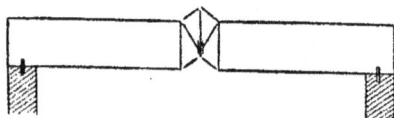

Fig. 186.

Dans nombre de constructions, ponts à travées solidaires, ponts-grues, etc., cet assemblage télescopique ou à soufflet pourrait rendre des services, en permettant de fixer invariablement la construction sur ses appuis successifs, sans apporter aucune gêne aux variations de longueur dues aux écarts de température ou à toute autre cause. On serait ainsi dispensé d'intercaler entre les fermes et les appuis des chariots de dilatation, qui peuvent parfois présenter des inconvénients sérieux, parce qu'ils ne se prêtent pas à la transmission des efforts verticaux dirigés de bas en haut, et n'assurent pas de façon satisfaisante la stabilité dans le sens transversal (résistance au vent).

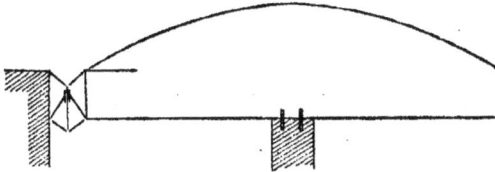

Fig. 187.

Soit **ABCD** une console de pont-grue à cheval sur une pile, à laquelle elle est fixée par un ancrage. En intercalant en **A** entre la travée de rive et la culée un assemblage de dilatation, on obtiendra un ancrage qui, tout en s'opposant à tout déplacement vertical du point **A**, ne gênera pas ses mouvements horizontaux.

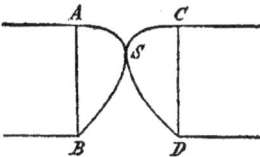
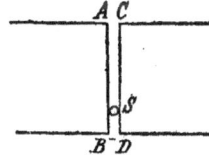

Fig. 188.   Fig. 189.

Transmission de F et de V, à l'exclusion de **X**. Il suffit de terminer les deux pièces à assembler par des roues d'engrenage symétriques, disposées de façon que leurs dents ne puissent cesser d'être en prise. Dans ces conditions le quadrilatère ACDB, relié à deux courbes symétriques par rapport à la verticale qui passe par leur point de contact, reste toujours trapézoïdal, ce qui assure la transmission de V ; et d'autre part le contact entre ces deux courbes, qui ne peuvent ni s'écarter ni se pénétrer, assure la transmission de F.

L'articulation simple (fig. 189), qui résout le problème, est un cas particulier de la règle précédente : les deux courbes de roulement sont réduites à des cercles de rayon infiniment petit.

Une autre solution particulière est fournie par la croix de St-

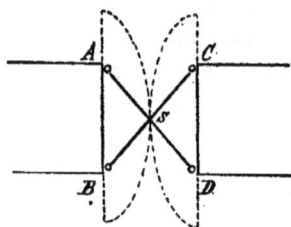

Fig. 190.

André AD et CB, dont les deux branches sont articulées à leurs extrémités respectives en A, B, C et D, et ne sont pas reliées entre elles en S. Il est facile de constater que les droites AB et CD, réunies entre elles par cette croix, se déplaceront comme si elles étaient invariablement liées à deux ellipses identiques et symétriques, ayant respectivement pour foyers les points A et B, C et D, ellipses qui rouleraient l'une sur l'autre.

La croix de St-André est donc équivalente, comme fonctionnement, au système de deux engrenages elliptiques. Cette solution du problème posé est simple et pratique, et pourrait le cas échéant rendre des services.

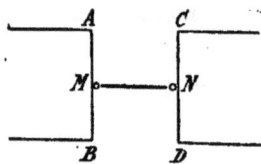
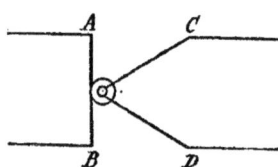

Fig. 191.   Fig. 192.

Transmission de F seul. — Il suffit de relier les milieux M et N des droites AB et CD par une barre articulée, formant barre d'attelage. On peut également terminer la pièce CD par un galet assujetti à rouler sur le plan vertical AB.

Transmission de V seul. — Il suffit de relier les abouts AB et CD par une barre verticale articulée à ses deux extrémités (fig. 193), ou de terminer la pièce CD par un galet assujetti à rouler sur un plan horizontal relié à la pièce AB (fig. 194).

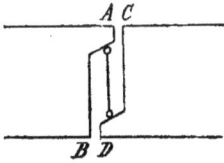
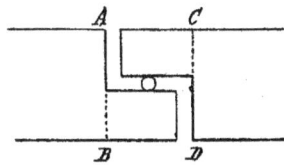

Fig. 193.   Fig. 194.

123. Supports cylindriques. — Considérons une pièce portant une charge verticale P, et limitée sur une partie de son contour par une surface cylindrique de révolution, en contact avec un plan horizontal sur lequel cette pièce repose librement. Soient d le diamètre de la section droite circulaire de la surface cylindrique, et l la longueur de sa génératrice de contact avec le plan.

En vertu de considérations théoriques qu'il nous paraît inutile de reproduire ici (voir *Ponts Métalliques,* tome I, art. 36), nous

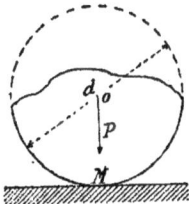

Fig. 195.

estimons que la stabilité de la pièce sera convenablement assurée, en ce sens que le travail de compression développé au contact de la surface et du plan horizontal ne dépassera pas la limite de sécurité, si le rapport $\frac{P}{dl}$ de la charge au produit du diamètre du cylindre par la longueur de la génératrice de contact l ne dépasse pas la valeur suivante, où N représente la limite d'élasticité à la compression de la matière, et E son coefficient d'élasticité longitudinale :

$$\frac{P}{dl} \lessgtr \frac{3}{5} N \sqrt{\frac{N}{E}}.$$

En appliquant cette formule à différents matériaux, on trouve les limites de sécurité suivantes (en kilogrammes par millimètre carré de surface) :

Fer	0^k40
Acier extra-doux	0,60
Acier extra-dur	1,40
Fonte	0,65
Laiton	0,10?
Bronze	0,15?
Chêne	0,06

Il est bien entendu que la charge P doit être rapportée à la surface rectangulaire de dimensions d et l, quelle que soit d'ailleurs la forme du support, rouleau, jante de roue, secteur ou segment cylindrique, etc.

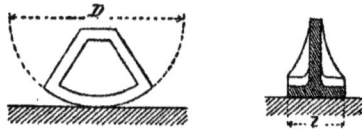

Fig. 196.

Dans le cas de la figure 196, qui représente un support en forme de secteur cylindrique, avec jante élargie, les longueurs d et l à adopter ont été indiquées conformément à cette règle.

Si la surface cylindrique de diamètre d reposait non pas sur un plan horizontal, mais sur une autre surface cylindrique à génératrices parallèles et à convexité opposée (fig. 197), et de diamètre plus grand D, la limite de sécurité $\frac{P}{dl}$ devrait être réduite dans le rapport $\sqrt{\frac{D}{D+d}}$:

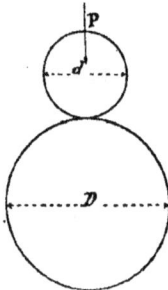

Fig. 197.

$$\frac{P}{dl} \leqslant \frac{3}{5} N \sqrt{\frac{N}{E}} \sqrt{\frac{D}{D+d}}.$$

La valeur minimum de $\frac{P}{dl}$ s'obtient pour $D = d$:

$$\frac{P}{dl} \leqslant \frac{3}{7} N \sqrt{\frac{N}{E}}.$$

Il est bien entendu que, dans le cas du contact de deux cylindres à convexités opposées, le travail $\frac{P}{dl}$ doit être calculé en se basant sur sur le diamètre d du cylindre le plus petit.

Si la surface cylindrique de diamètre d repose sur une surface cylindrique concave, de diamètre D nécessairement plus grand que d, la limite de sécurité $\frac{P}{dl}$ se trouvera relevée et pourra être évaluée comme il suit :

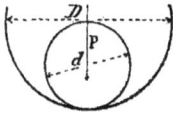

Fig. 198.

$$\frac{P}{dl} < \frac{3}{5} N \sqrt{\frac{N}{E}} \sqrt{\frac{D}{D-d}} \cdot$$

Il doit être bien entendu, toutefois, que le travail élastique $\frac{P}{dl}$ ne devra en aucun cas dépasser la limite de sécurité T' qui convient à la matière employée (art. 96).

Pour le fer par exemple, où cette limite est de 6 k., on ne devra appliquer la formule précédente que pour $D > 1,0004\, d$; car, si l'on pose $D = 1,004\, d$, la formule donne :

$$\frac{3}{5} N \sqrt{\frac{N}{E}} \sqrt{\frac{D}{D-d}} = 6 \text{ k. } 3.$$

Si donc il n'existe qu'un jeu très faible entre le cylindre convexe et le cylindre concave, le travail $\frac{P}{dl}$ doit être pris égal à la limite de sécurité à la compression simple.

121. Supports sphériques. — Considérons une pièce limitée par un contour sphérique, en contact avec un plan horizontal sur lequel elle repose librement. La charge P, que l'on pourra faire supporter en toute sécurité à la pièce, sera déterminée par la relation :

$$\frac{4P}{\pi d^2} < \frac{2N^3}{E} \cdot$$

En appliquant cette règle à différents matériaux, on trouve :

	Charge en kil. par mm².
Fer	0^k04
Acier extra-doux	0,07

Acier extra-dur	0,23
Fonte	0,08
Laiton	0,020
Bronze	0,025
Chêne	0,008

Si la surface sphérique de rayon d est en contact avec une surface sphérique de diamètre D à convexité opposée, la valeur de $\frac{4F}{\pi d^2}$ doit être réduite dans le rapport $\frac{D}{d+d}$.

$$\frac{4F}{\pi d^2} \;\diagdown\!\!\!\!< \frac{2N^2}{E} \frac{D}{D+d}.$$

Pour $D = d$, la réduction est de moitié.

Si la surface sphérique inférieure est concave, on multipliera $\frac{2N^2}{E}$ par le coefficient de majoration $\frac{D}{D-d}$;

$$\frac{4P}{\pi d^2} \;\diagdown\!\!\!\!< \frac{2N^2}{E} \frac{D}{D-d}.$$

On ne doit pas toutefois dépasser la limite de sécurité à la compression simple, qui est par exemple de 6 pour le fer.

En posant $D = 1,006\,d$, la formule précédente donnerait :

$$\frac{2N^2}{2} \frac{D}{D-d} = 6\,\text{k}.7.$$

L'articulation sphérique, dite *genou*, peut transmettre la charge $\frac{\pi d^2}{4} T'$, où T' est la limite de sécurité à la compression simple.

125. Calcul des platelages. — I. Considérons d'abord le cas d'un platelage destiné à relier les semelles supérieures de deux poutres parallèles, sans prendre aucun appui sur des pièces transversales, poutrelles, entretoises ou pièces de pont.

A. — Soient a et b les dimensions d'une tôle plane rectangu-

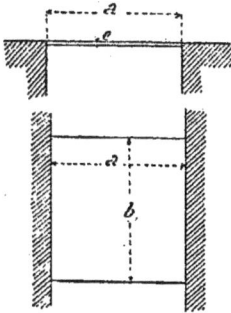

laire, d'épaisseur e, reposant par simple appui sur ses deux côtés opposés
de longueur b. Cette tôle se comportera
comme une poutre fléchie à section rectangulaire de hauteur e, dont la portée
serait représentée par a.

Soient R le travail maximum, à la
compression ou à l'extension, déterminé
dans la section la plus fatiguée, et f la
flèche d'abaissement au milieu du côté

Fig. 199.   de largeur a.

1.—Si le platelage supporte une charge
uniformément répartie, à raison de p kg. par mètre carré, on devra faire usage des relations :

$$R = \frac{3}{4} p \frac{a^2}{e^2};$$

$$f = \frac{5}{32} \frac{pa^4}{Ee^3}.$$

Connaissant trois des quantités R, a, e et p, il sera toujours
facile de déterminer la quatrième, de façon que le platelage ait
une solidité satisfaisante.

2. — Si le platelage supporte une charge P concentrée au
centre du rectangle de côtés a et b, les relations à appliquer seront :

$$R = \frac{3}{2} \frac{Pa}{be^2};$$

$$f = \frac{Pa^3}{4Ebe^3}.$$

B. — Supposons que les deux côtés de largeur b soient encastrés, et non plus simplement appuyés, sur les deux supports longitudinaux. Les formules à employer seront :

1. — Charge uniformément répartie :

$$R = \frac{pa^2}{2e^2};$$

$$f = \frac{1}{32} \frac{pa^4}{Ee^3}.$$

2. — Charge P concentrée au milieu de la plaque :

$$R = \frac{3}{4}\frac{Pa}{be^{1}};$$

$$f = \frac{Pa^{3}}{16Ebe^{3}}.$$

C. — Platelage en tôle ondulée.

Supposons que le profil générateur de la tôle ondulée soit une sorte de sinusoïde, dont nous représenterons la base par m et la hauteur par n.

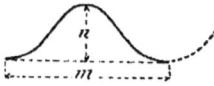

Il y aura équivalence au point de vue de la stabilité entre la tôle ondulée d'épaisseur e' et une tôle plane d'épaisseur e

Fig. 200.

(le travail élastique maximum R étant le même pour les deux platelages), si la relation suivante entre e et e' est satisfaite.

$$e' = \frac{5}{3}\frac{me^{2}}{n\,(3m+2n)}.$$

Les rapports entre les flèches d'abaissement f et f' au milieu de la portée sera exprimé, si e' et e satisfont à la condition précédente, par l'équation :

$$f' = f\frac{e}{n}.$$

D. — Tôle cintrée suivant un arc, circulaire ou parabolique, de corde a et de flèche c.

Nous admettrons que le rapport $\frac{c}{a}$ de la flèche à la corde soit petit $\left(\text{tout au plus }\frac{1}{6}\right)$. Nous ne considérerons ici que le cas de la charge uniformément répartie à raison de p k. par mètre carré de la surface couverte par le platelage.

Fig. 201.

Si la tôle cintrée est simplement appuyée sur ses génératrices de longueur b, on a les relations suivantes :

$$R = \frac{3}{4}\frac{pa^{2}}{e^{2}}\left(\frac{15e^{2}+16ce}{15e^{2}+96c^{2}}\right).$$

R, travail maximum au milieu de la portée, est une tension

si le sommet de la tôle est placé au-dessus de l'horizontale de ses appuis (concavité tournée vers le haut) et une compression dans l'hypothèse contraire (convexité tournée vers le haut).

$$f = \frac{5}{32} \frac{pa^4}{Ee^3} \left(\frac{15e^2}{15e^2 + 96c^2} \right).$$

E. — Tôle cintrée et encastrée sur ses appuis longitudinaux. Charge uniformément répartie p.

$$R = \frac{pa^2}{2e^2} \left(\frac{15e^2 + 4\,ce}{19e^2 + 16c^2} \right);$$

$$f = \frac{1}{3} \frac{pa^4}{Ee^3} \left(\frac{150e^2}{150e^2 + 192c^2} \right).$$

R, travail maximum au point d'encastrement, est une tension si la tôle tourne sa concavité vers le haut, et une compression dans l'hypothèse contraire.

II. — Considérons maintenant un platelage rectangulaire soutenu sur ses quatre côtés. La recherche du travail élastique et de la déformation n'est pas du ressort de la résistance des matériaux, parce que ce platelage n'est plus assimilable à une pièce prismatique absolument libre dans toutes les directions transversales. C'est un problème qui ne peut être résolu que par les méthodes de la théorie de l'élasticité.

A′. — *Navier* a traité le cas d'une plaque rectangulaire simplement appuyée sur ses quatre côtés.

Les conditions de stabilité de ce genre de platelage peuvent se déduire aisément, avec une approximation suffisante, de celles qui se rapportent à la même plaque soutenue seulement sur deux côtés opposés, *que l'on suppose être les plus longs : b > a.*

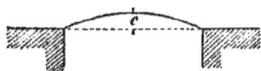

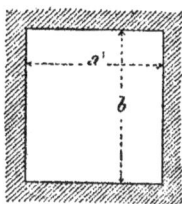

Fig. 202.

Il suffit de calculer les valeurs de R et de f, fournies par les formules énoncées au paragraphe A, section I, du présent article, et de multiplier les résultats par le coefficient de réduction $\dfrac{b^4}{(a^2 + b^2)^2}$, égal à l'unité quand b est infini, et à $\dfrac{1}{4}$ dans l'hypothèse limite d'une plaque carrée ($a = b$).

$$R' = R \times \frac{b^4}{(a^2 + b^2)^2} \; ; \; f' = f \times \frac{b^4}{(a^2 + b^2)^2} .$$

Si l'on se propose, au contraire, a, b et R étant arrêtés à l'avance, de calculer l'épaisseur e, la valeur obtenue devra être réduite dans le rapport $\frac{b^2}{a^2 + b^2}$, qui varie de 1 pour $\frac{b}{a} = \infty$, à $\frac{1}{2}$ pour $b = a$.

Quand une plaque carrée est soutenue sur ses quatre côtés, on peut réduire de moitié l'épaisseur qui serait nécessaire si l'on n'utilisait que deux appuis opposés.

B'. — Plaque encastrée sur les quatre côtés. Il semble, d'après *Grashof*, que, si b est plus grand que a, on peut déduire les valeurs de R et de f de celles déterminées pour le cas de la plaque encastrée sur deux côtés opposés, section I (§ B), en multipliant ces résultats par le coefficient de réduction $\frac{b^4}{a^4 + b^4}$, qui varie entre les limites 1 pour $b = \infty$, et $\frac{1}{2}$ pour $b = a$ (plaque carrée).

L'épaisseur e' de la plaque encastrée sur quatre côtés serait à l'épaisseur e de la plaque encastrée sur deux côtés, dans le rapport :

$$e' = \frac{eb^2}{\sqrt{a^4 + b^4}} .$$

D' E'. — Par analogie, nous proposerons d'admettre les mêmes coefficients de réduction pour le cas d'une tôle emboutie, c'est-à-dire cintrée en arc de cercle dans deux directions a et b, et ne présentant la flèche c qu'en son milieu, qui forme le sommet commun des deux surfaces cylindriques. Nous ne pensons pas que cette règle puisse conduire à des mécomptes sérieux.

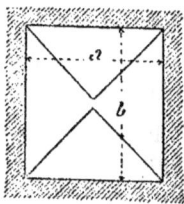

Fig. 203.

F'. — Plaque circulaire de diamètre d, appuyée sur son pourtour et chargée de p k. par mètre carré (formules de M. *Brune*) :

$$R = \frac{117}{512} \frac{pd^2}{e^2} ;$$

$$f = \frac{189}{4096} \frac{pd^4}{Ee^3} .$$

Plaque circulaire de diamètre d, encastrée sur son pourtour et chargée de p k. par mètre carré.:

$$R = \frac{45}{256} \frac{pd^2}{e^2} ;$$

$$f = \frac{45}{8192} \frac{pd^4}{Ee^3} .$$

Les platelages étant assemblés avec leurs poutres de support par des files simples ou doubles de rivets, qui ne réalisent pas un encastrement parfait, il convient dans la pratique des constructions d'admettre un demi-encastrement, et, par conséquent, d'attribuer à R et f des valeurs intermédiaires entre celles correspondant à l'appui simple et à l'encastrement parfait.

Les tôles de platelage sont généralement exposées à l'action de la rouille ; aussi convient-il de leur donner un surcroît d'épaisseur notable, si l'on veut avoir une marge de sécurité convenable.

Cette surépaisseur étant indépendante du système de platelage adopté, l'économie à réaliser par l'emploi de tôles cintrées ou embouties, de préférence aux tôles plates, est bien moindre en réalité qu'on ne serait tenté de le supposer.

Toutefois elle n'est pas négligeable, et on doit admettre qu'au point de vue de la résistance aux charges verticales, l'emboutissage procure un surcroît de stabilité très sérieux.

Les tôles plates ont l'avantage de mieux solidariser les éléments qu'elles relient, parce qu'elles se prêtent à la transmission des efforts parallèles à leurs faces ; au point de vue du contreventement, elles peuvent donc rendre des services en donnant aux constructions une grande rigidité transversale et longitudinale. Mais quand il se produit des changements de température, les rivets d'assemblage sont exposés à subir des efforts excessifs si la contraction de la tôle est entravée par l'invariabilité de ses appuis ; il peut arriver que les têtes de ces rivets sautent.

Avec les tôles cintrées ou embouties, cet effet n'est pas à craindre, les déformations des tôles produites par la température se traduisant seulement par une augmentation ou par une réduction dans la flèche.

INTRODUCTION

Nous nous sommes proposé de faire dans le présent ouvrage un exposé des connaissances générales qu'on a occasion d'utiliser dans l'étude des constructions métalliques, et d'en constituer un ensemble dont toutes les parties soient solidaires.

Nous avons tout d'abord résumé les notions essentielles de la théorie mathématique de l'élasticité, en laissant de côté les démonstrations fondamentales et les applications analytiques qui font de cette théorie plutôt une branche de l'analyse mathématique qu'une science d'application pratique. On pourra trouver les démonstrations des principes énoncés par nous dans les ouvrages de *Clebsch* (édition française de *St-Venant* et *Flamant*) et de *Rankine* (édition française de *Vialay*), auxquels nous avons emprunté les éléments de notre étude. Nous nous sommes borné à rassembler dans un ordre logique les renseignements qui nous paraissaient indispensables pour entreprendre l'étude des propriétés élastiques des matériaux et fournir la justification des formules usuelles de résistance, dont on fait usage dans les calculs de stabilité. On verra que nous avons dû, dans la suite de l'ouvrage, nous reporter fréquemment aux principes théoriques formulés dans ce premier chapitre.

Après une étude sommaire des propriétés élastiques des matériaux de construction, et des conséquences qui en découlent au point de vue de leur emploi, nous avons abordé la résistance des matériaux, science semi-théorique et semi-empirique, que nous avons cherché à rattacher autant que possible aux principes rigoureux de la théorie de l'élasticité. Il nous a paru nécessaire de faire ressortir le caractère conventionnel des hypothèses fondamentales qui servent de base à la résistance des matériaux, et de signaler les cas où, ces hypothèses tombant en défaut, la stricte application des formules usuelles peut conduire à des résultats incertains ou faux. Nous avons indiqué dans le dernier paragraphe du chapitre II les corrections à faire subir le cas échéant à ces formules, pour se rapprocher de la réalité des choses et rectifier les erreurs qui proviennent d'un point de départ entaché d'inexactitude.

Le chapitre III est consacré à l'étude des propriétés de la fonte, du fer et de l'acier. Nous avons passé rapidement sur les questions qui sont du domaine de la physique, de la chimie ou de la métallurgie, en nous limitant aux renseignements qui semblaient présenter de l'intérêt au point de vue spécial de l'emploi de ces métaux dans les constructions. Nous nous sommes étendu davantage sur les propriétés élastiques, résistance et ductilité, sur les conséquences résultant des procédés de fabrication et de mise en œuvre, sur les méthodes d'essai, etc.

Il nous a paru utile de relier les faits d'expérience, relatifs à ces métaux, aux principes de la théorie de l'élasticité, en établissant une théorie des produits sidérurgiques qui permît d'expliquer les désaccords constatés entre les indications des formules de résistance et les résultats des essais de rupture. Nous nous sommes particulièrement attaché à faire ressortir l'influence des actions moléculaires *latentes* et *latérales*, dont la résistance des matériaux ne tient pas compte, et qui, dans bien des circonstances, fournissent une explication plausible des divergences trouvées entre le calcul et l'observation. Quant à la théorie des *ressorts*, qui nous a servi à définir les propriétés élastiques des métaux, nous ne la donnons pas comme une vérité démontrée, mais simplement comme une hypothèse, ou plutôt une convention, qui permet de coordonner des phénomènes en apparence paradoxaux et parfois même contradictoires, et d'en trouver l'explication dans un *postulatum* unique. A ce point de vue, notre théorie nous a paru conduire à un résultat satisfaisant, en ce qu'elle n'est en opposition avec aucun des faits d'expérience que nous avons pu recueillir à différentes sources.

Après avoir exposé et étudié les procédés en usage pour effectuer les essais de qualité des métaux, nous avons terminé l'ouvrage par une indication succincte des méthodes générales de calcul qui permettent de vérifier les conditions de stabilité des constructions ou de déterminer les dimensions à attribuer à leurs éléments. Nous n'avons d'ailleurs pas cru devoir entrer dans les détails d'application de ces méthodes, ni en indiquer l'emploi pour des cas spéciaux. Toutefois il nous a paru utile d'énoncer un certain nombre de formules usuelles pour le calcul des assemblages et des éléments accessoires des constructions, qui, en raison de leur caractère de généralité, pouvaient trouver leur place dans cet ouvrage.

Pour rédiger le chapitre III, où les questions de métallurgie prennent une large place, nous avons consulté et mis à contribution différents ouvrages sur la matière, notamment ceux de MM. *Marion Howe* : Acier ; — *Bresson* (Encyclopédie chimique) : Fonte et fer, acier ; — *Lebasteur* : Les métaux ; — *Victor Deshayes* : Classement des aciers ; — *Weyrauch* : Stabilité des constructions (édition française de *Svilokossitch*).

Nous nous sommes également servi de divers mémoires et publications de MM. *Barba, Bauschinger, Considère, Cornut, Osmond, Werth,* etc. Nous nous sommes au surplus attaché à signaler scrupuleusement les sources où nous puisions nos renseignements.

INDEX ALPHABÉTIQUE

(Les chiffres indiquent les pages)

T

Températures (échelle des), 227.
— (influence des changements de), 13, 571, 625.
Thurston, 3, 55, 94, 404, 425, 427, 443.
Torsion, 40, 126, 138, 143, 478.
Travail élastique, 9, 26, 507.
— — simple, 82.
— — double, 82.
— — triple, 83.
— — à l'extension, 142, 507.
— — à la compression, 142, 210, 507.
— — au glissement, 156, 513.
— — à la flexion, 146, 163, 511.

Travail élastique à l'effort tranchant, 155, 163.
— — à la torsion, 143.
— mécanique, 9.
Trempe, 234, 246, 314, 362, 495.
Turner, 226, 400.

V

Vérification de la stabilité, 173, 515, 523.
Vibrations (effets des), 65, 69.

W

Werth, 246, 380, 302, 328, 336, 339, 340, 354.
Wertheim, 25, 49.
Wœhler, 58, 65, 73, 377, 471, 515.

ERRATA

Page 8, ligne 10 en montant, *au lieu de* : la matière de l'extension, *lire* : la matière à l'extension.

30, ligne 14, *au lieu de* : et des courbes défini, *lire* : des courbes, et défini.

49, ligne 6 en montant, *au lieu de* : de la page)., *lire* : de la page suivante).

67, ligne 15 en montant, *au lieu de* : $T_1 = 2T' - T$, *lire* : $T_1 = 2T' - T$.

71, ligne 11, *au lieu de* : mesuré sur la distance, *lire* : mesuré par la distance.

75, ligne 3, *au lieu de* : $\dfrac{R_1}{R} - 1 = (1 - \varphi)$, *lire* : $\dfrac{R_1}{R} - 1 = \dfrac{v}{\lambda}(1 - \varphi)$.

107, colonne 1, ligne 1, *au lieu de* : $\dfrac{32}{\pi a^2}$, *lire* : $\dfrac{32}{\pi a^3}$.

107, colonne 1, ligne 2, *au lieu de* : $\dfrac{72\pi - 96}{9\pi^2 - 64} \cdot \dfrac{1}{a^2}$, *lire* : $\dfrac{72\pi - 96}{9\pi^2 - 64} \cdot \dfrac{1}{a^3}$.

114, ligne 3 en montant, *au lieu de* : $a^2 e(0,15b + 0,10a)$, $\dfrac{a^3 e}{20}(3b + 2a)$, $\dfrac{a^3(3b + 2a)}{30\left(a + \dfrac{b}{2}\right)}$, *lire* : $a^2 e(0,15b + 0,10a)$, $\dfrac{a^2 e}{20}(3b + 2a)$, $\dfrac{a^2(3b + 2a)}{30\left(a + \dfrac{b}{2}\right)}$.

115, ligne 3 en montant, *au lieu de* : $\dfrac{10}{a^2 e(3b + 2a)}$, *lire* : $\dfrac{10}{ae(3b + 2a)}$.

117, colonne 1, ligne 1 en montant, *au lieu de* : $\dfrac{A + A'}{2a\ AA'}$, *lire* : $\dfrac{1}{Aa}$.

Lorsqu'une pièce, à section en double té dissymétrique avec âme mince, est sollicitée par un moment de flexion, le travail élastique développé dans une semelle ne dépend que de l'aire de cette semelle et de la hauteur de la pièce; il est indépendant de l'aire de la semelle opposée.

Si donc on renforce une semelle d'une pièce en double té, on diminue, pour un même moment de flexion, le travail élastique subi par cette semelle, mais sans modifier en rien le travail subi par la semelle inférieure, dont on n'a pas changé les dimensions (étant bien entendu d'ailleurs que la hauteur de la section n'a pas varié).

117, colonne 3, dans la première figure à droite à partir du haut, *lire* : $\dfrac{A}{2}$ *au lieu de* : $\dfrac{B}{2}$, et $\dfrac{B}{2}$ *au lieu de* : $\dfrac{A}{2}$.

125, ligne 16 en montant, *au lieu de* : sont les moments, *lire* : sont les moments.

128, ligne 9, *au lieu de* : p^z, *lire* : p_z.

ligne 11, *au lieu de* : $R_x = \dfrac{dMx}{dx}$, *lire* : $R_x = \dfrac{dMx}{dz}$.

au lieu de : $R_y = \dfrac{dMz}{dx}$, *lire* : $R_y = \dfrac{dMy}{dz}$.

135, ligne 14, *au lieu de* : (d), *lire* : (b).

152, ligne 1, *au lieu de* : de haut en bas, *lire* : de bas en haut.

164, ligne 20, *au lieu de* : la figure 29, *lire* : la figure 39.

165, ligne 1 en montant, *au lieu de* : φ_5, *lire* : φ_4.

176, ligne 13 en montant, *au lieu de* : **448**, *lire* : **48**.

179, formule (2), *au lieu de* :

$$\int_{s_0}^{s_1} \frac{Xds}{EI}, \; lire : \int_{s_0}^{s_1} \frac{Fds}{E\Omega}.$$

179, formule (3), *au lieu de* : $+ \delta\theta_0 \, (y_1 - y_0)$, *lire* : $- \delta\theta_0(y_1 - y_0)$.

195, ligne 10 en montant, *au lieu de* : $\sqrt{\dfrac{GD}{4E}}$, *lire* : $\sqrt{\dfrac{Gd}{4E}}$.

210, ligne 3, *au lieu de* : **58**, *lire* : **56**.

223, ligne 4 en montant, *au lieu de* : dans les fontes de moulage, *lire* : dans certaines fontes de moulage.

325, ligne 10, *au lieu de* : **73**, *lire* : **72**.

342, ligne 4, *au lieu de* : par C'D, *lire* : par C₁D.

428, ligne 8, *au lieu de* : *Poinçonnage local*, *lire* : *Ecrouissage local*.

446, ligne 2, *au lieu de* : cet fibre, *lire* : cette fibre.

475. **Note.** — En 1855, M. *Guettier*, directeur des usines de *Marquise*, a fait sur la résistance des poutres en fonte quelques expériences dont les résultats nous ont permis d'évaluer approximativement les valeurs du coefficient de majoration K' relatifs à différents profils, dans les conditions où les essais ont été pratiqués.

Voici ce que nous avons trouvé : K'

Double té symétrique, chaque aile ayant une épaisseur égale à celle de l'âme, et pour longueur les 46/100 de la hauteur de la pièce : 1,4

Double té dissymétrique, dérivé du précédent en reportant sur l'aile tendue les 3/5 de la matière constituant l'aile comprimée primitive : 2,5

Double té dissymétrique, dérivé du précédent en portant de $\frac{1}{4}$ à $\frac{1}{6}$ le rapport de l'aile comprimée à l'aile tendue : 2,9

Rectangle plein (hauteur double de la base) : 1,9

Carré plein : 2,0

Cercle plein : 2,25

Triangle isocèle plein (hauteur double de la base), base tendue et sommet comprimé : 3,25

Triangle équilatéral plein : 3,7

Ces résultats paraissent justifier suffisamment les prévisions théoriques énoncées dans l'article **88**.

549, ligne 12, *au lieu de* : $R = \dfrac{pl^2h}{16}$, *lire* : $R = \dfrac{pl^2h}{16l}$.

Laval. — Imp. et Stér. E. JAMIN. 8, rue Ricordaine.

TABLE ANALYTIQUE DES MATIÈRES

CHAPITRE PREMIER

NOTIONS SUR LA THÉORIE MATHÉMATIQUE DE L'ÉLASTICITÉ. PROPRIÉTÉS ÉLASTIQUES DES MATÉRIAUX

§ 1er. — *Principes généraux de la théorie mathématique de l'élasticité.*

CHAPITRE DEUXIÈME

RÉSISTANCE DES MATÉRIAUX

§ 1er. — *Généralités sur les corps prismatiques.*

CHAPITRE TROISIÈME

FONTE, FER ET ACIER

§ 1er. — *Classification des produits sidérurgiques. Renseignements généraux sur leur fabrication, leur composition élémentaire et leurs propriétés caractéristiques.*

§ 2. — *Théorie des propriétés physiques et élastiques de l'acier, du fer et de la fonte.*

CHAPITRE QUATRIEME

MÉTHODES GÉNÉRALES ET FORMULES USUELLES

§ 1er. — *Vérification de la stabilité d'une pièce prismatique.*
Documents réglementaires.

ENCYCLOPÉDIE DES TRAVAUX PUBLICS

Directeur : M.-C. LECHALAS,

12, rue Alph. de Neuville (ancien 28, rue Brémontier), Paris.

Premières connaissances de l'ingénieur.

Analyse infinitésimale, par M. Eug. Rouché, examinateur de sortie à l'Ecole polytechnique.

Traité de Physique, 2 vol. par M. Ganiel, avec 448 figures dans le texte. 20 fr.

Eléments de statique graphique, par M. Eug. Rouché, 1 vol. avec 107 figures dans le texte. . . . . 12 fr. 50

Mécanique générale, par M. Flamant, 1 vol. avec 203 figures dans le texte. 20 fr.

Levé des plans et nivellement, par MM. L. Durand-Claye, Pelletan et Lallemand, avec 280 fig. . . . . . 25 fr.

Procédés généraux de construction

Coupe des pierres, par MM. Eug. Rouché et Brisse, anc. prof. et prof. de géométrie descriptive à l'Ecole centrale.

Terrassements, Tunnels, Dragages et Dérochements, par M. E. Pontzen, ingénieur civil. . . . . 25 fr.

Fondations.

Mécanique appliquée.

Applications de la statique graphique, par M. Mlle Koechlin, 1 vol. avec fig. et 1 atlas. . . . . 30 fr.

Stabilité des constructions. Résistance des matériaux, par M. Flamant, professeur à l'Ecole centrale et à l'Ecole des ponts et chaussées. . 25 fr.

Hydraulique, par le même. . . . 25 fr.

Moteurs hydrauliques et machines élévatoires.

Machines à vapeur.

Chaudières, par M. Walckenaer, ingénieur des mines.

Machines à vapeur.

Chimie et géologie appliquées. Salubrité.

Chimie appliquée à l'art de l'ingénieur, par M. L. Durand-Claye, inspecteur général des ponts et chauss. 10 fr.

Hydraulique agricole, par M. Charpentier de Cossigny, 2e édit., revue et augmentée. . . . . 15 fr.

Géologie appliquée à l'art de l'ingénieur, par M. Nivoit, ingénieur en chef des mines, 2 vol. . . . . . . 40 fr.

Distributions d'eau. Assainissement, par M. Bechmann, ingénieur en chef de la ville de Paris, 1 vol. avec 624 figures dans le texte. . . . . 30 fr.

Routes et ponts.

Routes et chemins vicinaux, par MM. L. Marx, et L. Durand-Claye. 25 fr.

Ponts métalliques, par M. J. Résal, ingénieur en chef des ponts et chaussées, 2 vol. avec 530 fig. dans le texte. 40 fr.

Constructions métalliques. Elasticité et résistance des matériaux : Fonte, fer, acier, par le même. 20 fr.

Ponts en maçonnerie, par MM. Degrand, inspecteur général honoraire des ponts et chaussées, et J. Résal, avec une Introduction par M.-C. Lechalas. 2 vol. . . . . 40 fr.

Chemins de fer.

Notions générales et économiques, 1 vol. de XII+605 pages, avec figures, par M. Leygue, Ingénieur. . . . . . 15 fr.

Superstructure, 1 vol. avec figures et 1 atlas de 73 gr. pl, par M. Deharme, ingénieur, profes. à l'Ecole centrale. 50 fr.

Matériel roulant. Traction, 1 vol. et 1 atlas, par MM. Deharme et Pulin.

Exploitation technique et exploitation commerciale, 2 vol., par M. Cossmann,

Chemins de fer à crémaillère, par M. Lévy-Lambert, Ingénieur civil. 15 fr.

Navigation intérieure. Inondations.

Rivières et canaux, par M. Guillemain, inspecteur général, directeur de l'Ecole des ponts et chaussées, avec des Annexes par MM. Lechalas, Baumgarten, Flamant, Edwin Clark, Gruson et Cadart, 2 vol. . . . . 40 fr.

Hydraulique fluviale. Inondations, par M. M.-C. Lechalas, 1 vol. . . . 17 fr. 50

Restauration des montagnes, par M. E. Thiéry, 1 vol. . . . . 15 fr.

Travaux maritimes. Ports.

Travaux maritimes, *Phénomènes marins, accès des ports,* par M. Laroche, 1 vol. et 1 atlas. . . . . 40 fr.

Ports maritimes, par le même, 2 vol. avec figures et 2 atlas. . . . . 50 fr.

Les Ports des îles britanniques, par M. Guillain, inspecteur général des ponts et chaussées.

Les Ports de la mer du Nord et du Pas-de-Calais, par le même.

La Seine maritime et son Estuaire, par M. Lavoinne, avec une introduction par M. Lechalas. . . . . 10 fr.

Architecture et constructions civiles.

Maçonnerie, par M. Denfer, professeur à l'Ecole cent., 2 vol. avec 794 fig. 40 fr.

Charpente en bois et menuiserie, par le même, 1 vol. avec 680 fig. . . . 25 fr.

Charpenterie et menuiserie métalliques. Serrurerie, par le même, 2 vol.

Couverture et plomberie. Eau et gaz, etc. par le même.

Electricité

Electricité industrielle, par M. Monnier, professeur à l'Ecole centrale. 20 fr.

Droit administratif. — Biographies.

Manuel de droit administratif (Ponts et chaussées et chemins vicinaux), par M. G. Lechalas, ing. en chef : t. 1. 20 fr.

Tome II (1er fascicule). . . . . 10 fr.

Législation des mines, française et étrangère, par M. Aguillon, ingénieur en chef des mines, professeur à l'Ecole supérieure de Paris, 3 vol. . . . . . 40 fr.

Notices biographiques, par M. Tarbé de St-Hardouin, inspect. général. 5 fr.

Laval. — Imp. E. JAMIN, rue de la Paix, 41.

www.ingramcontent.com/pod-product-compliance
Lightning Source LLC
Chambersburg PA
CBHW031449210326
41599CB00016B/2161